材料成形技术

主编　毛萍莉

参编　古可成　董晓强　王哲英　康煜平　王峰

机 械 工 业 出 版 社

本书是为高等工科院校材料成形及控制专业“材料成形技术”课教学而编写的通用教材。

全书分为四大部分，依次为金属液态成形篇、金属焊接成形篇、金属塑性成形篇及成形件热处理篇，共14章。

金属液态成形篇主要介绍以砂型铸造为主的多种液态成形工艺方法；与砂型铸造相关的主要造型材料、工艺及工艺装备设计的主要内容。增添了有关计算机在铸造领域中应用的基础知识。金属焊接成形篇分别从焊接原理、方法、结构及焊接设备的角度介绍了与焊接工艺设计相关的要点问题。金属塑性成形篇以锻造成形及冲压成形工艺为主，介绍了金属塑性成形工艺，以及相关的工艺设计方法、设计程序及模具设计，还举出若干自由锻件、模锻件及冲压件的工程实例。成形件热处理篇密切结合铸造、压力加工、焊接的成形件特点介绍相应的热处理工艺。

图书在版编目（CIP）数据

材料成形技术/毛萍莉主编．—北京：机械工业出版社，2007.4
(2016.1重印)
ISBN 978-7-111-21168-6

Ⅰ.材…　Ⅱ.毛…　Ⅲ.工程材料－成型　Ⅳ.TB3

中国版本图书馆CIP数据核字（2007）第035438号

机械工业出版社（北京市百万庄大街22号　邮政编码100037）
策划编辑：张秀恩　责任编辑：吕德齐　版式设计：冉晓华
责任校对：张　媛　封面设计：鞠　杨　责任印制：李　洋
北京机工印刷厂印刷（三河市南杨庄国丰装订厂装订）
2016年1月第1版第3次印刷
169mm×239mm·27印张·526千字
4 801—5 800册
标准书号：ISBN 978-7-111-21168-6
定价：38.00元

凡购本书，如有缺页、倒页、脱页，由本社发行部调换

电话服务
社服务中心：(010)88361066
销售一部：(010)68326294
销售二部：(010)88379649
读者购书热线：(010)88379203

网络服务
门户网：http：//www.cmpbook.com
教材网：http：//www.cmpedu.com
封面无防伪标均为盗版

前言

《材料成形技术》是为高等工科院校材料成形及控制专业“材料成形技术”课教学而编写的通用教材。

材料成形技术是材料成形及控制专业的专业主干课之一。它涵盖了原有铸造、焊接、锻造、冲压、热处理等专业的工艺及工装设计的主要内容。

考虑到材料成形及控制专业授课学时及教材篇幅的需要，本书与原相关专业的教材相比有如下特点：①通过典型件的成形工艺分析，重点叙述各学科领域中应用最广的工艺方法及设计的主要内容，其他内容仅作简要介绍，即遵循“削枝强干”的原则编写本书。读者可由此举一反三，完成其他工艺设计。②工艺设计主要属于技术范畴，故而本教材突出教学的实践性、工程性，对于原教材中一些与主干内容相关不大的理论知识及数学推导等内容作了适当删减。③随着计算机的普及，用 CAD 进行材料成形工艺设计已成为现实，应用范围迅速扩大。本教材添加了计算机在热加工领域中应用的基础知识。④考虑到材料成形技术与热处理有密切的内在联系，书中安排了与铸造、焊接、锻造、冲压相关的热处理工艺内容供读者参考。

教材分为四大部分，依次为金属液态成形篇、金属焊接成形篇、金属塑性成形篇及成形件热处理篇，共 14 章。

金属液态成形篇包含第 1～4 章，主要介绍以砂型铸造为主的多种液态成形工艺方法，与砂型铸造相关的主要造型材料、工艺及工艺装备设计的主要内容。与以往的铸造工艺教材相比，突出了工艺性、工程性，并增添了有关计算机在铸造领域中应用的基础知识。

金属焊接成形篇包含第 5～9 章，分别从焊接原理、方法、结构及焊接设备的角度介绍了与焊接工艺设计相关的要点问题。其中第 5 章侧重介绍热源对焊接的影响；第 6 章介绍了各种焊接方法以及如何选择的问题；第 7 章的重点是焊接变形及残留应力等工程难题；常用焊接工艺装备主要在第 8 章中叙述；第 9 章在焊接设计的程序、内容、方法、编制工艺文件方面作了具体的介绍。书中对近年来崛起的新工艺、新方法、新技术（如机器人焊接技术等）也有所介绍。

金属塑性成形篇包含第 10、11 章。以锻造成形及冲压成形工艺为主介绍了金属塑性成形工艺，以及相关的工艺设计方法、设计程序及模具设计，为结合工程实践，作者在书中举出若干自由锻件、模锻件及冲压件的工程实例供读者参考。

成形件热处理篇安排在第12～14章。本篇的特点是密切结合铸造、压力加工、焊接的成形件特点介绍相应的热处理工艺。考虑到有色金属件的应用日益增多，适当增添了对有色金属及铸铁热处理技术的介绍。书中引用了近期国内外的参考文献及研究成果。所用专业名词术语都采用最新公布的标准。书中给出有关的热处理数据大都可在生产中采用。

本书中金属液态成形篇第1、2章由毛萍莉副教授编写，第3章由古可成教授编写，第4章由王峰老师编写，金属焊接成形篇（第5～9章）由董晓强副教授编写，金属塑性成形篇（第10、11章）由王哲英老师编写，成形件热处理篇（第12～14章）由康煜平教授编写。

教材编写出版过程中，得到了沈阳工业大学材料科学与工程学院、教务处教材科及其他相关部门的支持和帮助，本书的主审们不吝赐教，提出了许多宝贵而中肯的意见和建议，在此谨表示诚挚的谢意。在本书出版之际，尤其要向被本书所引用的各文献的作者们深表感谢。

由于作者水平有限，书中难免有疏漏不当之处，恳请读者及同行们批评指正。

编 者

目　　录

第三篇 金属塑性成形

第四篇　成形件的热处理

第一篇
金属液态成形

第 1 章　液态成形工艺方法

1.1　砂型铸造

铸造在我国具有悠久的历史，出土的文物证实，早在 3 千年前我国先民们就开始铸造精美的青铜器及农具。虽然铸造在我国发展比较早，但其造型方法及铸型材料的快速发展是 20 世纪 30 年代以后的事。随着工业进入机械化时代，机器造型、制芯方法也在我国迅速发展起来，同时新的粘结剂也不断出现，为铸型材料家族增添了不少新成员。比如：1958 年开始出现呋喃树脂砂热芯盒制芯；1960 年出现了温芯盒制芯，1964 年出现了气硬冷芯盒制芯；1947 年前后出现 CO_2 硬化水玻璃砂型，1965 年出现水玻璃流态砂，1968 年又出现了有机硬化剂的水玻璃砂型等。尽管各种新的铸型材料和造型方法获得很大发展，但是以粘土砂为主要造型材料的普通砂型仍然占有主要地位。

现代的造型制芯方法主要可分为两类：手工造型和制芯、机器造型和制芯。

1.1.1　手工造型和制芯

手工造型和制芯是传统的铸造方法，由于其操作灵活，模样、芯盒等工艺装备简单，不需要复杂和专用的造型和制芯机器等设备，使它不论对铸件大小、结构复杂程度高低等都有广泛的适应性。因此在单件、小批生产中，特别是重型的复杂铸件，手工造型应用较广。在大量生产的工厂中，修理机器设备所需的配件，模样、芯盒和模板等工艺装备，大批生产中的产品试制，也都需要用手工造型和制芯。

1. 常用手工造型方法

（1）依铸型寿命分

1）一次型：浇注一次后铸型就损坏，普通砂型铸造都是一次型。

2）半永久型：可浇注几十次，甚至上百次后才损坏。泥型和石墨型属于半永久型。

（2）依模样特点分

1）整体模造型：模样为一整体，用于形状简单的铸件。

2）分模造型：模样沿分模面分开，被制成上半模、下半模等几块模样，可使造型简便。

3）刮板造型：依铸件断面形状将模样制成板状，可节约制模工时和木材。适用于断面一致的或形状简单的旋转体铸件。

4）实型造型：用聚苯乙烯泡沫塑料制成模样和浇冒口系统，造型后不取出模样。浇注时模样受到液体金属的灼热作用而气化，液体金属占据其空间，冷却后形成铸件，如图 1-1 所示。

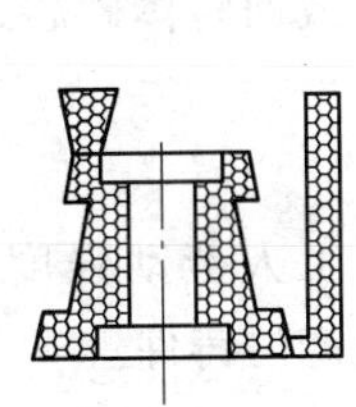
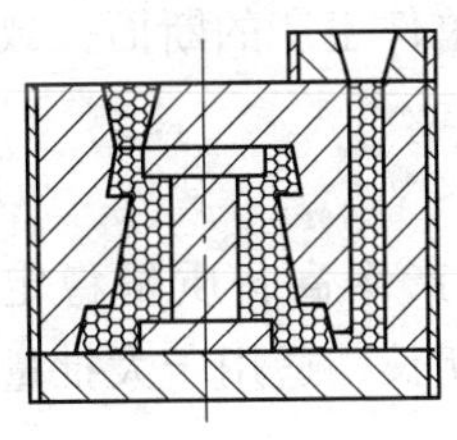
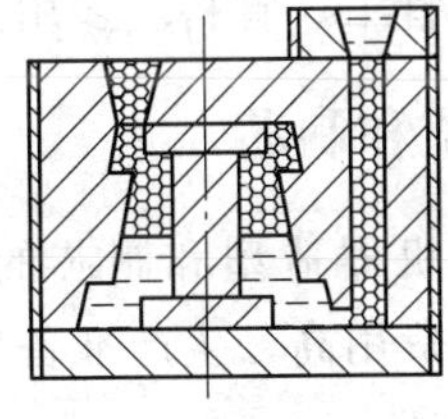
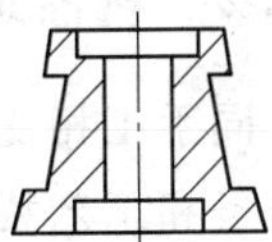

图 1-1 实型造型

实型造型又名消失模或泡沫塑料模造型。1958 年美国麻省工学院获得专利权，1962 年世界各地开始应用于铸件的生产。该法的优点是：造型过程简单，无需拔模和分型，铸件精度高。砂芯只用来形成小孔，节约了砂芯。主要缺点是：泡沫塑料模只能浇注一次，铸件表面粗糙度较高。如需要舂砂时，模样会发生一定的变形。因此泡沫塑料模多结合各种流态砂造型、磁丸造型及各种自硬砂型的应用。

（3）依造型方式分

1）砂箱造型：在砂箱中造型，操作方便，应用广泛。根据造一副铸型所用的砂箱数目，又有两箱造型和多箱造型之分。

2）劈箱造型：将模样和砂箱分成相应的几块，分别造型然后组装成形。这种方法使造型、烘干、搬运、合箱检验都方便，但模样和砂箱的制造工作量大。

3）叠箱造型：将几个甚至十几个铸型重叠起来浇注。这种方法可充分利用生产面积并节约金属。

4）脱箱造型（无箱造型）：造型后将砂箱脱去，型块在无砂箱或加放套箱的情况下浇注。

5）地坑（面）造型：在车间地坑中或地面上造型，不用砂箱或只用一只上箱。操作麻烦，劳动量大，生产周期长，多用于单件生产的大型铸件。

6）组芯造型：铸型由多块砂芯组装而成，可以在砂箱、地坑或用夹具组装。

7）流态砂造型：将混合好的流态砂灌入砂箱，铸型可自行硬化并无需紧砂。造型简便、劳动量小、卫生、生产率高。但应用于厚大铸件时容易出现缩沉等缺陷。

2. 常用手工造芯方法

1）芯盒造芯：在芯盒腔内进行紧砂、加放芯骨及开通气道等操作。依芯砂性质可以在芯盒内硬化，也可以脱出芯盒后再烘干硬化。用芯盒造芯尺寸准确，生产率高。

2）刮（车）板造芯：用刮板制芯，其尺寸精度和生产率都不如芯盒法，但刮板的制造比芯盒省工、省料。多用于单件生产的断面一致的或回转体砂芯。

1.1.2　机器造型和制芯

同手工相比，机器造型和制芯的生产率高，质量稳定，工人劳动强度低。但设备和工艺装备费用高，生产准备周期长，适用于大批量生产的铸件。

1. 普通机器造型

1）震实造型：多以压缩空气为动力，使砂型和工作台等一起上下跳动振实，利用砂型向下运动的动能和惯性，使型砂紧实。该法在砂箱顶部的型砂紧实度不足，常需要手工补压加以紧实后，砂型才可翻转。机器结构简单、成本低，但噪声大，生产率较低，对厂房基础要求较高，劳动较繁重，多用于大型、高度较高的砂箱。

2）压实造型：依靠压力使砂型紧实。多以压缩空气为动力，由于压强小，故只能得到中等紧实度的砂型，且砂箱高度有一定限制，以免紧实度不足。其砂型上表面紧实度高，底部则低。机器结构简单、生产率高、无噪声，适用于砂箱较矮的扁平铸件。

3）震压造型：先以震实法使砂箱底部型砂紧实，然后再利用压实法对砂箱顶部较松散的型砂补加压实。其优缺点与震实法基本相同，但效率较高。由于补加压实法以压缩空气为动力，压强较低，故多用于中、小型砂箱尺寸。

2. 高压造型

1）依造型、合箱时分型面所处的位置分为水平分型的高压造型和垂直分型的高压造型。水平分型的高压造型又有有箱造型和无箱造型之分；而垂直分型的高压造型，到目前为止，生产中却只有无箱造型。依填砂方式分为射压式高压造型和一般高压造型。射压式采用射砂方式填砂；一般高压造型采用机械方式加砂。

2）依有无微震机构分为微震高压造型和单纯高压造型。

3. 机器制芯

机器制芯主要常用以下方法：

1）震实造芯：类似于震实造型，利用跳动的动能使芯盒内的芯砂紧实。一般芯盒上表面需要手工补加压紧实，并刮去多余的芯砂。

2）挤芯：利用柱塞式或螺旋式挤芯机挤制砂芯，只能制造断面一定的简单、直棒砂芯。

3）吹芯：用压缩空气将芯砂吹入芯盒并紧实。例如制造壳芯。

4）射芯：利用压缩空气将芯砂从射砂筒中射入芯盒并紧实。广泛用于制造各种芯砂的中小型砂芯。

1.2 熔模铸造

1.2.1 熔模铸造原理

熔模铸造是一种精密铸造方法，通常称为“精密铸造”。它是用易熔材料制成精确的可熔性模型，然后在模型上涂若干层耐火涂料，经过干燥硬化成整体型壳，对整体型壳进行加热熔失模型，对型壳高温焙烧后浇注金属液，待冷却后打掉型壳即可获得铸件。由于熔模铸造使用最广泛的模料为石蜡，这种方法又称为“失蜡铸造”，其工艺流程如图 1-2 所示。

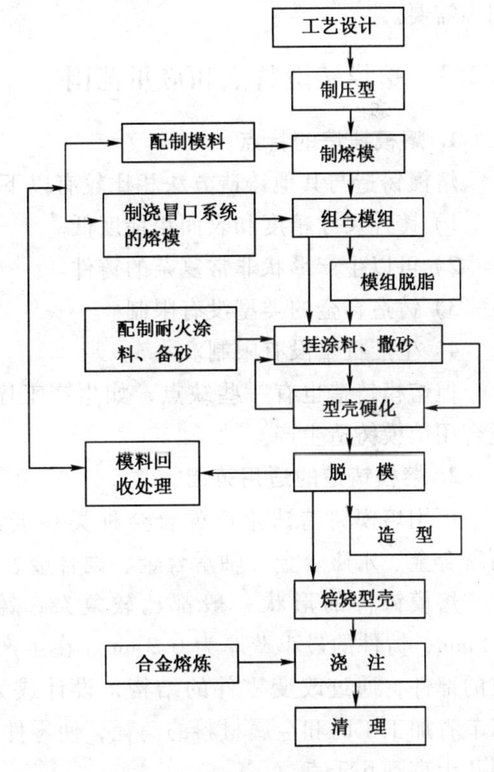

图 1-2　熔模铸造工艺流程

1.2.2 熔模铸造工艺过程

1. 熔模的制造

熔模是用来形成耐火型壳中型腔的模型，要获得尺寸精确和表面光洁的铸件，就得有尺寸精确和表面光洁的熔模。

制造熔模的材料即模料，一般采用蜡料、天然树脂和塑料（合成树脂）配制。

模料配制时主要用加热的方法使各种原材料熔化混合成一体，而后一边冷却，一边将模料剧烈搅拌，使模料成为糊膏状态供压制熔模用。压制熔模之前，需先在压型表面涂薄一层分型剂，以便从压型中取出熔模。压制蜡基模料时，分型剂可为机油、松节油等；压制树脂基模料时，常用篦麻油和酒精的混合液或硅油作分型剂。分型剂层越薄越好，使熔模能更好地复制压型的表面，降低熔模的表面粗糙度。

2. 熔模的组装

熔模的组装是把分别形成铸件和浇冒口系统的熔模组合在一起，主要有两种方法：

1）焊接法。用薄片状的烙铁，将熔模的连接部位熔化，使熔模焊在一起。此法较普遍。

2）机械组装法。在大量生产小型熔模铸件时，国外已广泛采用机械组装法组合模组。

3. 型壳的制造

将模组浸涂耐火涂料后，撒上料状耐火材料，再经干燥、硬化，如此反复多次，使耐火涂挂层达到需要的厚度为止。通常将它停放一段时间，使其充分硬化后再熔失模组，便得到多层型壳。多层壳浇注前有的需要装箱填砂，有的则不需要。

1.2.3 熔模铸造特点和应用范围

1. 熔模铸造的特点

熔模铸造与其他铸造方法相比较有以下几方面的优点：

1）铸件尺寸精度和表面粗糙度低。

2）可以生产形状非常复杂的铸件。

3）铸造合金的类型没有限制。

4）生产批量没有限制。

但熔模铸造也有一些缺点，如生产工序繁多、生产周期长，太大的铸件不适合用熔模铸造生产。

2. 熔模铸造的适用范围

可用熔模铸造法生产的合金种类有碳素钢、合金钢、耐热合金、不锈钢、精密合金、永磁合金、轴承合金、铜合金、铝合金、钛合金和球墨铸铁等。

熔模铸件的形状一般都比较复杂，铸件上可铸出的孔的最小直径可达0.5mm，铸件的最小壁厚为0.3mm。在生产中可将一些原来由几个零件组合而成的部件，通过改变零件的结构，设计成为整体零件而直接由熔模铸造铸出，以节省加工工时和金属材料的消耗，使零件结构更为合理。熔模铸件的重量大多为几十克到几千克。

1.3 金属型铸造

金属型铸造又称硬模铸造，它是将液体金属浇入金属铸型，以获得铸件的一种铸造方法。铸型是用金属制成，可以反复使用多次（几百次到几千次），因此有人又称它为永久型铸造。

1.3.1 金属型铸造工艺

铸型在浇注之前需要预热，预热的温度根据合金种类、铸件结构和大小而定。表1-1中数据可供参考。

表1-1 不同合金对金属型预热温度的要求

合金种类	镁合金	铝合金	锡青铜	铅青铜	铸铁	铸钢
预热温度/℃	200~250	200~300	150~250	50~125	250~350	150~300

金属型铸造时在浇注之前需要在铸型表面喷涂料，喷涂料的作用主要有调节铸件的冷却速度、保护金属型和利用涂料层排气。根据所浇注合金种类的不同，涂料可有多种配方。

金属型的浇注温度一般比砂型铸造时高，可根据合金种类、化学成分、铸件大小和壁厚等，通过试验确定。

金属型芯在铸件中停留的时间越长，由于铸件收缩产生的抱紧型芯的力就越大，所需的抽芯力也就越大。最佳的抽芯时机是当铸件冷却到塑性变形温度范围，并有足够的强度时。铸件在铸型中停留的时间过长时，型壁温度升高，需要更多的冷却时间，也会降低铸型的生产率。合适的铸件出型及抽芯时间，一般要通过试验加以确定。

1.3.2 金属型铸造的特点

金属型铸造时铸型的材质为金属，所以与砂型铸造相比具有以下的优点：

1）由于金属型的冷却速度较快，所以铸件组织致密，晶粒细小，使金属型铸件的力学性能比砂型铸件高。如铝合金铸件，其抗拉强度平均可提高约25%，屈服强度平均提高20%。

2）铸件的精度和表面粗糙度比砂型铸件高，而且质量和尺寸稳定。

3）铸件的工艺收得率高，液体金属耗量减少，一般可节约金属15%~30%。

4）金属型铸造的生产效率高，使铸件产生缺陷的原因减少，工序简单，易实现机械化和自动化。

金属型铸造虽有很多优点，但与砂型铸造相比也有不足之处：

1）金属型制造成本高。

2）金属型不透气，而且无退让性，易造成铸件浇不足、开裂或铸铁件白口等缺陷。

3）金属型铸造时，铸件的质量对铸型的工作温度、合金的浇注温度和浇注速度，铸件在铸型中停留的时间，以及所用的涂料等的变化比较敏感，生产时需要严格控制。

1.3.3 金属型铸造的应用范围

金属型铸造目前所能生产的铸件，在重量和形状方面还有一定的限制，如对黑色金属只能是形状简单的铸件；铸件的重量不可太大；壁厚也有限制，较小的铸件壁厚无法铸出。因此，在决定采用金属型铸造时，必须综合考虑下列各因素：铸件形状和重量大小必须合适；要有足够的批量；完成生产任务的期限许可。

1.4 压力铸造

压力铸造（简称压铸）的实质是在高压作用下，使液态或半液态金属以较高的速度充填压铸型型腔，并在压力下成形和凝固而获得铸件的方法。

1.4.1 压力铸造的特点

高压和高速充填压铸型是压铸的两大特点。它常用的压射比压是从几兆帕至几十兆帕，甚至高达 2×10^2 MPa。充填速度约为 10～50m/s，有些时候甚至可达 100m/s 以上。充填时间很短，一般在 0.01～0.2s 范围内。与其他铸造方法相比，压铸有以下三方面优点：

1）产品质量好：铸件尺寸精度高，表面粗糙度低，强度和硬度较高，强度一般比砂型铸造提高 25%～30%，但伸长率降低约 70%；尺寸稳定，互换性好；可压铸薄壁复杂的铸件。

2）在压铸件中可嵌铸其他材料，以节省贵重材料和加工工时。

压铸虽然有许多优点，但也有一些缺点，尚待解决。如：

1）压铸时由于液态金属充填型腔速度高，流态不稳定，故采用一般压铸法，铸件易产生气孔，不能进行热处理。

2）对内凹复杂的铸件，压铸较为困难。

3）对高熔点合金（如铜、黑色金属），压铸型寿命较低。

4）不宜小批量生产，其主要原因是压铸型制造成本高，压铸机生产效率高，小批量生产不经济。

1.4.2 压力铸造工艺

压力是获得轮廓清晰和组织致密铸件的主要因素。压射比压影响金属液的充填和铸件的强度和伸长率。压射比压的选择，应根据合金种类和铸件结构特性确定。

(1) 充填速度　充填速度偏低，会造成铸件轮廓不清晰。充填速度过高，型腔中的空气难以排除，使铸件产生气孔或形成内部疏松。

(2) 浇注温度　浇注温度过高，收缩大，使铸件容易产生裂纹，且铸件晶粒粗大；浇注温度过低，易产生冷隔、表面花纹和浇不足等缺陷。

(3) 压型温度　压型在使用前要预热到一定温度，预热的作用有两个方面：其一是避免高温液态金属对冷压型的热冲击，以延长压铸型的使用寿命；其二是避免液态金属"激冷"造成浇不足、冷隔等缺陷。

(4) 充填、持压和开型时间

1) 充填时间。自液态金属开始进入型腔起到充满型腔止，所需的时间称为充填时间。充填时间的长短取决于铸件的体积大小和复杂程度。对大而简单的铸件，充填时间要相对长些，对复杂和薄壁铸件充填时间要短些。

2) 持压和开型时间。从液态金属充填型腔到内浇口完全凝固时，继续在压射冲头作用下的持续时间，称为持压时间。从压射终了到压铸型打开的时间，称为开型时间。开型时间应控制准确。开型时间过短，由于合金强度尚低，可能在铸件顶出和自压铸型落下时引起变形；但开型时间太长，则铸件温度过低，收缩大，对抽芯和顶出铸件的阻力亦大。一般开型时间按铸件壁厚 1mm 需 3s 计算，然后经试验调整。

1.4.3　压力铸造的应用范围

压铸是最先进的金属成形方法之一，是实现少切屑、无切屑的有效途径，应用很广，发展很快。目前压铸合金不再局限于有色金属的锌、铝、镁和铜，而且也逐渐扩大用来压铸铸铁和铸钢件。

压铸件的尺寸和重量，取决于压铸机的功率。由于压铸机的功率不断增大，铸件尺寸可以从几毫米到 1 ~ 2m；重量可以从几克到数十千克。

1.5　离心铸造

离心铸造是将液体金属浇入旋转的铸型中，使液体金属在离心力的作用下充填铸型和凝固成形的一种铸造方法。为实现上述工艺过程，必须采用离心铸造机创造使铸型旋转的条件。根据铸型旋转轴在空间位置的不同，常用的有立式离心铸造机和卧式离心铸造机两种类型。

1.5.1　离心铸造的特点

1) 液体金属能在铸型中形成中空的圆柱形自由表面，这样便可不用型芯就能铸出中空的铸件，大大简化了套筒，管类铸件的生产过程。

2）由于旋转时液体金属所产生的离心力的作用，使金属充填铸型的能力提高，因此一些流动性较差的合金和薄壁铸件都可用离心铸造法生产。

3）由于离心力的作用，改善了补缩条件，气体和非金属夹杂也易于自液体金属中排出，因此离心铸件的组织较致密，缩孔（缩松）、气孔、夹杂等缺陷较少。

4）消除或大大节省浇注系统和冒口方面的金属消耗。

5）铸件易产生偏析，铸件内表面较粗糙。内表面尺寸不易控制。

1.5.2 离心铸造工艺

（1）离心铸型转速的选择 选择转速时，主要应考虑两个问题：①离心铸型的转速应保证液体金属在进入铸型后立刻能形成圆筒形，绕轴线旋转；②充分利用离心力的作用，使铸件致密，避免铸件内产生缩孔、缩松、夹杂和气孔。

（2）涂料 金属型离心铸造时，常需在金属型的工作表面喷刷涂料。刷涂料的目的一是为保护金属型，二是为防止铸件与金属型粘合以及铸铁件产生白口。

（3）浇注 离心铸造时，由于铸件的内表面是自由表面，而铸件厚度的控制全由所浇注液体金属的数量决定，故离心铸造浇注时，对所浇注金属的定量要求较高。液体金属的定量有重量法、容积法和定自由表面高度（液体金属厚度）法等。

1.5.3 离心铸造的应用范围

几乎一切铸造合金都可用离心铸造法生产，离心铸件的最小内径可达 8mm，最大直径可达 3m，铸件的最大长度可达 8m，离心铸件的重量范围为零点几千克至十多吨。

1.6 其他铸造方法

1.6.1 低压铸造、挤压铸造、陶瓷型铸造的原理、工艺过程和应用范围

1. 低压铸造

低压铸造是使液体金属在压力作用下充填型腔，以形成铸件的一种方法。由于所用的压力较低，所以叫做低压铸造。其工艺过程（见图 1-3）是：在密封的坩埚（或密封罐）中，通入干燥的压缩空气，金属液在气体压力的作用下，

沿升液管上升，通过浇口平稳地进入型腔，并保持坩埚内液面上的气体压力，一直到铸件完全凝固为止。然后解除液面上的气体压力，使升液管中未凝固的金属液流回坩埚，再由气缸开型并推出铸件。

低压铸造的优点有：

1）液体金属充型比较平稳。

2）铸件成形性好，有利于形成轮廓清晰、表面光洁的铸件，对于大型薄壁铸件的成形更为有利。

3）铸件组织致密，力学性能高。

4）提高了金属液的工艺收得率，一般情况下不需要冒口，使金属液的收得率大大提高，一般可达 90% 。

2. 挤压铸造

挤压铸造也叫液态模锻，是金属液在压力下充型及凝固而获得铸件的一种铸造方法，其原理如图 1-4 所示。

将金属液浇入挤压机的凹模中，然后上型（也叫冲头）向下移动将下型中的液态金属挤满型腔，金属液在压力作用下凝固成形。

挤压铸造与其他铸造方法相比具有下列优点：

1）铸件精度高，加工余量小。

2）由于铸件是在压力下充型和凝固的，所以铸件组织致密，晶粒细小，铸件的力学性能好。

挤压铸造常用来生产形状比较简单的铝合金、锌合金、铜合金、钢、铁等铸件，比如高压锅、阀体、活塞、铁锅等。

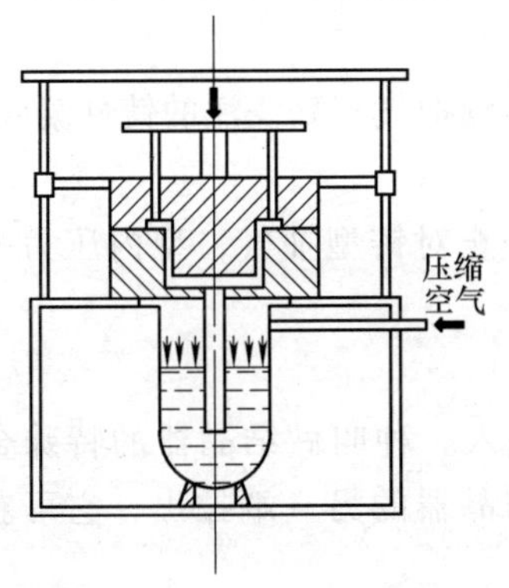

图 1-3　低压铸造的工艺示意

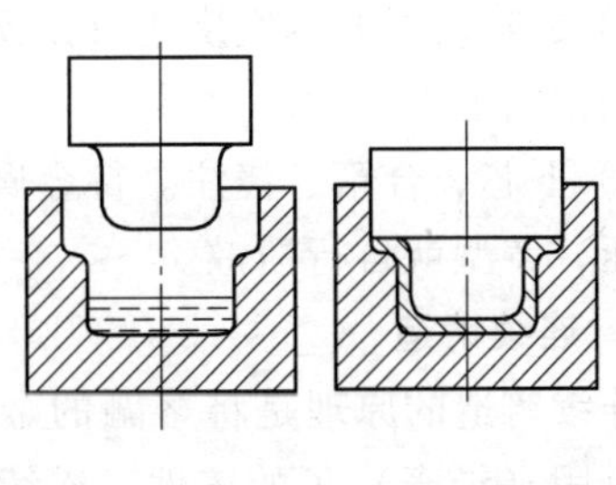

图 1-4　挤压铸造示意图

3. 陶瓷型铸造

陶瓷型铸造是在砂型熔模铸造的基础上发展起来的一种新工艺。陶瓷型是利用质地较纯、热稳定性较高的耐火材料作造型材料；用硅酸乙酯水解液作粘结剂，在催化剂的作用下，经灌浆、结胶、起模、焙烧等工序而制成的。

陶瓷型铸造的应用范围：陶瓷型铸造是铸造大型厚壁精密铸件的重要方法，它广泛地应用于铸造冲模、锻模、玻璃器皿模金属型、压铸型、模板、热芯盒等。用这种铸型可以浇注碳素钢、合金钢、不锈钢、铸铁及有色合金铸件；铸件重量从几千克到几吨。

1.6.2 真空密封造型、连续铸造和差压铸造、真空吸铸的原理、工艺过程和应用范围

1. 真空密封造型

真空密封造型简称真空造型或 V 法造型，其原理及工艺过程如图 1-5 所示。

1）将烘烤呈塑性状态的塑料薄膜覆盖在型板上。真空泵抽气使薄膜密贴在型板上成形。

2）将带有过滤抽气管的砂箱放在已覆好塑料薄膜的模板上。

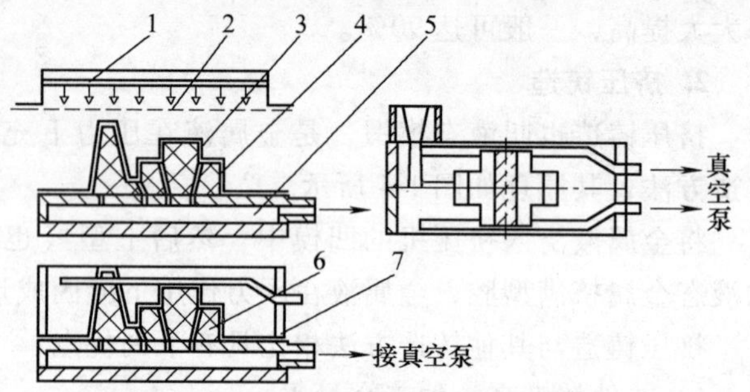

图 1-5 真空密封造型工艺过程示意图

1—发热元件 2—塑料薄膜在烘烤时的位置 3—塑料薄膜 4—抽气孔 5—抽气箱 6—模样 7—模板

3）向砂箱内充填没有粘结剂和附加物的干石英砂，借微震使砂紧实、刮平，放上密封薄膜，打开阀门抽去型砂内的空气，由于压力差的作用使铸型成形并具有较高的硬度，湿型硬度计读数可达 95 左右。

4）去除模板的真空度进行拔模。铸型要继续抽气直到浇注的铸件凝固为止。依上法制出上下半型。

5）下芯、合箱、浇注。待金属凝固后，停止对铸型抽气，型内压力一接近大气压，铸型就自行溃散。

2. 连续铸造

连续铸造的原理是将熔融的金属，不断浇入一种叫做结晶器的特殊金属型中，凝固（结壳）了的铸件，连续不断地从结晶器的另一端拉出，它可获得任意长或特定长度的铸件。

连续铸造的工艺过程如图 1-6 所示，在结晶器的下端插入引锭，形成结晶器的底，当浇入的金属液面达一定高度后，开动拉锭装置，使铸锭下降，上面不断浇入金属，下面连续拉出引锭。连续铸管的工艺与此相似，只是在结晶器的中央加一个内结晶器，以形成铸管的内孔。

连续铸造和普通铸造法比较有下述优点：

1）由于金属被迅速冷却，结晶致密，组织均匀，力学性能较好。

2）连续铸造时，铸件上没有浇注系统和冒口，故连续铸锭在轧制时不用切头去尾，节约了金属，提高了收得率。

3）简化了工序，免除造型及其他工序，因而减轻了劳动强度，所需生产面积也大为减少。

4）连续铸造生产易于实现机械化和自动化。

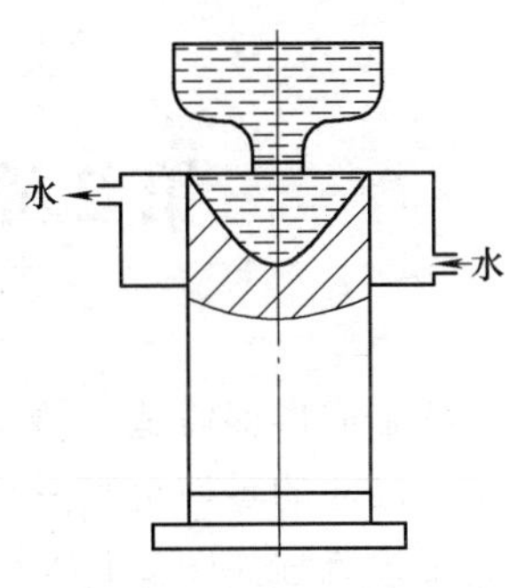

图 1-6　连续铸造

连续铸造在国内外已被广泛采用，主要用于生产连续铸锭（钢或有色金属锭）、铸管等。

3. 差压铸造

差压铸造又称反压铸造、压差铸造。它是在低压铸造的基础上，铸型外罩个密封罩，同时向坩埚和罩内通入压缩空气，但坩埚内的压力略高，使坩埚内的金属液在压力差的作用下经升液管充填铸型，并在压力下结晶。它是低压铸造与压力下结晶两种铸造方法的结合。

4. 真空吸铸

真空吸铸是一种借助真空系统在结晶器内造成负压，吸入金属而生产铸件的一种方法。将与真空系统相连的结晶器浸入到金属液中，由于负压作用，金属液被吸入到结晶器中，待金属液凝固到一定厚度时，切断真空，多余的金属液流回坩埚。铸件的长度取决于结晶器的长度，厚度取决于凝固时间。

5. 磁型铸造

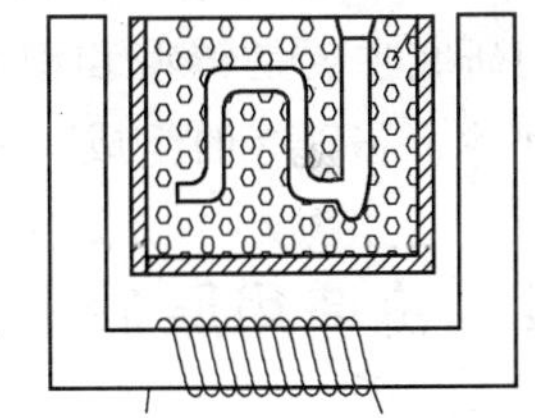
图 1-7　磁型铸造原理

磁型铸造是采用钢丸或铁丸代替型砂，以磁力代替粘结剂造型，模型采用气化模，浇注时直接在模型上浇注金属液，模型在高温下气化，腾出空间由金属液充填而生产铸件的一种铸造方法。其原理如图 1-7 所示，马蹄形铁心上绕有线圈，通电之后产生磁场。置于磁场中的铁丸即被固结成形。浇注结束、铸件冷却后，切断电源，磁场消失，铁丸随之松散，即可取出铸件。

第2章　液态成形工艺基础

液态成形即铸造。铸造生产是使金属合金经过熔化和凝固成形，获得一定形状、尺寸的零件毛坯的方法。砂型铸造是应用最广泛的铸造方法之一。砂型铸造工艺流程如图2-1所示。

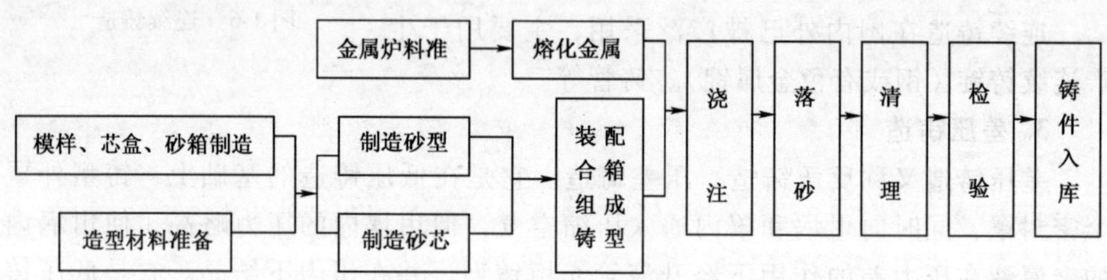

图2-1　砂型铸造工艺流程图

用来造型、制芯的各种原砂、粘结剂和附加物等原材料，以及由各种原材料配置成的型砂、芯砂、涂料等，一般都统称为造型材料。

造型材料对于铸件的质量及生产成本起着重要的作用。据统计，铸件废品约有50%以上与造型材料有关，一吨铸件约需型砂、芯砂五至十吨。对造型材料的研究主要是铸型和型芯所用各种原材料的成分、性能、作用机理，同时研究型砂、芯砂等的组成、配比、制备工艺以及如何控制及改善它们的性能。

2.1　铸造用原砂

铸造生产中制造砂型和砂芯的原砂，一般是以石英颗粒为主的石英质砂(硅砂)。

铸造用砂是岩石风化破坏后在原地或经风、水、冰川等搬运沉积而成的天然矿。一般说来砂中绝大部分是石英，此外还混有少量长石、云母和粘土矿物等夹杂物。

2.1.1　硅砂的组成、性能和分类

铸造用砂有一定的性能要求，并非所有的砂子都能用于铸造生产。原砂性能主要指砂子的矿物组成和化学成分、含泥量、颗粒组成、耐火度、烧结点以及加热过程中的体积变化。

1. 砂的矿物组成及化学成分

砂的矿物组成和化学成分直接影响砂的耐火度、化学热稳定性和复用性，关系到铸件的粘砂和表面粗糙度。砂的矿物组成主要是石英，其次是长石和少量云母，此外还有铁的氧化物等杂质。它们的特性见表 2-1。

表 2-1　石英、长石、云母等矿物特性

名称	化学式	密度/（g/cm³）	莫氏硬度	熔点/℃
石英	SiO_2	2.65	7	1713
钾长石	$K_2O \cdot Al_2O_3 \cdot 6SiO_2$	2.5～2.6	6	1170～1200
钠长石	$Na_2O \cdot Al_2O_3 \cdot 6SiO_2$	2.62～2.65	6～6.5	1100
钙长石	$CaO \cdot Al_2O_3 \cdot 2SiO_2$	2.74～2.76	6～6.5	1160～1250
白云母	$K_2O \cdot 3Al_2O_3 \cdot 6SiO_2 \cdot 2H_2O$	2.75～3.0	2～2.5	1270～1275
黑云母	$K_2O \cdot 6(Mg \cdot Fe)O \cdot Al_2O_3 \cdot 6SiO_2 \cdot 2H_2O$	2.7～3.1	2.5～3.0	1145～1150

2. 原砂的含泥量和颗粒组成

（1）含泥量　原砂中的含泥量是指颗粒小于 0.022mm 的组成物含量，它对型砂的透气性、强度、耐火度、耐用性等都有很大影响。含泥量为铸造用砂质量的主要指标之一。铸钢件和铸铁件常用原砂的含泥量一般都小于 2%。

（2）砂的颗粒组成　砂的颗粒组成（包括砂粒大小、均匀度、颗粒形状及表面状况）对型砂的透气性、强度、耐火度等许多性能都有影响，它是铸造用砂质量的主要指标之一。砂的颗粒大小常用筛分法测定。测定砂子颗粒组成的方法是将用水洗法去除泥分后烘干的砂倒入标准筛，再放到筛砂机上筛分，筛分后将各筛子上停留的砂子分别称重，然后换算成百分含量。

3. 原砂的粒形及粒貌

根据砂子的颗粒形状可以将砂子分为圆形、多角形和尖角形三种，如图 2-2 所示。

圆形、多角形和尖角形砂分别以符号“○”、“□”和“△”表示。一种原砂往往由两种以上颗粒的原砂组成，只要其形状的颗粒不超过 1/3，仍以主要的颗粒形状表示。否则用两种形状表示，并把数量较多的形状符号放在前面。如“○-△”表示原砂中尖角形砂超过了 1/3，但圆形砂数量较多。

圆形

多角形

尖角形

图 2-2　砂粒的形状

2.1.2 非石英质原砂

非石英质铸造用砂是指矿物成分中含少量或不含游离 SiO_2 的原砂。

虽然硅砂来源广、价格低，一般能满足铸铁、铸钢和有色合金铸件生产的要求，得到广泛应用。但石英砂的耐火度有限，且 SiO_2 是酸性氧化物，易与碱性的金属氧化物作用，形成低熔点化合物，导致化学粘砂，使铸件清砂困难。石英除热膨胀较大外，还由于相变而引起体积突变，易导致夹砂缺陷。由于热胀冷缩产生的应力反复作用，砂粒易碎成细粉，使耐火度、透气性、耐用性下降。因此在浇注大型铸钢件、合金钢或其他高温合金时往往不能满足要求，不得不另外寻求中性或碱性砂作原砂。

目前采用的非硅质原砂有：石灰石砂、镁砂、铬铁矿砂、锆砂、刚玉砂、高铝钒土、熟料、碳素砂等。这些材料与硅砂系相比，有高的耐火度、导热性、热容量和热化学稳定性，与金属液及其氧化物的浸润性低，膨胀系数小等特点。

1. 石灰石砂

以碳酸钙为主的方解石，经人工破碎、筛选而成石灰石原砂。

2. 镁砂

镁砂的主要成分是 MgO，它是由菱镁矿（$MgCO_3$）在高温下煅烧再经破碎分选而获得的。

3. 锆砂

锆砂是一种以硅酸锆（$ZrO_2 \cdot SiO_2$）为主要组成的矿物。

锆砂虽仍属酸性耐火材料，但高温时对氧化铁的热化学稳定性高，而且基本上不被金属氧化物浸润。锆砂的热导率和蓄热系数比石英大一倍，故能使铸件冷却凝固较快并有良好的抗粘砂性能，做形状复杂的铸型时，可用它代替冷铁，对铸件进行激冷，细化结晶组织。锆砂的热膨胀系数只有石英的1/3，一般不会造成型腔表面起拱和夹砂。因此锆砂可用作大型铸钢件或合金钢铸件的特殊型（芯）砂或涂料、涂膏。

4. 铬铁矿砂

铬铁矿砂属于铬尖晶石类，主要矿物组成有铬铁矿 $FeCrO_4$，镁铬铁矿（Mg·Fe）CrO_4 和铝镁铬铁矿（Fe·Mg）$(Cr \cdot Al)_2O_4$，铬铁矿砂的优点是热导率比石英砂大好几倍，耐火度高，不与氧化铁等起化学反应。

2.1.3 原砂的选用

原砂的选择原则主要是满足型砂性能要求，保证铸件质量，另外还要考虑来源丰富，就地就近取材，以及节约粘结剂等方面。

随着铸件的合金种类、重量、壁厚，砂型种类（湿、干、表干型），造型方法（手工、机器）的不同，对型砂性能的要求不同，相应对原砂的要求也不相同。

铸钢件的浇注温度高达 1500℃ 左右，要求有较高的耐火度和透气性，所以原砂中 SiO_2 含量应较高，一般 $w(SiO_2) \geq 94\%$，有害杂质亦应严格控制，同时要求硅砂颗粒较粗、较匀。

铸铁的熔点低于铸钢，浇注温度一般在 1400℃ 以下，对原砂耐火度的要求比铸钢低。

铸铜的浇注温度约为 1200℃，所以对原砂的化学成分要求不高。但铜合金流动性好，容易钻入砂粒空隙间形成机械粘砂，因此宜采用较细的原砂，如 70/140 的细砂和 140/270 的特细砂。

刷涂料的干型和表干型多用较粗的原砂，湿型宜用较细的原砂，对一些表面质量要求特别高的不加工小件，应选用特细砂粒。

2.2　铸造用粘土

1. 粘土的种类

粘土根据它含有的粘土矿物种类及其性能的不同，主要分为普通粘土和膨润土两大类。普通粘土通常又称白泥，主要是由高岭土类粘土矿物组成，故亦称高岭土。膨润土主要由蒙脱石类矿物组成。膨润土按所吸附的阳离子的种类可分为两类：钙基膨润土——吸附的阳离子以 Ca^{2+} 为主；钠基膨润土——吸附的阳离子以 Na^{+} 为主。

粘土的粘结机理：由于粘土颗粒表面带有负电件，加水润湿后把极性水分子吸引在自己周围形成呈胶粘性的水化膜，公共颗粒间水化膜的水化阳离子，起着“桥”或“键”的作用，使土粒间相互连接起来，产生湿态粘结性。

粘土加热后体积要收缩。膨润土加热到 105～110℃ 时失去自由水，随着水分的蒸发，粘土颗粒相互靠近出现收缩，加热到 170℃ 左右失去结合水（吸附水、层间水）体积会进一步收缩，并导致原矿物结构破坏，失去粘结力而成为死粘土。而高岭土吸附水少，又无层间水，粘结受热过程中体积收缩较小，因此它可以用于干型。

2. 粘土的选用

选用粘土时通常考虑以下几方面的要求：

1）粘结力。膨润土的湿态粘结力比普通粘土高出 1 倍左右。

2）耐用性。粘土矿物失去结构水就失去粘结作用成为死粘土。膨润土失去结构水的温度比普通粘土高，故膨润土的耐用性比普通粘土好，反复使用过程中，型砂性能不易恶化。

3）抗夹砂能力。粘土的抗夹砂能力与粘土的热湿抗拉强度成正比，为减少铸件的夹砂缺陷，应选用热湿抗拉强度高而热压应力低的膨润土。

2.3 粘土型（芯）砂

粘土型（芯）砂是指由原砂、粘土、水和其他附加物按使用要求混制而成的混合物，其结构如图2-3所示。粘土型砂可分为湿型砂，表干型砂和干型砂三类。对湿型砂、表面干型砂、干型砂的性能要求各有特点，因而应掌握它们性能变化的规律性。

2.3.1 粘土型（芯）砂性能及其影响因素

由于铸件的生产需经过造型、起模、翻箱、合箱、浇注、打箱等过程，在此过程中只有具有一定性能的型砂才能满足铸件生产的需要。比如造型、起模、翻箱、合箱时要求铸型具有一定的湿强度、表面强度和韧性；浇注时要求铸型具有一定的高温强度和耐火度；打箱时要求铸型具有较低的残留强度等。

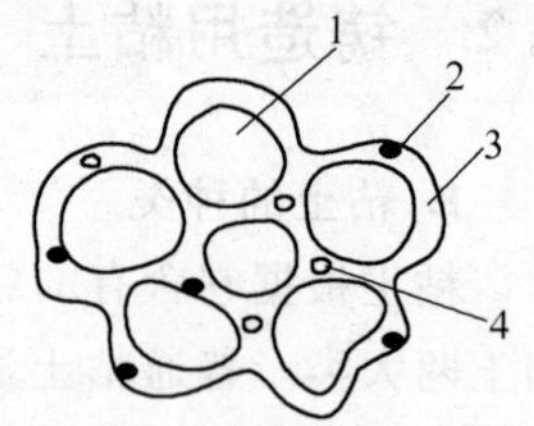

图2-3　粘土型砂结构示意图
1—砂粒　2—附加物
3—粘土胶体
4—孔隙

1. 湿强度

型砂的强度用标准试样受力破坏时的应力数值来表示。试样强度通常分为湿态、干态两种，包括抗压、抗拉、抗弯、抗剪、抗裂（或抗劈）等。湿型铸造时，主要检查型砂的湿态抗压强度。

型砂中粘土的质量和加入量对湿强度有很大影响。型砂中粘土含量增加时湿压强度随之增加，但型砂中粘土含量过多，会使型砂混碾困难，形成粘土团，型砂的其他性能亦变坏。

当粘土量一定时，湿压强度开始随着型砂水分增加而增加，达到一最大值时，强度就随水分继续增加而下降。因为开始加水时，水量太少，不够形成完整的水化膜，粘土颗粒没有完全发挥粘结力，因此粘结力不大。继续加水时，水化膜逐渐形成，粘结力逐渐增大，到粘土颗粒间水分子层数达到一定时，湿压强度达最大值。继续增加水分，粘结力开始减弱，如果水分过多，粘土颗粒之间出现自由水，粘结力就会猛烈下降。因此必须保持适宜的土水比，以发挥粘土的粘结力。

2. 透气性

型砂孔隙透过气体的能力称透气性。透气性的大小用透气率表示。金属液浇入砂型，尤其是湿砂型，会产生大量气体，因此砂型必须具备良好的排气能力，否则浇注过程中有可能发生呛火，造成金属液体喷溅，也可能使铸件形成气孔、浇不足等缺陷。但透气性过高时，会造成铸件表面粗糙和发生粘砂缺陷。所以透气性大小是型砂的重要性能指标之一，应该严格控制。

砂子对透气性的影响，主要是颗粒大小和均匀程度。原砂的粒度越粗，气体通过的阻力越小，透气率越高。粒度分散的原砂，细小颗粒总是嵌在大颗粒的孔隙中，使型砂的孔隙大为减小，透气能力大幅度下降。水分对透气性的影响是随着水分的增加，透气性先升高到最大值，然后降低。因为水分较少时粘土颗粒没有被充分润湿，堵塞了砂粒间隙，使型砂的透气性较低，当水分适宜时，粘土颗粒在型砂表面形成了光滑的薄膜，此时空气的流动阻力最小，因此透气性最大。水分超过一定限度后，粘土膜变得厚而软，制样时粘土膜易被挤到砂粒间隙造成透气性下降。

3. 流动性

型砂在外力或本身重力作用下砂粒间相互移动的能力称为流动性。流动性好的型砂可得到各处紧实程度较均匀、无局部疏松、轮廓清晰、表面光洁、尺寸精确的型腔。

砂粒形状、大小和表面状态对型砂流动性影响较大。采用粒度大而集中的圆形砂可得较好的流动性，尖角形和粒度分散的砂则流动性较差。

4. 可塑性和韧性

可塑性是指型砂在外力作用下变形，当外力去除后，能保持所给予的形状。型砂中粘土含量愈高并加入足够水分，可塑性就愈好。手工造型起模时常在模样周围刷水，其作用就是局部增加水分以提高可塑性和改善起模性能。韧性是型砂抵抗破坏的能力，韧性可以反映出型砂的起模性能。韧性可用落球法测出的破碎指数来表示。凡能影响湿压强度和应变的因素都影响韧性。

2.3.2　粘土砂的应用

粘土型砂被广泛应用于制造各种铸件的铸型和型芯，目前生产中粘土型砂约占整个铸造生产的 70% ~80% 。

1. 湿型砂

湿型铸造的优点是工序简单、生产周期短、生产率高、便于组织流水作业。但湿型铸造的缺点是铸件易产生气孔、砂眼、夹砂和粘砂缺陷。

湿型砂按其使用特点的不同可分为面砂、背砂和单一砂。所谓面砂是指铺敷在模样表面上构成型腔表面层的型砂。背砂是指在面砂背后用来充填加固的型砂，又称填充砂。在铸型浇注时面砂直接与高温金属液接触，因此面砂应具有较好的强度、韧性、流动性、抗粘砂性和抗夹砂性。而背砂只是起着加固作用，因此背砂的强度可以较低，但透气性要高。采用面砂和背砂，不但可以保证铸件的质量，还能降低原材料的消耗。但由于在同一铸型中使用性能不同的两种型砂，使得造型复杂，因此在手工造型车间多使用面砂和背砂。在机器造型时一般使用单一砂，单一砂的性能应接近面砂。

湿型砂常采用粒度为50/100目、70/140目、100/120目的颗粒均匀的圆形或多角形的天然石英砂或石英-长石砂。采用粘结性能较好的膨润土，同时铸铁件湿型砂中常加入煤粉，重要件的面砂中还加入重油，以提高型砂的抗夹砂和抗粘砂的能力，得到表面光洁的铸件。

配制湿型砂时的配方，可分为全用新砂和使用回用砂两种。

全用新砂适合于型砂的性能试验、车间刚投产和一些重要件的面砂。对于铸铁小件，全用新砂时，膨润土加入量一般为5%～6%（质量分数，下同），普通粘土6%～8%左右；大件和易出现夹砂和粘砂缺陷的铸件，膨润土加入量一般为6%～8%，普通粘土为9%～10%。

煤粉加入量对于薄壁小件一般为3%～4%，较大的铸件为8%。煤粉加入量是否合适可根据铸件表面来判断，如果铸件表面仍有粘砂，说明煤粉加入量不够；如果铸件表面光洁并发蓝，说明煤粉加入量过多。

湿型砂的最适宜水分一般以紧实率确定，如一般机器造型的紧实率为45±45×5%，手工造型为50±50×5%，高压造型为40±40×5%，铸钢件手工造型为55%～60%。

生产1t铸件约需使用4～5t型砂，如果每次配砂都全用新砂，就会消耗掉大量的新砂和粘土，使铸件的成本大大增加，也不利于环保。因此在实际生产中应尽量使用回用的旧砂。但由于旧砂中的粘土在高温作用下，失去结构水，丧失了粘结能力，成为死粘土。型砂中的煤粉和重油等有机物在高温下失去挥发分，烧结成细焦炭分和灰分。型砂中的砂粒在高温时急剧膨胀，冷却时收缩，会发生碎裂。因此在使用回用砂时必须补加一定量的新砂、粘土和煤粉才能保证铸件的质量。

一般来说，在大量生产中，铸铁小件每次补加新砂5%～7%，大件补加新砂15%～30%。粘土补加量为新砂所需粘土量加上失效粘土的补加量。煤粉失效的百分数可由试验测出。

2. 干型砂

对于一些重量大、质量要求高的铸件一般采用干型砂生产。其优点是铸型强度高、发气量低、透气性高，所以对于中大型铸件质量易于保证，但其也有生产周期长，烘干设备投资大、燃料消耗多、劳动条件差等缺点。干型砂的砂型及砂芯一般需要烘干，目的是除去水分、降低型（芯）的发气量和提高透气性及强度。

砂型的烘干过程可以分为三个阶段。第一阶段为均热阶段，在此阶段缓慢升温，把烟道闸门大部分关上，避免砂性表面水分蒸发，直到所需温度为止。第二阶段为水分迅速蒸发阶段。此阶段在预定的温度下保温，把烟道闸门完全打开，加速炉气循环。第三阶段为缓冷阶段。把烟道闸门半闭使砂型和烘炉一起冷却。

3. 表面干型砂

表面干型砂是将型（芯）砂表面烘干的型砂，与湿型砂相比铸件不易产生夹砂、粘砂及气孔缺陷；与干型砂相比可节省烘炉，节约燃料和电力，缩短生产周期。

表干型一般都采用粒度为 12/28 目、25/45 目、28/55 目的粗砂，采用膨润土或活化膨润土为粘结剂，且膨润土的加入量一般较高，为 8% ~10%。在干型砂中还常加入木屑，以提高型砂的抗夹砂能力、退让性和溃散性。

表干砂型大都采用喷灯等烘烤，烘干层约为 5 ~10mm。

2.4 水玻璃砂及有机粘结剂砂

2.4.1 水玻璃砂的硬化机理及硬化方法

水玻璃砂广泛用于铸钢件生产中，它以水玻璃作为粘结剂。水玻璃砂可以有多种硬化方法，它们的硬化过程主要是化学反应的结果。用 CO_2 气体使水玻璃硬化的叫 CO_2 硬化砂；在水玻璃砂中加入硬化剂使其硬化的叫自硬砂；在水玻璃砂中加入硬化剂和少量发泡剂使其流动和自硬的叫流态砂。水玻璃砂在使用时还存在一些缺点，如玻璃砂出砂性差，旧砂回用较困难，流态自硬砂铸件易产生缩沉等。

1. 水玻璃的技术条件

水玻璃是一种粘稠液体，呈碱性。成分为硅酸钠和水。硅酸钠是 SiO_2 和 Na_2O 以不同比例组成的多种化合物的混合体，常用通式 $Na_2O \cdot mSiO_2$ 来表示它们的一般组成。

（1）水玻璃模数及其调整　水玻璃中的 SiO_2 克分子数和 Na_2O 克分子数比值称为水玻璃的模数，用 M 表示。

$$M = \frac{SiO_2\ 物质的量}{Na_2O\ 物质的量} = \frac{w(SiO_2)/60}{w(Na_2O)/62} = \frac{w(SiO_2)}{w(Na_2O)} \times 1.033$$

模数增加表示 SiO_2 相对含量提高，水玻璃的模数不一定是整数。例如由化学分析法测得某水玻璃含 31% 的 SiO_2，含 14% 的 Na_2O，则其模数为：

$$M = 31\%/14\% \times 1.033 = 2.28$$

在生产中，常遇到现有水玻璃不符合生产条件的要求，有必要对模数进行调整，调整模数的方法如下：

1）降低模数。模数较高的水玻璃中可加入适量苛性钠（NaOH），使其碱度增加，中和水玻璃中一部分游离的 SiO_2，则可使 SiO_2 与 Na_2O 比值降低。其反应式为：

$$m\mathrm{SiO_2} + 2\mathrm{NaOH} = \!=\!= \mathrm{Na_2O} \cdot m\mathrm{SiO_2} + \mathrm{H_2O}$$

2）提高模数。如果 M 偏低，可加入适量氯化氨（NH_4Cl）、盐酸（HCl），与水玻璃中的 Na_2O 作用，使 Na_2O 含量降低，模数提高。其反应为；

$$\mathrm{Na_2O} \cdot m\mathrm{SiO_2} + 2\mathrm{NH_4Cl} = m\mathrm{SiO_2} + \mathrm{NaCl} + 2\mathrm{NH_3} + \mathrm{H_2O}$$

$$\mathrm{Na_2O} \cdot m\mathrm{SiO_2} + 2\mathrm{HCl} = m\mathrm{SiO_2} + 2\mathrm{NaCl} + \mathrm{H_2O}$$

（2）水玻璃的密度 水玻璃的密度由比重计测定。密度能表示 SiO_2 与 Na_2O 含量的多少。当 M 一定时，水玻璃的密度取决于溶解在其中的硅酸钠含量。硅酸钠含量越高，水玻璃相对密度越大，硬化速度越快，达到最高强度的时间越短。工厂常用的水玻璃溶液，其相对密度应为 1.45～1.5。

2. 水玻璃的硬化机理

水玻璃在一定条件下变硬的过程，叫水玻璃的硬化。

水玻璃是一种弱酸强碱所生成的盐，它是多种硅酸钠的混合物，如 $SiO_2 \cdot H_2O$（偏硅酸）、$SiO_2 \cdot 2H_2O$（正硅酸）、$2SiO_2 \cdot 3H_2O$（二硅酸）等。以 Na_2SiO_3 为例，它在水中将完全以 Na^+ 和 SiO_3^{2-} 离子形式存在，水微弱地电离为 H^+ 和 OH^-，由于 NaOH 是强电解质，Na^+ 和 OH^- 并不结合，但是 H^+ 离子和 SiO_3^{2-} 离子能生成弱电解质 H_2SiO_3，所以水玻璃水解后呈碱性。

当水玻璃水解程度很小时，生成的硅酸分子是可溶的，可以看做是低分子溶液。当水玻璃模数增高、浓度较大时，其水解程度将增大，生成的硅酸分子越来越多，这些硅酸分子在溶液中能脱水聚合，形成双分子、三分子或多分子聚合的大分子。这些聚合大分子（直径为 1～100μm），其表面吸附了一层 SiO_3^{2-} 离子，带有负电，叫胶核。由于静电作用，胶核表面可吸附一层 H^+ 构成了吸附层。

胶核 + 吸附层组成胶粒，由于 H^+ 没有全部中和胶核的负电，故胶粒也带负电。在胶粒外还可吸附一些 H^+，形成扩散层。胶粒 + 扩散层组成胶团。各胶团带同种电荷，阻止了粒子相互接近，因而不能聚集下沉，胶粒和带相反电荷的离子都将发生水化而形成水化膜，也能阻止胶粒和反离子的结合，避免发生聚集。因此形成的硅酸溶胶是稳定的。

要使胶粒聚沉，可在溶液中加入少量电介质，例如加入某种酸溶液，使 H^+ 浓度增大，胶粒吸附的 H^+ 中和了胶粒所带的负电，则离子互相碰撞发生聚沉。加热也能使胶粒聚沉。

水玻璃粘结剂的硬化过程实质就是由硅酸溶胶聚沉凝胶的过程。

3. 水玻璃的硬化方法

(1) 吹 CO_2 硬化（CO_2 硬化水玻璃砂） 在水玻璃砂中吹入 CO_2 气体，CO_2 溶入水中生成碳酸，它与硅酸钠的水解产物 NaOH 作用生成 Na_2CO_3 或 $NaHCO_3$,体系因 OH^- 离子浓度的降低而促进硅酸钠的水解，使溶液中硅酸分子不断增加，促使硅酸凝胶形成。

吹 CO_2 方法有：在砂型或砂芯上扎一些 $\phi6 \sim \phi10$mm 的吹气孔；在砂型上盖一吹气罩吹气；通过模样背面的吹气孔吹入气体。吹入的 CO_2 气体一般为 0.1～0.15MPa，$1m^2$ 的砂型面积吹气时间 1.2min。

CO_2 硬化砂中，水玻璃加入量一般为 5%～8%（质量分数，下同）。为了提高水玻璃砂的干强度及型砂保存性，可加入 0.5%～1.0% 的苛性钠；为了提高湿强度，可加入少量粘土（2%～3%）；为了防止粘模，提高型砂流动性，改善溃散性，可加入 0.5%～1.0% 的重油、柴油。

(2) 发热自硬（水玻璃自硬砂） 水玻璃自硬砂由原砂、水玻璃、硬化剂等配制而成。紧实后的型砂能自硬、溃散性较好，主要用于生产周期较长的中大型铸件。

2.4.2 CO_2 水玻璃砂的性能及影响因素

1. 可使用时间

混好水玻璃的砂如不及时使用，会随停放时间延长而降低强度，甚至发散而不能使用。水玻璃砂的可使用时间一般以试样强度降为出碾后立即制样的即时强度的 80% 时的型砂存放时间来表示。原砂的温度高、水玻璃的模数高、密度大、混砂时间长、出碾水分低、气温高、相对湿度低等都会使型砂的可使用时间缩短。

2. 湿强度

水玻璃砂的湿强度很低，一般为 0.005MPa 左右。对于起模后硬化的型砂可在混砂时加入 2%～3% 的粘土。

3. 硬化强度

硬化强度又分为即时强度和存放强度，它们决定于 CO_2 的吹气工艺、水玻璃的模数和密度、型砂中的含水量和原砂的质量。

4. 表面稳定性

硬化后的水玻璃芯砂在存放一段时间后，型芯的表面和棱角易发酥，用手一撮就掉砂，而砂芯的整体强度并未降低，因而表面稳定性比硬化强度还要重要。表面稳定性随水玻璃加入量的增加而提高；原砂质量差、过吹、水玻璃的模数高等都使表面稳定性降低。

5. 粘砂性

用水玻璃砂型浇注铸铁件容易形成化学粘砂，因为铸铁件表面形成的氧化铁层较薄，未能达到临界厚度，粘砂层同铸件的结合强度大而难以剥离。

6. 溃散性

使用 CO_2 硬化水玻璃砂时存在的主要问题是溃散性差。这是由于水玻璃砂加热到800℃左右时，水玻璃粘结膜即出现液相，冷却后成为完整的玻璃粘结膜，使烧结后的水玻璃砂有很高的残留强度，导致溃散性差。改善水玻璃砂溃散性的措施有：

1）降低水玻璃的加入量。

2）适当提高水玻璃的模数和降低密度。

3）采用加热硬化、温芯盒或自硬砂工艺，以充分发挥水玻璃的粘结力。

2.4.3 有机粘结剂砂的性能及使用

由于砂芯在浇注之后大部分被金属液包围，与砂型相比，受到的热冲击力、浮力和压力作用更大，工作条件更恶劣。因此对砂芯材料（原砂及粘结剂）提出了更高要求。传统的粘土型砂和水玻璃砂无法满足要求，促使机粘结剂砂在生产中得到广泛应用。

1. 有机粘结剂的种类、特性及使用要求

（1）有机粘结剂的种类　有机粘结剂按照其原材料来源，可以分为三类，如表2-2所示。

表2-2 有机粘结剂的分类

编号	类别	粘结剂名称
一	天然植物类	植物油：桐油、亚麻油、梓油、糖浆 淀粉：面粉、糊精、石蒜粉 天然树脂：松香
二	石油、轻工、化工副产品类	制皂、造纸、制糖废液：合脂、纸浆废液、糖浆 石油加工副产品：渣油、沥青 粮、棉加工副产品：米糠油、羧甲基纤维素
三	合成树脂类	尿醛树脂 酚醛树脂类：酚醛树脂、苯基苯酚树脂 糠醇树脂类：呋喃-Ⅰ型、呋喃-Ⅱ型 聚乙烯醇树脂

（2）有机粘结剂的特性

1）硬化特性。铸造有机粘结剂由于其组成复杂，硬化过程可能同时发生几种变化，但根据其主要变化可分为以下三种类型：

第一种：硬化过程主要是粘结剂的物理状态发生变化，而原来的结构并不改变，可以称为物理硬化。这种过程是可逆的。

第二种：硬化过程是低分子转变成高分子化合物，由链状线形结构转变成网状体型结构。这种硬化过程可称为化学硬化，其过程是不可逆的。

第三种：介于第一、第二两种之间，硬化过程同时发生物理状态和化学结构的变化，其过程部分是可逆的，部分是不可逆的。

2）强度特性。一般来说通过物理硬化的强度较低，而通过化学硬化获得的强度较高。铸造有机粘结剂的强度用比强度来表示。比强度是指每 1% 粘结剂可获得的芯砂干拉强度。

3）亲水特性。铸造有机粘结剂可分为亲水和憎水两种。亲水粘结剂可用水来调整粘度，但也易吸潮使芯砂强度降低。憎水粘结剂需要稀释时，则必须采用有机溶剂或用乳化剂制成乳液。

4）其他特性。由于有机粘结剂都是碳氢类化合物，一般加热到 300℃ 以上就会分解和燃烧。所以有机粘结剂芯砂的退让性和出砂性比较好。但高温燃烧会产生大量的挥发性气体，因此有机粘结剂芯砂发气量大。

2. 植物油砂

以桐油、亚麻油、豆油、米糠油等为粘结剂配成的芯砂叫植物油砂。

植物油粘结剂可以不经任何处理直接使用，加入量少（质量分数为 1% ~ 3%），芯砂具有干强度高、流动性好、不易粘芯盒、便于制芯操作等优点。同时，植物油在高温金属液的作用下会燃烧分解，生成碳，放出 CO、H_2 等还原性气体，降低铸件内腔表面粗糙度。油砂芯具有良好退让性和溃散性，烘干后不易返潮，可以保存较长时间。植物油砂的缺点是湿强度低，烘干前和烘干中砂芯易变形。

（1）植物油砂的性能及影响因素

1）干强度。油砂的干强度随油的加入量的增加而提高，但比强度在油的加入量超出一定的范围后即逐渐降低。油的加入量太低，油膜太薄，干燥中有可能缩裂，连续性被破坏，使砂芯强度降低；加入量过多，油膜太厚，在即定烘干温度下，得不到充分硬化，也使砂芯干强度降低。在满足强度要求前提下，植物油加入量以 3% 为宜。

原砂通常采用中等粒度（55/100 目）或稍细的粒度（75/150 目）的圆形砂。砂的粒度太细时，表面积增大，在油量不变情况下，油膜厚度减薄，干强度则低。圆形砂不仅流动性好，且比多角形砂表面积小，油膜稍厚，干强度较高。

2）湿强度。油砂湿强度低，一般为 0.003MPa，制芯操作不方便，烘干前易变形，影响铸件尺寸精度。为克服这一缺点，可在油砂中加入适量的水、粘土、糊精等附加物。在有水的油膜中，砂粒首先被水润湿，油在水的表面形成油膜，可改善油的分布状态。但烘干时水分蒸发，可能破坏油膜连续性，使干强度降低。故水的加入量应控制在3%以下。油砂中加入粘土，同时加入少量的水能显著提高油砂的湿强度，因为粘土的细小颗粒加入油砂中，使型砂颗粒之间的接触面积增大，增加了颗粒之间的附着力。糊精是良好的水溶性有机粘结剂，油砂中加入少量的糊精不仅能提高油砂的湿强度，而且还可以提高干强度，改善芯砂的容让性和出砂性。

(2) 植物油砂的混制工艺　原砂加粘土（混碾2~3min）—加水、加其他液态粘结剂（混碾2~3min）—加水（混碾5min）—出碾。

植物油砂的烘干温度太低，氧化聚合反应太慢，则烘干时间长，且油膜达不到最大强度；烘干温度太高，砂芯发酥，强度也降低；烘干速度太快，砂芯易裂。实际生产中，采用的烘干温度为200~250℃，烘干时间与砂芯大小厚薄有关，一般为1~2h。

植物油砂长期以来在汽车、拖拉机、柴油机等制造部门用来制作复杂砂芯，但经济上不够合理。寻求其他材料代替植物油作粘结剂，具有实际意义。合脂便是一种较好的植油替代品。

3. 合脂砂

合脂是合成脂肪酸蒸馏残渣的简称，是制皂工业的副产品。它由复杂的有机化合物组成，各组成物的含量与所用原材料（石蜡）有很大关系。铸造用的合脂应选用低熔点石蜡的合脂，此种合脂含羟基酸多，配制的砂芯具有较高的干强度。

合脂在常温下是膏状物，呈黑褐色，温度低时会结成固体。常用熔剂稀释的方法降低合脂粘度，以便于配砂。稀释溶剂一般都是用煤油，因其成本低，且对人体皮肤无刺激。

合脂的硬化作用主要依靠羟基酸，羟基酸含量越多，由低分子转换成高分子的过程越快。目前尚无测定羟基酸的简便方法，常用酸值间接地表示，酸值表示合脂中脂肪酸的含量。芯砂用的合脂，酸值不宜过高，否则合脂中脂肪酸含量多，相对的羟基酸含量就少。

合脂粘度大小对合脂砂性能影响很大，当粘度超过规定时，可用煤油稀释。

(1) 合脂砂的工艺性能　合脂砂的工艺性能与植物油砂相近。

1) 湿强度。合脂砂的湿强度一般较低，约为2.5~4kPa，而且合脂加入量越多，湿强度越低。提高合脂砂的粘度时芯砂的湿强度略有提高。为提高合脂砂的湿强度，需要加入糊精、纸浆废液、粘土和水等附加物。

2) 干强度。合脂砂的干强度较高，在合适烘干温度下（200~220℃），其干强度与桐油砂接近。为提高湿强度而加入的各种附加物都使合脂砂的干强度降低。

3）吸湿性。合脂是憎水材料，合脂砂吸湿性很小，但当加入糊精、纸浆等水溶性材料后，吸湿性将显著增加。

4）发气性。合脂砂发气量与烘干温度有关。烘干温度低，发气量则大。当烘干温度超过 200℃时，在强度接近的情况下，合脂砂发气量比桐油砂还低。

5）退让性和出砂性。合脂粘结剂在 300℃ 以上分解，500℃ 开始燃烧，600℃开始丧失强度，退让性、出砂性良好。

合脂砂与油砂相比，流动性较差，形状复杂的砂芯不易紧实，容易粘芯盒，湿强度较低，砂芯易变形，有时甚至倒塌。

(2) 合脂砂的配制与应用　合脂砂在国内工厂已普遍应用。在制作Ⅰ级砂芯时，可加入 0.3% ~0.5%（质量分数，下同）的植物油，以提高合脂的流动性、干强度，降低粘模性，合脂的加入量一般为 2% ~3% 或更低些。制作Ⅱ、Ⅲ级砂芯时一般均加入几种附加物，如纸浆残液或糊精，并同时加入粘土或膨润土，合脂加入量控制在 3% ~4.5%。

合脂砂的混制工艺是：首先加入原砂、粘土、糊精等粉状物，干混 2 ~3min，最后加合脂，混合 10min 左右。

合脂砂适宜的烘干温度为 200 ~240℃，以 210℃烘干效果最佳。温度太低，烘干时间要延长，烘干时间控制在 2 ~3h；温度太高，易过烧，强度降低，表面粉化。

4. 树脂砂

铸造上所用的植物油、合脂等粘结剂虽然具有较好的性能，但却由于硬化速度慢、需进窑烘干等缺点，故生产周期长，生产效率低，不易实现机械化、自动化的要求。合成树脂粘结剂的出现弥补了以上粘结剂存在的不足。以合成树脂为粘结剂的树脂砂，可在芯盒中直接硬化（加热或不加热），无需进窑烘干，硬化反应只要几分钟或几十秒即可完成，大大提高了劳动生产率，且砂芯变形小，尺寸精度高，可减小加工余量，并使工艺流程简化，易于实现机械化和自动化。

国内应用的合成树脂粘结剂，主要有酚醛树脂、脲醛树脂和糠醇树脂三种。这三种树脂的性能均有一定局限性，可将它们按需要组合（化学合成或机械混合），制成各种改性树脂，以适应需要，扩大应用范围。

合成树脂分为热塑性和热固性两种。

凡是受热后软化、熔化（树脂无固定熔点），冷却后凝固硬化，此过程可重复多次的树脂，称为热塑性树脂。

凡是在常温或受热后起化学反应固化成形，再加热时不可逆的树脂叫热固性树脂。

热塑性树脂在加热及固化剂的作用下，其链状结构即可转变为体型结构，使树脂变为坚硬的固体；热固性树脂在受热后或长时间保存过程中，就能转变为体型结构。

(1) 热芯盒树脂砂 热芯盒制芯是用射芯机以0.5～0.7MPa的压缩空气，将散状树脂砂射入加热到一定温度（180～260℃）的芯盒内，经过几十秒或几分钟便可从热芯盒中取出表面光滑、尺寸精确并具有足够强度的砂芯。

这种制芯方法的优点是，工艺过程简单，硬化周期短，砂芯从芯盒中取出后利用自身余热能继续硬化，生产效率较高。

热芯盒树脂砂具有低的湿强度，高的干强度，混制工艺简单，硬化迅速，流动性、透气性、退让性、溃散性较好，发气量低等优点。

(2) 冷芯盒树脂砂 冷芯盒制芯是将树脂砂射入冷芯盒，再通入气体催化剂，使砂芯在室温下硬化，无需加热。改善了劳动条件，缩短了生产周期，生产效率大大提高。特别适合于中小批量、多品种的生产条件。

冷芯盒制芯目前有扩散气体冷盒法和自硬冷盒法两种。

1) 扩散气体冷盒法是以雾化的三乙胺$(C_2H_5)_3N$为催化剂，使液态酚醛树脂的羟基（—OH）与液态聚异氰酸脂中的异氰酸根（—NCO）结合成相对分子质量巨大的聚氨脂树脂。这种树脂砂出砂性好，存放性也好，存放长达6个月性能也不起变化。可用于浇注铸钢、铸铁、铸铜件。

2) 自硬冷盒法是利用液态树脂（7501型树脂）和液态催化剂分别与砂子混合，然后两种砂在吹砂筒中混合并吹入芯盒达到室温瞬时硬化。所用催化剂有硫酸乙脂、磷酸、甲苯磺酸等，变更催化剂的种类、浓度和加入量，可调整自硬砂的固化速度。

(3) 壳芯树指砂 壳芯法制芯是将含有酚醛树脂的芯砂吹入已加热到260～300℃的金属芯盒中，保持一定时间（15～50s），接近盒壁的一层树脂由于受热熔化将砂粒粘结成壳，然后倒出松散的砂子，并使形成的空壳继续受热硬化，取出砂芯，即可得到5～12mm厚的薄壳砂芯，叫壳芯。

壳芯法可以制造形状复杂、尺寸精确、表面光洁的优质砂芯，生产效率高，树脂消耗量少，广泛用来生产铸铁、铸钢和有色合金铸件。

制备壳芯树脂砂时，一般选用颗粒较细、表面光洁的圆形砂。为了改善树脂砂的性能有时也加入一些附加物，如加入石英粉可提高壳芯的高温强度，加入润滑剂硬脂酸钙可增加壳芯砂的流动性，使壳芯表面致密。

壳芯树脂砂，其中酚醛树脂加入量为3%～6%（质量分数，下同），采用乌洛托品作固化剂，固化剂为树脂量的10%～15%。

2.5　铸型涂料

铸型涂料是一种悬浮状液体，用于涂刷在铸型型腔内表面和砂芯表面，主要起降低铸型（芯）表面粗糙度、耐火度、强度、抵抗金属液的冲刷及高温破坏作用，以便获得质量良好、表面光洁的铸件。

涂料按浇注金属的类型可分为铸钢涂料、铸铁涂料和有色金属涂料；按分散介质可分为水基、醇基或其他有机溶剂的涂料；按使用方法可分为刷、浸、喷、淋等不同类型的涂料。

2.5.1　涂料的组成

铸型涂料由粉状耐火骨料、分散剂、粘结剂、悬浮稳定剂及少量附加物组成。

1. 耐火骨料

耐火骨料可以是单一成分的耐火材料，也可是由两种或多种成分的耐火材料组成的混合材料。涂料的抗粘砂性能主要决定于耐火骨料，所以优质涂料常选用耐火度高、烧结点适当、热膨胀系数小，不被金属及其氧化物润湿，不与型砂起化学反应，来源广、价格低的耐火材料。

铸铁件常用石墨、石墨与铝矾土或锆英粉的混合物作耐火骨料。石墨化学性质稳定，不与铸铁润湿。且耐火高度，是一种良好的铸铁防粘砂材料，能够获得光滑的铸件表面。

铸钢件常选用硅粉、锆石粉、刚玉粉、铝矾土粉、莫莱石粉、铁橄榄石粉作耐火骨料。

有色金属件常用滑石粉、石墨等。

在选用耐火骨料时要注意其成分和粒度：成分中杂质含量高时影响耐火骨料的熔点；耐火骨料的粒度太粗，则涂料不能渗入到砂性表面的空隙，起不到防粘砂的作用，同时涂料的悬浮稳定性较差；但粒度太细，浇注时涂料表面易产生裂纹。

2. 分散剂

分散剂又称为溶剂。采用水作分散介质的涂料，称为水基涂料，多用于粘土砂型和芯。为了使涂料涂刷后分散介质迅速挥发，也可用有机溶剂作分散介质，最常用的有机溶剂是醇类，这类涂料称为快干涂料或醇基涂料。

3. 悬浮稳定剂

悬浮稳定剂是使涂料具有适当的稳定性和触变性的主要材料，其主要作用是防止耐火骨料沉淀，保证涂料始终为均匀的悬浮液。水基涂料常用粘土、膨润土、羧甲基纤维素（CMC）和聚乙烯醇（PVA）作悬浮稳定剂。醇基涂料常用锂彭润土、聚乙烯醇缩丁醛（PVB）等作悬浮稳定剂。

4. 粘结剂

为了获得涂层自身强度及涂料层与砂型表面的结合强度，涂料中需加入粘结剂，水基涂料中的悬浮稳定剂本身又是粘结剂，如粘土、PVA 等。此外，为了提高强度还可加入适量的纸浆废液、糖浆、糊精等；醇基涂料粘结剂是各类醇溶性树脂，如酚醛树脂。

2.5.2 涂料的性能

涂料只有在满足一定性能的条件下才能充分发挥作用，优质涂料应具有如下性能：

(1) 悬浮稳定性　配制好的涂料应在一定时间内不沉淀，不分层，保证涂刷均匀。

(2) 涂刷性　涂料应在型芯表面形成均匀的薄层，不流淌、不聚堆。涂刷性主要取决于粘度、密度及其流变性能等。

(3) 适当的渗入深度　涂料渗入到砂型表面适当的深度，将砂粒间隙堵住，起到防粘砂作用。一般要求渗入深度达 2～3 倍砂粒直径。渗入深度太浅，涂层易产生裂纹、剥落；太深则得不到合适的涂层厚度。

(4) 抗裂性　涂料层在烘干和浇注中应不发生裂纹。膨润土加入量越多，越易开裂，耐火骨料越细、粒度集中，涂料层也越易开裂。

(5) 适当的涂层强度　涂层在固化后要有适当的强度，不致在搬运、合箱时损坏。涂层要有一定的高温强度，在浇注温度下能经得起合金液的冲刷和冲击。涂料层的强度主要取决于粘结剂的性质、加入量及烘干规范。粘结剂越多，强度越高。用糊精、糖浆、纸浆残液作粘结剂时，烘干温度超过 200℃ 时，强度很快下降。

(6) 抗粘砂性　浇注后铸件不应发生粘砂，铸件冷却后涂层与铸件表面自行脱离。涂料的抗粘砂性主要由涂料中的耐火骨料的性质决定，涂层的厚度、渗入深度、抗裂性等都对其有影响。

(7) 发气性　涂料层本身的透气性很低，能防止砂型产生的气体侵入到型腔。因此涂料的发气性应低，以免涂料产生过量的气体造成气孔。

2.5.3 涂料的使用方法

涂料的使用有：刷、浸、喷、淋等方法。

(1) 刷　刷是上涂料最常用的方法。在刷的过程中触变涂料变稀，涂料的渗入深度较大，也可避免涂层过厚。

（2）浸　浸涂料对简单的小芯比较适合，生产率高，易得到光洁的涂层表面，易实现机械化。

（3）喷　喷涂料使用于大面积的铸型表面和多层喷涂。

（4）淋　淋涂料是将涂料用泵打出淋浇在砂芯表面上，多余的涂料流入池中可继续使用。淋法适用于没有凹腔的大砂芯，生产率较高。

2.6 液态金属与铸型的相互作用

液态金属在充填、凝固、冷却过程中会和铸型（包括涂料层和型内气氛）发生热的、机械的和物理化学的作用。铸件的某些缺陷，如；砂眼、夹砂、粘砂、胀砂、气孔、缩孔等都是在不利的条件下形成的。掌握金属和铸型相互作用的规律，不仅可以防止铸件缺陷，还可以提高铸件质量、提高生产率和经济效益。

2.6.1 液态金属与铸型的热作用

金属液浇入铸型后即通过铸型散失热量而凝固、冷却；铸型的冷却能力影响铸件的组织和性能。在金属液热作用下，型腔表面很快升温，导致型砂发生体积膨胀、水分迁移、粘结剂的烧失、产生气体等变化。

1. 型砂在受热过程中的变化

（1）型砂在加热时的膨胀　型砂呈多孔性，它在加热时的膨胀可分为显微膨胀和宏观膨胀两个阶段。在砂粒的膨胀能被粘土膜的收缩抵消，或砂粒移动的阻力小于砂型外部的阻力时，砂粒膨胀仅减小砂粒间的空隙，并不引起型砂尺寸的变化，这个阶段称为显微膨胀阶段。在砂粒间的空隙已不能再减小，或砂粒间相互移动的阻力大于砂型外部阻力时，砂型的外部尺寸发生变化，这个阶段称为宏观膨胀阶段。型砂热膨胀的因素都影响热应力。

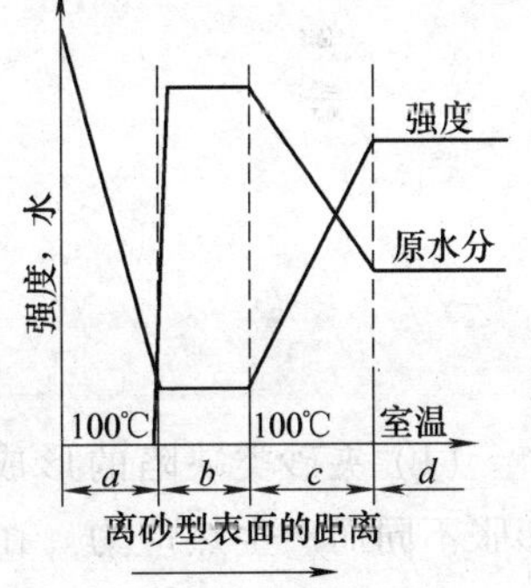

图 2-4　浇注后温型中某瞬间水分分布示意图

a—完全烘干区（温度高于 100℃）　*b*—水分饱和凝聚区（温度稳定在 100℃）　*c*—水分不饱和凝聚区（温度在 100℃以下至室温）　*d*—水分未受影响区（温度为室温）

（2）型砂在加热时的强度变化　砂型在浇注后被金属液急剧加热，砂型表面接近金属的浇注温度，铸型的表面层发生粘结剂被烧失、熔化或烧结，型砂的强度也发生变化。

（3）湿砂型在浇注时的水分迁移　湿型被金属液急剧加热时，砂型中的水分分布会发生变化，砂型表面层被完全烘干，随后按次序为水分饱和凝聚区，水分不饱和凝聚区，水分未受影响区。这种现象称为水分迁移。浇注后湿型某瞬间水分分布的示意图如图 2-4 所示。水分迁移是由于砂型表面层的水分受热蒸发，生成的水蒸气在压力差和表面张力作用下由温度高处向温度低处移动造成的。

水分迁移使型砂的强度发生较为复杂的变化，靠近铸件表面处为高温区，其强度即为高温强度，水分饱和凝聚区由于含水量过高和温度高达 100℃，故其强度比正常强度低，在水分不饱和凝聚区，强度则随温度和水分恢复到正常而恢复到正常的湿强度。

2. 金属与铸型在热作用时易产生的缺陷——夹砂结疤、鼠尾和沟槽

夹砂结疤、鼠尾和沟槽是铸件常见的一类表面缺陷，是在铸件表面还没有凝固或凝固后壳强度很低时，因砂型表面层受热膨胀发生拱起和裂纹而造成的。金属液进入裂纹把拱起的砂型表层包在铸件内，就成为夹砂结疤（图 2-5a）；沟槽是夹砂的早期阶段，砂型表层只拱起未断开（图 2-5b）；型腔下表面层在金属液流股的热作用发生翘起，就造成鼠尾缺陷（图 2-5c）。夹砂结疤缺陷大多发生在铸件的上表面、浇口附近、与金属液接触后又露出的表面处。鼠尾则常发生在铸件的下表面。厚壁的、浇注位置有大平面的、浇注温度高和浇注时间长的铸件，夹砂结疤常较严重。

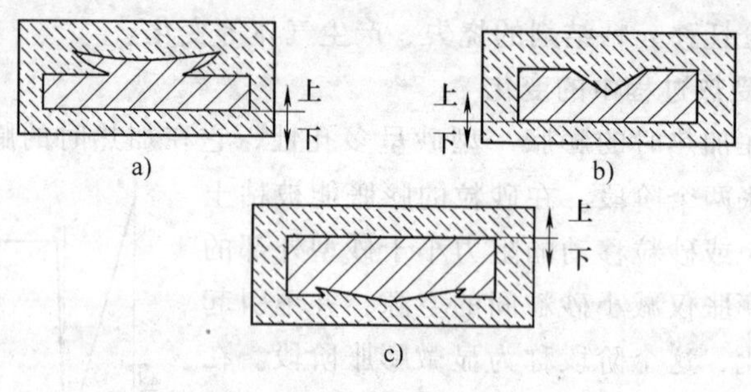

图 2-5　夹砂类缺陷

a）夹砂结疤　b）沟槽　c）鼠尾

（1）夹砂类缺陷的形成机理　浇注时砂型表面层和内层之间因温度不同、膨胀不同而产生热应力。在热作用下，表面层温度高，膨胀量大则受到热压应力；内层温度低，膨胀量小则受到热拉应力；层和层之间，在平行于层的方向受到热剪应力；在垂直于层的方向受到热拉应力。当应力达到一定值时，表面砂层将发生拱起、开裂。由于水分凝聚区的强度很低，故分层和开裂常发生在该处。

凡是影响型砂热膨胀的因素都影响夹砂倾向，细砂的夹砂倾向大于粗砂，粒度集中的夹砂倾向大于分散的。砂型紧实度增加时，夹砂倾向也加大。当达到一定值后，再提高紧实度时，对夹砂倾向影响不大。通常情况下，膨润土能提高型砂的热湿拉强度，各种附加物能降低热压应力，都可降低夹砂倾向。

（2）防止夹砂类缺陷的措施　从上述夹砂缺陷形成机理和影响因素可以得出：要防止夹砂类缺陷应在型砂、造型操作、铸造工艺、浇注、铸件结构设计等方面综合采取措施。

1）造型材料方面：正确地选用和配制型砂是防止夹砂的主要措施。如选用热膨胀系数小和烧结点低的石英——长石砂作原砂。重大铸件采用热膨胀系数小、热扩散率和蓄热系数高的特种砂（如铬铁矿砂、锆砂、熟料、石墨等）作原砂。选用粒度分散的原砂（最好分布在相邻的五个筛上），选用热湿拉强度高，热压应力低的膨润土，增加膨润土的加入量，都能提高型砂的抗夹砂能力。在型砂中加入煤粉、重油、木屑等能减小热压应力。

2）铸造工艺方面避免大平面在水平位置浇注，浇注系统应能使金属液平稳进入型腔，避免砂型有金属液流过而又露出的表面，保证浇注时间小于砂型的临界受热时间。

3）造型操作方面，紧实应力求均匀，避免局部过硬或过松，避免用压勺来回压砂型的表面，在上型表面或浇注系统附近插钉，修型时尽量不刷水，多扎出气孔，涂料应渗入砂型表面一定深度，表干型应烘干到一定深度，干型等待浇注的时间不应过长。

4）浇注方面，适当降低浇注温度，浇注时间应小于砂型的临界受热时间，有足够的型内液面上升速度。

2.6.2　液态金属与铸型的机械作用

浇注时铸型受到金属液的冲刷和冲击，型壁承受金属液的静压力和动压力，铸件在凝固、冷却收缩时受到铸型的阻碍而产生内应力。在不利的情况下，铸件将产生砂眼、冲砂、掉砂、飞边、胀砂、抬箱、缩孔、缩松、偏芯、裂纹等缺陷。

1. 金属液对铸型表面的冲刷作用

金属液沿砂型表面流动时对砂型表面有摩擦力，如摩擦力超出砂型表面层砂粒间在浇注温度下的粘结力，砂粒将被冲下，造成铸件表面局部粗糙、冲砂、砂眼等缺陷。砂型抵抗金属液冲刷作用而不破坏的能力，称为抗冲刷稳定性。

2. 金属液对砂型表面的静压力和动压力

在铸件没有凝成足够强度的硬壳前，砂型壁受到金属液的静压强，在浇注终了时达到最大值。浇注时，型壁表面受到金属液的冲击动压力，在开始浇注时直浇道的底部、对着内浇道的型（芯）壁、浇注终了时的型腔表面等处常受到金属液流的动压力。如金属流的动压强超出砂型的表面强度，砂型表面将被冲坏，使铸件造成砂眼，多肉等缺陷。浇注终了时对上型的动压力如超出上型和压铁重量，将发生抬箱。

3. 型壁移动

型内金属液在凝固成有足够强度的硬壳前，一直与型壁接触并随型壁移动。造成型壁移动的原因有：在金属液压力作用下砂型被进一步紧实；在金属液热作用下砂型发生热膨胀；在凝固过程中因石墨析出而发生膨胀使型壁移动等。

型壁移动造成的铸件缺陷有：

（1）胀砂 胀砂是因型壁移动等原因使铸件产生局部胀大、增厚、增重等铸造缺陷。铸件胀大严重时会使铸件因形状、尺寸、重量与图样和技术条件不符而报废。

（2）缩孔和缩凹 浇注时因型壁移动使型腔扩大，造成原有冒口中金属液不够补缩而在铸件上发生缩凹、冒口根部缩孔、缩松等缺陷。

铸件胀砂和缩孔、缩凹常同时发生，生产中常统称为“缩沉”。缩沉在湿型铸造时较易发生，在水玻璃流态自硬砂、石灰石水玻璃 CO_2 硬化砂（石灰石砂）铸造时常较严重。

2.6.3 金属液与铸型的物理化学作用

金属液与铸型的物理化学作用有：铸型材料熔入铸件表面、铸型的气体侵入金属液，金属液从铸型吸收气体，金属液渗入砂粒间空隙，金属液与铸型材料或铸型中气体发生化学作用生成新的化合物，铸件表面发生氧化或脱碳等。

金属液与铸型间的物理化学作用，在不利的情况下，铸件将发生气孔、粘砂、铸件表面渗硫、氧化或脱碳等缺陷。但也可以利用铸型表面涂料中的合金元素，使铸件表面合金化而提高铸件表面质量。

1. 粘砂

铸件部分或整个表面粘着一层型砂或型砂与金属氧化物形成的化合物称为粘砂。粘砂大多发生在铸件的厚壁部分、浇冒口附近、内角、凹槽、小的铸孔等部位。通常铸钢件比铸铁件粘砂严重，湿型铸造又比干型铸造严重。

粘砂使铸件清理困难，严重的只能用风铲清除，甚至使铸件报废。清除粘砂需要许多设备和消耗大量劳动力，用风铲清理粘砂不仅劳动强度大，而且对工人健康有害（硅肺病、振颤病），因此应设法防止粘砂形成。

根据粘结在铸件表面的粘结物质的性质，粘砂可分为：机械粘砂（金属渗入）——金属渗入砂粒间空隙，将砂粒固定在铸件表面；化学粘砂——金属或金属氧化物和造型材料形成化合物，将砂层粘结在铸件表面。

（1）机械粘砂的形成机理 铸型表面砂粒间的空隙，可以看成是直径细小的毛细管。金属液浇入铸型后，在金属液静压力作用下金属液渗入到砂粒间隙的过程可以看成一般液体在毛细管中的上升和下降过程。液体在毛细管中上升

或下降的高度和 h 可用下式求出：

$$\pi r^2 h\rho g = 2\pi r\sigma\cos\theta$$

$$h = \frac{2\sigma\cos\theta}{\rho g r} \tag{2-1}$$

式中　h——液体在毛细管中上升或下降的高度；

σ——液体的表面张力；

ρ——液体密度；

θ——液体对毛细管的润湿角；

r——毛细管半径。

从式（2-1）可以看出，液体在毛细管中上升或下降的高度取决于液体对毛细管壁的润湿性、液体的密度和毛细管的半径。金属液渗入砂型空隙基本上符合上述规律，但更为复杂。

（2）形成机械粘砂的影响因素

1）润湿角 θ：当 $\theta > 90°$时，$\cos\theta$ 是负值，金属液不润湿砂粒间隙，毛细压力与金属液静压力方向相反，金属液静压力必须克服毛细压力才能渗入到砂粒间隙。在不润湿的条件下，毛细压力是金属渗入的阻力，提高毛细压力有助于防止机械粘砂。当 $\theta < 90°$时，$\cos\theta$ 为正值，毛细压力的方向与金属液静压力的方向一致，促使金属液渗入到砂粒间隙，润湿角越小，机械粘砂越严重。

润湿角的大小主要取决于金属液和造型材料的性质。例如在氧化性、弱氧化性和中性气氛中，工业纯铁与硅砂的润湿角分别为 52°、83°、111°；对镁砂分别为 92°、107°和 113°。但在氧化性气氛中对硅砂的润湿角减小，并润湿石英，而对镁砂仍不润湿。因此在氧化性气氛中硅砂比镁砂容易产生机械粘砂。

2）表面张力 σ：表面张力对机械粘砂的影响取决于金属液与砂型表面的润湿性，当金属液与砂型润湿时，表面张力越大越易产生机械粘砂，当金属液与砂型不润湿时，表面张力越大越不易产生机械粘砂。

3）砂粒间隙半径 r：砂粒间隙半径越大金属液越易渗入到砂粒间隙中形成机械粘砂。而砂粒半径的大小与型砂的粒度和铸型紧实度有密切的关系。型砂的粒度越分散砂粒间隙越小，越不易产生机械粘砂。影响铸型紧实度的因素主要是紧实方法和紧实力的大小，以及型砂本身是否容易被紧实。

4）铸件表面处于液态的时间：铸件表面处于液态的时间越长，就意味着长期剧烈地加热铸型，可使型壁中较深的地方接近或达到金属凝固点以上的温度，为金属液渗入到型壁的较深处创造了条件。

在型砂配方中加入硅石粉，以及采用具有高的蓄热系数的特种原砂，如铬铁矿砂、镁砂、锆砂、铬镁砂等可减轻粘砂。

（3）防止机械粘砂的措施　防止机械粘砂的措施可以从减小砂粒间隙和增

加铸型的蓄热系数两方面来考虑。

1）湿型铸造铸铁件时，主要采用细的原砂（50/100 目，70/140 目），在型砂中加入煤粉、重油等防粘砂物质，提高型砂的流动性和砂型的紧实度，在砂型表面特别是铸件内角、凹槽等不易紧实的部位，喷刷快干涂料，适当降低浇注温度。

2）用湿型或水玻璃 CO_2 硬化砂型铸造中、小型铸钢件时，应采用细的原砂，或在型砂中加硅粉，采用涂料，将钢水完全脱氧，适当降低浇注温度等。

3）浇注厚壁大型铸钢件时，单用涂料不能有效地防止金属渗入，须采用锆砂、刚玉、铬铁矿砂等特殊材料作面砂，以提高铸型的蓄热能力，减小金属液保持液态的时间，并同时采用优质涂料。

2. 化学粘砂

化学粘砂主要发生在铸钢和铸铁件上，粘结物质为金属氧化物和造型材料形成的化合物，粘砂层的厚度比机械粘砂大，但化学粘砂清理的难易程度主要取决于化学粘砂层和铸件表面的结合强度，因此，化学粘砂必须从化学粘砂层的形成及其与铸件表面的结合力两方面来研究。

（1）化学粘砂的形成机理 对化学粘砂层进行化学分析、矿物分析、X 射线晶体分析的结果表明，化学粘砂的粘结物质主要为结晶的和玻璃状的硅酸铁。结晶的正硅酸铁（铁橄榄石 Fe_2SiO_4）在粘砂层的不同深度处都有发现；结晶的偏硅酸铁（铁辉石 $FeO \cdot 2SiO_2$），仅在大型铸钢件的界面处极少量发现；玻璃状的硅酸铁为成分不同的铁玻璃，含铁量随离界面的距离增大而减少，化学粘砂的形成机理是根据粘结物质的分析推断的。

1）化学粘砂层的形成。钢水或铁水在浇注时与铸型气体中的氧、二氧化碳、水蒸气等发生化学作用生成氧化铁。

$$2Fe + O_2 \rightarrow 2FeO$$

$$Fe + CO_2 \rightarrow FeO + CO$$

$$Fe + H_2O \rightarrow FeO + H_2$$

在高温和氧不足的条件下，FeO 是稳定的，它的熔点为 1380℃ ±5℃，表面张力为 0.585N/m，与 SiO_2 的润湿角 $\theta = 21°$。在铸钢的浇注温度下 FeO 为液体并能够润湿石英，故渗入砂粒间空隙，并与石英发生下述反应

$$2FeO + SiO_2 = Fe_2SiO_4$$

也有人认为，正硅酸铁是由 FeO 与包在砂粒表面的由粘土在高温时分解成的细散的偏高岭石（$Al_2O_3 \cdot 2SiO_2$）在有氧的条件下作用生成的，即：

$$Al_2O_3 \cdot 2SiO_2 + 4FeO = 2Fe_2SiO_4 + Al_2O$$

一些实验证实了上述反应的可能性。型砂中粘土含量增加，粘砂层也增厚，不含粘土的、以硅砂［$w(SiO_2)$ >98.5%］加颗粒直径均为 6μm 的硅粉和水

配成的型砂，铸件不发生粘砂。粘土含量高的型砂，铸件化学粘砂严重。

Fe_2SiO_4 为正硅酸铁或铁橄榄石，熔点为 1205℃。正硅酸铁与 FeO 形成的共晶，熔点分别为 1177℃和 1180℃。它们的液态都能润湿石英，在毛细压力作用下渗入砂粒间空隙，熔解石英生成不同成分的铁玻璃。

化学粘砂层的厚度，由生成的 FeO 量、被加热到共晶物熔点以上的砂层深度（与浇注温度和铸件壁厚有关）、型砂中 Na_2O、K_2O 等的含量等因素决定。

2）化学粘砂层与铸件表面的结合力。一般认为与铸件表面铁的氧化物成分和厚度有关。FeO 的组织致密，能阻碍继续氧化，造成难清理的粘砂；而高价氧化铁 Fe_3O_4、Fe_2O_3 结晶时体积有较大膨胀，组织疏松，不能阻碍继续氧化，氧化层厚，容易从铸件表面剥落，使粘砂层容易清理。

铁的氧化产物与气氛中的氧化位能（用 P_{CO_2}/P_{CO} 的比值表示）有很大的关系，如果气氛的氧化位能低于某一临界值，则 Fe 和 SiO_2 不发生作用；如果氧化位能高于某一临界值，则 FeO 氧化成 Fe_2O_3 和 Fe_3O_4。Fe_2O_3 的熔点大于 1600℃，Fe_3O_4 的熔点为 1597℃，两者在普通砂型的受热温度下都不能熔解也不润湿石英。如果在铸件表面粘有一层足够厚度的高价氧化铁层，冷却后粘砂层会沿着高价氧化铁层剥落下来而很容易去除。

试验表明，砂型中保持氧的分压力为 119kPa 时。因有过剩的氧，铸件表面的铁氧化成 Fe_2O_3，故不发生化学粘砂。

用水玻璃石灰石砂铸造铸钢件时，铸件表面的化学粘砂层很容易剥落，这是由于型内气氛为强氧化性，铸件表面有一层很厚的高价氧化铁层造成的。

钢的氧化层比较疏松，故与试样的结合强度很低，铸铁氧化层的结合强度比碳钢人 1～2 个数量级。铸铁氧化层的结合强度随氧化层厚度增加而很快下降。氧化层与金属的结合强度，不仅与氧化层的厚度有关，而且与氧化层的相成分、密度等有关。铸铁、碳钢氧化层的 X 射线结构分析结果见表 2-3。从表中可以看出碳钢、铸铁氧化层相成分的差别。

由于铸铁的氧化特性和铸钢不同，铸铁件比铸钢件容易形成难清理的化学粘砂。

表 2-3 碳钢和铸铁氧化层的相成分

合金	氧化层成分		
	表层	中层	内层
灰铸铁	α-Fe_2O_3 + Fe_3O_4（痕迹）	Fe_3O_4 + α-Fe_2O_3 + FeO	FeO + Fe_3O_4
碳钢	α-Fe_2O_3	Fe_3O_4 + FeO（痕迹）	FeO

（2）防止化学粘砂的措施　可从防止形成粘砂层和降低粘砂层与铸件表面的结合力两方面着手。

1）防止形成化学粘砂层。这可由防止金属氧化、避免金属氧化物与型砂起化学作用来达到。措施有：将金属液完全脱氧和适当降低浇注温度；在型砂中加入能很快形成还原性气氛的加入物，如煤粉、重油、沥青、有机粘结剂等；采用涂料；采用高质量的硅砂［$w(SiO_2) > 98\%$］和膨润土。生产耐热钢、不锈钢等高合金钢铸件和大型铸件时，采用锆砂、镁砂、铬铁矿砂、刚玉砂等特殊耐火材料作型砂或涂料。

2）降低化学粘砂层与铸件表面的结合力。在型砂中加入适量（质量分数为3%～5%）氧化铁粉；注意选用合适的原砂，如郑庵砂，六合红砂等能得到表面光洁的铸铁件，铸件表面亦容易清理。

3. 气孔

气孔是铸件中常见的缺陷之一。气孔是铸型或金属液中的气体在金属液中形成的气泡、在金属液凝固成硬壳前来不及浮出，留在铸件内而造成的一种缺陷。气孔的内壁光滑，表面为金属或氧化皮的色泽，故气孔与砂眼、渣孔等缺陷很易区别。气孔使铸件的工作截面积减少，造成渗漏、损坏铸件表面，而常使铸件报废。

由于气体的来源和形成过程不同，铸件的气孔可分为：侵入气孔、析出气孔和反应气孔三大类。这里只讨论与造型材料有关的侵入性气孔问题。

（1）侵入气孔

凡是气体由金属外部侵入而形成的气孔称为侵入性气孔。侵入气孔是湿型铸造时最常发生的缺陷之一，侵入气孔的体积较大，呈梨形、圆形、扁圆形，常在铸件浇注位置的上部发生，主要由砂型、砂芯在浇注时产生的气体侵入金属液造成。

1）侵入气孔的形成机理。砂型在金属液的热作用下发生水分蒸发，有机物燃烧或挥发，碳酸盐分解。金属液与铸型发生化学作用，使金属液和砂型界面上气体的压力增加，当气体的压力大于在金属液中形成气泡所必须克服的压力后，气体就侵入金属液成为气泡。

2）防止侵入气孔的措施。防止侵入气孔主要从减小$p_{气}$、增大气体侵入金属液的阻力，使气泡能从铸件金属液中浮出等方面着手。

① 减小$p_{气}$。减小型（芯）的发气量、发气速度和使气体容易排出。湿型砂的含水量要控制在低限；起模、修型时尽量不刷水；采用发气性低的粘结剂或加入物并控制其加入量；采用表干型或干型砂；砂芯要烘干，避免已烘干的砂型（芯）返潮；合箱用的泥条不要过湿等。

使浇注时产生的气体容易从砂型（芯）内排出。应选用粒度合适和含泥量低的原砂；控制粘土和加入物的加入量；保证型砂有足够的透气性；砂型多扎出气孔，用薄壁或空心的砂芯，用抽气的方法排气等。

② 增大气体侵入金属液的阻力。在砂型表面涂刷涂料，能减小砂型表面空隙的半径，使 $2\sigma/r$ 增大；涂料层的透气性低，能阻碍气体进入型腔。但涂料层的发气性必须小，以免造成气孔。

③ 使气泡能从金属液中浮出。适当提高浇注温度和浇注速度，避免浇注时型腔中有大的水平面，设置冒口等。

4. 铸件表面的氧化和脱碳

铸件在凝固、冷却过程中，铸件表面与型内气氛发生相互作用，使铸钢或铸铁件发生表面氧化或脱碳。

铸钢、铸件件表面氧化层可由 FeO 或 Fe_3O_4、Fe_2O_3 组成。FeO 层致密地附着在铸件表面而阻碍继续氧化，Fe_3O_4 和 Fe_2O_3 容易发生裂纹使铁续续氧化。氧化层的成分、厚度与型内气体的温度和成分有关，并与时间成抛物线关系：

$$\delta = k\sqrt{\tau}$$

式中　δ——氧化层厚度；

τ——时间；

k——常数。

铸件表面层中的碳和氧作用，生成 CO 或 CO_2 排入大气，造成表面层脱碳。铸件表面脱碳后，引起较深层中的碳向表面层扩散，这样不断进行就形成明显的脱碳层。因为铸件表面的氧化和脱碳是同时进行的，因此只有脱碳速度超出铁的氧化速度时才能形成明显的脱碳层。如果铁的氧化速度大于或等于脱碳速度，在脱碳形成铁素体时就立即形成氧化层，使脱碳不再能继续进行。

脱碳层的深度，由加热温度和保温时间决定。一般碳钢的脱碳仅在 650～850℃较窄的温度范围内发生，在这个范围内温度升高，脱碳层深度增加；在脱碳的温度范围内延长保温时间，脱碳层深度亦增加。

5. 铸件表面合金化（铸渗）

利用金属液和铸型表面在高温时发生的物理化学作用，在铸型表面涂上含有合金元素的涂料或涂膏，可以获得表面合金化的铸件，改善耐磨、耐蚀或耐热等性能，从而提高铸件的使用寿命。

铸渗的过程，一般认为主要是涂料中的合金元素溶入金属液。这个过程比固体扩散过程快得多，因而能在较短时间内得到较大的渗入深度。

（1）铸钢件的表面合金化　为提高铸钢件表面的耐磨性，可在铸件表面渗铬或渗锰。

铸钢件表面渗铬时，铬的渗入量和渗入深度与所用铬铁的熔点有很大关系。实验表明，用成分为 w（C）=0.62%，w（Cr）=56%，熔点为 1600～1640℃的低碳铬铁时，渗入深度只有 0.4mm；用成分为 w（C）=4.6%，w（Cr）=43%，熔点为 1470℃的高碳铬铁时，渗入深度能达 7mm。生产中为得到较大的渗入深度，常用熔点较低的铁合金。在铸钢件表面渗锰也可以提高铸件的耐磨性。

(2) 铸铁件的表面合金化　为使铸铁件表面形成白口，防止局部缩松，细化组织，可在铸件表面渗碲（Te）、硼（B）、锡（Sn）、锡-锑（Sn-Sb）等元素或合金。

用含碲（Te）的涂料能使灰铸件表面成白口或防止缩松。对可锻铸铁件毛坯可防止截面厚大处出现麻口。

碲是一种强烈阻碍石墨化的元素，灰铸铁中 w（Te）小于 0.0035% 时，对力学性能影响不大；w（Te）在 0.0035% ~0.01% 范围内增加时，灰铸铁的硬度、白口深度显著增加，抗弯强度和挠度则下降；w（Te）大于 0.01% 时，厚壁的灰铸铁件亦成白口，故涂料中碲的含量要根据涂料的用途、铁液的成分、浇注温度等因素决定。铁液的浇注温度高，铁液中碳化物稳定元素含量高，涂料中碲的含量可较少；反之涂料中碲的含量应较高。

为了防止采用含碲的涂料后铸件表面出现粘砂，可采用两层涂料，即先在铸型表面涂一层防粘砂的石墨或锆砂涂料，再涂含碲的涂料。

在应用碲粉涂料时，要阻止对炉料的污染。

第3章　液态成形工艺设计

3.1　铸造工艺设计依据内容、程序

3.1.1　铸造工艺设计依据

铸造工艺设计就是根据铸造零件的结构特点、技术要求、生产批量和生产条件等，确定铸造方案和工艺参数，绘制铸造工艺图、编制工艺卡等技术文件的过程。铸造工艺设计的有关文件，既是生产准备、管理和铸件验收的依据，又可直接用于指导生产操作。因此，铸造工艺设计的好坏，对铸件质量、生产率和成本起着重要作用。

在进行铸造工艺设计前，设计者应掌握生产任务和要求，熟悉工厂和车间的生产条件，这些是铸造工艺设计的基本依据。此外，要求设计者有一定的生产经验和设计经验，并应对铸造先进技术有所了解，具有经济观点和发展观点，才能很好地完成设计任务。

1. 生产任务

(1) 铸造零件图样　提供的图样必须清晰无误，有完整的尺寸和各种标记。设计者应仔细审查图样。注意零件的结构特点是否符合铸造工艺性，若认为有必要修改图样时，需与原设计单位或订货单位共同研究，取得一致意见后以修改后的图样作为设计依据。

(2) 零件的技术要求　包括金属材质牌号、金相组织、力学性能要求，铸件尺寸及重量允许偏差，其他特殊性能要求，是否经水压、气压试验，零件在机器上的工作条件等。在铸造工艺设计时应注意满足这些要求。

(3) 产品数量及生产期限　产品数量是指批量大小。这是工艺设计的重要依据，一般说来，可分为大量生产、成批生产和小批量、单件生产等。大量生产指该种产品的年产量在5000件以上，需要采用尽可能先进的技术成就及装备；成批量生产指产品年产量在500件以上，使用较多的是通用设备和工装，单件和小批量生产多用手工造型和制造，对设备要求不高，但对工人技术水平的要求却较高。生产期限是指交货日期的长短。对于批量大的产品，应尽可能采用先进技术。对于应急的单件产品，则应考虑使工艺装备尽可能简单，以便缩短生产周期，并获得较大的经济效益。

2. 生产条件

1）设备能力。起重运输机的吨位和最大起重高度，熔炉的类型、吨位和生产率，造型和制芯机种类、机械化程度，烘干炉和热处理炉的能力，地坑尺寸，厂房高度和大门尺寸。

2）车间原材料的应用情况和供应情况。

3）工人技术水平和生产经验。

4）模具等工艺装备制造车间的加工能力和生产经验。

3. 考虑经济性

各种原材料、炉料等的价格，每吨金属液的成本，各级工种工时费用，设备每小时费用等，都应有所了解，以便考虑该项工艺的经济性。

4. 其他条件

1）简便适用，有利操作。

2）保护环境。

3.1.2 铸造工艺设计的内容和设计程序

铸造工艺设计内容的繁简程度，主要决定于批量的大小、生产要求和生产条件。一般包括下列内容：铸造工艺图，铸件（毛坯）图，铸型装配图（又称合箱图），工艺卡及操作工艺规程。广义地讲，铸造工艺装备的设计也属于铸造工艺设计的内容，例如模样图、模板图、芯盒图、砂箱图、压铁图、专用量具图和样板图及组合下芯夹具图等。

大量生产的定型产品、特殊重要的单件生产的铸件，铸造工艺设计一般订得细致，内容涉及较多。单件、小批生产的一般性产品，设计内容可以简化。在最简单的情况下，只绘一张铸造工艺图。

铸造工艺设计所涉及的内容和一般设计程序如表 3-1 所列。

表 3-1 铸造工艺设计的一般内容和程序

项目	内容	用途及应用范围	设计程序
一、铸造工艺图	在零件图上用各色工艺符号表示出：机械加工余量、收缩率、浇注时铸件位置、分型面、浇注系统、砂芯形状、数量及芯头大小、内外冷铁及铸筋等	是制造模样、模板，生产准备、清理和验收工作依据，成批和大量生产，机器造型中，有的工厂将浇注系统画在模板图上	1. 产品零件图纸的铸造工艺分析 2. 选择铸造方法 3. 选择铸造种类和造型造芯方法 4. 确定浇注位置和分型面 5. 砂芯设计 6. 加工余量 7. 拔模斜度，画出活块 8. 收缩率、工艺补正量，模样分型负数 9. 冒口及浇注系统、试块、冷铁的铸筋

（续）

项目	内　容	用途及应用范围	设计程序
二、铸件图	把经过铸造工艺过程后，改变了零件形状，尺寸的地方（如加了加工余量、拔模斜度、机加工夹持余量），都反映在铸件图上	铸件验收和机械加工的依据，大量和成批生产的铸件和重要件用	10. 在完成铸造工艺图的基础上画铸件图
三、模样图和模板图	模样的材料及结构尺寸等。模样在底板上的安装方法，模样和浇注系统在底板上的布置，底板结构、材料等	模样制造、模板装配的依据	11. 模样或模板设计
四、芯盒图	芯盒的材料和结构，芯盒的紧固和定位方式等	制造砂箱的依据	12. 画芯盒装配图
五、砂箱图	砂箱的材料、结构，紧固和定位方式等	制造砂箱的依据	13. 砂箱设计，画砂箱图
六、铸型装配图（合箱图）	表示出铸件浇注位置、砂芯数量、固定和安装次序、浇冒口、冷铁布置、砂箱结构和尺寸大小。可画 1 ~2 个剖面图和下箱俯视图	生产准备、合箱、检验、工艺调整的依据。铸件刚投产时有一定用处 成批及大量生产，重要铸件及大型铸件	14. 在完成砂箱设计后画出
七、铸造工艺卡片	说明造型、造芯、浇注、打箱清理等工艺操作过程及要求	生产的重要依据，根据批量大小填写必要的内容。有的工厂把它直接印在铸造工艺图的背面，使用时较方便	15. 综合整个设计内容

3.2　液态成形工艺方案的确定及铸造工艺参数设计

砂型铸造工艺方案通常包括下列内容：造型、制芯方法和铸型种类的选择，浇注位置及分型面的确定等。要想定出最佳铸造工艺方案，首先应对零件的结构有深刻的铸造工艺性分析。

3.2.1　零件结构的液态成形工艺性分析

铸造零件结构的液态成形工艺性是指零件的结构应符合砂型铸造生产的要

求，易于保证铸件质量，简化工艺、降低成本。为此，首先应对产品零件图进行审查和分析，并着重注意以下两方面的问题。

第一，审查零件结构是否符合铸造工艺的要求。设计者往往只顾及零件的功用，而忽视了铸造工艺要求。在审查中如发现结构设计有不合理之处，就应与有关方面进行研究，在保证使用要求的前提下予以改进。

第二，在既定的零件结构条件下，考虑铸造过程中可能出现的主要缺陷，在工艺设计中采取措施予以防止。

1. 避免缺陷方面审查铸件结构

（1）铸件应有合适的壁厚　为了避免浇不到、冷隔等缺陷，铸件不应太薄。铸件的最小允许壁厚和铸造合金的流动性密切相关。合金成分、浇注温度、铸件尺寸和铸型的热物理性能等显著地影响铸件的充填。在普通砂型铸造的条件下，铸件最小允许壁厚如表 3-2 所列。

表 3-2　砂型铸造时铸件最小允许壁厚（δ/mm）

合金种类	铸件轮廓尺寸/mm					
	<200	200~400	400~800	800~1250	1250~2000	>2000
碳素铸钢	5	6	8	12	16	20
低锰钢及其他合金钢	6 8	8	12	16	20	25
高锰钢	8	10	12	16	20	
不锈钢、耐热钢	8~10	10~12	12~16	16~20	20~25	—
灰铸铁	3~4	4~5	5~6	6~8	8~10	10~12
孕育铸铁（HT300以上）	5~6	6~8	8~10	10~12	12~16	16~20
球墨铸铁	3~4	4~5	8~10	10~12	12~14	14~16
高磷铸铁	2	2	—	—	—	—
合金种类	铸件轮廓尺寸/mm					
	<50	50~100	100~200	200~400	400~600	600~800
可锻铸铁	2.5~3.5	3~4	3.5~4.5	4~5.5	5~7	6~8
铝合金	3	3	4~5	5~6	6~7	7~8
黄铜	6	6	7	7	8	8
锡青铜	3	5	6	7	8	8
无锡青铜	6	6	7	8	8	10
镁合金	4	4	5	6	—	10
锌合金	3	4	—	—	—	—

注：1. 如特殊需要，在改善铸造条件的情况下，灰铸铁件的壁厚可小于 3mm，其他合金最小壁厚亦可减小。

2. 在铸件结构复杂，合金流动性差的情况下，应取上限值。

铸件也不应设计得太厚。超过临界壁厚的铸件中心部分晶粒粗大，常出现缩孔、缩松等缺陷，导致力学性能降低。各种合金铸件的临界壁厚可按最小壁厚的 3 倍来考虑。铸件壁厚应随铸件尺寸增大而相应增大，在适宜壁厚的条件下，既方便铸造又能充分发挥材料的力学性能。设计受力铸件时，不可单纯用增厚的方法来增加铸件的强度，如图 3-1 所示。

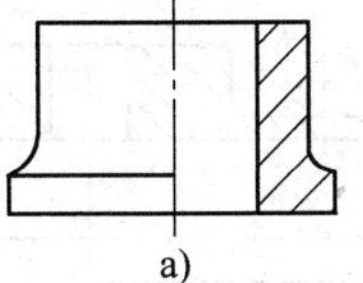

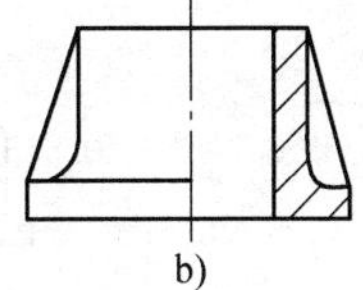

图 3-1　采用加强筋减小铸件厚度
a）不合理　b）合理

（2）铸件结构不应造成严重的收缩阻碍，注意壁厚过渡和圆角　图 3-2 中示出两种铸钢件结构。a 图结构，两壁交接呈直角形构成热节，铸件收缩时阻力较大，故在此处经常出现热裂。b 图为改进后的结构，热裂消除。

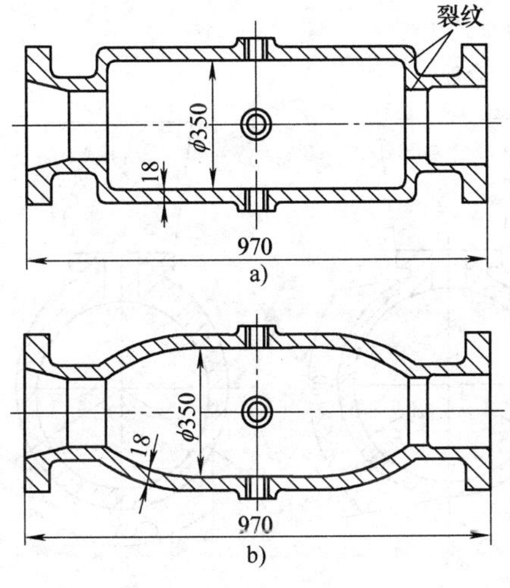

图 3-2　铸钢件结构的改进
a）不合理　b）合理

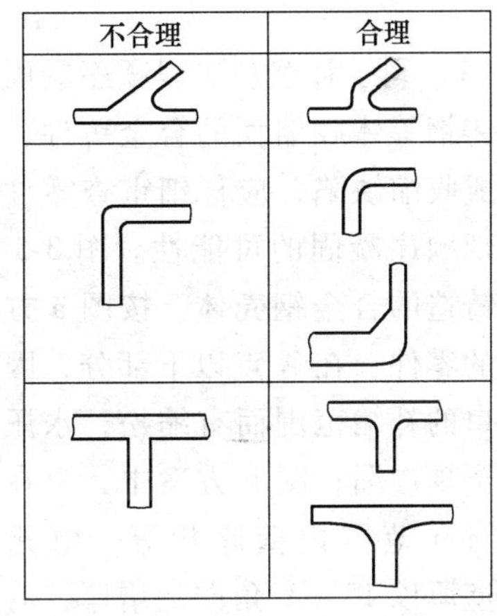

图 3-3　壁与壁相交的几种形式

铸件薄、厚壁的相接、拐弯、等厚度的壁与壁的各种交接，都应采取逐渐过渡和转变的形式，并应使用较大的圆角相连接，避免因应力集中导致裂纹缺陷，如图 3-3 所示。

（3）铸件内壁应薄于外壁　铸件的内壁和肋等，散热条件较差，应薄于外壁，以使内、外壁能均匀地冷却，减轻内应力和防止裂纹。

（4）壁厚力求均匀，减少肥厚部分，防止形成热节　薄厚不均的铸件在冷却过程中会形成较大的内应力，在热节处易于造成缩孔、裂纹。因此应取消那些不必要的厚大部分。肋和壁的布置应尽量减少交叉，防止缩松及热裂形成，如图 3-4 所示。

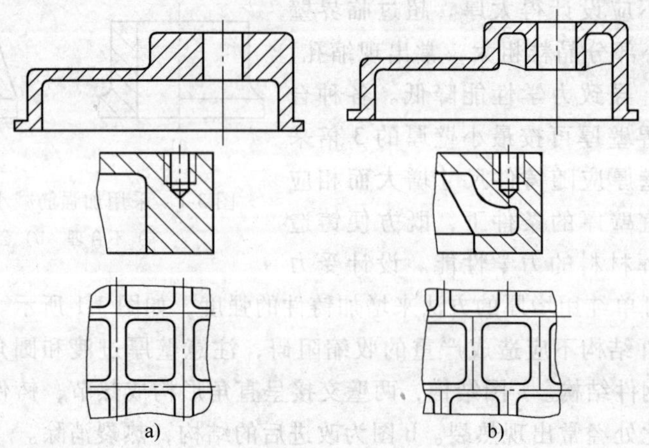

图 3-4　壁厚力求均匀

a）不合理　b）合理

（5）利于补缩和实现顺序凝固　对于铸钢等体收缩大的合金铸件，易于形成收缩缺陷，应仔细审查零件结构实现顺序凝固的可能性。图 3-5 为壳型铸造的合金钢壳体。按图 a 方案铸出的零件，在 A 点以下部分，因超出冒口的补缩范围而有缩松，水压试验时出现渗漏；图 b 方案中，只在底部 76mm 范围内壁厚相等，由此向上，壁厚以 1°～3°角向上增厚，有利于顺序凝固和补缩，铸件质量良好。

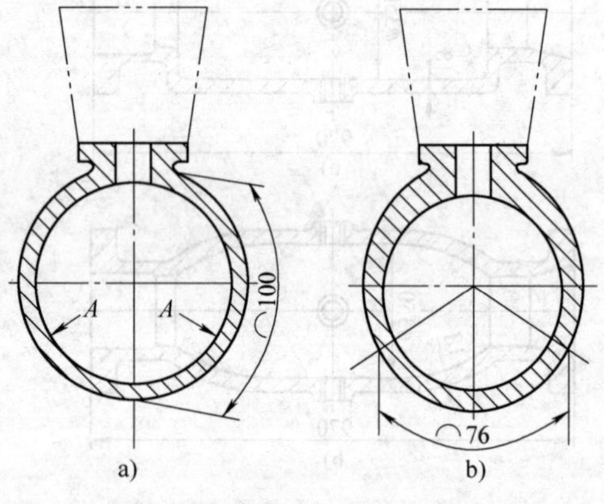

图 3-5　合金钢壳体结构改进

a）不合理　b）合理

（6）防止铸件翘曲变形　生产经验表明：某些壁厚均匀的细长形铸件、较大的平板形铸件以及壁厚不均的长形箱体件，如机床床身等，会产生翘曲变形。前两种铸件发生变形的主要原因是结构刚度差，铸件各面冷却条件的差别引起不大的内应力，但却使铸件显著翘曲变形。后者变形原因是壁厚相差悬殊，冷却过程中引起较大的内应力，造成铸件变形。可通过改进铸件结构、铸件人工时效矫形，塑性铸件进行机械矫形和采用反变形模样等措施予以解决。图 3-6 为合理与不合理的铸件结构。

（7）避免水平的大平面结构　在浇注时，如果型腔内有较大的水平面存在，当金属液上升到该位置时，由于断面突然扩大，金属液面上升速度变得非常小，灼热的金属液面较长时间、近距离地烘烤顶面型壁，极易造成夹砂缺陷或浇不到、渣孔和砂孔等缺陷。应尽可能把水平壁改进为稍带倾斜的壁或曲面壁。

2. 从简化铸造工艺方面改进零件结构

（1）改进妨碍起模的凸台、凸缘和肋板的结构　铸件侧壁上的凸台（搭子）、凸缘和肋板等常妨碍起模，为此，机器造型中不得不增加砂芯；手工造型中也不得不把这些妨碍起模的凸台、突缘、筋片等制成活动模样（活块）。这都增加造型（制芯）和模具制造的工作量。如能改进结构，就可避免这些缺陷，如图 3-7 所示。

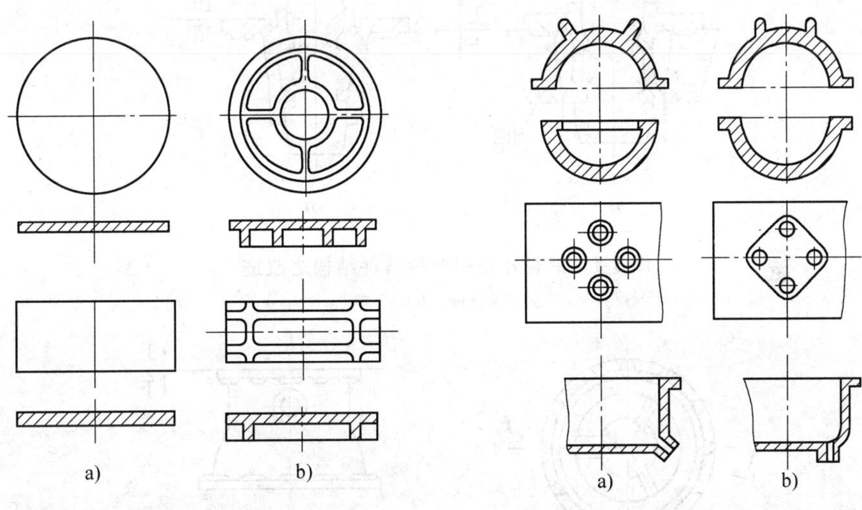

图 3-6　防止变形的铸件结构
a）不合理　b）合理

图 3-7　妨碍起模部分的改进
a）不合理　b）合理

（2）取消铸件外表侧凹　铸件外侧壁上有凹入部分必然妨碍起模，需要增加砂芯才能形成铸件形状。稍加改进，即可避免凹入部分，如图 3-8 所示。

（3）改进铸件内腔结构以减少型芯　铸件内腔的肋条、凸台和突缘的结构欠妥，常是造成砂芯多、工艺复杂的重要原因。图 3-9a 为原设计的壳体结构，由于内腔两条肋板呈 120°分布，铸造时需要 6 个砂芯，工艺复杂，成本很高；图 3-9b 为改进后的结构和铸造工艺方案。把肋板由 2 条改为 3 条、呈 90°分布，外壁凸台形状相应改进，只需要 3 个砂芯即可，工艺、工装都大为简化，铸件成本降低。

（4）减少和简化分型面　如图 3-10a 所示结构的铸件必须采用不平分型面，增加了制造模样和模板的工作量；改进后的结构如图 3-10b 所示，则可用一平直的分型面进行造型。

（5）有利于砂芯的固定和排气　图 3-11a 为撑架铸件的原结构。2 号砂芯呈悬臂式，需用芯撑固定；改进后，悬臂芯 2 和轴孔砂芯 1 连成一体，变成一个砂

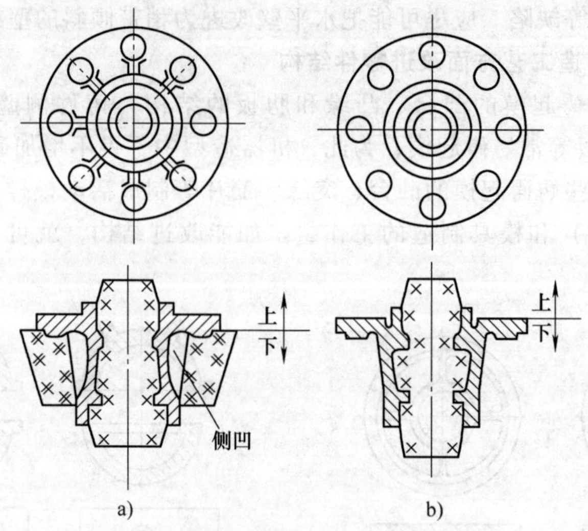

图 3-8　带有外表侧凹的铸件结构之改进

a）不合理　b）合理

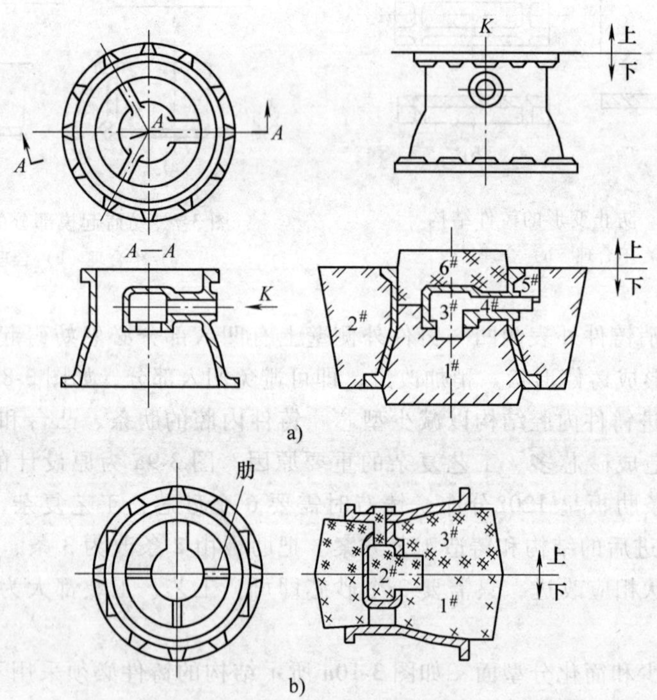

图 3-9　铸件内腔结构的改进

a）不合理　b）合理

芯，取消了芯撑，如图 3-11b 所示。薄壁件和要承气压或液压的铸件，不希望使

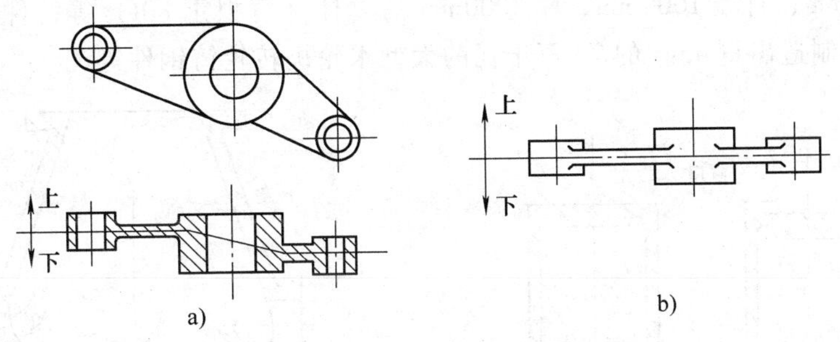

图 3-10　简化分型面的铸件结构

a) 合理　b) 不合理

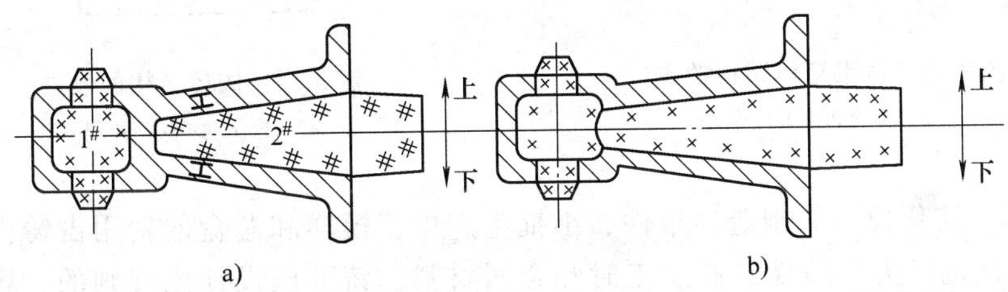

图 3-11　撑架结构的改进

a) 不合理　b) 合理

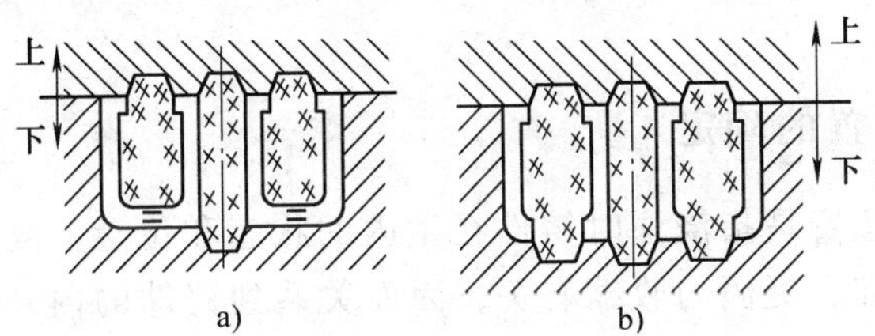

图 3-12　活塞结构的改进

a) 不合理　b) 合理

用芯撑。若无法更改结构时，可在铸件上增加工艺孔，这样增加了砂芯的芯头支撑点。铸件的工艺孔可用螺钉堵头封住，以满足使用要求，如图 3-12 所示。

(6) 减少清理铸件的工作量　铸件清理包括：清除表面粘砂、内部残留砂芯，去除浇口、冒口和飞边等操作。这些操作的劳动量大且环境恶劣。铸件结构设计应注意减轻清理的工作量。图 3-13 所示的铸钢箱体，结构改进后可减少切割冒口的困难。

(7) 大型复杂件的分体铸造和简单小件的联合铸造　有些大而复杂的铸件，可考虑分成几个简单的铸件，铸造后再用焊接方法或用螺栓将其连接起来。这种方法常能简化铸造过程，使本来受工厂条件限制无法生产的大型铸件成为可能。例如在我国生产第一台 12000t 水压机的过程中，采用铸焊结构成功地做出长 17960mm、直径 1000mm、厚 3000mm 的立柱（每根重 80t）等铸件。美国用类似方法制造出重 454t 的 70 万千瓦的大型水轮机转轮铸钢件等。

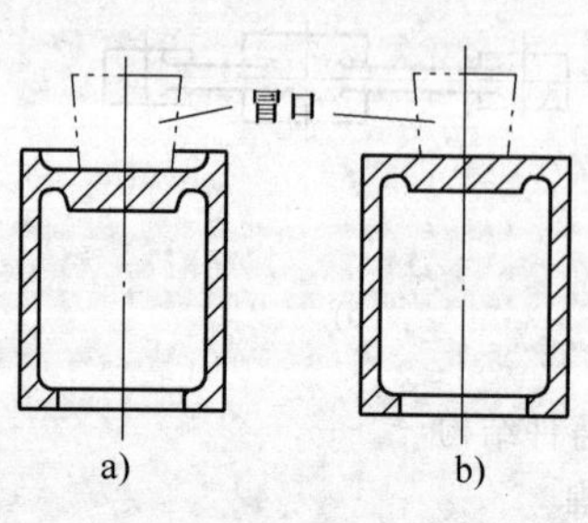

图 3-13 铸钢箱体结构的改进

a）不合理 b）合理

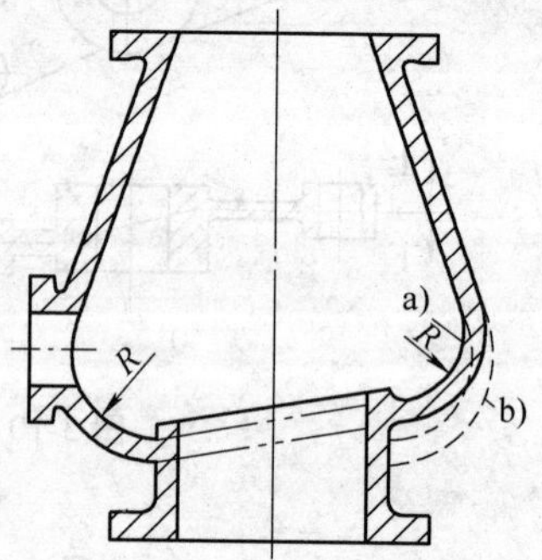

图 3-14 阀体结构的改进

a）不合理 b）合理

（8）简化模具的制造 单件、小批生产中，模样和芯盒的费用占铸件成本的很大比例。为节约模具制造工时和金属材料，铸件应设计成规则的、容易加工的形状。图 3-14 为一阀体，原设计为非对称结构（实线所示），模样和芯盒难于制造；改进后（虚线所示）呈对称结构，可采用刮板造型法，大大减少了模具制造的费用。

3.2.2 浇注位置的确定

铸件的浇注位置是指浇注时铸件在型内的状态和位置。浇注位置与铸型的充填、铸件的冷却、凝固与收缩有关，因而关系到铸件的内外质量；还直接关系到造型工艺的难易，模型、芯盒的设计和制作。因此，生产中多是制订出几种方案加以分析，对比后择优选用。

浇注位置一般于造型方法确定之后再定，选择时需根据合金种类、铸件结构、技术要求、生产条件、造型方法等因素综合考虑。

根据对合金凝固理论的研究和生产经验，确定浇注位置时应考虑以下原则：

1）铸件的重要部分应尽量置于下部。铸件下部金属在上部金属的静压力作用下凝固并得到补缩，组织致密。

2）重要加工面应朝下或呈直立状态。经验表明，气孔、非金属夹杂物等缺陷多出现在朝上的表面，而朝下的表面或侧立面通常比较光洁，出现缺陷的可能性小。个别加工表面必须朝上时，应适当放大加工余量，以保证加工后不出现缺陷。

3）使铸件的大平面朝下，避免夹砂类缺陷。对于大的平板类铸件，可采用倾斜浇注，以便增大金属液面的上升速度，防止夹砂类缺陷，如图 3-15 所示。

倾斜浇注时，依砂箱大小，H 值一般控制在 200 ~ 400mm 范围内。

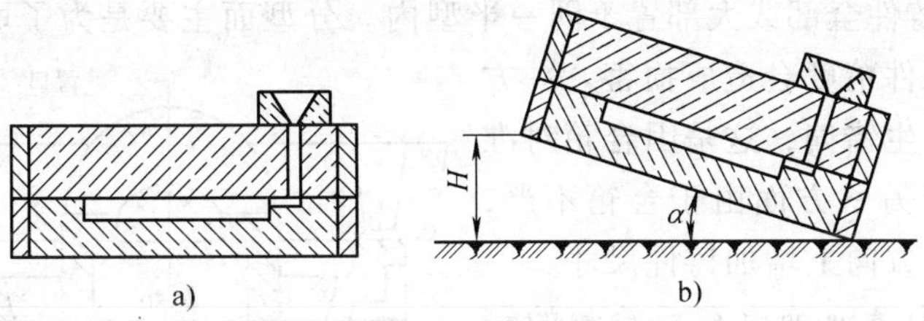

图 3-15　大平板类铸件的倾斜浇注

a）不合理　b）合理

4）应保证铸件能充满。对具有薄壁部分的铸件，应把薄壁部分放在下半部或置于内浇道以下，以免出现浇不到、冷隔等缺陷。

5）应有利于顺序凝固。对于因合金体收缩率大或铸件结构厚薄不均匀而易于出现缩孔、缩松的铸件，浇注位置的选择应优先考虑实现顺序凝固的条件，要便于安放冒口和发挥冒口的补缩作用。

6）避免用吊砂、吊芯或悬臂式砂芯，使下芯、合箱及检验方便。经验表明，吊砂在合箱、浇注时容易塌箱。向上半型上安放吊芯很不方便。悬臂砂芯不稳固，在金属浮力作用下易偏斜，故应尽力避免。

7）应使合箱位置、浇注位置和铸件冷却位置相一致。这样可避免在合箱后，或于浇注后再次翻转铸型。翻转铸型不仅劳动量大，而且易引起砂芯移动、掉砂、甚至跑火等缺陷。

只在个别情况下，如单件、小批生产较大的球墨铸铁曲轴时，为了造型方便和加强冒口的补缩效果，常采用横浇竖冷方案。于浇注后将铸型竖立起来，让冒口在最上端进行补缩。当浇注位置和冷却位置不一致时，应在铸造工艺图上注明。

此外，应注意浇注位置、冷却位置与生产批量密切相关。同一个铸件，例如球铁曲轴，在单件小批生产的条件下，采用横浇竖冷是合理的。而当大批大量生产时，则应采用造型、合箱、浇注和冷却位置相一致的卧浇、卧冷方案。

3.2.3　分型面的选择

分型面是指两半铸型相互接触的表面。除了地面软床造型、明浇的小件和实型铸造法以外，都要选择分型面。

分型面一般在确定浇注位置后再选择。但分析各种分型面方案的优劣之后，可能需重新调整浇注位置。生产中，浇注位置和分型面有时是同时确定的。分型面的优劣，在很大程度上影响铸件的尺寸精度、成本和生产率。应仔细地分析、对比，慎重选择。

选择分型面时，应注意以下原则：

1）应使铸件全部或大部置于同一半型内。分型面主要是为了取出模样而设置的，但对铸件精度会造成损害。一方面它使铸件产生错偏，这是因合箱对准误差引起的；另一方面由于合箱不严，在垂直分型面方向上增加铸件尺寸。

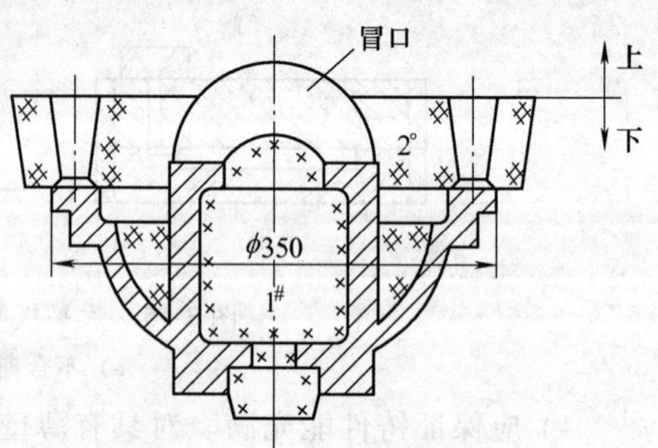

图 3-16 后轮毂的分型方案

图 3-16 为黄河牌汽车后轮毂的铸造方案，加工内孔时以 $\phi350$mm 的外圆周定位（基准面），图 3-17 为管子堵头的分型方案，铸件加工时，以四方头中心线为定位基准，加工外圆螺纹。

2）应尽量减少分型面的数目。分型面少，铸件精度容易保证，且砂箱数目少。机器造型的中小件，一般只许可一个分型面，以便充分发挥造型机的生产率。凡不能出砂的部位均采用砂芯，而不允许用活块或多分型面，如图 3-8 所示。但对于大型复杂件，如磨床床身等，采用多分型面的劈箱造型。

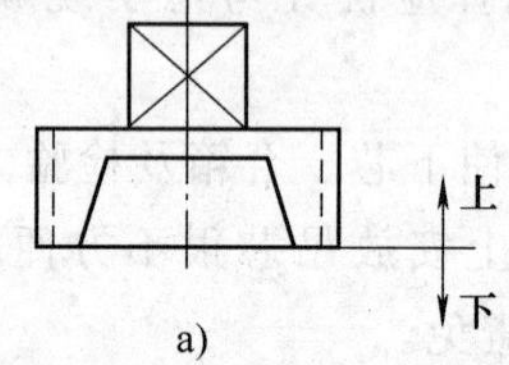

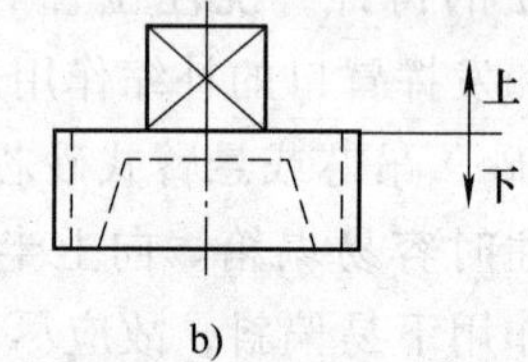

图 3-17 管子堵头分型方案

a）合理 b）不合理

3）分型面应尽量选用平面。平面分型面可简化造型过程和模板制造，易于保证铸件精度，如图 3-18b 所示。机器造型中，如铸件形状需采用不平分型面，应尽量选用规则的曲面，如圆柱面（图 3-19）或折面。这是因为上、下模板表面曲度必须精确一致，才能合箱严密，这会给模板加工带来困难。

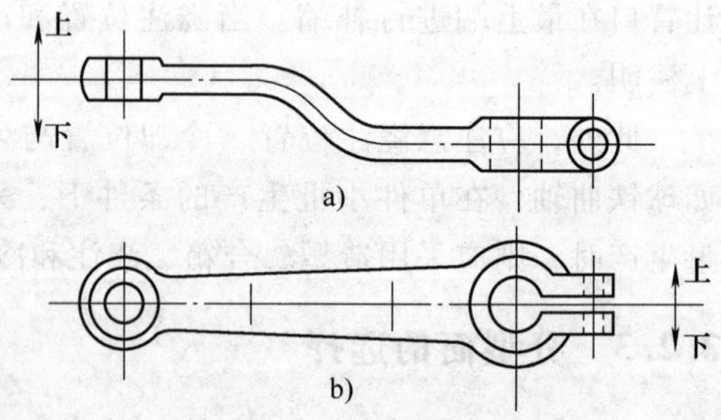

图 3-18 起重臂的分型面

a）不合理 b）合理

4）便于下芯、合箱和检查型腔尺寸。在手工造型中，模样及芯盒尺寸精度不高，在下芯、合箱时，造型工需要检查型腔尺寸，并调整砂芯位置，才能保证壁厚均匀。为此，应尽量把主要砂芯放在下半型中。

5）不使砂箱过高。分型面通常选在铸件最大截面上，以使砂箱不致过高。高砂箱造型困难，填砂、紧实、起模、下芯都不方便。几乎所有造型机都对砂箱高度有限制。手工造型时，对于大型铸件，一般选用多分型面，即用多箱造型以控制每节砂箱高度，使之不致过高。

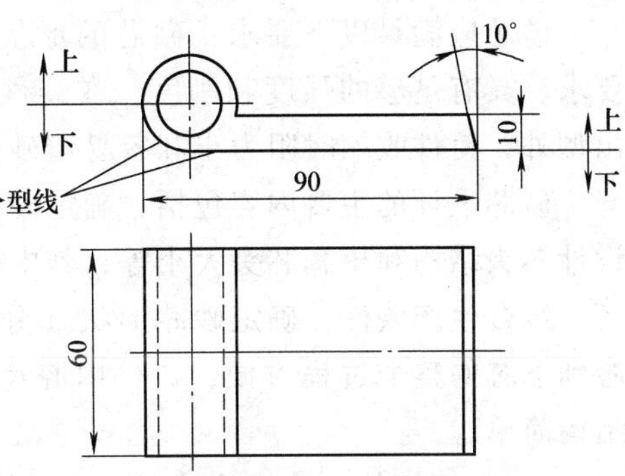

图 3-19　曲面分型面

6）对受力件，分型面的选择不应削弱铸件结构强度。图 3-20b 所示的方案的分型面，合箱时如产生微小偏差将改变工字梁的截面积分布，因而有一边的强度会削弱，故不合理。而图 3-20a 方案则没有这种缺点。

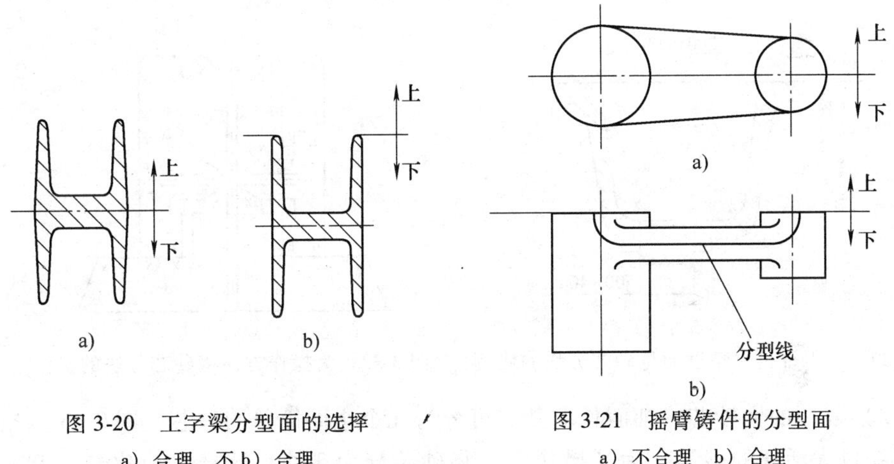

图 3-20　工字梁分型面的选择

a）合理　不 b）合理

图 3-21　摇臂铸件的分型面

a）不合理　b）合理

7）注意减轻铸件清理和机械加工量。图 3-21 是考虑到打磨飞边的难易而选用分型面的实例。摇臂是小铸件，当砂轮厚度大时，图 a 方案铸件的中部飞边将无法打磨。即使改用薄砂轮，因飞边周长较大也不方便。

以上简要介绍了分型面选择的原则，容易看出，它们之间有的相互矛盾和制约，因此，选择分型面时，应以一项或几项原则为主来考虑，最后选出最佳方案。

3.2.4　液态成形用芯的工艺设计及铸造工艺参数

1. 液态成形用芯的工艺设计

砂芯的功用是形成铸件的内腔、孔和铸件外形不能出砂的部位。砂型局部要求特殊性能的部分，有时也用砂芯。

砂芯应满足以下要求：砂芯的形状、尺寸以及在砂型中的位置应符合铸件要求，具有足够的强度和刚度，在铸件形成过程中砂芯所产生的气体能及时排出型外，铸件收缩时阻力小和容易清砂。

砂芯设计的主要内容包括：确定砂芯形状、个数（砂芯分块）和下芯顺序，设计芯头结构和核算芯头大小等，其中还要考虑砂芯的通气和加强问题。

结合生产条件，确定砂芯形状（分块）及分盒面选择的总的原则是：使制芯到下芯的整个过程方便，铸件内腔尺寸精确，不致造成气孔等缺陷，使芯盒结构简单。

1）保证铸件内腔尺寸精度。凡铸件内腔尺寸要求较严的部分应由同一半砂芯形成，避免为分盒面所分割，更不宜划分为几个砂芯。但大的砂芯，为保证某一部位精度，如图 3-22 所示，要求 500mm×400mm 方孔（四周壁厚均匀）有时需将砂芯分块。

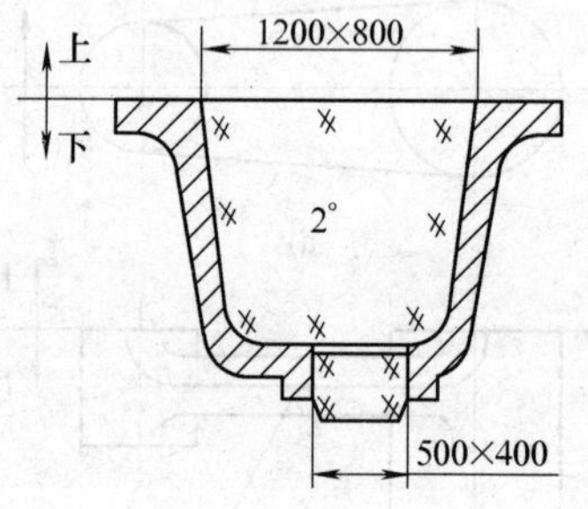

图 3-22　为保证铸件精度而将砂芯分块的实例

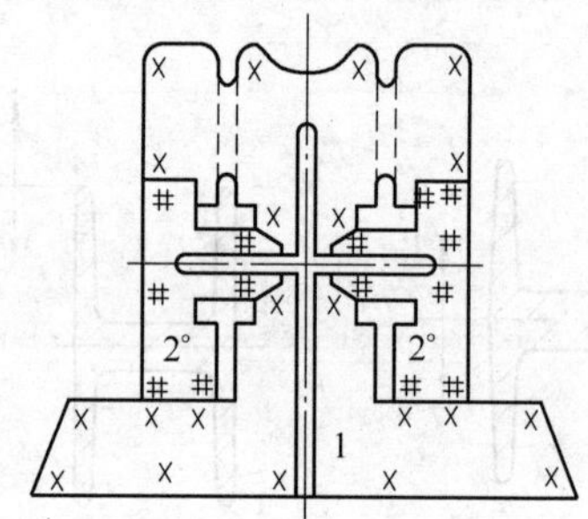

图 3-23　为操作方便将砂芯分块的实例

2）复杂的大砂芯、细而长的砂芯可分为几个小而简单的砂芯。图 3-23 为空气压缩机大活塞的砂芯。为了操作方便将砂芯分为 3 块。这样可简化造芯和芯盒结构，便于烘干。细而长的砂芯易变形，应分成数段，并设法使芯盒通用。在划分砂芯时要防止液体金属钻入砂芯分割面的缝隙，堵塞砂芯通气道。

3）使砂芯的起模斜度和模样的起模斜度大小、方向一致，保证铸件壁厚均匀，如图 3-24 所示。

4）应尽量减少砂芯数目。用砂胎（自带砂芯）或吊砂常可减少砂芯，图 3-25 为 12VB 柴油机曲轴定位套的机器造型方案。吊砂不能过高。其高度 $H \leqslant D$（D 为吊砂或砂胎直径）时，用于下半型；$H \leqslant 0.3D$ 时用于上半型。若手工造型时，H 值取上述数据的一半。造芯中 H 值可取上限值。在手工造型中，遇有难于出模的地方，一般尽量用模样“活块”，即用“活块”取代砂芯。这样虽然增加了造型工时，但却节省了芯盒、制芯工时及费用如图 3-26 所示。

5）填砂面应宽敞，烘干支撑面是平面。为此，需要进炉烘干的大砂芯，常

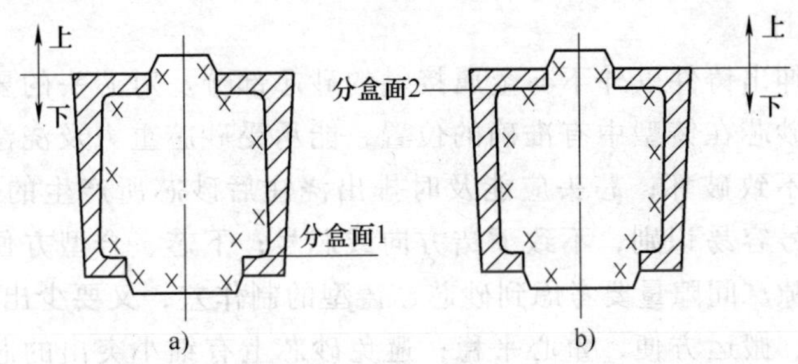

图 3-24 保证铸件壁厚均匀

a）不合理 b）合理

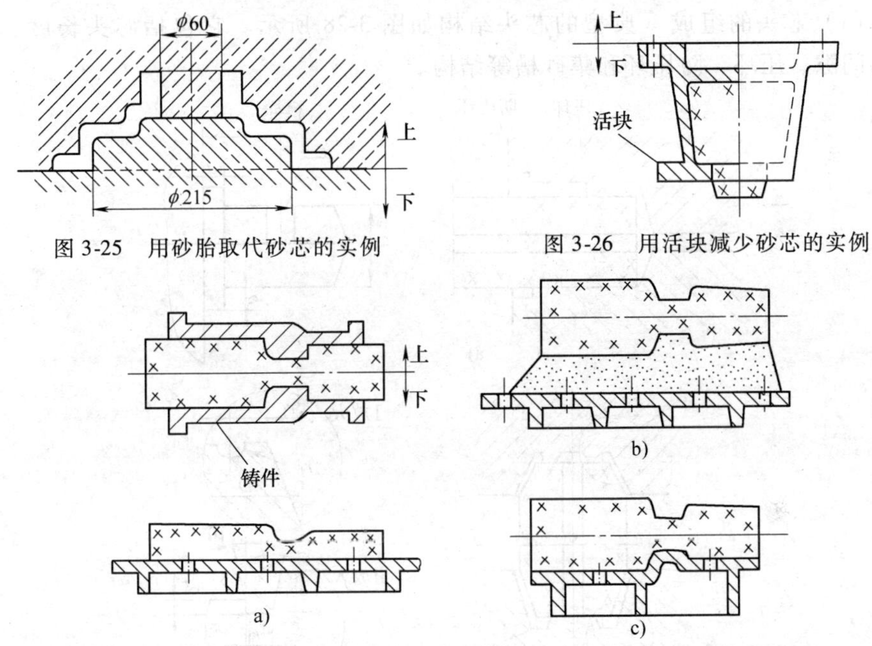

图 3-25 用砂胎取代砂芯的实例

图 3-26 用活块减少砂芯的实例

图 3-27 烘干砂芯的几种方法

a）用平面烘干板 b）砂胎支撑烘干 c）用成形烘干器烘干

被沿最大截面切分为两半制作。普通粘土砂芯、油砂芯及合脂砂芯，入炉烘干时的支撑方法如图 3-27 所示。平面烘干板结构简单，通气性好且价廉如图 3-27a 所示。砂胎烘干法不精确也不方便，如图 3-27b 所示。用烘干器如图 3-27c 所示，虽精确、简便、但结构复杂、昂贵且维修最大。

6）砂芯形状适应造型、制芯方法

高压造型线限制下芯时间，对一型多铸的小铸件，常不允许逐一下芯，因此划分砂芯形状时，常把几个到十几个小砂芯连成一个大砂芯，以便节约下芯、制芯时间，以适应机器要求。对壳芯、热芯和冷芯盒砂芯要从便于射紧砂芯方面来考虑改进砂芯形状。

2. 芯头设计

芯头是指伸出铸件以外不与金属接触的砂芯部分。对芯头的要求是：定位和固定砂芯使砂芯在铸型中有准确的位置，能承受砂芯重力及浇注时液体金属对砂芯的浮力不致破坏；芯头应能及时排出浇注后砂芯所产生的气体至型外；上下芯头及芯号容易识别，不致下错方向或芯号；下芯、合型方便，芯头应有适当斜度和间隙。间隙量要考虑到砂芯、铸型的制作差，又要少出飞边、毛刺，并使砂芯堆放、搬运方便，重心平稳；避免砂芯上有细小突出的芯头部分，以免损坏。

芯头可分垂直芯头和水平芯头（包括悬臂式芯头）两大类。

(1) 芯头的组成　典型的芯头结构如图 3-28 所示。它包括芯头长度、斜度、间隙、压环、防压环和集砂槽等结构。

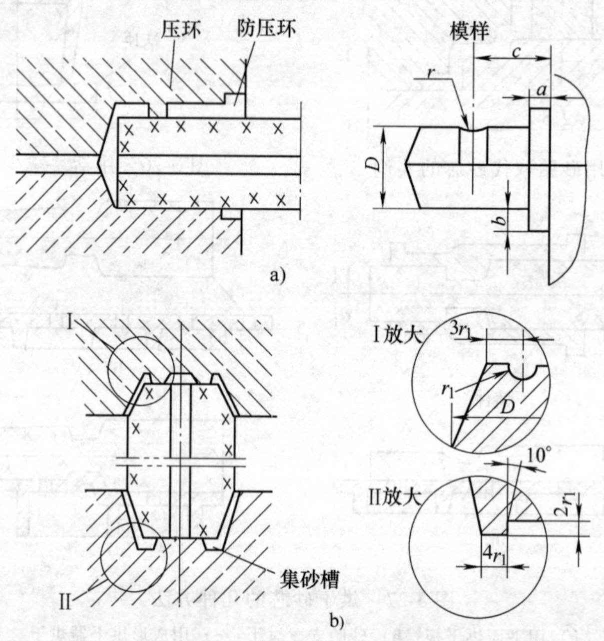

图 3-28　典型的芯头结构
a) 水平芯头　b) 垂直芯头

1) 芯头长度。芯头长度指的是砂芯伸入铸型部分的长度。垂直芯头长度通常称为芯头高度。

过长的芯头会增加砂箱的尺寸，增加填砂量。芯头过高，不便于扣箱。对于水平芯头，砂芯越大，所受浮力也大，因此芯头长度也应越大，以使芯头和铸型之间有更大的承压面积。但垂直芯头的高度和砂芯体积之间并不存在上述关系，砂芯的重量或浮力由垂直芯头的底面积来承受。

决定芯头高度有以下经验值得注意：

① 对于细而高的砂芯，上下部应留有芯头，以免在液体金属冲击下发生偏斜，而且下芯头应当取高一些。对于湿型可不留间隙，以便下芯后能使砂芯保持直立，便于合箱。有的工厂对于 L/D（L——砂芯高度，D——直径）≥5 的细高砂芯，采用扩大下芯头直径的办法，增加下芯时的稳定性，如图 3-29 所示。

② 对于粗而矮的砂芯，常可不用上芯头（高度为零），下芯头也可做短一些。这可使造型、合箱方便。

③ 对于等截面的或上下对称的砂芯，为下芯方便，上下芯头可用相同的高度和斜度面对需要区分上、下芯头的砂芯，一般应使下芯头高度高于上芯头。

2）芯头斜度。对垂直芯头，上、下芯头都应设有斜度。为合箱方便，避免上下芯头和铸型相碰，上芯头和上芯头座的斜度应大些。对水平芯头，如果造芯时芯头不留斜度就能顺利从芯盒中取出，那么芯头可以不留斜度。芯座—模样的芯头是留有斜度的。至少在端面上要留有斜度，上箱斜度比下箱的大，以免合箱时和砂芯相碰，如图 3-30 所示。

3）芯头间隙。为了下芯方便，通常在芯头和芯座之间留有间隙。间隙的大小取决于砂芯的大小和精度及芯座本身的精度。因此，机器造型、制芯的间隙一般较小，而手工造型、制芯则间隙较大，一般为 0.5 ~4mm。

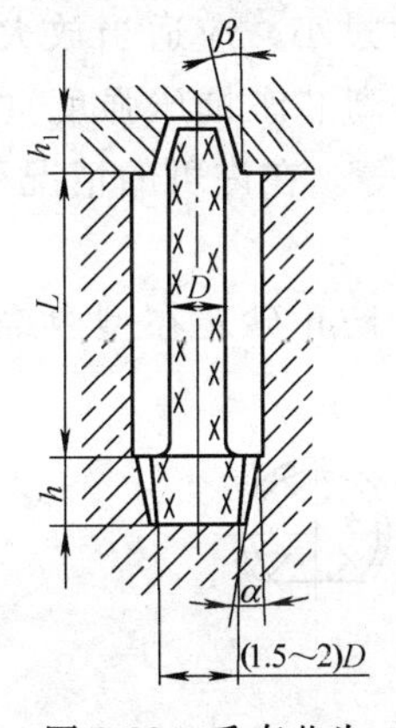

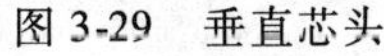

图 3-29 垂直芯头

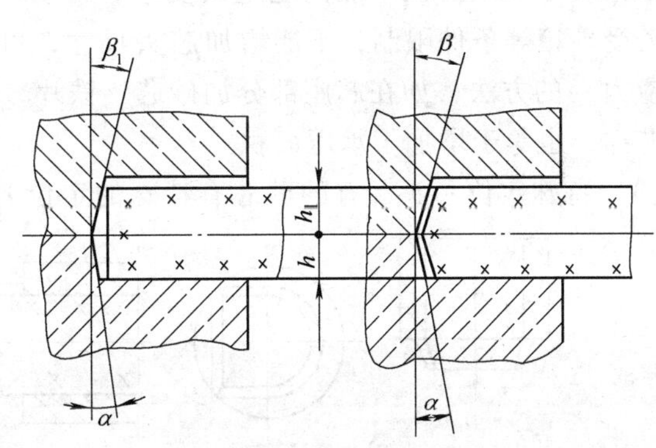

图 3-30 水平芯头的斜度

4）压环、防压环和集砂槽，如图 3-28 所示。

① 压环（压紧环）：在上模样芯头上车削一道半圆凹沟（r = 1.5 ~6mm），造型后在上芯座上凸起一环型砂，合箱后它能把砂芯压紧，避免液体金属沿间隙钻入芯头，堵塞通气道，这种方法只适用于机器造型的湿型。

② 防压环：在水平芯头靠近模样的根部，设置凸起圆环，高度为 0.5 ~ 2mm，宽 5 ~ 12mm，谓之防压环。造型后，相应部位形成下凹的一环状缝隙，下芯、合箱时，它可防止此处砂型被压塌，因而可防止掉砂缺陷，其作用和手

工造型中的“打披缝”的作用是一样的，都是为了使靠近型腔表面的砂型不受压力，以防压塌铸型。

③ 集砂槽：常因为有砂粒存于下芯座中而使砂芯放不到底面上。手工造型时可人工仔细清除这些砂粒，但机器造型中就不可能这样做。为此，在下芯座模样的边缘上设一道凸环，造型后砂型内形成一环凹槽，谓之集砂槽，用来存放个别的散落砂粒。这样就可大大加快下芯速度。集砂槽一般深 2 ~ 5mm。

(2) 芯头承压面积的核算

芯头的承压面积应足够大，以保证在金属液的最大浮力作用下不超过铸型的许用压应力。由于砂芯的强度通常都大于铸型的强度，故只核算铸型的许用压应力即可。芯头的承压面积 S 应满足下式

$$S \geqslant \frac{kP_{芯}}{[\sigma_{压}]}$$

式中 $P_{芯}$——计算的最大浮芯力；

k——安全系数，$k = 1.3 \sim 1.5$；

$[\sigma_{压}]$——铸型的作用应力。此值应根据工厂中所使用的型砂的抗压强度来决定。一般湿型，$[\sigma_{压}]$ 可取 40 ~ 60kPa，活化膨润土砂型可取 60 ~ 100kPa，干型可取为 0.6 ~ 0.8MPa。

如果实际承压面积不能满足上式要求，说明芯头尺寸过小，应适当放大芯头。若受砂箱等条件限制，不能增加芯头尺寸，可采用提高芯座抗压强度（许用压应力）的方法，如在芯座部分加砂芯、铁片、耐火砖等。在许可的情况下，附加芯撑，也等于增加了承压面积。

(3) 特殊定位芯头　有的砂芯有特殊的定位要求。如防止砂芯在型内绕轴

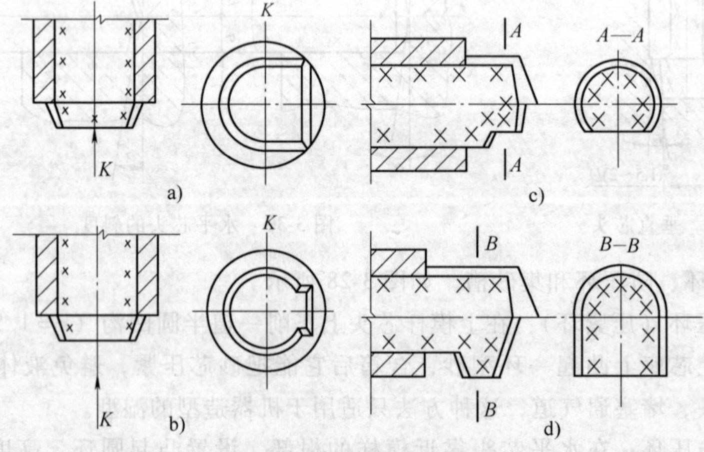

图 3-31 特殊定位芯头

a)、b) 垂直芯头 c)、d) 水平芯头

线转动，不允许轴向位移偏差过大或下芯时搞错方位，这时就应采用特殊定位芯头。这种芯头的结构可自行设计。图 3-31 为特殊定位芯头的实例，这些芯头结构都可防止砂芯转动和下错方位。水平芯头 d 兼有防止沿轴线移动的作用。

3.2.5　铸造工艺设计参数

铸造工艺设计参数（简称工艺参数）通常是指铸型工艺设计时需要确定的某些数据，这些工艺数据一般都与模样和芯盒尺寸有关，即与铸件的精度有密切关系，同时也与造型、制芯、下芯及合箱的工艺过程有关。工艺参数选取得准确、合适，才能保证铸件尺寸（形状）精确，为造型、制芯、下芯、合箱创造方便，提高生产率，降低成本。工艺参数选取不准确，则铸件精度降低，甚至因尺寸超过公差要求而报废。由于工艺参数的选取与铸件尺寸、重量验收条件有关，有的资料把铸件的尺寸和重量允许偏差也列为工艺参数。

1. 铸造收缩率

铸造收缩率 K 的定义是

$$K = \frac{L_{模} - L_{件}}{L_{件}} \times 100\%$$

式中　$L_{模}$——模样（或芯盒）工作面的尺寸；

$L_{件}$——铸件尺寸。

铸造收缩率受许多因素的影响。例如，合金的种类及成分、铸件冷却、收缩时受到阻力的大小、冷却条件的差异等。因此，必须正确地选定铸造收缩率。对于大量生产的铸件，一般应在试生产过程中对铸件多次划线，测定铸件各部位的实际收缩率，反复修改木模，直至铸件尺寸符合铸件图样要求。然后再依实际铸造收缩率设计制造金属模。对于单件、小批生产的大型铸件，铸造收缩率的选取必须有丰富的经验，同时要结合使用工艺补正量，适当放大加工余量等措施来保证铸件尺寸达到合格。

2. 机械加工余量

在铸件加工表面上留出的、准备切削去的金属层厚度，称为机械加工余量。

加工余量过大，将浪费金属和机械加工工时，增加零件成本；过小，则不能完全除去铸件表面的缺陷，甚至露出铸件表皮，达不到设计要求。此外，太小的加工余量由于铸件表面的粘砂及黑皮硬度高，会使刀具寿命降低。

影响机械加工余量的主要因素有：铸造合金及铸造方法所能达到的铸件精度，加工表面所处的浇注位置（上面、侧面、底面），铸件基本尺寸和结构等。具体数据请参照有关标准选用。

3. 起模斜度

为了方便起模，在模样、芯盒的出模方向留有一定斜度，以免损坏砂型或砂芯。这个斜度，称为起模斜度。

起模斜度应在铸件上没有结构斜度的、垂直于分型面（分盒面）的表面上应用。其大小应依模样的起模高度、表面粗糙度以及造型（芯）方法而定。关于起模斜度的大小的具体数值见有关各级标准中的规定。

使用时尚应注意：起模斜度应小于或等于产品图上所规定的起模斜度值，以防止零件在装配或工作中与其他零件相妨碍。尽量使铸件内、外壁的模样和芯盒斜度取值相同，方向一致，以使铸件壁均匀。在非加工面上留起模斜度时，要注意与相配零件的外形一致，保持整台机器的美观，同一铸件的起模斜度应尽可能只选用一种或两种斜度，以免加工金属模时频繁地更换刀具，非加工的装配面上留斜度时，最好用减小厚度法，以免安装困难。手工制造木模，起模斜度应标出毫米数，机械加工金属模应标明角度，以利于操作。起模斜度的形式如图 3-32 所示。

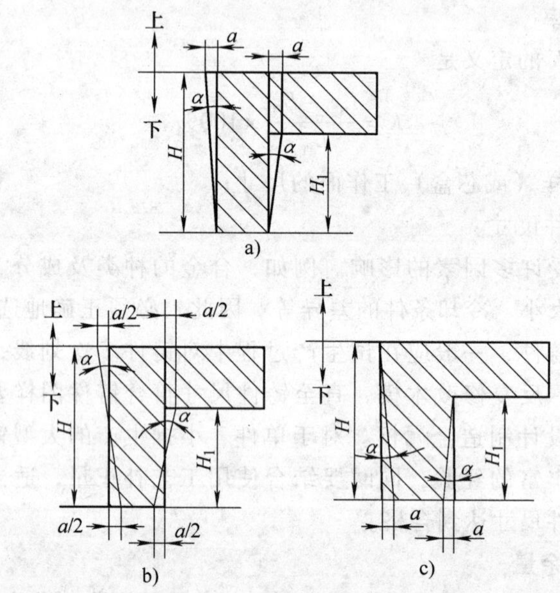

图 3-32 起模斜度的三种形式

a）增厚法 b）加减厚度法 c）减小厚度法

4. 最小铸出孔及槽

零件上的孔、槽、台阶等，究竟是铸出来好，还是靠机械加工出来好？这应从质量及节约方面全面考虑。一般说来，较大的孔、槽等，应铸出来，以便节约金属和加工工时，同时还可以避免铸件局部过厚所造成的热节，提高铸件质量。有些特殊要求的孔，如弯曲孔，无法实行机械加工，则一定要铸出。可用钻头加工的受制孔（有中心线位置精度要求）最好不铸。表 3-3 为最小铸出孔的数值，供参考。

表 3-3　铸件的最小铸出孔①

生产批量	最小铸出孔直径 d/mm	
	灰铸铁件	铸钢件
大量生产	12 ~ 15	
成批生产	15 ~ 30	30 ~ 50
单件、小批生产	30 ~ 50	50

① 最小铸出孔直径指的是毛坯孔直径。

5. 工艺补正量

在单件、小批生产中，由于选用的缩尺与铸件的实际收缩率不符，或由于铸件产生了变形、操作中的不可避免的误差（如工艺上允许的错箱偏差、偏芯误差）等原因，使得加工后的铸件某些部分的厚度小于图样要求尺寸，严重时会因强度太低而报废。因工艺需要在铸件相应非加工面上增加的金属层厚度称为工艺补正量。为了防止由于铸造收缩率估计不准而削弱零件强度应采用工艺补正量。工艺补正量可粗略地按下述经验公式来确定。

$$e \leqslant 0.002L$$

式中　e——工艺补正量；

L——加工面到加工基准面的距离。

使用工艺补正量要求有丰富的经验，各种大型铸件的工艺补正量的经验数据都是在生产条件下取得的，在使用时应仔细分析。

6. 分型负数

干型、半干型以及尺寸很大的湿型，分型面由于烘烤、修整等原因一般都不很平整，上下型接触面很不严密。为了防止浇注时跑火，合箱前需要在分型面之间垫以石棉绳、泥油灰条等，这样在分型面处明显地增大了铸件的尺寸。为了保证铸件尺寸精确，抵消铸件在分型面部位的增厚（垂直于分型面的方向），在模样上相应减去的尺寸为分型负数。

7. 反变形量

反变形量又称反挠度、反弯势、假曲率。

在铸造较大平板类、床身等类铸件时，由于冷却速度的不均匀性，铸件冷却后常出现变形。为了解决翘曲变形问题，在制造模样时，按铸件可能产生变形的相反方向做出反变形模样，使铸件冷却后变形的结果正好将反变形抵消，得到符合设计要求的铸件。这种在模样上做出的预变形量称为反变形量。

影响铸件变形的因素很多，例如合金性能、铸件结构和尺寸大小、浇注系统和冒口的布局、浇注温度和速度、打箱清理温度、造型方法、砂型刚度等。但归纳起来不外乎两方面，一是铸件冷却时的温度场的变化，二是导致铸件变形的残留应力的分布。因此，应判明铸件的变形方向：铸件冷却缓慢的一侧必定受拉应力而产生内凹变形；冷却较快的一侧必定受压应力而发生外凸变形。图 3-33 所示箱体，壁厚虽均匀，但内部冷却慢，外部冷却快，因此若壁发生向外凸出变形，模样反变形量应向内侧凸起。

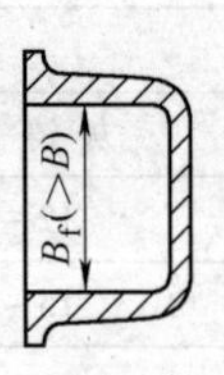

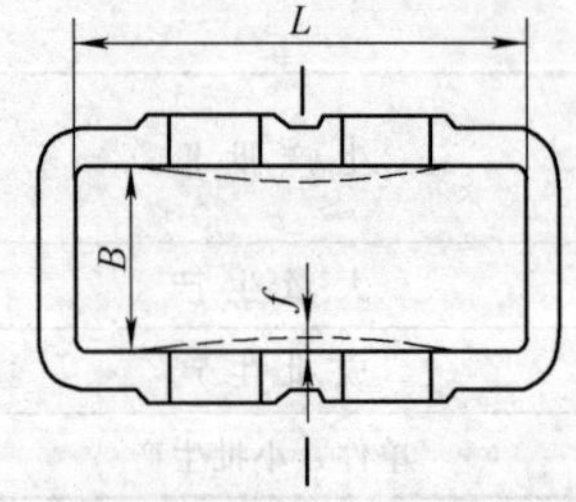

图 3-33　箱体件反变形量方向

一般中小铸件，壁厚差别不大且结构上刚度较大时，不必留反变形量。以下铸件，如大的床身类、平台类、大型铸钢箱体类、细长的纺织零件（如龙筋、胸梁等），多使用反变形量。

8. 砂芯负数（砂芯减量）

大型粘土砂芯，在舂砂过程中砂芯向四周涨开、刷涂料以及在烘干过程中发生的变形使砂芯四周尺寸增大。为了保证铸件尺寸准确，将芯盒的长、宽尺寸减去一定量，这个被减去的尺寸称为砂芯负数。砂芯负数只应用于大型粘土砂芯。

9. 非加工壁厚的负余量

在手工粘土砂造型、制芯过程中，为了取出（如芯盒中的肋板）木模，要进行敲模，木模受潮时将发生膨胀，这些情况均会使型腔尺寸扩大，从而造成非加工壁厚的增加，使铸件尺寸和重量超过公差要求。为保证铸件尺寸的准确性，凡形成非加工壁厚的木模或芯盒内的肋板厚度尺寸应该减小，即小于图样尺寸。所减小的厚度尺寸称为非加工壁厚的负余量。

10. 分芯负数

对于分段制造的长砂芯或分开制造的大砂芯，在接缝处应留出分芯间隙量，即在砂芯的分开面处，将砂芯尺寸减去间隙尺寸，被减去的尺寸，称为分芯负数。分芯负数是为了砂芯拼合及下芯方便而采用的。不留分芯负数，就必须用手工磨出间隙量，这将延长工时并恶化劳动条件。分芯负数可以留在相邻的两个砂芯上，每个砂芯各留一半；也可留在指定的一侧的砂芯上。根据砂芯接合面的大小一般留 1 ~ 3mm。

11. 铸件尺寸公差

我国铸件尺寸公差标准为 GB/T 6414—1999《铸件　尺寸公差与机械加工余量》。该标准适用于砂型铸造、金属型铸造、低压铸造、压力铸造、熔模铸造等铸造方法生产的各种铸造金属及合金的铸件，是设计和检验铸件尺寸公差的通用依据。所规定的公差是指正常生产情况下通常所能达到的公差，分 16 级，命名为 CT1 到 CT16（CT 是铸件公差的英文 Casting Toleranc 的缩写）。

毛坯铸件基本尺寸是指机械加工之前毛坯铸件的图样尺寸，因此包括了机械加工余量和起模斜度。

3.3　液态成形浇注系统设计

3.3.1　概述

浇注系统是铸型中液态金属流入型腔的通道的总称。铸铁件浇注系统的典型结构如图 3-34 所示，它由浇口杯（外浇口）、直浇道、浇口窝（凹井）、横浇道和内浇道等部分组成。广义地说，浇包和浇注设备也可认为是浇注系统的组成部分，浇注设备的结构、尺寸、位置高低等，对浇注系统的设计和计算有一定影响。铸件废品中约有 30% 是因浇注系统不当引起的。

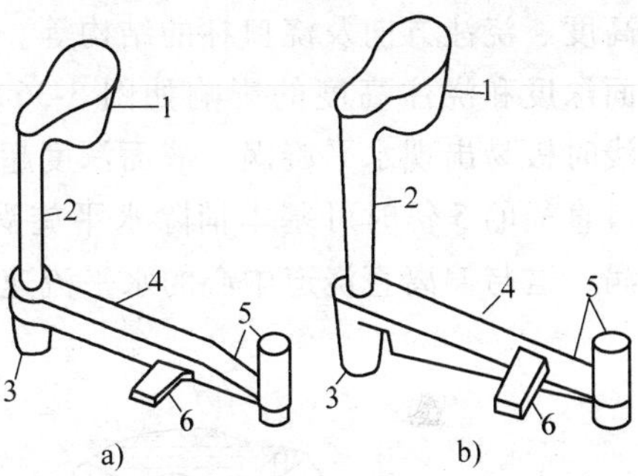

图 3-34　典型浇注系统的结构

a）封闭式　b）开放式

1—浇口杯　2—直浇道　3—直浇道窝

4—横浇道　5—末端延长段　6—内浇道

对浇注系统的基本要求是：

1）所确定的内浇道的位置、方向和个数应符合铸件的凝固原则或补缩方法。

2）在规定的浇注时间内充满型腔。

3）提供必要的充型压力头，保证铸件轮廓、棱角清晰。

4）使金属液流动平稳，避免严重紊流。防止卷入、吸收气体和使金属过渡氧化。

5）具有良好的阻渣能力。

6）金属液进入型腔时线速度不可过高，避免飞溅、冲刷型壁或砂芯。

7）保证型内金属液面有足够的上升速度，以免形成夹砂、皱皮、冷隔等缺陷。

8）不破坏冷铁和芯撑的作用。

9）浇注系统的金属消耗小，并容易清理。

10）减小砂型体积，造型简单，模样制造容易。

3.3.2　浇注系统基本组元的作用

1. 浇口杯中的流动

浇口杯可用来承接来自浇包的金属液，防止金属液飞溅和溢出，便于浇注；减轻液流对型腔的冲击；分离渣滓和气泡，阻止其进入型腔；增加充型压力头。只有浇口杯的结构正确，配合正当的浇注操作，才能实现上述功能。浇口杯分漏斗形和池形两大类。漏斗形浇口杯挡渣效果差，但结构简单，消耗金属少。池形浇口杯效果较好，如图 3-35 所示。

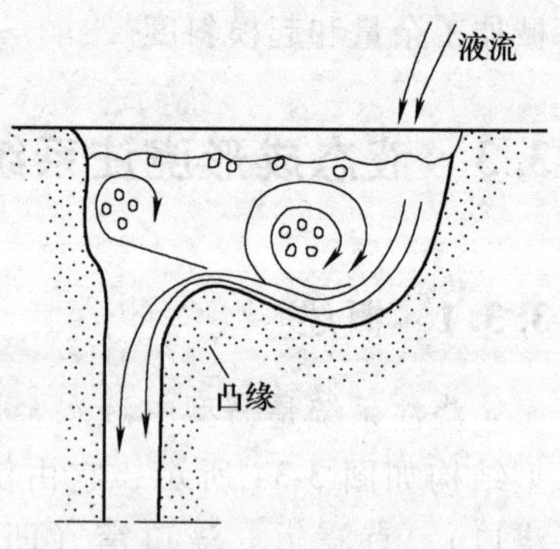

图 3-35　池形浇口杯图

浇口杯中出现水平旋涡会带入渣滓和气体，因而应注意防止。

水力模拟试验表明，影响浇口杯内水平旋涡的主要因素是浇口杯内液面的深度，其次是浇注高度、浇注方向及浇口杯的结构等。浇口杯内液面深度和浇注高度的影响如图 3-36 所示。液面浅时极易出现水平旋涡。液面深度超过直浇道上口直径的 5 倍时可基本消除水平旋涡；浇包嘴距浇口杯越高，越易产生水平旋涡，这与偏离直浇道中心的水平流速较高有关。

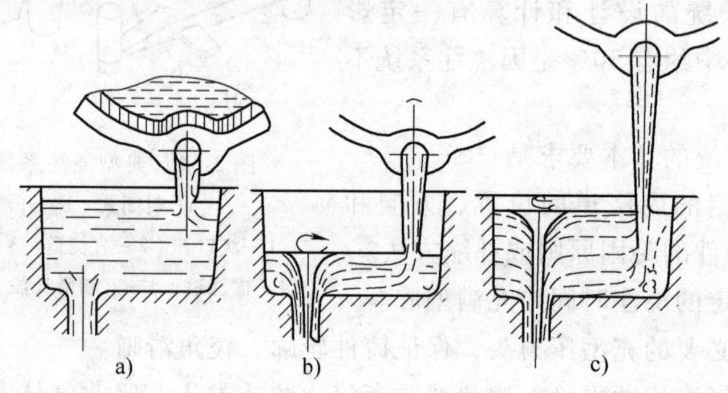

图 3-36　液面深度和浇注高度对形成水平旋涡的影响

a）合理　b）、c）不合理

2. 直浇道中的流动

直浇道的功能是：从浇口杯引导金属向下，进入横浇道、内浇道或直接导入型腔。提供足够的压力头，使金属液在重力作用下能克服各种流动阻力，在规定时间内充满型腔。直浇道常做成上大下小的锥形、等断面的柱形和上小下大的倒锥形。

曾经对只包括浇口杯和直浇道的两单元浇注系统进行过水力模拟试验，结果如图 3-37 所示。因此，可得出以下结论：

1）液态金属在直浇道中存在两种流态：充满式流动或非充满式流动。

2）在非充满的直浇道中，金属液以重力加速度向下运动，流股呈渐缩形，流股表面压力接近大气压力，微呈正压。流股表面会带动表层气体向下运动，并能冲入型内上升的金属液内，由于流股内部和砂型表层气体之间无压力差，气体不可能被“吸入”流股，故在直浇道中气体可被金属表面吸收和带走。

3）直浇道入口形状影响金属流态。当入口为尖角时，增加流动阻力和断面收缩率，常导致非充满式流动。实际砂型中尖角处的型砂会被冲掉引起冲砂缺陷。要使直浇道呈充满流态，要求入口处圆角半径 $r \geqslant d/4$（d 为直浇道上口直径）。

4）在有机玻璃模型中能够出现真空度下的充满式流态，这种情况不能代表砂型中的金属液态。因为砂型是透气体，给出限制性边界条件如图 3-37 所示。

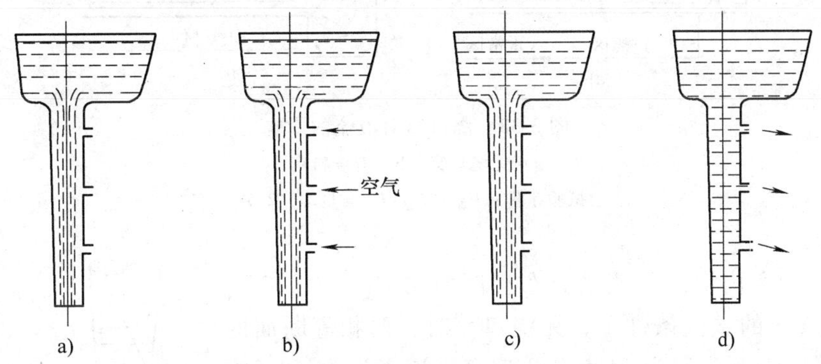

图 3-37　水在有机玻璃模型的直浇道内流动状况

a）圆柱形直浇道，入口为尖角，呈非充满状态

b）圆柱形直浇道，入口为圆角，充满且吸气

c）上大下小的锥形（1/50）直浇道，入口为尖角，呈非充满态

d）上大下小的锥形（1/50）直浇道，入口为圆角，充满且为正压状态

5）由于横浇道和内浇道的流动阻力，常使等截面的，甚至上小下大的直浇道均能满足充满条件而呈充满式流态。

尽管非充满的直浇道有带气的缺点，但在特定条件下，如阶梯式浇注系统中为了实现自下而上地逐层引入金属的目的而采用；又如漏包浇注的条件下，为了防止钢液溢至型外而使用非充满态的直浇道。

3. 浇口窝

金属液对直浇道底部有强烈的冲击作用，并产生涡流和高度紊流区，常引起冲砂、渣孔和大量氧化夹杂物等铸造缺陷。设置浇口窝（凹井）可改善金属液的流动状况，其作用如下（见图 3-38）：

1）缓冲作用。液流下落的动能有相当大的一部分被窝内液体吸收而转变为压力能，再由压力能转化为水平速度流向横浇道，从而减轻了对直浇道底部铸型的冲刷。

2）缩短直-横拐弯处的高度紊流区。浇口窝可减轻液流进入横浇道的孔口压缩现象，缩短高速紊流（过渡）区。这样也改善了横浇道内的压力分布，如图 3-39 所示。速度高的地方压力低，压力分布的特性说明过渡区的存在。这对减轻金属氧化、阻渣和减少卷入气体都有利。当内浇道距直浇道较近时，应采用

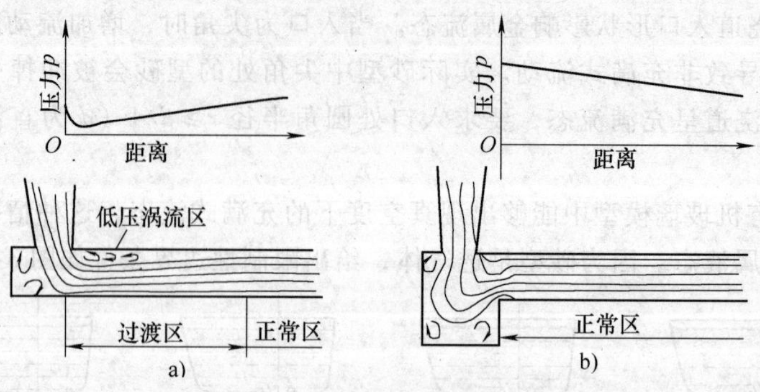

图 3-38　浇口窝对液流的影响

a）无浇口窝　b）有浇口窝

试验条件：$F_{直下}:F_{横}:F_{内}=1:2.5:2.5$

浇口窝。

3）改善内浇道的流量分布。例如在 $F_{直下}:F_{横}:2F_{内}=1:2.5:5$ 的试验条件下，无浇口窝时，两相等断面的内浇道的流量分配为 31.5%（近直浇道者）和 68.5%（远者）；有直浇道窝时的流量分配为 40.5%（近者）和 59.5%（远者）。

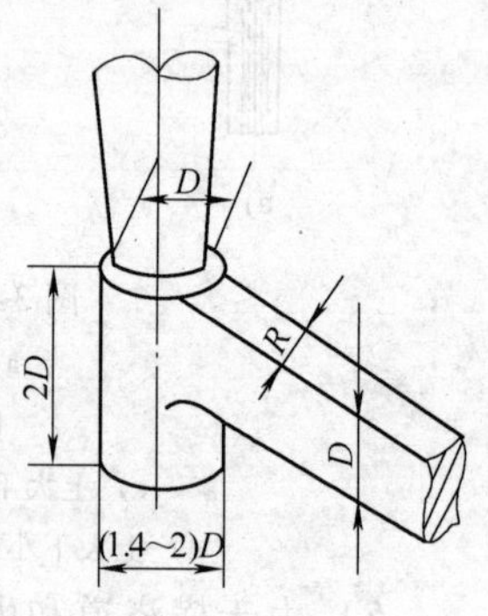

图 3-39　直浇道窝的形状和尺寸

4）减小直-横浇道拐弯处的局部阻力系数和水头损失。

5）浮出金属液中的气泡。最初注入型内的金属液中，常带有一定量的气体，在浇口窝内可以浮出去。

浇口窝的大小、形状应适宜，砂型应坚实。底部放置干砂芯片、耐火砖等可防止冲砂。浇口窝常做成半球形、圆锥台等形状。推荐形状和尺寸如图 3-39 所示，浇口窝直径为直浇道下端直径的 1.4～2 倍，高度为横浇道高度的两倍，侧壁在能顺利起模的条件下尽量垂直，底部做成平面，转角处避免尖角。较大直径的浇口窝适用于流动要求平稳的合金铸件，如轻合金铸件。

4. 横浇道中金属的流动

横浇道的功用有：

① 向内浇道分配洁净的金属液；

② 储留最初浇入的含气和渣污的低温金属液并阻留渣滓；

③ 使金属液流平稳和减少产生氧化夹渣物。为了节约，中小铸件多不用浇口杯，主要靠横浇道阻渣，故横浇道又称为捕渣道。

（1）横浇道的阻渣原理　如图 3-40 所示，横浇道内，在内浇道入口周围存在一个区域，被称为内浇道的吸动区，只要金属进入该区就会自动流入内浇道。

显然，进入该区的渣团也将会流入型腔。

由于渣团密度比金属小，渣团一面上浮，一面随金属液作水平运动。如果渣团能上浮到横浇道顶部且超过内浇道吸动区，就不致进入型腔。

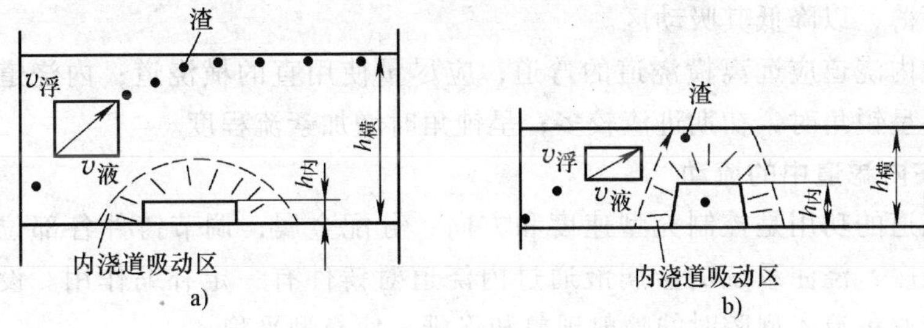

图 3-40　横浇道的阻渣原理

a) 正确　b) 不正确

(2) 横浇道发挥阻渣作用应具备的条件

1) 横浇道应呈充满流态，即满足充满条件。应注意，横浇道断面积比内浇道大，横浇道呈充满流态。此外，内浇道相对横浇道的位置对横浇道的充满条件也有影响。

2) 流速应尽可能低。要在横浇道内捕获更小的渣团，需要更低的流速，更大的横浇道断面积。实际中常把横浇道扩大、做高，如 $F_{横}/F_{内}=2\sim4$，但横浇道太大会浪费金属。

3) 内浇道的位置关系要正确。

①　内浇道距直浇道应足够远，使渣团有条件浮起到超过内浇道的吸动区。

②　有正确的横浇道末端延长段，其功用为容纳最初浇注的低温、含气及渣污的金属液，防止其进入型腔；吸收液体流动能，使金属流入型腔平稳。

③　封闭式浇注系统的内浇道应位于横浇道的下部，且和横浇道具有同一底面。使最初浇入的冷污金属液能靠惯性流越内浇道，纳于末端延长段而不进入型腔。

④　开放式浇注系统的内浇道应重叠在横浇道之上，且搭接面积要小，但应大于内浇道的截面积，如图 3-41 所示。

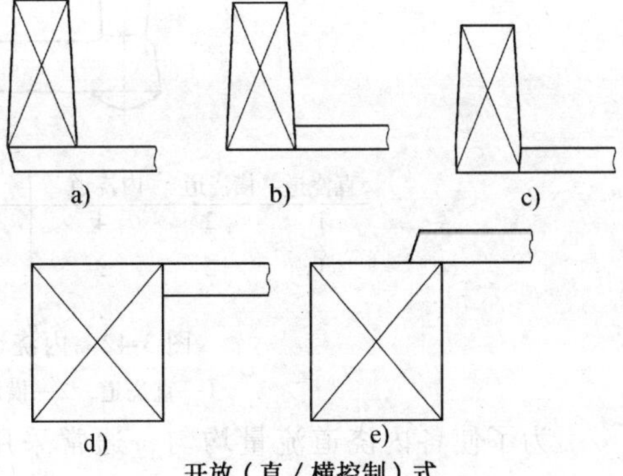

图 3-41　浇注系统横、内浇道的位置关系

a)、d) 错误　b)、c)、e) 正确

开放式浇注系统的内浇道比阻流大得多，若将内浇道置于横浇道底部，则横、内浇道都呈非充满流态，无法

实现阻渣，故需把内浇道重叠在横浇道上方，用横浇道的顶面及末端延长段粘附和储留渣滓。

⑤　封闭式浇注系统的横浇道应高而窄，一般取高度为宽度之2倍。内浇道宜扁而薄，以降低其吸动区。

⑥　内浇道应远离横浇道的弯道；应尽量使用直的横浇道；内浇道同横浇道的连接呈锐角时，初期进渣较多；呈钝角时增加紊流程度。

5. 在内滤道中的流动

内浇道的功用是控制充型速度和方向、分配金属，调节铸件各部位的温度和凝固顺序，浇注系统的金属液通过内浇道对铸件有一定补缩作用。设计内浇道时还应避免流入型腔时的喷射现象和飞溅，使充型平稳。

(1) 浇口比的影响　直浇道、横浇道和内浇道断面积之比（即 $F_{直}:F_{横}:F_{内}$）称为浇口比。

以内浇道为阻流时，金属液流入型腔时喷射严重；以直浇道下端或附近的横浇道为阻流时，充型较平稳，$F_{内}/F_{阻}$ 比值越大则越平稳。因此，轻合金铸件常采用 $F_{内}$ 比 $F_{阻}$ 大得多的开放式浇注系统。

(2) 内浇道流量的不均匀性　同一横浇道上有多个等断面的内浇道，各内浇道的流量不等，如图3-42所示。试验表明：一般条件下，远离直浇道的内浇道流量最大，且先进入金属。近直浇道的流量小，且后进入金属。在浇注初期，进入横浇道的金属液流向末端时失去动能而使压力升高，金属液首先在末端充满并形成末端压力高而靠近直浇道压力低的态势，故而形成这种流量分布；但当总压头小而横浇道很长时，沿程阻力大，也会出现近直浇道处压力高的情况，这时近处的内浇道流量大。

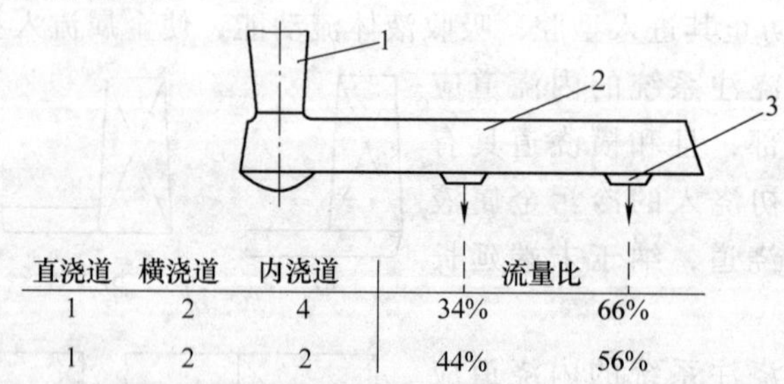

直浇道	横浇道	内浇道	流量比	
1	2	4	34%	66%
1	2	2	44%	56%

图3-42　内浇道流量的分析

1—直浇道　2—横浇道　3—内浇道

为了使各内浇道流量均匀，通常采用如下方法：缩小远离直浇道的内浇道断面积；增大横浇道的断面积；严格依 $F_{横}/F_{内}$ 的比值，每流经一个内浇道，使横浇道断面积依比值缩小；设置浇口窝等。

(3) 内浇道的基本设计原则

1）内浇道在铸件上的位置和数目应服从所选定的凝固顺序或补缩方法。

2）方向不要冲着细小砂芯、型壁、冷铁和芯撑，必要时采用切线引入。但应注意，切线引入会引起型内金属的回转运动，适用于外表面有粗糙度要求的圆形铸件。当筒形铸件内表面要求严格的条件下，应避免金属液回转，以免夹渣物聚集在铸件的内表面。

3）内浇道应尽量薄。薄的内浇道的好处是：降低内浇道的吸动区，有利于横浇道阻渣；减少进入初期渣的可能性；减轻清理工作量；内浇道薄于铸件的壁厚，在去除浇道时不易损害铸件；对球墨铸铁件，薄的内浇道能充分利用铸件本身的石墨化膨胀获得紧实的铸件。

3.3.3　浇注系统的基本类型及铸铁件浇注系统

1. 封闭、开放式浇注系统

（1）封闭式浇注系统　封闭式浇注系统可理解为正常浇注条件下，所有组元能被金属液充满的浇注系统，也称为充满式浇注系统。封闭式浇注系统包括了以内浇道为阻流的各种浇注系统和部分扩张式（$F_{内}/F_{阻} \leqslant 1.5 \sim 2.5$）的浇注系统。

封闭式浇注系统有较好的阻渣能力，可防止金属液卷入气体，消耗金属少，清理方便。主要缺点是：进入型腔的金属液流速度高，易产生喷溅和冲砂，使金属氧化，使型内金属液发生扰动、涡流和不平静。因此，主要应用于不易氧化的各种铸铁件。对于容易氧化的轻合金铸件、采用漏包浇注的铸钢件和高大的铸铁件，均不宜使用。

（2）开放式浇注系统　在正常浇注条件下，金属液不能充满所有组元的浇注系统，又称为非充满式或非压力式。其阻流截面通常设在直浇道下端，且$F_{阻}/F_{内} \leqslant 1/3$。该浇注系统的优缺点与封闭式浇注系统正好相反，主要用于铸钢，球铁及有色轻合金铸件。

2. 按内浇道在铸件上的位置分类

（1）顶注式浇注系统　以浇注位置为基准，内浇道设在铸件顶部的，称为顶注式浇注系统（见图3-43），它有利于铸件自下而上的顺序凝固和冒口的补缩；其冒口尺寸小，节约金属；内浇道附近受热较轻；结构简单，易于清除。

缺点：易造成冲砂缺陷；金属液下落过程中接触空气，出现激溅、氧化、卷入空气等现象，使充型不平稳。易产生砂孔、铁豆、气孔和氧化夹杂物缺陷；大部分浇注时间，内浇道工作在非淹没状态，相对地说，横浇道阻渣条件较差。

按其位置可分为如下几种：

1）简单式：用于要求不高的简单小件。

2）楔形浇口：浇道窄而长，断面积大。适用于薄壁容器类铸件。

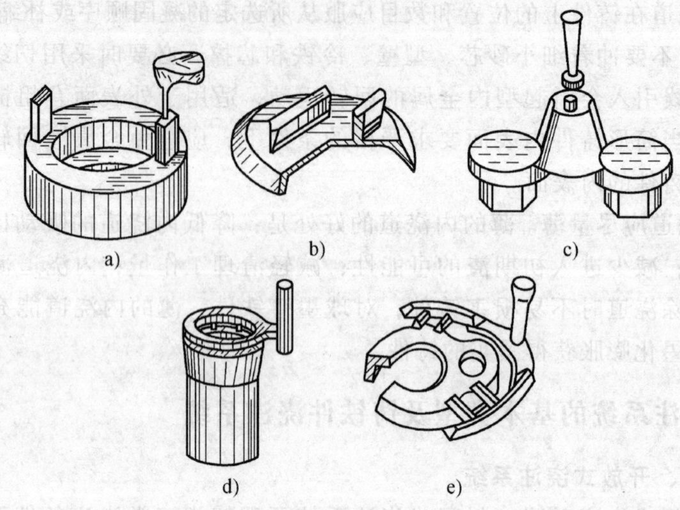

图 3-43　顶注式浇注系统

a）简单式　b）楔形（刀片式）　c）压边式　d）雨淋式　e）搭边式

3）压边浇口：金属液经压边窄缝进入型腔，充型慢，有一定补缩和阻渣作用。结构简单，易于清除，多用于中、小型各种厚壁铸铁件。

4）雨淋式：金属液经型腔顶部许多小孔（内浇道）流入，状似雨淋，比其他顶注式对型腔的冲击力小。炽热金属液流不断冲刷上升液面，使熔渣不易粘附在型（芯）侧壁上。适用于要求较高的筒类铸件，如缸套、大的铁活塞、机床卡盘等。也可用于床身、柴油机缸体等。

5）搭边式：自上而下导入金属液，避免直接冲击型的侧壁。适用于湿型铸造薄壁铸件，如纺织铸件。

（2）底注式浇注系统　内浇道设在铸件底部的称为底注式浇注系统，如图 3-44 所示。主要优点有：内浇道基本上在淹没状态下工作，充型平稳；可避免金属液发生激溅、氧化及由此而形成的铸件缺陷；而且横浇道基本处在充满状态下，有利于阻渣；型腔内的气体也容易顺序排出。缺点是：充型后金属的温度分布不利于顺序凝固和冒口补缩；内浇道附近容易过热，导致缩孔、缩松和结晶粗大等缺陷；金属液面在上升中容易结皮，难于保证高大的薄壁铸件充满，易形成浇不到、冷隔等缺陷；金属消耗较大。为了克服这些缺点，采用快浇和分散的多内浇道，大的 $F_{内}/F_{阻}$ 比值，使用冷铁和安放冒口或用高温金属补浇冒口等措施。

1）底注式（基本形）浇注系统：适用于容易氧化的有色合金铸件和形状复杂、要求高的各种黑色铸件。

2）牛角浇口：用于各种铸齿齿轮和有砂芯的盘形铸件。

3）底雨淋式：充型后金属温度分布均匀，同一水平横截面上的金相组织和

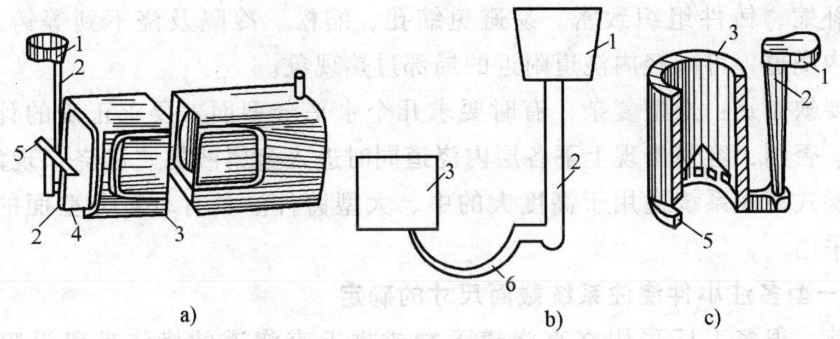

图 3-44　底柱式浇注系统

a）基本形式　b）牛角浇口　c）底雨淋式

1—浇口杯　2—直浇道　3—铸件　4—内浇道　5—横浇道　6—牛角浇口

硬度一致。型内金属液上升平稳且不发生旋转运动，能避免熔渣粘附在砂芯上。适用于内表面质量要求高的筒类铸件，大型床身等。

（3）中间注入式浇注系统　从铸件中间某一高度面上开设内浇道，如图 3-45 所示。对内浇道以下的型腔部分为顶注式；对内浇道以上的型腔部分相当于底柱式。故它兼有顶注式和底注式浇注系统的优缺点。由于内浇道在分型面上开设，故极为方便，广为应用。适用于高度不大的中等壁厚（铸钢件壁厚约 50mm，灰铸铁件 20mm）的铸件。

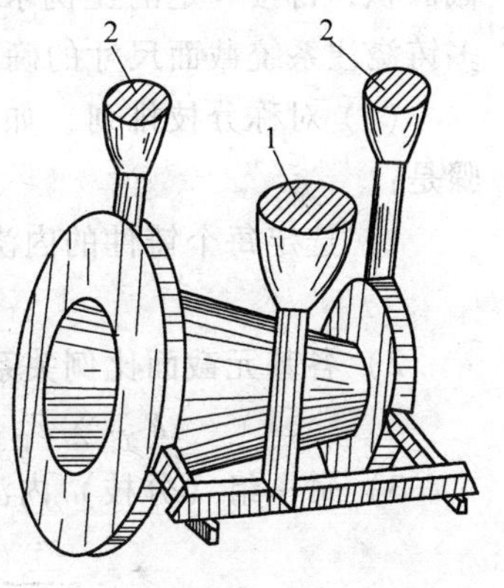

图 3-45　中间注入式浇注系统的一般形式

1—浇口杯　2—出气冒口

（4）阶梯式浇注系统

在铸件不同高度上开设多层内浇道的称为阶梯式浇注系统（图 3-46）。

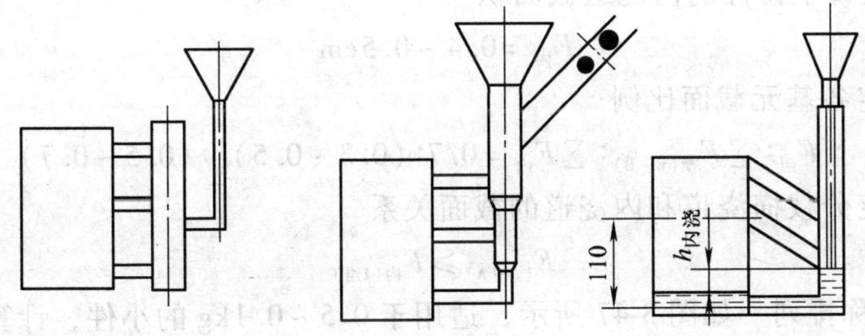

图 3-46　阶梯式浇注系统

结构正确的阶梯式浇注系统具有以下优点：金属液首先由最底层内浇道充型，随着型内液面上升，自下而上地、顺序地流经各层内浇道。因而充型平稳，型腔内气体排出顺利。充型后，上部金属液温度高于下部，有利于顺序凝固和冒口的补缩，铸件组织致密。易避免缩孔、缩松、冷隔及浇不到等铸造缺陷。利用多内浇道，可减轻内浇道附近的局部过热现象。

主要缺点是：造型复杂，有时要求几个水平分型面，要求正确的计算和结构设计，否则，容易出现上下各层内浇道同时进入金属液的“乱浇”现象。

阶梯式浇注系统适用于高度大的中、大型铸件。具有垂直分型面的中大件可优先采用。

3. 一型多注小件浇注系统截面尺寸的确定

目前，很多工厂采用在直浇道下端或靠近直浇道的横浇道段设阻流装置（如滤网，阻流片等），阻流以前封闭，其后开放的浇注系统。将铸型中金属液总量（G）作为选择或计算阻流截面的依据；根据每个铸件的需要确定内浇道的截面积；再按一定的比例求出直浇道和横浇道的截面尺寸。对灰铸铁小件一型多铸浇注系统截面尺寸的确定方法如下：

（1）对称分枝排列　如图 3-47 所示，适用 0.16～0.2kg 的小铸件，计算步骤是：

1）选定每个铸件的内浇道截面积

$$F_{内}=0.4\sim0.5\text{cm}^2$$

2）各基元截面比例关系为

$$F_{直}:\sum F_{阻}:\sum F_{横(B\sim B)}:\sum F_{内}=0.7:0.3:0.5:1$$

3）每一组（分枝）内浇道和横浇道的截面关系应满足

$$\sum F_{横(A\sim A)}\geqslant\sum F_{内(1组)}$$

4）每两个分枝横浇道的截面积应小于一侧总横浇道的截面积

$$2F_{横(A\sim A)}\leqslant F_{横(B\sim B)}$$

（2）不对称排列　如图 3-48 所示，适用 0.5～1.0kg 的小件，计算步骤是：

1）选定每个铸件的内浇道截面积

$$F_{内}=0.4\sim0.5\text{cm}^2$$

2）确定各基元截面比例

$$F_{直}:\sum F_{阻}:\sum F_{横(B\sim B)}:\sum F_{内}=0.7:(0.3\sim0.5):(0.5\sim0.7):1$$

3）确定分枝横浇道和内浇道的截面关系

$$F_{(A\sim A)}\geqslant F_{内(1组)}$$

（3）对称排列　如图 3-47 所示，适用于 0.5～0.1kg 的小件，计算步骤是：

1）选定每个铸件内浇道的截面积

$$F_{内}=0.4\sim0.5\text{cm}^2$$

2）各基元的截面比例关系

$$F_{直}:\sum F_{阻}:\sum F_{(B\sim B)}:\sum F_{内}=0.7:(0.3\sim0.5):(0.5\sim0.7):1$$

3）确定分枝横浇道和内道的截面关系

$$F_{横(A\sim A)} \geqslant F_{内(1组)}$$

4. 铸铁件浇注系统设计与计算

(1) 设计步骤　通常在确定铸造方案的基础上设计浇注系统。大致步骤为：

1) 选择浇注系统类型。

2) 确定内浇道在铸件上的位置、数目和金属引入方向。

3) 决定直浇道的位置和高度。

实践表明，直浇道过低使充型及液态补缩压力不足，易出现铸件棱角和轮廓不清晰、浇不到、上表面缩凹等缺陷。

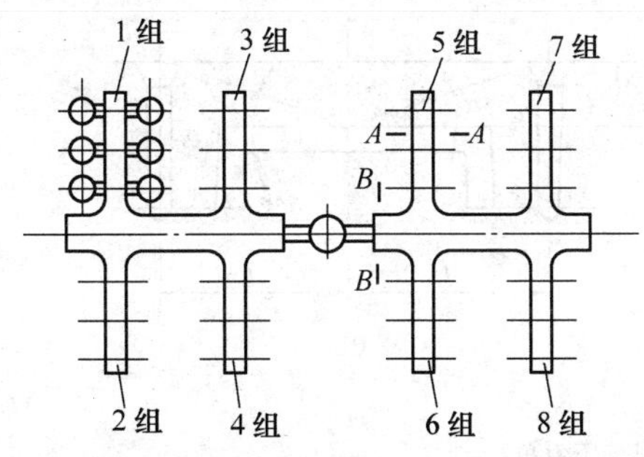

图 3-47　对称分枝排列的浇注系统

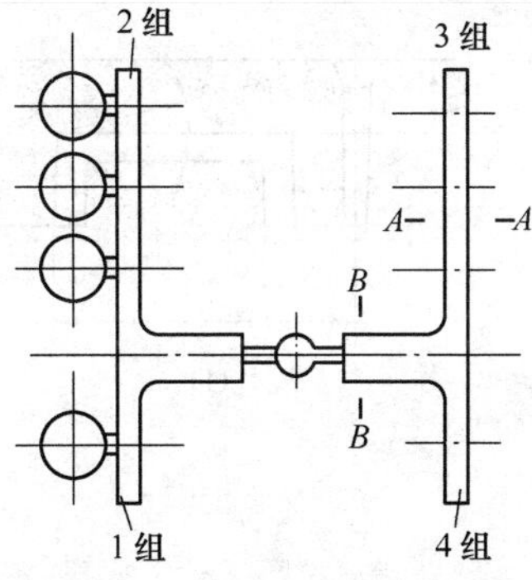

图 3-48　不对称排列的浇注系统

一般使直浇道高度等于上砂箱高度，但应检验该高度是否足够。直浇道的剩余压力角应大于表 3-4 中的数值，或者，剩余压力头应满足压力角的要求，如下式所列

$$H_M \geqslant L\tan\alpha$$

式中　H_M——最小剩余压力头；

L——直浇道中心到铸件最高且最远点的水平投影距离；

α——压力角。α 的大小可查表 3-4。

直浇道的位置应设在横、内浇道的对称中心点上，以使金属液流程最短，流量分布均匀。近代造型机（如多触头高压造型机）模板上的直浇道位置一般都被确定，在这样的条件下应遵守规定的位置。直浇道距离第一个内浇道应有足够的距离。

4) 计算浇注时间并核算金属上升速度。

应指出，重要的是核算铸件最大横截面处的型内金属上升速度。当不满足要求时，应缩短浇注时间或改变浇注位置。

5) 计算阻流断面积 $F_{压}$。依水力学公式计算 $F_{阻}$。如果铸件重量很大，则计算铸件重量 m 时，应包括由于各种原因引起的增重。如：木模壁厚偏差，起模时扩砂量，铸型及砂芯干燥过程中的尺寸变化，合箱偏差及浇注时的胀砂等。

因铸件大小及铸型等工艺条件而异，一般增重在 3% ~7% 范围内。

6）确定浇口比并计算各组元断面积。浇注系统中主要组元的断面积比例关系——$\sum F_{阻}:\sum F_{横}:F_{直}$ 称为浇口比，以阻流面积为尺度（作为 1）。可依表 3-5 选择和确定浇口比。

7）绘出浇注系统图形。

表 3-4 压力角的最小值

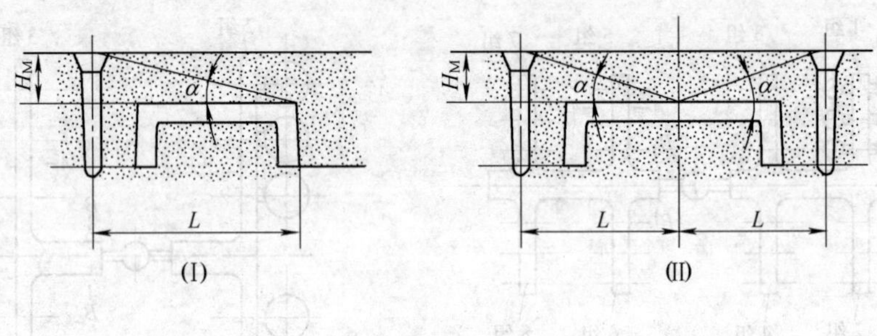

直浇道的剩余压力角

L/mm	铸件壁厚 δ/mm							使用范围
	3 ~5	5 ~8	8 ~15	15 ~20	20 ~25	25 ~35	35 ~40	
	压力角 α/（°）							
4000	根据具体情况确定	6 ~7	5 ~6	5 ~6	5 ~6	4 ~5	4 ~5	用两个或更多的直浇道浇注
3500		6 ~7	5 ~6	5 ~6	5 ~6	4 ~5	4 ~5	
3000		6 ~7	6 ~7	5 ~6	5 ~6	4 ~5	4 ~5	
2800		6 ~7	6 ~7	6 ~7	6 ~7	5 ~6	4 ~5	
2600		7 ~8	6 ~7	6 ~7	6 ~7	5 ~6	4 ~5	
2200		7 ~8	6 ~7	6 ~7	6 ~7	5 ~6	5 ~6	
2000		8 ~9	7 ~8	6 ~7	6 ~7	5 ~6	5 ~6	
1800		8 ~9	7 ~8	6 ~7	6 ~7	5 ~6	6 ~7	
1600		8 ~9	7 ~8	7 ~8	7 ~8	6 ~7	6 ~7	
1400		8 ~9	7 ~8	7 ~8	7 ~8	6 ~7	6 ~7	
1200		8 ~9	8 ~9	7 ~8	7 ~8	6 ~7	6 ~7	用一个直浇道浇注
1000	10 ~11	9 ~10	8 ~9	7 ~8	7 ~8	6 ~7	6 ~7	
800	11 ~12	9 ~10	9 ~10	7 ~8	7 ~8	6 ~7	6 ~7	
600	12 ~13	9 ~10	9 ~10	8 ~9	7 ~8	7 ~8	6 ~7	
	13 ~14	9 ~10	9 ~10	9 ~10	8 ~9	7 ~8	6 ~7	

表 3-5　铸铁件的浇口

类　型		$\sum F_{内}:\sum F_{横}:F_{直}$	特 点 及 应 用
封闭式	Ⅰ	1:1.5:2 1:1.2:1.4 1:1.1:1.15 1:1.06:1.11	以 $F_{内}$ 为阻流。浇注系统充满快，金属液在横浇道内流速较高，阻渣效果欠佳。进入型腔时呈喷射状态，充型不平稳。可用于灰铸铁件，干型
	Ⅱ	1:1.4:1.2 1:1.5:1.1 3:8:4	以横浇道断面最大，阻渣效果较好。俗称“半封闭式”。仍以内浇道为阻流，充型不平稳，适用于灰铸铁件
	Ⅲ	(2.5 ~ 1.5)：2.5:1	以直浇道下口或附近的横浇道为阻流，浇注系统可充满，阻渣效果较好，充型较平稳。适用于各种铸铁件
开放式	全开放	不准荐使用	以浇包嘴或浇口杯入口为阻流。浇注系统的组元呈非充满流态，阻渣效果极差，造成金属氧化，带气
	先封闭后开放	4:4:1（阻流） 5:5:1（阻流）	阻流以前的直浇道封闭，阻流以后“开放”。这时横浇道设在下箱，内浇道设在上箱。充型平稳，也有阻渣效果，适用于球铁件及各种铸铁件

5. 其他合金铸件浇注系统的特点

（1）铸钢件浇注系统　铸钢的特点是熔点高、流动性差、收缩大、易氧化、而且夹杂物对铸件力学性能影响严重，多使用漏包（柱塞包）浇注。要求浇注系统结构简单、断面积大，使充型快而平稳，流股不宜分散，有利于铸件的顺序凝固和冒口的补缩，不应阻碍铸件的收缩。

绝人多数工厂使用保温性能好、阻渣能力强的漏包浇注，中大型铸件的直浇道用耐火砖管砌成。当每个内浇道的钢液流过的量超过 1t 时，内浇道和横浇道也用耐火砖管砌成。只在造型流水线上浇注小件的个别情况下才使用转包浇注。

为了浇注重量不同的铸件，可使用不同容量的浇包、不同直径的包孔和采用塞杆阻流以调节流量。塞杆阻流有一定限度，依经验，最大塞杆阻流限度时的流量为开启塞杆流量的 0.77 倍，用漏包浇注时，浇注系统必须是开放式的，直浇道不被充满，保证钢液不会溢出浇道以外。为快速而平稳地充型，对一般中小铸件多用底注式，高大铸件常采用阶梯式浇注系统。

（2）轻合金铸件的浇注系统　轻合金是铝、镁合金的统称，特点是密度小、熔点低、容积热容量小而热导率大，化学性质活泼，极易氧化和吸收气体。常见缺陷有：非金属夹杂物（由泡沫、熔渣和氧化物组成）、浇不到和冷隔、气孔、缩孔、缩松及裂纹、变形等。

轻合金的浇注温度低，对型砂的热作用较轻。过热的铝合金有很高的氢的溶解度，因而应严格熔炼温度，脱氢和变质处理应精心，否则易引起析出性气孔。改善充型过程无助于解决此类缺陷。轻合金降温快，宜快浇。有的轻合金结晶范围宽，凝固收缩大，易出现缩孔、缩松、变形甚至开裂等缺陷。有的糊状凝固特性强，难于消除缩松，浇注系统的设计应注意发挥冷铁、冒口的作用，要求有较大的纵向温度梯度才能消除缩松缺陷。

轻合金液化学性质极为活泼，一旦接触空气或水分，表面立即被氧化，因此液体表面总是覆盖着极薄的一层氧化膜。这层膜的高温强度很低，若流速高或流向急速改变，都会使氧化膜破裂。紊流运动促使氧化膜、空气混入合金内部，所形成的氧化夹杂物的比重常比金属液的比重大，难于清除。因此，要求合金在浇注系统中流动平稳，不产生涡流、喷溅，以近乎层流的方式充型。适合应用开放式的底注浇注系统。

(3) 铜合金浇注系统的特点 铸造常用的铜合金有铝青铜、锡青铜和黄铜。

铝青铜结晶温度范围窄，易产生集中缩孔，易氧化生成氧化膜和铸件夹杂物。多应用底注、开放式浇注系统，并常用滤渣网和集渣包。

锡青铜和磷青铜的结晶温度范围宽，易产生缩松缺陷，但受氧化的倾向小。可采用雨淋式、压边式等顶注式浇注系统。对大中型复杂铸件，也常设滤网除渣，并使流动趋于平稳。黄铜的铸造性能接近于铝青铜等无锡青铜，黄铜液中因有锌蒸气的保护和自然脱气作用，故很少形成氧化膜的析出生成气孔。应按顺序凝固的原则设置浇注系统和冒口。

6. 金属过滤技术

早在本世纪 50 年代前苏联、美国等国就已采用过滤片过滤铸铁和有色金属液。由于当时过滤片的高温强度、抗高温金属液的冲刷能力较低，过滤效果较差。1962 年前苏联人曾研究了过滤镁合金的过滤片，减少氧化渣，提高镁合金耐蚀性。1964 年美、德等国研究和使用过滤有色金属液的过滤器。1978 年美国 F. R. Mullard 和 Mevidson 等人首次研制出泡沫陶瓷过滤片，并很快在有色和黑色金属铸造上采用。随后，相继研制出高温纤维过滤网和蜂窝状陶瓷过滤片。

(1) 金属液过滤器的种类和用途

1) 纤维过滤网（布）。过滤网上均布着网孔，网孔尺寸越小，对铁液的过滤效果越好，但铁液堵塞倾向也越大。大于网孔尺寸的渣滓易于滤除，比网孔尺寸细的固体渣滓仅能部分地过滤，为提高滤渣效果，可以使用双层、多层过滤网。这种过滤系统适合于过滤大块浮渣、夹杂物、氧化膜。

2) 泡沫陶瓷过滤片。这种过滤片是泡沫塑料状的多孔过滤片。它具有比较高的滤渣能力，尺寸细小到 0.1mm 的固体渣也能完全滤除，并且不会引起铁液的飞溅。

在过滤球墨铸铁铁液时，当残余镁含量达 0.07%（质量分数）或者浇注温度偏低时，由于铁液带有过多的氧化镁、氧化稀土等，可能使过滤片堵塞。

3）蜂窝状陶瓷过滤片。这种过滤片呈板状，板上并行排列着不同数量圆孔或方孔。采用氧化锆、氧化铝红柱石等粉料烧结而成，从而有较高的抗铁液冲刷能力，滤渣效果稳定可靠。

（2）过滤器的放置位置可参考图 3-49、图 3-50 的示例。

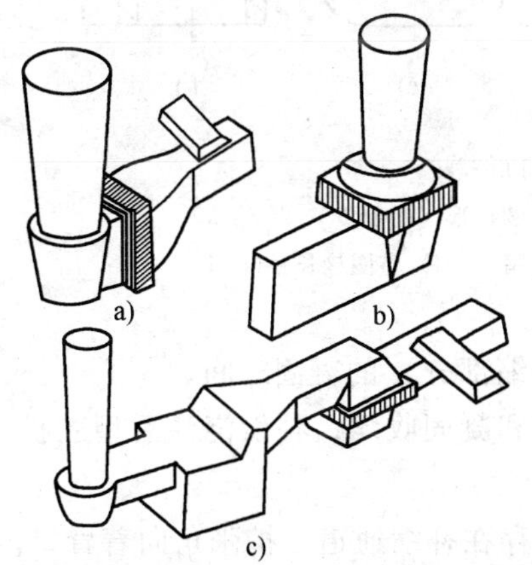

图 3-49 半封闭浇注系统中安置过滤器

a）横浇道垂直过滤器 b）直浇道水平过滤器

c）横浇道水平过滤器滤器后缩窄的横浇道

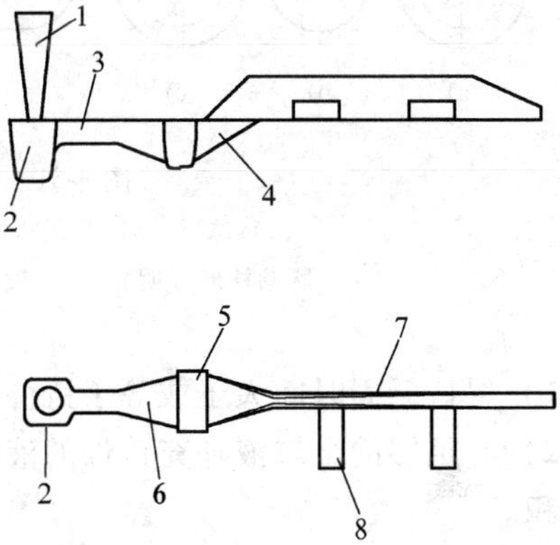

图 3-50 在封闭浇注系统中安置过滤器

1—直浇道 2—直浇道座 3—下型横浇道 4—过滤器

5—安置过滤器的下型芯头 6—扩张的横浇道

7—上型横浇道 8—上型内浇道

3.4 冒口及冷铁设计

设置冒口、冷铁和铸肋是常用的铸造工艺措施，主要用于防止缩孔、缩松、裂纹和变形等铸件缺陷。

3.4.1 冒口的种类及补缩原理

冒口是铸型内用以储存金属液的空腔，在铸件形成时补给金属，有防止缩孔、缩松、排气和集渣的作用。习惯上把冒口所铸成的金属实体也称为冒口。

1. 冒口的种类

按冒口形状有圆柱形、球顶圆柱形、长（腰）圆柱形、球形及扁球形等多种，如图 3-51 所示。按安放位置则可分为顶冒口、侧冒口、明冒口、暗冒口等如图 3-52 所示。

2. 通用冒口补缩原理

（1）基本条件 通用冒口适用于所有合金铸件，它遵守顺序凝固的基本条

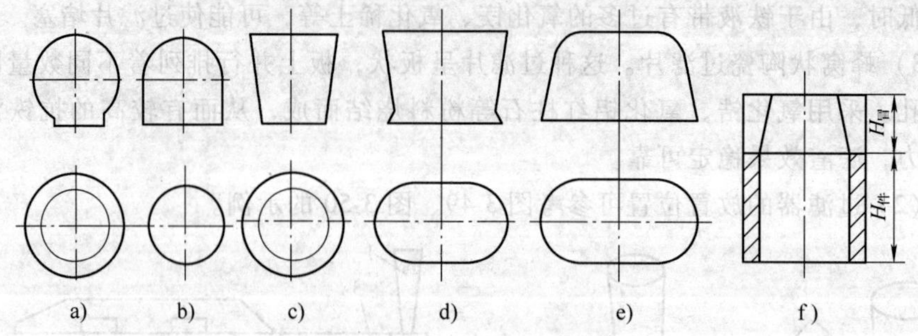

图 3-51　常用冒口形状

a）球形　b）球顶圆柱形　c）圆柱形（带斜度）

d）腰圆柱形（明）　e）腰圆柱形（暗）　f）整圈接长冒口

件：

1）冒口凝固时间大于或等于铸件（被补缩部分）的凝固时间。

2）有足够的金属液补充铸件的液态收缩和凝固收缩，补偿浇注后型腔扩大的体积。

3）在凝固期间，冒口和被补缩部位之间存在补缩通道，扩张角向着冒口。

（2）选择冒口位置的原则

1）冒口应就近设在铸件热节的上方或侧旁。

2）冒口应尽量设在铸件最高、最厚的部位。对低处的热节增设补贴或使用冷铁，如图 3-53 所示，造成补缩的有利条件。

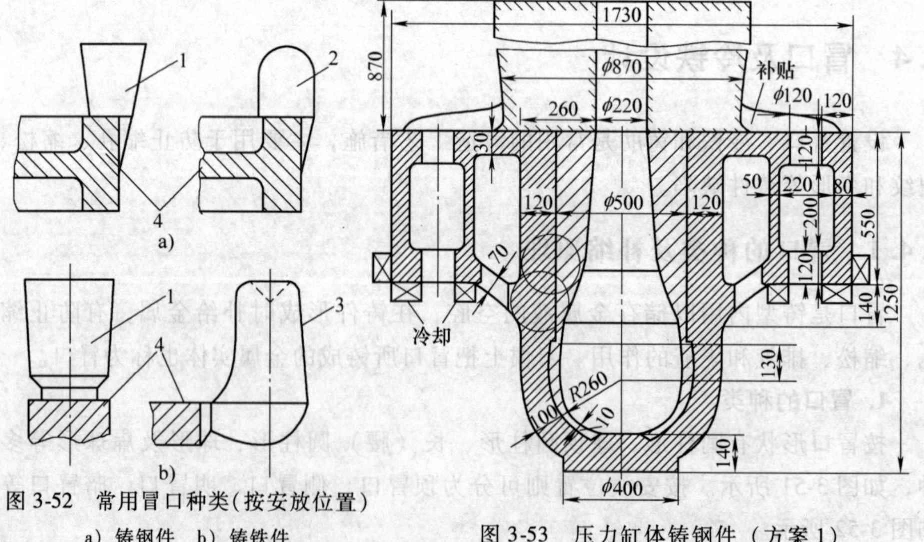

图 3-52　常用冒口种类(按安放位置)

a）铸钢件　b）铸铁件

1—明顶冒口　2—暗顶冒口

3—边冒口　4—铸件

图 3-53　压力缸体铸钢件（方案 1）

缸底厚 140mm 处用滚圆

法导出至冒口

3）冒口不应设在铸件重要的、受力大的部位，以防组织粗大降低强度。

4）冒口位置不要选在铸造应力集中处，应注意减轻对铸件的收缩阻碍，以免引起裂纹。

5）尽量用一个冒口同时补缩几个热节或铸件，如图 3-54 所示。

6）冒口布置在加工面上，可节约铸件精整工时，零件外观好。

7）不同高度上的冒口，应用冷铁使各个冒口的补缩范围隔开，如图 3-55 所示。

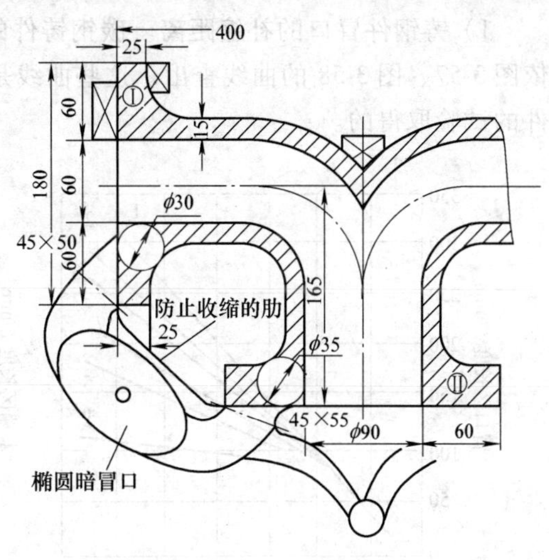

图 3-54 铸钢三通管工艺方案

（3）冒口有效补缩距离的确定

冒口的有效补缩距离为冒口作用区与末端区长度之和。它是确定冒口数目的依据，与铸件结构、合金成分及凝固特性、冷却条件、对铸件质量要求的高低等多种因素有关。简称为冒口补缩距离。

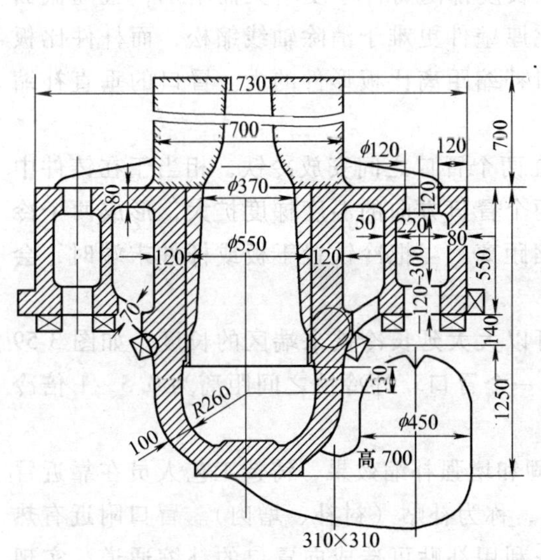

图 3-55 压力缸体铸钢件（方案 1）用暗冒口补缩缸底

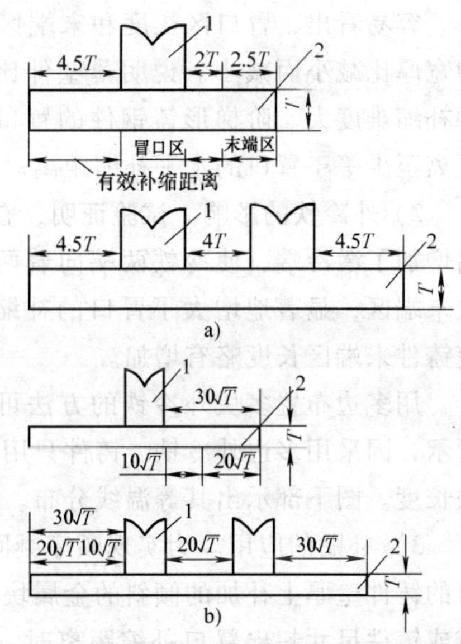

图 3-56 板件及杆件铸钢冒口的补缩距离

a）板形件 b）杆形件

1—冒口 2—铸件

1）铸钢件冒口的补缩距离。碳钢铸件的冒口补缩距离如图 3-56 所示。还可依图 3-57、图 3-58 的曲线查出。这些曲线是用 w（C）=0.2%～0.3% 的碳铸钢件的试验取得的。

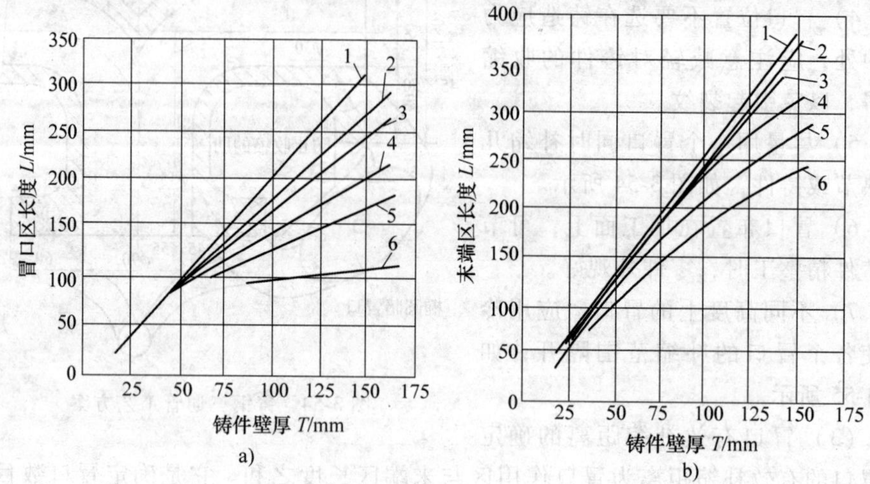

图 3-57

a）冒口区长度与壁厚的关系　b）末端区长度与壁厚的关系

铸件断面的宽厚比：1—5:1　2—4:1　3—3:1　4—2:1　5—1.5:1　6—1:1

容易看出，冒口区长度和末端区长度都随铸件厚度增大而增加，且随截面的宽厚比减小而减小。说明薄壁件比厚壁件更难于消除轴线缩松，而杆件比板件补缩难度大。阶梯形铸钢件的冒口补缩距离比板形件的大。冒口的垂直补缩距离至少等于冒口的水平补缩距离。

2）外冷铁的影响。试验证明，在两个冒口之间安放冷铁，相当于在铸件中间增加了激冷端，使冷铁两端向着两个冒口方向的温度梯度扩大，形成两个冷铁末端区，显著地增大了冒口的补缩距离。当把冷铁置于板或杆件末端时，会使铸件末端区长度略有增加。

用多边布置多块外冷铁的方法可以大大延长冷铁末端区的长度。如图 3-59 所示，因采用多边外冷铁，铸件只用一个冒口。外冷铁之间距离为 0.5～1 倍冷铁长度。图下部示出其等温线分布。

3）补贴的应用。为实现顺序凝固和增强补缩效果，铸造工艺人员在靠近冒口的铸件壁厚上补加的倾斜的金属块，称为补贴（衬补、增肉）。冒口附近有热节或铸件尺寸超出冒口补缩距离时，利用补贴可造成向冒口的补缩通道，实现补缩。应用补贴可消除铸件下部热节处的缩孔，还可延长补缩距离，减少冒口数目。

去除金属补贴会增加铸件清理和机械加工的工时，为克服金属补贴的这一缺点，可以应用“加热补贴”和发热（保温）块补贴，如图 3-60 所示。加热补贴的耐火隔片至少要被钢液加热到 1480℃ 才有效。发热（保温）块补贴的应用具有良好的经济效益。

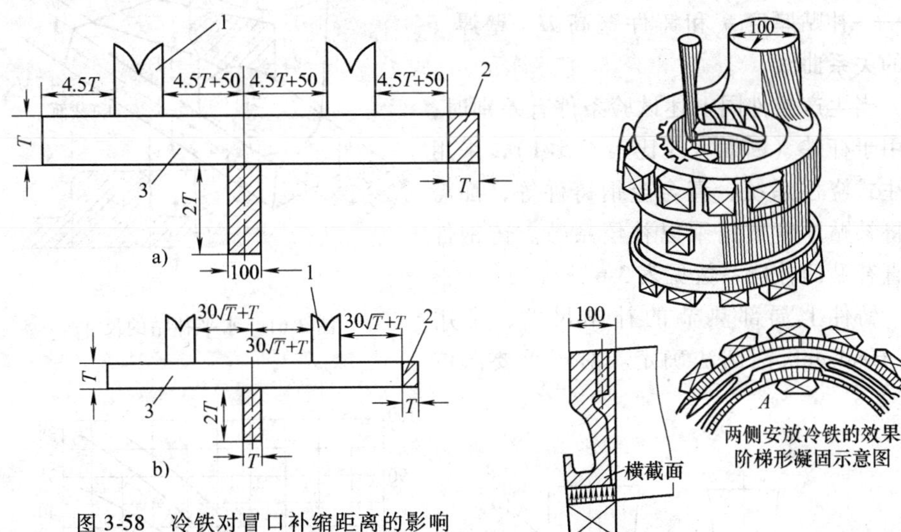

图 3-58　冷铁对冒口补缩距离的影响

a）板件　b）杆件

1—冒口　2—冷铁　3—铸件

图 3-59　带内圈的联套铸铁工艺

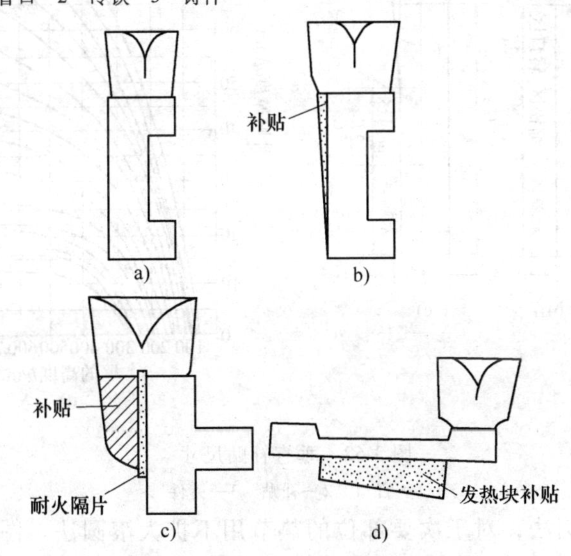

图 3-60　补贴种类

a）无补贴　b）金属补贴　c）加热补贴　d）发热（保温）块补贴

依在铸件上的位置，补贴又分为垂直补贴和水平补贴。

水平补贴如图 3-61 所示的最大长度为冒口模数的 4.7 倍，Ⅰ-Ⅰ断面处的补贴模数 $M_i = ab/[2(a+b-c)]$ 应按冒口颈模数计算。

垂直补贴的尺寸可依图 3-62 确定。该图是对板形碳钢铸件进行顶注、立浇试验，后经 X 射线透视检查而总结出来的关系曲线——补贴厚度 a 和铸件壁高 H、壁厚 T 间的关系曲线。

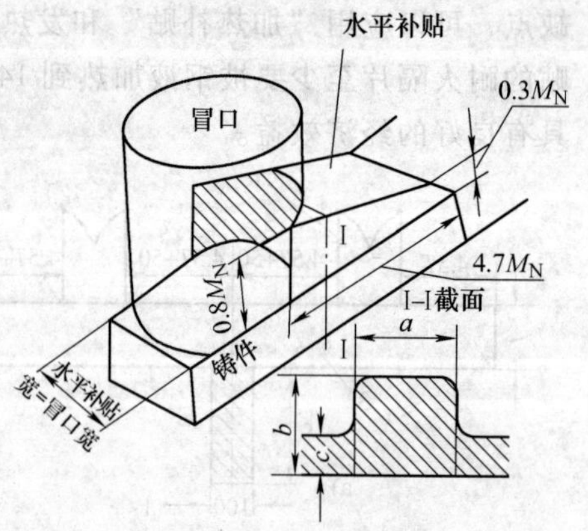

图 3-61 水平补贴的尺寸

当生产条件同上述试验条件有差别时，如用于杆件（断面宽厚比小于 5∶1），采用底注式浇注系统，高合金钢铸件等，都需要将补贴厚度数据乘以补偿系数。铸钢件垂直补贴的补偿系数见表 3-6。

铸件上局部热节的补贴尺寸，常用 A·Heuvers氏滚圆法确定。对于重要部位

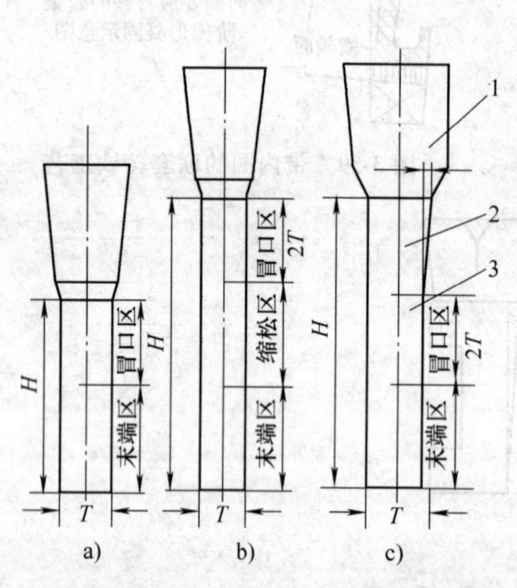

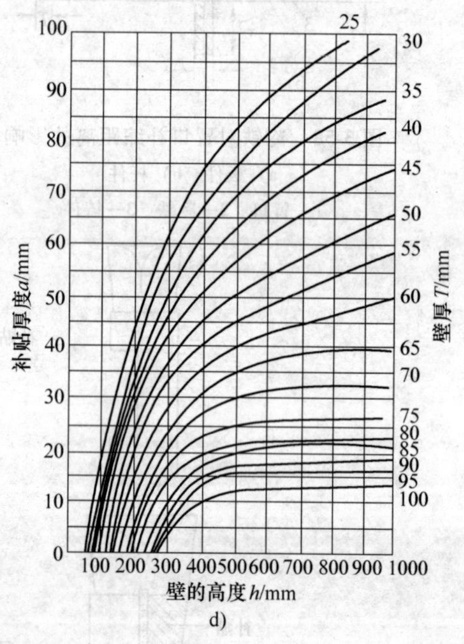

图 3-62 垂直补贴尺寸

1—冒口 2—补贴 3—铸件

的热节用扩大滚圆法；对于次要部位的热节用不扩大滚圆法。图 3-63 示出铸钢齿轮毛坯的轮缘和轮毂处补贴的具体求法。a 图为轮缘补贴的确定方法；d_y 为热节处内切圆直径；$d_1=1.05d_y$，$d_2=1.05d_1$ 为直径；d_1 和 d_2 均与轮缘内壁相切，圆心依次取在 d_y 和 d_1 的圆周上，最后画出一条曲线与各圆相切，即为补贴外形曲线。

对于轮毂，如图 3-63b 所示，一般用 d_y 沿轮毂内壁连续滚圆到冒口根部，

然后作各圆外切线即得到冒口补贴。

表 3-6　重直补贴的补偿系数

补偿原因	补偿条件	补偿系数
杆件比板件的冒口补缩距离小，需要有较大的补贴厚度才能保证铸件致密	杆件断面宽厚比4∶1	1.0
	3∶1	1.25
	2∶1	1.5
	1.5∶1	1.7
	1.1∶1	2.0
充型方式和化学成分不同	底注式，碳钢及低合金钢铸件	1.25
	顶注式，高合金钢铸件	1.25
	底注式，高合金钢铸件	1.25×1.25=1.56

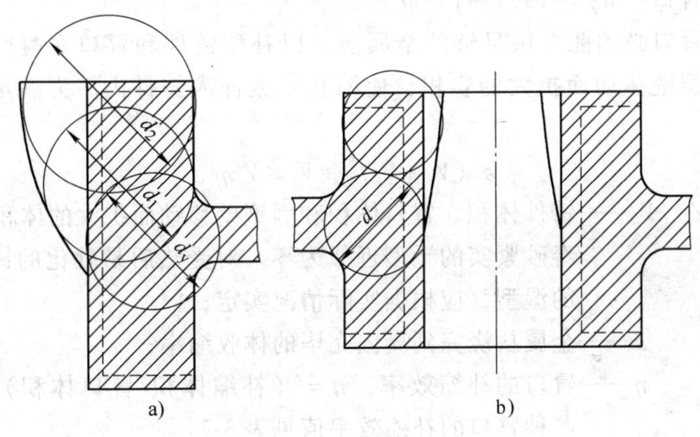

图 3-63　求冒口补贴尺寸的滚圆法

a）轮缘的补贴　b）轮毂的补贴

3.4.2　铸钢件冒口的设计与计算

铸钢件冒口属于通用冒口，其计算原理适用于实行顺序凝固的一切合金铸件。通用冒口的计算方法很多，现仅介绍几种常用的冒口计算方法。

1. 模数法

(1) 基本原理　遵守顺序凝固的基本条件。首先，冒口的凝固时间 τ_r 应大于等于铸件被补缩部位的凝固时间 τ_c。运用 Chworinov 公式有 $\tau_r=(M_c/K_r)^2$ 和 $\tau_c=(M_c/K_c)^2$，于是得

$$\left(\frac{M_r}{K_r}\right)\geqslant\left(\frac{M_e}{K_e}\right)^2$$

式中　M_r、M_c——分别为冒口模数和铸件模数；

K_r、K_c——冒口、铸件的凝固系数。

对于普通冒口，$K_r = K_c$，因而上式可写成

$$M_r = fM_c$$

式中 f——冒口的安全系数，$f \geqslant 1$。

对于碳钢、低合金钢铸件，冒口、冒口颈和铸件的模数关系应符合下列关系：

对于侧冒口

$$M_c : M_n : N_r = 1 : 1.1 : 1.2$$

内浇道通过冒口：

$$M_c : M_n : M_r = 1 : (1 \sim 1.03) : 1.2$$

式中 M_n 为冒口颈的模数。

对于顶冒口：$M_r = (1.2 \sim 1)\ M_c$

其次，冒口必须能提供足够的金属液，以补偿铸件和冒口在凝固完毕前的体收缩和因型壁移动而扩大的容积，使缩孔不致伸入铸件内。为满足此条件应有

$$\varepsilon\ (V_c + V_r)\ + V_o \leqslant V_r \eta$$

式中 V_c、V_r、V_o——铸件体积、冒口体积和因型壁移动而扩大的体积。V_e 值对舂砂紧实的干型近似为零。对受热后易软化的铸型或松软的湿型，应根据实际情况实定；

ε——金属从浇完到凝固完毕的体收缩率；

η——冒口的补缩效率，η = （补缩体积/冒口体积） ×100%。各种冒口的补缩效率值见表 3-7。

表 3-7 冒口的补缩效率 η

冒口种类或工艺措施	η（%）
圆柱式腰圆柱形冒口	12 ~ 15
球形冒口	15 ~ 20
补浇冒口时	15 ~ 20
浇口通过冒口时	30 ~ 35
发热保温冒口	30 ~ 50
大气压力冒口	15 ~ 20

（2）铸钢件冒口的补缩距离

碳钢铸件的冒口补缩距离如图 3-56 所示，还可依图 3-57 的曲线及图 3-58 查出，这些结果是通过对 w（C） =0.2% ~0.3% 的碳钢的试验得出的。

容易看出，冒口区长度和末端区长度都随铸件厚度增大而增加，且随截面的宽厚比减小而减小。说明薄壁件比厚壁件更难于消除轴线缩松，而杆件比板

件补缩难度大。阶梯形铸钢件的冒口补缩距离比板形件的大。冒口的垂直补缩距离至少等于冒口的水平补缩距离。

试验证明，在两个冒口之间安放冷铁，相当于在铸件中间增加了激冷端，使冷铁两端向着两个冒口方向的温度梯度扩大，形成两个冷铁末端区，显著地增大了冒口的补缩距离,。当把冷铁置于板或杆件末端时，会使铸件末端区长度略有增加。

用多边布置多块外冷铁的方法可以大大延长冷铁末端区的长度。如图 3-59 所示，因采用多边外冷铁，铸件只用一个冒口。外冷铁之间距离为 0.5 ~ 1 倍冷铁长度。图下部示出其等温线分布。

(3) 设计步骤

1) 把铸件划分为几个补缩区，计算各区的铸件模数 M。

2) 计算冒口及颈的模数。

3) 确定冒口形状和尺寸（应尽量采用标准系列的冒口尺寸)。

4) 检查顺序凝固条件。如补缩距离是否足够，补缩通道是否畅通。

5) 校核冒口补缩能力。

2. 比例法

比例法是在分析、统计大量工艺资料的基础上，总结出的冒口尺寸经验确定法。我国各地工厂根据长期实践经验，总结归纳出冒口各种尺寸相对于热节圆直径的比例关系，汇编成各种冒口尺寸计算的图表。详见有关手册。比例法简单易行，广为采用。

现以常见的轮形铸钢件（如齿轮、车轮、带轮、摩探轮和飞轮等）为例，介绍用比例法确定冒口尺寸的方法、具体步骤为：

(1) 热节圆直径 d_r 的确定　根据零件图尺寸，加上加工余量和铸造收缩率作图（最好按 1∶1)，量出或算出热节圆直径 d_y（应考虑砂尖角效应)。

(2) 按比例确定轮缘冒口尺寸

1) 冒口补贴。按下列经验比例关系确定：

$$d_1 = (1.3 \sim 1.5)\ d_y$$

$$\{R_1\}\ \text{mm} = R_{件} + d_y + (1 \sim 3)$$

$$R_2 = (0.5 \sim 1)\ d_y$$

$$\delta = 5 \sim 15\text{mm}$$

2) 冒口尺寸。用下述比例关系计算：

暗冒口宽　$B = (2.2 \sim 2.5)\ d_y$

明冒口宽　$B = (1.8 \sim 2.0)\ d_y$

冒口长　$A = (1.5 \sim 1.8)\ B$

3) 冒口补缩距离 $L = 4d_y$。当两冒口之间距离超过此值时，应放冷铁或设水平补贴。

(3) 轮毂冒口尺寸

1) 轮毂补贴。依下列比例关系确定，轮毂补贴比轮缘补贴略小。

$$d_1 = (1.1 \sim 1.3)\ d_y$$

r 的值待 d_1 值确定后，按图作出。

2) 冒口尺寸。当轮毂轮小时用一个冒口。

冒口直径 $D = \Phi_2 - (15 \sim 20)$ mm

式中 Φ_2——轮毂外径。

冒口高度 $$H = (2 \sim 2.5)\ d_1 + r$$

当轮毂直径较大，需要设两个或更多的冒口才比较节约时，冒口尺寸应按轮缘冒口的确定方法计算。

由于各地区、各工厂的生产条件不同，所给出的经验比例也不完全一致。参照应用时要注意生产条件、铸件类型、合金成分等条件尽量一致。

3. 铸件工艺出品率的较核

经过长期的生产统计，各种铸钢件的工艺出品率如表3-8所示，可供校核之用。计算出的铸件工艺出品率若大于表中的数值，说明所设计的冒口可能偏小；反之，可能偏大。上述三种冒口计算法中，比例法使用最简便，但比例系数范围较宽，需要丰富的实践经验才能准确地选择比例系数。相对地说，模数法比较科学。

表3-8 碳钢及低合金钢铸件的工艺出品率

组别	名称	铸件重量 m/kg	大部分壁厚 T/mm	工艺出品率×100	
				明冒口	球形暗冒口
Ⅰ	一般重要的小件	~100	~20	54~62	59~67
			20~50	53~60	58~65
			>50	52~58	57~63
	特别重要的小件	~100	~20	52~58	57~63
			20~50	51~57	56~62
			>50	50~56	55~61
Ⅱ	一般重要的中等件	100~500	~30	56~64	61~69
			30~60	54~62	59~67
			>60	52~60	57~65
	特别重要的中等件	100~500	~30	54~62	59~67
			30~60	53~60	56~65
			>60	50~58	55~63

（续）

组别	名称	铸件重量 m/kg	大部分壁厚 T/mm	工艺出品率×100	
				明冒口	球形暗冒口
Ⅲ	一般重要的大件	500～5000	～50 50～100 >100	57～65 55～63 53～61	52～70 60～68 58～66
Ⅲ	特别重要的大件	500～5000	～50 50～100 >100	55～63 53～61 51～59	60～68 58～66 56～64
Ⅳ	一般重要的重型件	>5000	～50 50～100 >100	58～66 56～64 54～62	62～70 60～68 58～66
Ⅳ	特别重要的型件	>5000	～50 50～100 >100	57～65 55～63 53～61	61～69 59～67 57～65
Ⅴ	齿轮	～100 100～500 >500	— — —	— 54～58 55～59	55～60 58～62 59～63

$$铸件工艺品率 = \frac{铸件重}{铸件重 + 冒口总重 + 浇注系统重} \times 100\%$$

3.4.3 球墨铸铁件的冒口设计

球墨铸铁（还有灰铸铁、蠕墨铸铁）在凝固过程中要经历共晶膨胀期，因此给冒口设计提供了多种方法。球墨铸铁冒口设计法可分两类：通用（传统）冒口设计法和实用冒口设计法。通用冒口遵循传统的顺序凝固原则，冒口和冒口颈迟于铸件凝固，铸件进入石墨化膨胀期会把多余的铁液挤回冒口，依靠冒口的金属液柱重力克服凝固末期的二次收缩缺陷——缩松；而实用冒口设计法不实行顺序凝固，让冒口和冒口颈先于铸件凝固，利用全部或部分的共晶膨胀量在铸件内部建立压力，实现“自补缩”，更有利于克服缩松缺陷。相比之下，实用冒口的工艺出品率高，铸件质量好，成本低，它比通用冒口更实用。

球墨铸铁件有 5 种冒口类型或补缩方法供选用：通用冒口、控制压力冒口、浇注系统当冒口、直接实用冒口和无冒口补缩法，如图 3-64 所示。

通用冒口的主要优点是：可用于任何壁厚的球墨铸铁件和各种铸型，对铸型强度、刚度无特殊要求，只要浇注温度不过低即可，无严格限制。主要缺点是工艺出品率过低。

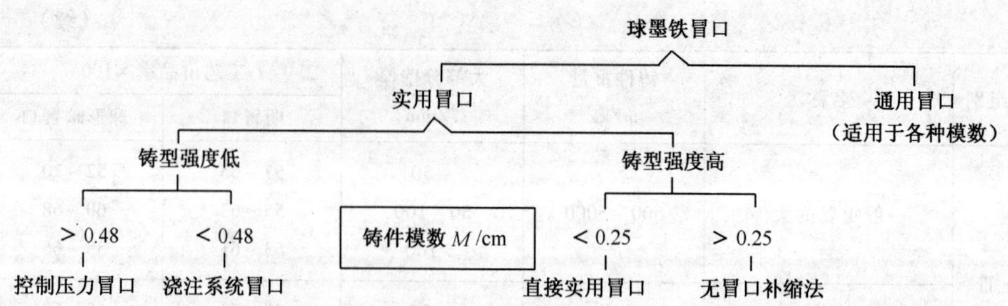

图 3-64　球墨铸铁冒口设计图

在铸型强度较低湿砂型中（硬度低于 85）铸造较厚的球铁件时，仍然建议用通用冒口。为节约起见，推荐应用瓶形的“缩管”冒口。

1. 直接实用冒口（包括浇注系统当冒口）

（1）基本原理　直接实用冒口的特点是：利用全部共晶膨胀以补偿铸件的二次收缩。安放冒口是为了补给铸件的液态收缩，当液态收缩终止或共晶膨胀开始时，冒口颈即行冻结。在刚性好的高强度铸型内，铸铁的共晶膨胀形成内压，迫使型腔作弹性扩大。于铸铁二次收缩时期，随内压逐渐降低，型壁回弹挤压铸件。这样就可防止铸件凝固时期内部出现真空度，避免了缩孔、缩松缺陷。这种冒口又称为压力冒口。

（2）直接实用冒口的优缺点

1）主要优点：

①　铸件工艺出品率高。

②　冒口位置便于选择，冒口颈可很长。

③　冒口便于去除，花费少。

2）主要缺点：

①　要求铸型强度高。模数超过 0.48cm 的球铁件，要求使用高强度铸型，如干型、自硬砂型和 V 法砂型等；

②　要求严格控制浇注温度范围，±25℃。保证冒口颈冻结时间准确。

③　对于形状复杂的多模数铸件，关键模数不易确定。为了验证冒口颈是否正确，需要进行试验。

2. 控制压力冒口

（1）基本原理　控制压力冒口适于在湿型中铸造中等厚度的球墨铸铁件。其特点是：只利用部分共晶膨胀量补偿铸件的二次收缩。安放冒口补给铸件的液态收缩，在共晶膨胀初期冒口颈畅通，可使铸件内部铁液回填冒口以释放“压力”。控制回填程度使铸件内建立适中的内压用来克服二次收缩缺陷——缩松。从而达到既无缩孔、缩松，又能避免铸件胀大变形。这种冒口又叫“释压冒口”。

（2）用浇注系统当冒口 对于薄壁的铸铁件，冒口颈很小，可用浇注系统兼起直接实用冒口的作用，内浇道依冒口颈计算，超过铸件最高点水平面的浇口杯和直浇道部分实质上就是冒口。由于湿型的承压能力所限，确定球铁件的模数小于等于 0.48cm 时，适宜采用浇注系统当冒口。

3. 无冒口补缩法的应用条件

无冒口铸造是令人感兴趣的高经济效益的方法，早在 25 年前就已开始研究和应用，但得到公认是最近 30 年的事。如前所述，只要球铁冶金质量高，铸件模数大，采用低温浇注和坚固的铸型，就能保证浇注型内的铁液，从一开始就膨胀，从而避免了形成液态收缩缺陷——缩孔的可能性，因而无需冒口。尽管以后的共晶膨胀率较小，但因为模数大，即铸件壁厚大。仍可以得到很高的膨胀内压（高达 50MPa），在坚固的铸型内，足以克服二次收缩缺陷。在生产中要认真满足下列应用条件：

1）要求铁水的冶金质量好。

2）球铁件的平均模数应在 2.5cm 以上。当铁液冶金质量非常好时，模数比 2.5cm 小的铸件也能成功地应用无冒口工艺。

3）使用强度高、刚性大的铸型。可用干型、自硬砂型、水泥砂型等铸型。上下箱之间要用机械法（螺栓、卡钩等）牢靠地锁紧。

4）要低温浇注。浇温控制在 1300～1350℃。

5）要求快浇。防止铸型顶部被过分地烘烧和减少膨胀的损失。

6）采用小的扇形薄内浇道，分散引入金属。每个内浇道的断面积不超过 15mm×60mm，以求尽早凝固，促使铸件内部尽快建立压力。

7）开设明出气孔。

生产中容易出现工艺条件的某种偏差，为了更完全、可靠，可以采用一个小的顶暗冒口，重量可不超过浇注重量的 2%，通常称为安全冒口。其作用仅是为弥补工艺条件的偏差，以防万一，当铁液呈现轻微的液态收缩时可以补给，避免铸件上表面凹陷。在膨胀期，它会被回填满。这仍属于无冒口补缩范畴。

3.4.4 特种冒口

通用冒口的重量约为铸件重量的 50%～100%，耗费金属多，去除冒口的劳动量大。因此应努力提高通用冒口的补缩效率，主要措施为：

1）提高冒口中金属液的补缩压力，如采用大气压力冒口等。

2）延长冒口中金属液的保持时间，如采用保温冒口、发热冒口等。

1. 大气压力冒口

在暗冒口顶部插放一个细砂芯，或造型时做出锥顶砂，伸入到冒口中心区，称为大气力冒口。浇注后冒口表面结壳。外界大气压力仍可通过砂芯的孔隙作用在内部金属液面上，从而增加了冒口的补缩压力如图 3-65 所示，理论上，大气压力冒口可补缩比浇口高出 1480mm 的钢、铁铸件。但由于枝晶阻力及金属中气体的析出等原因，实际上的补缩高度 H 约为 200mm。

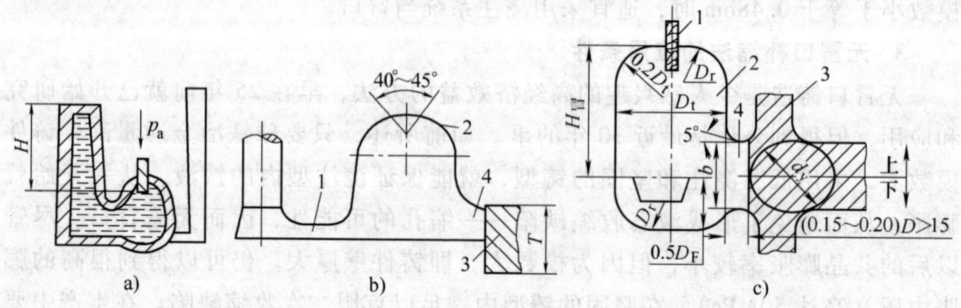

图 3-65　大气压力冒口

a）补缩原理　b）带锥顶砂的冒口　c）带砂芯的大气压力冒口

1—大气压力砂芯　2—冒口　3—铸件　4—冒口颈

机器造型的中小铸铁件多用带锥顶砂的冒口，对于大件，特别是铸钢件多用带砂芯的大气压力冒口。对铸钢件可按普通冒口确定尺寸，冒口高度取允许的最小值。大气压力侧冒口直径 D_r 冒口颈最小尺寸 b 与铸件热节圆直径 d_y 之间有下列经验关系：

$$b = (1.3 \sim 1.7)\ d_y$$

$$D_r = (2.0 \sim 2.5)\ d_y$$

冒口颈截面采用椭圆形，短轴长为 b，长轴等于（1.2～1.5）b。

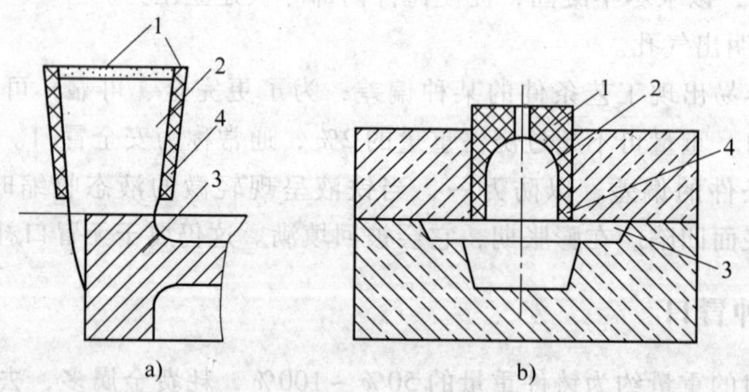

图 3-66　保温、发热冒口

a）明冒口　b）暗冒口

1—保温、发热套（剂）　2—冒口　3—铸件　4—砂冒

2. 保温、发热冒口

用保温材料或发热材料作冒口套，如图 3-66 所示的叫保温冒口或发热冒口。试验表明，使用保温套或发热套，可大大延长冒口的凝固时间，见表 3-9。冒口

补缩效率为 30% ~50%，最高可达 67%，一般比普通冒口的铸件工艺出品率提高 10% ~25%，从而显著地节约金属和降低铸件成本。

表 3-9　不同保温措施对冒口凝固时间的影响　（单位：t/min）

措施 合金	明冒口	顶部绝热	四周用保温套	保温套加顶部绝热
铸钢	5.0	13.4	7.5	43
铸铜	8.2	14.0	15.1	45
铸铝	12.3	14.3	31.1	45.6

冒口套一般由耐火材料、保温材料、发热材料和粘结剂组成。

3. 易割冒口

易割冒口如图 3-67 所示，在冒口根部放一片耐火陶瓷或耐火材料制成的带孔隔板，使冒口中金属液通过孔对铸件补缩。易于从铸件上去除冒口。这对于不易用机械方法切除冒口，而使用气割时容易引起裂纹的高合金钢（如高锰钢）铸件具有特别重要的意义。小冒口可用锤打掉，就是对于高韧性的镍合金钢铸件，也可使用易割冒口，使去除冒口费用大为降低。

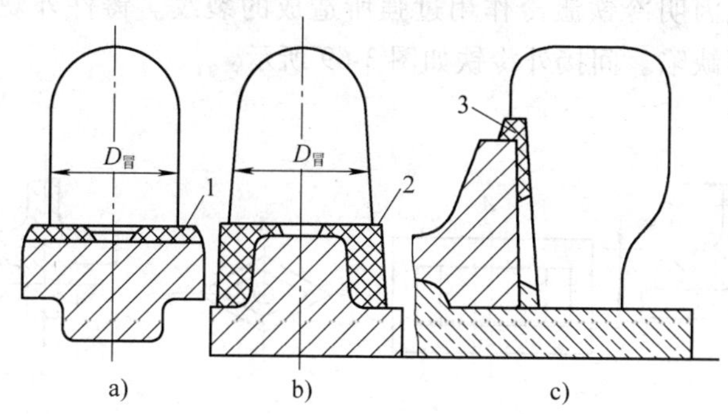

图 3-67　易割冒口结构

a)、b) 顶冒口　c) 边冒口、1、2、3 隔板

3.4.5　冷铁的作用及种类

为增加铸件局部冷却速度，在型腔内部及工作表面安放的金属块称为冷铁。

冷铁分为内冷铁和外冷铁两大类。放置在型腔内能与铸件熔合为一体的金属激冷块叫内冷铁；造型（芯）时放在模样（芯盒）表面上的金属激冷块叫外冷铁。内冷铁成为铸件的一部分，应和铸件材质相同。外冷铁用后回收，一般可重复使用。根据铸件材质和激冷作用强弱，可采用钢、铸铁、铜、铝等材质的外冷铁，还可采用蓄热系数比硅砂大的非金属材料，如石墨、碳素砂、铬镁砂、铬砂、镁砂、锆砂等作为激冷物使用。

冷铁的作用有：

1）在冒口难于补缩的部位防止缩孔、缩松。

2）防止壁厚交叉部位及急剧变化部位产生裂纹。

3）与冒口配合使用，能加强铸件的顺序凝固条件、扩大冒口补缩距离或范围，减少冒口数目或体积。

4）用冷铁加速个别热节的冷却，使整个铸件接近于同时凝固。既可防止或减轻铸件变形，又可提高工艺出品率。

5）改善铸件局部的金相组织和力学性能。如细化基体组织，提高铸件表面硬度和耐磨性等。

6）减轻或防止厚壁铸件中的偏析。

1. 外冷铁

（1）种类　外冷铁分为直接外冷铁和间接外冷铁两类。直接外冷铁（明冷铁，如图 3-68 所示）与铸件表面直接接触，激冷作用强，它又可分为有气隙的和无气隙的两种间接外冷铁，同被激冷铸件之间有 10～15mm 厚的砂层相隔，故又名隔砂冷铁、暗冷铁。激冷作用弱，可避免灰铸件表面产生白口层或过冷石墨层，还可避免因明冷铁激冷作用过强所造成的裂纹。铸件外观平整，不会出现同铸件熔接等缺陷。间接外冷铁如图 3-69 所示。

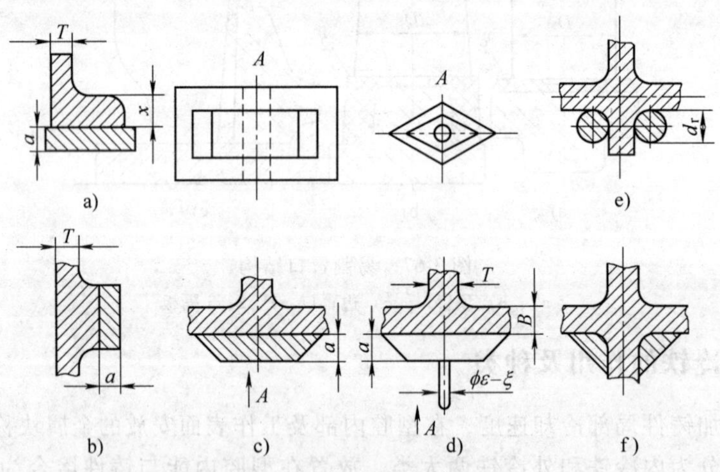

图 3-68　直接外冷铁

a)、b）平面直线形的　c）带切口平面的　d）平面菱形的

e）圆柱形的　f）异形的

（2）使用注意

1）外冷铁的位置和激冷能力的选择，不应破坏顺序凝固条件，不应堵塞补缩通道，如图 3-70 所示。

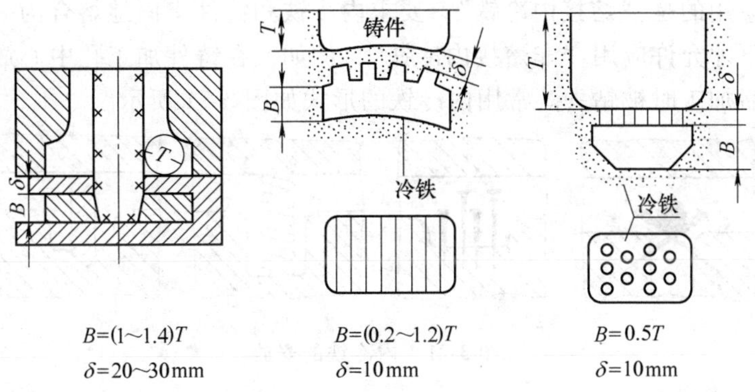

图 3-69　间接外冷铁

2）每块冷铁勿过大、过长，冷铁之间应留间隙。避免铸件产生裂纹和因冷铁受热膨胀而毁坏铸型。有关冷铁尺寸、间隙要求等具体数据请参阅有关文献及手册。

3）外冷铁厚度可参照表 3-10 选取。

4）尽量把外冷铁放在铸件底部和侧面。顶部外冷铁不易固定，且常影响型腔排气。

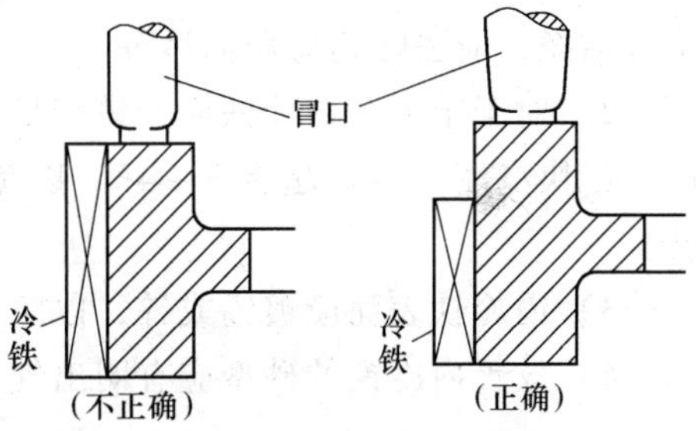

图 3-70　齿轮轮缘的冷铁

5）外冷铁工作表面应平整光洁，去除油污和锈蚀，涂以涂料。

6）铸铁外冷铁多次使用后，易使铸件产生气孔。用于要求高的铸件应限制使用次数。使用中氧及其他气体会沿石墨缝隙进入冷铁内部，造成其氧化、生长。当再次应用时，遇热就会折出气体，导致铸件气孔。

表 3-10　外冷铁的厚度（经验法）

序号	适用条件	外冷铁的厚度	序号	适用条件	外冷铁的厚度
1	灰铸铁件	$\delta=(0.25\sim0.5)T$①	4	铸钢件	$\delta=(0.3\sim0.8)T$②
2	球墨铸铁件	$\delta=(0.3\sim0.8)T$	5	铜合金件	铸铁冷铁 $\delta=(1.0\sim2.0)T$
3	可锻铸铁件	$\delta=1.0T$	6	轻合金件	$\delta=(0.8\sim1.0)T$

① T—铸件热节圆直径。

② 对轻合金件，当 T 大于 2～5 倍铸件壁厚时，需配合应用冒口。

2. 内冷铁

（1）基本原理　内冷铁的激冷作用比外冷铁强，能有效地防止厚壁铸件中心局部发生偏析等。但应用时必须对内冷铁的材质、表面处理、重量和尺寸等严加控制，以免引起缺陷。通常是在外冷铁激冷作用不足时才用内冷铁，主要用于壁厚大而技术要求不太高的铸件上，特别是铸钢件。

一般应用的是“熔接内冷铁”，要求内冷铁和铸件牢固地熔合为一体。只在个别条件下才允许应用“非熔接内冷铁”，例如，在铸件加工孔中心放置的内冷铁，在以后加工时被钻去。常用内冷铁的形式如图 3-71 所示。

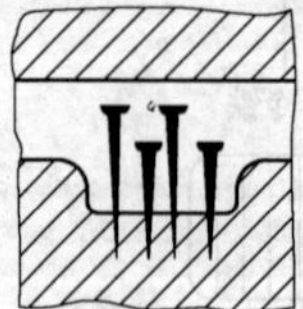
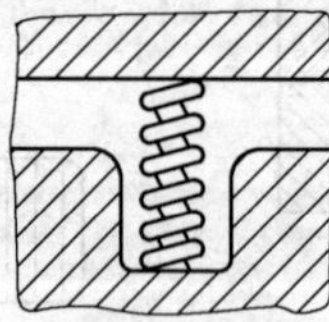

图 3-71　内冷铁的安放

（2）应用注意

1）内冷铁材质不应含有过多气体（如沸腾钢内冷铁易引起气孔）。表面须十分洁净，应去除锈斑和油污等。

2）对于干型，内冷铁应于铸型烘干后再放入型腔，对于湿型，放置内冷铁后应尽快浇注，不要超过 3～4h。以免冷铁表面氧化、凝聚水分而引起铸件气孔。

3）内冷铁表面应镀锡或锌，以防存放时生锈。

4）放置内冷铁的砂型应有明出气孔或明冒口。

3.4.6　铸肋

铸肋又称工艺肋，分两类。一类是割肋（收缩肋），用于防止铸件热裂；另一类是拉肋（加强肋），用于防止铸件变形。割肋要在清理时去除，只有在不影响铸件使用并得到用货单位同意的条件下才允许保留在铸件上。而拉肋必须在消除内应力的热处理之后才能去除。

1. 割肋

割肋比铸件壁薄，先于铸件凝固并获得强度，承担铸件收缩时引起的拉应力而避免热裂。显然，割肋方向应与拉应力方向一致，而与裂纹方向相垂直。常用的割肋形式有三角肋、井字肋、弧形肋和长肋等，如图 3-72 所示。

割肋除用于防止热裂之外，尚有加强冷却的作用。单纯为加强散热作用而设置的割肋又叫激冷肋。

2. 拉肋

断面呈 U、V 字形的铸件，铸出后经常发现变形，结果使开口尺寸增大。为防止这类铸件变形，可设置拉肋。

拉肋厚度应小于铸件厚度，保证拉肋先于铸件凝固。拉肋厚度为铸件厚度的 0.4～0.6 倍。个别情况下，可利用浇注系统当拉肋，以节约金属。应指出：设置拉肋并未使铸件的应力消除，只是靠拉肋防止铸件变形过大。为使铸件几

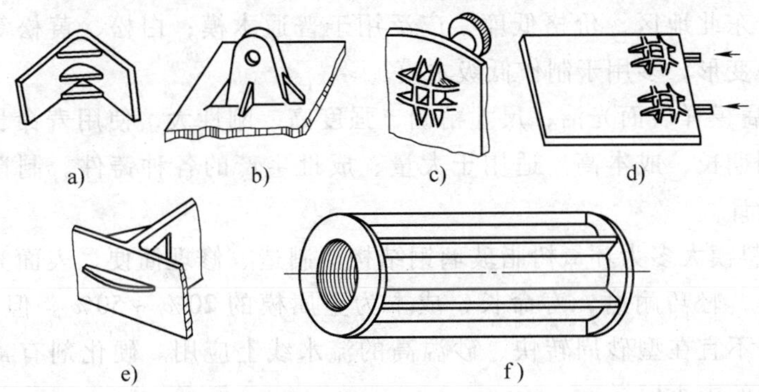

图3-72　割肋的形状和实例

a)、b) 三角肋　c)、d) 井字肋　e) 弧形肋　f) 长肋

何形状符合图样尺寸，在工艺设计时往往要在拉肋两端加工艺补正量；或使用反变形模样，在模样上加反变形量。目的在于补偿拉肋在应力作用下所产生的弹性变形量。

3.5　铸造工艺装备

铸造工艺装备是造型、制芯及合箱过程中所使用的模具和装置的总称。包括模样、模板、模板框、砂箱、砂箱托板、芯盒、烘干板（器）、砂芯修整磨具、组芯及下芯夹具、量具及检验样板、套箱、压铁等。芯盒及烘干器的钻模和修整标准也属于铸造工艺装备。

对于大批量生产的重要铸件，应经过试制阶段，证明铸造工艺切实可行后，才进行工装设计。所设计的各种模具应满足铸件要求，加工、使用方便和成本低廉。

3.5.1　模样及模板设计

1. 模样

(1) 材质的选择

1) 木模具有轻便，容易加工，来源广，价格低廉的优点。但强度底，易吸潮而变形，精度低，寿命短。适用于单件、小批生产的各种铸件。制模前木材应经干燥处理，要求水含量小于8%～12%（质量分数）。

2) 我国常用木种有红松、落叶松、白松、黄松、杉木、柏木、桂木、银杏、柚木等。柚木、银杏木、桂木一般纹理平直，质地细，容易加工，不易变形，是优质木模材料。但价格贵，来源少。用于高级木模或制造木模上的一些精细部分；红松纹理平直，易加工，吸水性低、变形小，但质地松软，耐磨性差。盛产于东北地区，价格低廉，广泛用于普通木模；白松、黄松等，大都质地松软或易变形，多用于制作低级木模。

3）金属模样表面光洁，尺寸精确，强度高，刚性大，使用寿命长。但难加工，生产周期长，成本高。适用于大量、成批生产的各种铸件。制造前，应经过专门的设计。

4）塑料模大多为环氧树脂玻璃钢结构。制造、修理简便，表面光洁，不吸潮，变形小，轻巧耐磨，寿命长，成本为金属模的20%～50%。但导热性差，不能加热，不宜在型砂周转快、砂温高的流水线上应用。硬化剂有毒性。多用于成批生产的中小模样。

5）聚苯乙烯泡沫塑料模（气化模）造型后不取出模样，直接浇注。模样遇金属液气化烧去。要求模样气化迅速，烟尘和残留物少。密度小（为0.15～0.03g/cm^3）。

（2）金属模的结构设计　原则是在满足铸造工艺要求的前提下，便于加工制造。特别复杂、难于加工的模样，可采用陶瓷型等精密铸造法铸出。一般金属模应尽量采用机床加工，减少钳工量。

1）模样本体结构类型平装式结构简单，容易加工，最常用。嵌入式在特殊条件下应用，如模样部分表面凹入分型面以下，如图3-73a所示；分型面以上模样过薄，加工、固定困难，如图3-73b所示；分型面通过模样圆角，如图3-73c所示。

2）壁厚及加强肋应尽量减轻模样重量，除了薄小模样（小于50mm×50mm或高度低于30mm）以外，都应制成空心结构。

3）固定和定位孔。模样向模底板上固定，可用螺钉或螺栓，用定位销定位。故模样上应设有定位销孔及固定用通孔或螺纹孔。

依0.8～1.0倍模样壁厚尺寸选用螺栓直径，按中等精度配合设计螺栓孔尺

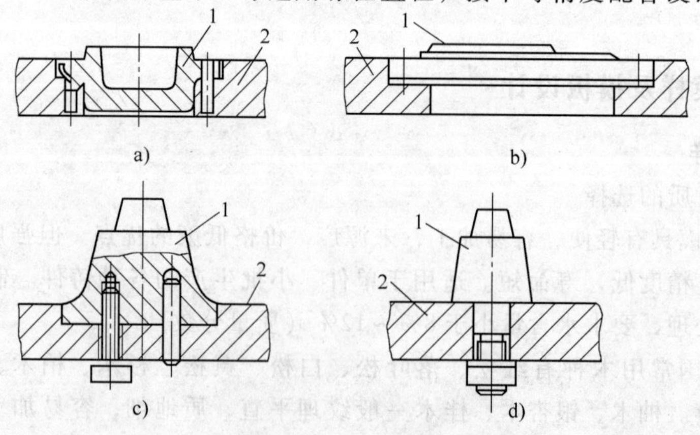

图3-73　嵌入式模样

1—模样　2—底板

寸。螺栓孔位置应尽量靠近模样四周，并均匀分布，还要顾及勿和模板底部的肋条相碰。

模样上钻通孔，螺钉穿过模样与模底板固定，称为上固定法，如图3-74所示。优点有：便于选择螺孔位置，钻孔和装配方便。缺点是：破坏模样的工作表面。紧固后需用塑料或铝等填平模样表面上的螺钉孔坑：模底板上钻通孔，模样上攻螺纹孔的固定方法称下固定法。优点是模样工作表面不受损害。缺点是确定螺孔位置要躲开模底板底部的肋条，还要让出搬手空间，安装不甚方便。下固定法用于模样高大且四周没有低矮的突边可利用的条件下。

定位销孔的位置应选在模样上矮而平的部位，两孔间距尽量远。每块模样上至少应设2个，至多不超过4个（大模样）销孔。定位销用于防止模样在使用中位置移动。一般在安装完毕或试生产后证明模样位置准确后才配钻、配铰销孔。最后打入定位销。

（3）模样（芯盒）的尺寸标注　模样（芯盒）的尺寸有两类：一类是与铸件有关的尺寸；另一类为非关联尺寸，如芯头长度等。凡与铸件有关的尺寸，都应把铸件尺寸按造收缩率加以放大。可依下式计算，并准确到0.1mm。

$$L_{模} = (L_{件} \pm L_{艺})(1 + K)$$

式中　$L_{模}$——与铸件有关的模样尺寸；

$L_{件}$——零件尺寸；

$L_{艺}$——铸造工艺尺寸，如加工余量、起模斜度、工艺补正量等之和。“+”号用于凸体尺寸，“-”号用于凹体尺寸；

K——铸件的线收缩率（缩尺）。

非关联尺寸按铸造工艺图上的尺寸标注，不加放收缩率。

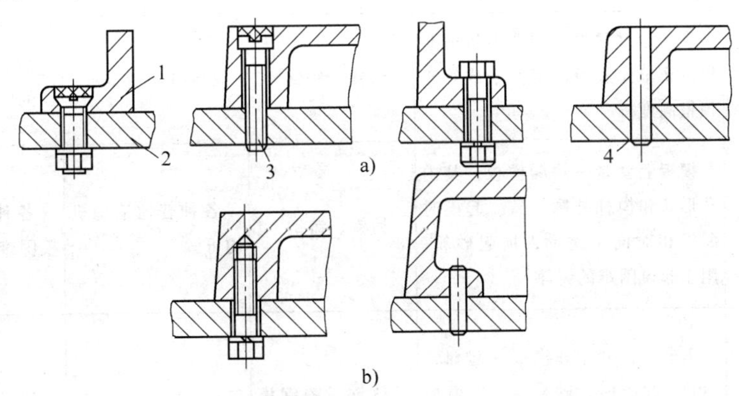

图3-74　模样的固定和定位

a）上固定法　b）下固定法

1—模样　2—模底板　3—螺钉　4—定位销

2. 模板

一般模板由模底板、模样、浇冒系统模、加热元件、定位元件等组成。在组合快换模板系统中，还包括有模板框及其定位、固定元件。

(1) 对模板的要求　模板尺寸应符合造型机的要求，模底板和砂箱、各模样之间应有准确的定位，模板应有足够的强度、刚度和耐磨性，制作容易，使用方便，尽量标准化。

(2) 模板种类　常用模板种类见表3-11。实例如图3-75所示。

表3-11　模板结构的分类

类别			特点	材质	应用机器	适用范围
垂直分型用模板			是垂直分型无箱射压造型机的专用模板，装在机前的称为反压模板，机后的称为正压模板，依机器要求设计模板尺寸	铸钢铸铁	国内常用的有ZZ415、ZZ416、DISAMATIC2010、213等型号	大量生产的小铸件
水平分型用模板	双面模板		模板两面都有模样，同时造出上、下砂型，主要用于无箱造型。有平面和折面之分	普通机器用铸铝、塑料。高压造型用铸钢、铸铁	Z145A造型机，射压高压造型机，水平分型无箱造型机	成批，大量生产的小件
	普通单面模板	顶杆式	两半模样分别装在上、下模板上的称为单面模板，模板直接固定在造型机工作台上。顶杆式模板：造型机起模顶杆直接顶起砂箱实现起模。模板上留有顶杆孔	铸铁、铸钢	Z145A、Z148B等造型机	成批、大量生产的小件
		顶框式	顶杆通过顶框实现造型机的起模。要求模底板高度大于或等于顶框高度	铸铁、铸钢	Z2410等造型机	成批、大量生产的中件
		漏模式	模板上套装一块漏模板，其内孔形状和模梯外廓一致。起模时漏板相对向上送动，顶起砂箱。用于起模困难的铸件	铸铁、铸钢	各种普通造型机均可	各种批量、起模困难的铸件
		翻转式	紧砂后，砂型和模板一起翻转180°，起模时，砂型在下，模板在上，不易损坏砂型。适于造下半型或中、大砂芯。要求模板上设有卡紧砂箱的机构	铸铁、铸钢模板。铸铝或铸铁芯盒	Z236（造芯机）、Z2310、Z2520等	成批，大量生产的中、大件，中、大砂芯

（续）

类别			特　点	材质	应用机器	适用范围
水平分型用模板	快换单面模板	普通式	模板装在模板框内或顶面。模板框固定在造型机工作台上，更换模板省时、省力	木，塑料，铸铝、铁、钢等	各种水平分型的普通造型机、高压造型机	小批、成批或大量生产的中、小件
		组合式	模板框内，可配置多块小模板块，可组合各种小铸件的生产，任意更换其中一块或几块模板块，实现多品种铸件的生产，便于组织管理、生产平衡	铸铝、铸铁、铸钢	气动微震造型机、高压造型机	批量小、品种多的小铸件

（3）模底板结构　模底板上应有与砂箱定位用的定位销，同造型机连接用的突耳，供运输用的吊轴或手把，顶杆起模用的通道等。翻转式造型机用的模板上还应有固定砂箱用的机构或突耳等。

通常模底板外廓和砂箱一致。模底板的高度、壁厚和肋的有关尺寸可参见表3-12。

表3-12　普通单面模底板的高度、壁厚及筋尺寸报　（单位：mm）

砂箱平均轮廓尺寸 $\left(\frac{长+宽}{2}\right)$	铸铁模底板				铸钢模底板			
	高度	壁厚	肋厚	肋距	高度	壁厚	肋厚	肋距
≤750	80	14	16/12	250/300	70	10	14/10	300
751～1000	90	16	18/14	300	80	12～14	14/12	400
1001～1500	120	18	20/16	250/300	90	14～16	16/12	400
1501～2000	160	22	24/20	400/350	110	18	20/16	450
2001～2500	190	25	28/22	450/400	130	22	24/20	500
2501～3000	220	28	30/24	450/400	150	25	27/23	500
>3000	250	32	32/26	500/400	160	28	30/26	500

模底板高度和模板框的高度，还应满足造型机的工艺要求。例如：Z148B造型机要求：490mm<（砂箱高+模底板高+压头体高+浇口杯模高）<750mm，造型机工作台到压头体座底面之最小距离为490mm，最大距离为760mm。

（4）模板和砂箱的定位　如图3-76所示。

1）直接定位法：定位销（套）直接安装在模底板上。

2）间接定位法：定位销（套）装在模板框上。模板和模板框之间另有定位。显然间接定位法多了一次定位误差。为防止铸件尺寸超差，模底板和模板框之间的定位精度要严。

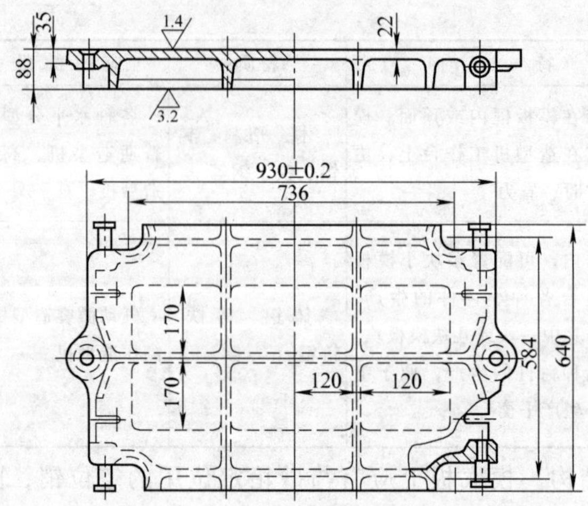

图 3-75　Z148B 造型机用单面模板图

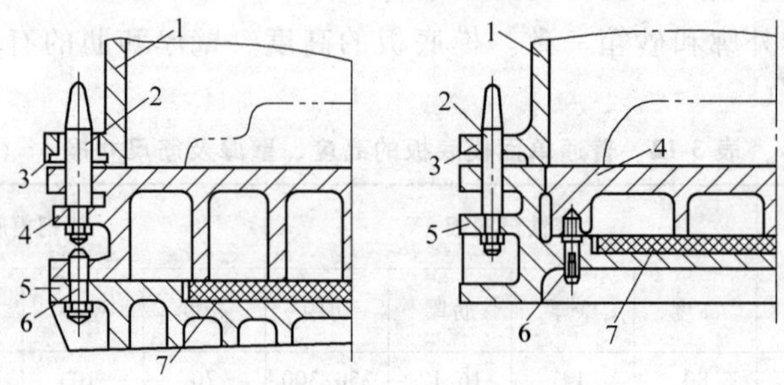

图 3-76　模板和砂箱间的定位

a）直接定位　b）间接定位

1—砂箱　2—定位销　3—销套　4—模底板　5—模板框

6—模标定位销　7—加热元件

3.5.2　砂箱设计

砂箱的设计内容有：选择类型和材质、确定砂箱尺寸、结构设计、定位及紧固等。

1. 设计和选用砂箱的基本原则

1）满足铸造工艺要求。如砂箱和模样间应有足够的吃砂量、箱筋不妨碍浇冒口的安放、不严重阻碍铸件收缩等。

2）尺寸和结构应符合造型机、起重设备、烘干设备的要求。

3）有足够的强度和刚度，使用中保证不断裂或发生过大变形。

4）对型砂有足够的附着力，使用中不掉砂或塌箱，但又要便于落砂。为此，只在大的砂箱中才设置箱肋（带）。

5）经久耐用，便于制造。

6）应尽可能标准化、系列化和通用化。

2. 类型的选择

（1）专用砂箱和通用砂箱

1）专用砂箱：专为某一复杂或重要铸件设计的砂箱。例如发动机缸体的专用砂箱。

2）通用砂箱：凡是模样尺寸合适的各种铸件均可使用的砂箱。多为长方形。

（2）依制造方法分　有整铸式、焊接式和装配式。

1）整铸式：用铸铁、铸钢或铸铝合金整体铸造而成的砂箱。应用较广。

2）焊接式：用钢板或特殊轧材焊接成的砂箱，也可用铸钢元件焊接而成。

3）装配式：用螺栓组装而成的砂箱。用于单件、成批生产。

（3）依造型方法及使用条件分　有手工造型用砂箱、机器造型用砂箱，高压造型用砂箱等。

3. 砂箱结构

（1）砂箱名义尺寸　砂箱名义尺寸是指分型面上砂箱内框尺寸（长度×宽度）乘砂箱高度。确定砂箱尺寸时要考虑一箱内放置铸件的个数和吃砂量。吃砂量的最小数据参照表 3-13。所设计的砂箱，长度和宽度应是 50mm 或 100mm 的倍数，高度应是 20mm 或 50mm 的倍数。

表 3-13　吃砂量的最小值　（单位：mm）

模样高	8	10	15	25	30	35	40	50	60	70	90	120
吃砂量	15	18	20	24	26	28	32	35	38	40	45	50

（2）箱壁　砂箱壁的断面形状、尺寸影响强度和刚度。选用箱壁形式时，可参考以下经验：

1）简易手工造型砂箱，常用较厚的直箱壁，不设内外突缘，制造简便，容易落砂。

2）普通机器造型砂箱，常用向下扩大的倾斜壁，底部设突缘，防止塌箱，保证刚性，便于落砂，箱壁上留出气孔。

3）中箱箱壁多为直壁，上下都设突缘。大砂箱内应有箱带以防止塌箱。中箱因无贯通的箱带，刚度小，故应加厚。

4）高压造型用砂箱，尽量不加箱带，以便落砂。因受力大，要求刚度大。小砂箱用单层壁，大砂箱用双层壁。箱壁上不设出气孔。

（3）箱带（箱档、箱肋）　箱带增加对型砂的附着面积和附着力，提高砂型总体强度和刚性，防止塌箱和掉砂，延长砂箱使用期限。但使紧砂和落砂困难，限制浇冒口的布局，故用于中、大砂箱。平均内框尺寸小于 500mm 的普通

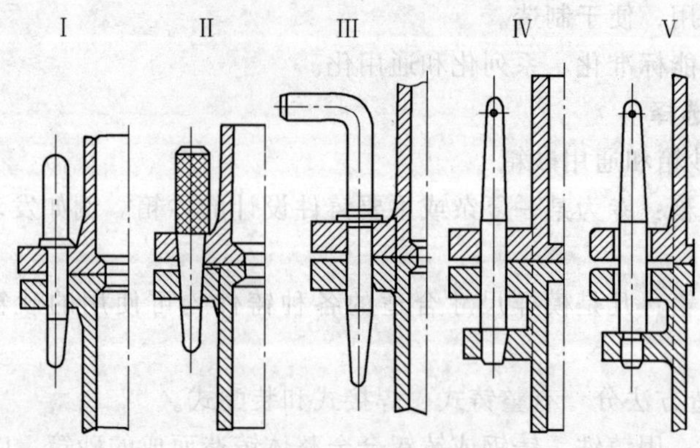

图3-77　合箱销的形式

砂箱、小于1250mm的高压造型用砂箱可不设箱带。

（4）砂箱定位　上下箱间的定位方法有多种：泥号、楔榫、箱垛、箱锥、止口及定位销等。机器造型时只用定位销定位，如图3-77所示。分插销和座销两种：插销多用于成批生产的矮砂箱，座销用于大量生产的各种砂箱。

箱耳多布置在砂箱两端，一端装圆孔的定位套（或销），一端装长孔的导向套。合箱时上下箱的圆孔套对应圆销，另一端对应方销。

普通砂箱用的合箱销套的典型结构如图3-78所示。手工造型和抛砂造型用砂箱不必装销套，直接在箱耳上钻孔和切槽。模板和砂箱间的定位元件实例如图3-79所示。

（5）搬运、翻箱结构　手把用于小型砂箱，吊轴广泛用于各种中大砂箱，吊环主要用于重型砂箱。这些吊运结构的设计，应使吊运平衡，翻箱方便，特别强调安全可靠，要绝对杜绝人身事故。要考虑最大的负荷，应给出较大的安全系数。

吊环、吊轴和手把一般用钢材制造，用铸接法同砂箱相连结。小手把也可用螺纹连结。铸接必须牢靠。吊轴、吊环上的铸接部分应加工出沟槽式倒刺。也可用整铸法，但应保证无缩孔、裂纹等缺陷，为此，箱轴常设计成中空的，或应用内冷铁。

（6）砂箱的紧固　为防止胀箱、跑火等缺陷，上下箱间应紧固。紧固方式有：上箱自重法、压铁法、手工夹紧（箱卡）法和自动卡紧法等。上箱自重法和压铁法多用于小件。

（7）设计模板图的注意事项

1）模样和浇冒口模的位置、尺寸是否符合铸造工艺图的要求，吃砂量是否合适。

2）上、下模板上的模样布局、方向、尺寸标注等是否一致，能否满足合箱

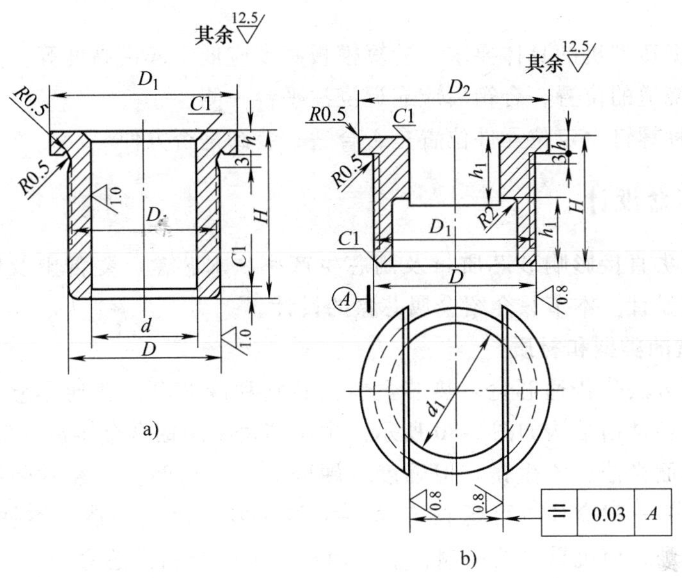

图 3-78 普通砂箱销套

a）定位套 b）导向套

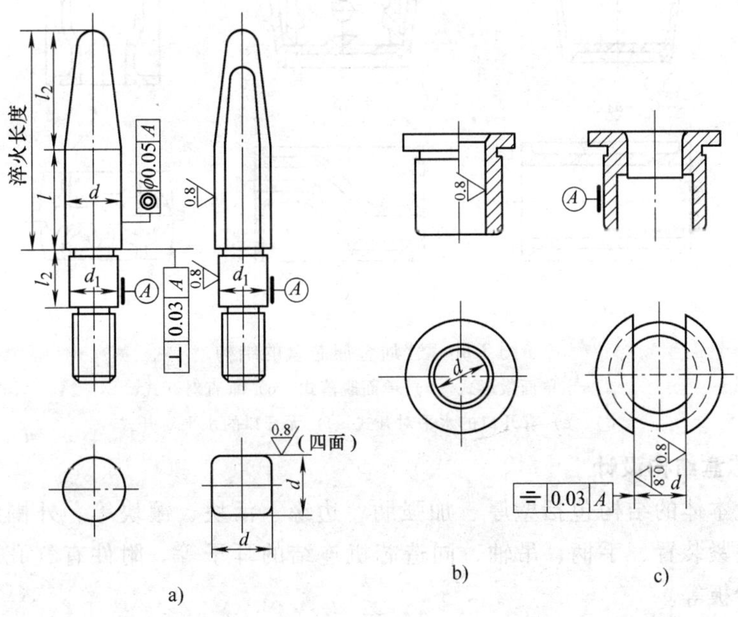

图 3-79 模板和砂箱间的定位元件

a）定位销导向销 b）圆套 c）椭圆套

技术条件：材质20钢，工作表面渗碳0.8～1mm，淬火58～62HRC
（如工厂不具备渗碳条件，可用45钢制造，表面淬火42～50HRC）

要求。

3）根据造型机的具体要求，验算模板高度应低于起模高度等。

4）直浇道的位置，合箱后应靠近浇注平台一侧。

5）各种螺钉、定位元件位置是否合适，装卸是否方便。

3.5.3　芯盒设计

芯盒优劣直接影响砂芯质量及制芯生产率。木芯盒、菱苦土及塑料芯盒一般不必专门设计。本节只介绍金属芯盒的设计。

1. 芯盒的类型和材质

依制芯方法分普通芯盒、热芯盒、壳芯盒和冷芯盒。普通芯盒应用广，有代表性。几种常用结构如图3-80所示。中小芯盒多用铝合金铸造。铝芯盒轻巧、易加工、表面光洁、不生锈。但强度、硬度低，不耐磨。在经常受摩擦的表面上镶装钢板——耐磨片，可延长寿命；大芯盒多用铸铁制造。铸铁芯盒强度、硬度高，耐磨，但沉重易锈；铜合金及钢材，多用于制作芯盒中的镶块和活块，满足高耐磨性的要求。

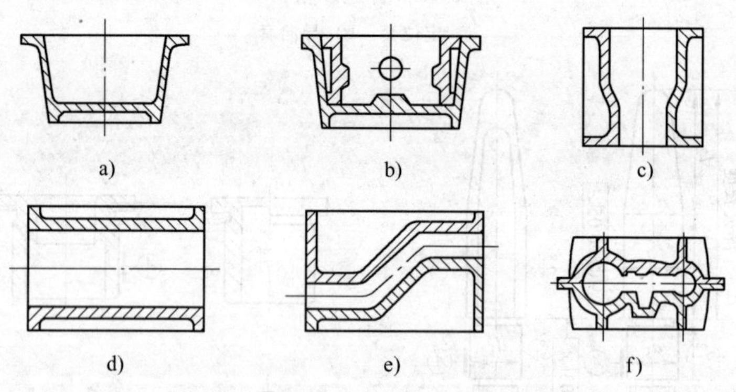

图3-80　普通金属芯盒的结构

a）单面敞形式　b）单面脱落式　c）垂直对开式

d）、e）有开口的水平对开式　f）无开口的水平对开式

2. 芯盒结构设计

芯盒本体的结构包括壁厚、加强肋、边缘、活块、镶块等。外围结构包括定位、夹紧装置、手柄、吊轴、同造芯机连结的耳子等。附件有气孔针、通气板和填砂板等。

（1）壁厚、加强肋和边缘　可参照有关设计手册选取壁厚、肋和边缘尺寸。肋可加强芯盒强度和刚度，增加芯盒高度，以便安放手柄，还利用肋使芯盒在工作台上放置平稳。铝芯盒边缘上应镶装厚3～4mm的钢板——防磨片，用沉头螺钉固定。

（2）活块、镶块 妨碍砂芯取出的部分应制成活块。活块同芯盒本体之间可用定位销、榫及燕尾槽定位。应使活块重心落入芯盒窝座之内，以保持稳定。一般先加工窝座，然后钳工用涂色法修配活块，使之松紧适度。为加工方便，常将芯盒内某些局部——镶块分开加工，然后镶装在本体上，故叫镶块。

（3）定位、夹紧结构 对开芯盒都有定位结构，常用定位销、铰链及止口。定位销是标准件，精度高、应用广。销子、销套用工具钢制造，工作部分淬火，硬度为 40~45HRC，销子直径一般为 8mm、10mm、12mm，以适应芯盒大小。

手工造芯的简单芯盒的夹紧可用钢丝制成的弓形夹。成批生产的芯盒应有操作方便的、由标准元件构成的夹紧结构，如蝶形螺母、活节螺栓（图 3-81）、快速螺杆、螺母装置等。结构应简单、紧凑、操作、修理应方便。

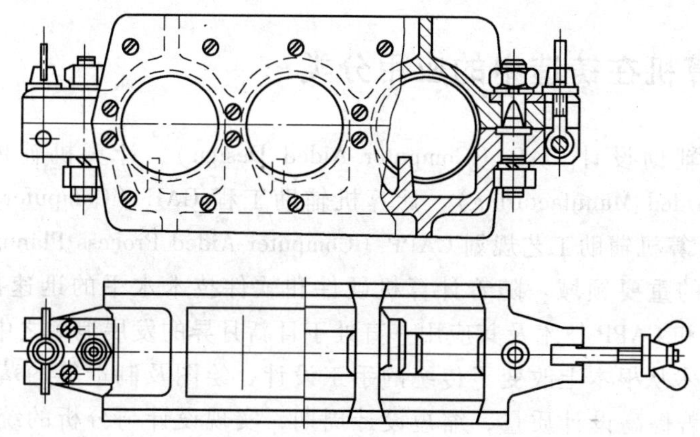

图 3-81 垂直对开芯盒的定位、夹紧结构

（4）手柄、吊轴 小芯盒可利用突耳当作手柄。为了搬运、翻转方便，中、大芯盒上应有手柄或吊轴。手柄、吊轴可采用铸接式或整铸式、装配式，位置应使芯盒搬运时保持平衡。

第4章 液态成形工艺计算机辅助设计

计算机和网络技术现今已十分普及。人们利用计算机进行文字处理、电子表格，还通过网络传输电子邮件、技术资料、产品图样各种信息。热加工工艺领域中计算机的应用也十分广泛，已渗透到生产、管理等各个环节和过程。在信息数据处理、检测与控制、生产过程和工艺辅助设计与制造等方面应用最为普遍。

4.1 计算机在铸造中的应用分类

计算机辅助设计 CAD（Computer Aided Design）、计算机辅助制造 CAM（Computer Aided Manufacturing）、计算机辅助工程 CAE（Computer Aided Engineering）、计算机辅助工艺规划 CAPP（Computer Aided Process Planning）是当代计算机应用的重要领域。随着计算机硬件和软件技术水平的迅速提高，CAD、CAM、CAE 和 CAPP 技术及其应用一直处于日新月异的发展浪潮之中。

CAD 技术从根本上改变了传统的手工设计、绘图及制造等的落后状况。应用它可以显著提高设计质量，缩短设计周期，实现设计与分析的统一，可轻易地设计出合理的工艺，产生显著的社会经济效益。同时，为 CAE、CAM、CAPP 及计算机集成制造系统 CIMS（Computer Integrated Manufacturing System）的实现准备完备的信息奠定基础。

计算机辅助工程 CAE 是通过建立能够准确描述研究对象某一过程的数学模型，采用合适可行的求解方法，使得计算机模拟仿真出研究的特定过程，分析有关影响因素，预测这一特定过程的可能趋势与结果。铸造过程数值模拟技术就属于典型的 CAE 技术。铸造领域 CAE 技术涉及到铸造技术理论和实践、计算机图形学、多媒体技术、可视化技术、三维造型、传热学、流体力学、弹塑性力学等多种学科，是多学科交叉的前沿领域。

4.2 铸造工艺 CAD 的进展

4.2.1 铸造工艺 CAD 在国外的发展

美国在国家科学基金会赞助及美国铸造学会传热委员会的支持下，组成由佐治亚工业大学 Berry 教授和密执安大学 Pehlke 教授主持的联合科研组，开展系统研究，长远目标是实现铸造工业计算机辅助设计。系统研究分为以下几类：①铸型物性值；②铸件/铸型接触热阻；③铸件在凝固收缩过程中的补缩现象；④凝固过程中的流体流动现象；⑤利用通用传热计算程序的可能性；⑥通用几何模型程序和凝固模拟程序的联接。

针对上述问题，Pehlke 等人对铸件收缩、型壁移动及界面气隙形成过程进行了研究和测定；Berry 等人围绕液态金属的对流及补缩行为进行研究。将液态金属的对流分为充型过程的强制对流和充型后凝固前的自然对流，并对两种对流形式分别进行数值模拟，指出对厚大截面，自然对流对温度场及凝固的影响是不容忽视的。Pittsburgh 大学的 Stoehr 在铸件凝固模拟程序与几何模型程序的联接方面作了初步尝试，并对金属液在型腔内的流体流动现象进行了数值计算。

美国的一些公司和大学还进行了应用软件的开发。Abex 公司用差分法在 VAX 机上开发了三维凝固传热模拟程序，软件操作方便，计算速度快，计算结果采用立体彩色显示，是较为实用的软件之一。Corbett 研制了名为 Solstar 的微机系统三维热分析模拟软件，可完成实体造型、体积、重量计算、缩孔、缩松预测，是目前美国应用水平较高的软件。

4.2.2 铸造工艺 CAD 在国内的发展

近年来，国内铸造工艺 CAD 发展较快，已完成国家重点科技攻关课题“大型铸钢件铸造工艺 CAD”的研究。攻关中选择了五类铸件：曲轴代表轴类铸件，轧机机架代表框架类铸件，齿轮代表轮形类铸件，叶片代表板类铸件，缸体、阀体代表复杂结构的壳体类铸件，结构上基本覆盖了各类铸件。材质有球铁、碳钢、低合金钢及高合金不锈钢。零件装机运行工况有大的静载荷、高中速旋转的动载荷以及高温高压下的各种载荷。铸件重量从几吨到数百吨，断面尺寸大至 1000mm × 1000mm 以上，在行业中有很大代表性。攻关中研制了十余种软件，其中包括各类产品零件 CAD 软件、通用软件及数据库软件。

攻关组在应用技术和学术理论上取得以下成果：

1）曲轴类 CAD 可通过人机对话输入零件图，进行工艺设计。该软件已在 295 柴油机曲轴的铸造工艺设计上应用。

2）轮形类 CAD 包括 276 种结构，基本覆盖了机械中各种齿轮及很多环形铸件。软件可绘制详尽工艺图并直接用于生产，现已在许多工厂应用。

3）机架类 CAD 已生产中英合作的大型铝板轧机机架，铸件重 110t，质量符合戴维-麦基公司和日本三菱重工标准，相当于 ASTM（美国材料试验协会）一级品，产品已在秦皇岛铝厂投入运行。

4）缸体类和阀体类 CAD 可进行典型工艺设计和优化工艺设计，所绘制的复杂工艺详图，在铸造 CAD 领域是首例。

5）叶片类 CAD 工艺设计效率可提高 10 倍，适用于各种尺寸、重量的卡普兰式叶片。

上述各类专用 CAD 中均具有设计计算和数值模拟检验及电脑试生产的功能。

各通用软件的成绩和突破点如下。

1）浇注系统 CAD 水力模拟与 CAD 相结合，可观察流态、计算流量、控制溢流、优化浇注系统设计。

2）冒口 CAD 打破历来模数法不能观察凝固过程的弱点，提出点热阻和动态点模数以及模数梯度的概念，创造出新型冒口设计方法，简单易行，可优化冒口亦可显示（二维）凝固进程。

3）裂纹 CAD 以高温力学模型为基础，建立强度因子判据，计算高温应力，预测冷裂，加入经验因素推算热裂。以流变学为指导，建立本构方程模型，开创铸钢热裂新研究方向。

4）缩松判据。纳入各项相关因素而建立多元函数关系，参数之多，前所未有。

5）通用凝固过程数值模拟。描述了铸件成形的过程，实现了立体造型、不等几何步长自动剖分、不等时间长计算、动态显示，可适用于任何铸件，与铸件材料和造型材料的热物理参数相结合，可用于任何铸件的凝固模拟计算。

目前，国内开发的商品化铸造工艺 CAD 软件有：北京爱宜特国际电子有限公司的“美思 MicroSolid 软件系统”，华中科技大学推出的具有完全自主版权的“开目 CAD 系统”，清华大学国家 CAD 支撑软件工程中心与北京高华计算机有限公司联合开发的“高华三维产品造型系统 GEMS”。

4.3 铸造工艺 CAD

铸造工艺 CAD 的特点和内容如图 4-1 所示。

铸造工艺 CAD 是利用计算机协助铸造工艺设计者确定铸造方案、分析铸件质量、优化铸造工艺、估计铸造成本及显示并绘制铸造工艺图等，把计算机的快速、准确与设计人员的思维、综合分析能力结合起来，可以加快设计进程，提高设计质量和效率，加速产品的更新换代，提高产品的竞争能力。

与传统的铸造工艺设计方法相比，借助计算机进行铸造工艺设计有如下特点：

1）计算准确、快速，消除了人为的计算误差。

2）可同时对几个不同的工艺方案进行设计和比较，从中找出最佳的方案。

3）能够储存并系统利用铸造工作者的经验，使得使用者不论其经验丰富与否都能设计出较为合理的铸造工艺。

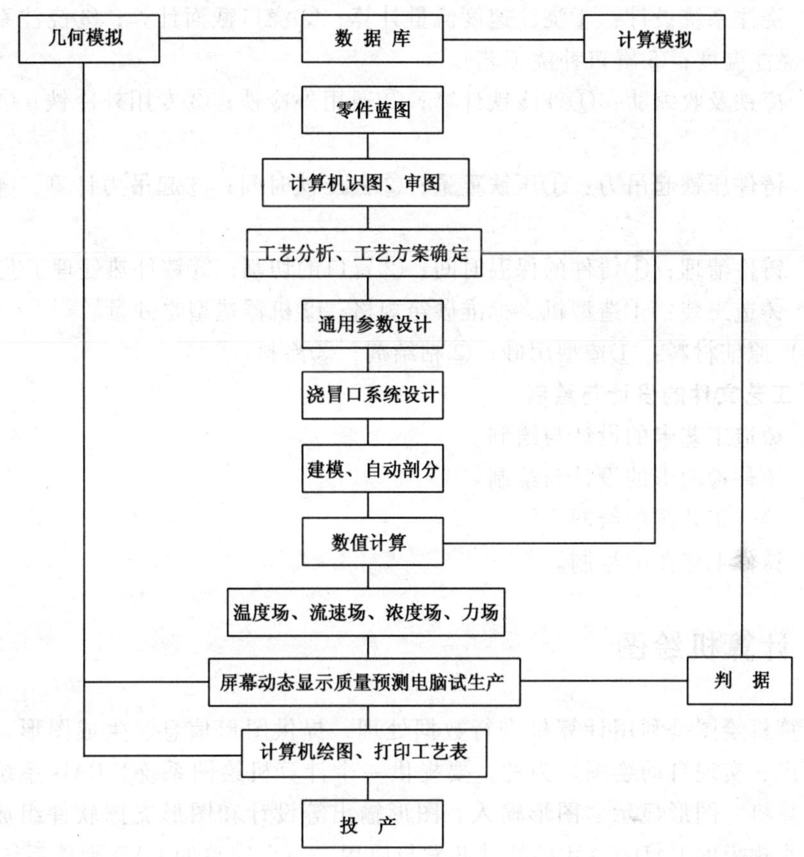

图 4-1　铸件凝固数值模拟和铸造工艺 CAD 系统方框图

4）对系列产品，能够做到参数化设计，提高设计效率。

5）计算结果能够形成工艺图和工艺卡等技术文件。

铸造工艺 CAD 的内容如下：

1. 工艺设计与计算

这部分内容包括大量的工艺选择和计算。

1）工艺设计内容及工艺方案确定。

2）工艺设计主要参数有：①铸件线收缩率；②机械加工余量；③铸孔最小尺寸；④工艺补正量；⑤造型斜度；⑥分型负数。

3）模型及芯盒设计：①模型种类；②芯盒结构；③芯头尺寸间隙和减量；④芯头斜度。

4）冒口设计参数：①常用冒口尺寸比例；②典型件冒口补缩距离；③冒口延续度；④模数热节圆计算；⑤冒口尺寸重量模数；⑥铸件收得率；⑦冒口增肉；⑧保温冒口选取。

5）浇注系统设计：①浇注速度流量计算；②浇口截面计算；③浇注系统设置；④浇注温度；⑤冒口补浇工艺。

6）冷铁及收缩肋：①外冷铁计算；②通用外冷铁；③专用外冷铁；④内冷铁计算。

7）铸件压铁起吊力：①压铁重量；②去压铁时间；③起吊力计算；④吊轴标准。

8）铸件清理：①铸件的保温时间；②冒口的切割；③铸件热处理工艺。

9）铸造工装：①造型机、标准砂箱规格；②机器造型吃砂量。

10）原辅材料：①造型用砂；②粘结剂；③涂料。

2. 工艺文件的设计与绘制

1）铸造工艺卡的设计与绘制。

2）铸件检验卡的设计与绘制。

3）铸造工艺图的绘制。

4）铸件毛坯图的绘制。

4.4 计算机绘图

计算机绘图是利用计算机进行数据处理，提供图形信息、生成图形、控制图形输出、实现自动绘图。为此，要提供一个计算机绘图系统。CAD 系统是由微型计算机、图形显示、图形输入、图形输出等设计和图形支撑软件组成，主要用于小规模的 CAD/CAM 的软件开发与应用。一个完整的 CAD 硬件系统由 10 部分组成，如图 4-2 所示。CAD 软件系统由三部分组成，见图 4-3。

铸造工艺 CAD 中应用的模拟图和铸造工艺图都由图形输出而得到。图形可输出在显示器、绘图机或打印机上。

一般工程图均为二维图形，因此，二维图形的生成，是计算机绘图的重点。在铸造工艺 CAD 中为绘制工艺图往往需要快速准确地输入零件图。如何使计算机快速准确地获得图形信息，生成所需要的图形，一直是计算机图形学及 CAD 研究的关键。

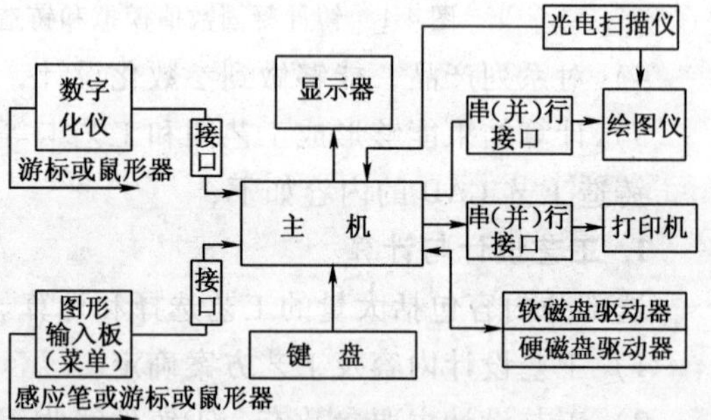

图 4-2 CAD 硬件系统

图形生成的方法，按生成图形的硬件可分为图形显示和图形绘制；按人机交互关系可分为交互绘图和参数绘图。由于微型机中 PC 机及 BASIC 语言应用较普遍，以此为重点分述如下。

1. 图形显示

PC 机上运行的 BASIC 语言，有较强的图形功能。2.0 版本以上的高级 BASICA 语言设置了一掇有关屏幕绘图即图形显示的语句及函数。可在显示器的屏幕上以彩色或黑、白颜色显示文本行、各种专用字符、点、级及较复杂的图形。

2. 图形绘制

这里指使用绘图仪的基本绘图指令，采用高级程序语言设计绘图程序，通过绘图仪进行图形绘制。

在设计应用程序时，可使用绘图机提供的基本绘图指令，利用它来扩充基本及功能软件。这样做，占内存少，运行速度快。对规律性比较强的图形，如齿轮图等，可使计算与绘图一体化，设计成参数绘图的软件。

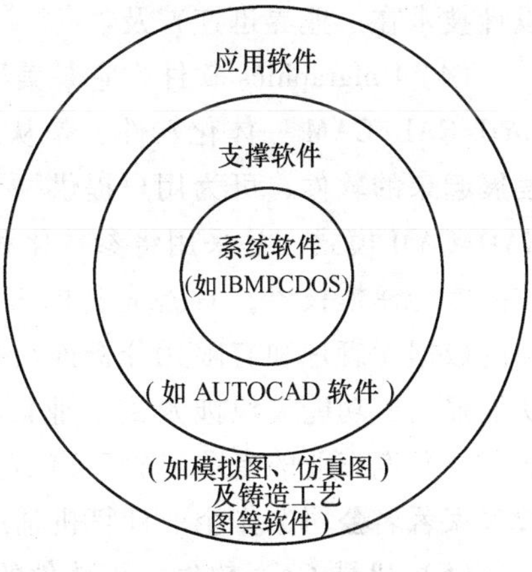

图 4-3　CAD 软件系统

3. 交互绘图

以人机对话方式对图形进行处理的系统，称为交互绘图系统。一般微型机 CAD 系统都具有人机交互功能。操作者通过显示器或图形输入板，用光笔、感应笔、游标或鼠形器等将图形信息输入计算机。操作者能以与计算机对话的方式，对图形进行修改、增删及各种几何变换，并可将最后形成的图形用绘图仪或打印机输出。

目前微型机 CAD 系统应用的软件包，都具有很强的二维、三维交互作图功能。常用的软件包有：

（1）Auto CAD 软件包　它是美国 Auto Desk 公司开发的目前在国内很流行的二维计算机辅助绘图与设计的应用软件包。由于汉化版的推出，使 Auto CAD 在我国得以广泛应用。Auto CAD10 版以上三维图形功能逐步加强，现在已能进行实体造型、表面光照处理，具有三维旋转、镜像、消隐等功能。

（2）Pro/Engineer（简称 Pro/E）软件　它是美国参数化技术公司（Parametric Technology Corporation，简称 PTC）开发的，集零件设计、产品装配、模具开发、NC 加工、钣金设计、铸造件设计、造型设计、反求工程、自动测量、机构设计、仿真、应力分析、产品数据库管理、协同设计开发等功能为一体的大型 CAD/CAE/CAM 软件。

（3）SolidWorks 软件　它是美国 SolidWorks 公司推出的一款具有微机版参数化特征的三维造型软件。SolidWorks 软件自 1995 年问世以来，由于其实用性、方便性、易用性、创新性、界面的友好性、资源的丰富性、功能的强大性、兼容的多样性，极大地提高了机械设计工程师的设计效率，备受工业界的欢迎，获得众多国际大奖。作为机械设计领域的主流设计软件，SolidWorks 已经成为三维机械设计软件的标准，其以工作站版相应软件价格的 1/5 ~1/4 向广大机械设计人员提供用户界面更友好，运行环境更大众化的实体造型功能，使三维产品设计技术在工业界迅速普及。

(4) Unigraphics 软件　它是美国 UGS（Unigraphics Solutions）公司开发一款 CAD/CAE/CAM 一体化软件，是从二维绘图、曲面造型、数控加工编程等功能发展起来的软件，可为用户提供一个全面的产品建模系统。UG 首次突破传统的 CAD/CAM 模式，是采用将参数化和变量化技术与实体、线框和表面功能融为一体的复合建模技术，具备完善的三维曲面、实体建模和数控编程功能，具有较强的数据库管理和有限元分析前后处理功能以及界面良好的用户开发工具。UG 功能强大，功能模块涉及到工业设计与制造的各个层面，加上汇集了美国航空航天业及汽车业的专业经验，UG 现已成为世界一流的集成化机械设计软件，并被多家著名公司选作企业计算机辅助设计、制造和分析的标准。

(5) 机械 CAD 软件　该软件的研究在我国已达到较高的水平。由原机电部北京自动化所等 7 个单位共同开发的“PC MECAD 微机机械 CAD/CAM 系统”包括有 8 个软件包：常用机械零部件设计、冷冲模 CAD/CAM、机械传动系统设计、常用机械有限元与边界元分析、常用机械产品优化设计及计算方法、数控加工处理、CAD/CAM 基础知识、系统开发工具软件包等。

4. 参数绘图

用形式参数来计算图形各坐标数据，调用基本软件、功能软件进行图形显示或图形绘制的方法称为参数绘图。

对有规律或便于用参数描述的不复杂的图形（如各种典型件固定形状的冒口等）都适合于参数绘图。参数绘图还便于将计算出来的数据，传递给绘图软件进行图形输出，使设计、计算、绘图一体化。

4.5 典型件铸造工艺设计实例

1. 铸造工艺图

铸造工艺图是铸造生产所特有的一种图样。它是利用各种红蓝颜色的简明工艺符号把铸件的铸造工艺方案、工艺参数及各有关技术要求，直接地绘在产品零件蓝图上的工艺图样，这种图样称为铸造工艺图。例如图 4-4 即为三爪卡盘铸件的铸造工艺简图。在铸造工艺图上一般表示出的内容有：浇注位置和分型面、机械加工余量、起模斜度、收缩率、浇冒口系统、内外冷铁、砂芯和砂芯头的技术要求等。应该指出，铸造工艺图是铸造工艺设计最基本的指导性文件，也是设计和编制其他技术文件的基本依据。在手工生产情况下，铸造工艺图是直接指导生产施工的文件。

2. 铸造工艺卡

铸造工艺卡以表格形式填写出有关铸造工艺的全部资料及说明。它和铸造工艺图一样，也是主要工艺文件之一。由于工艺卡不仅是指导施工的技术文件，而且也是管理生产的基本文件。因此，一般情况下都必须要有工艺卡。工艺卡格式、内容的详简，决定于生产类型。大量和成批生产时，工艺卡要比单件生产的内容详细得多，对每一工艺步骤都要作出比较严格的决定。单件生产的工艺卡，仅填写与制造直接有关的、主要的资料及说明。

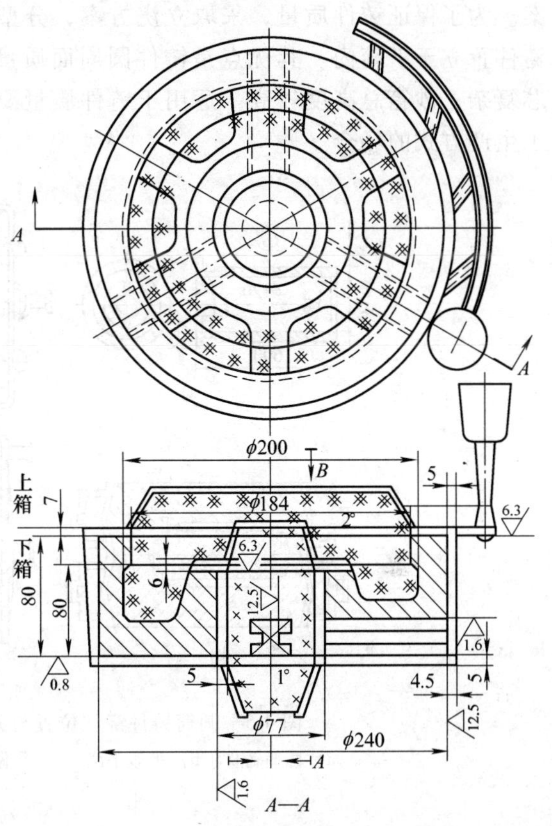

图 4-4　三爪盘铸造的铸造工艺简图

3. 浇注位置与分型面的选择

图 4-5 为普通铸铁的圆筒铸件，它的圆周面部分质量要求比较高，壁厚均匀。圆筒铸件的浇注位置和分型面的选择有三种方案，分别叙述如下：

图 4-5b 是大批量机械化和自动化生产时铸件浇注位置与分型面方案。为了适应机械化和自动化生产，分型面与浇注位置完全一致，称为平做平浇。其优点是造型和下芯简单方便，适合于机械化和自动化生产，砂箱总高度低，上下砂箱对称并且可以互换。缺点是铸件上部圆周面质量不易保证，容易出现气孔、夹砂等缺陷。

图 4-5c 是成批生产、半机械化生产时铸件浇注位置与分型面的方案。为了保证铸件质量便于造型、下芯，采取水平造型（取圆筒中心轴线水平分型面），选择立式浇注，称为平做立浇方案。其优点是铸件圆周面部分质量能保证，符合浇注位置选择原则，造型和下芯方便；砂箱对称并可互换。缺点是砂箱结构复杂（需用特殊结构砂箱）；合箱后必须要卡紧牢固，而且合箱后还要翻转 90°后浇注，操作复杂。

图 4-5d 是小批生产、手工和半机械化产生方式铸件浇注位置与分型面的方

案。为了保证铸件质量，采取立浇方案，分型面取在圆筒一头端面上，让整个铸件置立于下箱内。其优点是铸件圆周面质量能够得到保证。缺点是造型和下芯复杂；砂箱总高度较高。适用于铸件质量要求较高，产量比较少且主要以手工生产方式的场合。

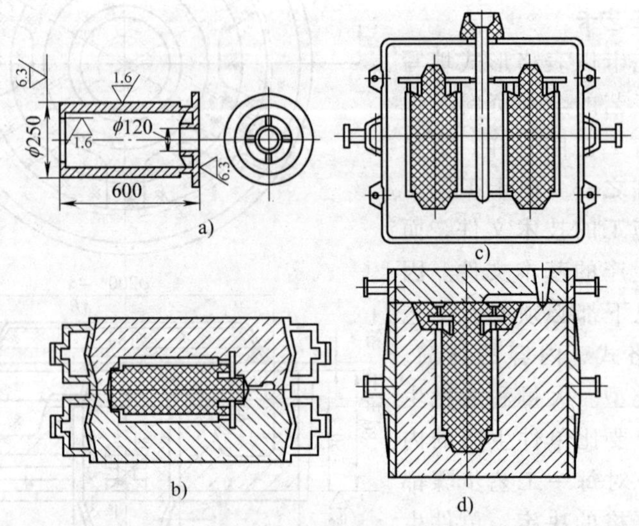

图 4-5　圆筒铸件浇注位置与分型面选择方案

a）圆筒铸件　b）平做平浇　c）平做立浇　d）立做立浇

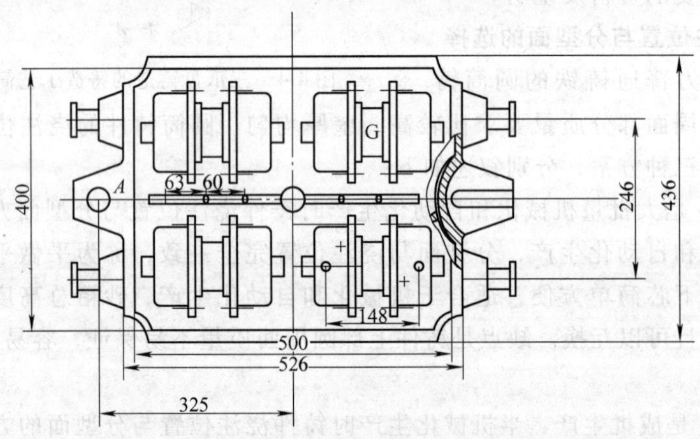

图 4-6　计算机绘制的上箱模板图

图 4-6 是上箱模板图（在校学生的课程设计图，用计算机绘成）。所用造型机为 Z145A 型，因铸件尺寸小，又需要放砂芯，故模板上安放了四组铸件模样每组 2 个共 8 个，相对而置，共用一个芯头（图中标有字母处），即挑担芯。

模板图上应标出两定位销孔间的距离，并以两孔中心连线为基准设计铸件模样及浇注系统模样，且要标明固定这些模样的螺钉及定位销位置。图右下角还应注明图样名称编号，所用铸造合金牌号、重量、制图人姓名、日期等，右上角还应标明对模板模样的技术要求。

4. 铸型装配图（合箱图）

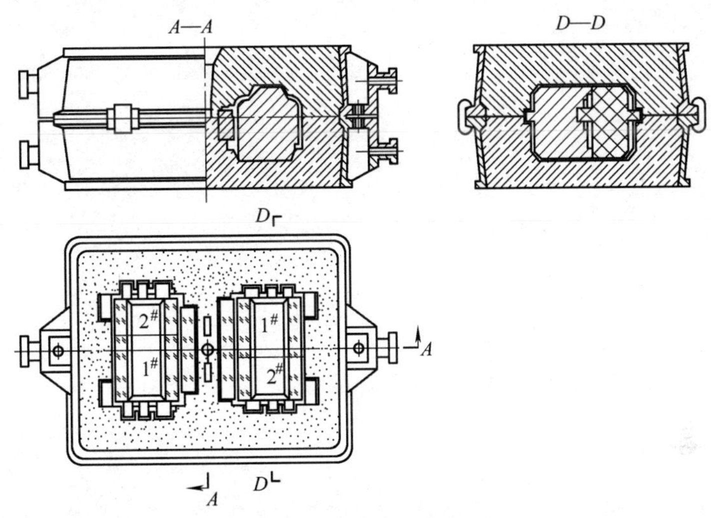

图 4-7 进给箱体铸型装配图

图 4-7 是进给箱体铸型装配图。铸型装配图主要是供造型工人操作用，也作为检验人员检验铸型及合箱质量的依据，故图中应标明铸型各部分在上下箱中的位置、形状及尺寸。若砂芯较多，应将下芯顺序标注在图上（有时侧视图也可以不画）。

参 考 文 献

[1] 李魁盛．铸造工艺及原理［M］．北京：机械工业出版社，1996.

[2] 丁根宝．铸造工艺学［M］．北京：机械工业出版社，1985.

[3] 侯英玮，等．材料成型工艺［M］．北京：中国铁道出版社，2002.

[4] 中国机械工程学会铸造分会．铸造手册：第 1 卷铸铁［M］．2 版．北京：机械工业出版社，1993.

[5] 中国机械工程学会铸造分会．铸造手册：第 2 卷铸钢［M］．2 版．北京：机械工业出版社，1993.

[6] 中国机械工程学会铸造分会．铸造手册：第 3 卷铸造非铁合金［M］．2 版．北京：机械工业出版社，1993.

[7] 中国机械工程学会铸造分会．铸造手册：第 5 卷铸造工艺［M］．第 2 版．北京：机械工业出版社，1994.

[8] 张毅．铸造工艺 CAD 及其应用［M］．北京：机械工业出版社，1994.

[9] 李英民，崔宝侠，苏仕芳．计算机在热加工中的应用［M］．北京：机械工业出版社，2001.

第二篇

焊接成形

第5章　焊接工艺基础
第6章　焊接方法
第7章　焊接残余应力、变形与焊接工艺控制
第8章　焊接工艺装备
第9章　焊接工艺设计

第5章　焊接工艺基础

相互分离的两种或两种以上的固体材料（金属或塑料、陶瓷等非金属），借助于原子或分子的结合或键合，永久性地连成一个整体的工艺过程，称为焊接（在基材表面堆敷覆盖层的加工方法——堆焊，也属于焊接的一种）或冶金连接，它是连接技术中的核心内容。“就其学科范畴而言，焊接是一门专业科学，从工程应用的角度看，焊接是一项制造技术。”焊接的基本方法从最初的简单的利用能量，发展到如今可有效地利用几乎所有可利用的能量，如图5-1所示。随着科学技术的进步，特别是新材料、新方法和新工艺的出现，以往以加工金属材料为主的焊接技术正在发展成为连接所有材料的制造技术。

5.1　焊接工艺概述

在《焊接词典》中对焊接工艺（ welding technology）的解释是：焊接工艺是包括焊接方法的选择和设置、焊前准备加工、装配、焊接材料、焊接设备、焊接顺序、焊接操作、焊接参数以及焊后处理等的技术规定。国家标准 GB/T 3375—1994《焊接术语》中对焊接工艺的定义是：焊接工艺是指制造焊件所有有关的加工方法和实施要求，包括焊接准备、材料选择、焊接方法、焊接参数、操作要求等。

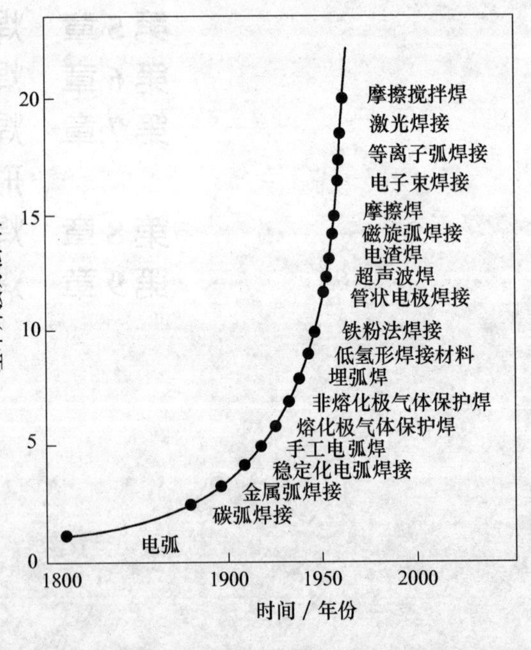

图5-1　典型焊接方法发展历程

从焊接生产或制造的角度，焊接工艺又常被称作焊接生产工艺或焊接制造工艺，这时的焊接工艺所包含和相关的内容就更加广泛了。可以将焊接工艺理解为：焊接过程中的以焊接方法为核心内容的一整套加工程序和技术规定。

5.2　焊接过程的本质

在大多数金属材料的熔焊过程中，无论添加或不添加填充金属，其核心的过程是材料表面熔化和随后的连续冷却。在此过程中，焊件经历了局部的加热和冷却，会出现许多金属焊接性的问题，如①在不稳定温度场作用下焊接熔池和焊道或焊核形状的形成；②焊缝存在几何形状、成分和金相组织以及力学性能的不连续性和焊接缺陷；③与接头性能有关的组织变化；④主要对结构强度和刚度有不利影响的残余应力和变形等。

采用适当的焊接方法和有效的焊接工艺配合，可以获得可接受的焊缝成形和接头性能，并在低成本条件下完成焊接。

在焊接产品的设计和制造周期中，无论是最初的产品结构设计，还是产品结构的工艺性设计，以及制造过程中的检验和最后的验收无不涉及到焊接方法。尽管没有哪一种焊接方法能适合所有的材料和接头形式，但是，任何材料都可以用某种焊接方法及适当的工艺来连接。所以，焊接工程技术人员必须具备的能力之一应该是：判明每种具体焊缝所必须满足的基本要求，并选择合适的焊接方法。为了做到这一点则需要坚实的焊接基础理论知识和工程实践能力。其中必须弄清楚的基本问题是：各种焊接方法连接材料的基本条件是什么以及如何实现，影响焊接过程的主要因素是什么及其控制规律，各种焊接方法的主要特征有哪些以及它所适用的材料和结构。掌握了这些焊接知识，就可在众多的工程、生产细节中把握住核心的东西而不偏离方向。

5.2.1　实现焊接的基本条件

理想的焊缝是这样的：在焊缝所连接的各部分之间完全连续，而且接头的每个部分都无法与构成焊接接头的那部分金属区分开来。尽管实际上这种理想根本无法实现，但却可以通过多种焊接方法和工艺获得满足工作要求的焊缝接头。扩散焊焊缝很接近理想焊缝的条件，只是受到材料和施焊条件等因素的限制，同时其成本也很高，因此使用的范围较窄。其实，实际应用的各种焊接方法也都必须满足许多条件，其中最重要的条件就是必须供给接头某种形式的能量（通常是热量），从而通过熔融使焊件连接在一起。

两个表面只有在不存在氧化物或其他污染的情况下，才能令人满意地结合在一起。虽然在焊接之前进行表面清理是有益的，但往往是不够的。每种焊接方法的主要特征就是使污染表层熔解或消散。这可由焊剂的化学反应、电弧的溅蚀或机械方式——如使其破裂和磨损来完成。必须从表面清除这样三种污染物质：有机薄膜层、吸附的气体和母材的表面化合物（通常为氧化物）。由于利用热量可以将有机薄膜和吸附的气体有效地清除掉，从而对于利用热量的大多数焊接方法而言，去除焊接区域的氧化物是最重要的事。

一旦将污染物质去除后，在焊接过程中，必须避免再次形成表面膜（尤其是氮化物）。因而，几乎在所有的焊接方法中，都必须采取某种方法来排除周围的空气。可用焊剂来清洁接头的熔融面，还能起到保护的作用；如果不用焊剂，也可以用惰性气体或不会与母材形成难熔化合物的气体，形成气体覆盖层来保护焊接区域。通过使焊接表面紧密连接在一起而进行焊接，是机械地将空气排除；在真空中焊接是通过完全排除空气，获得没有空气的最佳保护情况；如果通过控制加热来实现快速焊接，则在焊接区域来不及充分地氧化，也就不需要进行保护了。可以使用一些方法，在构成接头前将受污染的液态金属挤出或向熔池添加合金元素，来改善焊缝金属的性能。

在焊接过程中形成的接头必须有良好的冶金特性，这是一个极为重要的涉及接头使用性能的要求。在熔焊的某些方法中，如同在铸造中所采取的措施一样，经常需要向焊接材料中添加脱氧剂或合金元素。通常必须控制被焊材料的化学成分，某些合金（确切地说，是少数几种合金）几乎用任何方法都无法良好焊接；但大部分合金，只有将它们的成分控制在一定的范围内时，才能进行焊接。这些是焊接冶金学的基础。

5.2.2 实现焊接的基本方法

若能将两个焊件预制成具有原子精度的配合表面，则这样的焊接过程将是最简单的，只要在真空中将预制的表面聚合在一起，使原子所共用的电子横跨界面，就可获得理想的焊缝和接头。

为了达到原子结合的目的而实现焊接，通常可使用两种方法，如图 5-2 所示。其一，采用压力迫使接合面产生足够的塑性变形，并促使表面膜破碎或挤出接合面，以满足清洁表面实现焊接的目的；其二，采用熔化的液态金属（接缝表面熔化或填充熔化金属）来桥接焊接表面，并形成焊接接头。第一种方法通常叫做固相焊；第二种方法叫熔焊。但应注意的是，钎焊是用低熔点金属做桥接金属，通常不与熔焊分在一类，而是单列。而具有特殊焊接效果的扩散焊接几乎不使接头出现塑性变形，对温度、压力和扩散时间的配合要求却很严格，是一种特殊的固相焊接方法。

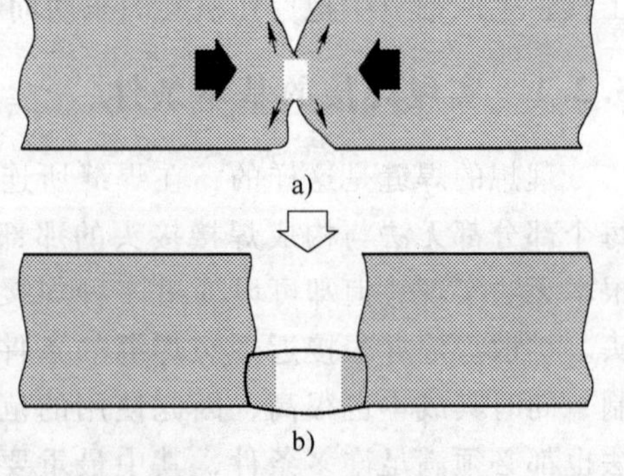

图 5-2 焊接的基本方法

a）通过塑性变形连接 b）通过液态金属桥接

5.3 焊接热效应

5.3.1 焊接热过程的影响

焊接过程中热对焊接的影响即是所谓的焊接热效应。焊接热效应通过下面几个方面的作用成为影响、决定焊接质量和焊接生产率的主要因素之一。

1）传输到焊件上热量的大小与分布决定了熔池的形状与尺寸。

2）焊接熔池进行冶金反应的程度与热的作用及熔池存在时间的长短有密切的关系。

3）焊接加热和冷却参数的变化，影响熔池金属的凝固、相变过程，并影响焊缝热影响区（HAZ）金属显微组织的转变，因而焊缝和 HAZ 的组织与性能也都与热的作用有关。

4）由于焊接各部位经受不均匀的加热和冷却，从而造成不均匀的应力状态，产生不同程度的应力和变形。

5）在焊接热作用下，受冶金、应力因素和被焊金属组织的共同影响，可能产生各种形态的裂纹及其他冶金缺陷。

6）焊接输入热量及其效率决定母材和焊条（焊丝）的熔化速度，因而影响焊接生产率。

有关焊接热过程或热效应请参见参考文献［1］。

5.3.2 电弧焊接热效率 η

在进行各种有关焊接温度场的计算和分析中，主要的影响参数是焊接热源在焊接部位输入的热量，在瞬时作用的热源中为其热量（或能量）Q（单位为 J），在连续作用热源中为其热流量（或热功率）q（单位为 J/s）。两种情况下，都需要考虑的是它们的净值或有效值 Q 和 q。在电弧焊时，直流情况下，电弧功率 q_0 即电弧在单位时间内释放出的能量为：

$$q_0 = UI \tag{5-1}$$

式中 U——电弧电压（V）；

I——焊接电流（A）。

由热源所产生的热量并不是全部被利用，其中一部分热量损失于除焊件以外的周围介质中，焊件吸收到的热量少于热源所产生的热量。故电弧有效热功率 q 为：

$$q = \eta_h q_0 = \eta_h UI = \eta_h RI^2 \tag{5-2}$$

式中 η_h——焊接电弧热功率有效利用系数，简称为焊接热效率。

电弧焊时，交流情况下，电弧有效热功率 q 为瞬时积分得出的有效值（当电阻为 R、有效值为 I_{eff}时，一般形式为 RI_{eff}^2），即：

$$q = \eta_h RI_{eff}^2 \tag{5-3}$$

在电阻点焊和电阻压焊时，其总的热输入是其电阻 R、有效电流 I_{eff}和电流持续时间 t_c 的乘积：

$$Q = \eta_h RI_{eff}^2 t_c \tag{5-4}$$

根据定义，电弧加热焊件的热效率 η_h 是电弧在单位时间内输入到焊件内部的有效热功率 q 与 q_0 的比值，即：

$$\eta_h = q/q_0 \tag{5-5}$$

若要准确计算母材的熔化和熔池的过热程度，可以使用下面的方法：

设
$$q = q_1 + q_2 \tag{5-6}$$

则
$$\eta_h = (q_1 + q_2) / q_0 \tag{5-7}$$

式中 q_1——单位时间内熔化焊缝金属（处于液态 T_m时，T_m 为金属熔点）所需的热量（包括熔化潜热）；

q_2——单位时间内焊缝金属处于过热（$T > T_m$）的热量和向焊缝四周传导热量的总和。

式（5-6）说明，焊件吸收的有效热功率 q 也不全是用来熔化焊缝金属。q_1 才是真正用于熔化金属的那部分热量。因此，定义使焊缝金属熔化的热有效利用率 η_m 为单位时间内被熔化的母材金属在 T_m 时（处于液态）的热量与电弧有效热功率的比值，即：

$$\eta_m = q_1 / (q_1 + q_2) \tag{5-8}$$

每一种焊接方法的热功率数据都需要详细的实验和理论分析，从以往的实践来看，许多有关焊接温度场计算的不准确性，在很大程度上是来源于对输入热量 Q 或输入热功率 q 的不准确。这其中除了材料高温热物理性能不足以外，焊接热效率 η_h 值的选取或计算不准确是导致分析结果误差大的主要原因。在一定的条件下 η_h 才是常数，η_h 的数值取决于焊接方法特性、焊接参数、材料的物理性质、接头的形式和保护方式等，应该用实验的方法来确定。一般情况下 η_h 值的大小如表 5-1 所示。

以上分析是焊接过程或温度场计算必须考虑的，但在生产制造时，对能量利用率的核算还必须考虑焊接设备，如焊接电源的能量转换率。对于使用热能的焊接方法，焊机能量的转换效率差别很大，电弧将电能转换成热量的效率是最高的，而 CO_2 激光焊机的能量转换效率就很低，这是由于从初级能（电能）转换为焊接所应用的能量（相干光）的过程损失造成的，通常在 10% ~25%，绝大多数的能量在转换过程中或之后被大量的冷却介质所带走。通常对焊接设备输入能量（如电能）的转换率不重视的做法是不可取的。完整的焊接能量利用率计算应当从焊机的功率损失算起。

表 5-1 钢和铝常用熔焊方法与热功率相关的数据

焊接方法	热功率 /(kJ/s)	焊接速度 /(mm/s)	单位长度热功率 /(kJ/mm)	最小加热面积/cm^2	最大功率密度/(W/cm^2)	正常焊接工艺下的温度	热效率 η_h
氧乙炔焊	1 ~ 10	<10	<1	10^{-2}	2×10^3	3200℃	0.25 ~ 0.85
厚药皮焊条电弧焊	1 ~ 20	<5	<3.5	10^{-3}	10^4	6000K	0.65 ~ 0.90
MIG/MAG/CO_2 焊	5 ~ 100	<15	<2	10^{-4}	$10^4\sim10^5$	—	0.65 ~ 0.90
TIG 焊	1 ~ 15	<15	<1	10^{-3}	1.5×10^4	8000K	0.20 ~ 0.50
埋弧焊	5 ~ 250	<25	<10	10^{-3}	2×10^4	6400K	0.85 ~ 0.95
等离子弧焊	—	—	—	10^{-5}	1.5×10^5	18000 ~ 24000K	—
电子束焊	0.5 ~ 10	<150	<0.1	10^{-7}	$10^7\sim10^9$	—	0.95 ~ 0.97
激光焊	1 ~ 5	<150	<0.05	10^{-8}	$10^7\sim10^9$	—	0.80 ~ 0.95
电渣焊	—	—	—	10^{-2}	10^4	2000℃	—

焊接热效率对焊接工程和生产具有十分重要的经济意义。在各种焊接方法中，功率密度较低的气焊，其产热部位是在焊件外部且焊接热效率最低，往往不高于30%；高频电阻焊的热效率很高，因为热量仅产生在被连接处的表面，其接头特点是焊缝狭窄，甚至可以获得比激光或电子束焊还高的连接速度（如焊接铝可达到650 ~ 1400mm^2/s）；而高能束激光焊接，由于相干光的反射，尤其是焊接反射率较高的金属时，焊接热效率也会有很大折扣。

另外，在评价焊接热效应时常常使用焊接热输入 q_w（单位为：J/mm）的概念，即单位长度焊缝输入的净能量。在数值上焊接热输入等于焊接有效热功率 q 除以焊接速度 v。焊接热输入在焊接冶金中是衡量焊接接头性能的重要指标，尤其对低合金高强钢，将焊接热输入控制在一定的范围内，是防止产生冷裂纹和接头脆化的最有效方法之一。

5.4 焊接热源强度

5.4.1 热源强度对焊接过程的影响

几乎所有的焊接方法都采用集中热源，并在能量向别处扩散、传播之前，就使焊接接头处的材料局部熔化或软化。在众多的熔焊方法中，各自都有其加热的特点，为了区别彼此间的主要特征应使用热源强度这个概念（与功率密度概念相当）。事实上，焊接使用了几乎每一种集中热源，而这些热源的多数特性和焊接热效应（对焊接件的主要影响作用）都是由热源强度决定的。图 5-3 显示了在钢材表面使用功率密度为 400～8 000 W/cm^2的热源加热时，钢材试件表面温度的变化规律。功率密度在 400W/cm^2 时，表面熔化需要 2min 的时间；如果这个热源只是作用在平面中的一个点上，热量会快速散失掉，钢材表面甚至不能够熔化。通常，能使大多数金属形成熔焊所必需的热源功率密度大约为 $10^3 W/cm^2$。

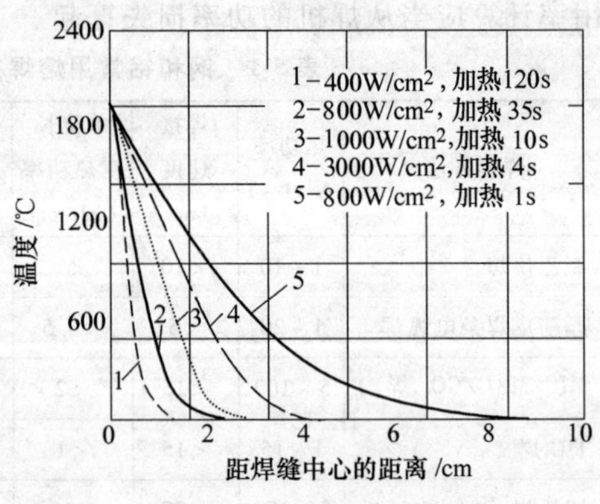

图 5-3　不同强度的热源加热厚钢板时表面的温度分布（钢板初始温度为 25℃）

常规工艺条件下典型的焊接方法与其对应的热源强度如图 5-4 所示。在这个功率密度序列图的右端，热强度在 $10^6 W/cm^2$ 或 $10^7 W/cm^2$ 范围，这样的高能束热源可以在几微秒内就引起大多数金属的气化。在这个功率密度值以上，则所有与热源相互作用的固体材料都会气化，这时将不可能进行熔焊。因此，所有给定的熔焊方法的热源功率密度都是位于大约 $10^3 W/cm^2$ 和 $10^6 W/cm^2$ 之间。

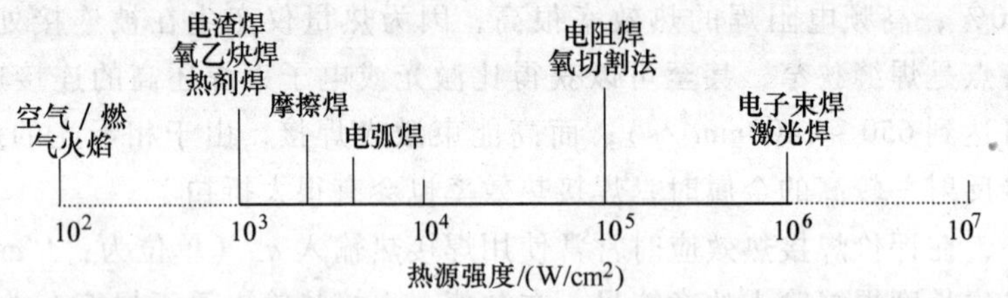

图 5-4　典型熔焊方法与热源强度

由图 5-3 中数据还可知道，功率密度与热源-材料间相互作用时间呈反比关系。因为这是一个瞬时热传导问题。由 Einstein 方程得知，热流由钢材表面向内传导的深度 x 与热源作用时间 t 的平方根成正比，即：

$$x \propto \sqrt{\alpha t} \tag{5-9}$$

式中　x——热量传入固体的距离（cm）；

α——固体的热扩散率（cm^2/s）；

t——时间（s）

对应于图 5-3，平面热源加热钢材表面并使其熔化所需要的时间 t（s），可由下式给出：

$$t_m = (5000/H.I.)^2 \tag{5-10}$$

式中　t_m——表面熔化所需的时间（s）；

H. I. ——传入钢材的净热强度（W/cm^2）。

用式（5-10）可粗略计算加热钢材（基于钢的热扩散率）时其表面熔化所需要的时间。如果材料的热扩散率很高或使用局部点热源而不是平面热源，将会增加表面熔化所需的时间，增加的时间可以是钢材所需时间的 2～5 倍。另一方面，材料越薄，则加热的速度越快。

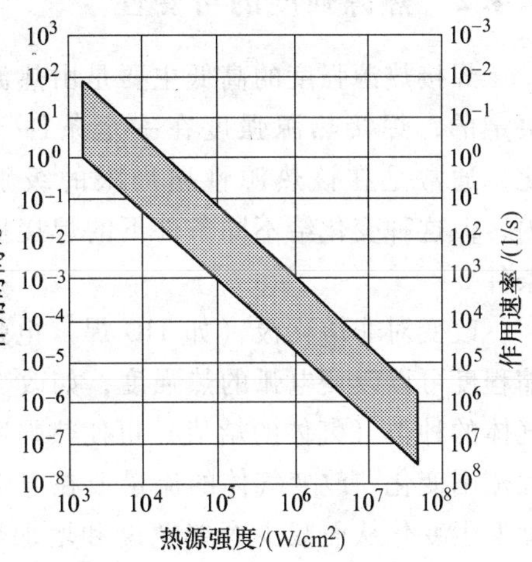

图 5-5　热源强度与钢材的作用时间

如果将材料熔化所需的时间 t_m 作为一特征值，可以得到图 5-5。氧乙炔和电渣焊的热源功率密度大约为 $10^3 W/cm^2$，熔化钢所需的作用时间 t_m 为 25s；而激光和电子束在功率密度为 $10^6 W/cm^2$ 时，t_m 仅为 25μs。如果将作用时间换成热源直径 d_H，就可以获得各种焊接方法的最大焊接速度 V_{max}，如图 5-6 所示。因为热强度与加热半径的平方成反比，所以，在热源功率不变情况下，功率密度的增加使得加热尺寸急剧降低。

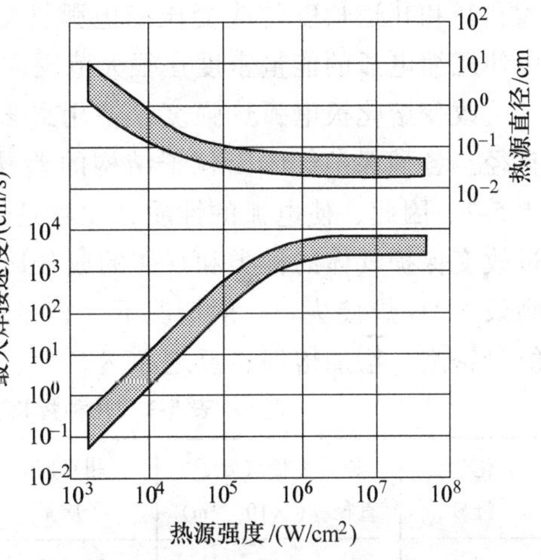

图 5-6　热源强度与焊接的最大速度

相对于热源功率密度的另一个重要的参数是热影响区（HAZ）宽度。这是焊缝金属邻近的区域，该区域虽然并不熔化，但其组织和性能在焊接热的作用下会出现很大的变化，对焊接接头的性能产生强烈的影响。使用前面所述的 Einstein 方程和热源-工件作用时间以及材料的热扩散率，我们能够估算出热影响区的宽度。图 5-7 所示是热影响区宽度变化的结果。功率密度在 $10^4 W/cm^2$ 以上时，热影响区宽度基本上是常数。在低能密度焊接时，热影响区宽度是由热源-工件作用时间控制的，而在高能密度焊接时，它与热源-工件作用时间无关。高能密度焊接时，HAZ 宽度是在熔化热源远离焊缝金属后的冷却过程中加宽的。在这种情况下，HAZ 宽度与熔化区宽度成正比。

热强度也控制着焊接熔池的深宽比（焊缝成形系数），深宽比可由低能密度焊接法的 0.1 到高能束焊接法的 10 或更高。

5.4.2　热源强度的可变性

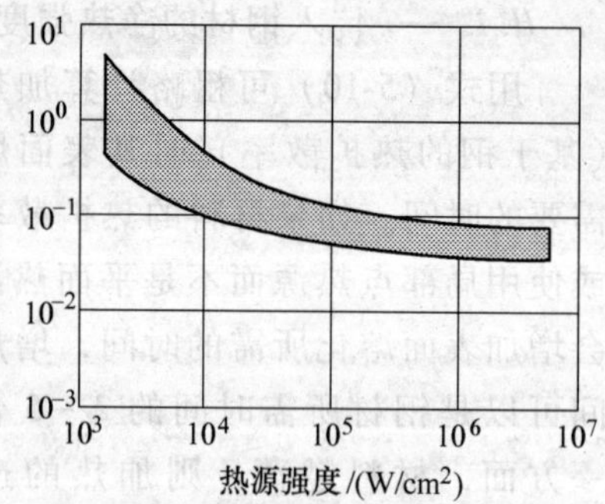

图 5-7　热源强度与热影响区的宽度

焊接热源强度的高低主要是由热源性质决定的，焊接热源强度在一定条件下的变化，通常是在该热源性质局限的级别范围内，但这种变化给不同条件下的焊接提供了条件。

改变对非熔化极（如 TIG 焊）电弧的压缩程度可以改变电弧的热强度，如改变保护气体的种类（气体的焓值）可使热强度在较大范围变化，改变气体的流量或在电弧中添加活性元素（如硫等）也能使热强度发生变化从而减少焊缝宽度和增加熔深，而用水冷喷嘴拘束电弧，将自由电弧压缩成高温、高电离度及高能量密度的电弧，则使 TIG 焊接法成为仅次于激光、电子束的高能束焊接法——等离子弧焊接法（PAW）。变更等离子弧枪体喷嘴孔径和孔道长度是改变压缩电弧性能最重要的手段，配合不同的电弧功率可以使压缩电弧的能量密度在很大范围内变化。

改变熔化极电弧热强度，使用最多的方法是变化保护气体的种类和焊丝的直径。各种保护气体因粒子结构的差异，其热物理性质也在很大范围内变化见表 5-2。因此，使电弧的性质，尤其是热强度显著不同，对电弧的贡献不同。通过改变保护气体的种类和气体的成分比（通常使用体积分数），形成了现代多种高效 MAG 焊接法。一般情况下，直径小、电离能高或双原子气体可以提高电弧能量密度，增加熔深；反之亦然。

表 5-2　几种焊接常用气体粒子的特性

化学符号	原子半径或分子直径/（$\times10^{-10}$m）	相对原子质量	电离电压/V	分子解离能/eV	热导率/[W/(cm·K)]
Ar	0.88	39.948	15.7	—	0.0001772
He	0.49	4.002602	24.5	—	0.00152
H	1.00794	1.00794	13.5	—	0.001815
H_2	—	2.01588	15.4	4.4	—
N	0.75	14.00674	14.5	—	0.0002598
N_2	—	28.01348	15.5	9.1	—
O	0.65	15.9994	13.5	—	0.0002674
O_2	—	31.9988	12.2	5.1	—
CO_2	—	44.0098	13.7	5.5	—

改变气焊/气割枪的喷嘴/割嘴（主要改变了孔径的尺寸）可以获得不同热强度的焰流以适应不同板厚的焊接/切割。

除了上述的常规方法以外，在一些特殊条件下也能改变热源强度，如使用高气压环境、水压缩以及电磁场作用提高电弧的热强度。这方面的研究成果不多，有待于进一步开发利用。

5.5　焊接工艺参数对电弧焊焊缝成形的影响

5.5.1　电弧焊的主要焊接参数

焊接工艺参数是影响焊接质量、效率的主要因素，在所有焊接方法中，电弧焊工艺参数对焊缝成形的影响规律最具代表性。

电弧焊的焊接工艺参数可以分成：焊接参数和工艺因数，不同的焊接工艺参数对焊缝成形的影响也不同。对焊接质量影响较大的焊接工艺参数（焊接电流 I、电弧电压 U、焊接速度 v、热输入等）称为焊接参数，其影响如图 5-8 所示。其他工艺参数（焊丝直径、电流种类与极性、电极和焊件倾角、保护气等）称为工艺因数。此外，焊件的结构因数（坡口形状、间隙、焊件厚度等）也会对焊缝成形造成一定的影响。

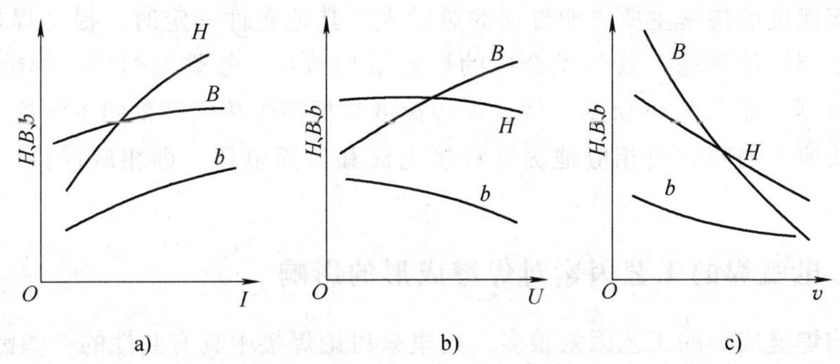

图 5-8　焊接参数对焊缝熔深 H、焊缝宽度 B 和余高 b 的影响

a）焊接电流的影响　b）电弧电压的影响　c）焊接速度的影响

1. 焊接电流

焊接电流主要影响焊缝熔深。其他条件一定时，随着电流的增大，电弧力和电弧对焊件的热输入及焊丝的熔化量（熔化极电弧焊）增大。焊缝熔深和余高增加，而焊缝宽度几乎不变，焊缝成形系数减小，如图 5-8a 所示。表 5-3 列出了主要电弧焊方法的熔深系数的范围。

表 5-3 常用电弧焊方法的熔深系数

电弧焊方法	焊件材料	焊丝或电极直径/mm	焊接电流/A	电弧电压/V	焊接速度[①]/(m/h)	熔深系数/(mm/100A)
埋弧焊	钢	2	200~700	32~40	15~100	1.0~1.7
		5	450~1200	34~44	30~60	0.7~1.3
TIG 焊	钢	3.2	100~350	10~16	6~18	0.8~1.8
	铝	2~5	100~300	8~15	5~12	
MIG 焊	钢	1.2~24	210~550	24~42	40~120	1.5~1.8
	铝	2~4	140~550	26~42	20~50	
CO_2 气体保护电弧焊	钢	2~4	500~900	35~45	40~80	1.1~1.6
		0.8~1.6	70~300	16~23	30~150	0.8~1.2
等离子弧焊	钢	1.6[②]	50~100	20~26	10~60	1.2~2.0
		3.4[②]	220~300	28~36	18~30	1.5~2.4

① 焊接速度与板厚关系较大，供参考。

② 指喷嘴孔径。

2. 电弧电压

电弧电压主要影响焊缝宽度。其他条件一定时，随着电弧电压的增大，焊缝宽度显著增加，而焊缝熔深和余高略有减小，如图 5-8b 所示。

3. 焊接速度

焊接速度的快慢主要影响母材的热输入。其他条件一定时，提高焊接速度，单位长度焊缝的热输入及焊丝金属的熔敷量均减小，故焊缝熔深、焊缝宽度和余高都减小，如图 5-8c 所示。增大焊接速度是提高焊接生产率的主要途径之一，提高焊接速度的同时要相应地提高焊接电流和电弧电压，即相应保持一定的焊接热输入。

5.5.2 电弧焊的工艺因素对焊缝成形的影响

影响焊缝成形的工艺因素很多，这里只讨论焊接中具有共性的一些因数。

1. 电流种类和极性

电流种类和极性对焊缝形状的影响与焊接方法有关。直流熔化极气体保护焊和埋弧焊采用直流反接时，焊件（阴极）产生热量较多，焊缝熔深、焊缝宽度都比直流正接大：交流焊接时，焊缝厚度、焊缝宽度介于直流正接与直流反接之间。

在钨极氩弧焊或酸性焊条电弧焊中，直流反接焊缝熔深小；直流正接焊缝熔深大；交流焊接介于上述两者之间。

2. 焊丝直径和伸出长度

在焊接电流、电弧电压给定时，焊丝直径越细，电流密度越大，对焊件加热越集中；同时电磁收缩力增大，焊丝熔化量增多，使得焊缝熔深、余高均增大。

焊丝杆伸长度（导电嘴端面到焊丝前端的弧根距离）增加，电阻值增大，电阻热增加，焊丝熔化速度加快，余高增加，焊缝熔深略有减小。焊丝材料的电阻率越高，直径越细，杆伸长度越长，这种影响就越大。

3. 电极倾角

电弧焊时，根据电极倾斜方向和焊接方向的关系，分为电极前倾和电极后倾两种，如图 5-9a、b 所示。平焊时，电极前倾时，焊缝宽度增加，焊缝厚度、余高均减小。前倾角越小，这种现象越突出，如图 5-9c 所示。电极后倾时，情况刚好相反。焊条电弧焊和半自动气体保护焊时，通常采用电极前倾法，倾角在 65° ~ 80°之间较合适；单丝埋弧焊、MIG/MAG 自动焊一般使用与地面垂直的 90°。

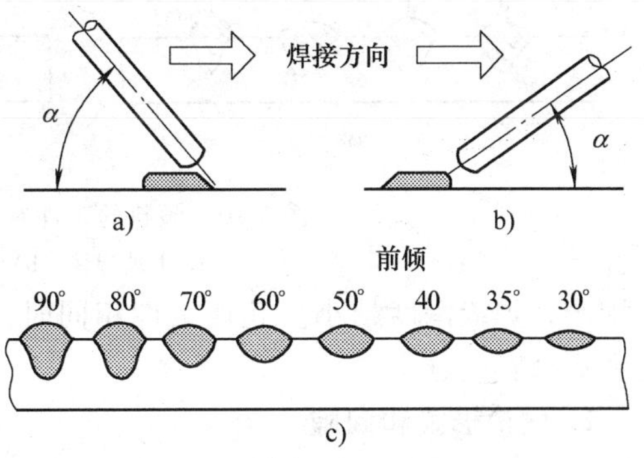

图 5-9 电极倾角对焊缝成形的影响

a）电极后倾 b）电极前倾 c）电极前倾角的影响

4. 焊件倾角

实际焊接时，有时因焊接结构等条件的限定，焊缝与水平面有一定的倾斜，重力作用会使熔池中的液态金属有向下流动的趋势，不同的焊接方向将产生不同的影响。下坡焊时，重力作用阻止熔池金属流向熔池尾部，电弧下方液态金属变厚，电弧对熔池底部金属的加热作用减弱，熔深变浅，焊缝表面平缓，余高减小，焊缝宽度增大。上坡焊时，熔池金属在重力及电弧力的作用下流向熔池尾部，电弧正下方液体金属层变薄，电弧对熔池底部金属的加热作用增强，因而焊缝熔深和余高均增大，焊缝宽度减小。图 5-10 为埋弧焊在倾斜工件上焊缝成形的示意图。

5.5.3 焊件的结构因数

焊件的结构因数通常是指焊件的材料和厚度、焊件的坡口形式和坡口间隙等。在一定条件下，焊件的结构因数也会对焊缝成形造成影响。

1. 焊件材料和厚度

不同的母材具有不相同的热物理性能。相同焊接条件下，导温系数、热容量高的材料熔化同体积金属所需热量多，在热输入一定时，它的焊缝熔深和焊缝宽度就小。焊件材料的密度或液态粘度越大，则电弧对熔池液态金属的排开

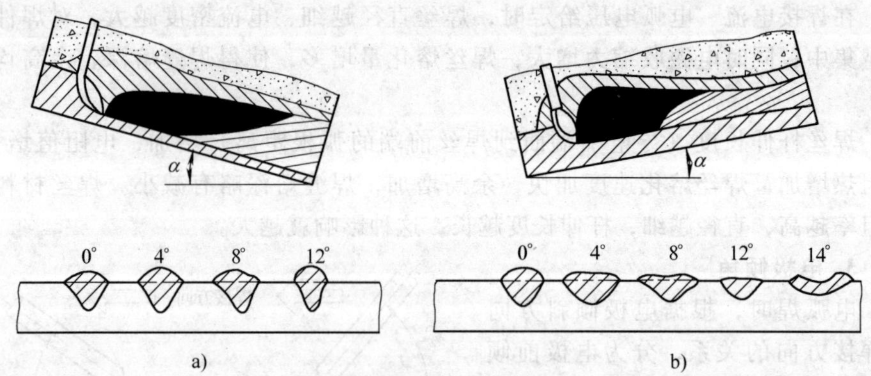

图 5-10　倾斜的工件对焊缝成形的影响
a）上坡焊接　b）下坡焊接

越困难，焊缝深度越小。其他条件相同时，焊件厚度越大，散热越多，焊缝厚度和焊缝宽度越小。

2. 坡口形式和间隙

工件是否要开坡口，是否要留间隙及留多大尺寸的间隙，均应视具体情况确定。开坡口的主要目的是为了焊透。若某种焊接方法不开坡口就可以焊透，当然不用开坡口。如采用对接形式焊接薄板时，通常不预留间隙，一般也不需要开坡口；但板厚较大时，为了焊透焊件需留一定间隙或同时开坡口，此时余高和焊缝的熔合比随坡口或间隙尺寸的增大而减小，如图 5-11 所示。要注意的是，坡口和间隙会影响到焊缝的熔合比 $A_m/(A_m+A_d)$，即影响焊缝最终的化学成分和性能。因此，焊接时也时常采用开坡口来控制余高和熔合比。对于较厚的焊件，如 20mm 以上，开坡口的形式对焊接材料和能量的消耗以及焊接效率都有重大的影响。为了减少成本和提高效率，除了采用高效焊接方法以外，配合使用合理的坡口形式和尺寸是最有效的方法之一。

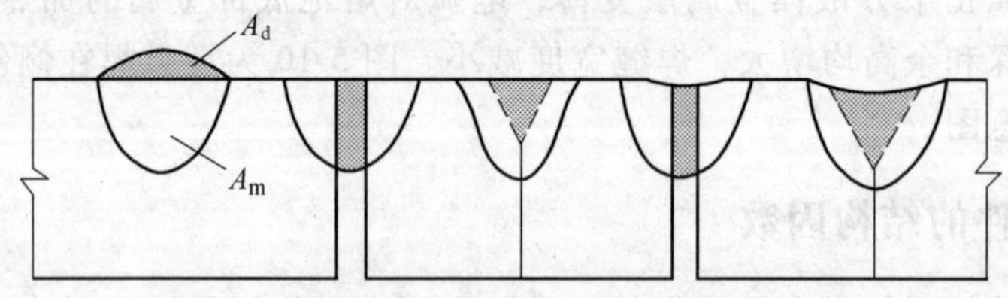

图 5-11　工件的坡口和间隙对焊缝成形的影响

图 5-12 是不同板厚与焊接材料消耗之间的关系，同时给出了坡口的基本参数。图中坡口样图和尺寸对将适应不同的焊接方法和工艺工序。V 形、X 形坡口角度常用为 60°，适用于各种电弧焊，而 U 形坡口 1°～8°的角度通常适用于各种窄间隙焊接法。激光、电子束焊接通常不开坡口，也不留间隙，但是要求接缝

端边有很高的加工和装配精度，因为两种焊接方法所获得的焊缝很窄。

影响焊缝成形的因素很多，要想获得良好的焊缝成形，需根据焊件的材料和厚度、焊缝的空间位置、接头形式、工作条件、对接头性能和焊缝尺寸要求等，选择合适的焊接方法和焊接工艺参数，否则就可能造成焊缝的成形缺陷。

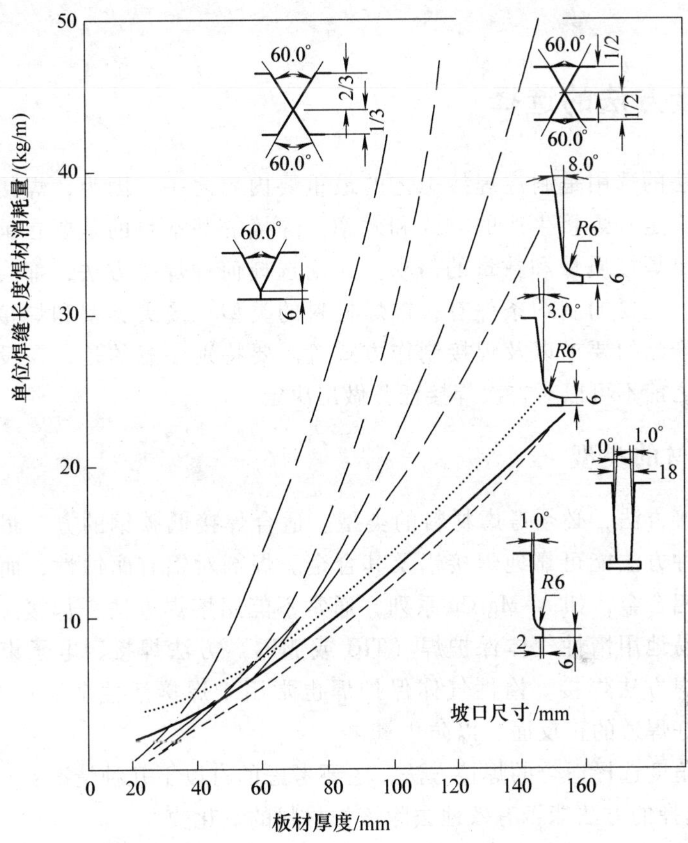

图 5-12　板材厚度变化与焊接材料消耗量的关系

第6章 焊接方法

6.1 焊接方法的选择

焊接方法的选用是制定焊接工艺的最重要内容之一。因为，焊接方法的正确与否往往决定着焊接生产的方式和效率。焊接的基本目的是要在最低制作成本条件下满足焊接质量和数量的需求。无论选择何种焊接方法，都会受到某些条件的制约。主要的制约条件有：被焊材料的类型、接头类型和焊接位置、材料的厚度、产品的要求以及焊接制作方式等。要特别注意的是，在没有仔细分析所有因素之前不可以对首次焊接任务做出决定。

6.1.1 母材的类型

选择焊接方法，必须考虑材料的类型。适合焊接低碳钢的方法最多，但是只有少数几种方法能可靠地焊接铝及其合金。焊剂对铝有腐蚀性，而一些可热处理的高强铝合金，如 Al-Mg-Cu 系列，通常不能用熔焊方法来焊接。一般铝合金可以很容易地用惰性气体保护焊（TIG 或 MIG）方法焊接、电子束焊接法以及搅拌摩擦焊方法焊接。惰性气体保护焊也常用于焊接活性金属钛及其合金，但需要保护好焊道的正反面，以防止氧化。

从材料角度选择适合的焊接方法，主要考虑的有以下几种情况：

1）所选择的方法能否有效地去除该类材料的氧化膜。

2）焊缝金属能否得到很好的保护。

3）残留焊剂问题：残留的焊剂如不清理干净，会腐蚀金属，给产品质量带来隐患。

4）焊接金属是否需要特殊的工艺来避免接头裂纹。

5）所选用的焊接方法有无合适的焊接消耗材料。

6）该方法完成的接头是否有可以接受的力学性能，即能否通过必要的检验。

7）考虑材料的物理特殊性，如导热性等。

6.1.2 母材的厚度

材料厚度是要考虑的最重要因素之一，很明显，薄板金属不能使用电渣焊来焊接，但可以用接触电阻焊、TIG 焊、CO_2 气体保护焊等方法焊接。50mm 或更厚的金属，不能用接触电阻焊，但可用电渣焊或埋弧焊来焊接，高效率的各种窄间隙焊接法可作为首选。对特定的焊接方法而言，金属厚度的增加，焊接难度有增加的趋势。图 6-1 为各种焊接方法适合于焊接的正常厚度范围，其中虚线表示用多道或多道多层焊接工艺。

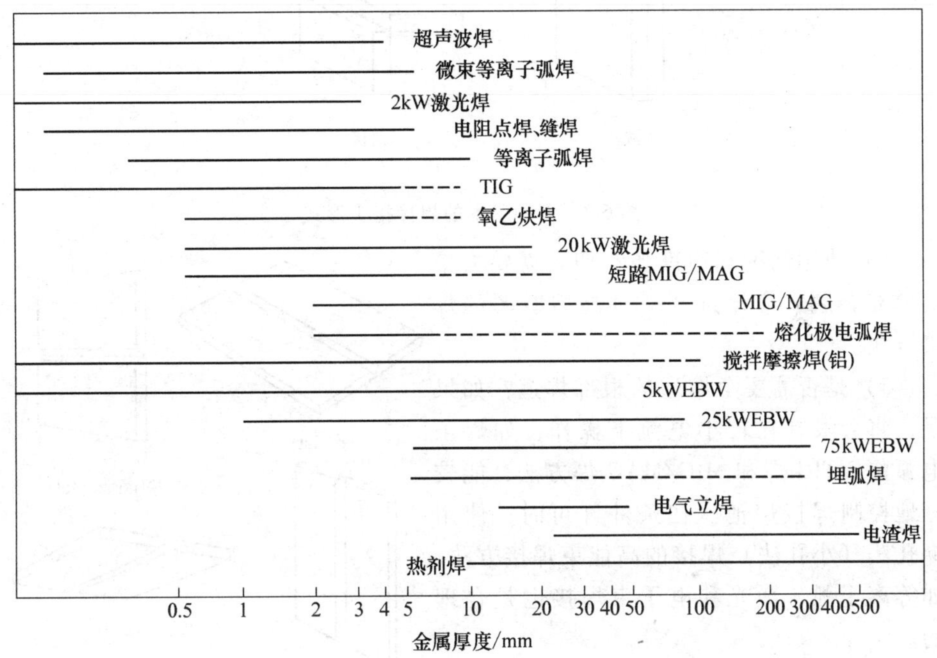

图 6-1　各种焊接方法可焊接的厚度范围（对数坐标）

6.1.3　接头类型和焊接位置

接头的类型或形状是另一个限制选择焊接方法的因素。自从发明了搅拌摩擦焊法，各种以前无法使用摩擦焊的接头形式现在可以焊得很好。

TIG 焊与埋弧焊都是能够获得高质量焊缝的方法，前者的焊枪紧凑，尺寸小，可以灵活使用在各种接头和位置；后者机头较笨重，受到许多限制，尤其受焊接位置的限制。平缝位置（如船形焊缝）是普通焊接方法最理想的角接位置。选择焊接方法重点应注意的问题有：

1）所需接头（如图 6-2）是对接还是角接？

2）焊接位置（如图 6-3）如何？立焊（除气电立焊外）、仰焊位置较少适用机械化焊接，有许多焊条是专门用于这些位置的。

3）焊条、焊枪和焊头是否容易选购到？

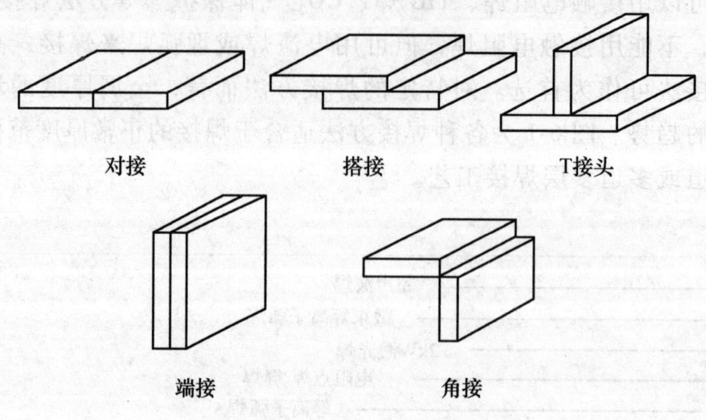

图 6-2　五种基本的焊接接头形式

4）使用何种端边准备？如果需要大量的填充金属，应该选择一种高熔敷率的焊接方法。

5）是否需要全熔透的根部焊道？如果是，将会限制在较小电流下操作，如焊条电弧焊、TIG 焊和 MIG/MAG 焊方法，能较好地控制焊接熔池。在条件许可时，使用穿孔法（小孔法）焊接的高能束焊接方法，如等离子弧、激光和电子束焊接也是合理的。

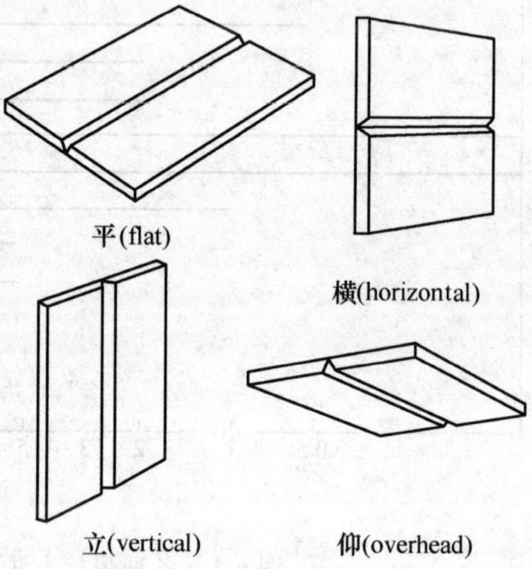

平(flat)　横(horizontal)　立(vertical)　仰(overhead)

图 6-3　四种基本的焊接位置

6.1.4　产品的类型和焊接条件

焊件（或称焊接产品）一般可分为结构件、工程部件及半成品：结构件是指那些因为形状或尺寸的原因而必须到现场进行焊接的焊件，像船舶、桥梁、离岸工程（即海上工程，如钻井平台）、大型起重机及化工设备等；工程部件一般是指主要用焊接方法加工的机械部件，如阀体、液压缸、小型高压容器、汽车主梁、传动部件等；半成品可认为是由固定设备或生产线连续生产出来的构件，如焊接的型钢、缝焊的管材等。

因为结构件的现场焊接，一般包括很大比例的手工、半自动或自动焊接。其焊接方法的选择主要受安装条件的限制。可用于工程部件焊接的方法通常比较多，较特殊的焊接方法如电子束、固相焊、摩擦焊和扩散焊等也可以选用。半成品或焊缝规则的产品一定要选用高效的焊接方法，如高频焊管、三电极 TIG 焊接不锈钢管等。

6.1.5　焊接的方式

在实际焊接工程上常将焊接分成手工焊接、半自动焊接和自动焊接三种工作方式。如此划分的主要依据是，在实施焊接的过程中需要手工操作的程度如何。通常，可将实际的焊接操作分为三项主要工作：

1）控制焊接参数，电弧焊时特别是控制弧长、焊条或焊丝的送进速度。

2）进行焊条、焊炬或焊接机头沿焊接方向的导向和移动。

3）将工件运送到位以及焊后的取出。

一般认为：手工焊接是在焊接过程中的焊接参数（弧长、焊条或焊丝的送进速度和时间）始终由操作者控制，而且焊接工具也由操作者手工控制；半自动焊接是在焊接过程中的焊接参数由焊接设备自动控制，而对焊条、焊炬或焊接机头沿焊缝方向的导向和移动由手工完成；自动焊接至少上述操作中的1）和2）必须由焊机来执行。

有些国家（如德国）将焊接方式按移动类型（如焊枪与工件的相对运动、辅助材料的进给和工件的搬运方式）分成手工焊接、半机械化焊接、全机械化焊接和全自动化焊接四种。表 6-1 是将气体保护焊方法按照手工参与的多少而分类，如此分类可以更准确地描述焊接过程的完成方式，为选择焊接方式提供依据。

无论采用哪种分类法，选择哪一种焊接方式，都要考虑实际产品的结构形式以及产品数量、质量要求和企业的能力等。因为，实际的焊接产品往往具有几种类型的焊缝，所以在常见的焊接生产中，综合使用几种焊接方式为最多，如现代化的汽车焊接生产线制作的卡车驾驶室，其自动焊的焊缝数量约占全部焊缝的 36%。在考虑采用昂贵的全自动化焊接设备时，还应考虑为适应将来新产品、新工艺，预选设备应具有一定的升级能力。

表 6-1　焊接工艺的机械化程度分类表

术语符号	气体保护电弧焊		移动类型		
	钨极氩弧焊	熔化极氩弧焊	焊枪与工件的相对移动	辅助进给	工件移动类型
手动焊接	m–TIG	—	手动方式	手动方式	手动方式
半机械化焊接	t–TIG	t–MIG	手动方式	机械方式	手动方式

（续）

术语符号	气体保护电弧焊		移动类型		
	钨极氩弧焊	熔化极氩弧焊	焊枪与工件的相对移动	辅助进给	工件移动类型
全机械化焊接	v-TIG	v-MIG	机械方式	机械方式	手动方式
全自动化焊接	a-TIG	a-MIG	机械方式	机械方式	机械方式

6.1.6 焊接设备的选用原则和程序

1. 焊接设备的选用原则

选择焊接设备时，包括选择焊接设备的种类、品种、额定功率、型号、负载持续率、焊接设备的数量等。无论是电阻焊、电弧焊还是其他类型的焊接设备，在选用时都应遵循下列原则：

（1）安全性　所有在工业生产中使用的电阻焊设备和电弧焊设备，都必须完全符合相应国家的标准和行业标准中有关安全技术的规定。所选购的焊接设备必须通过国家对低压电器的强制性“CCC”认证。

（2）经济性　所谓经济性决不意味着选购低价的焊接设备。应将经济性理解为一种综合性的指标，这里首先应考虑设备的性－价比，如果要在技术特性、设备质量与价格之间作出选择时，首先应服从于前者，其次还应考虑设备的可靠性、使用寿命和可维修性。表6-2列出了不同焊接方法所使用设备的大致相对成本。表6-3列出了常规电弧焊接方法所用设备的功率因素。

表6-2　典型焊接设备的大致相对成本

焊接方法	设备价格①	使用方法②	所采用的消耗材料③
焊条电弧焊	1	M	E
焊条电弧焊（移动式发电机）	3	M	E
埋弧焊	10	A	F，W
电渣焊（焊丝型）	20 +	A	F、W
电渣焊（熔嘴型）	4	A	F、W、熔嘴
TIG（直流）	1.5	M、A	G，（W ±）
TIG（交流）	2 +	M、A	G，（W ±）

（续）

焊接方法	设备价格①	使用方法②	所采用的消耗材料③
TIG（脉冲）	6~10	A	G，（W-）
微束等离子弧焊	2+	M、A	G，（W-）
MIG/MAG	1.5~5	SA、A	G，W
电阻点焊和缝焊	1.5~15	A	无
闪光焊	4~50	A	无
氧燃气焊	0.2	M、A	G，（W±）（F±）
热剂焊	0.2+	A	模型，专用焊粉
电子束焊	10~150	A	无
摩擦焊	4~100	A	无
扩散焊	10+	A	无

① 包括工夹具的设备的大约成本，焊条电弧焊=1。

② M—手工的；SA—半自动的；A—自动的。

③ 所采用的焊剂、焊丝、焊条或气体分别用F、W、E或G代表；（W±）—用或不用填充焊丝；（W-）—通常不用填充焊丝；其余的消耗品见表中文字说明。

表6-3 常用电弧焊方法焊机功率因素

电弧焊方法	功率因素	电弧焊方法	功率因素
直流焊条电弧焊	0.75~0.85	CO_2气体保护电弧焊	0.75~0.90
交流焊条电弧焊	0.65~0.75	钨极氩弧焊	0.65~0.75
埋弧焊	0.80~0.90	熔化极氩弧焊	0.70~0.80

（3）先进性　选购技术先进、自动化程度高的焊接设备，不仅可提高焊接生产率，改善焊接质量，而且可降低生产成本，产生相当高的经济效益。

（4）适用性　应从焊接工程生产实际的需要和施工条件出发，按对焊接接头的质量要求、拟采用的焊接方法和焊接工艺合理选用焊接设备，使其在生产中充分发挥应有的效能。

2. 焊接设备的选用程序

除了考虑上述四个原则以外，焊接工程的类型、规模、生产条件等是影响选用焊接设备的重要因素。通常可以按下列程序进行：

1）按照焊接工程技术方案中规定的焊接方法和焊接工艺，选定焊接设备的种类。

2）按被焊材料的种类、规格和焊件的外形，选定焊机的品种和额定功率。

3）按生产现场的施工条件、供电状况，选定焊接设备的型号和负载持续率。

4）按照生产任务（或生产纲领），确定所需焊接设备的台数和规格。

5）按照对焊件的质量要求，以及生产计划所规定的生产效率，确定对所选焊接设备的技术特性要求。

6.1.7　坡口的选择

坡口是形成接头的基本结构因素，它的设计或选择对焊接过程和质量效率有着重要作用。选择设计坡口的要点是根据焊接方法和板材（或型材）的厚度来确定坡口的形式和尺寸。应注意的是，I形坡口是指焊缝焊接前端边呈直角或通常所说的不开坡口。对于薄板焊接，虽然利用热源的熔深能力就可实现熔透，但并不意味着这样的坡口就可以随意加工，尤其是在使用高速焊接法如激光焊接时，I形坡口的装配精度必须很高。如1mm板厚的汽车侧壁和顶棚的接缝（b），在激光聚焦尺寸为0.3～1.0mm时，典型的焊缝宽度为1mm左右，焊缝宽度+HAZ宽度共2mm左右，接缝间隙一定要控制在$b \leqslant 0.15$mm。这个事实足可以说明焊接方法决定着坡口尺寸，同时决定着坡口的装配精度。

一般情况下，坡口选择应考虑以下原则：

（1）保证焊接质量　满足焊接质量要求是选择和设计坡口形式和尺寸首先需要考虑的原则，也是选择设计坡口的最基本要求，应根据焊接方法和材料厚度按照相关标准设计和加工坡口。

（2）便于焊接施工　对于不能翻转或内径较小的容器，为避免大量的仰焊工作和便于采用单面焊双面成形的工艺方法，宜采用V形或U形坡口。

（3）坡口加工简单　由于V形坡口是加工最简单的一种，因此，能采用V形坡口或X坡口（双V形），就不宜采用U形或双U形等加工工艺较复杂的坡口类型。

（4）坡口的截面积尽可能小　坡口的截面积将决定焊缝的截面积，最小的坡口的截面积可以降低焊接材料的消耗，减少焊接工作量和节省能源，如图5-12所示。

（5）便于控制焊接变形　小的坡口的断面积也可以减少焊接变形，提高构件的质量和生产效率，不适当的坡口形式容易产生较大的焊接变形。

6.2　先进的焊接方法

6.2.1　搅拌摩擦焊

搅拌摩擦焊（FSW）是使用带有特殊形状的搅拌针（pin）的搅拌头在一定的旋转压力下进行的固相焊接方法。焊接时，搅拌针在高速旋转中被压入待焊件接缝处，同时，沿着待焊接方向前移，旋转搅拌头的轴肩向待焊件表面施加压力，在搅拌针、轴肩与材料间的摩擦作用下，使待焊材料加热至热塑性状态，同时亦将待焊面的材料搅拌焊接在一起而形成焊缝。FSW 的接头由熔核、热机械影响区（TMAZ）、HAZ 和母材组成，如图 6-4 所示。

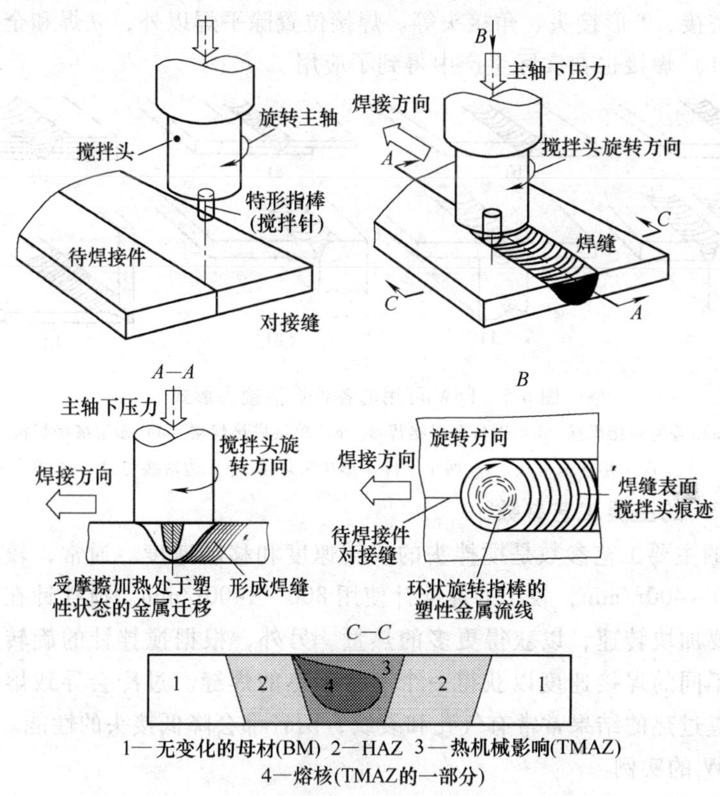

图 6-4　搅拌摩擦焊（FSW）工艺原理图

搅拌摩擦焊的主要特点有：①可焊接不同类型的材料：可焊接的合金范围大，包括先前不可焊或焊接性不好的金属和复合材料；②接头的抗疲劳能力高：其接头的疲劳强度比熔焊高一倍；③各式各样的焊缝：可在全位置上进行焊接并形成直缝或复杂形状的焊缝；④保留材料的特性：使材料的焊接变形减到最小；⑤操作安全：对环境和人身不造成危害，如焊接烟尘、辐射、高电压、液体金属或弧光等；⑥可焊接渐变厚度的接头：可伸缩的搅拌针能维持全过程的熔透（焊透）；⑦节省能量：如焊接铝及其合金，与其他焊接方法相比可以节省 100% ~300% 的能量。

1. 焊接的材料和板厚

搅拌摩擦焊对材料的要求比较宽容，已经证实，该方法几乎可以对所有牌号的铝合金材料进行焊接。目前英国焊接研究所（TWI）已经可以对 50mm 厚的铝合金材料实现单面焊，而对 100mm 厚的铝合金可实现双面对接焊。该法也可以焊接其他金属如铜、钛和钢材。

2. 焊接形式

人们已经开发了多种接头形式，如图 6-5 所示，除平缝对接外，还可焊接多层对接、搭接、T 形接头、角接头等。焊接位置除平焊以外，立焊和全位置（如水平管吊口）焊接也在实际生产中得到了应用。

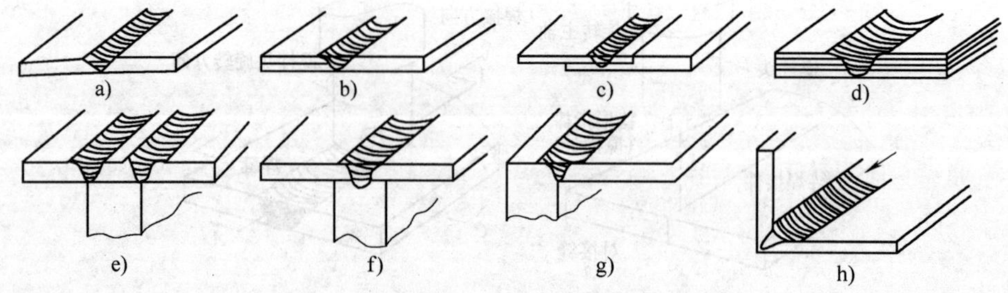

图 6-5 FSW 可用的各种焊接接头形式

a）普通对接焊接 b）对接和搭接焊接 c）单层搭接焊接 d）多层搭接焊接
e）3 个工件 T 形接头焊接 f）两个工件 T 形接头焊接 g）边对接焊接 h）角焊接

3. FSW 的主要工艺参数

FSW 的主要工艺参数是搅拌头的旋转速度和移动速度。通常，较大的搅拌针使用 200 ~ 400r/min，较小的搅拌针使用 800 ~ 1400r/min。搅拌针在开始向下运动时，要加快转速，以获得更多的热量。另外，根据搅拌针的旋转快慢，也可以配合不同的焊接速度以获得一个不冷不热的焊缝。过冷会导致熔合不良的焊缝，焊缝过热的结果常常有气孔和裂纹，两者都会降低接头的性能。

4. FSW 的实例

通常很难用熔焊方法获得良好焊接的高合金成分的铝合金，如 w（Si）= 8% 的铸造铝合金，其凝固组织为富铝树枝晶和固溶铝与几乎是纯硅共晶的混合物，后者以粗大的硅颗粒出现，导致该合金脆性，还有许多气孔。FSW 靠机械搅拌的方式使粗大的晶粒细化并封闭了基体中的气孔，其接头的金相组织如图 6-6 所示。图中母材（BM）有许多缺陷（defects），如气孔等，而搅拌熔核（SN）和机械热作用区（TMAZ）却非常致密，热影响区（HAZ）只是经历了热过程，没有大的形态变化。实验结果表明，FSW 使 w（Si）= 8% 的铸造铝合金的焊接接头有更好的力学性能，见表 6-4。

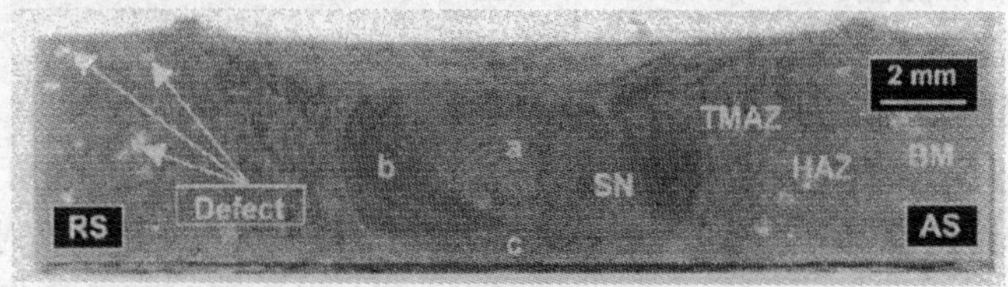

图 6-6 w（Si）= 8% 的铸造铝合金的 FSW 金相组织

表6-4　铸铝 FSW 接头各部位的力学性能

拉伸件取样部位	抗拉强度/MPa	弹性极限/MPa	伸长率（%）	断裂位置
接头	150	85	1.6	BM
焊缝	179	87	5.3	TMAZ
熔核	251	96	14.4	SN

美国的波音公司使用 ESAB 公司开发的搅拌摩擦焊设备焊接宇航火箭（代号 Delta IV）燃料储罐的纵缝，设备设计成垂直焊接方式，罐的内外有适合于结构 FSW 的刚性支承，焊接在罐的外侧进行。设备的核心部件是带有5个双垫板系统的垂直分度夹具。5个控制板用于控制内置横向铣削单元来加工板材端口，分段焊接，并在储罐全部焊完之后，从上到下地将储罐铣削加工到最终的尺寸。焊后的 Delta IV 燃料储罐经波音公司认定，与先前的制造方法相比，其制造费用节省了60%，单个储罐的制造时间由以往的23天减少到6天。

5. 搅拌摩擦焊的设备

搅拌摩擦焊的设备比较简单，只需要提供压紧装置和旋转加移动装置，不需要消耗材料，对焊接坡口也没有特殊要求，是一种对人体比较安全和对环境无危害的焊接装置。

虽然该技术比常规焊接方法更可靠，保持更高的材料性能，但是该方法使用不可分的搅拌头工具有一个突出的缺点，即它在焊接的末端抬起时，会留下一个孔口。当焊接圆柱形焊件，譬如鼓、管子和储存箱时，这是不能接受的。另一个缺点是，当焊接不同厚度的材料时，要求有不同长度搅拌针。为了克服这些缺点，美国航空航天局马歇尔空间飞行中心（Courtesy of NASA Marshall Space Flight Center）的工程师设计了一个由计算机控制的电动机，能自动地将搅拌针缩回到轴肩里，如图6-7所示，防止在焊缝末端产生孔口。这个设计允许搅拌针的角度和长度适应变化的材料厚度，并在焊接的末端留下光滑的封闭孔。

图6-7　可伸缩式 FSW 搅拌头

目前，重大的进展是开发出了 FSW 五轴台架式通用焊接机，可以在2.5m×3m×8m 操作空间内具有158kN 推力的 FSW 机。其中主要的装置是可伸缩搅拌针的搅拌头，能够焊接操作空间内的全部路径，开发的目的，特别适应于焊接流线形的飞行器外壳。该机的搅拌头的倾斜伺服系统，允许搅拌针为适应工件形状而满足路径相切和焊接全路径的控制要求。为解决高温材料的焊接问题，利用激光或高能红外加热与 FSW 一体化焊接工艺正在研发中。

搅拌针是该焊接方法的关键零件，要求用耐高温、耐磨损的特殊材料制造并具有特殊的形状。搅拌摩擦焊工具材料的开发，譬如钨、铼合金和多晶立方氮化硼（PCBN）等，使得 FSW 工艺加宽了应用范围，包括焊接普通钢、不锈钢和镍基合金。工具材料是制约 FSW 发展的主要障碍。用于焊接铝合金和轻金属的搅拌头材料是比较容易解决的。

6.2.2 A-TIG 焊接方法

活性化焊剂 TIG 焊（A-TIG），又称助焊剂 TIG 焊，英文名称为 Activating flux TIG 。这一技术最早是在 20 世纪 60 年代由前苏联巴顿焊接研究所开发的，主要用于航空、航天、能源和化工工业。适用的材料由最初的钛合金已扩展到不锈钢、碳钢和高温合金材料等。

A-TIG 焊接法的实质是在被焊工件的表面涂上一层很薄的活性化焊剂，这种活性化焊剂在焊接时能引起电弧的收缩或使熔池的流动模式发生变化，从而大幅度地增加熔池的深度。一般来说，A-TIG 焊接法的熔深比常规 TIG 焊缝增加 1 ~3 倍如图 6-8 所示。对不锈钢来说，板厚 12mm 以内不需开坡口，可一次完成单面焊双面成形，焊缝外观良好，焊后仅需将表面的熔渣刷洗干净，不会对焊缝造成污染。采用 A-TIG 焊技术，对薄板可减少焊接热输入，减小焊接变形；对中厚板可一次焊接成形或双面焊接减少焊道层数。

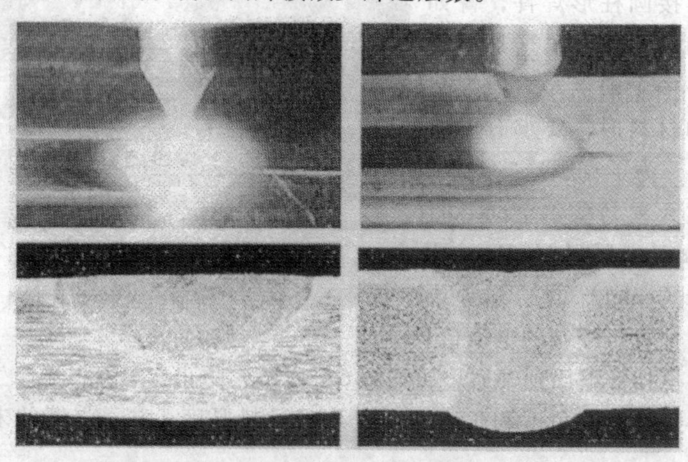

图 6-8 A-TIG 和 TIG 焊接电弧的焊缝熔深对比

使用 A-TIG 焊的最初目的是为了消除钛合金焊缝中的气孔，后来通过调节活性化焊剂的成分，也可以有效地改善焊缝的组织和性能，如降低焊缝中的含氧量等。总的说来，使用活性剂对焊缝的化学成分、接头金相组织和力学性能影响不大。

关于A-TIG焊的作用机理，多数研究者的研究结论是电弧收缩理论。该理论认为：活性化焊剂在电弧的高温下蒸发，并与电弧中的电子结合形成负离子，导致电场强度减小，结果造成电弧收缩；同时电弧电压增加，能量密度加大，熔化母材的热量也增多，使焊缝熔深增加。

除电弧收缩理论外，还有表面张力理论和“阳极斑点”等理论。如表面张力理论认为：表面张力及其与温度的关系是流体主要流动模式的决定性驱动力；如果表面张力σ随温度T增加而减小（$d\sigma/dT$为负），将在表面产生向外的流动，主要形成水平方向的传输热量，可获得宽而浅的焊接熔池，如图6-9b所示；如果表面张力σ随温度T增加而增加（$d\sigma/dT$为正），则在表面产生向内的流动，主要产生向下的垂直方向的热量传输，能获得深而窄的焊接熔池，如图6-9d所示。而某些“表面活性元素”（即在液体金属中优先偏聚于表面的元素）能增强焊缝熔深并使其变窄的行为，如钢中的硫、氧和铝即属于这类元素，A-TIG焊的作用机理正是利用了这一效应而获得深而窄的焊缝。

活性剂主要由SiO_2、TiO_2、Cr_2O_3、Al_2O_3以及NaF等粉末状化合物组成，按一定配方混合后，加入丙酮等挥发性物质，搅拌成糊状，涂到接头表面。涂层厚度大约为0.12～0.15mm，宽度比焊缝略宽。可用刷子涂刷，也可喷涂到母材表面。目前国内外正在进行A-TIG焊的机理、活性剂的作用以及适合于不同材料配方等方面的研究。

6.2.3 变极性等离子弧焊接

变极性等离子弧焊接简称VPPAW（Variable Polarity Plasma Arc Welding）。使用特殊设计的焊接电源和控制系统，通过极性的可控变换，可以获得正接时间较长，反接时间较短且电流值分别可调的电流波形。在工件接电源正极的时段中，焊枪可以有效地加热工件，此时钨极不会发生过热；而在工件接电源负极的时段内，则可以利用“阴极雾化”作用清理焊接区的氧化物。通过控制正、反极性时的电流大小以及变换频率，还可以调节熔透情况和阴极雾化清理的强度。图6-10a表示了一个变极性等离子弧焊接现场的情形。

在研究阴极清理作用的影响因素时，发现工件接负极时段内电流大小的影响远大于时段长短的影响，此时段内的电流越大，阴极清理的效果越好；而延长此时段的时间，阴极清理宽度的增加则很有限。图6-10b表示了使用该法焊接铝合金时的电流波形，由图中可见，当工件为负时采用短时间、大电流；电极为负时则用长时间、较小电流。该方法很好地解决了焊接铝及铝合金时清除氧化膜和防止电极烧损之间的矛盾，实现了稳定的连续焊接。

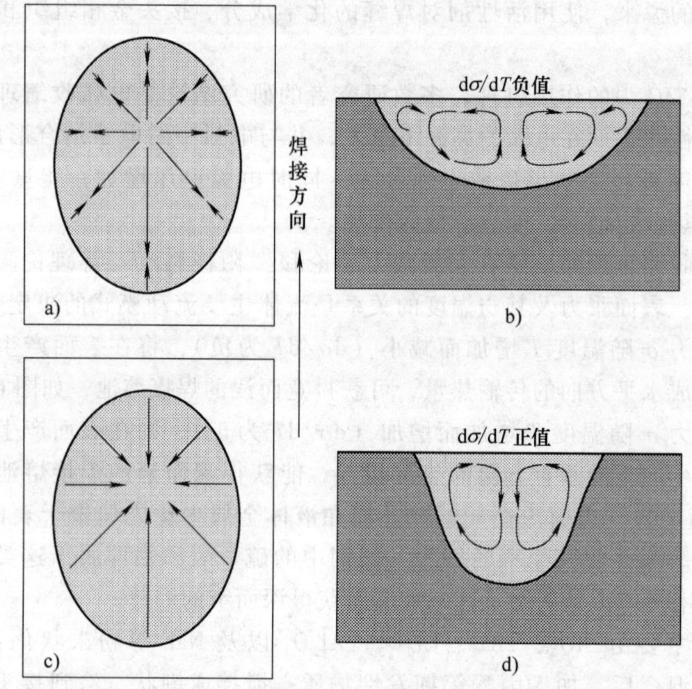

图 6-9　焊接熔池液体流动模式

a)、b) 表面张力随温度的变化梯度为负，宽而浅的焊接熔池

c)、d) 表面张力随温度的变化梯度为正，窄而深的焊接熔池

注：a)、c) 为俯视图，b)、d) 为横截面图。

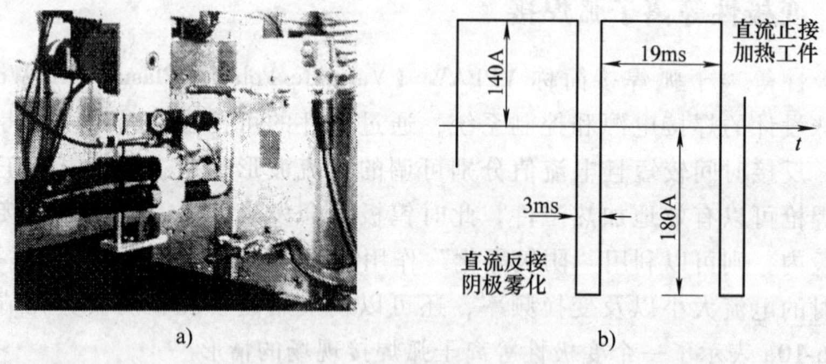

图 6-10　变极性等离子焊接

a) 变极性等离子弧立式焊接　b) VPPAW 典型电流波形图

该方法的另一特点是很适合于铝及铝合金的小孔法焊接。对于用 TIG 焊方法需要开坡口且多次焊接的接头，改用 VPPAW 可直接采用 I 形坡口，焊接一道焊缝即可。这可减少焊前坡口准备工作量，提高了工作效率。极性变换带来的熔池搅拌作用有利于气体的逸出和排除杂质，焊缝缺陷少、焊道窄且变形小。

该方法可以在平、横、立向上和立向下各种位置上焊接。

多年来，NASA对VPPAW方法进行了大量的实验研究和数值分析工作，包括对小孔焊接过程中能量的分布与损失、焊缝外形的成形规律、焊枪喷嘴结构设计以及各种焊接参数对焊接质量和速度的影响等，为这种方法在航天工程中的应用提供了有价值的资料。目前，我国也已对变极性等离子焊接方法开展了研究。

6.2.4 单电源双弧焊接技术

影响焊接成本和效率的两个主要因素是焊接时间和焊前准备，对于特定的焊接方法，增强其焊接穿透力，将意味着不用多道焊接和重复接头预处理即可完成焊接。激光焊和电子束焊比普通弧焊的焊接穿透能力强，但其设备及运行成本昂贵。一种新的电弧焊方法——双面电弧焊（Double Side Arc Welding，简称DSAW）可在增加焊接熔深的情况下，使用一台电源通过不同形式的TIG-TIG串联，或TIG-PAW串联焊接方法实现不开坡口的中厚板的熔透焊接。

该方法焊接原理简图如图6-11所示：在焊接过程中工件不与电源连接，靠两个焊枪电极串联在焊接回路中与电源构成了回路。其中一个焊枪为等离子弧焊枪，产生基本电弧，另一个焊枪为TIG焊枪，产生辅助电弧。焊接过程中，焊接电弧在工件两侧的两个焊枪的电极间燃烧并加热金属，工件被击穿形成小孔式熔池。该方法以串联式的电弧和熔孔方式加热金属，不但利用了电弧全长的能量，同时，还获得了金属熔孔对电弧的拘束作用，进一步提高了该法的焊接热效率。该方法最有价值之处在于用普通电弧的方法获得了超常规的熔深，还可消除其他方法多道焊接所产生的焊接角变形。

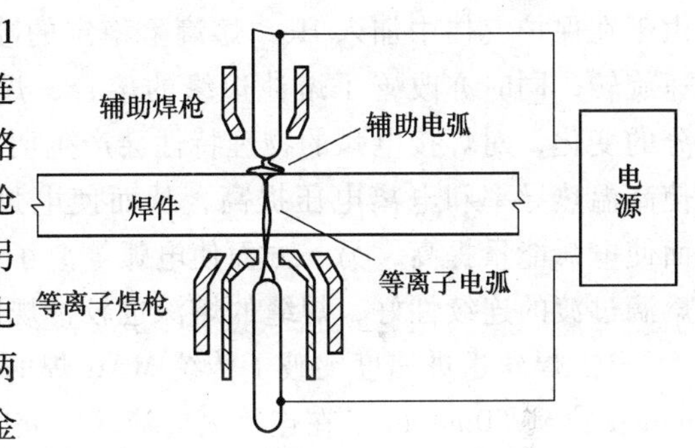

图6-11 等离子双面电弧焊原理示意图

这种方法既可以在平焊位置操作，也可以在立式焊接位置操作，除焊接铝及其合金以外，也可用于焊接钢材。

尽管DSAW方法有许多技术上的优点，但在生产中应用还存在一些问题：如解决不同构件双面焊接的设备同步问题；双面焊接时，双面成形的控制问题以及对焊接电源的高电压要求等。

6.2.5 高效率熔化极气体保护焊

自从20世纪60年代熔化极气体保护焊接（GMAW）方法出现以来，它以高效、节能、操作简单方便、便于实现机械化和自动化等特点，在实际生产中得到广泛的应用，并已经成为焊条电弧焊的替代工艺。目前，西欧、美国和日本等工业发达国家的 MIG/MAG 焊接工艺占所有焊接工作量的 60% ~80%，中国约有 40%。工业生产的发展和市场的竞争，高效、优质、低耗已成为制造业发展的一项基本战略。近年来由于汽车、集装箱、机车车辆、工程机械等行业的高速发展，对高速焊和高熔敷效率焊接的需求越来越多。

高效率熔化极气体保护焊主要有两大类：一类是以 T. I. M. E.（Transferred Ionized Molten Energy）焊为主的单丝法；一类是双丝焊接法。

1. T. I. M. E. 焊接法

T. I. M. E. 焊接法是综合考虑了各种影响焊接材料熔化效率的方法后，提出的一种高效焊接法。T. I. M. E. 焊是由 Canada Weld Process 公司的 John Church 在 1980 年研究成功的一种高性能的 MAG 焊接工艺，它有三个突出的特点：

1）采用大的焊丝伸出长度。焊丝伸出长度可达 35 ~40mm。

2）采用特殊的四元混合保护气体（0.5% O_2-8% CO_2-26.5% He-65% Ar）。由于在保护气体中加入 He，熔滴呈稳定的喷射过渡，增加了熔池深度，电弧高速旋转，同时亦改善了熔池边缘的熔合，焊缝质量好，成形宽而平滑。气体成分的变化，对焊接电弧的物理特性会产生明显的变化。保护气体中加入了氦气，使高温热导率和电离电压提高，从而使电弧电压提高。电弧电压的提高，一方面使电弧能量提高，另一方面使电弧等离子流力增大，使得焊接电弧更加挺直，熔滴过渡的连续性好，焊缝的熔深也较常规焊接要大。

3）焊丝送进速度突破了传统 MAG 焊的极限。最大送丝速度由传统的 16m/min 提高到 50m/min。在连续大电流区间获得了稳定的旋转射流过渡，焊丝熔化效率较高，焊丝的熔敷率达到 25kg/h 左右，是传统 MAG 焊的三倍。为适应大电流高熔敷率焊接，采用较大容量的高性能焊机，大功率水冷式焊枪和送丝机。传统的 MAG 焊与 T. I. M. E. 焊的差异及工艺性能比较见表 6-5 和表 6-6。

表 6-5 传统 MAG 焊与 T. I. M. E. 焊方法上的差异

焊接方法	保护气体	焊丝伸出长度/mm	送丝速度/（m/min）
传统 MAG 焊	Ar，CO_2/O_2	10 ~15	5 ~16
T. I. M. E. 焊	0.5% O_2，8% CO_2，26.5% He，65% Ar	20 ~35	0.5 ~50

表 6-6 传统 MAG 焊与 T. I. M. E. 焊工艺性能比较

焊接方法	焊丝直径 /mm	许用最大电流 /A	最高送丝速度 /（m/min）	最大熔敷率 /（g/min）
传统 MAG 焊	1.2	400	16	144
T. I. M. E. 焊	1.2	700	50	50

2. 其他单丝高效焊接法

以 T. I. M. E. 焊接工艺为代表的细丝大电流高效焊接方法，目前已经成为各国焊接学者研究的热点问题。特别是在保护气体的选择上，人们做了大量的工作。由于 T. I. M. E. 焊接工艺所采用的保护气是富含氦气的四元保护气体，而且对气体的配比精度要求较高。因此，使得气体的成本很高，这严重地限制了 T. I. M. E. 焊接法的推广和使用。为了降低成本，焊接工作者试图采用简单的二元或三元混合气体，来获得稳定的高效焊接工艺过程。在这方面比较有代表性的是英国 AGA 公司研究的速熔（Rapid Melt）焊接法和德国 LINDE 公司推出的 LINFAST 焊接法。

（1）速熔（Rapid Melt）焊接法　和 T. I. M. E. 焊接方法相似，它也是通过改变保护气体的成分来改变焊接电弧物理特性。它在保证焊接质量的前提下，使得焊接熔敷效率得到很大的提高。和传统的 MIG/MAG 焊接方法相比较，速熔焊大大扩展了传统的 MIG/MAG 焊接的规范区间，从而使得焊接生产效率得到提高。采用瑞典的 MISON8（Ar-8% CO_2-0. 03% NO）气体保护进行的速熔焊接试验，焊丝的熔敷效率从传统的射流过渡的 8kg/h 提高到 10 ~ 20kg/h。

（2）LINFAST 焊接工法　LINFAST 焊接法的基本原理是在保护气体的选择上除了具有保护功能之外，还要使得焊接电弧的形态以及熔滴过渡过程得到有效的控制，从而实现稳定的旋转射流过渡过程，满足提高焊接效率、改善焊接质量的要求。LINFAST 焊根据不同的焊接参数区间和不同的应用场合，选择不同的保护气体，以降低气体的成本。例如，在较低的送丝速度范围 15 ~ 20m/min，LINFAST 焊采用 Ar + 8% ~ 18% CO_2 保护气体。CO_2 气体的加入，可以提高焊接电弧的挺直度，使电弧收缩，可加大熔深，同时对焊缝金属还有清洁作用。如果为了提高焊缝的熔深，则可以加入体积分数为 20% ~ 30% 的氦气。如采用德国的 CORGON He 25S 气体则可以在 22m/min 的送丝速度下，得到旋转电弧的熔滴过渡，这时焊接速度可提高到 252cm/min，从而使焊接成本降低 10% ~ 20%。通过进一步提高 CO_2 气体的比例，可使送丝速度最高达 27m/min。常用的 LINFAST 焊保护气体如表 6-7 所示。

表 6-7　常用的 LINFAST 焊保护气体成分　（%）

气体类型	φ（Ar）	φ（He）	φ（CO_2）	φ（O_2）
CORGON He 30	60	30	10	0
CORGON He 25S	71.9	25	0	3.1
CORGON He 25C	50	25	25	0

3. 双丝熔化极气体保护高速焊

双丝焊是近年来发展起来的一种高速高效焊接方法，焊接薄板时可以显著提高焊接速度（达到 3 ~ 6 m/min），焊接厚板时可以提高熔敷效率。除了高速高效外，双丝焊接还有其他的特点：在熔敷效率增加时保持较低的热输入，热影响区小，焊接变形小，焊接气孔率低等。由于焊接速度非常高，特别适合采用全自动和机器人焊接。目前，串列双丝焊已在汽车、造船、机械工程、机车车辆及压力容器等行业中得到应用。同时用串列双丝 MIG 焊焊铝也取得了很好的效果。

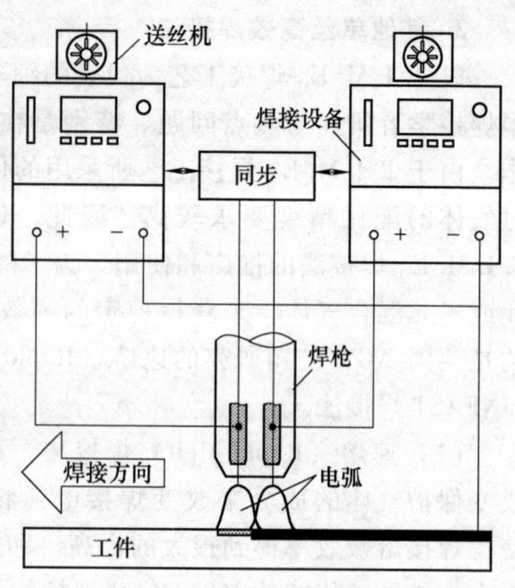

图 6-12 熔化极惰性气体双丝保护焊原理
两根焊丝间相互绝缘，电源间同步

高效双丝焊主要有两种方式：一种是双弧（Twin arc）法，另一种为串列双丝熔焊法（Tandem GMAW）。两种方法使用的焊接设备相类似，都是由两台焊接电源、两套送丝机和一个共用的送双丝的电缆等组成。为了防止同相位的两个电弧的相互干扰，常采用脉冲 MIG/脉冲 MAG 焊法，并保持两个电弧轮流交替燃烧。这样，就要求一个协同控制器来保证两个电源的输出电流波形的相位相差 180°。当焊接参数设置到最佳时，脉冲电弧能得到无短路、几乎无飞溅的过渡过程，真正做到“一个脉冲过渡一个熔滴”的效果，每个熔滴的大小几乎完全相同，其大小是由电弧功率来决定。双丝焊和 Tandem 焊接工艺原理如图 6-12 所示。

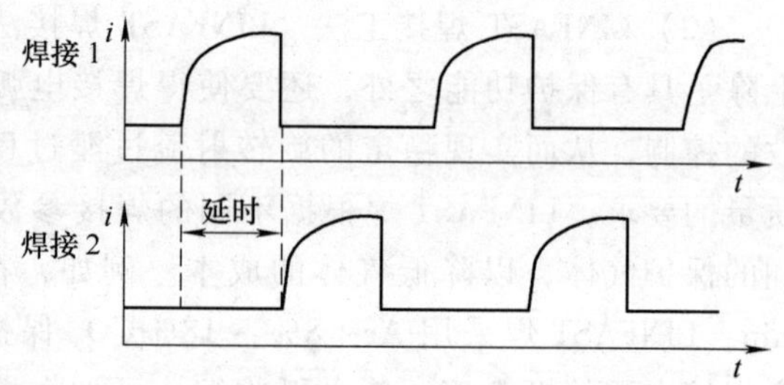

图 6-13 脉冲电弧焊焊丝间错开的电流曲线

在普通的双丝焊工艺中，两根焊丝共用一台电源，并从同一个导电嘴中送出，采用同一个焊接参数焊接。而串列双丝高速焊则采用两个独立的电源，焊丝则从两个独立的相互绝缘的导电嘴中送出，串列的两根焊丝熔化在同一熔池中，两个焊机都有自己独立的控制系统和独立可控的送丝机构，并能独立调节熔滴过渡和弧长，设置独立的焊接参数，如电流波形和相位，如图 6-13 所示，大大提高了熔化极气体保护焊的焊接速度和熔敷速率。其熔敷速率与单丝高速焊及普通单丝焊相比，大约为 2 倍和 4 倍。MIG/MAG 单丝焊和 Tandem 应用比较见表 6-8。

在 Tandem GMAW 焊接工艺中，两根焊丝都可使用脉冲电源，两种脉冲可以是同步的，也可以是不同步的。为在两个电源间获得脉冲弧焊时可调节的相位差，在电源之间增加了一个协调装置，每个电源的参数可持续调节，而且可调节的范围相当大。在双丝焊过程中，一般前置焊丝采用较大的电流，可获得较大的熔深，而后置焊丝则采用较小的电流，电弧较长，以获得成形良好的焊缝。

表 6-8 MIG/MAG 单丝焊和 Tandem 应用比较

产品名称	焊接条件	焊接方法		
		焊接参数	单丝焊	Tandem 双丝焊
汽车油箱	材料：Al	焊丝直径/mm	1.2	1.0+1.0
	板厚：2mm	焊接速度/（cm/min）	55	130
	焊缝形式：搭接，环缝	送丝速度/（m/min）	4.6	8.2+6.1
	焊缝厚度：2.5mm	熔敷效率/（kg/h）	0.84	1.82
空气净化器	材料：不锈钢	焊丝直径/mm	1.2	1.0+1.0
	板厚：1mm	焊接速度/（cm/min）	120	290
	焊缝形式：3板接头	送丝速度/（m/min）	11	19+14
	焊缝厚度：2mm	熔敷效率/（kg/h）	5.28	11.88
起重臂	材料：钢	焊丝直径/mm	1.2	1.0+1.0
	板厚：20mm	焊接速度/（cm/min）	30	80
	焊缝形式：V形坡口	送丝速度/（m/min）	13.5	19.1+9.0
	焊缝厚度：6~7mm	熔敷效率/（kg/h）	7.29	15.17

6.2.6 窄间隙焊接法

工业设备如电站、桥梁、船舶和公共建筑领域的钢结构生产，一般皆为单件或小批量生产，很少具有成批性。尽管如此，这些结构的焊接建造仍然达到了很可观的机械化程度。非常突出的焊接方法是各种半自动化、自动化的气体保护焊以及埋弧焊。为了进一步提高效率，尤其是厚壁工件的焊接效率，在保证焊接质量的前提下，出现了窄间隙埋弧焊和各种窄间隙 MIG/MAG 焊、窄间隙 TIG 焊方法。主要用于几十～几百毫米厚的高压管对接，也常用于焊接厚板。

1. 窄间隙埋弧焊

窄间隙埋弧焊是近年来新发展起来的一种高效率的焊接方法。它主要适用于一些厚板结构，如厚壁压力容器、原子能反应堆外壳、涡轮机转子等的焊接。这些焊件壁厚很大，若采用常规埋弧焊方法，需开 U 形或双 U 形坡口。这种坡口的加工量及焊接量都很大，生产效率低且不易保证焊接质量。采用窄间隙埋弧焊时，坡口形状为简单的 I 形，不仅可大大减小坡口加工量，而且由于坡口截面积小，焊接时可减小焊缝的热输入和熔敷金属量，节省焊接材料和电能，并且易实现自动控制。

窄间隙埋弧焊与普通埋弧焊的主要区别是：采用不同的坡口和焊接机头。

如焊接厚度在 50mm 以上的钢板时，窄间隙埋弧焊使用的坡口角度很小，只有 1°~8°；而且焊接是在单面进行，可以焊接直缝和环缝。而常规埋弧焊至少要加工到 50°的坡口。图 6-14 是 80mm 厚Ⅰ形坡口对接的形状比较。与常规焊接方法相比窄间隙埋弧焊具有以下优点：①缩短了整个焊接加工时间，其中焊接时间可缩短 70%；②大大减少了焊接熔敷材料的消耗，可减少 50% 以上；③减少了能量消耗；④对母材的热影响减少了；⑤焊接收缩率降低；⑥焊接接头的力学性能得到改善。

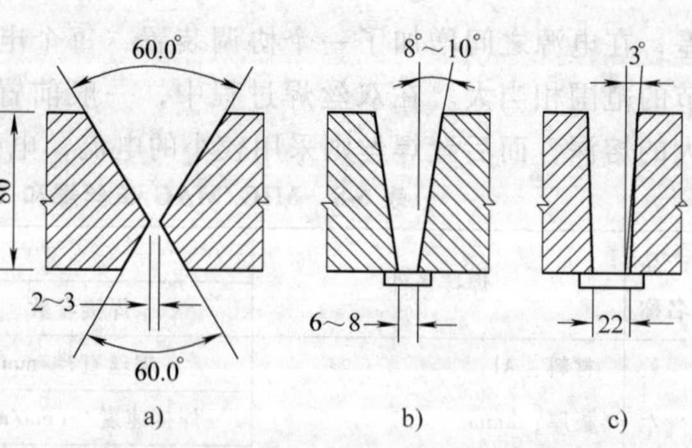

图 6-14 80mm 厚Ⅰ形坡口对接的形状比较
a）普通坡口 b）窄间隙方案 1 c）窄间隙方案 2

窄间隙埋弧焊一般为单丝焊，也可以使用双丝以进一步提高焊接效率。间隙大小取决于焊件的厚度。当焊件厚度为 50~200mm 时，间隙宽度为 14~20mm 左右；当焊件厚度在 200~350mm 时，间隙宽度为 20~30mm，焊接时可采用“中间一道”法或“两道一层”法，如图 6-15 所示。“两道一层”法容易保证焊缝侧壁熔合良好，得到质量优良的焊接接头，因此应用较多。

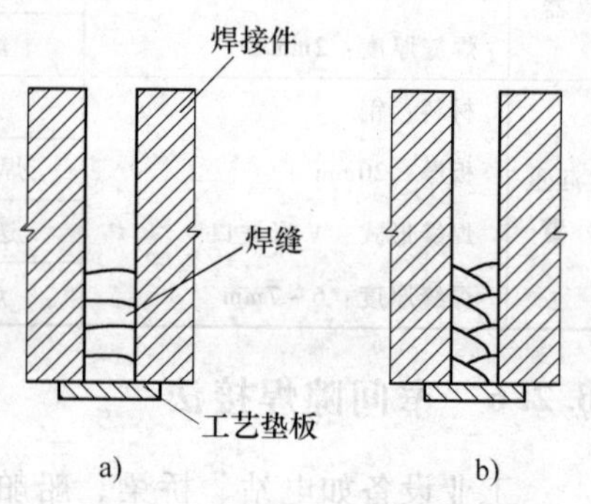

图 6-15 窄间隙埋弧焊示意图
a）“中间一道”方法
b）“两道一层”方法

由于窄间隙焊的装配间隙窄，在底层焊接时焊渣不易脱落，故需采用具有良好脱渣性的专用焊剂（常用烧结焊剂）。另外，窄间隙埋弧焊时，为使焊嘴能伸进窄而深的间隙中。须将焊嘴的主要组成部分如导电嘴、焊剂导嘴等设计成窄的扁形结构，如图 6-16 所示。为了保证焊嘴与焊缝间隙的绝缘及焊接参数在较高的温度和长时间的焊接过程中保持恒定，铜导电嘴的整个外表面须涂上耐热的绝缘陶瓷层，导电嘴内部还要有水冷却系统。窄间隙埋弧焊所用的焊接电源，根据所焊材料不同，可选择交流电源，也可用直流电源。

窄间隙埋弧焊是一种高效、省时、节能的焊接方法。为进一步提高焊接质量，目前已在窄间隙埋弧焊中应用了焊接过程自动检测、焊嘴在焊接间隙内自动跟踪导向及焊丝伸出长度自动调整等技术，以保证焊丝和电弧在窄间隙中的正确位置及焊接过程的稳定。这些措施已大大扩展了窄间隙埋弧焊的应用范围。窄间隙埋弧焊主要用于平焊位置。

2. 窄间隙 MIG 焊

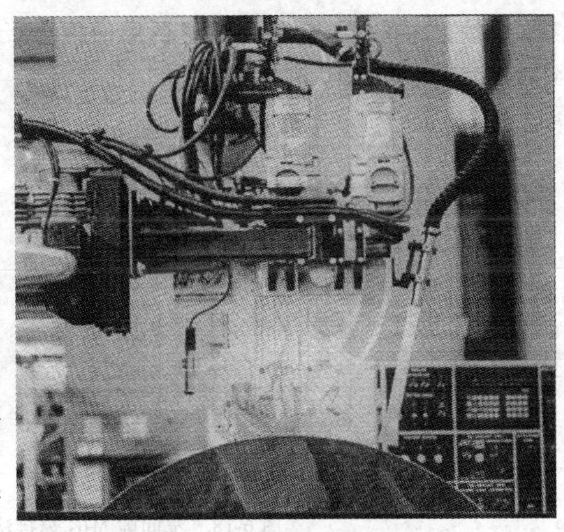

图 6-16 窄间隙双丝埋弧焊机头

窄间隙 MIG 焊是焊接大厚板对接焊缝的一种高效率的特种焊接技术。接头形式为对接接头，开 I 形坡口或小角度 V 形坡口，坡口间隙范围为 6～15mm，采用单道多层或双道多层焊，可焊接的厚度为 30～300mm 之间。

与窄间隙埋弧焊相比，窄间隙 MIG 焊的特点是：①使用气体保护，焊后不需要清渣，故节省时间和材料，提高了焊接生产率；②焊接熔池较小，焊接热输入低，热影响区较窄，焊接应力和焊件变形都小，焊接接头力学性能高；③观察窄间隙 MIG 焊的熔池和电弧比较困难，要求焊枪的位置能方便地进行调整；④可以应用于平焊、立焊、横焊及全位置焊接。

窄间隙 MIG 焊可以焊接钢铁材料和非铁金属，目前主要用于焊接低碳钢、低合金高强度钢、高合金钢和铝、钛合金等。应用领域以锅炉、石油化工行业的压力容器为最多，其次是机械、建筑、造船和桥梁等工程。

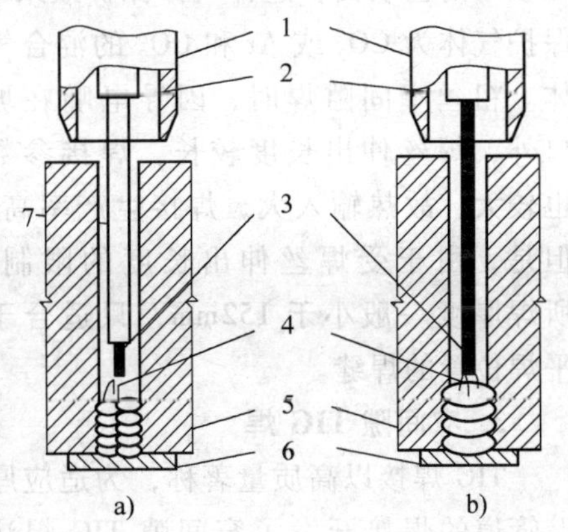

图 6-17 窄间隙 MIG 焊接法示意图

a）细丝窄间隙焊 b）粗丝窄间隙焊

1—喷嘴 2—导电嘴 3—焊丝 4—电弧 5—焊件 6—衬套 7—绝缘导管

窄间隙 MIG 焊按焊丝直径一般分为两种：细丝窄间隙焊和粗丝窄间隙焊，其示意图如图 6-17 所示。细丝窄间隙焊常采用的焊丝直径为 0.8～1.6 mm，接头间隙在 6～9mm，为提高生产率，采用双丝或三丝；每根焊丝都有独立的送丝系统、控制系统和焊接电源；焊接电源一般采用的是直流反接，以获得较大的熔深，保证焊透，接头裂纹倾向性亦小；细丝窄间隙焊由于焊丝细，必须采用导电嘴在坡口内的焊枪，且导电管要求绝缘、水冷；另外，由于接头坡口深而窄，要向坡口底部输送保护气体有困难，为了提高保护效果，必须采用特殊的送气装置，否则，保护效果差，易产生气孔；保护气体一般采用的是 80% Ar-20% CO_2 混合气体；采用多道多层焊接。为了保证焊层与坡口两侧的熔合，焊丝应采取摆动措施，常用的摆动送丝方式如图 6-18 所示。

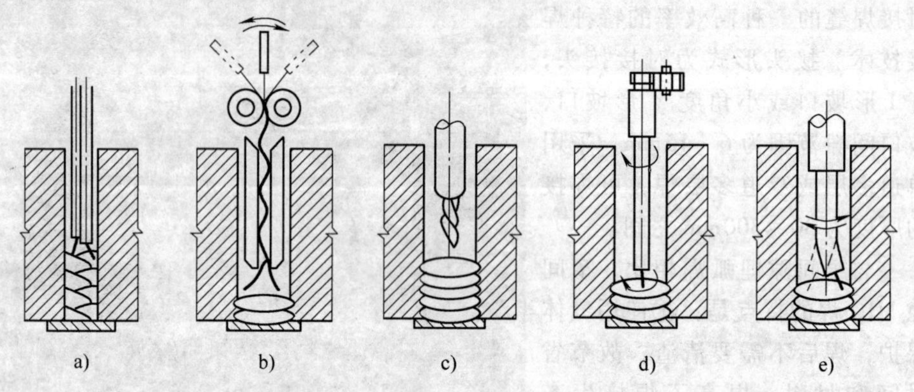

图 6-18　窄间隙 MIG 焊接法送丝方式

a）双丝纵列定向法　b）波状焊丝法　c）麻花焊丝法

d）偏心旋转焊丝法　e）导电嘴倾斜法

粗丝窄间隙焊一般使用直径为 2 ~ 4.8mm 的焊丝，接头间隙为 10 ~ 15mm，可以用单丝，也可用多丝；焊接电源一般采用直流正接法，熔滴细小且过渡平稳，飞溅小，焊缝成形系数大，裂纹倾向性小。若用反接法，熔深大，焊缝成形系数小，容易产生裂纹；粗丝窄间隙焊时，导电嘴可不伸入间隙内，为了保证焊丝的伸出长度不变，导电嘴应随着焊缝的上升而提高，但喷嘴应始终保持在坡口的上表面，这样气体保护效果才好，否则，保护效果差，容易产生缺陷；保护气体为 CO_2 或 Ar 和 CO_2 的混合气体。粗丝窄间隙焊时，因导电嘴在坡口外，焊丝伸出长度较长，焊接参数也较大，故热输入大，焊接生产率高；但是，由于受焊丝伸出长度的限制，所焊厚度一般小于 152mm，只适合于平焊位置的焊缝。

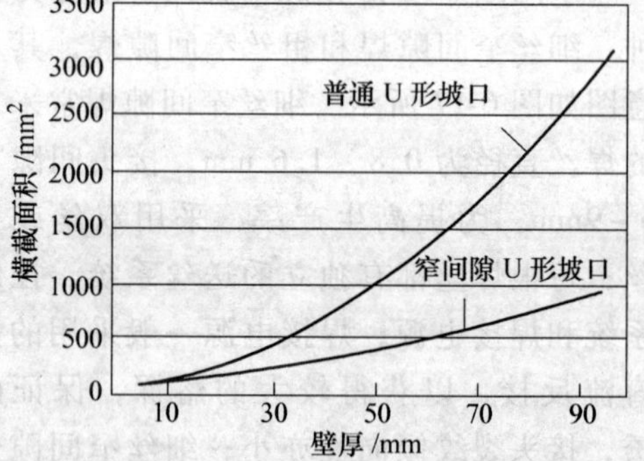

图 6-19　坡口横截面积的比较

注：普通坡口：角度 30°，底部半径 3mm 和 2mm 根部间隙；窄间隙坡口：角度 4°，底部半径 3mm 和 2mm 根部间隙。

3. 窄间隙 TIG 焊

TIG 焊接以高质量著称，为适应厚壁管道的焊接开发了窄间隙 TIG 焊法和设备。窄间隙 TIG 焊接常使用轨道式焊接设备和专用的焊接机头，用于焊接各类厚壁且较小直径的管道，是轨道 TIG 焊的延伸。为发挥 TIG 焊的打底焊优势，窄间隙 TIG 焊使用 U 形坡口，而不用背面垫板；与常规 U 形坡口（10° ~30°坡口角度）相比，窄间隙 TIG 焊接法坡口角度（2°~6°）小，在不同厚度时可使焊缝横截面积减少1~3倍，如图6-19所示；特制的焊枪要有长而细的瓷保护嘴，同时还应配备送丝系统和水冷系统；为了监视焊接过程，可用摄像系统进行全程跟踪和控制。图6-20是轨道窄间隙TIG焊接80mm厚不锈钢管道的情景。

图6-20 窄间隙TIG焊接厚壁不锈钢管

6.2.7 激光-电弧复合焊接

激光-电弧复合焊接技术是激光焊接与气体保护焊的结合，是使两种热源同时作用于一个焊接熔池的焊接技术。该技术的研究最早出现在20世纪70年代末，但激光器的昂贵价格限制了它的应用。随着激光器和电弧焊设备性能的提高，以及价格的不断降低，为了满足生产的迫切需求，近年来，激光-电弧复合焊接技术已成为焊接领域最重要的研究课题之一。

激光-电弧复合焊接技术有多种形式的组合，有激光-TIG、激光-MIG和激光-MAG等。激光-电弧复合焊接技术之所以受到青睐，主要是由于该法能兼各热源之长而补其之短，具有1+1>2的“协同效应”。该方法与单独的激光焊接相比，对焊件装配间隙的要求降低了，因而降低了焊前工件制备的成本；另外，由于有电弧和填充焊丝的存在，消除了激光焊接时固有的缺陷（焊缝下凹、熔池底部易于偏离接缝等），焊缝更加致密。与电弧焊相比，激光-电弧复合焊接提高了电弧的稳定性和功率密度，增大了焊接速度和熔深，热影响区变窄，降低了工件的变形，还能消除起弧时的熔化不良等缺陷。该焊接法特别适合铝及其合金的焊接，焊接同样板厚的材料可降低激光功率的一半左右。

近些年来开发的激光-MIG复合焊技术最有代表性。该法不但降低了激光焊的使用功率，MIG焊的送丝还可避免在焊缝表面形成凹陷，而激光焊仍保留深熔、快速和低热输入的特点。激光-MIG复合焊一般有两种组合形式：一是激光束垂直于焊件，MIG焊枪对于激光束则倾斜一角度，如图6-21b所示，使用较普遍；另一种是将激光束与MIG焊的焊丝同轴合成在一个电极头中，充分发挥两种焊接方法各自的特点，但技术难度相对较大。

激光-MIG复合焊适用于焊接钢和铝合金结构，使用这种焊接工艺的优点在于它具有很高的焊接速度及很小的结构变形，在汽车工业、船舶工业和车辆制造业中已得到成功应用。据资料介绍，用激光-MIG焊接铝板搭接填角焊缝时，焊接速度可以提高到8.1m/min以上。随着激光设备成本的降低，这种工艺将会在实际生产中得到推广使用。

a)

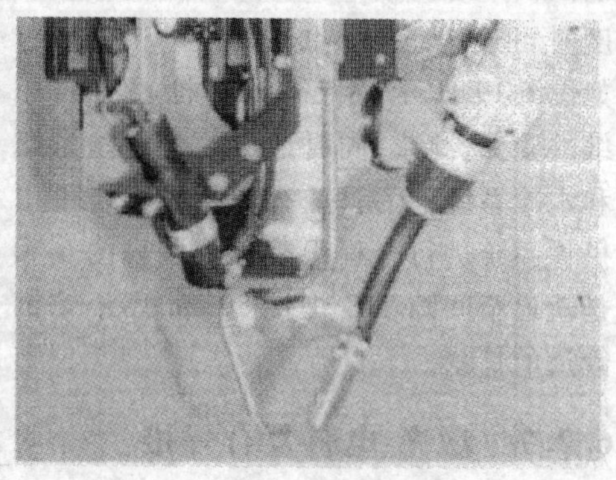

b)

图 6-21　激光-MIG 复合焊接

a）焊接 Volvc XC90 汽车顶篷　b）整合焊缝跟踪的激光-MIG 焊接机头

第 7 章　焊接残余应力、变形与焊接工艺控制

由于焊接过程中的局部高温加热和快速冷却，形成了一种特定的温度场，导致了焊接构件产生了残余应力、变形和金属组织的变化，对焊接结构造成连带的影响如易于脆断，会加快腐蚀的速度，降低构件的承载能力等。本章主要介绍焊接残余应力和变形的主要影响以及在焊接设计和制造工艺中的控制方法和措施。

7.1　焊接残余应力和变形概述

7.1.1　产生机理、影响因素和内在联系

图 7-1 给出了引起焊接应力和变形的主要因素及其内在联系。焊接时的局部不均匀热输入是产生焊接应力与变形（图 7-1 下部）的决定因素。热输入是通过材料因素、制造因素和结构因素所构成的内拘束度和外拘束度（图 7-1 右侧）而影响热源周围的金属运动，最终形成了焊接应力和变形。从图 7-1 的左侧可见，产生焊接应力和变形的因素主要有材料特性、热物理常数及力学性能［热膨胀系数 $\alpha=f(T)$，弹性模量 $E=f(T)$，屈服强度 $\sigma_s=f(T)$，$\sigma_s\approx0$ 时的温度 T_K 或称材料“力学熔化温度”以及相变等］；在焊接温度场中，这些特性呈现出决定热源周围金属运动的内拘束度。制造因素（工艺措施、夹持状态）和结构因素（构件形状、厚度及刚性）则更多地影响着热源周围金属运动的外拘束度。

焊接应力和变形是由多种因素交互作用而导致的结果。通常，若仅就其内拘束度的效应而言，焊接应力与变形产生机理可表述如下。焊接热输入引起材料不均匀局部加热，使焊缝区熔化；而与熔池毗邻的高温区材料的热膨胀则受到周围材料的限制，产生不均匀的压缩塑性变形；在冷却过程中，已发生压缩塑性变形的这部分材料（如长焊缝的两侧）又受到周围条件的制约，而不能自由收缩，在不同程度上又被拉伸；与此同时，熔池凝固，金属冷却收缩时也产生了相应的收缩拉应力与变形。在焊接接头区产生的缩短的不协调应变，即残余塑性应变，或称初始应变、固有应变。与焊接接头区产生的缩短不协调应变相对应，在构件中会形成自身相平衡的内应力，通称为焊接应力。焊接接头区

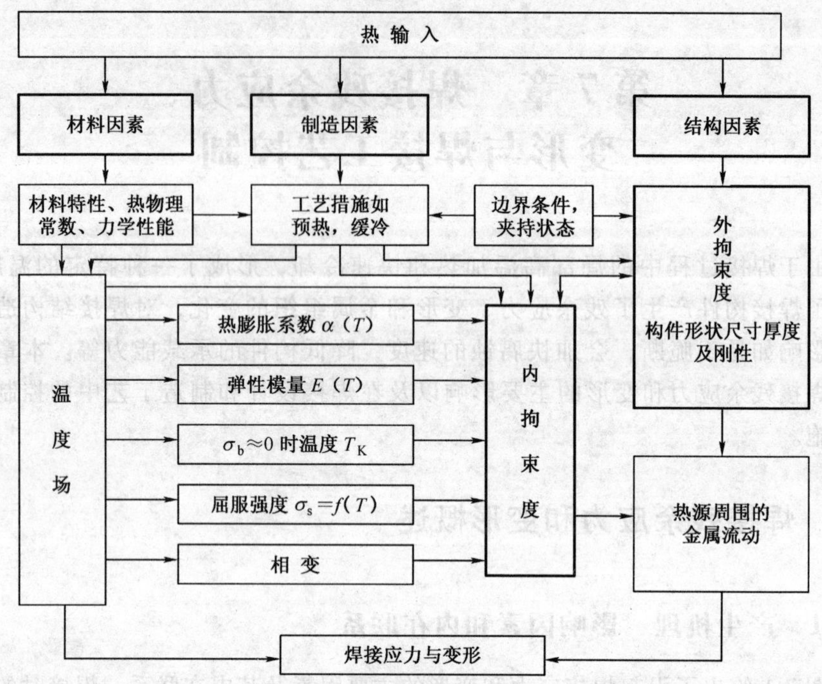

图 7-1 引起焊接应力、变形的主要因素及其内在联系

金属在冷却到较低温度时，材料回复到弹性状态；此时，若有金相组织转变(如奥氏体转变为马氏体)，则伴随体积变化，出现相变应力。随焊接热过程而变化的内应力场和构件变形，称为焊接瞬态应力与变形。焊后在室温条件下，残余于构件中的内应力场和宏观变形，称为焊接残余应力与焊接残余变形。

焊接结构多用熔焊方法制造，而熔焊时的焊接应力与变形问题最为突出，电阻焊次之。钎焊的不均匀加热或不均匀冷却也会引起构件中的残余应力和变形。在钎焊和扩散焊接头中，由于采用不同材质的钎料或中间过渡层，热膨胀系数的差异是导致残余应力场的一个主要因素。

由于焊接应力与变形问题的复杂性，在工程实践中，往往采用实验测试与理论分析和数值计算相结合的方法，掌握其规律，以期达到预测、控制和调整焊接应力与变形的目的。

7.1.2 焊接残余应力和变形的特征要点

尽管集中的焊接热源在稳定焊接温度场过程中有许多有利的影响，但瞬时温度分布和热膨胀也会导致所有焊接接头产生孪生问题，即残余应力和变形。通常，对焊接残余应力和变形的要点描述主要有：

1）焊接残余应力是平衡于焊件自身的内应力，主要分为热应力和拘束应力以及相变应力。

2）在焊接接头的熔化或压力作用区以及热影响区（HAZ）可发生特别高的多轴残余应力。

3）最大残余应力一般达到屈服强度（无硬化），由于应变硬化和应力多轴性，残余应力可达到较高的数值，但相变应力的叠加，可能使残余应力降低。

4）熔化区和 HAZ 各点的残余应力可有很大变化。

5）零件表面和内部的残余应力会有很大的不同，特别是有相变的合金材料。

6）由于圆周焊缝的收缩，板条纵向焊缝和圆筒或球壳圆周焊缝的横向残余应力可有相当大的差别。

7）在很多情况下，焊缝的终端存在着非常不利的焊接残余应力。

8）单道和多道焊缝的残余应力有相当大的差别，只是多道焊的第一道和最后一道的行为与单道焊相似，其余焊道经过了前面焊道的预热和后续焊道的焊后热处理。

9）焊接变形主要分为纵向、横向收缩以及角收缩和弯曲压缩。

10）存在焊接残余应力时，也会产生暂时的或永久的焊接变形，主要是以位移或回转的形式出现。

11）焊缝的纵向收缩是由于焊接过程中焊缝区受压缩短的结果。

12）焊缝的横向收缩是由于焊接过程中横向压缩造成的，并随着坡口原始间隙的减小而增加，使构件横向缩短。

13）焊缝偏心布置会引起梁和板材有害的弯曲变形。

14）变形与应力出现的情况大体相反，即产生高应力的部位其变形小，低应力处变形大，这主要是由于拘束的程度不同。

15）多条焊缝连接的构件，其最终的变形是由各条焊缝变形的综合结果。

16）当构件采用单面焊接时就会造成附加的角收缩，在单面多道焊的情况下角收缩将特别明显，当角收缩被限制时则会产生弯曲变形。

17）焊接薄板时收缩应力会使构件发生失稳变形（波浪变形或皱折、翘曲），常表现为垂直于板材平面的较大的挠度，同时收缩力会发生永久性的降低。

实际工作中的任务是希望在得到较高精度的形状和尺寸的同时，构件具有较低的残余应力，这就需要在掌握特点的同时把握住影响残余应力和变形的因素及其影响趋势。

7.1.3　焊接残余应力的分布与影响

1. 焊接残余应力的分布

焊接结构形式很多，其中采用熔焊方法完成的中厚和薄板典型焊件中的焊接残余应力场分布各异，但大多为双向应力既平面应力状态，其中平板直线对接所引起的残余应力是最典型的例子，如图 7-2 所示。在一般钢材上，平行于焊缝方向的纵向残余应力 σ_x 的峰值在焊缝中心线上，其值可以接近材料的屈服强度 σ_s；横向残余应力 σ_y 的数值较小。材料类型不同、板厚、接头形式的差异以及焊接工艺（尤其是焊接方法、焊接顺序）的不同，其残余应力的分布和大小也不尽相同。

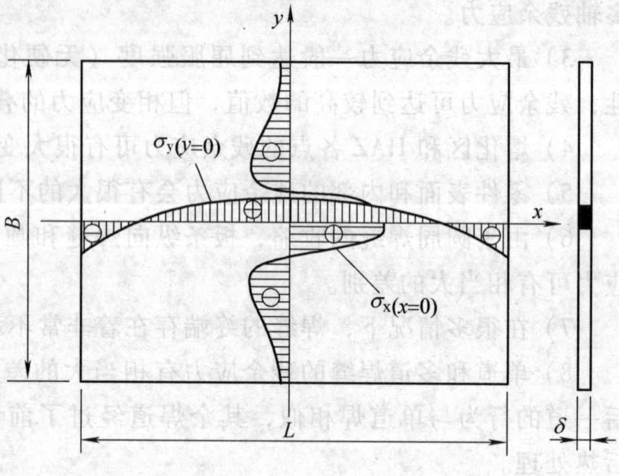

图 7-2　钢板对接件的残留应力分布

2. 残余应力的作用和影响

焊接残余应力的大小不如残余变形容易在实践中观察到，它对结构性能的影响也比较复杂，而且，它对构件性能的影响也并非都是有害的。在分析其对结构失效或对使用性能可能带来的影响时，应根据不同材料、不同结构设计、不同承载条件以及不同运行环境进行具体分析，主要考虑以下几点：

（1）对构件承受静载能力的影响　在一般焊接构件中，焊缝区的纵向拉伸残余应力的峰值较高，在某些材料上可接近或超过（有硬化）材料的屈服强度 σ_s。当工作应力和它的方向一致而叠加时，在这一区域会发生局部塑性变形，这部分材料丧失继续承受外载的能力，减小了构件的有效承载截面。在塑性良好的焊件上，在应力均匀化过程（塑性区扩大到整个截面的过程）的作用下，焊接残余应力对承受静载能力没有影响；在脆性材料的焊件上，一般不会出现塑性区扩大的现象，峰值应力区的应力达到抗拉强度 σ_b 后，会发生局部破坏，导致构件断裂。

（2）对结构脆性断裂的影响　由碳钢宽板拉伸试件（带尖缺口试件和焊接残余应力与尖缺口并行的试件）在不同实验温度下，呈现的尖缺口与焊接残余应力对断裂的影响表明：在带有焊接残余应力和尖缺口的试件上，若尖缺口位于残余拉应力的高应力区内，则可能发生不同类型的断裂，降低构件的承载能力并易于引发脆性断裂。

（3）对疲劳强度的影响　焊接拉伸残余应力阻碍裂纹的闭合，在疲劳载荷中提高了应力平均值和应力循环特征，从而加剧了应力循环的损伤。当焊缝区的拉应力使应力循环的平均值增高时，接头的疲劳强度会降低。焊接接头是应力集中区，残余拉应力对疲劳的不利影响也会更加明显。在疲劳载荷的应力循环中，残余应力的峰值有可能降低，循环次数越多，降低的幅度也越大。焊接构件中的压缩残余应力可以延缓或阻止疲劳裂纹的扩展，采用不同工艺措施，如点状加热、局部锤击和超载荷处理等，利用压缩残余应力，能改善焊接结构抗疲劳性能。

（4）对结构刚度的影响　当外加工作应力为拉应力时，与焊缝中的峰值拉应力相叠加，会发生局部屈服；在随后的卸载过程中，构件的回弹量将小于加载时的变形量，构件卸载后不能回复到初始尺寸，尤其焊接的梁形构件，这种现象会降低结构的刚度。若首次加载后的重复加载值小于第一次加载值，则不再发生新的残余变形。在对尺寸精度要求较高的重要焊接结构上，这种影响不容忽视。但若构件本身的刚度较小（如薄壳构件），且材料具有较好的塑性，随着加载水平的提高，这种影响趋于减小。

结构受弯曲时，内应力对刚度的影响与焊缝的位置有关，焊缝所在部位的弯曲应力越大，其影响也越大。

结构上有纵向和横向焊缝时（例如有肋板焊缝的工字梁），或经过火焰校正，可能在相当大的截面上产生拉应力，虽然在构件长度上的分布范围并不太大，但是他们对刚度仍有较大的影响。尤其是采用大量火焰矫正后的焊接梁，加载时刚度和卸载时的回弹量可能有较明显的下降，这对于尺寸精确度和稳定性要求较高的结构是不容忽视的。

（5）对受压杆件稳定性的影响　当外载引起的压应力与焊接残余压应力叠加之和达到 σ_s，这部分截面就丧失了进一步承受外载的能力，削弱了杆件的有效截面积，并改变了有效截面积的分布，使稳定性有所改变。内应力对受压杆件稳定性的影响大小，主要与内应力的分布有关。一般来说，压缩残余应力会降低杆件的受压稳定性，而拉应力具有有利的一面。

（6）对应力腐蚀的影响　一些焊接构件工作在有腐蚀性的环境下，尽管外加的工作应力不一定很高，但焊接残余拉应力本身就会引起应力腐蚀开裂，这是在拉应力与化学反应共同作用下发生的。残余应力与工作应力叠加后的拉应力值越高，应力腐蚀开裂的时间就越短。为提高构件的耐应力腐蚀性能，宜选用对特定环境和工作介质具有良好的耐腐蚀性的材料，或对焊接构件进行消除残余应力的处理。

（7）对构件精度和尺寸稳定性的影响　焊接件若在焊后要进行机械加工，则切削加工把部分材料从构件上去除，而使其截面积改变，所释放的残余应力使构件中原有的残余应力场失去平衡并重新分布，会引起构件变形。这类变形只是当工件完成切削加工从夹具中松开后才能显示出来，影响构件的精度。

组织稳定的低碳钢及奥氏体钢焊接结构在室温下的应力松弛微弱，因此内应力随时间的变化较小，焊件尺寸比较稳定。低碳钢在室温下长期存放，峰值为 σ_s 的原始应力可能松弛 2.5% ~3%；如原始应力较低，则松弛的比值将会有所减少。若是环境温度升高至 100℃，松弛的比值将成倍增加。

焊后产生不稳定组织的材料，如 20CrMnSi、2Cr13、12CrMo 等钢材和高强铝合金，由于不稳定组织随时间而转变，内应力变化也较大，焊件尺寸稳定性较差。

7.2 工艺设计阶段的考虑

7.2.1 气焊、焊条电弧焊及气体保护焊接头坡口的基本形式与尺寸

在我国，国家标准 GB/T 985—1988《气焊、手工电弧焊及气体保护焊焊缝坡口的基本形式与尺寸》规定了三种常用熔焊方法焊接碳钢、低合金钢等 33 种焊接接头的基本坡口形式和尺寸，设计人员可以根据所焊钢板的板厚和接头类型选择适当的坡口形式和坡口尺寸。属于特殊需要的坡口形式和尺寸，设计人员可以根据具体情况参照标准自行设定。

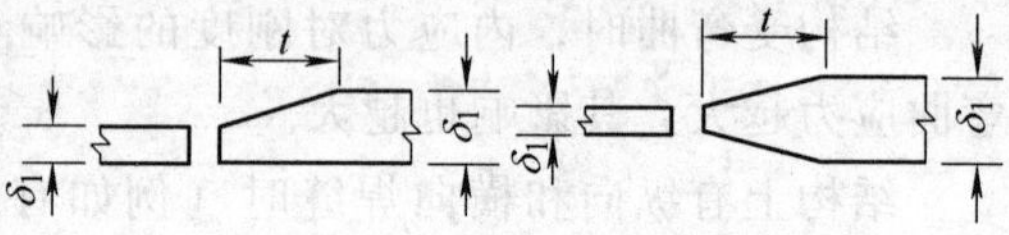

图 7-3 不同板厚的对接接头厚板的削薄

对于不同厚度的钢板。当其对接焊的重要受力接头的两板厚度差（$\delta-\delta_1$）不超过表 7-1 的规定时，则接头的坡口基本形式和尺寸按厚板的尺寸来选择，否则，应对钢板作如图 7-3 所示的单面或双面削薄，其削薄长度应使 $L\geqslant3$（$\delta-\delta_1$）。

表 7-1 不同厚度钢板对接头的两板允许厚度差 （单位：mm）

较薄板厚度 δ_1	≥2 ~5	>5 ~9	>9 ~12	>12
允许厚度差（$\delta-\delta_1$）	1	2	3	4

7.2.2 焊接接头设计的一般原则

焊接结构的破坏往往起源于焊接接头，除了受到材料选择、焊接结构制造工艺的影响外，还与接头的设计有关。在焊接结构设计时，主要应该综合考虑以下四个方面的因素：

1）设计要求——保证接头满足使用要求。

2）焊接的难易与焊接变形——焊接容易实现，变形能够控制。

3）焊接成本——需费用低，经济性好。

4）施工条件——制造施工单位具备完成施工要求所需的技术、人员和设备

条件。

接头类型的确定主要取决于设计条件——结构特点、受力状态和板厚等。如前所述，接头类型共有 10 种，如对接接头、搭接接头、T 形接头、十字接头、角接接头等，这些接头又可采用各种坡口形式，如 I 形坡口、V 形坡口、U 形坡口、J 形坡口、Y 形坡口、X 形坡口和 K 形坡口等。

在两种或多种可选接头中选择一种接头时，一方面要考虑设计条件，例如考虑是承载还是联系接头，如果是承载接头，则要求这种接头的焊缝必须具有与母材相等的强度，这时就必须采用能够完全焊透钢板的方法焊接开坡口焊缝，即全熔透焊缝。若是联系接头，焊缝要承受的力是很小的，这时焊缝就不一定要求焊透或全长焊接。另一方面，这种选择主要考虑接头的准备和焊接成本。影响焊接准备和焊接成本的主要因素是坡口加工、焊缝填充金属量、焊接工时及辅助工时等。

在设计焊接接头时，除了上述必须考虑的设计要求和经济性外，不能忘记要为施工提供方便，应充分考虑到所设计的接头焊接操作容易、焊接变形可以控制、施工条件不难具备。鉴于这一点，设计人员在选择接头类型时，应征求焊接工程师的意见。总之，在设计中应尽量使接头类型简单、结构连续，并将焊缝尽可能安排在应力较小、结构几何形状尺寸不变的部位。

关于角焊缝接头的设计问题，应特别指出：第一，不宜选用过大的焊脚尺寸。试验结果证明，大尺寸的角焊缝其单位面积的承载能力较低，见表 7-2。第二，不宜在板材厚度方向上设计过大的角焊缝尺寸和传递过大的外力。由于钢板的厚度方向（通常也称 *Z* 向）性能，特别是塑性较差。因此要控制大尺寸角焊缝的热收缩应力对其的作用。若必须采用这种类型的接头时，应选择具有良好 *Z* 向断面收缩率的钢材，同时减小角焊缝焊脚高度。

表 7-2　角焊缝尺寸与其抗拉强度

焊脚尺寸 /mm	焊缝金属面积 /mm^2	焊缝计算厚度 /mm	抗拉强度/MPa	
			正面角焊缝	侧面角焊缝
4	11	2.8	433	326
8	45	5.6	360	270
12	101	8.4	332	250
16	179	11.2	324	243
20	280	14.0	315	236
30	630	21.0	315	236

此外，减小接头部位刚度，也是接头设计时应该考虑的原则之一。接头的刚性大，在焊缝未达到屈服点之前，变形量很小，因而在作铰接处理的接头中（如桁架的节点）会产生很大的附加应力。在这些接头中，应采取适当的措施，

例如减小焊缝截面尺寸、增加节点柔性、改变焊缝位置等来减小接头刚度。

在设计焊接接头时，设计人员除了要考虑上节中介绍的焊接接头的一般设计原则，还必须注意接头的可达性、可检测性以及如何防止或减小腐蚀的问题。

7.3 制造过程中的工艺措施

焊接过程中产生焊接应力和变形是不可避免的，可以用于减少焊接应力与焊接变形的工艺措施也很多，但各有其不同的适用范围与效能。当结构设计不良和选材不当时，通常不可能再补救，或者采取了一定工艺措施后也只能做到改善局部性能。但是，设计和选材的可能性却可以因完善的工艺技术措施而得以大大扩展。所以，焊前良好的结构设计和正确的材料选择是获得优质焊接结构的必备条件，焊接过程中（焊时）和焊后的工艺控制措施，亦可称作充分条件。材料选择可参考相关标准与规程。本节只就设计和工艺方面的措施作要点论述。

7.3.1 控制与消除焊接残余应力

1. 焊接残余应力与控制方法

焊接应力的名称因其使用的对象或研究角度的不同而不同。常用的焊接应力分类如图 7-4 所示，主要将其分成：生成机理、发展阶段、分布区域、作用方向和焊缝位置 5 种类型。

在结构设计阶段就应考虑可能采取的办法，来减小焊接应力（更注重的是焊接残余应力）；在焊接过程中，采取相应的工艺措施，可以调节和控制焊接应力的产生和发展过程；焊后，降低或消除应力的方法可以分为机械法和热处理方法等，这些方法和措施如图 7-5 所示。

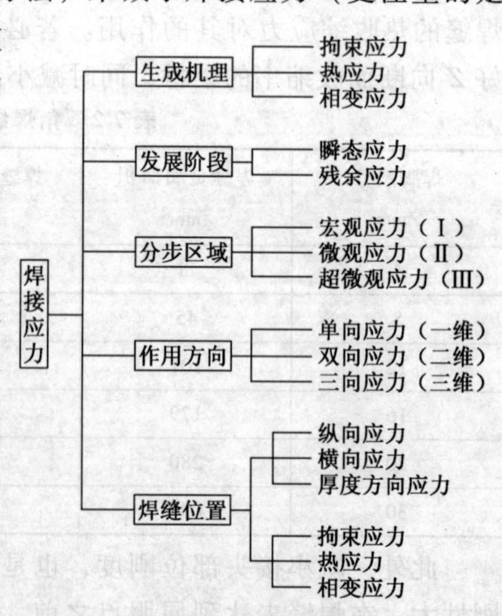

图 7-4　焊接应力分类

2. 消除焊接残余应力的必要性

符合下列情况之一的应考虑焊后消除内应力。

1）在工作、运输、安装或启动时可能会遇到低温，有发生脆性断裂的厚截面复杂结构。

2）厚度超过一定限度的焊接压力容器。

3）焊后机械加工面较多，加工量较

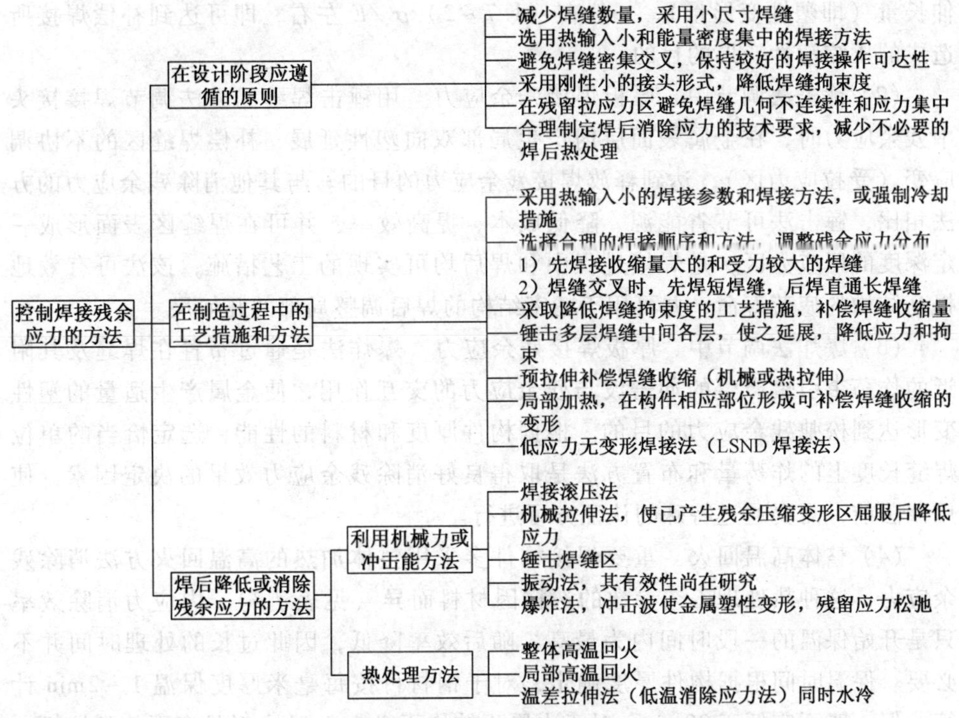

图 7-5　控制焊接残余应力方法的分类

大，不消除残余应力，不能保证加工精度的结构。

4）尺寸精度和刚度要求高的结构，如精密仪器和量具的座架、机床床身、减速箱等，在长期使用中或因不稳定组织的转变或因运转和运输中的振动致使内应力部分松弛，不能保持尺寸精度的结构。

5）有应力腐蚀危险又不能采取有效保护措施的结构。

一般情况下，在薄壁构件和中厚板结构中焊接残余应力多为二维平面应力状态，若材料具有较好的塑性、韧性，考虑消除残余应力的必要性时，还应注意到工序周期、制造成本的增加，尽量减少焊后附加的消除应力处理工作量。对于重型结构中的厚截面接头，多为三维应力状态，甚至会出现局部三向拉伸应力。一般视结构的承载情况可采取焊后整体高温回火或人工时效等方法减小或消除焊接残余应力。

3. 焊后控制焊接残余应力方法

(1) 滚压焊缝调节薄壁构件内应力　在薄壁构件上，焊后使用滚轮滚压焊缝和近缝区，是一种调节和消除焊接残余应力和变形的有效而经济的工艺手段，还可以通过滚压改善焊接接头性能（滚压后再进行相应的热处理），可将繁重的手工操作变成机械化，并能稳定产品的质量。在滚轮的压力下，沿焊缝纵向的伸长量（即塑性变形量），一般在（1.7～2）σ_s/E 左右，即可达到补偿焊接所造成的压缩塑性变形的目的。

（2）锤击法调节中、厚板焊接残余应力　用锤击焊缝的方法调节焊接接头中残余应力时，在金属表面层内产生局部双向塑性延展，补偿焊缝区的不协调应变（受拉应力区），达到释放焊接残余应力的目的。与其他消除残余应力的方法相比，锤击法可节省能源、降低成本、提高效率，并可在焊缝区表面形成一定深度的压应力区，是焊接过程中和焊后均可实现的工艺措施，该法可有效地提高结构的疲劳寿命，并可用于精密结构的焊后调整局部的几何尺寸。

（3）爆炸法调节中、厚板焊接残余应力　爆炸法是通过布置在焊缝及其附近的炸药带引爆产生的冲击波与残余应力的交互作用，使金属产生适量的塑性变形达到松弛残余应力的目的。根据构件厚度和材料的性能，选定恰当的单位焊缝长度上的炸药量和布置方法是取得良好消除残余应力效果的决定因素。使用该法前，需要通过特殊的认证方可进行。

（4）整体高温回火　重要焊接构件多采用整体加热的高温回火方法消除残余应力，这种热处理工艺参数的选择因材料而异（见表7-3）。内应力消除效率只是开始保温的一段时间内为最高，随后效率降低，因此过长的处理时间并不必要。保温时间根据构件厚度确定，对于钢材可按每毫米厚度保温1～2min计算，但一般不宜低于30min；对于中厚板结构不必高于3h；对具有再热裂纹倾向钢材的厚大结构，应注意控制加热速度和加热时间，对于一些重要结构，如锅炉和化工压力容器，消除内应力热处理规范及必要性，有专门规程予以规定。热处理一般在炉内进行，对于大型容器，可采用在容器外壁覆盖保温层，在容器内用火焰或电阻加热的办法来处理。

表7-3　不同材料消除焊接残余应力回火温度

材料种类	碳钢及低合金钢①	奥氏体钢	铝合金	镁合金	钛合金	铌合金	铸铁
回火温度/℃	580～680	850～1050	250～300	25～300	550～600	1100～1200	600～650

① 含钒低合金钢在600～620℃回火后，塑性、韧性下降，回火温度宜选550～560℃。

（5）局部高温回火　本法只对焊缝及其附近的局部区域进行加热，其消除应力的效果不如整体加热处理好，多用于比较简单的、拘束度较小的焊接接头，如长的圆筒容器、管道接头、长构件的对接接头等。为了取得较好的降低应力的效果，应保证有足够的加热宽度，以免因加热区太窄而加热温度梯度大，引发新的热处理残余应力。圆筒接头加热区宽度一般可取：$B=5\sqrt{R\delta}$；长板的对接接头，取 $B=w$。式中 R 为圆筒半径，δ 为管壁厚度，B 为加热区宽度，w 为对接构件的宽度。局部加热时的热源，可采用火焰、红外线、工频感应或间接电阻加热。

（6）温差拉伸法　该法也称作低温消除应力法。方法是：在焊缝两侧各用一个适当宽度的氧乙炔焰炬平行于焊缝移动加热，在焰炬后的一定距离（150～200mm）处跟随有排管喷水冷却。这样，可造成一个两侧高（峰值约为 200℃）焊缝区低（约为 100℃）的温度场。两侧的金属因受热膨胀对温度较低的焊缝区进行拉伸，使之产生拉伸塑性变形以抵消原来的压缩塑性变形，从而消除内应力。本法实质上等效于机械拉伸法，适用于焊缝规则，厚度小于 40mm 厚的板、壳结构。

（7）机械拉伸法　焊后对焊接构件进行加载，使焊缝压缩塑性变形区得到拉伸并屈服，从而减小因焊接引起的局部压缩塑性变形，使内应力降低。

消除的内应力数值（$\Delta\sigma$）可按式（7-1）计算：

$$\Delta\sigma = \sigma_0 + \sigma - \sigma_s \tag{7-1}$$

式中　σ_0——内应力，塑性材料的焊接结构，一般取 $\sigma_0 = \sigma_s$，故 $\Delta\sigma = \sigma$；

σ——加载时的应力；

σ_s——材料屈服强度。

焊接压力容器的机械拉伸，可通过液压试验来实现，液压试验采用一定的过载系数，所用试验介质一般为水。试验时，还应严格控制介质的温度，使之高于材料的脆性临界温度，以免在加载时发生脆断。

（8）点状加压和点状加热　两者都是利用作用点或附近（加压点和加热点）的压缩塑性变形抵消或部分抵消接头区的拉伸应力。该方法常用于焊后接头的局部处理。

（9）振动时效处理　可用于降低残余应力，使在后续机械切削加工过程或使用中保持构件尺寸与形状的稳定性。这种方法不推荐在易于出现脆裂和应力腐蚀开裂的结构上应用。振动法是利用由偏心轮和变速电动机组成的激振器，使结构发生共振所产生的循环应力来降低内应力的。其效果取决于激振器和构件特点及支点的位置、激振频率与处理时间。本法所用设备简单价廉、处理费用低、时间短，也没有高温回火时金属表面氧化的问题。

（10）其他调节残余应力的方法　喷丸处理、感应加热与水冷相结合、多层环焊缝管内水冷法等，在科研和生产中也有应用。

7.3.2　控制、调节与消除焊接变形

1. 焊接变形与控制方法分类

根据焊接变形的类型不同，预测、分析、控制和消除结构件的焊接变形十分重要。焊接变形可分为焊接过程中发生的瞬态热变形和在室温条件下的残余变形；残余变形又可以分为构件的面内变形和面外变形两种，其分类如图 7-6 所示。

从焊接结构的设计开始时，就应考虑控制变形可能采取的措施，进入生产

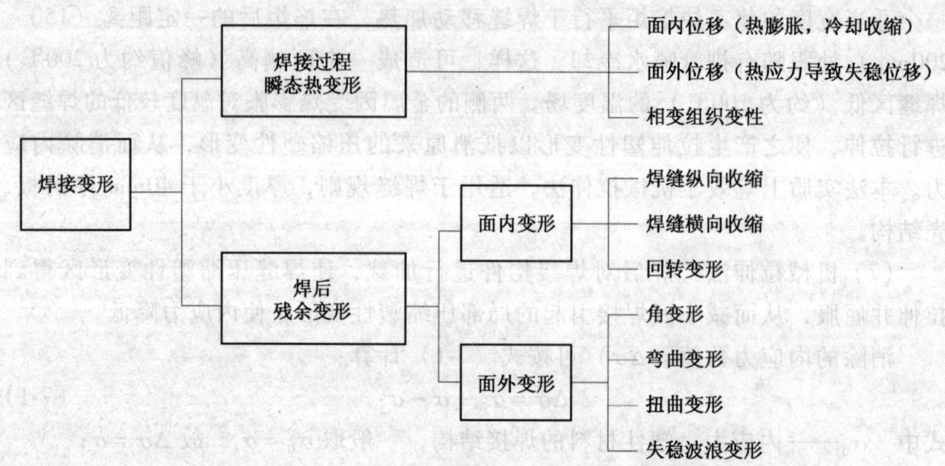

图 7-6　焊接变形分类

制造阶段，可采用在焊前的预防变形措施和在焊接过程中的“积极”或称“主动”控制的工艺措施；而在焊接完成后，只好选择适用的“消极”矫正措施来减小或消除已发生的残余变形。控制各种变形的方法分类见图 7-7。

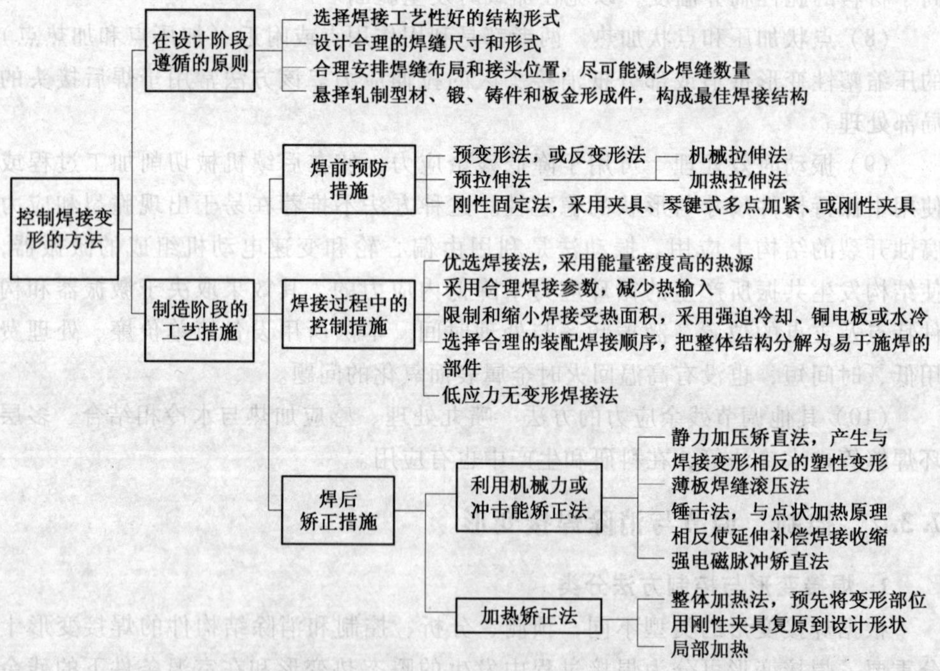

图 7-7　控制焊接变形方法的分类

2. 控制焊接变形的方法

（1）反变形法　根据预测的焊接变形大小和方向，在进行焊接工件装配时，预制一个与焊接残余变形大小相当、方向相反的预变形量（反变形量），焊接残余变形抵消了预变形量，使构件回复到设计要求的几何形状和尺寸。当构件刚度过大（如工字梁的翼板较厚或大型箱形梁等），采用上述反变形有困难时，可以先将梁的翼板强制反变形或将梁的腹板在下料时预制成上挠形，然后再进行装配焊接。

（2）预拉伸法　预拉伸法多用于薄板平面结构件，如车箱壁板的焊接。焊接前，先将薄板件用机械方法拉伸或用加热方法使之伸长；然后再与其他构件（如框架或筋板）装配焊接在一起；焊接后，去除预拉伸或加热，薄板回到初始状态。该法可有效地降低残余应力，控制波浪形失稳变形有明显的效果。

（3）薄板低应力无变形焊接法（LSND 焊接法）　与温差拉伸法不同，这是一种在焊接过程中实施的降低应力、防止变形的方法。焊接前，在焊缝区预制铜垫板进行冷却，两侧附有加热元件，形成一个特定的预置温度场，迫使焊件最高温度区（两个）离开焊缝中心线，其距离分别为 H，这样就对构件生成了预置拉伸效应。这是一种在焊接过程中直接控制瞬态热应力与变形产生和发展的“积极”方法，或称“主动”控制法。焊接后，残余应力峰值可以降低 2/3 以上，甚至会在焊缝区形成压应力，使工件避免失稳。因此，焊后的工件没有焊接残余变形，保持焊前的平直状态。LSND 焊接法适用于各类材料：铝合金、不锈钢、钛合金、高温合金等。预置温度场中的最高温度因材料和结构而异，一般在 100～300℃左右，可根据待焊件预置温度场。实践表明，预置温度场还有利于改善焊接接头的性能。LSND 焊接法可以在通常的钨极氩弧焊、等离子弧焊及其他熔焊过程中实施，并保持常用的焊接参数不变。

（4）滚压焊缝消除薄板残余变形　焊缝滚压技术不仅可用于消除薄壁构件上的焊接残余应力，而且是焊接后矫正板、壳构件变形的有效手段，多用于自动焊方法完成的规则焊缝，即，直的或环状焊缝。

（5）局部加热法　多采用火焰对焊接构件局部加热，在高温处，材料的热膨胀受到构件本身刚性制约，产生压缩塑性变形，冷却后产生自然收缩，抵消了焊后的构件变形，达到矫正目的。局部加热法可用单点和多点操作。

（6）强电磁脉冲矫形法（电磁锤法）　利用强电磁脉冲形成的电磁场冲击力，在焊件上产生与残余焊接变形相反的变形量，以达到矫正目的。电磁锤法是用于钣金件成形的一种有效工具，其工作原理是，高压电容通过圆盘形线圈组成的电磁锤放电，在线圈与工件之间感应生成很强的脉冲电磁场，形成一个较均匀的压力脉冲，用以成形和矫形。

3. 使用焊接夹具

焊接中，焊件变形是释放焊件内不均匀应变能的自发过程，如果用外力将焊件刚性固定，则不均匀变形能会以塑性应变的形式反映出来。对于塑韧性好的金属或合金，使用夹具可以有效地防止焊接变形，所以，为保证焊后尺寸，生产中大量使用夹具。图7-8为焊接变形与夹具夹紧程度的一般关系。由图中曲线可见，夹紧程度越大（如刚性固定），焊接变形越小；在自由状态下（无夹紧的状态），焊接变形量大。使用夹具时应注意的是，刚性固定使焊接件产生较大的塑性应变和应变集中区域的热效应，对某些强度级别较高的金属会造成塑性损伤而引起局部脆化，在以后的服役中易出现早期失效；而不采用夹紧措施，焊件在无拘束条件下通常会引起较大的焊接变形，重者造成焊件的尺寸超标，甚至无法完成焊接过程；较大的塑性应变也会使焊缝金属的强度有所提高，同时焊接应力有增加的可能。

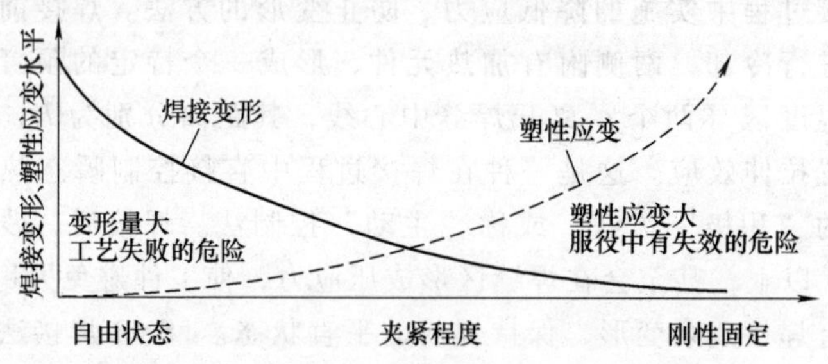

图7-8　夹紧程度与焊接变形的趋势示意图

4. 焊接接头的收缩量控制

正常焊接的构件一定会有收缩量，这是熔焊的特征之一，收缩量也属于焊接残余变形的一种。主要应考虑的是接头横向和纵向收缩量。一般情况下，焊接接头的收缩量与主要受焊缝截面积大小、板厚、接头类型、材料以及焊接方法等因素的影响。焊接接头收缩量的大小主要影响焊接结构或产品的装配精度和最终尺寸，也会降低焊接接头的性能和承载能力。所以也必须给予足够的重视。工程上常采用下料时的预留量来控制接头的收缩量。普通低碳、低合金钢焊接收缩量的参考值见表7-4。

表7-4　普通低碳、低合金钢焊接收缩量参考表

焊缝横向收缩量近值							
接头形式	板厚/mm						
	3～4	4～8	8～12	12～16	16～20	20～24	24～30
	收缩量/mm						
V形坡口对接	0.7～1.3	1.3～1.4	1.4～1.8	1.8～2.1	2.1～2.6	2.6～3.1	—
X形坡口对接	—	—	—	1.6～1.9	1.9～2.4	2.4～2.8	2.8～3.2

（续）

焊缝横向收缩量近值							
接头形式	板厚/mm						
	3~4	4~8	8~12	12~16	16~20	20~24	24~30
	收缩量/mm						
单面坡口T字接	1.5~1.6	1.6~1.8	1.8~2.1	2.1~2.5	2.5~3.0	3.0~3.5	3.5~4.0
单面坡口角接	0.8			0.7	0.6	0.4	—
无坡口单面角接	0.9			0.8	0.7	0.4	—
双面断续角接	0.4	0.3		0.2	—	—	—
焊缝纵向收缩量近似值/（mm/m）							
对接	0.15~0.30						
连续角焊缝	0.20~0.40						
断续角焊缝	0~0.10						

7.4 防止脆断、疲劳和应力腐蚀的工艺措施

7.4.1 防止脆性断裂的一些工艺措施

对于重要的焊接结构如桥梁、船舶、压力容器等，为了防止脆性断裂的发生，除了规范的结构设计以外，还必须合理安排结构的制造工艺，常采用的工艺措施主要有：

（1）充分考虑应变时效引起的局部脆性　研究表明，结构的冷加工可引起钢板的应变时效，应变时效会大大降低材料的塑性，提高材料的屈服点及韧脆性转变温度并降低材料的缺口韧性。因此对于应变时效敏感的材料，不应造成过大的塑性变形量，并在加热温度上予以注意或采用热处理消除之。

（2）合理的选择焊接材料、焊接方法和工艺　试验证明，在承受静载的结构中，保证焊缝金属和母材的韧性大致相等，适当提高焊缝的屈服点是有利的。另外对于一定的钢种和焊接方法来说，热影响区的组织状态主要取决于焊接参数，也就是热输入，因此合理选择热输入是十分必要的，特别是对高强钢更是如此。

（3）严格管理生产　减少造成应力集中的几何不连续性，如角变形和错边、咬边、夹渣，特别是类裂纹（如未焊合）等缺陷；不在结构件上随意引弧，因为每个弧坑都可能是微裂纹源；不随意在构件上焊接质量不高的附件，在去掉附件后应该仔细地磨平施焊处。

（4）必要时采用热处理工艺　热处理工艺对恢复应变时效和动应变时效造

成的韧性损伤，消除焊接残余应力是有利的，但是热处理工艺安排要合理，否则不能达到预期效果，甚至会造成不利影响。

（5）妥善保管放置构件或产品 避免构件造成附加的应力、温度应力等。

7.4.2 预防疲劳断裂的一些工艺措施

焊接结构的疲劳断裂是失效数量最多的破坏形式，而裂纹源又往往是发生在具有较大拉伸应力（特别是应力集中部位）和金属损伤的焊缝及其附近，所以，有效防止疲劳断裂的发生，是焊接工程设计和生产制造过程中十分重要的内容，在焊接工艺方面可实施的措施也很多，下面简要介绍如下。

在不同的循环应力作用下，不同焊接接头的疲劳寿命相差很大。在焊接结构的设计和制造中某些疲劳强度较低的接头常常是难以避免的，如横向角焊缝、带有接点板的纵向角焊缝端部细节等。若采取增大构件断面降低其公称应力来确保其疲劳寿命，从技术和经济原因来看是不可取的，特别是高强度钢材。因此，采用适当的方法来提高这些焊接接头的疲劳性能具有十分重要的经济意义。近30年来，人们已研究出许多提高焊接接头疲劳寿命的方法，概括起来可分为三类：一是改善非连续性的几何形状，缓和集中应力；二是在易产生裂纹的缺口部位预制残余压应力，或者消除有不利影响的焊接残余拉应力；三是覆盖塑料等涂层，防止腐蚀介质环境的不利影响。表7-5列出了各种改善方法及其技术说明和适用范围等，在进行焊接工艺设计时可参考使用。

表7-5 提高焊接接头疲劳强度的方法

方法		技术说明	使用的范围及优点	弱点
改善几何形状方法	电弧气刨后补焊法	用碳弧气刨吹掉熔化金属后再补焊	适用于有很大的内部缺陷情况	费用高，补焊可能产生新的缺陷
	砂轮修磨法	用直径100mm砂轮，60~150级石英砂	适用于对接焊缝余高，快速容易	不能打磨所有缺陷
	钻孔法	孔径一般为12~15mm	适用于侧面节点板和个别有裂纹的细节，费用低，不要求有特别的设备	仅用于穿透裂纹，延长其疲劳寿命
	锥形砂轮磨光法	用锥形砂轮打磨焊趾，磨去基材0.5mm，用30~200级石英砂轮连续分3次磨光	适用于角焊缝，这是打磨法中最有效的方法	消耗多、费用高、难于确保质量
	TIG重熔法	用TIG焊不填丝重熔法焊趾，能消除6mm深的缺欠	适用于在车间制造的小机械部件和横向焊缝；对高强钢，当裂纹起始寿命较大时，改善效果更大	要求焊缝表面清洁，引起焊缝表面硬化

（续）

方法		技术说明	使用的范围及优点	弱点
残余应力方法	射水冷却法	将焊缝加热至 500 ℃，保持 3min，然后射水使表面快速冷却	不需知道裂纹起始位置，不需严格控制温度	高温（500 ℃），限制冷却位置，不适用于大型接头和小型接头构件
	点加热法	距焊缝一定位置加热至 280℃，引起局部屈服	适用于大板	过热可能引起冷却时的马氏体相变
	多丝锤击法	用 2ϕ 钢丝组成的束状锤头，对焊趾表面进行冷作加工，压缩空气压力为 500～1000MPa	适用于中等严重的缺口	必须知道开裂位置，对横向焊缝无效
	喷丸锤击法	喷铁丸或玻璃丸对焊趾表面进行冷作加工	适用于平板和轻微缺口	引起较小的缺口，未建立质量控制技术，要求有操作经验，仅适用于水平位置
	单点锤击法	用直径 6～12mm 的球形锤头对焊趾表面进行冷作加工，可用电锤或气压锤	适用于较严重的缺口，无损耗	
	局部加压	在距焊缝一定位置加压至屈服（2～3 倍屈服荷载）	适用于铝合金	要求有操作经验
	初始超载法	用拉伸法预先加载使焊缝区局部屈服	适用于薄板	不适用于很大结构
	内应力消除法	在炉内加热 600℃，缓冷 24h 以上，加热速度为每 10mm 板厚 1h	适用于小构件的纵向角焊缝	大构件常常不成功，冷却速度慢
	超声波冲击法	用超声波冲击焊趾，预制表面压应力	适用于角焊缝和对接焊缝	
涂装方法	油漆 镀锌 阴极防护	塑料、油漆 逐层涂装	适用于腐蚀环境 适用于发生应力腐蚀裂纹和裂纹扩展速率大于 10^{-3}mm/周的严重腐蚀环境	费用高 费用高

7.4.3　提高焊接接头耐蚀性的途径

焊接接头耐蚀性的改善是一个综合性的课题，从选材、设计、制造、防护到结构的运行维护，对每一过程都必须予以足够重视，才能达到预期效果。下面几点是提高焊接接头耐蚀性的重要环节，在焊接工艺设计时应予考虑。

(1) 结构材料及焊接材料的合理选择　结构材料的耐蚀性在一般的腐蚀手册中均可查到，但焊接接头的耐蚀性则须通过试验加以确定。

(2) 焊接结构的合理设计　首先对结构在给定工矿条件下能产生的腐蚀类型有一概括的了解，在此基础上开始有针对性的设计。耐腐蚀结构设计必须遵循的共同准则包括正确的强度计算、避免应力集中、避免在高应力区布置焊缝；尽量降低对腐蚀特别敏感部位的刚度和避免可能引起过大残余应力的结合点或区域；避免妨碍液体流动和排放的结构死区等。

(3) 合理的焊接工艺　要明确耐腐蚀结构不同于一般结构，在制造工艺上有更加严格的要求。焊接工艺上除正确选择焊接材料外，还包括焊接方法及热输入的选择、焊接顺序的确定、焊缝熔合比的控制、焊接缺陷的防止、残余应力及应力集中的防止和消除等。

(4) 结构的表面防护　在金属表面设置防护层，是隔离腐蚀介质的重要防腐措施。防护层可分为金属镀层和非金属涂层两大类，见表 7-6。防护层的选择取决于结构的腐蚀类型及使用条件、施工条件、维修要求、安全卫生等因素。

表 7-6　防腐蚀保护层的分类

金属镀层		非金属镀层		
有阴极保护	无阴极保护	无机材料	有机材料	
			天然材料	合成材料
锌 铝 镉	锡 铅 镍 铜 贵金属 合金钢	搪瓷 水泥 陶瓷	油 橡胶 沥青 油漆	塑料 聚苯硫醚

(5) 介质的缓蚀处理　清除或减少介质中能促进腐蚀的有害成分，如可加入缓蚀剂。

(6) 结构的电化学保护（阴极保护）　将结构接在直流电源的负极，使之处于阴极极化状态而受到保护，这称为外加电流阴极保护法。而在结构上连接一电位较负的金属（例如在船体上连接锌合金）作为阳极，使焊接接头成为阴极，则称为牺牲阳极保护法。大型结构进行外加电流保护时，应根据不同部位的实际电位分别确定所需的电流密度，并应注意控制保护电位使之处于安全范围内，以免过大的负电位引起金属的氢脆。

第8章　焊接工艺装备

在焊接生产中普遍采用各种焊接夹具、装配平台、焊接操作机、变位机、滚轮架以及焊工升降台等焊接工艺装备。了解和掌握这类设备的原理结构和工作能力，对正确选择使用和独立设计新型的焊接工艺装备有着重要的意义。

8.1　焊接工艺装备的分类及选用

8.1.1　焊接工艺装备的分类

由于焊接制品、焊接方法以及焊接工艺过程的多样化，决定了焊接工艺装备的多样化，有些工艺装备已从非标准设备步入了标准化、系列化、专业化生产的行列。为便于选用、设计和技术交流，通常的分类方法是按其工艺用途命名划分的，如图8-1所示。

另外，按工艺装备的通用化程度不同，又分为专用型和通用型两大类。专用型工艺装备的特点是：主要用在大量生产定型产品的生产线上，在较长期的使用过程中仅需要对原有元件进行维修保养，一般不得作结构或功能的变动；相反，通用型工艺装备往往用于单件小批生产，为了适应产品的变化，生产中需定期或不定期地更换或调整定位器、夹紧器的类型及位置等，但工艺装备的主体结构保持不变。

8.1.2　焊接工艺装备的选用

在具体工艺条件下采用何种类型的工艺装备，不仅取决于焊接结构类型和特征，也决定于生产纲领，同时还受到生产厂家经济实力与操作者技术水平等制约。

应该注意，在焊接结构的生产中，纯焊接作业时间仅占焊接构件装配焊接总时间的25%～30%，其余为运输、上件、组装、卸件以及焊件、焊接机头、焊工变位等辅助时间。

首先，焊接结构的生产规模和生产类型，在很大程度上决定了选用的工艺装备的专用化程度、完善性、生产效率及构造类型。同时，产品的重量、外观尺寸、结构特征以及产品的技术等级、重要性等也是选择工艺装备的重要依据。必要时，须进行全面的分析论证，尤其在新厂房和新生产线设计时，更要认真

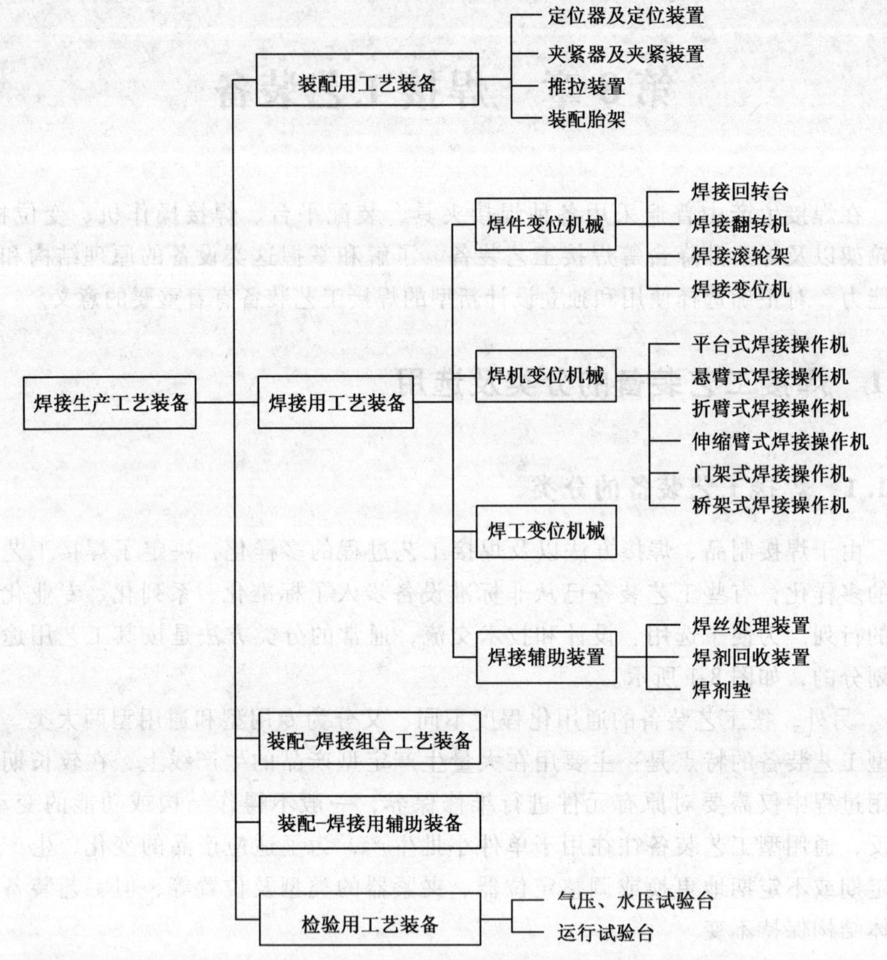

图 8-1　按用途对焊接工艺装备的分类

对待；否则，会影响生产纲领的实现或造成资源浪费。

另外，在产品生产工艺规程中对工艺装备的用途和使用有着明确的要求和说明，包括如何使零部件有效定位、夹紧，如何进行反变形、点固、施焊等。这些内容对选择工艺装备有很强的指导性，绝不应忽视。

最后，应根据产品的生产节拍与实际焊接操作所能达到的最短周期，最终确定工艺装备的数量（工位数）及平面布置。

除上述之外，还应注意以下几点。

1）工艺装备的可靠性。主要包括承载能力、结构刚性、夹紧力大小、机构的自锁性、安全防护与制动、机构自身的稳定性以及负载条件下的稳固性等。

2）对制品的适应性。主要包括工件装卸的方便性、待焊焊缝的可达性、可观察性、对工件表面质量的破坏性（如划伤、压痕等）以及抗焊接飞溅损伤的能力等。

3）焊接方法对夹具的某种特殊要求。如闪光对焊时，夹具兼作导电体；钎焊时，夹具兼作散热体。因此，要求夹具本身具有良好的导电性和导热性。

4）安装、调试、维护的可行性。主要涉及生产车间的安装空间、起重能力、力源配备、主要易损件的备件提供方式、车间维护能力、操作者技术水平等。一般说，工艺装备的等级越高，力源及控制系统越复杂，相应对操作和维护人员的技术水平要求越高。

5）尽量选用已通用化、标准化的工艺装备，这样，可减少投资并缩短产品开发的周期。

8.2　焊接件的定位与夹紧

8.2.1　焊接件的定位

在装配焊接作业中，使焊件按图样或工艺要求，在夹具中得到确定位置的过程叫定位。由于熔焊接头的不可拆卸性，为了获得满足技术要求的产品，在装配、焊接工序中尤其要注意使各焊件之间正确定位。焊件能否在夹具中获得准确而快速的定位，关键在于科学地运用定位原理和恰当地选择工艺基准。

1. 基准和定位过程

所谓基准是指某些特定（参考）的点、线、面的组合。基准的作用是用来确定零部件中相关点、线、面的位置。按其用途不同，可分为设计基准和工艺基准。

设计基准一般指在产品工程图上，设计者所选定的参考点、线、面的组合，用以确定零件轮廓、尺寸及形位公差等。作为设计基准的点、线、面，可以是零部件的实际表面（如底面、侧面、端面等），也可是某些假想的对称点（如圆心）、对称线（如轴线）或对称面。

工艺基准是指在施工过程中，直接用于测量、定位、安装零部件时的实际点、线、面的组合。恰当地选择工艺基准，可简化工艺和装备，并且更容易保证装配和测量的精度。应当指出，选择工艺基准时，应尽可能使其与设计基准相统一，以减少因基准变换带来的疏漏。工艺基准又可以进一步分为定位基准、装配基准和测量基准。

焊接件的定位过程，可由三个工序步骤“定位→夹紧→点固”来完成。首先，应根据零部件的结构特征，在夹具中选择好装配基准（又称组装基准）；再根据被定位零件的相互装配关系，明确每个被依次装配的零部件自身的定位基准；实施装配定位时，只要将被装配零部件的定位基准严格按工艺要求与胎夹具中相应的装配基准紧密贴合，并借助夹具的夹紧作用使之相对稳定；经检测无误后，便可及时实施定位焊。只有装配后的零部件在形状（如圆度、角度、拱度等）和尺寸上满足图样和工艺规程的特定要求时，才真正实现了零部件的正确定位。

2. 刚体的六点定位原理

为了便于理解，现以典型的长方体零件为刚体模型，分析其定位规律。

由理论力学可知，空间的任何刚体相对于三个相互垂直的平面（基推面）：*xOy*、*yOz*、*zOx* 有六个自由度，即沿 *Ox*、*Oy*、*Oz* 轴向的相对移动和绕 *x*、*y*、*z* 轴的相对转动，如图 8-2 所示。要使刚体完全定位，必须且只须消除其在空间存在的六个自由度。定位原理的具体分析如下：

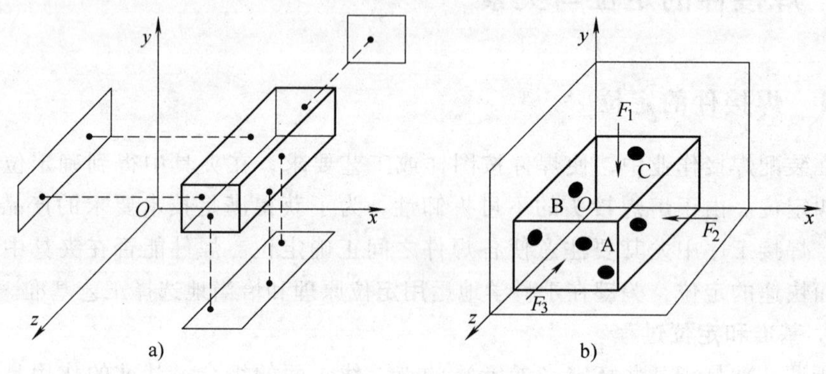

图 8-2　零件的完全定位示意图

首先，运用空间几何学中“不在同一直线上的三点可确定一个平面”的原理，在 *xOz* 平面（水平面）上设置三个等高的固定刚性支点，相应支承在长方体的底面 A，并配以恰当的夹紧力 F_1，如图 6-2b 所示，便可消除该零件沿 *Oy* 轴向的相对移动和绕 *x* 轴、*z* 轴的相对转动，去除了三个自由度；再选择侧平面上的两个刚性支点，相应支承在长方体的侧面 B，同时恰当施以夹紧力 F_2，又可消除该零件沿 *Ox* 轴向的相对移动和绕 *y* 轴的相对转动，又去除了两个自由度；最后，在 *xOy* 平面上再设置一个刚性支点，相应支承在长方体零件的端面 C 上，同时在另一端面上恰当施以夹紧力 F_3，则可消除零件沿 *Oz* 轴向的相对移动，去掉了最后一个自由度；从而实现了刚体零件的可靠定位。这就是经典的刚体六点定位原理。

3. 六点定位原理的运用

焊件定位时，如果把图 8-2 中的坐标平面看作是夹具上的支承面，把支承点换成定位块，把相应的夹紧力 *F* 改造成实用的夹紧器或夹紧机构。定位操作时，将具有足够刚性的焊件近似视为刚体，那么会很自然地使六点定位原理得到直接运用。

在这里，分布在夹具上三个相互垂直平面上的六个支点，实际上已构成了一套点、线、面的有机组合，为刚性零件提供了可靠的装配基准。而长方体零件上与六个支点相接触的三个特征平面，即底面、侧面和端面则成为该零件自身选定的三个定位基准面。根据它们在定位过程中的作用平面，分别称底面为主要定位基准面，侧面为导向定位基准面，端面为止推定位基准面，即相应地简称为主基面、导向基面和止推基面。

应当指出，对于刚体零件而言，空间定位只需恰当地选择六个支承点。不需要用两个或更多的支承点来限制一个自由度；否则，就造成了"过定位"（产生多余约束）。过定位属于不合理设计，会影响工件的定位精度。

另外，在焊接部件的装配过程中，最初的装配基准往往由胎夹具上的某些点、线、面直接提供，而后续零件的装配基准则可能由已装配零件上的某些相关点、线、面来间接提供。因此，确定最初的定位零件时应充分考虑并合理选择零件之间的装配次序，以方便后续零部件的组装。

4. 实际零件定位应注意的问题

实际焊接结构中的零件并非刚体，组装前多为下料后的型材或板材，有些零件自身刚性很小，极易变形，尤其那些薄板结构和截面尺寸较小的杆件，甚至不能保持自身形状的稳定。在这种情况下，如果机械套用刚体的六点定位原理就不灵了，应视具体情况进行科学处理。

（1）大型薄板零件的定位　铁路客车车体钢结构是较为典型的板壳结构，如图 8-3 所示，其中的侧墙和顶棚均为格栅骨架及外蒙皮（2～4mm 厚的钢板）焊制而成。在批量生产中全部采用装焊夹具。很显然，对侧墙这类大平面薄板件的组装定位（尤指外蒙皮），再套用"三点定面"的模式是根本不行的，必须依靠刚性较大且能够保证零件设计形状的胎具来控制它的成形精度。通常是选择大型刚性平台为依托，构成夹具体，平台的上表面即为薄板零件（外蒙皮）的组装基面。这时，平台本身就起到了定位器的作用，相应的夹紧力也不再是一个集中力，作用点也不是一个点，而是扩大的小平面。

考虑到基准本身的精度，一般平台表面需严格加工和校准；为方便导向基面和止推基面定位器的调整和安装，平台应附带"T"形槽、工艺孔等。

对于侧墙这类大型部件的装配，压夹器也可设计在门架上。门架可沿某一方向移动，依次完成骨架零件的组装。这样，既能节省压夹器的数量，也便于工件的吊装与取出。

（2）长杆件的定位　工程上采用型材制做零件的情况相当普遍，如角钢、槽钢、工字钢等。这些型材本身具有一定的刚性，但尺寸过长时刚度就越发显得不足，极易产生弯曲或扭曲变形。如铁路客车车体钢结构中的侧墙上边梁（图8-3中的4）、侧边梁（图8-3中的5）。它们的长度尺寸均为22.5~25.5m，但横截面尺寸并不很大，为200号以下的槽钢。装配定位时，仅在导向基面上设置两个支点是不能奏效的，采用一个夹紧力更是不可取的，甚至会造成工件的侧向弯曲。因此，工程上常采用主定位与辅助定位相配合的方式，而且主辅定位夹紧机构中均具有可调节位置的功能，使实际操作更具灵活性。适当改变辅助定位器的控制支点位置还会产生反变形功能，因而使工艺操作更为合理，如图8-4所示。

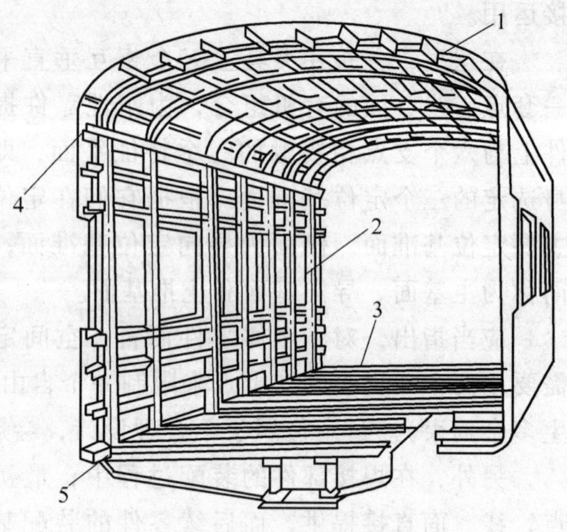

图8-3　全焊客车车厢结构示意图

1—顶棚　2—侧墙　3—底架

4—上边梁　5—侧边梁

装配定位时，主定位器与夹紧机构先动作，确定杆件的主体位向；然后使用辅助定位夹紧机构，以分段控制杆件局部可能出现的弯曲或扭曲，较好地控制了杆件的直线度。在这套主辅定位机构中，主定位夹具应具有更高的刚性和重复定位精度；辅助定位夹具的定位状态应灵活可调。为方便槽钢类零件的吊装和最终底架的取下，各定位夹具均应具有退让性，从而体现其良好的适用性。

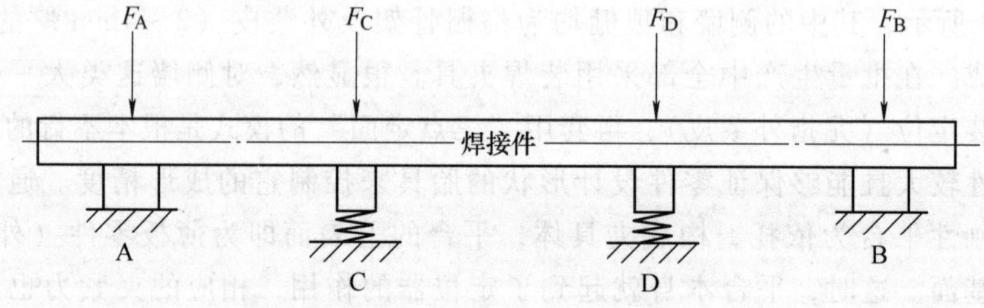

图8-4　长杆件的定位示意图

A、B—主定位夹具　C、D—辅助定位夹具

长杆件定位时，还应注意夹紧力的作用位置和方向。一般选择夹紧力与定位器装配基面垂直且过定位块形心为适宜，以防止因夹紧力的作用而产生的"三点弯曲"行为，克服因夹紧而产生的附加变形，也正是长杆件定位时需特别注意的。

（3）定位基面的加工精度　为了使零部件可靠定位，胎夹具中的主要定位器的装配基面必须经过较精确的加工，并在一定时期内保持其尺寸精度，严重磨损后应及时更换或调修。另一方面，零部件本身的定位基面也应优先选择那些平整、光洁的表面；不规则的型钢棱边不能作为定位基面。特别是两个零件之间有相互关联的尺寸公差要求（如轴套的中心距）时，定位面应进行必要的加工。同时，考虑到焊接变形的影响，被装配的零件尺寸还要注意留有充分的加工余量，以确保焊后有足够的精加工尺寸。

（4）定位元件与夹紧元件的合理匹配　在装焊夹具中经常同时使用两类不同功能的元件，即定位元件和夹紧元件。它们的分工是明确的，设置在夹具体某些特定位置上的定位元件，其作用是：通过它们的有机组合，提供相应的装配基准，并与被定位的零部件的定位面相呼应。应该说，定位元件的设置仅仅提供了可靠定位的必要条件，而被定位的零部件能否真正可靠地实现空间定位，要有夹紧元件的有力配合。但是，夹紧元件本身在夹紧操作的过程中是运动的，其工作面并不是定位装配基准，所以夹紧元件应该与定位元件配套使用，在实际生产中往往将二者合并为同一机构，组成定位夹紧元件。

5. 常用定位器

定位器是保证工件在夹具中获得正确装配位置的零件或部件，具有多种结构形式，可根据被定位零件的结构特点及定位要求来设置和选用。主要有挡块、定位销、V 形铁、支承钉等。其中，挡块适用于零部件边缘的外表面定位；定位销适用于零部件上定位孔的内表面定位；V 形铁则适合圆柱体零件的外表面定位，如管子、轴类或小直径的筒体零件；支承钉适用于阶梯表面或曲面零件的定位。图 8-5 为上述四种定位器的结构示意图。

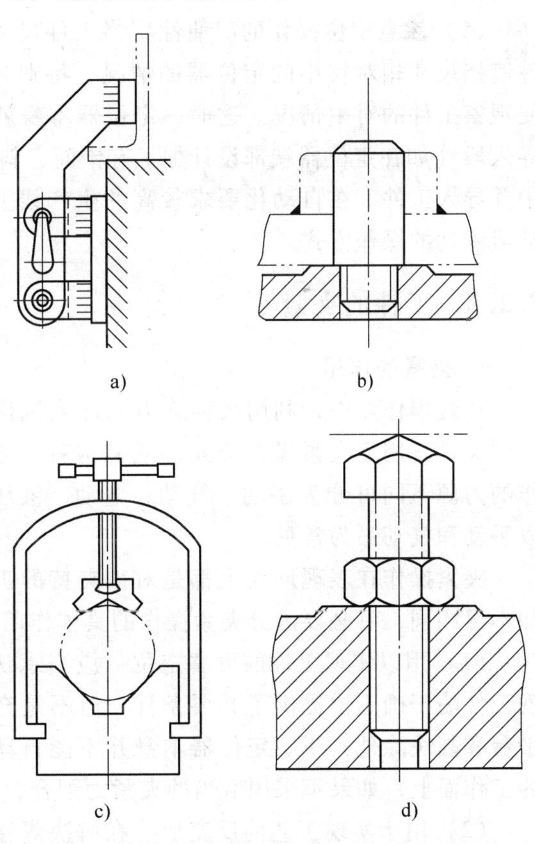

图 8-5　定位器结构示意图

a）挡块　b）定位销　c）V 形铁　d）支承钉

6. 定位器应用的技术要点

定位器是装配、焊接夹具中最基本的元件之一，在各种焊件变位机械中也有应用。在同一台夹具中，也应根据被定位零部件的结构特征选择相应的形式。同时，还应充分注意以下技术要点：

（1）耐磨性 定位器的工作表面在装配作业中常为零部件的装配基准，又与被定位零件表面频繁接触，因此，该工作表面不仅要有适当的加工精度，还要有良好的耐磨性，以便在较长期的工作条件下保持较稳定的定位精度。

（2）结构刚性 定位器有时要承受工件的重力，吊装时也难免受到工件的碰撞或冲击，因此，定位器本身应具有足够的刚性；同时，安装定位器的夹具体也必须具有更大的刚性，以确保工件定位的准确性与可靠性。

（3）布局的合理性 定位器的布置首先应符合定位原理，不应产生过定位，特别是在有工艺反变形要求时，定位器的配置更要精心设计；有时为满足装配零部件的吊入和取出，还须将定位器设计成可移动、可回转或是可拆装的形式。

（4）注意基准的选择与配合 定位精度和质量不仅取决于定位器工作面（装配基推）的加工精度和耐磨性，也取决于工件定位面的状况，应作恰当选择。应用时，优先选择工件本身的测量基准、设计基推，必要时也可专门为解决定位精度而在工件上设置装配孔、定位块等。

（5）注意定位操作的简便性 当工件尺寸较大时，吊装过程很容易造成工件遮挡尺寸相对较小的定位器的情况，特别是采用中心柱销定位时，操作者不便观察工件的对中情况。这时，定位器本身就应考虑设有适应较大对中偏差的导入段（如在定位器端部设计加工有锥面、斜面或球面导向），以辅助工件的对中并导入工件。在自动化要求较高的生产线上，可移动式的定位器也应采用气动或液动的操作方式。

8.2.2 工件的夹紧

1. 夹紧的作用

在装焊作业中，利用某种施力元件或机构使工件达到并保持预定位置的操作叫夹紧。用于夹紧操作的元件或机构就称之为夹紧器或夹紧机构。按夹紧操作的力源不同可分为手动、气动、电动、液压、磁力、真空等六种类型，其中以手动和气动最为常见。

夹紧操作在表现形式上都是对被夹持的工件实施力的作用，但其工艺内涵却不尽相同，有必要区分夹紧操作的具体作用：

（1）用以实现工件的可靠定位 应当承认，定位器的合理选择和布置为实现工件的正确定位提供了必要条件，但不是充分条件。因在大多数情况（磁力平台和挡块除外）下，定位器本身并不能自动将工件定位面严格地贴靠在自身的工作面上，如果不采用恰当的夹紧力配合，将会影响工件的最终定位效果。

（2）用于实现工艺的反变形 在解决焊接构件的挠曲变形、角变形等问题时，经常采用装配反变形工艺措施。尤其是采用外力强制下的弹性反变形装配工艺时，为了有效控制工件的形状、变形量及位置稳定等，首先必须通过某些夹具使工件整体稳固，然后再运用专门设置在特定部位的夹具对工件施加反变形力。

（3）用于保证工件的可靠变位 在焊接工序中，有时需借助焊接变位机对工件进行倾斜或回转。这时，吊装在变位机工作台或翻转机上的工件也必须采取可靠的夹紧措施，以确保操作过程的安全，防止工件在焊接过程中产生相对窜动。

（4）用于消除工件的形状偏差 目前“冲压—焊接”结构广为应用（如汽车驾驶室、后桥壳总成等）。由于各种工艺因素（如反弹等）的影响，经冲压成形的板壳类零件往往会产生不同程度的形状（如圆度、直线度）偏差。为了消除前道工序的不良影响，有效控制产品的装配质量（如装配间隙、工件圆度等），在装配工序中利用一些专用夹具来弥补工件本身存在的尺寸偏差，降低废品率。

2. 常用的夹紧器

常用的夹紧器分类如图 8-6 所示。

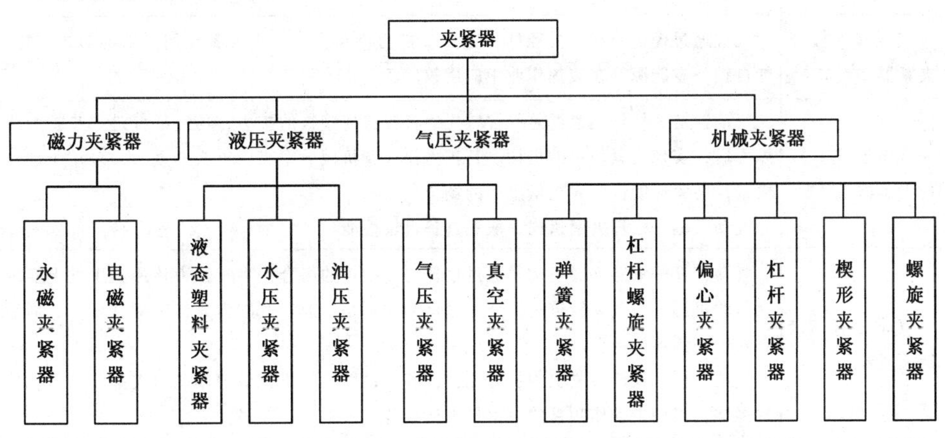

图 8-6 常用夹紧器的类型

（1）气动及液压夹紧器 气动夹紧器（或机构）是以压缩空气为传力介质，推动气缸活塞与连杆动作，从而实现对工件夹紧作用的。而液压夹紧器（或机构）则是以压力油为传力介质，使液压缸活塞与连杆产生动作，从而实现夹紧作用的。二者的根本区别在传力介质的不同，而工作原理相似。

应该指出，图 8-6 中仅仅列举了夹紧器的基本类型。为了发挥各自的优势，扬长避短，挖掘它们的生产潜力，往往采取复合的构造形式，例如：把气压压夹器的力源（气缸）移植到机械（手动）夹紧器的执行机构上，便可产生多种更为实用的夹紧机构，如气动—杠杆夹紧器、气动凸轮—杠杆夹紧器等。

（2）气动（液压）夹紧机构的常见结构组成 气动夹紧器在工程中应用的

具体结构类型多种多样，表 8-1 列举其中较为典型的实例，供选用或设计时参考。

表 8-1 气动夹紧机构

名 称	说 明
气动夹紧器	气动夹紧器是通过气缸的直接作用，用于夹紧工件的机构，其夹紧力既为气缸推力
气动杠杆夹紧器	是气缸通过杠杆进一步扩力或缩力后来实现夹紧作用的机构，形式多样，适用范围广，在装焊生产线上应用较多
气动斜楔夹紧器	是气缸通过楔进一步扩力后实现夹紧作用的机构，扩力比较大，可自锁，但夹紧行程小，机械效率低，在装焊作业中应用较少
气动撑圆器	与手动撑圆器相比，推撑力大，筒周受力均匀。但体积大，机动性差，一般不能自锁，主要应用中小壁厚、大径筒节的对接和整形
气动拉紧器	通过气缸或油缸的作用，将工件拉拢或拉紧。出力大，不能自锁，用于厚大件的装焊作业
气动楔—杠杆夹紧器	气缸通过楔扩力后，再经杠杆进一步扩力或缩力，实现夹紧作用。结构形式多样，能自锁、省能源，在装焊作业中应用较广泛
气动铰链—杠杆夹紧器	气动铰链—杠杆夹紧器是气缸首先通过铰链连接板的扩力，再经杠杆进一步扩力或缩力后，实现夹紧作用的机构。其扩力比大，机械效率高，夹头开度大，多用于动作频繁，夹紧速度快，大批量生产的场合 气动铰链—杠杆夹紧机构一般不具备自锁性能
气动杠杆—铰链夹紧器	气动杠杆—铰链夹紧机构是通过杠杆与连接板的组合，将气缸力传递到工件上实现夹紧的机构。与气动铰链—杠杆夹紧器的区别是，前者气缸力先传递到杠杆上，而后者先传递到连接板上 气动杠杆—铰链夹紧机构扩力比大，有自锁性能，机械效率较高，夹头开度大，形式多样，多用于动作频繁的大批量生产场合
气动凸轮—杠杆夹紧器	气缸力经凸轮或偏心轮扩力后，再经杠杆扩力或缩力后夹紧工件。有自锁性能，扩力比大，但夹头开度小，夹紧行程不大，在装焊作业中应用较少
气动杠杆—杠杆夹紧器	气缸通过两级杠杆传力夹紧工件，无自锁性能

（3）气动、液压夹紧机构的应用特点 气动夹紧机构通常使用压力为 0.4～0.6MPa 的压缩空气为传力介质；液压夹紧机构所使用的油压为 3～8MPa。夹紧力的大小主要决定于介质的压力及气缸或液压缸的活塞直径等结构因素。

气动夹紧机构的特点是：夹紧速度快，夹紧力比较稳定，操作简便，不污染环境，并可实现程序控制，因此在装焊生产线上广为应用。

液压夹紧机构的结构形式和基本功能同气动夹紧机构类似，主要区别是传力介质不同，因而工作压力范围显著不同。它的突出优点是：动作平稳、耐冲击、结构尺寸小，比相同尺寸的气动夹紧机构的夹紧力大十几倍，甚至几十倍。

气缸和液压缸、压缩空气站和液压油泵站，以及相应的各种控制阀与辅件等，我国均已实现标准化和系列化生产，应优先选用。

有关气动或液压的传动设计计算，请参考相关的设计手册。

3. 夹紧器的设计要点

(1) 恰当选择夹紧器的类型　主要依据被装焊工件的结构特点、被夹紧位置的确定性、生产率及特定的装焊工艺要求等因素确定夹紧器的类型。对于产量较大、定位点较多且夹紧力不大的制品，多采用气动夹具；对于产量小、夹紧力较大，但长期稳定的产品，宜采用液压夹具；对于产量中等，中、厚板钢制品，操作空间较宽敞时，多采用较简单的手动螺旋夹紧器；对于产量不大、夹紧位置随机性较大的刚性适中的金属制品（如在压力容器筒体组对、起重机主梁腹板的组对时），多采用楔形铁或撬棍等能灵活处理工件局部定位的夹紧器。

(2) 正确选择夹紧力的作用方向和位置　这主要是强调夹紧效果，即不应因夹紧操作而破坏工件预定的形状或位置，甚至造成被定位工件不应有的移动或转动，如图 8-7 所示。

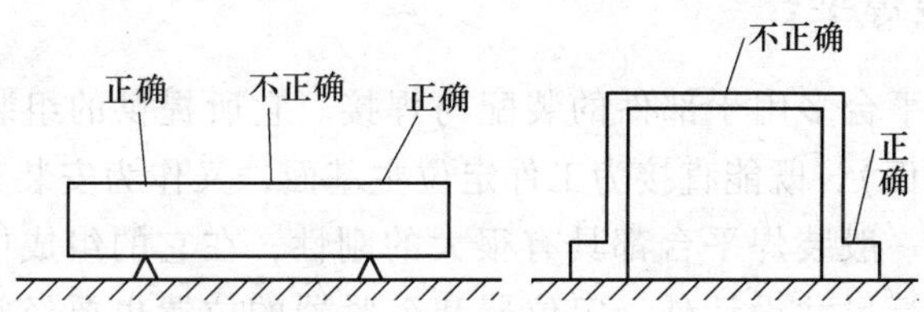

图 8-7　加紧力的作用位置和方向

(3) 夹紧力的大小应适度　夹紧力不足时，被夹持的工件会产生滑动；而夹紧力过大，又会损伤零部件局部的表面质量，甚至产生压痕或划伤，尤其是在铝制品的生产中更要注意。在较难控制夹紧力的工艺反变形操作时，应配有相应的限位挡块，以防止夹紧状态失控而达不到预定的效果。

(4) 夹紧器不应妨碍工件的装卸　装焊工件的吊入和取出有时与夹紧操作存在矛盾。解决这类矛盾的有效方式往往是通过改变夹紧器或夹紧机构的构造来加以协调。必要时，应将夹紧器做成可拆装或可回转式的，以让开工件的吊装空间。

(5) 夹紧器本身要有足够的强度和刚度　夹紧器除结构简单、轻便外，作为刚性固定法工艺中采用的夹具，还应保证夹具的相对刚性应大于被控制工件的刚性。

(6) 夹具体结构设计要合理　不仅有利于定位器、夹紧器的安装，还应方便它们位置的调整，以便适应不同产品的夹紧要求，即可以为焊接生产创造出一定的“柔性”。

（7）分段装焊夹具　在生产大型构件时（如客车钢结构中的顶棚、侧墙装焊），操作上往往是顺序装焊或分段装焊。这时，可考虑将具有同样功能夹紧需求的部分夹具，做成整个可移动的随动组合体（悬架式或门架式），使之能依次完成相同工艺内容或类似的工艺操作。这样，既节省工装的成本，又能方便地留出大型工件装焊后的取出吊运操作空间。

8.3 装焊夹具

结构较复杂的制品，其焊接成形过程通常采取分部件装焊工艺。有些制品的装配和焊接工序是截然分开的，有的在同一工位上交替进行。分部件装焊后的构件最后还要进入总装工段，通过各节点的有效连接形成完整的、合乎质量要求的成品。尤其是大型结构和薄板结构，它们的装焊过程若没有严格的装焊夹具来辅助，单靠人力是难以实现的，甚至根本做不到。目前，实际生产中广泛采用的装焊夹具主要有两种：装焊平台与专用焊接胎架。

8.3.1 通用装焊平台

通用型装焊平台多用于部件的装配与焊接。它所提供的组装基准是平台的上表面（即大平面），既能直接为工件定位主基面，又作为安装其他夹紧器、定位器的夹具体。一般装焊平台都具有很大的刚性，在它的组成中，除夹具必需根据实际产品进行尺寸设计外，定位器和夹紧器的位置也要经常因产品的变换而重新布置，但定位器、夹紧器多为通用的。为方便定位器、夹紧器的调整，夹具体上往往加工有“T”形槽或安装孔。夹具体可采用铸造结构或焊接结构。需要说明的是，对于焊接平台，其夹具体焊成后应进行整体消除应力，平面要进行刨削加工，安装时应注意整体校平，以保证定位精度。

8.3.2 专用装焊胎架

此种夹具适用于批量或大量焊接件生产。它用途专一，设计考究，定位器的形式和夹紧机构往往也是专门设计的；夹具体的组装基面曲率、形状、主要轮廓尺寸更要满足具体焊接件的特殊要求。有些产品的专用装焊胎架，在总体设计时还有可能提出其他特殊工艺操作要求（如反变形、预张紧等）。

在同一条生产线上，往往按部件的装焊要求，布置若干个专用胎架，分别完成各自的装配、焊接功能。如铁路客车车体钢结构的焊接生产线上，就划分为侧墙、车顶、端墙、底架以及车体钢结构总成等若干工位，每个工位都采用专用的装焊胎架来完成各大部件的组焊作业。这时，应注意它们之间生产节拍的一致性。

专用装焊胎架除应满足装焊工艺的要求外，还应满足产品的形位公差要求，同时还要与生产率要求相匹配以及充分注意到焊缝的可达到性和工件装卸的方便性等。

图 8-8 是铁路客车车体钢结构中的侧墙组焊专用胎架示意图（俯视）。该胎架充分考虑到产品对车体上拱度和侧墙外观平整度的技术要求。通过对侧墙上边梁 10（骨架格栅的上边界槽钢）装配时下拱度 f 的调整（控制在 5 ~ 12mm），间接为立柱 4（骨架中的主干零件）的端面提供定位基准，从而达到有效地为侧墙的格栅整体上创造了工艺反变形和最终上拱度控制的工艺基准。通过设置在胎架两端的一套 25×10^4N 拉力的侧墙板（外蒙皮）顶拉紧装置 3，可使平铺在夹具体 7 上面的侧墙板 8 产生 15 ~ 20mm 的伸长，以控制侧墙的焊后波浪变形，保证产品外观的平整度。

同时，为了方便工件的吊入和取出，提供较大的操作空间，该胎架采用两组可沿轨道直线移动的气动夹紧机构（配有 4 ~ 5 支气动夹紧器）6。该夹紧机构与夹具体之间配有锁定装置，以保证夹紧状态的可靠和稳定。焊工在装焊作业中，可随时利用此夹紧机构压紧立柱 4 或横梁 5，依次完成侧墙部件的装配与焊接。

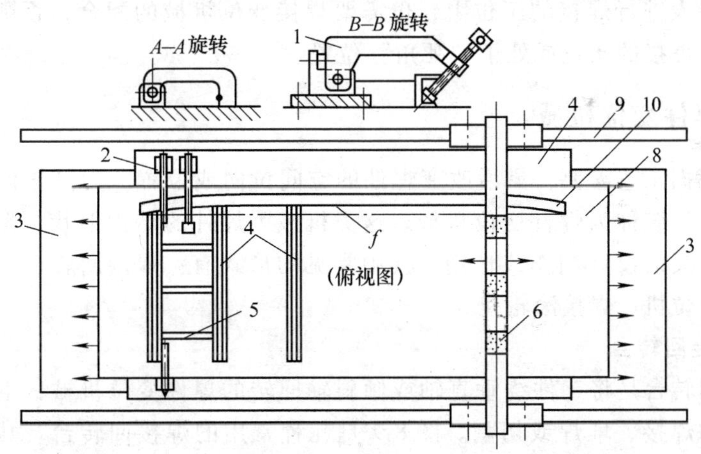

图 8-8　客车车体钢结构中侧墙组焊胎架示意图

1—上边梁定位夹具　2—立柱定位挡板　3—预拉紧装置　4—侧墙立柱

5—横梁　6—气动夹紧机构　7—夹具体　8—侧墙板

9—气动夹紧机构轨道　10—侧墙上边梁

应该指出，并不是所有制品都能经过一次吊装就能完成全部装配和焊接工作。有些制品由于焊缝的分布复杂，往往需将工件翻 180°或转动后才能使焊缝处于最有利的施焊位置（平焊）。这时，就需要考虑胎架的可变位能力；或者将装配与焊接工序分开，设置两个工位：装配工位只完成工件的定位；焊接工位来完成各焊缝的焊接。那么，这种仅仅用于工件定位的胎架就成了单纯的装配胎架，胎架的结构就可能大大简化。有些特殊的工件，其自身刚性不足，通过吊装会引起变形，但焊接工作又必须在变位机上进行，这时可考虑在胎架的夹具体上设置某些方便安装的定位点。焊接前，将装配胎架（已装配好待焊工件）整体吊装在焊接变位机或翻转机上，配合完成焊接任务。这样，装配胎架就变成了可移动式的复合型胎架，这种胎架在半球工件的组焊中已有应用。

8.4 焊接变位机械

焊接变位机械是改变焊件、焊机（或焊钳）、焊工的位置，为焊接操作提供有利的空间条件，完成半机械化、机械化和自动化焊接的各种机械装备。依据所操纵的主体不同，焊接变位机械分为三大类：焊件变位机械、焊机变位机械（即焊接操作机）、焊工变位机械（即焊工升降台）。

各种焊接变位机械，既可单独使用，又可相互配套使用。其中焊件变位机械和焊接操作机应用十分广泛，是各种焊接生产方式中的重要组成部分。即使在采用机器人进行焊接的工位上，也需要焊接变位机械的配合，否则，某些焊缝难以保证焊接的质量或处于“死角”位置。

8.4.1 焊件变位机械

能够根据工艺需要，灵活改变焊件的空间位向或位置，为操作创造有利施焊条件的机械统称为焊件变位机械。这类机械因焊件的结构形状、类型及工艺要求不同可灵活设计制作或选用。其中常见的形式有：焊接回转台、焊接翻转机、焊接变位机、焊接滚轮架。

1. 焊接回转台

焊接回转台是将工件绕垂直轴或倾斜轴回转的焊件变位机械，主要用于回转体工件的焊接、堆焊或切割。图 8-9 是几种常用的焊接回转台。其中图 8-9a 是最常用的电动回转台，工作台转速均匀可调，载重能力可选择或设计；图 8-9b 是一种中小型可移动的回转台，载重量一般在 500kg 左右，工作台面也是水平的，驱动方式可选择电动或手动两种；图 8-9c 是一种回转轴的倾斜角度在一定范围内可调式小型回转台，常用于小件焊接。

2. 焊接翻转机

焊接翻转机是将工件沿水平轴转动或倾斜，从而使之处于有利于装焊位置的焊件变位机械，主要用于梁、柱、框架等结构的焊接。焊接翻转机的种类较

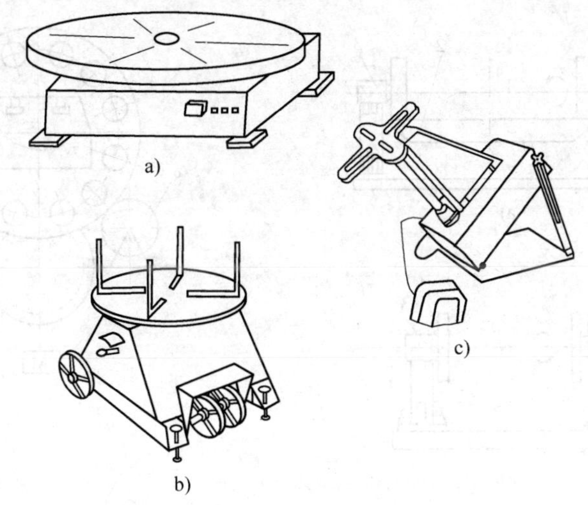

图 8-9　几种常用的焊接回转台

a）固定式回转台　b）移动式回转台　c）倾角可调式回转台

多，常见的有头尾架式、框架式、转环式、链条式、推拉式等，如图 8-10 所示，其各自的适用性见表 8-2。

表 8-2　焊接翻转机

形　式	变位速度	驱动方式	使　用　场　合
框架式	恒定	机电或液压（旋转油缸）	板结构、桁架结构等较长工件的倾斜变位。工作台上也可进行装配作业
头尾架式	可调	机电	轴类及筒形和椭圆形工件的环缝焊以及表面堆焊时的旋转变位
链条式	恒定	机电	装配点定后自身刚度很强的梁柱型构件的翻转变位
转环式	恒定	机电	装配点定后自身刚度很强的梁柱型构件的转动变位，多用于大型构件的组对与焊接
推拉式	恒定	液压	小车架、机座等非长形板结构、桁架结构焊件的倾斜变位。装配和焊接作业可在同一工作台上进行

（1）框架式翻转机　一般将夹具安装在框架上，工件装卸方便；为减小驱动力矩，设计上应使框架与工件装入后的合成重心线与翻转机回转轴线重合或接近；对于大型构件，翻转机框架应做成可升降式的，以方便操作者施焊。

（2）头尾架式翻转机　其结构形式与车床类似，如图 8-11 所示，其头架为驱动端，可单独使用。利用安装在头架卡盘上的夹具，可为短小的工件翻转变位。为适应不同长度的系列产品生产需要，尾架可模仿车床上的尾座，做成可移动式的。

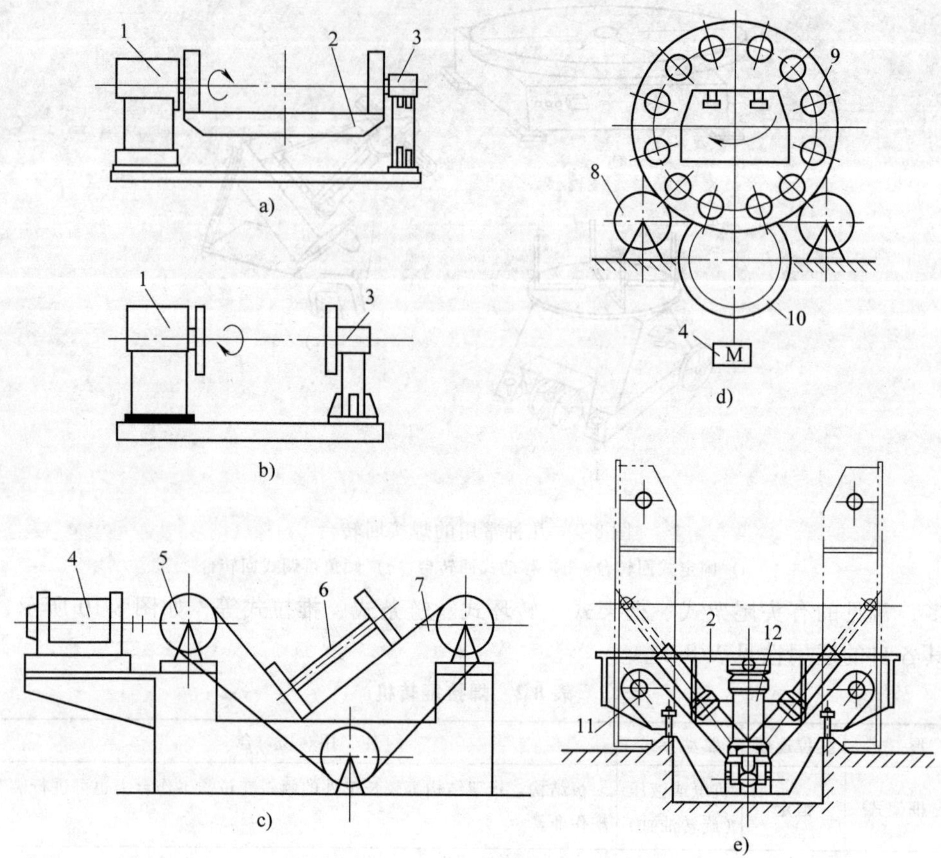

图 8-10 焊接翻转机

a）框架式 b）头尾架式 c）链条式 d）转环式 e）推拉式

1—头架 2—反转工作台 3—尾架 4—驱动装置 5—主动链轮 6—工件 7—链条 8—托轮 9—支承环 10—钝齿轮 11—推拉式轴销 12—举升液压缸

（3）链条式翻转机 其突出优点是免去了对工件的装卡。但工件自身要有足够的刚性，否则会引起较大颤动。

（4）转环式翻转机 用于尺寸长、自重大的工件时，为方便吊装，转环应做成分体结构；工件自身刚度不足时，应辅以头尾架，以便有效支承工件，防止因工件过长造成的悬臂状态。

3. 焊接变位机

（1）焊接变位机的功能与应用类型 焊接变位机是兼有使工作台倾斜和绕其自身回转轴旋转两个独立自由度的焊件变位机械。其中倾斜轴的可旋转角度一般小于360°；而工作台自身回转轴的旋转角度大于360°，而且能实现可控制的正反转。因此，它特别适合法兰、封头等低重心的工件焊接变位，也可用于

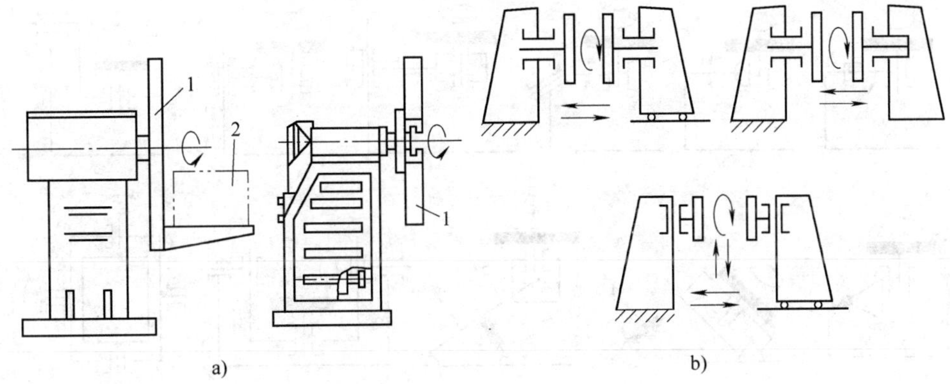

图 8-11　头架单独使用和尾架移动式的翻转机

a）头架单独使用的翻转机　b）尾架移动式的翻转机

1—工作台　2—工件

装配、切割、喷漆、打磨等作业。通过倾斜与回转的配合，可使大多数焊件的主要焊缝（甚至全部焊缝）在一次装夹后就能完成所有的焊接，从而，进一步减少了辅助工时，提高工作效率。这是一种使用最广的变位机械。

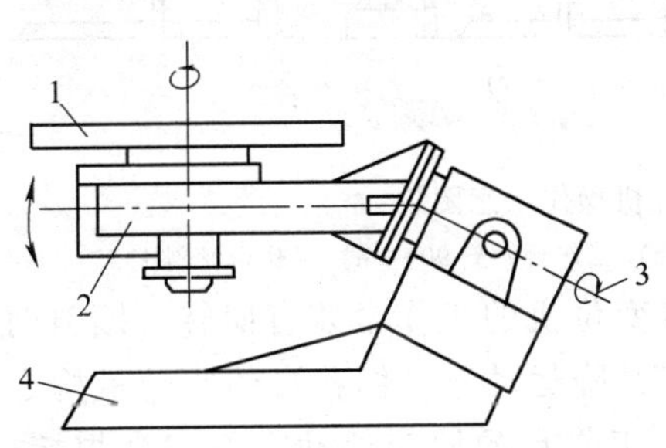

图 8-12　伸臂式焊接变位机

1—回转工作台　2—伸臂　3—倾斜轴　4—机座

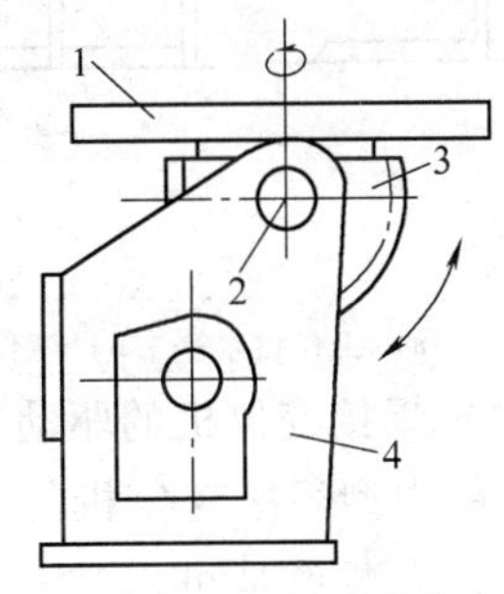

图 8-13　座式焊接变位机

1—回转工作台　2—倾斜轴

3—扇形齿轮　4—机座

焊接变位机按具体结构形式不同可分为伸臂式、座式和双座式三种基本类型，如图 8-12、图 8-13、图 8-14 所示。另外，焊接变位机的派生形式很多，有些变位机还增加了工作台升降功能，使其具有三个独立的自由度，如图 8-15 所示。图 8-16 是焊接变位机的基本操作状态示意图。

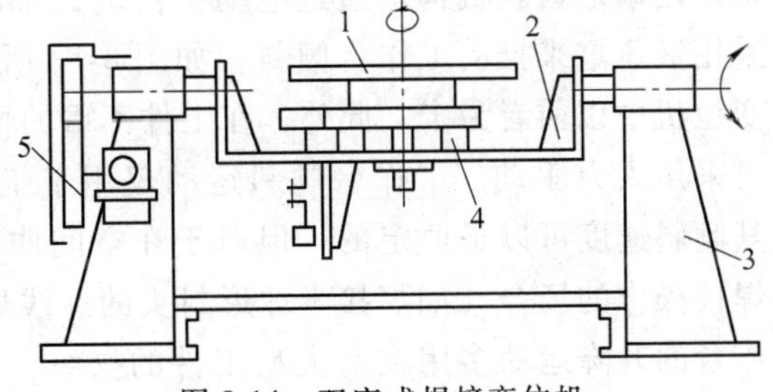

图 8-14　双座式焊接变位机

1—工作台　2—U 形架　3—机座

4—回转机构　5—倾斜机构

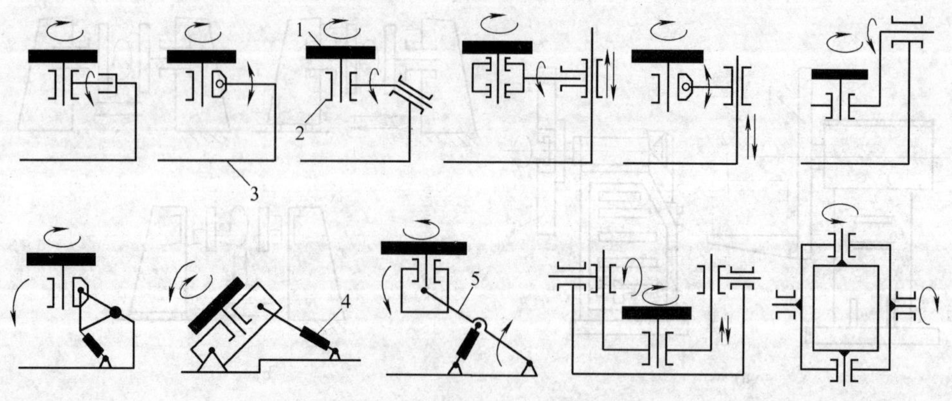

图 8-15　焊接变位机的派生形式

1—工作台　2—轴承　3—机座　4—推举液压缸　5—伸臂

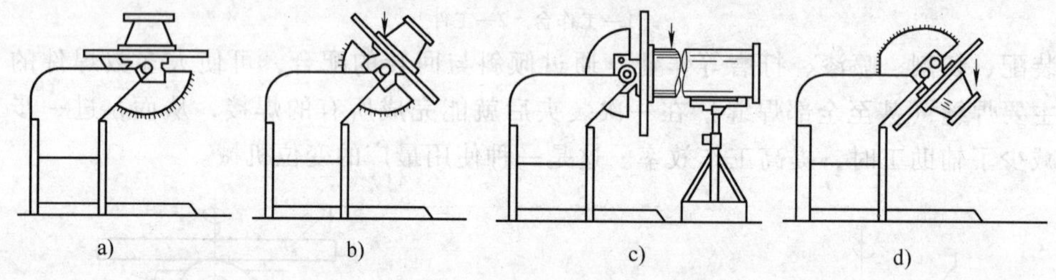

图 8-16　变位机操作示意图

a）工作台水平　b）工作台倾斜 45°　c）工作台倾斜 90°　d）工作台倾斜 135°

（2）焊接变位机的驱动方式　焊接变位机的工作台兼有回转、倾斜两个运动，有的中型焊接变位机的工作台还有升降运动。它们各自的驱动机构是相对独立的，力源也是可以选择的。其中，工作台的回转运动大都配合焊接操作，多采用直流电动机驱动，无级调速。近年出现的全液压变位机，其工作台的回转运动也是用液压马达驱动的。工作台倾斜运动有两种主要的驱动方式：一种是采用扇形齿轮机构，通过电动机传动，带动工件（工作台）倾斜；另一种是采用液压缸来推动工作台倾斜，如图 8-17 所示。这两种方式都有应用，在小型变位机中以前者为多。此外，在工件不重的情况下，若驱动力小于 200N 时，也可采用人力驱动。工作台倾斜运动仅用于工件变位（指不用于施焊过程）时，其倾斜速度可以是恒定的，但对于在空间曲线上焊接以及要利用倾斜运动进行焊接操作的场合（如焊接半球形封头的经线焊缝），则要采用无级调速方式。工作台的升降运动多用在对大型工件的操纵，因此，大多采用液压驱动，通过柱塞式液压缸使工作台平稳升降。

近年来，随着焊接机器人的推广应用，作为其周边设备的数控变位机也应运而生。多数采用步进电动机驱动、点值控制，具有很高的到位精度（0.5 ~

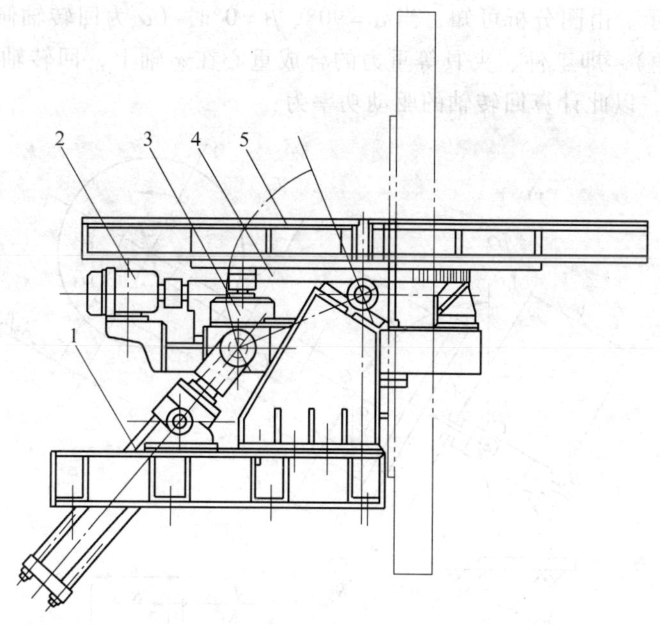

图8-17　工作台倾斜采用液压缸（油缸）推动的焊接变位机
1—液压缸　2—电动机　3—减速器　4—齿轮副　5—工作台

1.0mm)。其传动链中，多采用谐波减速器、滚珠丝杠、精密齿轮副等传动元件。在控制系统中还留有与机器人联动的控制接口，并可遥控。

(3) 使用焊接变位机应注意的问题

1) 注意对变位载荷能力的校核，防止超载运行而产生的各种不良后果。更换不同的工件时，尤其是严重偏心或重心较高的工件，应该校核最大回转力矩和最大倾斜力矩。

2) 注意调节工作台回转速度或倾斜速度，使之符合焊接速度的要求。回程（变位）时可适当提高转速，以便提高工作效率。

3) 恰当配接导电装置，电刷磨损后应及时更换；不能随意将焊接电缆搭在机架上，以防焊接电流通过轴承等传动副，破坏传动性能（可能引起打弧），损伤滚动体。

4) 注意因变位机倾斜运动而引起焊接位置（尤指施焊高度）的变化。当工件尺寸较大时，焊工可能难以适应各条焊缝的施焊高度。这时，往往从两个方面来协调：一是提供专用焊工升降平台；二是变位机工作台可升降（或采用地坑来降低工件的相对高度）。

5) 注意对倾斜角度的控制，必要时应在机体上增加机械限位装置。

(4) 变位机受力状态及驱动功率计算

1) 变位机回转轴受力状态及驱动功率计算。变位机回转轴的受力状态分析如图 8-18 所示。由图分析可知，当 $\alpha=90°$、$\beta=0°$时（α 为回转轴倾斜角、β 为回转轴的转角），即工件、夹具等重力的合成重心在 x 轴上，回转轴的扭矩最大值 $M_{n\max}=Ge$，以此计算回转轴的驱动功率为：

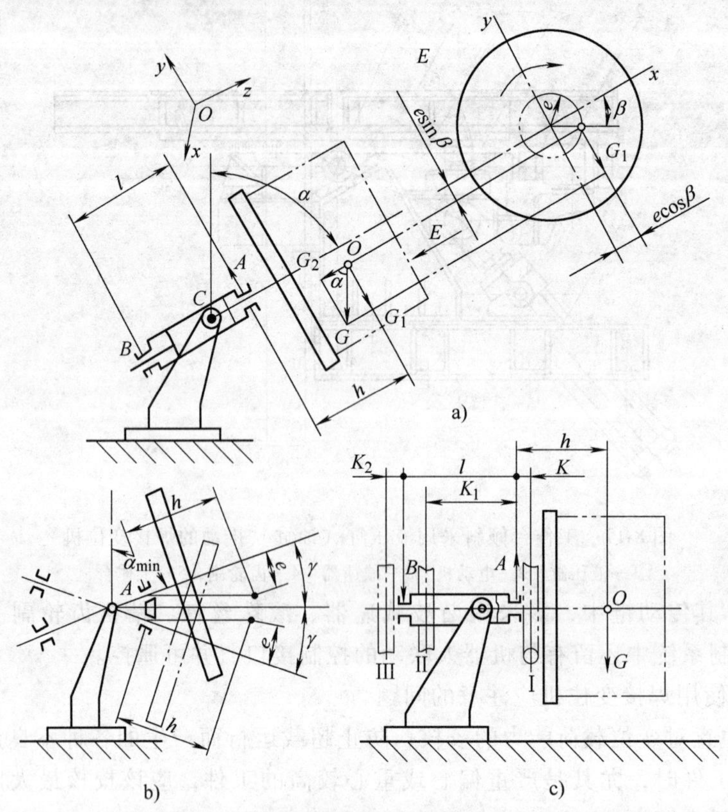

图 8-18　焊接变位机受力状态

a）回转轴倾斜角为 α 时　b）回转轴倾斜角为 α_{min} 时

c）回转轴倾斜角为 90°时

$$P=(Ge+M_f)n/9550\,\eta \tag{8-1}$$

式中　n——回转轴的最大转速（r/min）；

η——回转传动系统的传动效率；

G——工件、夹具、工作台等的综合重力（N）；

e——偏心距（m）；

M_f——轴承处的摩擦力矩（N·m），$M_f=0.5f(A_o d_A+B_o d_B)$，其中，$f$ 为轴承的摩擦因子；d_A、d_B 为 A、B 处的轴径；A_o、B_o 为 $\alpha=90°$、$\beta=0°$时 A、B 处的合成支反力。

2）变位机倾斜受力状态及驱动力矩计算。变位机倾斜机构的受力状态分析如图 8-19 所示，计算时应考虑 $\alpha=90°$（当偏心距 $e=0$），即图 8-19a 所示状态；或有偏心，即 $e\neq0$ 时的图 8-19b 所处状态，这时 $\beta=90°$、$\alpha=\alpha_{min}$，倾斜阻力距最大值为 $\sqrt{h_1^2+e^2}$，因此出现的最大倾斜力矩值为：

$$M_{T_{max}}=G\sqrt{h_1^2+e^2} \tag{8-2}$$

以此便可用式（8-1）计算倾斜轴的驱动功率，只需用 $M_{T_{max}}$ 代替式（8-1）中 Ge（$M_{n_{max}}$）即可。

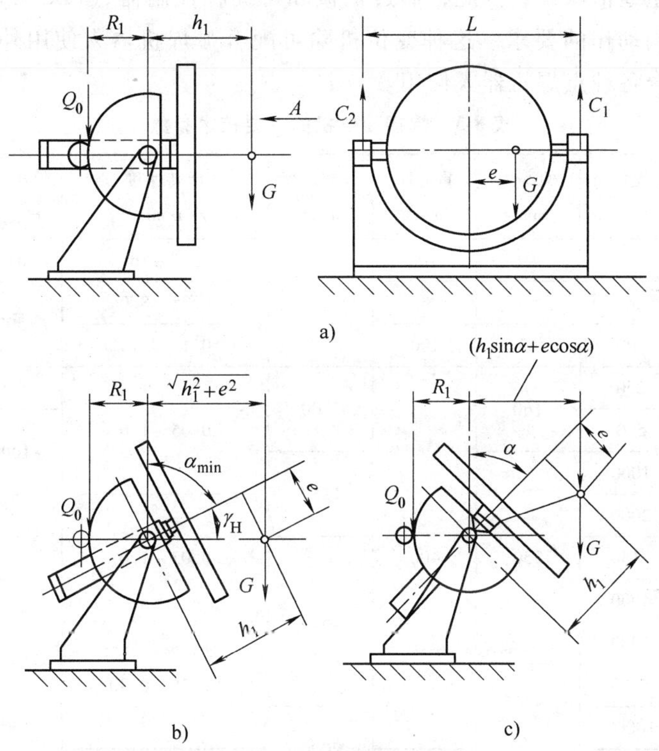

图 8-19　变位机倾斜机构受力状态

a）α—90°、β—0°位置　b）$\alpha=\alpha_{min}$、$\beta=90°$位置

c）$\alpha=0°\sim\alpha_{min}$、$\beta=90°$位置

在焊接变位机的标准化方面，我国已颁布了焊接变位机的行业标准 JB/T 8833—2001。该标准规定：变位机的回转机构应实现无级调速并可逆转；承受最大载荷时的速度波动不超过 5%；倾斜驱动应平稳，在最大负荷下不抖动，整机不得倾覆；当最大载重量超过 25kg 时，其倾斜应采用机动并能自锁；导电装置的容量应满足额定电流要求等。标准中还规定了焊接变位机的主要技术参数，见表 8-3。读者在设计焊接变位机时，应予遵照执行。

另外，与焊接机器人配套使用的焊接变位机，在我国的汽车、工程机械等重要结构的焊接生产线上已经大量使用。配合焊接机器人使用的焊接变位机，分同步协调动作的（即机器人与变位机同时动作完成焊件的焊接）和非同步协调动作的（即机器人施焊时，变位机不动作）两种。前者要求有很高的到位精度、轨迹精度及运动平稳性，在与机器人的联机控制上也很复杂，须采用计算机控制，主要用于空间复杂曲线和曲面的熔焊中，如汽车车体的激光焊接系统。后者仅要求到位精度，在与机器人的联机控制上，只在每道焊缝施焊的开始与结束时才发生通信联系，因此，通过机械和可编程控制器（PLC），就能满足到位精度和协调动作的要求。这种变位机除可配合弧焊机器人使用外，更多的应用场合是配合各种点焊机器人使用。

表 8-3 焊接变位机的主要技术参数

<table>
<tr><th>参数型号</th><th>最大负荷/kg</th><th>偏心距/mm≥</th><th>重心距/mm≥</th><th>台面高度/mm≤</th><th>回转速度/(r/min)</th><th>焊接额定电流/A</th><th>倾斜角度/(°)≥</th></tr>
<tr><td>HB25</td><td>25</td><td>40</td><td>63</td><td rowspan="3">—</td><td>0.5~16</td><td>315</td><td rowspan="12">135</td></tr>
<tr><td>HB50</td><td>50</td><td>50</td><td>80</td><td>0.25~8.0</td><td rowspan="2">500</td></tr>
<tr><td>HB100</td><td>100</td><td>63</td><td>100</td><td>0.1~3.15</td></tr>
<tr><td>HB250</td><td>250</td><td rowspan="2">160</td><td rowspan="9">400</td><td rowspan="2">1000</td><td rowspan="3">0.05~1.6</td><td>630</td></tr>
<tr><td>HB500</td><td>500</td><td rowspan="2">1000</td></tr>
<tr><td>HB1000</td><td>1000</td><td rowspan="5">250</td><td rowspan="2">1250</td></tr>
<tr><td>HB2000</td><td>2000</td><td rowspan="3">0.03~1.0</td><td rowspan="4">1250</td></tr>
<tr><td>HB3150</td><td>3150</td><td rowspan="4">1600</td></tr>
<tr><td>HB4000</td><td>4000</td></tr>
<tr><td>HB5000</td><td>5000</td><td rowspan="3">0.025~0.80</td></tr>
<tr><td>HB8000</td><td>8000</td><td rowspan="4">200</td><td rowspan="3">1600</td></tr>
<tr><td>HB10000</td><td>10000</td><td rowspan="2">2000</td></tr>
<tr><td>HB16000</td><td>16000</td><td>500</td><td rowspan="3">0.016~0.50</td><td rowspan="3">120</td></tr>
<tr><td>HB20000</td><td>20000</td><td>630</td><td rowspan="2">2500</td><td rowspan="4">2000</td></tr>
<tr><td>HB31500</td><td>31500</td><td rowspan="2">800</td></tr>
<tr><td>HB40000</td><td>40000</td><td rowspan="3">160</td><td rowspan="3">3150</td><td rowspan="3">0.010~0.315</td><td rowspan="3">105</td></tr>
<tr><td>HB50000</td><td>50000</td><td rowspan="2">1000</td></tr>
<tr><td>HB63000</td><td>63000</td></tr>
</table>

4. 焊接滚轮架

（1）滚轮架的功能及类型　焊接滚轮架是借助主动滚轮与工件之间的摩擦力带动筒形工件旋转的焊件变位机械。它广泛用于锅炉、压力容器行业中筒体的装配与焊接。若对主、从动轮的高度和中心距作适当调整，也可对分段不等径回转体或锥体进行装配与焊接。焊接滚轮架按结构形式不同分为两类。

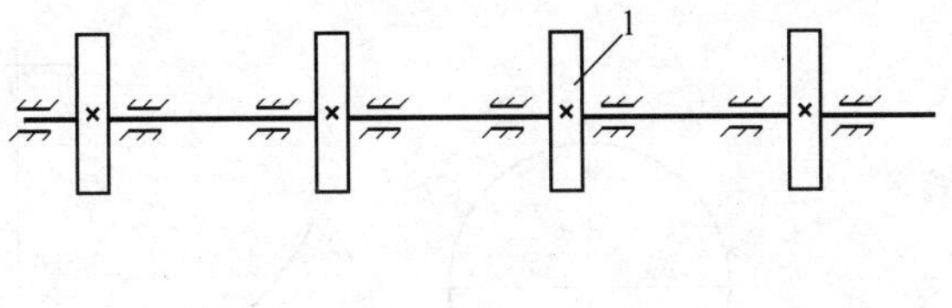

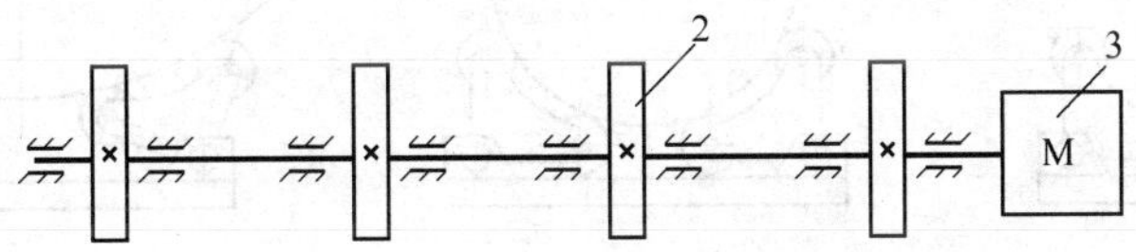

图 8-20　厂轴式焊接滚轮架

1—从动滚轮　2—主动滚轮　3—驱动装置

1）长轴式滚轮架。这种滚轮架沿轴向布置两排滚轮（同轴安装），一排为主动滚轮，另一排为从动滚轮，它们组合在一起实现对筒形工件的支承、定位和传动等功用，如图 8-20 所示。这类滚轮架多用于较长的薄板件的组对和焊接。

2）组合式滚轮架。这种滚轮架按需要可先将一对配套的滚轮安装成主动滚轮架（图 8-21a）或从动滚轮架（图 8-21b）或混合组架（图 8-21c），每一组架是相对独立的。应用时，可根据工件重量、长度、刚度等情况进行不同的组合。它对工件适应强，使用方便灵活，是目前应用最广泛的形式。

例如，当装焊壁薄件长的筒体时，宜采用几台混合式滚轮组架的组合，构成一侧驱动的滚轮架。这样，沿筒体长度方向均有主动滚轮驱动，工件不致于打滑和扭曲，转动较为平稳。当装焊厚壁的短筒体时，因工件自身抗扭能力强，常采用一端驱动的滚轮架，即采用主动滚轮组架与从动滚轮组架的组合。

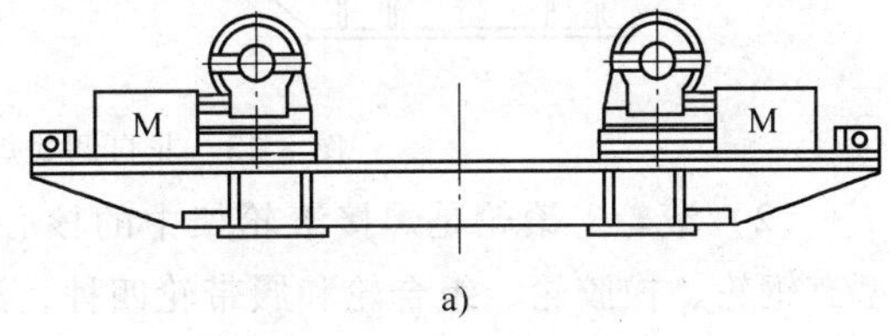

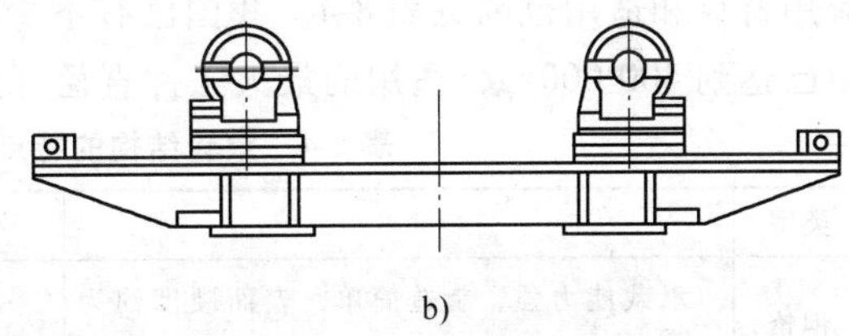

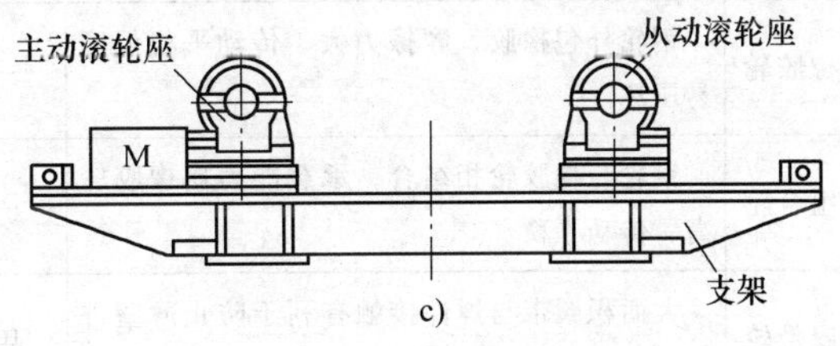

图 8-21　组合式滚轮架

a）主动滚轮组架　b）从动滚轮组架

c）混合式滚轮组架

焊接滚轮架在装焊不同直径的工件时，其滚轮中心距应能合理调整，以获得良好的传动性能。其调节方式有两种：一种为自调式；另一种为非自调式，如图 8-22、图 8-23 所示。

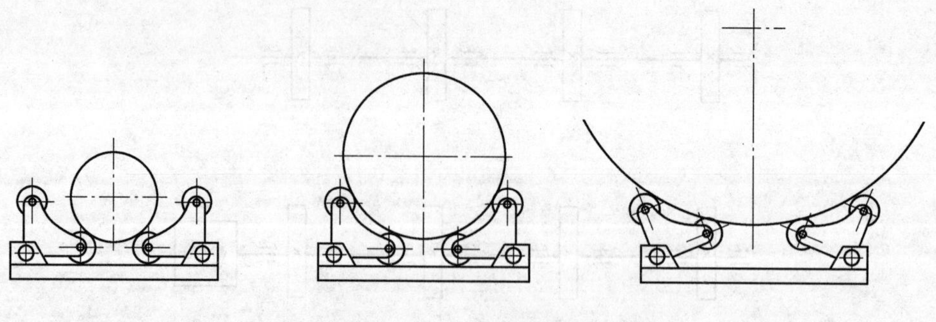

图 8-22　自调式焊接滚轮架

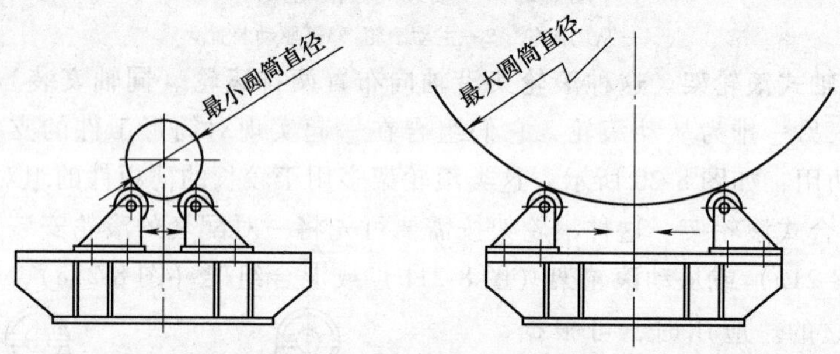

图 8-23　非自调式焊接滚轮架

（2）滚轮　滚轮是焊接滚轮架中的核心部件，根据用途不同使用的材料类型有钢轮、橡胶轮、组合轮和履带轮四种，滚轮直径多在 200～700mm 之间，其应用特点和适用范围见表 8-4。我国已有不少厂家生产焊接滚轮架，最大承载能力已达到 400 000kg，适用的最大工件直径可达到 10m。

表 8-4　滚轮结构的特点和适用范围

类型	特　点	适用范围
钢轮	承载能力强、制造简单，表面硬度约为 50HRC	一般用于重型和需要热处理的焊件以及额定载重量大于 60t 的滚轮架
橡胶轮	钢轮外包橡胶、摩擦力大、传动平稳但容易压坏	一般多用于 10t 以下的焊件和有色金属容器
组合轮	钢轮与橡胶轮相结合，承载能力比橡胶轮高、传动平稳	一般多用于 10～60t 的焊件
履带轮	大面积履带与焊件接触有利于防止薄壁件变形，传动平稳但结构较复杂	用于轻型、薄壁大直径的焊件及有色金属容器

（3）防止工件轴向窜动　由于滚轮架安装不当或工件本身存在形状偏差（圆度）、重心偏移等原因，会使筒形工件在滚轮驱动力矩的作用下产生螺旋运

动的同时，伴有轴向位移，即轴向窜动。有时相当严重，工件每旋转一周，能够产生30~50mm的轴向位移，甚至更大。若没有可靠的跟踪措施，就会导致焊偏，严重影响焊缝质量。

为了满足压力容器等类似工件的焊接要求，国内外均对防止工件轴向窜动的问题进行了研究，主要有两种不同的控制思路。

1）在改善滚轮架安装精度、提高工件成形质量的同时，增设工件轴向限位滚轮，达到抑制轴向窜动的目的。

2）运用抵消原理，动态调节工件的旋向，使工件获得相对稳定的状态。其调节原理是：若滚轮架上处于旋转状态的筒体产生轴向窜动，即作螺旋（左旋或右旋）运动，此时，若采取某种措施把筒体的左（右）旋运动改为右（左）旋运动，则工件可向初始位置返回（即复位）。这一过程的识别，需要有位移传感元件的配合，并在几个回合后，才能相对稳定在给定的控制范围内。

8.4.2 焊机变位机械

焊机变位机械也称焊接操作机，是将焊接机头准确地送达并保持在待焊位置，或是以选定的焊接速度沿规定的轨迹移动焊接机头，配合完成焊接操作的焊接机头变位机械。按其结构形式及应用特点分为：

1. 平台式焊接操作机

这类焊接操作机主要由操作平台2、立架3、台车6等组成，如图8-24所示。焊接机头或埋弧焊小车1置于平台上，并可在平台上移动；平台安装在立架上，能在升降机构的驱动下沿立架导向机构升降；而立架又座落在台车上，可沿轨道水平行走。它的主要特点是操作者可在操作平台上直接监控焊接过程。目前，主要用于大直径筒体外环缝或外纵缝的焊接。为改善平台升降性能，可增设配重4，为改善台车整体运行的稳定性，可在台车上适当安放配重铁5；为保证平台升降范围的可靠性，可考虑通过控制系统的限位开关来实现。

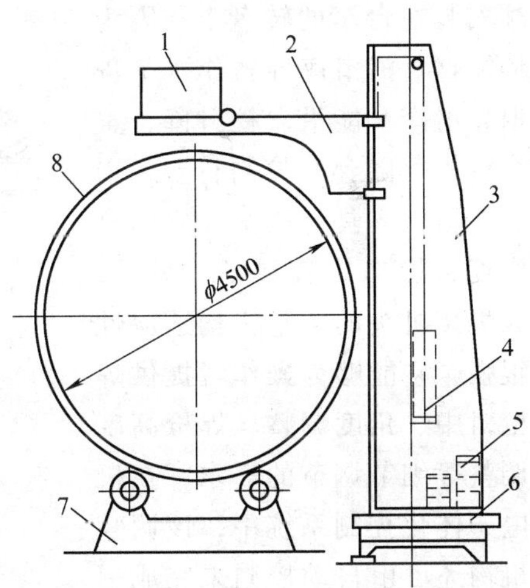

图8-24 平台式焊接操作机

1—焊机或机头 2—操作平台 3—立架 4—平台配重 5—配重铁 6—台车 7—滚轮架 8—工件

2. 横臂式焊接操作机

这类焊接操作机根据横梁的结构不同又分为：

（1）悬臂式焊接操作机 悬臂式焊接操作机主要由悬臂、悬臂升降机构、立柱、底座以及悬臂上的机头移行机构等组成。其中水平悬臂固定安装在升降滑座上，可沿立柱升降或绕立柱轴转动；机头可沿悬臂导轨水平移动，以适应不同的焊接位置；支柱安装在底座上，底座常为固定的，该操作机比较适合固定位置的焊接。

另一种细长固定悬臂式焊接操作机，其机头固定在悬臂的端部，通过三维调整机构实现焊枪的对中。该操作机将立柱固定在台车上，使其可沿导轨移动焊接。

这类操作机主要用于筒体内、外环缝的焊接，也可用于筒节外纵缝的焊接。目前，这种固定悬臂式操作机有被伸缩臂式操作机取代的趋势，生产和应用都日趋减少。

（2）伸缩臂式焊接操作机　这类焊接操作机的特点主要是横臂外伸长度是连续可调的，具体形式是多种多样 的。操作机的一个示例如图 8-25 所示。其主要构成有台车 1、立柱 4、伸缩臂 3、操作盘 5、调整机构 6 及焊接机头 8 等组成。

焊接电源 2 随台车 1 一起移动；伸缩臂通过滑座在立柱上可前后滑动和上下升降，立柱安装在台车的转盘上；因为伸缩臂可沿滑座导轨作水平进退，滑座又能沿立柱升降，整个机构可随台车控制行走，因而焊接机头具有三个独立的自由度，操作比较灵活。另外，其焊接机头的调整机构适应性很强，它能够为操作者提供焊枪对中、角度调整、焊枪高度调整等细节调节的需求，在机电一体化控制系统中，该调整机构还可由自动控制来完成三维自动跟踪。这种操作机作业范围大，有效焊接范围为：5m ×5m ×*L*（高 × 宽 × 轨道长度/m）。通过与各种焊件变位机械配合使用，可进行筒体类工件内外环缝、内外纵缝、螺旋焊缝的焊接，以及工件内外表面的堆焊等工程作业，是目前国内外应用最广泛的焊接操作机。

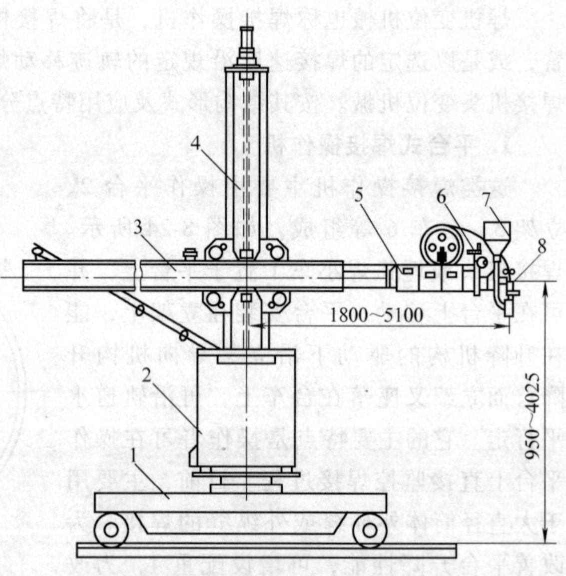

图 8-25　伸缩臂式焊接操作机

1—台车　2—焊接电源　3—伸缩臂　4—立柱　5—操作盘及手孔盒　6—调整机构　7—焊剂斗　8—机头

伸缩臂式操作机除了用于焊接操作外，若对伸缩臂另一端进行相应的改装，还可实现一机多用，如进行工件表面的打磨、工件的边缘切割、甚至用于喷涂、喷漆和焊缝检测操作等。

另外，伸缩臂式操作机的进一步完善和发展，就成了直角坐标式工业机器人。但后者较前者应具有更高的运动精度和自动化程度。有时为了扩大焊接机器人的作业空间，还可将焊接机器人安装在操作机伸缩臂的前端，用来焊接大型结构。

（3）折臂式焊接操作机　这类操作机的主体与悬臂式操作机类似，只是模仿人的手臂将悬臂做成两节，彼此铰接，整个悬臂也同立柱铰接，并可沿立柱升降。这种操作机主要用于工件端面的焊接，适用范围不大，使用较少。

（4）门架式焊接操作机　这种操作机有两种结构形式：其一是焊接机头（或焊接小车）安装在沿门架立柱可升降（Z 向）的平台上，并能沿工作平台上的轨道（或导向机构）作横向（Y 向）移动，而整个门架又可在行走台车的拖动下沿纵向（X 向）轨道行走，从而实现焊接机头的三维移动；另一种是将焊接机头安装在一套独立的升降机构上，该升降机构安装在小车上，小车可沿门架上横梁的轨道移行。

这两种门架式操作机，一般都设计成横跨焊接车间的工作方式，沿车间的纵向轨道移动。其主要特点是，该操作机的工作覆盖面很大，主要用于板材的大面积拼接和一般高度的大面积金属结构组件以及筒体外环缝的焊接等。门架式操作机结构庞大，典型的应用是造船厂和大型金属结构厂。根据产品的设计，门架式操作机若不需要较高的支撑时，可将其改造成类似于桥式起重机式的桥式操作机，以免与车间内的天车构成阻碍。

综上所述，所有现代的焊接操作机都必须满足三维空间的可控运动，以适应焊接结构产品的多样化及焊接方法的多样性。与计算机技术及自动控制方式的结合，各种新型的焊接操作机将会在未来的焊接生产中发挥巨大的作用。

8.5　焊接机器人概述

美国是最早出现工业机器人的国家，1954 年美国的 G. C. 戴沃尔发表了“通用重复机器人”的专利论文，第 1 次提出“工业机器人”和“示教再现”的概念。1959 年美国 Unimation 公司推出第 1 台工业机器人。1967 年日本从美国引进 Unimate 和 Versatran 等类型的工业机器人以后，率先在汽车制造业的喷涂、焊接、装配等重要工序中得到应用。从世界上工业机器人应用的统计结果来看，主要应用领域是焊接，尤其是汽车生产国，焊接机器人已占总数的 40% 以上。我国开发工业机器人较晚，起于 20 世纪 70 年代，1986 年开始将发展机器人列入国家各类高科技计划。

8.5.1 工业机器人

工业机器人一般可理解为：在工业自动化应用领域中的一种能自动控制、可对三个和三个以上的轴进行重复编程、多功能、多自由度的操作机，它可以是固定式或移动式，用于搬运材料、工件、操持工具或检测装置，完成各种作业。

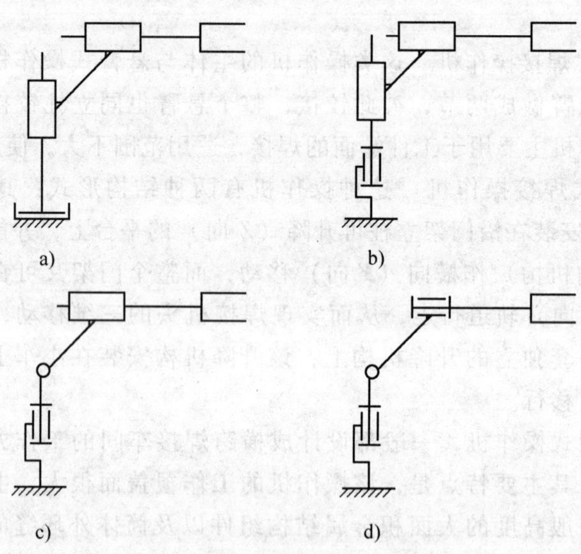

图 8-26 工业机器人机构简图

a）直角坐标型 b）圆柱坐标型 c）球坐标型 d）关节型

工业机器人的控制功能和结构特点以及自治能力可能是各异的，但必须具备以下三点基本要求：①由电子控制装置进行控制，可编程序；②能按输入指令进行记忆和再现；③能独立地按指令在三维空间内进行操作。

工业机器人的机构简图如图 8-26 所示，有四种基本形式，即直角坐标型、圆柱坐标型、球坐标型和六轴关节型。六轴关节型是焊接机器人最常用的形式，图 8-27 和表 8-5 分别给出了典型的六轴关节型机器人的基本结构和工作空间的运动范围。

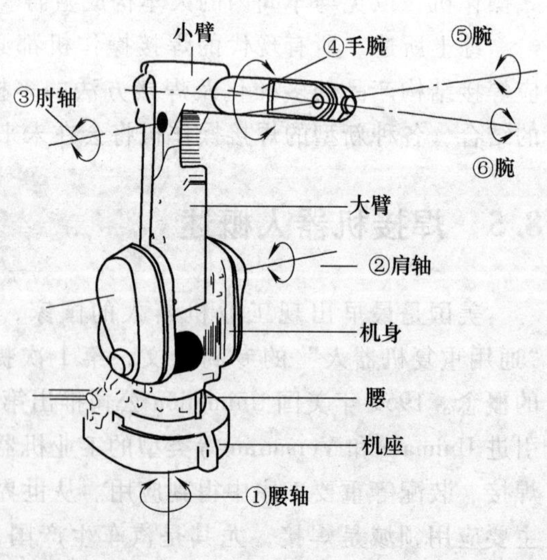

图 8-27 六轴焊接机器人

8.5.2　焊接机器人

焊接机器人（焊接机器人系统的简称）是从事焊接（包括切割与喷涂）的工业机器人。为了适应不同的用途，机器人最后一个轴（如腕扭转⑥）的机械接口，通常是一个连接法兰，可接装不同工具或称末端执行器。焊接机器人就是在工业机器人的末轴法兰装接焊钳或焊（割）枪的，使之能进行焊接、切割或热喷涂，完成焊接作业任务的典型机电一体化产品，也是自动化焊装生产线中的基本单元，还经常与其他设备一起组成机器人柔性作业系统，如弧焊机器人工作站。典型的使用是点焊机器人、弧焊机器人、激光焊机器人和搅拌摩擦焊机器人等。

表 8-5　六轴关节型工业机器人工作空间各轴运动范围数据表

轴　号	名　称	尺寸/mm	角度/（°）
①	臂回转（腰轴）	—	±110
②	臂前后摆动（肩轴）	950	±45
③	臂上下摆动（肘轴）	1700	+20/−45
④	腕回转	—	±190
⑤	腕摆动	210	±190
⑥	腕扭转	135	±190

1. 焊接机器人的组成

焊接机器人主要包括机器人和焊接设备两部分。机器人由机器人本体和控制柜（硬件及软件）组成。而焊接装备，以弧焊及点焊为例，则由焊接电源（包括其控制系统）、送丝机（弧焊）、焊枪（钳）等部分组成。对于智能机器人还应有传感系统，如激光或摄像传感器及其控制装置等。弧焊机器人或点焊机器人的基本组成如图 8-28 所示。

2. 焊接机器人的主要结构形式及性能

世界各国生产的焊接用机器人基本上都属关节式机器人，绝大部分有 6 个轴。图 8-27 中，①、②、③轴可将末端工具送到不同的空间位置，而④、⑤、⑥轴解决工具姿态的不同要求。焊接机器人本体的机械结构主要有两种形式：一种为平行四边形结构，一种为侧置式（摆式）结构。侧置式（摆式）结构的主要优点是上、下臂的活动范围大，使机器人的工作空间几乎能达一个球体。因此，这种机器人可倒挂在机架上工作，以节省占地面积，方便地面物件的流动。但是这种侧置式机器人的②、③轴为悬臂结构，降低了机器人的刚度，一般适用于负载较小的场合，主要用于电弧焊、切割或喷涂。平行四边形机器人的上臂是通过一根拉杆驱动的。拉杆与下臂组成一个平行四边形的两条边，故

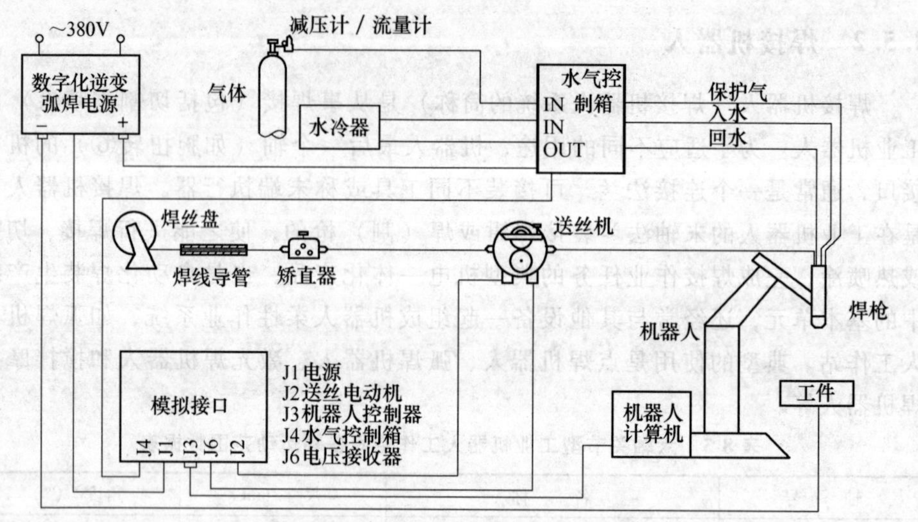

图 8-28　典型焊接机器人系统连接图

而得名。早期开发的平行四边形机器人工作空间比较小（局限于机器人的前部），难以倒挂工作。但 20 世纪 80 年代后期以来开发的新型平行四边形机器人，已能把工作空间扩大到机器人的顶部、背部及底部，又没有侧置式机器人的刚度问题，从而得到普遍的重视。这种结构不仅适合于轻型也适合于重型机器人。近年来点焊用机器人（负载 100 ~ 150kg）大多选用平行四边形结构形式的机器人。

上述两种机器人的各轴都是作回转运动，故采用伺服电动机通过摆线针轮（RV）减速器（① ~③轴）及谐波减速器（① ~ ⑥轴）驱动。在 20 世纪 80 年代中期以前，对于电驱动的机器人都是用直流伺服电动机，而 20 世纪 80 年代后期以来，各国先后改用交流伺服电动机。由于交流电动机没有碳刷问题，动特性好，使新型机器人不仅故障率低，而且免维修时间大为增长，加（减）

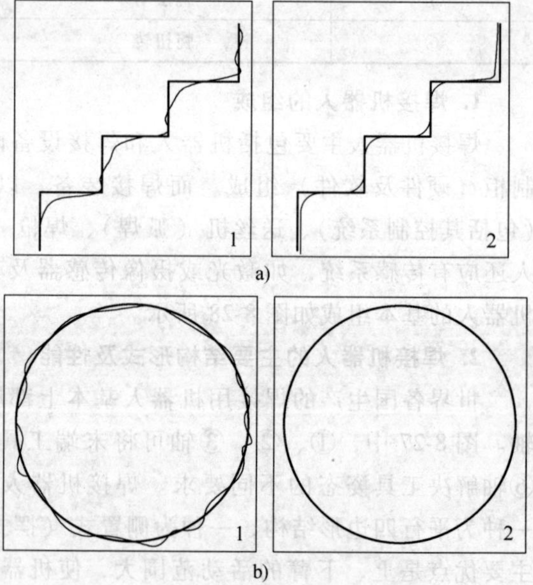

图 8-29　有无自动优化路径功能的机器人其运动轨迹的对比度

a）焊速 $v=450\text{mm/min}$　b）焊速 $v=150\text{mm/min}$

1—无优化功能　2—有优化功能

速度也快。一些负载 16kg 以下的新的轻型机器人其工具中心点（TCP）的最高运动速度可达 3m/s 以上，定位准确，振动小。同时，机器人的控制柜也改用 32 位的微机和新的算法，使之具有自行优化路径的功能，运行轨迹更加贴近示教的轨迹，如图 8-29 所示。

3. 点焊机器人的基本功能和特点

（1）点焊机器人的基本功能　电阻点焊对所用的机器人的要求不是很高。因为点焊只需点位控制，至于焊钳在点与点之间的移动轨迹没有严格要求。这也是机器人最早只能用于点焊的原因。点焊用机器人不仅要求有足够的负载能力，而且在点与点之间移位时速度也要快捷，动作要平稳，定位要准确，以提高工作效率。点焊机器人需要多大的负载能力，取决于所用的焊钳形式。对于使用与焊接变压器分离的焊钳（焊接变压器固定在工作现场），机器人具有 30～45kg 负载能力就足够了。但是，这种焊钳的不足是：一方面由于二次电缆线较长，电能损耗大，不利于机器人将焊钳伸入工件内部焊接；另一方面电缆线随机器人运动会不停地摆动，电缆的损坏较快，也不安全。因此，目前逐渐增多采用一体式焊钳（图 8-30）。这种焊钳与焊接变压器连接在一起，电缆线很短，但总的质量增加了，在 70kg 左右。考虑到机器人要有足够的负载能力，能以较大的加速度移动，一般都选用 100～150kg 负载的重型机器人。为了适应连续点焊时焊钳短距离快速移位的要求，新的重型机器人增加了可在 0.3s 内完成 50mm 位移的功能。这对电动机的性能、微机运算速度和算法都提出更高的要求。

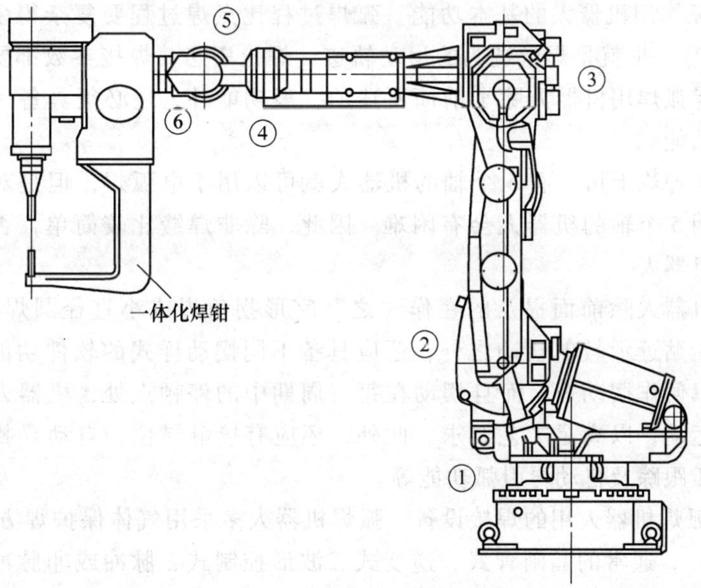

图 8-30　点焊机器人结构图

（2）点焊机器人的焊接装备 点焊机器人的焊接装备，由于采用了一体化焊钳，焊接变压器装在焊钳后面，所以变压器必须尽量小型化。对于容量较小的变压器可以用50Hz工频交流，而对于容量较大的变压器，采用逆变技术把50Hz工频交流变为600~700Hz交流，使变压器的体积减少、减轻。变压后可以直接用600~700Hz交流电焊接，也可以再进行二次整流，用直流电焊接。

焊接参数（主要有焊接电流、通电时间、加力时间等）由定时器调节。新型定时器已经微机化，因此机器人控制柜可以直接控制定时器，无需另配接口。点焊机器人的焊钳，通常用气动的焊钳，气动焊钳两个电极之间的开口度一般只有两级冲程，而且电极压力一旦调定后是不能随意变化的。近年来出现一种新的电伺服点焊钳，焊钳的张开和闭合由伺服电动机驱动，码盘反馈，使这种焊钳的张开度可以根据实际需要任意选定并预置，而且电极间的压紧力也可以无级调节。这种新的电伺服点焊钳具有以下优点：①每个焊点的焊接周期可大幅度降低，因为焊钳的张开程度是由机器人精确控制的，机器人在点与点之间的移动时，焊钳就可以开始闭合，而焊完一点后，焊钳一边张开，机器人就可以一边位移，不必等机器人到位后焊钳才闭合或焊钳完全张开后机器人再移动；②焊钳张开度可以根据工件的情况任意调整，只要不发生碰撞或干涉，尽可能减少张开度，以节省焊钳开合所占的时间；③焊钳闭合加压时，不仅压力大小可以调节，而且在闭合时两电极是轻轻闭合，减少撞击变形和噪声。

4. 弧焊机器人的特点

（1）弧焊用机器人的基本功能 弧焊过程比点焊过程要复杂得多，工具中心点（TCP），也就是焊丝端头的运动轨迹、焊枪姿态、焊接参数都要求精确控制。所以，弧焊用机器人除了前面所述的一般功能外，还必须具备一些适合弧焊要求的功能。

虽然从理论上讲，有5个轴的机器人就可以用于电弧焊，但是对复杂形状的焊缝，用5个轴的机器人会有困难。因此，除非焊缝比较简单，否则应尽量选用6轴机器人。

弧焊机器人除前面提及的在作“之”字形拐角焊或小直径圆焊缝焊接时，其轨迹应能贴近示教的轨迹之外，还应具备不同摆动样式的软件功能，供编程时选用，以便作摆动焊，而且摆动在每一周期中的停顿点处，机器人也应自动停止向前运动，以满足工艺要求。此外，还应有接触寻位、自动寻找焊缝起点位置、电弧跟踪及自动再引弧功能等。

（2）弧焊机器人用的焊接设备 弧焊机器人多采用气体保护焊方法（MIG、MAG、TIG），通常的晶闸管式、逆变式、波形控制式、脉冲或非脉冲式等的焊接电源都可以装到机器人上作电弧焊。由于机器人控制柜采用数字控制，而焊接电源多为模拟控制，所以需要在焊接电源与控制柜之间加一个接口。近年来，国外机器人生产厂都有自己特定的配套焊接设备，这些焊接设备内已经装入了相应的接口板。所以在弧焊机器人系统中并没有附加接口箱。近年来，已经研发出的新型逆变式数字弧焊电源可以简化弧焊机器人系统。应该指出，在弧焊机器人工作周期中电弧时间所占的比例较大，因此在选择焊接电源时，一般应按 100% 的持续率来确定其容量。

送丝机构可以装在机器人的上臂上，也可以放在机器人之外，前者焊枪到送丝机之间的软管较短，有利于保持送丝的稳定性，而后者软管校长，当机器人把焊枪送到某些位置，使软管处于多弯曲状态，会严重影响送丝稳定性而使焊接质量下降。所以送丝机的安装方式一定要考虑保证送丝稳定性的问题。使用粉末作为焊接材料的焊接方法，如粉末等离子弧焊，没有这样的问题，尤其是在焊接狭窄间隙组合件焊接时（如自行车车架的焊接），该法得到了成功的应用。

5. TCP（tool center point 工具中心点）**自动校零技术**

焊接机器人的工具中心点就是焊枪上焊丝的端点，因此 TCP 的零位精度直接影响着焊接质量的稳定性。但在实际生产中不可避免会发生焊枪与夹具之间的碰撞等不可预见性因素，导致 TCP 位置偏离。通常的做法是利用手动进行机器人 TCP 校零，但一般全过程需要 30min 才能完成，影响生产效率。TCP 自动校零是用在机器人焊接中的一项新技术，它的硬件设施是由一梯形固定支座和一组激光传感器组成。当焊枪以不同姿态经过 TCP 支座时，激光传感器都将记录下的数据传递到 CPU 与最初设定值进行比较与计算。当 TCP 发生偏离时，机器人会自动运行校零程序，对每根轴的角度进行调整，并在最少的时间内恢复 TCP 零位。

a)

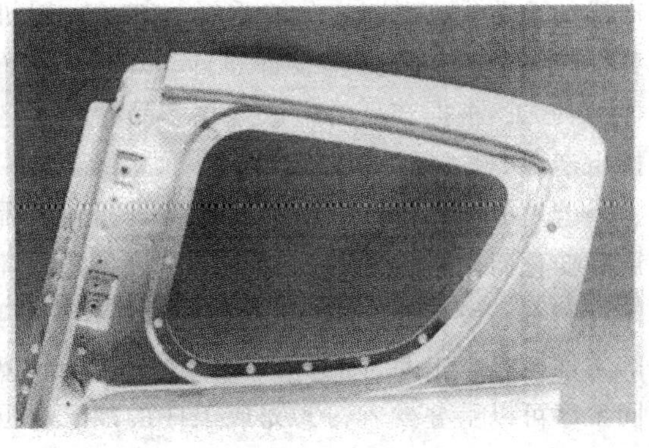

b)

图 8-31 FSW 点焊机器人系统及其焊接产品
a）机器人焊接工作站 b）焊接的轿车车门

另外，最新的焊接工艺方法与焊接机器人的配合使用使两者都得到了快速发展，如使用机器人进行高速双丝气体保护焊接；

操纵激光-MIG 焊枪灵活焊接各类复杂的结构以及操纵搅拌摩擦焊进行铝合金汽车门点焊等，如图 8-31 所示。新的焊接技术大量使用了机器人，同时各种焊接机器人的成功应用也极大地促进了焊接生产工艺水平的提高。

8.6 焊接生产线概述

8.6.1 焊接生产线的种类

焊接生产线是指必须经过焊接工艺才能完成完整产品的综合生产线。其中必然包括专用焊接设备（专用焊机、机器等）、辅助工位设备（工艺装备、辅助器具等）以及各种传输装置等。焊接生产线是焊接结构生产过程系统化，流水作业，是综合加工自动化生产系统。实际的焊接生产线有全自动，也有局部实现自动化的。目前，焊接生产线可有三种类型：刚性焊接生产线、柔性焊接生产线和介于二者之间的过渡型焊接生产线。

刚性焊接生产线是传统的制造系统。其主要特征有：①通常把作业划分为较多个简单工序；②按分批投入的方式，顺序完成各个简单工序；③完成工序时间很短；④单个工序自动化。接近或符合以上特点的焊接生产线，主要有焊管（鳍片管、螺旋管、各种直径管体等）生产线、箱形梁焊接生产线、内燃机车转向架焊接生产线、锅炉膜式水冷壁焊接生产线等。这类生产线的基本工序有开卷、矫平、下料、成形、焊接、清理、热处理、无损检测等，工序之间由各种传输装置衔接。

柔性焊接生产线属柔性制造系统（FMS），称之为“焊接 FMS（WFMS）”。近年来，随着 FMS 技术在机械制造业，尤其在汽车工业中的广泛应用，焊接生产线的柔性化已引起充分的重视。其一，用机器人柔性制造单元（FMC）来代替生产线上的专用工艺装备和自动焊机，从而改造刚性焊接生产线，增加其柔性；其二，根据产品的生产规模、品种和工艺相似性等原则设计并建设柔性焊接生产线。

这里应注意，FMS 的柔性通常是指对产品的柔性，即系统为不同的产品和产品变化而进行设置，以达到高的设备利用率，减少加工过程中零件的中间存储（目标：零库存），对于顾客需求具有快速响应的能力。WFMS 亦应符合 FMS 的柔性概念，主要特征有：①把所有作业仅划分为几个工序；②不同批次的不同工序可以重叠投入；③完成工序的加工时间短而且固定不变；④全部加工工序自动化；⑤产品（零件、部件、总成等）的焊接主要由 WFMS 完成。

接近或符合以上特点的焊接生产线，主要分布在汽车、摩托车、工程机械等行业中。例如在美国的卡特比勒，瑞典的沃尔沃，德国的大众、宝玛格，日本的本田等公司均大量使用柔性焊接生产线。德国 Benz 的 Sindelfingen 工厂布置有三条车身焊接总装线，三条地板总成线及相应的中地板，前、后地板线等，共有焊接机器人 1000 余台，自动化率为 95%，生产约 10 个车型，二班制时，日产 1600～1700 辆。在我国，符合以上特点的焊接生产线，其拥有者主要是合资和有实力的企业集团。

WFMC 是柔性焊接生产线的核心部分，也是某些产品的独立作业系统，其代表为弧焊机器人工作站，其典型焊接柔性制造单元有：汽车横向推力杆总成弧焊机器人工作站（示教编程型）；锅炉集箱管座焊接机器人工作站等。图 8-32 是正在焊接锅炉集箱管座的两台焊接机器人。柔性焊接生产线有：轻型 H 型钢焊接生产线；装有 140 台机器人的汽车车身自动化装焊生产线，如图 8-33 所示，其自动化率达 60%。

图 8-32　焊接机器人工作站

图 8-33　车身自动焊接生产线

8.6.2 焊接生产线与焊接自动化

1. 焊接自动化的概念

焊接自动化是焊接结构生产自动化的核心技术，它代表着产品加工技术的发展趋势和水平。焊接自动化发展趋势如图 8-34 所示。可看出，是由“点”自动化（单机自动焊）和“线”自动化（焊接生产线）向“面”自动化（焊接自动生产系统）发展。

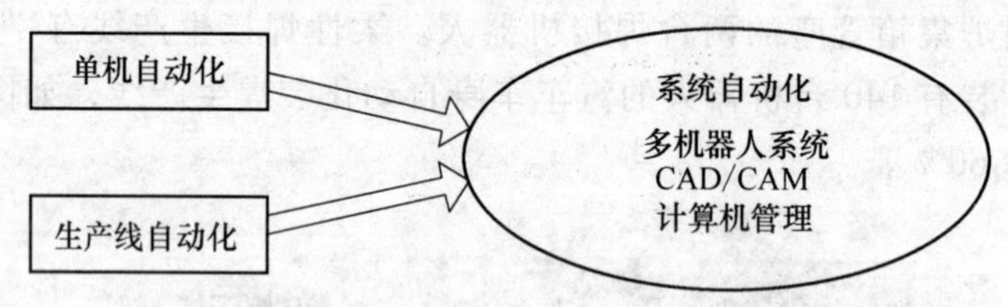

图 8-34 焊接自动化发展框图

称为焊接自动化的生产系统应该包括以下基本部分：①多机器人、传输装置、变位机、检测装置等构成的加工系统；②CAD/CAM 系统，包括焊接产品设计、产品工艺设计，以及加工工序、加工过程、加工质量的计算机控制；③计算机管理系统，这将分成许多层次，包括单台自动机的管理、自动线的管理、自动化车间的管理、自动化工厂的管理等，实质上是一个有机的信息收集、处理、分析、决策控制系统。

2. 焊接自动化主要关键技术

焊接结构生产正从传统的单一焊接工序自动化向产品设计、工艺设计、焊接过程、检测、传输、管理等全系统自动化发展，从单台稳定焊接参数控制向多台焊接质量闭环控制和带有智能的系统自动控制发展。其主要关键技术为：

（1）带有传感器的自动控制技术 ①高速、高响应度、高精度的焊丝送给控制技术；②接触和非接触式的焊缝自动跟踪技术；③熔焊和焊接质量控制技术；④高适应性、高能量、高精度焊接电源控制技术；⑤能适应各种焊接接头和各种焊接空间位置的焊接参数自适应控制技术；⑥各类焊缝的在线和焊后自动检测技术。

（2）机器人技术 ①各类能适应各种焊接方法和各类产品的焊接机器人；②焊接机器人和变位机的联动技术；③焊接机器人高效示教、自动示数和工件定位、有偏差可自动修正技术；④多台焊接机器人协调动作技术；⑤一台焊接机器人可自动快速更换多种焊枪、焊钳技术。

（3）系统技术 ①CAD/CAM 系统技术，能实现计算机设计产品、选择焊接工艺，并能进行机器人离线示教和自动示教；②焊接过程和焊接生产的仿真技术；③焊接生产的集成技术；④计算机生产过程分析和管理技术。

3. 焊接生产的类别及特点

根据不同类型产品的数量和每种产品的重复生产数，可将焊接生产分为以下三类：

（1）单件小批生产　其主要特点是：同一产品生产数量少，产品结构经常变化，并且事先难以确定重复生产数量。这一生产类别不适合采用焊接生产线生产。

（2）中批生产　其特点为：一段时期内生产一定数量的同一产品，周期性地转换生产若干种产品，每种产品具有一定批量。这一生产类别可以在焊接生产线上生产，并应注意引进机器人，以适合多品种的柔性生产。

（3）大批量生产　其特点为：在相当长的一段时间内只生产同一种产品，生产量很大。这一生产类别在设备上可以广泛采用各种专用设备及复杂的机械化高效工艺装备和辅助器具；从生产组织上是零部件同时平行生产，流水性强，且各方工序应同步；加工设备按工艺过程排列，通常无需中间仓库；装配工作简单，零部件具有良好的互换性；工人专业化程度很高，操作是高度机械化和自动化。因此，这一生产类别适合采用焊接生产线。

焊接生产线一般工序安排及各工序所用设备如图 8-35 所示。

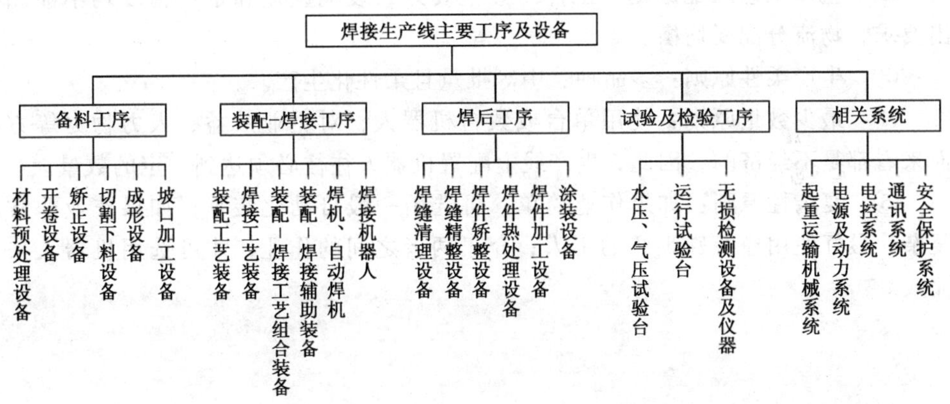

图 8-35　焊接生产线主要工序及设备

4. 设计、建造焊接生产线基本出发点

由于焊接结构的多样化及生产过程的复杂性，也由于焊接生产类别的不同，焊接生产线的组成和机械化、自动化、柔性化程度也不尽相同。但是从提高生产率、降低成本、提高质量以及增强产品竞争能力出发，设计和建造焊接生产线应加强以下工作：

1）提高材料预处理与备料工序的机械化、自动化。

2）采用先进的高效焊接工艺，研制各种专用自动焊机械化和质量控制。

3）采用先进的起重输送机械，并在各工位和工位区间配置专用的区域性起重运输设备及传送带，组成立体运输网络。

4）大量使用机械化程度高的变位机、操作机、焊接夹具等工艺装备和辅助器具，以使焊缝处于最佳焊接位置（平焊或“船”形焊接位置）。

5）在必要工位设置焊接机器人及焊接机器人工作站，以提高生产线的柔性。

6）对汽车、摩托车、工程机械等的关键焊接结构（如车身等）应建设柔性装焊生产线。

5. 焊接生产线设备的选用原则

焊接生产线上所用设备主要是常规设备和机器人，常规设备中虽然有些是专用设备，但多数都有定型的标准产品供应，应尽量选用。除特殊设备或装置无法采购外，应尽量减少和避免设计制造非标准设备。

由于机器人自身的特殊性使它有别于常规的自动化装置。选购时建议应遵循以下原则：

①　机器人特性可达原则：负载能力 < 500kg，重复定位精度不大于±0.05mm。

②　生产工艺匹配原则：工件一致性要好，装配误差和定位精度均不能超出要求，物流分配要均衡。

③　生产柔性原则：多品种、中等批量且柔性化生产。

④　最少数量原则：使用单台或数台机器人，对企业效益、人力物力等方面来看都是不经济的，因此，生产线上配置机器人往往必须达到一定的数量。

⑤　复杂性原则：如果作业简单，可选用一般自动化装置；如果作业非常复杂，最好使用经特殊训练的工人；介于两者之间的作业，才可选用机器人来完成。

第9章 焊接工艺设计

9.1 焊接结构制造的一般程序

焊接工艺设计是焊接结构制造（即焊接结构生产，简称焊接生产）中最基本也是最重要的设计工作。它所涉及的内容包括了焊接技术的各分支内容，也包括与其相关的材料加工技术和管理知识。焊接工艺设计的目的是为了完成生产纲领所提出的生产任务，其结果是为焊接结构制造设计、制定出一整套的技术文件，用以指导焊接生产。焊接工艺设计的水平如何关系到焊接制品的质量、工作效率以及生产周期和成本。因此，焊接工艺设计是焊接工程技术人员从事工作的主要任务，也是检验专业人员工作能力的主要内容。

为了进行焊接工艺设计，首先应弄清楚什么是焊接结构制造、生产纲领以及焊接结构制造的一般程序。

9.1.1 焊接结构制造

焊接结构制造的全过程包括三个主要的阶段：

第一阶段——从焊接生产的准备工作开始，它包括结构的工艺性审查、工艺方案和工艺规程设计、工艺评定、编制工艺文献和质量保证文件、定购原材料和辅助材料、外购和自行设计制造装配-焊接设备和装备。

第二阶段——从材料入库开始进入焊接结构制造工艺过程，包括材料复验入库、备料加工、装配-焊接、质量检验、成品验收；其中还穿插返修、涂饰和喷漆等。

第三阶段——合格产品入库。

9.1.2 生产纲领

在市场经济的条件下，企业的生产任务是由市场提供的，即由市场订单确定，企业从业主手里拿到的待制品清单汇总就是生产纲领。它包括：产品名称、型号、规格、性能和参数、重量（每台产品、构件、零件的重量）、年产台数和重量（台、件或吨/年）；产品的简要说明并附总图和关键件的图样；产品的部件、构件与零件的明细表（包括名称、尺寸、材料、数量与重量）。生产纲领决定了生产的规模，从而影响了采用的生产工艺、生产组织、设备和装备。

1）当纲领的产品类型少，而每一种产品的量很大，即重复生产数量极大，其生产的规模属于大批大量生产。此时生产工艺应拟订得极为详细，甚至每一工序都有工艺卡片；尽可能组织流水生产；只用复杂的、专门的和高效率的设备和装备（包括高效率的装配焊接方法、各种机械化和自动化的起重和运输设备），生产设备负荷高并且调整均匀。这种按精确纲领设计的大批大量生产，对多数工人技术水平要求较低而专业化程度高，工作地点完全固定，用在工人工资的投入低；然而，采用先进工艺和设备的投入相对高一些，但由于高负荷、高效率，摊到每件产品上的设备投入也并不高，从而导致高的技术-经济指标。

2）当纲领的每一种产品数量较少，有时就几件，产品结构经常变化，类型很多，有时事先难于确定其数量，其生产规模就属于单件小批生产。这种按假定纲领设计的单件小批生产，多采用通用的设备和装备以适应各种不同的零件、构件的要求。除满足技术条件要求外，不采用专用的夹具、工具和装备；基本上没有流水生产，设备负荷不均匀；要占用许多场地储存零部件或半成品；生产的互换性和机械化程度低；工人专业化程度低而要求技术水平高。这些都降低了生产的技术-经济指标。

3）批量生产的情况介于前两者之间。

9.1.3 焊接结构生产的准备工作

焊接结构生产的准备工作是焊接结构制造工艺过程的开始，它包括了解生产任务，审查（重点是工艺性审查）与熟悉结构图样，了解产品技术要求，在进行工艺分析的基础上，制定全部产品的工艺流程，进行工艺评定，编制工艺规程及全部工艺文件、质量保证文件、订购金属材料和辅助材料，编制用工计划（以便着手进行人员调整和培训）、能源需用计划（包括电力、水、压缩空气等），根据需要定购或自行设计制造装配-焊接设备和装备，根据工艺流程的要求，对生产面积进行调整和建设等。生产的准备工作很重要，做得越细致，越完善，未来组织生产越顺利，生产效率越高，质量越好。

9.1.4 焊接结构制造工艺过程

焊接结构制造工艺过程是从合格的材料备料、加工开始，一直到完成整个产品全部制作工作的工艺过程。图9-1是一般焊接结构制造工艺流程图。对焊接产品或焊接结构来说，该过程中最主要的工艺过程是装配-焊接。

装配-焊接工艺充分体现了焊接生产的特点，它是两个既不相同又密不可分的工序。它包括边缘清理、装配〔包括预装配〕和焊接。绝大多数焊接结构要经过多次装配焊接才能制成，有的在工厂只完成部分装配焊接和预装配，到使用现场再进行最后的装配焊接。装配焊接过程中时常还需穿插其他的加工，例

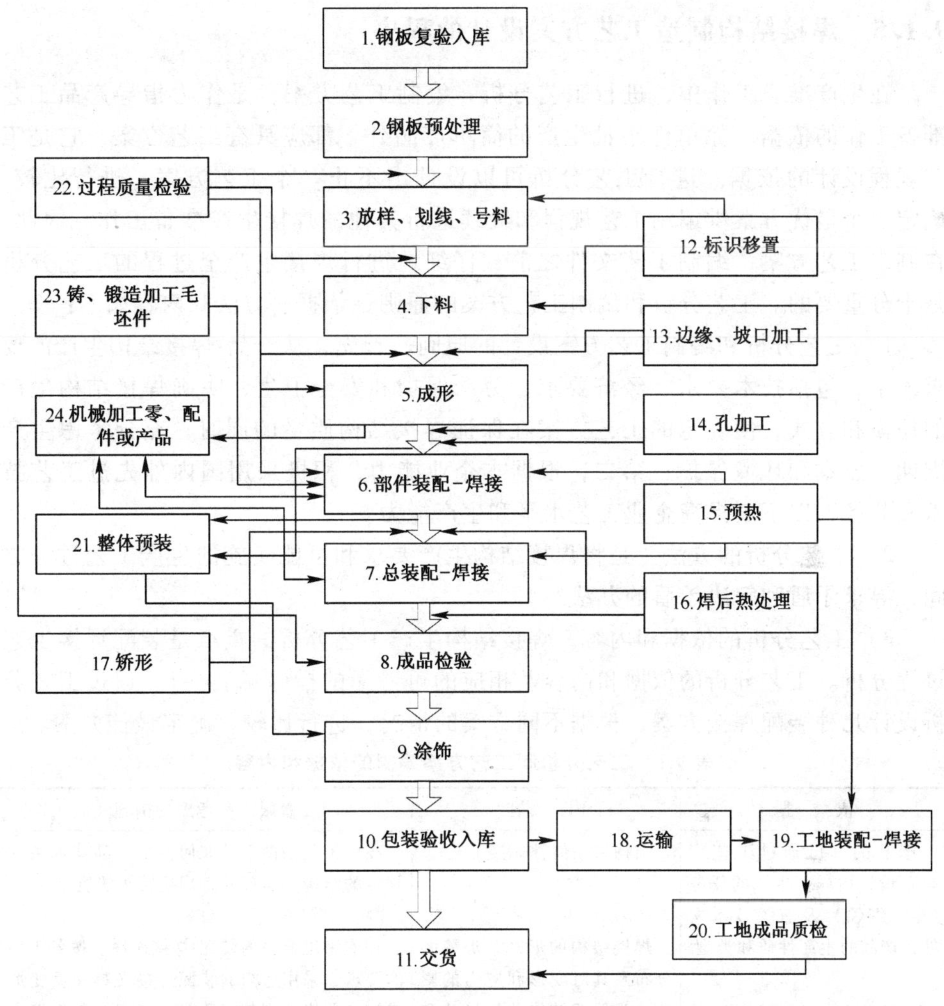

图 9-1 一般焊接结构制造工艺流程图

如机械加工、预热及焊后热处理、零部件的矫形等，贯穿整个生产过程的检验工序也穿插其间。装配焊接工艺复杂，种类多，采用何种装配焊接工艺要由产品结构、生产规模、装配焊接技术的发展决定。

为生产合格制品，检验工序将贯穿整个生产过程，检验工序从原材料的检验、入库的复验开始，随后在生产加工的每道工序都要用不同的方法进行不同内容的检验，最后制成品还要进行总检。检验是对生产实行的有效监督，是保证产品质量的重要手段。在全面推广 GB/T 19000 族质量管理和质量保证标准工作中，检验是质量控制的基本手段，是编写质量手册的重要内容。

9.1.5 焊接结构制造工艺方案设计的程序

在生产准备工作中，进行工艺分析，编制工艺方案，是作为指导产品工艺准备工作的依据。除单件小批生产的简单产品外，都应具有工艺方案。它是工艺规程设计的依据。进行工艺分析可以设计出不止一个工艺方案，进行比较，确定一个最优方案供编制工艺规程和继续进行其他的焊接生产准备工作。因此，在制定工艺方案，编制工艺文件之前，仔细地进行焊接生产全过程的工艺分析是十分重要的。工艺分折和编制工艺方案的原则、依据、方法和内容如下：

1）工艺分析和编制工艺方案设计的原则。首先，从产品-焊接结构生产的要求入手，包括技术要求、经济要求、劳动保护和安全卫生，明确焊接结构生产的规模和方式，使确定的工艺方案在保证焊接结构质量的同时，充分考虑生产周期、成本和环境保护；第二，根据本企业能力，积极采用国内外先进工艺技术和装备，以不断提高企业工艺水平和生产能力。

2）工艺分析的方法。是将焊接结构生产要求和可能实施的生产工艺过程之间，寻求矛盾和解决矛盾的办法。

3）工艺分析的依据和内容。焊接结构生产工艺分析的重点是装配焊接工艺过程分析。工艺分析的依据和内容及相应的可考虑的措施见表 9-1。通过工艺分析设计几种装配焊接方案，根据不同方案的情况，进行比较，确定最佳方案。

表 9-1 工艺分析和工艺方案编制的依据和内容

依　据	内　容	着眼点和考虑的措施
产品的（已通过工艺审查）设计图样，生产的任务（生产纲领）及有关技术文件，产品的生产性质和类型	结构采用何种焊接工艺	在此工艺条件下，如何保证产品技术条件规定的结构几何尺寸、焊接接头的质量
	焊接结构的形式，焊缝的分布及其对变形和应力的影响，为保证结构几何尺寸和焊缝质量采取的措施包括焊接材料的选择、需要预热、后热和焊后热处理	相应采用合理的装配-焊接次序，按各工序的要求，采用适当的装配焊接夹具和反变形措施，严格控制装配质量，严格控制焊接参数。它应该建立在严格的工艺评定基础之上，有良好的可达性和最佳的施焊位置（平焊位置）
本企业现有的生产条件	结构与部件的划分	要与选定的装配-焊接工艺相适应，划分零件数量适当，装配焊接工作量少、各工种工作量比较平衡、工种交替少、应用流水作业，这种划分的装配焊接顺序产生较小的焊接应力和变形，即使有了变形也容易矫正，与车间的起重和设备能力符合
国内外同类产品的工艺技术情报	可选用的工具、夹具和工艺装备	保证结构质量、减轻劳动强度、改善劳动条件和生产安全，提高劳动生产率
有关技术政策、市场信息、本企业领导和职工的目标	选择适当的检验方法、生产组织和管理	与结构图样和技术要求、工艺方法相适应，并要符合有关标准

9.1.6　焊接结构设计的工艺性审查

1. 产品结构工艺性审查的一般要求和任务

生产准备工作最重要的任务之一，是审查与熟悉结构图样，了解产品技术要求。对产品结构进行工艺性审查的目的是使设计的产品在满足技术要求、使用功能的前提下，符合一定的工艺性指标。对焊接结构来说，主要有制造产品的劳动量、材料用量、材料利用系数、产品工艺成本、产品的维修劳动量、结构标准化系数等，以便在现有的生产条件下，能用比较经济、合理的方法将其制造出来，而且便于使用和维修。

2. 工艺性审查的内容

通常，在结构设计的三个阶段均应进行工艺性审查。工艺性审查的内容见表 9-2。表中所指装配-焊接工艺性尽量避免采用复杂的装配-焊接工艺装备；在质量大于 20kg 的装配单元（或组成部分结构）中，应具有吊装的结构要素；装配时应避免有关组成部分的中间拆卸和再装配；结构组成部分的连接包括接头形式，应便于装配工作的机械化和自动化；结构材料应具有良好的焊接性；结构焊缝的布置有良好的可达性，并有利于控制焊接应力与变形；焊接接头形式、位置和尺寸应能满足焊接质量的要求，焊件的技术要求合理等。

表 9-2　工艺性审查的内容

设计阶段	审　查　内　容
初步设计和技术设计阶段	从制造角度分析结构方案的合理性： 1. 主要结构在本企业或外协加工的可能性 2. 继承性-新结构采用的通用件和借用件（从老结构借用）的多寡 3. 产品组成是否能合理分割为各大构件、部件和零件 4. 各大构件、部件和零件是否便于装配-焊接、调整和维修，能否进行平行的装配和检查 5. 各大构件、部件等进行总装配的可能性，是否将其装配-焊接工作量减至最小 6. 特殊结构或零件本企业或外协加工的可能性 7. 主要材料选用是否合理 8. 主要技术条件与参数的合理性与可检查性 9. 结构标准化和系列化程度等
工作图设计阶段	1. 各大部件是否具有装配基准，是否便于拆装 2. 大部件拆成平行装配的小部件的可能性 3. 审查零件的装配-焊接工艺性等

3. 工艺性审查的方式和程序

初步设计和技术设计阶段的工艺性审查一般采用各方（设计、工艺、制造部门的技术人员和主管）参加的会审方式。对产品工作图的工艺性审查由产品主管工艺师和各专业工艺师（员）对有设计、审核人员签字的图样（应为计算机绘制的，原规定为铅笔原图）分头进行审查。全套图样审查完毕，无大修改意见的，审查者应在“工艺”栏内签字，对有较大修改意见的，暂不签字，审查者应填写“产品结构工艺性审查记录”（见 JB/T 9165.3—1998）与图样一并交设计部门。

设计者根据工艺性审查记录上的意见和建议进行修改设计，修改后未签字的工艺图样返回工艺部门复查签字。若设计者与工艺人员意见不一，由双方协商解决。若协商不成，由厂技术负责人进行协调或裁决。

9.2 焊接工艺设计内容

9.2.1 焊接工艺设计程序和内容、步骤与方法

焊接工艺过程设计是焊接生产设计（包括焊接车间设计）的核心内容。图 9-2 所示是焊接产品工艺工作程序图。

一方面，工艺过程设计贯穿于焊接生产设计的始终，如在可行性报告中，提出生产技术方案，制定相应的工艺原则；在初步设计阶段，拟定生产工艺过程、编制工艺文件；在施工图设计阶段则要彻底解决全部生产工艺技术问题，以达到试生产和试运转要求。

另一方，工艺过程设计又决定了车间设计和非标准工艺装备设计的水平和要求，是进行后者的依据。工艺设计的好坏直接影响产品的质量，决定着焊接生产设计的综合技术经济指标。

工艺方案的主要内容有：

1）对小批试制阶段工艺、工装验证情况的小结。

2）工艺关键件质量攻关措施意见和关键工件质量控制点设置意见。

3）工艺文件和工艺装备的进一步修改、完善意见。

4）专用设备或生产自动线的设计制造意见。

5）采用有关新材料、新工艺的意见。

6）对生产节拍的安排和投产方式的建议。

7）装配方案和车间平面布置的调整意见。

根据工艺方案设计的依据及工艺分析的结论，由主管工艺人员提出几种工艺方案，组织讨论，确定最佳方案，经工艺主管审核，最后交由总工艺师或总工程师批准。

1. 焊接生产工艺过程设计的内容

总的说来，工艺过程设计就是根据生产任务的性质（由生产纲领所决定）、产品的图样及技术条件、工厂的条件（老厂新产品工艺设计）运用现代焊接技

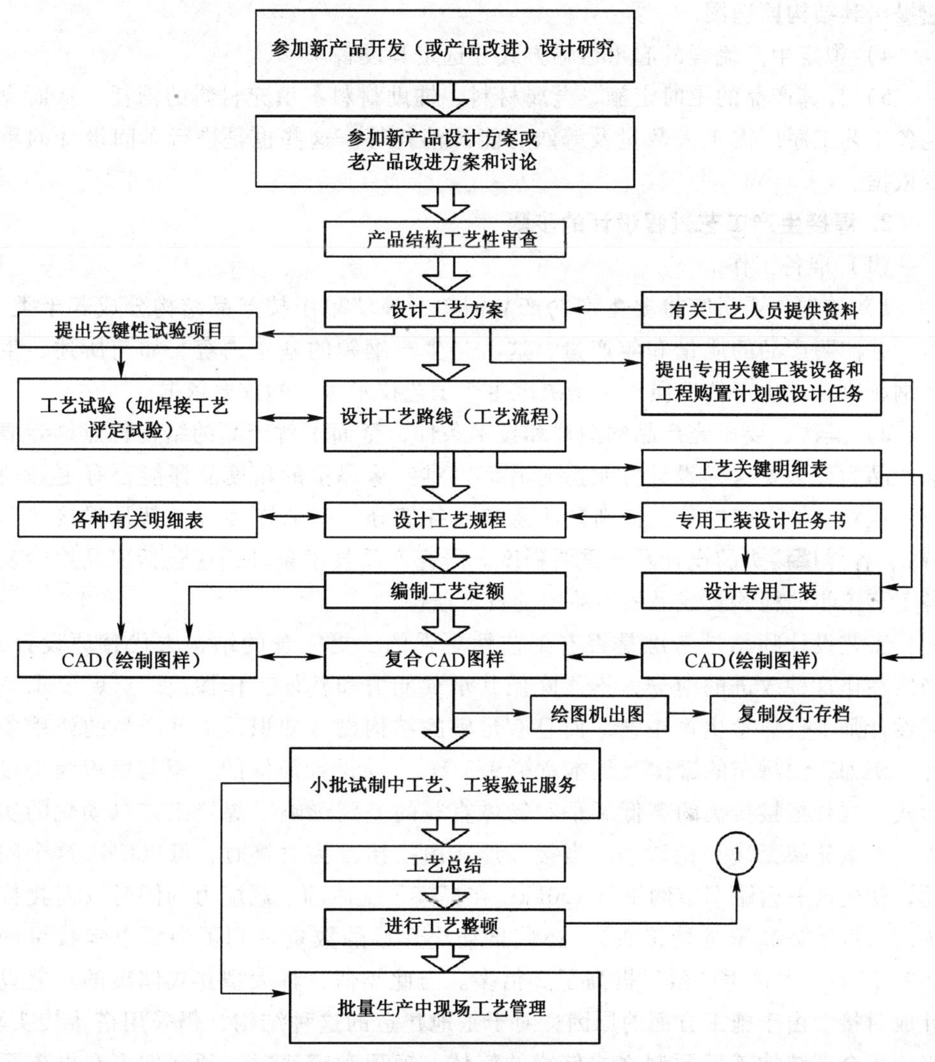

图 9-2 焊接产品工艺工作程序图

注：使用计算机设计绘图。

① 根据需要反馈到工艺方案、工艺路线、工艺规程和（或）工艺设备设计。

术及相应的金属材料加工和保护技术、无损检测技术等，来拟定产品的全部生产工艺，解决全部生产技术问题。这些问题是：

1）将产品分解成总成、部件、组件、零件，确定其加工方法、各工艺参数及相应的工艺措施。

2）确定产品的合理生产过程，包括各工艺工步的次序。

3）决定每一加工工序所需用的设备、装备的规格型号，对非标准设备，则应提出其结构原理图。

4）拟定生产流程的起重运输方式并选定其设备。

5）计算产品的工时定额，金属材料、辅助材料、填充材料的消耗，从而决定各工艺工序所需工人数量及等级、能源消耗等。这些也是进行车间设计的重要依据。

2. 焊接生产工艺过程设计的步骤

（1）准备工作

1）首先，要研究将要生产的产品清单，该清单中按产品结构分成若干类、组，并注明产品的质量和年产量，这就是生产纲领的基本内容。如前所述，生产纲领决定了生产的性质，又是决定生产工艺技术水平的重要依据。

2）其次，要研究产品的图样和技术条件，全面了解产品的结构特点，弄清该产品为什么要这样设计？制造时有何困难？从焊接的角度品评能否有更好的设计或对其加以改进等，特别要注意产品各部分之间的连接（尤其是焊接那部分）、各焊接接头的设计及其重要程度。研究产品技术条件还应包括成品检验及各工艺工步的检验及成品最后验收的技术条件。

工艺设计师总是考虑是否有工艺性更强的、更完善的结构去代替原设计，当然在作这种改进的时候，不能降低其承载能力和其他工作性能，这就要求工艺设计师不仅熟悉生产工艺，而且有足够的结构设计知识，了解产品的使用条件。例如，油罐车的罐体（见本章第9.3节），原设计筒体的上板与底板为搭接形式，这种搭接接头的高低不平和筒体直径的差别影响了焊接工艺自动化的实现，如滚轮架无法平稳转动。当接头形式由搭接改为对接时，可以解决这个问题，使生产一台罐车节约钢材150kg；在提高了罐体的承载能力的同时（对接接头的强度系数高于搭接接头），还使自动化焊接的数量占到了油罐总焊接量的80%以上，焊接生产效率提高了2倍多。与此类似，将大型立式储罐的环缝设计成对接。由于施工方面的原因，对于工地建造的这种结构，仍采用搭接接头。当使用金属结构工厂预制立式储罐的筒体、罐顶和罐底时，预制件可在电磁平台上全部采用埋弧焊对接，然后卷成筒状运往工地，在现场进行展开并焊接最后的安装焊接缝。这无疑大大提高了结构制造的机械化和自动化程度，有很高经济效益，而且经过试验研究证明，卷曲罐体不会降低结构的承载能力。

工艺设计师除对新建工厂的产品进行生产工艺设计之外，还经常要对已建成工厂的新产品进行工艺设计，此时的准备工作还要包括对工厂生产条件和生产能力的调查。

（2）产品的工艺过程分析（即工艺方案设计的基础） 在上述准备工作的基础上，可以对产品的制造工艺过程进行分析和计划，并制定出工艺原则。对一个设计可能要提出几个工艺方案，列出所有的利和弊，以供主管部门选择和批准。

在进行工艺分析时，首先要注意待制产品的结构和技术要求，工艺上有何特点，参考国内外类似产品的焊接生产工艺，依据所进行工艺设计的工厂的具体条件（如现有的生产设备、厂房条件、工人技术水平等），初步确定加工工艺和相应的技术水平。同时对重要的零部件和关键工艺工序进行深入的分析和比较，从保证焊接产品的质量、满足和超过其技术条件的要求、降低劳动量和成本（对采用现代化、机械化和自动化的先进工艺的可能性进行分析），提出几个方案。最后，根据经过选择批准的那个方案，制定出相应的工艺过程。

（3）制定焊接工艺过程　在所确定的最优工艺方案基础上，进行焊接工艺过程的编制。焊接的生产过程主要包括各种制造工艺（如钢材矫正、放样、划线和下料以及切割、弯曲成形、装配焊接和清理等）、检验工序和运输（物流）工步。在装配焊接车间（或叫做金属结构车间，或焊接结构车间，有的称作XXXX 厂），产品的制造工艺过程往往包括非常不同的两个过程：其一是零件的加工制造；其二是零件、部件（由零件构成）及产品（所有零件和部件的有机组合）的装配和焊接。其中，对产品制造起主导和决定性作用的是装配焊接过程，而前一过程服务和服从于后一过程，其实质是提供达到质量和数量的零件毛坯。通常又称其为焊接生产的备料加工。它是在合格的原材料上进行的。首先进行材料预处理，包括矫正、除锈（如喷丸）、表面防护处理（如喷涂导电漆等）、预落料等。

在编制工艺过程时，总是要经过由初步的（粗略的）到详细的（最终的）设计过程。在现有工厂进行新产品工艺过程编制时，总是在工艺方案基础上，初步地制定工艺过程，主要包括：

1）按产品图样及技术要求将产品分为总成、部件、组件和零件，并确定其加工次序。

2）确定各零件、组件、部件和总成的合理的连续加工方法，包括零件的准备、装配焊接工艺、检验方法等，以及在各工艺工序上的要求，还要进一步拟定达到这些要求的工艺措施。

3）进行必要的经济活动分析和成本的初步核算。

4）选择装配焊接下料及机加工所用设备、机床和装备的规格型号。

在编制过程中同时提供工艺技术路线图（参看图 9-9 罐车罐体的工艺路线图）和生产过程综合表。表 9-3 为生产过程一览表的格式示例。

工艺路线图主要表示零件、组件、部件和结构的装配焊接次序，有的还注明零件加工工艺次序等。

工艺过程一览表则记载了各加工工艺的简要说明，包括工位号、零件（或组件或部件）名称、材料、重量、人工、设备及装备，以及劳动量和消耗定额等内容。

表 9-3 生产过程综合表（一览表）示例

共__页 第__页

______（零件、组件、部件）总成加工综合表　　______工厂
______车间

序号或工位号	总成、部件、组件名称	零件名称	工艺过程简要说明（附图）	工人（工种及时间规定）	设备（名称、数量、型号）	非标设备（名称、数量）	工卡量具（名称及数量）	备注
更改标号		签名（日期）		审批		校对		拟定

在上述工作的基础上，在工厂的工艺技术部门、设计部门和劳动管理部门参与下，由生产车间组织产品的试生产。试生产过程中对产品的设计和技术条件进行全面检查，对工艺过程设计进行实践检验，不当之处进行修改，最后拟定出最终的（详细的）工艺方案和工艺规程。详细制定的工艺过程以工艺文件形式固定下来，经过会鉴和领导批准，作为以后组织生产的依据。最终的工艺文件还应包括工艺卡。工艺卡分为装配工艺卡和焊接工艺卡，它比一览表更详细地规定了每道工序的工步、加工次序、工艺方法、所用的生产设备、辅助设备、加工工艺参数、劳动量、延续时间、工人的工种等级和数量、材料（主要和辅助的）及其消耗、动力消耗等。工艺卡片上应该有工艺说明简图。装配工艺卡见表 9-4，焊接工艺卡见表 9-5。

表 9-4 装配工艺卡示例

<table>
<tr><td colspan="2">工厂</td><td rowspan="3">装配
工艺卡</td><td colspan="2">产品型号</td><td colspan="4"></td><td colspan="3">每台数量</td><td colspan="3"></td><td rowspan="3">共页
第页</td></tr>
<tr><td colspan="2" rowspan="2"></td><td colspan="2">总成号</td><td colspan="4"></td><td colspan="3">工艺编号</td><td colspan="3"></td></tr>
<tr><td colspan="2">总成名称</td><td colspan="10"></td></tr>
<tr><td rowspan="2">工序号</td><td rowspan="2">工步号</td><td rowspan="2">工序内容（附图）</td><td colspan="3">零件</td><td colspan="3">设备、非标、工具</td><td colspan="2">辅助材料</td><td colspan="2">工人</td><td colspan="2">工时</td><td rowspan="2">备注</td></tr>
<tr><td>名称</td><td>编号</td><td>数量</td><td>名称、型号</td><td>编号</td><td>数量</td><td>名称规格</td><td>数量</td><td>工种</td><td>数量</td><td>台分</td><td>工分</td></tr>
<tr><td></td><td></td><td></td><td></td><td></td><td></td><td></td><td></td><td></td><td></td><td></td><td></td><td></td><td></td><td></td><td></td></tr>
<tr><td rowspan="2" colspan="2">更改标记</td><td>说明</td><td></td><td></td><td></td><td rowspan="2">编制</td><td rowspan="2" colspan="3">校对</td><td rowspan="2" colspan="2">批准</td><td rowspan="2" colspan="4">200 年 月 日</td></tr>
<tr><td>签名</td><td></td><td></td><td></td></tr>
</table>

许多焊接结构由于非常重要，在选定焊接方法和制定焊接参数时，需要按

国际或国家或行业或企业的有关标准（规程）进行工艺评定。

最终制定的工艺过程应该达到如下的目标：

1）全部生产工序和工步（包括装配、焊接以及机械和热加工过程）有最小的劳动量。这要通过合理地采用高生产率的、机械化和自动化的装配和焊接方法，应用现代化设备和装备，采用有效的防止焊接应力、变形及其他缺陷的措施来达到。

2）制造产品使用的时间最短，该产品的循环节拍应与其生产纲领相适应。

3）利用多面手、兼职等进行多工位、多机床管理操作，在提高机械化水平的同时，压缩工人数量到最低。

4）使设备、装备（包括起重运输）有最佳的负荷，使其总数最少、利用率最高。

5）降低废料率，使材料消耗最少。

6）使生产的能源消耗最低等。

3. 焊接生产工艺过程分析

（1）焊接生产工艺分析的原则　焊接生产工艺分析一般应遵循：保证产品技术条件的前提下，取得最高经济效益的原则。在取得工艺设计全部原始资料并开始进行工艺分析时，首先要考虑的是采用何种工艺方法和措施，使产品达到设计技术条件的要求，产品质量是好的，而且工人的劳动条件应该是优越的，起码是可以接受的。另一方面，这些方法和措施应有较高的劳动生产率，低的劳动量、材料和能源消耗，使产品的成本较低，投入市场有较强的竞争力，从而取得高的经济效益。就是说要选择技术和经济效果都较好的措施。但这两方面常常是矛盾的，例如，工作在动载下的一些重型机械焊接结构，为了消除焊接残余应力，应该进行焊后退火处理。但热处理工艺会增大产品的成本。若不采用这个热处理工序，则结构使用一年到一年半左右，在靠近焊缝的基本金属中可能会出现裂纹，经修补后还会在临近的位置再度出现裂纹。许多结构经过再三修补，仍出现新的裂纹，只好拆下报废，使客户的利益受到损失的同时，也使企业本身的市场形象受到损害。所以，采用热处理工艺是提高这类产品质量的重要环节，它既能够提高产品的竞争力，又可以增加社会效益，非常值得。

当试图采取降低产品成本的措施时，须进行经济核算，如确实能达到预期效果，才能决定采用。在进行工艺分析的同时，还应贯彻国家当前的方针政策（如制造产品的重要性、迫切性、环保与安全等）。生产厂如是新设计的工厂，还应考虑工厂的投资及贷款偿还期、重点工程还是一般工程、建厂进度要求和生产纲领等。

表 9-5　焊接工艺卡示例

________工厂 ________车间	焊接工艺卡	工步	工步号	车间工段	工艺过程号
		自动焊	12	5	
接头简图		零件、组件、部件名称：……外壳			图样号：NO. C13-3
		每批数量　50 台件 材　　料　Q235A 焊接种类　埋弧焊 工人工种　自动焊工 工人数量　1 工种级别　6 级			设备及工作地： 自动焊小车　MA—1000—2 焊接变压器　TC—1000—3 工　作　地　2-2 号

工序工步号及说明	辅助材料及装备	电流/A	电压/V	焊丝直径/mm	焊速/(mm/s)	板厚/mm	500	750	1000	1250	2000	焊缝尺寸/mm	
							焊成筒节时间/min					b	c
1. 调整待焊焊缝至下部便于水平焊	焊剂：350	600	36 ~38	5	14	6	7.4	8.2	8.9	9.6	11.4	12	2.0
		650	38 ~40	5	12.4	8	7.5	8.3	9.0	9.8	12.0	13	2.5
2. 对中焊机后，撤布焊剂、设焊剂垫	焊接滚轮架	700	38 ~40	5	12.5	10	7.6	8.4	9.1	9.8	12.2	14	2.5
		750	40 ~42	5	11	12	7.6	8.4	9.2	10.0	12.4	14	3.0
3. 调整焊接参数到需要值并启动焊机	焊丝：H08A	775	40 ~42	5	7.8	14	7.8	8.7	9.6	10.5	13.2	14	3.5
4. 收集未熔化焊剂		800	40 ~42	5	6.4	16	7.8	8.8	9.8	10.8	13.8	15	3.5
更改号	号： 签名：	编制			校对				批准				

（2）焊接生产工艺分析的方法　通常，焊接工艺分析方法与其他加工工艺分析方法相类似，主要从保证焊接产品或结构的技术条件和采用先进的加工工艺两个方面入手。

1）如何保证焊接产品或结构的技术条件？满足产品技术条件的要求是产品质量合格的前提，是对焊接生产工艺最起码的要求。要做到这一点，首先要根据对产品结构特点和工艺特点的研究，估计制造过程中可能遇到的困难，注意与技术条件要求有关的工艺工序，这些工艺或工序是工艺分析中的主要研究对象。

例如，桥式起重机桥架结构，属于工作在动载下的重要焊接结构，工作条件较为恶劣，结构破坏后会产生严重后果，故要求焊接接头有优良的质量。由于基本金属为焊接性优良的低碳钢和普通低合金钢，这方面困难不大。桥架技术条件中对其外形尺寸有较高要求，这也是强度和稳定性方面的要求，这是防止桥架结构整体失稳所必需的。鉴于产品尺寸大，焊缝分布上下不对称的特点，可以判断焊接应力变形是个关键问题。

对用焊接性较差的中碳钢、低合金结构钢及合金钢制造的焊接结构，工艺分析的关键问题往往是需获得所要求的接头性能（包括力学性能、高温或低温性能、耐腐蚀性能等），包括金相组织和焊缝化学成分等。

从以上简单的讨论可以看出，要保证产品的技术条件，必须做好两方面的工作，其一是焊接接头的质量；其二是，产品或结构外形尺寸是否满足要求，公差是否在规定的范围内，结构整体或主要部位是否有严重的残余应力等。影响接头质量的首先是焊接缺陷，在焊接原理、材料焊接性、焊接结构、焊接结构强度及断裂等专著中对缺陷的产生、影响及防止办法已进行了详细的讨论，因此进行工艺分析时，需要把这些理论与具体产品、具体结构、具体材料与使用的焊接方法及工艺结合起来，进行分析，做出判断并提出工艺措施。

关于影响结构外形尺寸问题，实质上，主要是控制焊接应力（它还促使产生裂纹）和变形的问题。焊接应力和变形的理论，以及控制焊接应力和变形的措施都在焊接结构学等专著中讨论过，工艺分析时要结合具体产品特点和生产条件，灵活地运用这些理论，提出适当的措施，保证产品技术条件的要求。

焊接工程师除了对产品结构设计应该提出减小应力与变形的修改意见外（这是对产品进行工艺审查时进行的），更多的是利用生产工艺过程来控制和减小焊接应力与变形。在生产中常用的工艺方法请参见第 7 章。

2）采用先进加工工艺的可能性？希望所设计的焊接生产工艺过程的每一工序工步都处在最佳的生产条件下，从而获得最佳的质量，并且大大节省劳动量，特别是手工体力劳动量，改善操作者的工作条件，获得最佳的经济指标，这是工艺分析时考虑采用先进工艺的出发点。

设计工艺过程首先要考虑的问题之一就是采用先进的焊接工艺方法的可能性问题。前提是必须了解目前和不远将来可用的先进的焊接方法和工艺。这不仅是因为焊接工作量往往要占整个产品总工作量的 30% 或更多，更主要的原因是焊接工艺在焊接生产中起的是主导作用。焊接前后对许多其他工序的要求在很大程度上决定于所使用的焊接工艺方法。如焊条电弧焊、埋弧焊、窄间隙焊和电渣焊等几种常用焊接工艺方法，焊接前材料的坡口尺寸（包括间隙、坡口角度和钝边尺寸）是不同的；对坡口加工、清理等的要求也不一样；使用的焊接材料不同以及焊前准备工作也不同，如焊条、焊丝、焊剂、保护气体等的烘干、除锈、提纯等；另外，配合这些工艺相适应的焊接设备和工艺装备亦不同。焊后，是否要进行消除应力热处理及其他处理，在一定程度上也决定于焊接工艺，如电渣焊的构件一般都要进行焊后正火 + 回火热处理。

由于焊接工艺在整个焊接生产中所占的份额是有限的，大量的工作包括准备工序、装配工序以及运输工序，特别是采用了先进的焊接工艺方法之后，要提高整个焊接生产率，极需考虑生产过程的综合机械化和自动化。这不仅包括基本生产工序，如毛坯准备、装配、焊接和涂饰工序机械化和自动化，而且还包括辅助工序，如质量检验和运输工序的机械化和自动化，还要设计与之相适应的生产组织和安排（工艺平面布置），即生产布置要更加合理化。

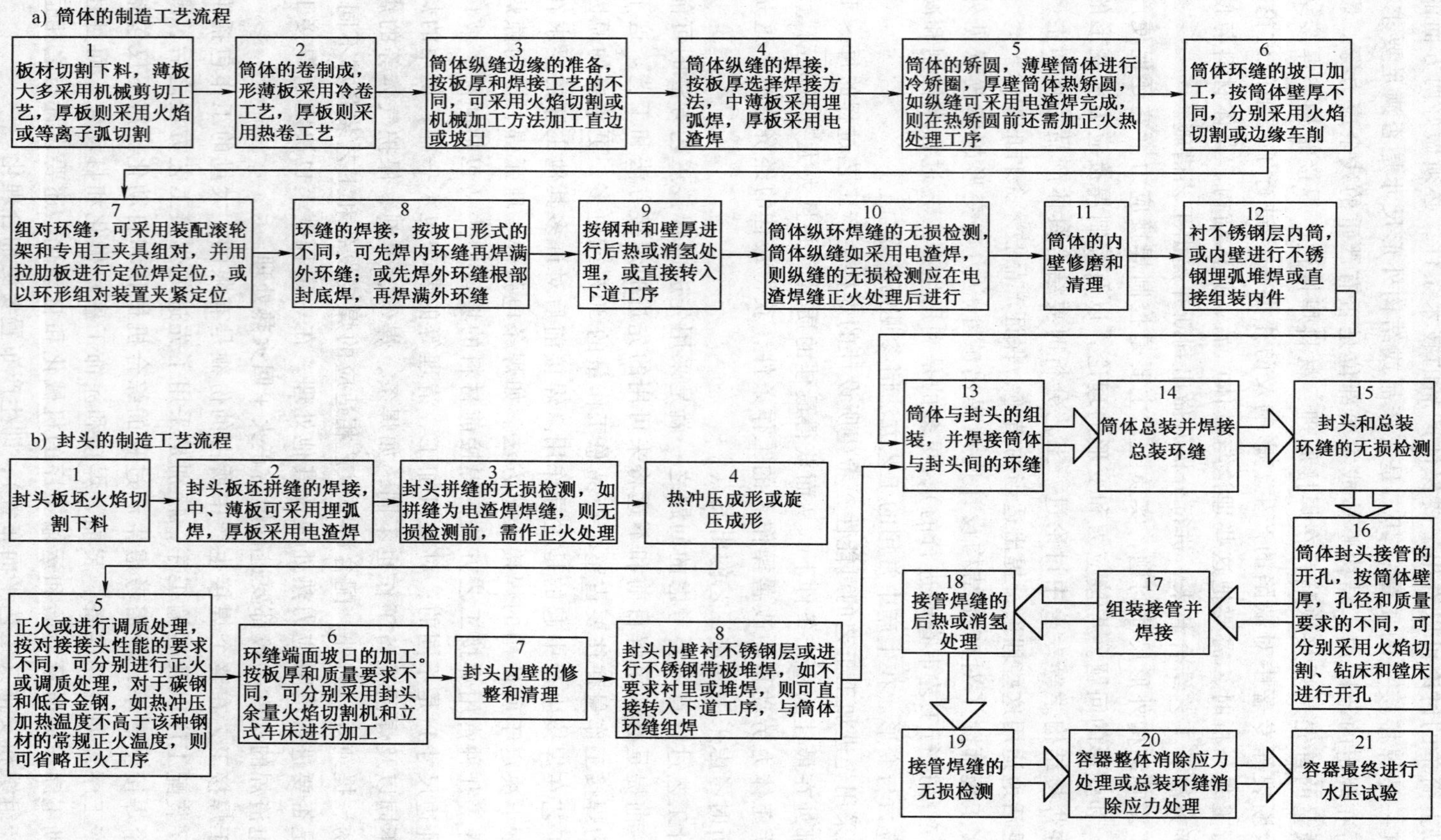

图9-3 板焊接结构（压力容器）的主要制造工艺流程

9.2.2　焊接结构制造工艺流程

焊接结构按所采用的主要原材料的形状不同，可分为板焊接结构、型材焊接结构和管焊接结构三大类。板焊接结构主要用于船体、化工受压容器、工业锅炉、电站锅炉锅筒、大直径管道和机床床身等。型材焊接结构主要用于建筑钢结构、车辆底架、起重机和工程机械等。管焊接结构的主要应用领城有海洋采油平台、电站锅炉受热面部件、化工和炼油设备管道、网架、网壳建筑结构，核电站蒸汽发生器和各种管壳式热交换器等。

焊接结构的制造工艺流程取决于上述三种基本的结构形式，板材焊接结构、型材焊接结构和管材焊接结构采用不同的制造工艺流程及相应的工艺装备。

（1）板材焊接结构的制造工艺流程　板焊接结构的主要制造工艺流程以压力容器筒体为例，如图 9-3 所示。其中容器筒体制造的主要工序如图 9-3a 所示，容器封头的主要制造工艺流程如图 9-3b 所示。

（2）型材焊接结构的制造工艺流程　型材焊接结构的制造工艺流程与板焊接结构相比较为简单，基本工艺流程如图 9-4 所示。因为用于焊接结构的型材大多数是焊接性良好的低碳钢，且型材的壁厚较薄，故焊前无需预热，焊后无需热处理。只有当型材的弯曲成形变形量超过相应标准的规定时，才需作相应的热处理。另外，如在现场总装组焊时，环境温度低于 0℃，则需要焊接前预热工序。

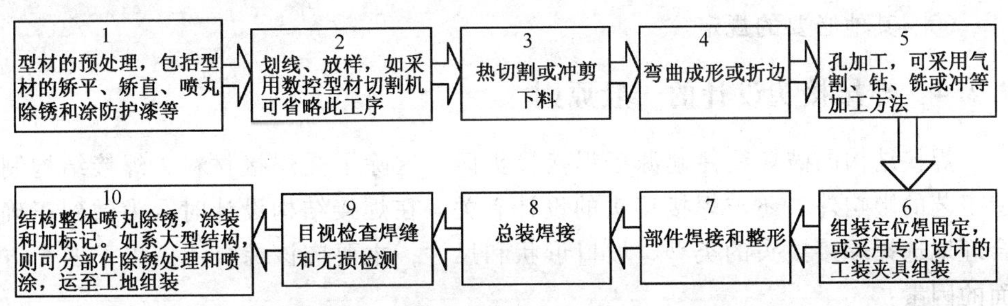

图 9-4　型材焊接结构的制造工艺流程

（3）管材焊接结构的制造工艺流程　管焊接结构的制造工艺流程与型材焊接结构相似，其主要工序如图 9-5 所示。

9.2.3　焊接工艺文件的编制

焊接工艺文件应符合下列要求：

1）施工前应由焊接技术责任人员根据焊接工艺评定结果编制焊接工艺文件，并向有关操作人员进行技术交底，施工中应严格遵守工艺文件的规定。

2）焊接工艺文件应包括下列内容：

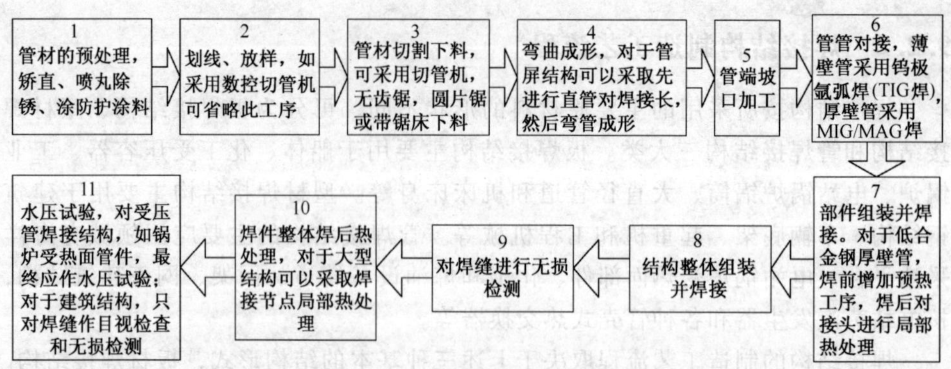

图 9-5 管材焊接结构的制造工艺流程

① 焊接方法的选择。

② 钢材的牌号、厚度及其他相关尺寸。

③ 焊接材料型号、规格。

④ 焊接接头形式、坡口形状及尺寸允许偏差。

⑤ 夹具、定位焊、衬垫的要求。

⑥ 焊接电流、焊接电压、焊接速度、焊接层次、焊接顺序等焊接参数规定。

⑦ 预热温度及层间温度范围。

⑧ 后热、焊后消除应力处理工艺。

⑨ 检验方法及合格标准。

⑩ 其他必要的规定。

9.2.4 焊接接头设计的一般原则

焊接结构的破坏往往起源于焊接接头区，这除了受焊接材料、焊接结构制造工艺的影响外，还与焊接接头的设计有关。在焊接结构设计时，为做到正确合理地选择焊接接头的类型、坡口形状和尺寸，主要应该综合考虑以下四个方面的因素：

1）设计要求。保证接头满足使用要求。

2）焊接的难易与焊接变形。焊接容易实现，变形能够被控制。

3）焊接成本。接头准备和实际焊接所需费用低，经济性好。

4）施工条件。制造施工单位具备完成施工要求所需的技术、人员和设备条件。

接头类型的确定主要取决于设计条件——结构特点、受力状态和板厚等。接头类型主要有五种，即对接接头、搭接接头、T 形接头、十字接头、角接接头。这些接头又可采用各种坡口形式，诸如 I 形坡口、V 形坡口、U 形坡口、J 形坡口、Y 形坡口、X 形坡口和 K 形坡口等。在两种或多种可选接头中选择一种接头，一方面要考虑设计条件，例如考虑是承载还是联系接头：如果是承载接头，要求这种接头的焊缝必须具有与母材相等的强度，这时就必须采用能够完全焊透钢板的方法焊接，即全熔透焊接；若是联系接头，这种接头的焊缝要承受的力很小，焊缝就不一定要求焊透或全长焊接；另一方面，这种选择主要考虑接头的准备和焊接成本。影响焊接准备和焊接成本的主要因素是坡口加工、焊缝填充金属量、焊接工时及辅助工时等。

此外，减小接头部位刚性，也是接头设计时应该考虑的原则之一。接头的刚性大，在焊缝未达到屈服点之前，变形量很小，因而在作为铰接处理的接头中（如桁架的节点）会产生很大的附加应力。在这些接头中，应采取适当的措施，例如减小焊缝截面尺寸，增加节点柔性，改变焊缝位置等来减小接头刚度。

在设计焊接接头时，除了上述必须考虑的设计要求和经济性外，还不能忘记要为施工提供方便，应充分考虑到所设计的接头焊接操作容易、焊接变形可以控制、施工条件不难具备。

焊接接头的其他设计原则和相应的设计要求参见《焊接手册》及其他规程。

9.3　焊接工艺设计举例

9.3.1　油罐车罐体的焊接生产

1. 油罐车罐体主要技术要求

油罐车和运送酒精、水、酸及其他化学品的罐车结构一样，是由车体即油罐和一些附属装置构成的。底架是由中梁、端梁、枕梁等组成的一个框架结构。由于其载荷由卧在枕梁上槽托的油罐传递给枕梁下的心盘、转向架，故油罐车的底架比一般铁路车辆简单得多，它取消了横梁和中侧梁。由于油罐体的刚性很大，可以把车钩及缓冲装置焊在罐体上，形成无中梁罐车。油罐车的罐体为一卧式圆筒容器。图9-6所示是容积50 m^3 的油罐，内径为2.6m，总长10余米。如内径为2.8m，长度一样，则成为60m^3罐体。美国和俄罗斯采用90m^3 和100m^3 罐车。

我国在20世纪60年代就已形成比较先进的油罐车焊接装配生产线。它分成罐体和底架两大部件。底架比一般车辆（如敞车和客车）简单，这里主要介绍罐体的制造工艺。

油罐车运行时如果漏油，可能造成列车起火，故焊接质量可靠是罐体生产的首要条件；其次为排油方便罐体应略有下挠，常用下挠量为+7mm～-10mm；对罐体圆度、周长及凹凸不均度等几何尺寸也都作了相应的规定。

2. 工艺方案分析

由罐体结构可见，罐体的装焊工艺过程可以采用以下三种方案：

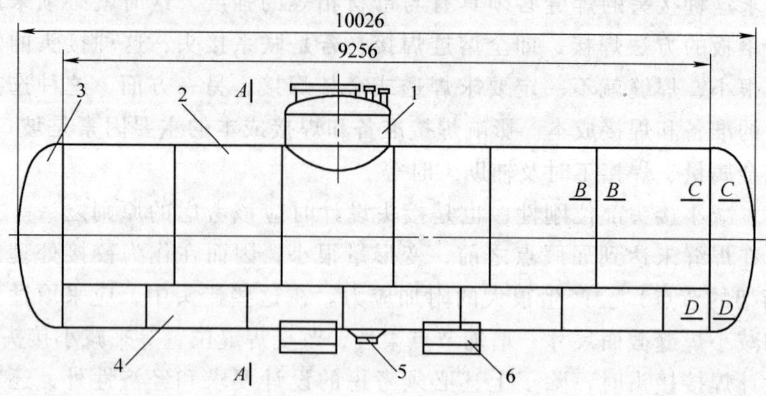

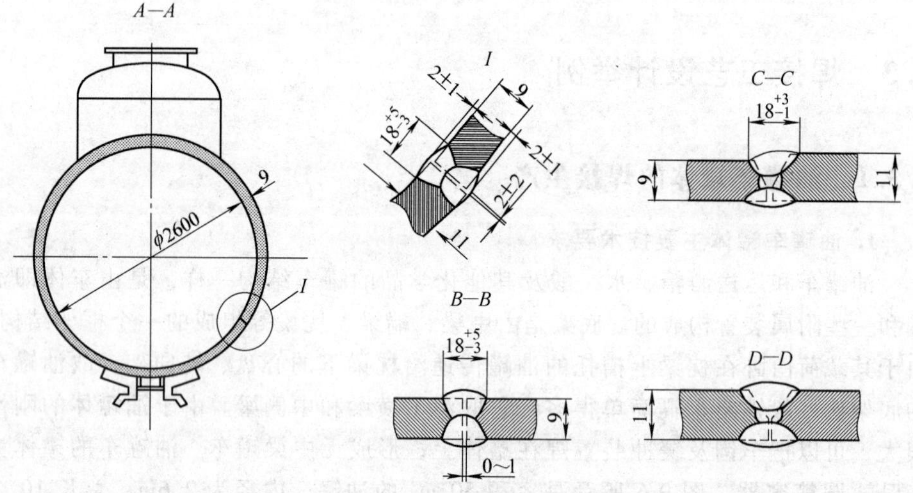

图 9-6　油罐车罐体结构示意图

1—空气包　2—上板　3—端板　4—底板　5—聚油阀　6—罐体托板

方案一：由相同宽度的上板和底板拼接成筒节板，焊接纵缝、滚圆成形、装配时可令各纵缝错开，如图 9-7a 所示，装配点定位焊之后，可焊条电弧焊或埋弧焊焊接环缝。该方案中全部环缝皆为空间焊缝，且由于圆度及直径的差异会给装配焊接带来困难。这是常见圆筒容器装配焊接工艺，但不是最佳方案。

方案二：将上板和底板平板对接，拼焊全部焊缝，形成整个筒体板幅，然后滚圆并焊接最后一条纵缝，如图 9-7b 所示。为保证罐筒下挠，有两种办法：第一是将底板件预先滚圆，在留有挠度的专用夹具上装配瓦片状底板件，使底板有预留下挠，然后与拼成板幅并滚圆后的上板部件装配，焊接底板环缝，再焊接两条纵缝；另一办法是在预先拼接并滚圆的上板与底板装配时，在罐体内部用液压千斤顶强制造成下挠。这两种方法都可行，也已分别被采用。

方案三：由数块纵向上板与一块纵向底板进行平板对接，焊若干条纵缝，图 9-7c 所示为 4 条纵缝，形成整个筒体板幅，再滚圆，最后焊接一条纵缝。该方案最为先进，但需要特宽、特长的钢板。该方案可减少约 70m 长的焊缝。但供应这种钢板有一定的困难。

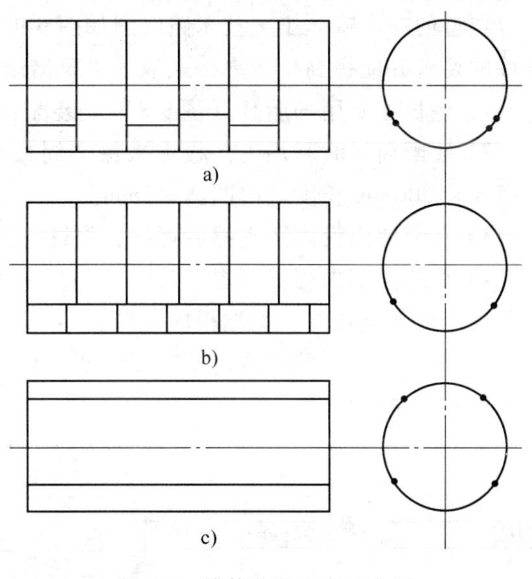

图 9-7　罐体装配方案示意图

上述方案中要求预制下挠的原因是，当制成平直罐体（底板环缝尚未焊接）后，焊接环缝、纵缝及零部件（大多在罐体下部）等都会造成上挠，不预制下挠则难以保证达到要求。根据上面的分析及现有条件，宜采用第二方案。

3. 装配焊接工艺

（1）上板拼接工艺　包括小张板装配焊接，上板拼接装配，用埋弧焊焊接正面，然后在大型双柱式翻转机上翻转工件并焊接另一面，最后在大型弯板机上滚圆。

（2）底板装配工艺　将下料并刨边的底板条滚圆，在如图 9-8 所示的装配胎具上进行装配并进行定位焊。

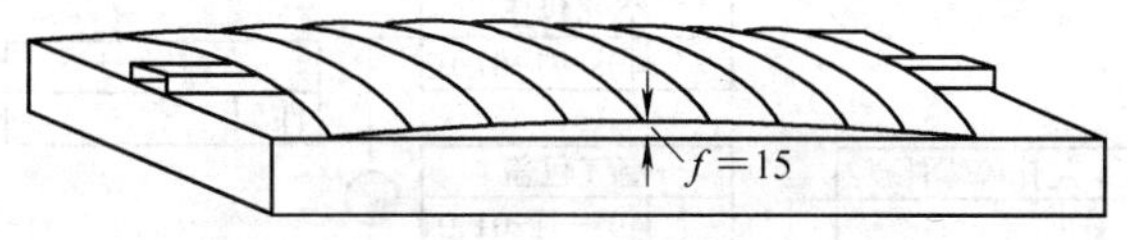

图 9-8　卷板在胎具上的装配简图

（3）罐筒的装配焊接　将滚圆合格的上板和装配好的底板部件装配成罐筒，清理焊口后，在焊剂垫上用埋弧焊焊接底板内环缝，然后焊外环缝；在纵向焊剂垫上用埋弧焊焊接罐筒内纵缝，再焊接外纵缝；装配焊接大小肋板，火焰切割罐筒上各孔（如排油孔、空气包处的人孔等），并进行质量检验。装配一侧的封头，在焊剂垫上用埋弧焊焊接内环缝；再装配另一封头，用焊条电弧焊焊接其内环缝，外部清根后用埋弧焊焊接两条外环缝。

（4）空气包的装配焊接　冲压成形的包盖（封头）与拼焊滚圆合格的包体装配，用焊条电弧焊焊接环焊缝；用样板切割空气包上的孔、包体曲线；然后装配，用焊条电弧焊焊接零部件，如人孔座、安全阀座、空气人孔座等。

（5）焊成罐体　将装配焊接好且检验合格的罐筒装配焊接罐体托、排油阀和空气包，以及内外人梯、走台架。经水压试验合格的罐体进行加温套的装配焊接（粘油罐车）。

典型的罐车罐体工艺技术路线图如图 9-9 所示。按此工艺制造，为达到技术条件的要求并能提高生产率，采取的主要措施如下：

1）底板在专用的胎具（图 9-8）上装配，以保证下挠量的要求。

2）装配筒体时利用工艺板卡来保证周长在 8220 ~ 8230mm 之间，全长凹凸≤15mm，300mm 长度之内凹凸≤2mm。

3）在筒体内设内圆支撑后焊接，保证下挠。

4）焊缝全部采用双面焊，其中大部分采用埋弧焊，在焊熔剂垫上施焊，少部分采用焊条电弧焊，如端板内环缝。

5）焊接环缝时采用滚轮支座焊件变位机械，焊接外环缝及外纵缝时采用悬臂式焊机变位机械。

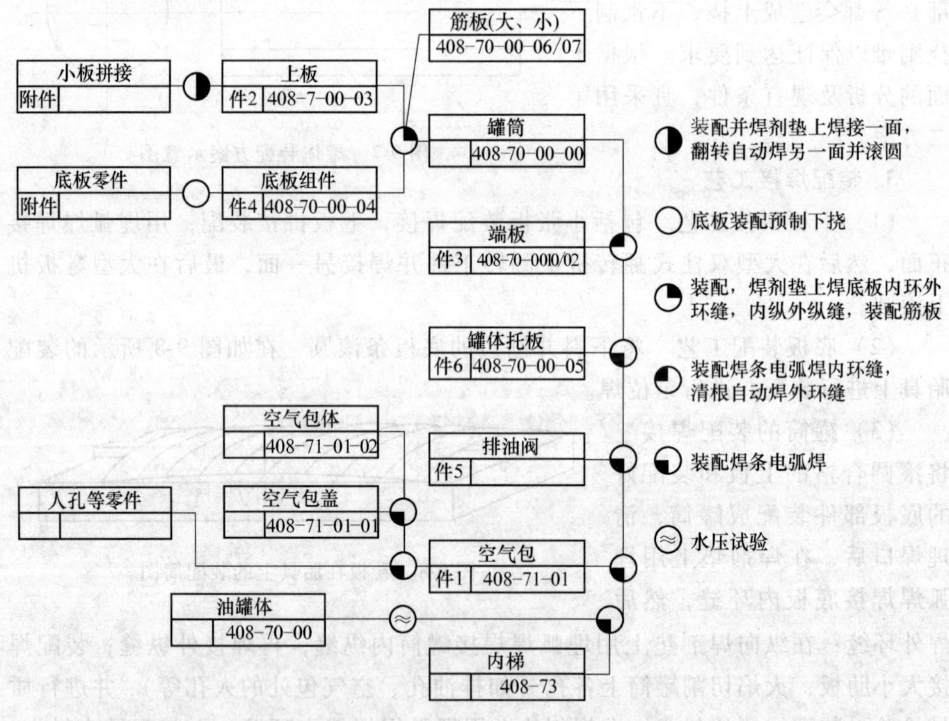

图 9-9　罐体工艺技术路线图

6）拼接上板时，采用回转架可取下的双柱式焊接翻转机翻转工件。其翻转过程是：用起重机将回转架吊到在焊剂垫上已焊完正面焊缝的上板幅上方，用四周的夹具将两者固定，吊运到有地坑的翻转机支座上，翻转机翻转，使焊件反面向上，进行埋弧焊后，运往大型弯板机滚圆成形。

7）为上板滚圆设计 10m 宽的大型弯板机。

8）装配端板使用压紧钢箍，保证接口平齐、错边在规定范围之内。

9）罐体托板、聚油窝、排油阀等零件使用专门的定位器装配，能保证几何位置及尺寸准确。

还应指出，罐筒环缝及端板与罐筒之间焊缝装配效率较低。如采用图 9-10 所示的装置，可提高生产效率、改善装配质量。用图 9-10a 所示的装置装配环缝，待装配筒节（最大宽度达 3.5m）支承在滚轮支座 6 上，装置小车 5 沿滚道 7 送进。弓形臂上有两个支点 12、13，液压缸 11 与支点 12 夹紧第一筒节，液压缸 10 与支点 13 对平接头坡口。液压缸 2 使待装筒节靠近第一筒节。推杆 4 确定弓形臂 1 在垂直平面内位置，弓形臂还可绕轴 3 转动，调整间隙合适后进行定位焊。图 9-10b 所示是用筒内均布的若干个气缸对平筒体和端板的接头。这

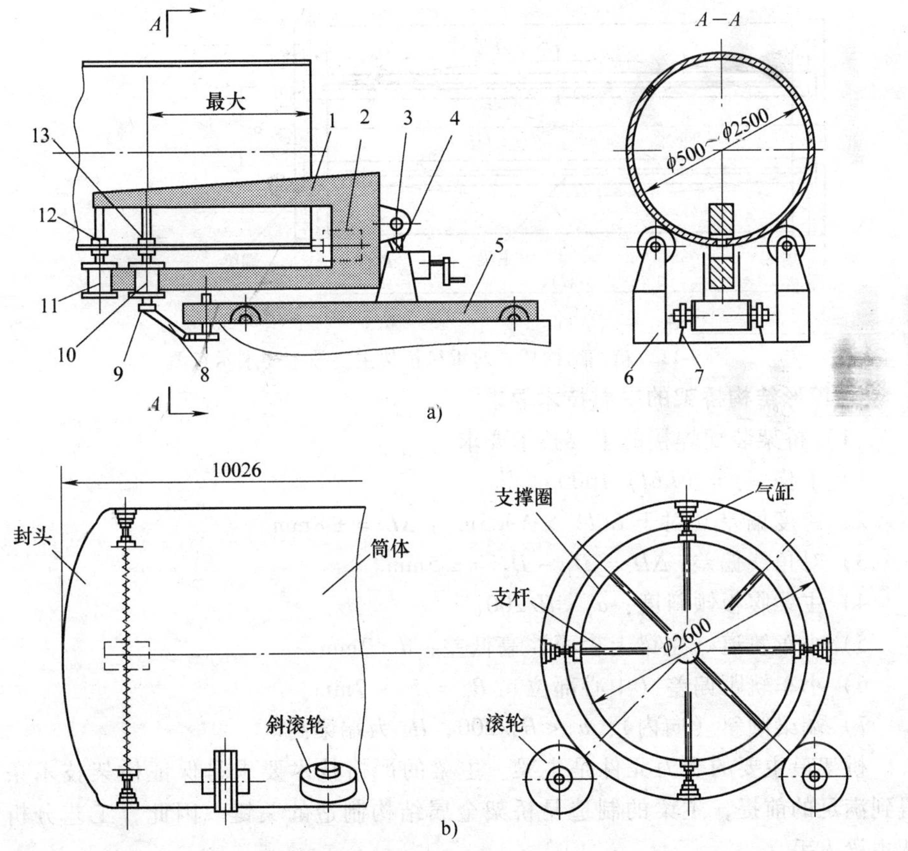

图 9-10　罐筒环缝及封头装配焊接示意图

a）环缝装配装置　b）装配封头装置

种气动夹具对于装配油罐体及其他类似的中、小壁厚圆筒容器是很有效的方法。

目前国内已有相当数量的螺旋管焊接生产线，在该线上将卷成卷的板料展开、校平、两边切边、呈螺旋送进、焊接、切断成管。与该方式相同的，专用于制造圆筒容器筒体的螺旋焊接生产线在国内一些厂家已建立起来，机械化程度较高，质量较好，亦可采用。

9.3.2 箱形结构桥式起重机的焊接生产

图 9-11 所示是截面为箱形结构主梁的桥式起重机，其端梁也是箱形结构。

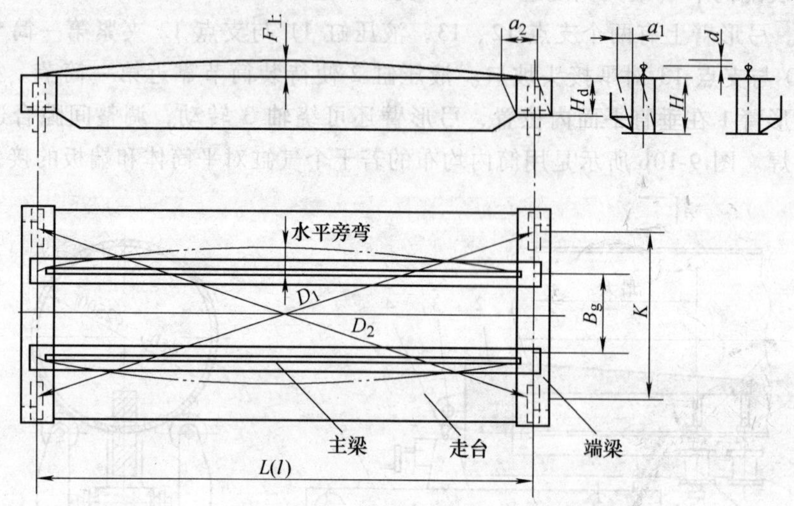

图 9-11 箱式结构桥式起重机桥架主要技术要求示意图

1. 箱形结构桥架的主要技术要求

（1）桥架装配焊接的主要技术要求

1）上挠 $F_上 = (L(l)/1000)^{+0.3F}_{-0.1F}$。

2）跨度偏差（对于 $L(l) > 19.5\text{m}$）：$\Delta L = \pm 8\text{mm}$。

3）对角线偏差：$\Delta D = D_1 - D_2 = \pm 5\text{mm}$。

4）主梁腹板倾斜度：$a_1 < H/200$。

5）小车轨道（主梁上表面）高低差：$d < 2\text{mm}$。

6）小车轨距偏差（中心部位）：$B_g = 5 \sim 7\text{mm}$。

7）端梁倾斜（向内）：$a_2 < H_d/200$，H_d 为端梁高。

桥架最主要的受力元件是主梁。主梁的严格技术要求是保证桥架技术条件得到满足的前提，主梁的制造是桥架金属结构制造的关键。因此，工艺分析应从主梁入手。

（2）梁的主要技术要求

1）上挠 $= L(l)/1000$，或 $L(l)/700 \sim L(l)/1000$，即 $F_上 = L(l)/700 \sim$

$L(l)/1000$，$L(l)$ 为起重机主梁的跨度。起重机主梁要有上拱度的原因是，当受载后，可抵消按主梁刚度条件产生的下挠变形，避免承载小车爬坡。

2）水平旁弯（向走台侧）$= L(l)/1500 \sim L(l)/2000$，规定向走台侧旁弯的原因是：在制造桥架时，走台侧焊后有拉伸残余应力，当运输及使用过程中残余应力释放后，导致两主梁向内旁弯，且主梁在水平惯性载荷作用下，按刚度条件允许有一定侧向弯曲，两者叠加会造成过大侧弯变形。当两梁向内旁弯时，可能导致车轮子与轨道咬合，使起重机不能正常工作。

3）腹板波浪变形：受压区 $<0.7\delta_f$，受拉区 $<1.2\delta_f$。规定较低的波浪变形对于提高起重机的稳定性和寿命都是有利的。

4）上盖板水平度 $\leqslant B_{ga}/250$，腹板垂直度 $\leqslant H/200$，B_{ga} 为盖板宽度，H 为梁高。

2. 工艺分析

焊接生产工艺分析要从保证上述技术条件入手。采取适当装焊工艺，上述桥架的主要技术条件是不难满足的。惟有主梁外形尺寸要求最难满足。由于主梁内部有大量加肋板，加肋板的焊缝分布上下不均，横加肋与下盖板又不焊接，而短加肋全部为连续角焊缝且都在水平中心线以上，因此，中心线以上焊缝数量多于中心线以下，这样极易造成主梁的下挠。由于主梁在未焊接走台件以前，焊缝对垂直中心线（y 轴）左右对称，产生旁弯的可能性较小。故主梁上挠的要求是关键。分析并保证如何使下挠最小，并且能预制上挠和造成一定旁弯（在焊接走台件之前）则是制定工艺的主要依据。

3. 箱形结构桥架的装焊工艺

桥架主梁是由钢板拼焊而成的箱形结构。下料通常采用龙门剪床。较薄的板和以卷状供货的薄板要经过矫平机矫平后再剪切下料。腹板下料时，预制 $L/300 \sim L/500$ 的上挠，因为采用剪切，上挠腹板呈折线形。将剪切下料并且拼接好的上盖板置于平台上，并加压板固定，然后装配横加肋和短加肋，如图 9-12 所示。随后焊接这些肋板，焊接时都由一侧向另一侧施焊，以便造成所需要的旁弯。这种装焊方式是可能造成最严重下挠的大小肋板和上盖板的焊缝先行施焊，从而使焊后的变形只有盖板的收缩而不会产生挠曲。随后装配腹板，因为腹板有预制上挠，装配时需使盖板与腹板贴合严密后进行定位焊，形成没有下盖板的 Π 形梁，侧面朝下放置进行焊接腹板与肋板之间的焊缝，先集中焊接一侧，以造成向另一侧的旁弯。装配下盖板，在装配压紧力作用下预弯成所需形状（当预制挠度 >14mm 时，用油压机加载），由于加肋板的矩形形状公差控制，较容易控制盖板的倾斜度和腹板的垂直度，然后定位焊。控制上挠度要考虑到卸载后的回弹变形。由于腹板预制了较大的上挠，定位下盖板的压紧力使主梁上挠度减小，从而在腹板中造成拉应力，有利于防止波浪变形。最后焊接四条长的角焊缝。采用埋弧焊或二氧化碳气体保护自动焊，这些焊缝一般不要求焊透，但对于偏轨箱形梁的这类焊缝常常要求焊透。图 9-13 为角焊缝的两种焊接方式:船形焊时(图 9-13a)主梁不动,靠焊接小车的移动完成焊接工作。根据经验,主梁支点距离约等于 0.586L 时,上挠最小。若采用平焊位置焊接(图 9-13b),则主梁随小车移动,焊头固定不动。

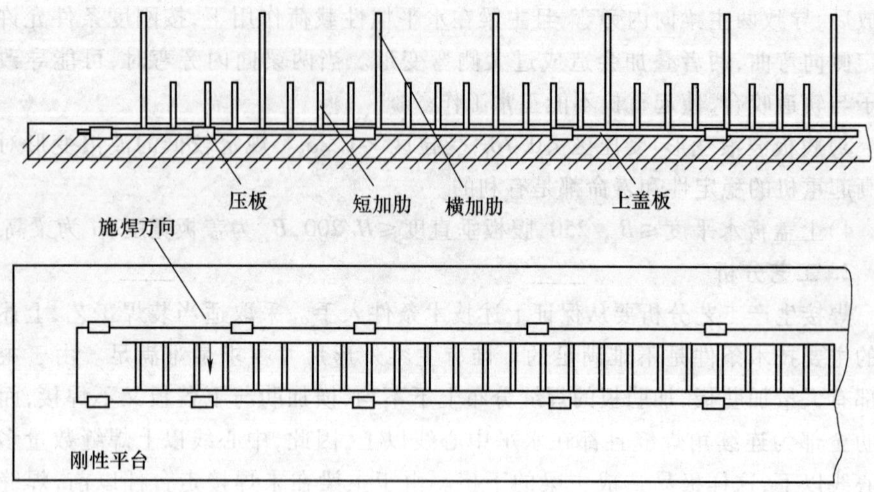

图 9-12　横加肋和短加肋的装配焊接

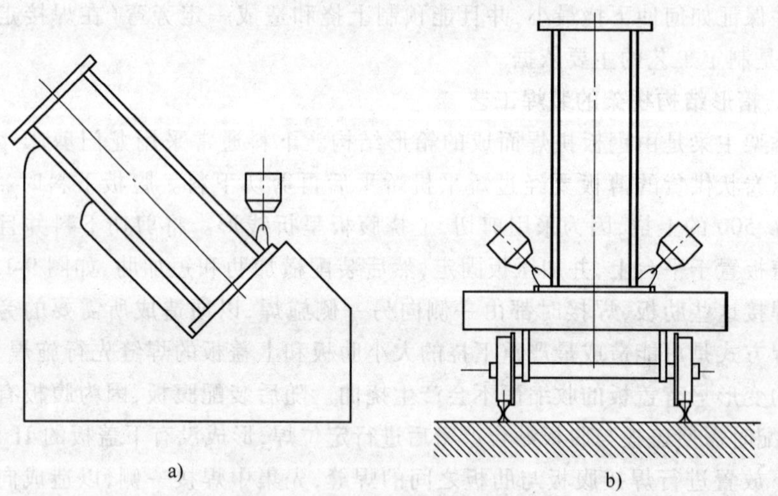

图 9-13　主梁角焊缝的焊接

a)船形位焊角焊缝　b)平位焊角焊缝

主梁制成后,如有超出规定的挠曲变形,需进行修理。比较原始的办法是锤击和重压,通常在加热后进行。但应用最多的是用火焰矫形。火焰矫形加热温度一般不大于 800℃。有些技术条件规定,不允许使用火焰矫正。以目前我国生产的起重量 5t,跨度 19.5m 的主梁为例,采用上述工艺,外形控制条件如下:

1)腹板下料时,预制上挠60mm。

2)装焊成Π形梁,上挠减小10mm。

3)装配下盖板、调正梁的倾斜度,点固下盖板,上挠可减小10mm。

4)焊接四条角焊缝后,上挠回升5mm;故剩余的上挠为45mm。

5)焊接走台板的角钢,修理腹板过大的波浪变形使上挠下降5mm左右。故单根主梁在交验时,有上挠 $F_{上}=40\sim45\text{mm}$,符合工厂规定的合格标准42mm。

端梁的典型结构如图9-14a所示,图9-14b为主梁与端梁的连接图。端梁分为两段,中间用螺栓连接。当端梁较长,超过运输界限时也可将端梁分为三段,中间段不与主梁连接。满足端梁的技术要求比较容易,故工艺过程从略。

合格的主梁和端梁装配成桥架,一般装配次序如下:摆放主梁,调整水平、划线;端梁划线;往主梁上装配端梁,按划线找正,定位焊;焊接主、端梁焊缝及连接板焊缝;装配焊接走台件;装配小车轨道;检查并修理。

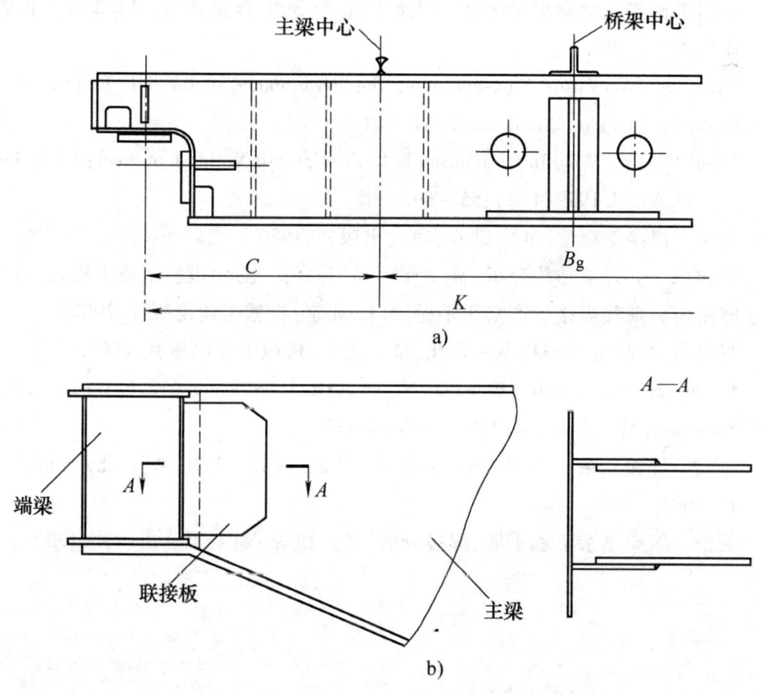

图9-14 端梁结构及主梁和端梁的连接

a)端梁结构 b)主梁与端梁的连接

参考文献

[1] 拉达伊 D. 焊接热效应:温度场、残余应力、变形[M]. 熊第京,等译. 北京:机械工业出版社,1997.

[2] Lancaster J F. The Physics of Welding[M]. Oxford:Pergamon Press,1986.

[3] Houldcroft P T. Welding Process Technoloyg[M]. New York:Cambridge University Press, 1977.

[4] 雷卡林．焊接热过程计算[M]．徐碧宇．庄鸿寿译．北京:机械工业出版社，1958.

[5] 刘全坤．材料成形基本原理[M]．北京:机械工业出版社，2005.

[6] Казаков Н Ф. 真空扩散焊接[M]．何康生译．北京:国防工业出版社，1976.

[7] 贾安东．焊接结构及生产设计[M]．天津：天津大学出版社，1988.

[8] 斯道特 R D,多提 W D著．钢的焊接性[M]．许祖泽,王征林译．北京:机械工业出版社,1985.

[9] 中国机械工程学会焊接学会．焊接手册:第1卷 焊接方法及设备[M].2版．北京:机械工业出版社，2001.

[10] 中国机械工程学会焊接学会．焊接手册:第2卷 材料的焊接[M].2版．北京:机械工业出版社，2001.

[11] 中国机械工程学会焊接学会．焊接手册:第3卷 焊接结构[M].2版．北京:机械工业出版社，2001.

[12] Lucas W. Activating Flux-lmproving the Performance of the TIG Process. Welding and Metal Fabrication, 2000, 68(2):7 ~ 10.

[13] Thomas W M, Woollin P, Johnson K I. Friction Stir Welding of Steel:A Feasibility Study. Steel World. 1999,4(2):55 ~ 59.

[14] 曾乐．焊接工程学[M]．北京:时代出版社,1986.

[15] 增渊兴一．焊接结构分析[M]．张伟昌,等译．北京:机械工业出版社,1985.

[16] 陈裕川．现代焊接生产实用手册[M]．北京:机械工业出版社,2002.

[17] 赵熹华.焊接方法与机电一体化[M].北京:机械工业出版社,2001.

[18] Ferjutz K, Davis J R, Wheaton N D. ASM Handdbook: Vol. 6. Welding, Brazing and Soldering[M]. SAN:ASM International,1993.

[19] 王政．焊接工装夹具及变位机械——性能、设计、选用[M]．北京:机械工业出版社,2001.

[20] 关桥．航空制造工程手册:焊接分册[M]．北京:航空工业出版社,1996.

第三篇
金属塑性成形

金属塑性成形是指：在外力作用下金属材料通过塑性变形，获得具有一定形状、尺寸和力学性能的零件或毛坯的加工方法。金属塑性成形在工业生产中又称为压力加工。各国习惯上将塑性加工分为两大类：一类是以生产原材料（如管、板、型、棒）为主的加工，称为一次塑性加工；另一类是以生产零件及其毛坯（包括锻件、冲压件等）为主的加工，称为二次塑性加工，因为在大多数情况下，二次加工都是用经过一次加工所提供的原材料进行再次加工，只是大型锻件例外，它多用铸锭为原材料直接锻成锻件。二次塑性加工根据所用原材料的不同，又可分为体积成形及板料成形，前者所用原材料为棒料或块料，变形对于三向应力状态；后者多用板材为原材料，变形过程习惯上多按平面应力状态来分析。塑性加工方法可分为：自由锻、模锻、板料冲压、挤压、轧制、拉拔等。它们的成形方式如下图所示。

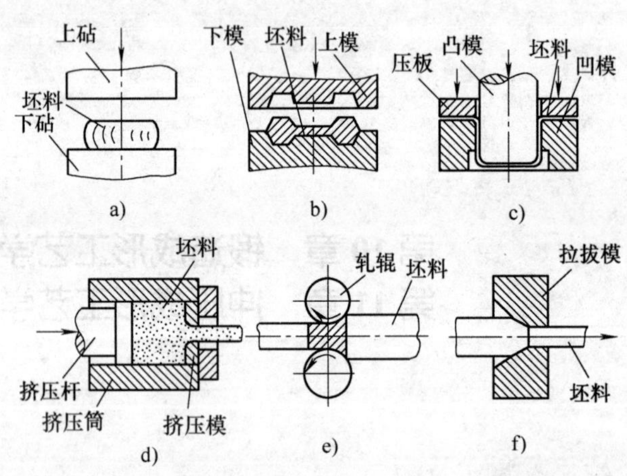

常用的压力加工方法

a) 自由锻　b) 模锻　c) 板料冲压　d) 挤压　e) 轧制　f) 拉拔

金属塑性加工的特点：

（1）改善金属的组织、提高力学性能　金属材料经压力加工后，其组织、性能都得到改善和提高，塑性加工能消除金属铸锭内部的气孔、缩孔和树枝状晶等缺陷，并由于金属的塑性变形和再结晶，可使粗大晶粒细化，得到致密的金属组织，从而提高金属的力学性能。在零件设计时，若正确选用零件的受力方向与纤维组织方向，可以提高零件的抗冲击性能。

（2）材料的利用率高　金属塑性成形主要是靠金属的体积重新分配，而不需要切除金属，因而材料利用率高。

（3）较高的生产率　塑性成形加工一般是利用压力机和模具进行成形加工

的，生产效率高。例如，利用多工位冷镦工艺加工内六角螺钉，比用棒料切削加工工效提高约400倍以上。

（4）毛坯或零件的精度较高　应用先进的技术和设备，可实现少切削或无切削加工。例如，精密锻造的锥齿轮齿形部分可不经切削加工直接使用，复杂曲面形状的叶片精密锻造后只需磨削便可达到所需精度。

第10章　锻造成形工艺学

10.1　概述

锻造和冲压合称为锻压，都是利用锻压机械的锤头、砧块、冲头或通过模具对坯料施加压力，使之产生塑性变形，从而获得所需形状和尺寸的制件的成形加工方法。

锻造是对金属坯料施加外力，使其产生塑性变形、改变尺寸、形状及改善性能，用以制造机械零件、工件、工具或毛坯的成形加工方法。在锻造加工中，坯料整体发生明显的塑性变形，有较大量的塑性流动；在冲压加工中，坯料主要通过改变各部位面积的空间位置而成形，其内部不出现较大距离的塑性流动。锻压主要用于加工金属制件，也可用于加工某些非金属，如工程塑料、橡胶、陶瓷坯、砖坯以及复合材料的成形等。

金属经过锻造加工后能改善其组织结构和力学性能。铸造组织经过锻造方法热加工变形后由于金属的变形和再结晶，使原来的粗大枝晶和柱状晶粒变为晶粒较细、大小均匀的等轴再结晶组织，使钢锭内原有的偏析、疏松、气孔、夹渣等压实和锻接，其组织变得更加致密，提高了金属的塑性和力学性能。

锻造作为金属加工的主要方法和手段之一，在国民经济中占有举足轻重的地位，是装备制造业，特别是机械、汽车行业，以及军工、航空航天工业中不可或缺的主要加工工艺。

10.1.1　锻造方法的分类

按变形温度锻造可分为热锻、冷锻、温锻和等温锻压等，见表10-1。

表10-1　锻造按温度分类

名称	特点
热 锻	终锻温度高于再结晶温度的锻造过程，工件温度高于模具温度
等温锻造	模具带加热和保温装置，成形时模具与坯料等温
冷 锻	在室温下进行的或低于工件再结晶温度的锻造
温 锻	介于热锻及冷锻之间的加热锻造

根据锻模的运动方式，锻造又可分为摆碾、辊锻、楔横轧、径向锻造、碾环和斜轧等方式，见表10-2。根据坯料的移动方式，锻造可分为自由锻、模锻、闭式模锻、闭式镦锻、胎模锻。闭式模锻和闭式镦锻由于没有飞边，材料的利用率高，用一道工序或几道工序就可能完成复杂锻件的精加工。由于没有飞边，

锻件的受力面积小，所需要的载荷也小。但是，应注意不能使坯料完全受到限制，为此要严格控制坯料的体积，控制锻模的相对位置和对锻件进行测量，努力减少锻模的磨损。

表10-2　锻造按锻模运动方式分类

名称	碾环	辊锻	楔横轧
特点	环形毛坯套在从动支承辊上做旋转运动，毛坯周围分布几个轧辊（主动辊、导向辊、控制辊），其中主动辊沿坯料径向进给，使毛坯产生变形。	毛坯做直线运动，两辊锻模做旋转运动，转向相反，其旋转轴线与毛坯运动方向垂直	轧辊轴线相互平行，旋转方向相同，轧件旋转轴线与轧辊旋转轴线平行，但旋转方向相反
名称	斜轧	摆碾	径向锻造
特点	轧辊轴线交叉成一个小角度，其旋转方向相同，轧件在两辊交叉中心线上做与轧辊旋转方向相反的运动	转头除自转外还做公转，工件不转动，但有轴向进给运动	坯料周围对称分布几个锤头，沿坯料径向进给，高频率同步锻打，坯料通常边旋转边送进

10.1.2　锻造的发展趋势

各行各业对锻件的要求越来越高，加之锻造工艺一直处于与锻件、粉末冶金件及冲压件的激烈竞争之中，因此锻造工艺沿着锻件优质化、柔性化、工艺省力化、不断改善劳动环境及广泛应用计算机等方向发展。

1. 锻件优质化

它体现在两个方面，一是毛坯的尺寸精化，二是生产高性能材料的锻件。为了实现锻件精化，需相应地发展精密锻造、精密辊锻制坯、少无氧化加热等技术，并提高锻压机的刚度及改善模具的结构等。采用温锻成形，然后在尺寸精度要求高的地方采用冷整形工艺是有效措施。与此同时，为提高锻件的性能和满足特殊要求，对一些新材料，特别是塑性差的特种材料的锻造是今后发展的方向之一。

2. 生产柔性化

其目的是适应品种多变的需要，这就要求换样时间短，设备能提供尽可能多的运动方式（多滑块多向滑动）；操作系统尽可能采用CNC化及PNC（示教再现式）控制。与此同时应尽量采用“柔性”高的生产工艺，尽量采用少模、小模、无模成形工艺，像带自动换工具系统的自动自由锻造机，多向锻造机，环形件辗压工艺及热等静压成形工艺等都是一些重要的发展方向。

3. 工艺省力化

变形力大是锻造成形的一大缺点，这不仅相应地增加设备重量，也增大了初投资，近年来回转成形工艺（辊锻、摆碾、楔横轧、径向锻造等）得到了很大发展，这是由于回转成形是以连续局部成形化代替整体同时成形，因而变形力大幅度下降。

4. 改善劳动环境

锻造噪声大、振动大，已成为公害，如何减振降噪已成为日益突出的问题。与此同时为了减轻劳动强度，应逐步实现机械化，与此同时应尽量减少烟尘。

5. 锻造工艺模拟及优化技术

随着试验技术及计算机技术的发展，一门崭新的交叉技术——材料热加工工艺模拟及优化设计应运而生。与此同时，金属材料锻造成形宏观尺寸（形状、位置、尺寸及孔洞、裂纹、皱纹等宏观缺陷）模拟、优化及模拟预测材料微观组织结构（偏析、混晶、氢致裂纹等微观缺陷的演化），成为大批研究工作者研究的热点及技术前沿。

6. 在工艺过程优化和模具设计制造方面广泛应用计算机技术

计算机不仅已用于设备的控制和成形过程的仿真。CAD/CAM/CAE已经在逐步实施，专家系统也在完善，计算机的应用必将日益广泛。

10.2　自由锻造

自由锻造（简称自由锻）是借助冲击力或压力使金属在上、下砧之间产生变形，使金属坯料锻压成各种形状的塑性加工方法。

10.2.1　自由锻的分类及工序

1. 自由锻的分类

根据所使用的锻压设备不同，可分为锤锻和水压机锻造，前者以锻制中小型锻件为主，后者主要用以锻造大型锻件。按自由锻的外形及其成形方法，可把自由锻件分为六类：饼块类（如圆盘、叶轮、齿轮等）、空心类（圆环、齿环、轴承环、缸体、空心轴等）、轴杆类（传动轴、车轴、立柱、拉杆等）、曲轴类（单拐曲轴，多拐曲轴等）、弯曲类和复杂形状类（阀体、叉杆、吊环、十字轴等）。

2. 自由锻工序

锻件的成形过程是由各种变形工序组成的。根据工序的性质和变形量的不同，自由锻工序分为基本工序、辅助工序和修整工序。

（1）基本工序　能够较大幅度地改变坯料形状和尺寸的工序，也是自由锻造过程中主要变形工序。它包括镦粗、拔长、冲孔、弯曲、芯轴扩孔、芯轴拔长、剁切、错移、扭转等。

（2）辅助工序　在坯料进入基本工序前预变形的工序，如钢锭的倒棱、缩径倒棱、阶梯轴分段压痕等。

（3）修整工序　用来精整锻件尺寸和形状使其完全达到锻件图要求的工序。如镦粗鼓形滚圆和截面滚圆、凸起、凹下及不平和有压痕面的平整、端面平整，拔长后的弯曲校直和锻斜后的校正等工序。

10.2.2　自由锻的基本工序

1. 镦粗

（1）镦粗分类　使毛坯高度减小，横截面增大的成形工序称为镦粗。如使坯料局部截面积增大，则称为局部镦粗。镦粗的目的在于：①由截面积较小的坯料得到截面积较大而高度较小的锻件；②锻制空心锻件时作为冲孔前平整坯料断面的预备工序；③反复镦粗、拔长，可提高坯料的锻造比，同时使合金钢中碳化物破碎，达到均匀分布；④提高锻件的横向力学性能和减小纤维组织的方向性时要求镦粗工序。镦粗一般分为平砧镦粗、垫环镦粗和局部镦粗三类，如图 10-1 所示。镦粗的变形程度常以坯料镦粗前后的高度之比——镦粗比 K_H 来表示，即

$$K_H = \frac{H_0}{H} \tag{10-1}$$

式中　H_0，H——镦粗前、后坯料的高度（mm）。

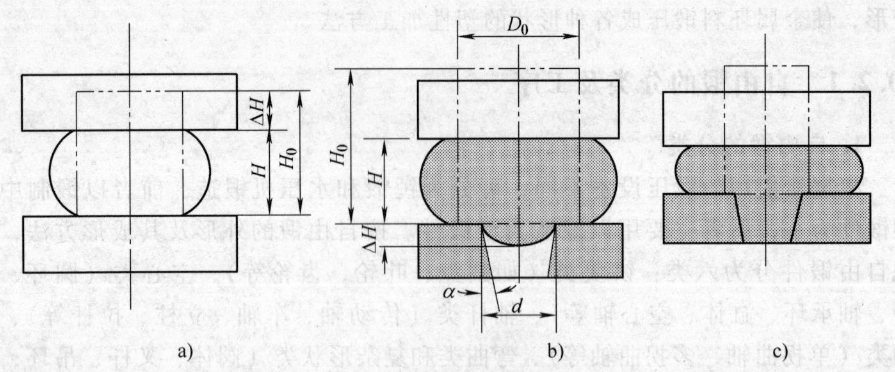

图 10-1　镦粗变形的分类

a）平砧镦粗　b）垫环镦粗　c）局部镦粗

（2）镦粗变形区及金属流动特点　用平砧镦粗圆柱坯料时，随着高度的减小，金属不断向四周流动。由于坯料和工具之间存在摩擦，镦粗后坯料的侧表面将变成鼓形，同时造成坯料内部变形分布不均。通过采用网格法的镦粗实验可以看到，根据镦粗后网格的变形程度大小，沿坯料对称面可分为三个变形区，如图 10-2 所示。

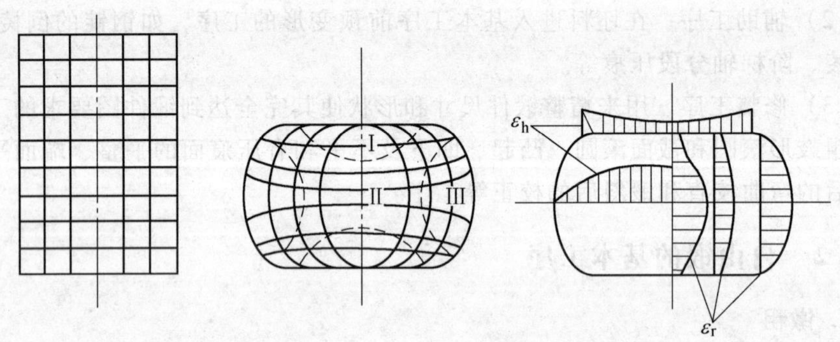

图 10-2　圆柱坯料镦粗时的变形分布

区域Ⅰ：难变形区，该变形区处于坯料中段，受摩擦力和砧子激冷影响最大，变形十分困难。

区域Ⅱ：大变形区，该变形区处于坯料中段，受摩擦影响较小，应力状态有利于变形，因此变形程度最大。

区域Ⅲ：小变形区，其变形程度介于区域Ⅰ与区域Ⅱ之间。因鼓形部分存在切向拉应力，很容易引起表面产生纵向裂纹。

对不同高径比尺寸的坯料进行镦粗时，产生鼓形特征和内部变形分布也不同，如图 10-3 所示。

当高径比 $H_0/D_0>3$ 时，坯料容易失稳而弯曲。尤其当坯料端面与轴线不垂

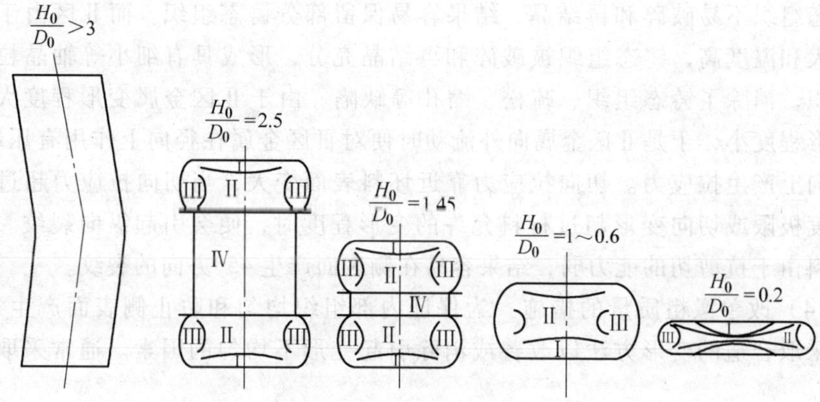

图 10-3　不同高径比坯料镦粗时鼓形情况与变形分布

直，或坯料有初弯曲，或坯料各处温度和性能不均，或砧面不平时，更容易产生弯曲。弯曲了的坯料如果不及时校正而继续镦粗则要产生折叠。

高径比为 $H_0/D_0=2\sim3$ 时，在坯料的两端先产生双鼓形，形成Ⅰ、Ⅱ、Ⅲ、Ⅳ四个变形区。其中，区域Ⅰ、Ⅱ、Ⅲ同前所述，坯料中部为均匀变形区Ⅳ，该区受摩擦影响小，内部变形均匀分布，侧表面保持圆柱形。如果继续镦粗到 $H_1=D_1$ 时，则由双鼓形变为单鼓形。

高径比为 $H_0/D_0=0.5\sim2$ 时，只产生单鼓形，坯料变形均匀，形成三个变形区。

高径比为 $H_0/D_0\leqslant0.5$ 时，由于相对高度较小，两个难变形区相遇，变形抗力急剧上升，锻造过程难以进行。

由此可见，坯料在镦粗过程中，鼓形不断变化，镦粗开始阶段鼓形逐渐增大，当达到最大值后又逐渐减小。

（3）坯料镦粗的主要质量问题及原因

1）坯料镦粗时的主要质量问题有：侧表面易产生纵向或呈 45°方向的裂纹；坯料镦粗后，上、下端常保留铸态组织；高坯料镦粗时由于失稳而弯曲等。

2）镦粗时的主要质量问题的原因主要是金属变形的不均匀性，产生这种变形不均匀的原因主要是工具与坯料端面之间摩擦力的影响，这种摩擦力使金属变形困难，变形所需的单位压力增高。从高度方向看，中间部分（Ⅱ区）受到摩擦力的影响小，而上、下两端（Ⅰ区）受到的影响大。在接触面上，中心处的金属流动还受到外层金属的阻碍，故愈靠近中心部分受到的流动阻力愈大，变形愈困难。除此之外，温度不均也是一个很重要的因素，上、下端金属（Ⅰ区）由于与工具接触，造成温度降低快，变形抗力大，故较中间处（Ⅱ区）的金属变形困难。

由于以上原因，使第Ⅰ区金属的变形程度小和温度低，故镦粗铸锭料时此区铸态组织不易破碎和再结晶，结果容易保留部分铸态组织。而Ⅱ区由于变形程度大和温度高，铸态组织被破碎和再结晶充分，形成具有细小等轴晶粒的变形组织，消除了铸态组织、疏松、缩孔等缺陷。由于Ⅱ区金属变形程度大，Ⅲ区变形程度小，于是Ⅱ区金属向外流动时便对Ⅲ区金属在径向上作用有压应力，在切向上产生拉应力。切向拉应力靠近坯料表面变大，当切向拉应力超过材料的强度极限或切向变形超过材料允许的变形程度时，便会引起纵向裂纹。低塑性材料由于抗剪切的能力弱，结果容易在侧表面产生45°方向的裂纹。

（4）改善镦粗质量的措施　为保证内部组织均匀和防止侧表面产生裂纹，应当采取合适的变形方法以改善或消除引起变形不均匀的因素。通常采取的措施是：

1）使用润滑剂和预热工具。为降低工具与坯料接触面的摩擦力，镦粗低塑性材料时采用玻璃粉、玻璃棉和石墨粉等润滑剂，为防止变形金属很快地冷却，镦粗用的工具应预热至200～300℃。

2）采用凹形毛坯。锻造低塑性材料的大型锻件时，镦粗前将坯料压成凹形，如图10-4a所示，可明显提高镦粗时允许的变形程度。这是因为凹形坯料镦粗时，沿径向产生压应力分量如图10-4b所示，对侧表面的纵向开裂起阻止作用并减小鼓形，使坯料变形均匀。获得侧凹坯料的方法有铆镦、断面碾压，如图10-4c、d所示。

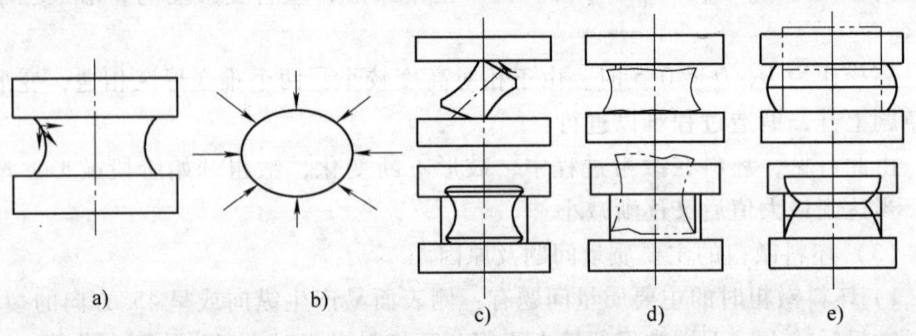

图10-4　凹形坯料镦粗时的受力情况

3）采用软金属垫镦粗。热镦粗较大型的低塑性锻件时，在工具和锻件之间放置一块温度不低于坯料温度的软金属垫板（一般采用碳素钢），使锻件不直接受到工具的作用，如图10-5所示。由于软垫的变形抗力较低，优先变形并拉着锻件径向流动，结果锻件的侧面内凹。当继续镦粗时，软垫直径增大，厚度变薄，温度降低，变形抗力增大，镦粗变形便集中到锻件上，使侧面内凹消失，呈现圆柱形。再继续镦粗时，可获得程度不大的鼓形。

4）采用铆镦、叠镦和套坏内镦粗。

①　铆镦。就是预先将坯料端部局部成形，再重击镦粗把内凹部分镦出，

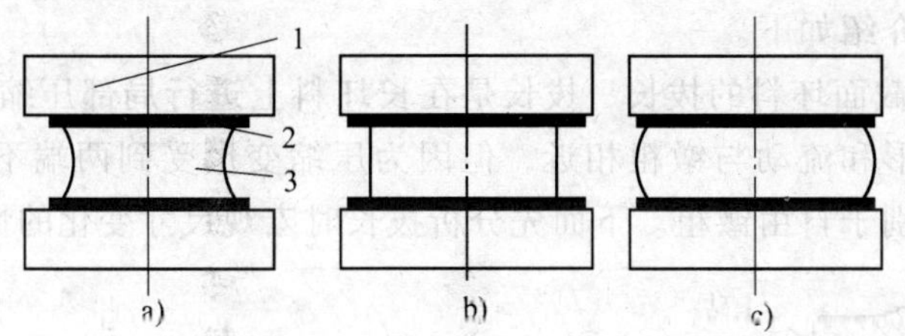

图 10-5　采用软金属垫镦粗

1—工具　2—软垫　3—坯料

对于小坯料，先将坯料斜放，轻击，旋转锻成图 10-4c 的形状。对于较大的坯料可先用摔铁摔成图 10-4d 的形状。

② 叠镦。叠镦是将两件锻件叠起来镦粗，形成鼓形，如图 10-4e 所示，然后翻转锻件断续镦粗消除鼓形。故不仅能使变形均匀，而且能显著地降低变形抗力。这种方法主要用于扁平的圆盘锻件。

③ 在套环内镦粗。这种镦粗方法是在坯料的外圈加一个碳钢外套，靠套环的径向压力来减小坯料的切向拉应力，镦粗后将外套去掉。

上述成形措施均会使坯料沿侧表面有压应力分量产生，因此产生裂纹的倾向显著降低，又由于坯料上、下端面部分也有了较大的变形，故不再保留铸态组织。

2. 拔长

使坯料横截面减小而长度增加的成形工序称为拔长。拔长时的变形程度大小用拔长前后的截面积之比——锻造比来表示，即

$$K_L = \frac{F_0}{F} \tag{10-2}$$

式中　F_0——拔长前截面的断面积；

F——拔长后截面的断面积。

锻造比的选择，主要考虑金属材料的种类，锻件性能的具体要求以及工序种类和锻件尺寸等方面因素。一般碳素钢 $K_L=2\sim3$，合金结构钢 $K_L=3\sim4$。

拔长的目的在于，①由截面积较大的坯料得到截面积较小而轴向较长的轴类锻件；②可以辅助其他工序进行局部成形；③反复拔长与镦粗可以提高锻造比，使合金钢中的碳化物破碎，达到均匀分布，改善锻件内部组织，提高力学性能。

拔长是通过逐次送进和反复转动坯料进行压缩变形，所以它是耗时最多的一个工序，因此，在研究拔长时金属的变形和流动特点时，还应分析影响拔长生产率的问题，从而确定合理的工艺参数和工艺方法，提高拔长效率。

拔长可分为矩形截面坯料的拔长、圆截面坯料的拔长和空心坯料的拔长等

三类。现分别介绍如下。

（1）矩形截面坯料的拔长　拔长是在长坯料上进行局部压缩，如图 10-6 所示，其金属变形和流动与镦粗相近，但因为压缩变形受到两端不变形金属的限制，因而又区别于自由镦粗。下面先分析拔长时宏观尺寸变化的情况。

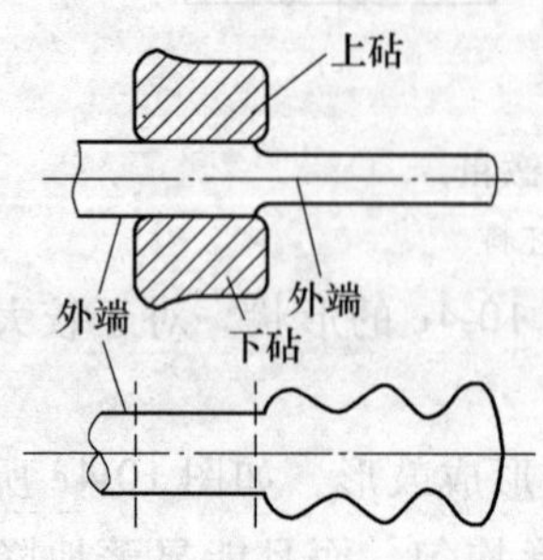

图 10-6　拔长示意图

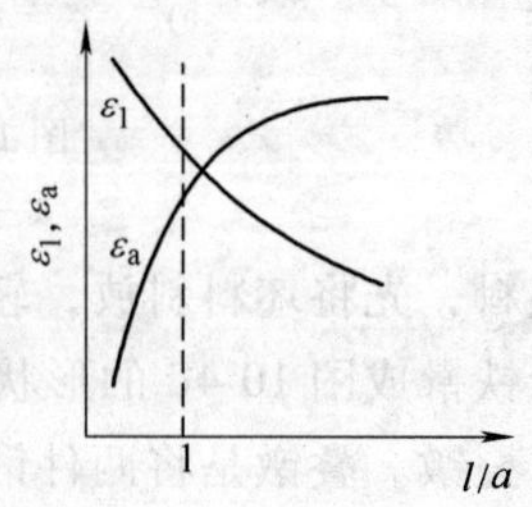

图 10-7　拔长时变形的分析

矩形截面坯料拔长时，当相对送进量（送进长度 l 与宽度 a 之比，即 l/a，也称进料比）较小时，金属多沿轴向流动，轴向的变形程度 ε_1 较大，横向的变形程度 ε_a 较小；随着 l/a 的不断增大，ε_1 逐渐减小，ε_a 逐渐增大。ε_1 和 ε_a 随 l/a 变化的情况如图 10-7 所示。

由图 10-7 中可看出，在 $l/a=1$ 处，$\varepsilon_1>\varepsilon_a$，即拔长时沿横向流动的金属量少于沿轴向流动的金属量。而在自由镦粗时，沿轴向和横向流动的金属相等。显然，拔长时，由于两端不变形金属的作用，阻止了变形区金属的横向流动。

矩形截面坯料拔长时，将截面积为 A_0 的坯料拔长到截面积为 A 的锻件所需的时间主要取决于总的压缩（或送进）次数，总的压缩次数 N 等于沿坯料长度上各遍压缩所需送进次数的总和。总的压缩次数与每次的变形程度及进料比有关。要提高拔长时的生产效率必须正确地选择相对压缩程度和进料比。

1）相对压缩程度 ε_n 的确定。相对压缩程度 ε_n 大时，压缩所需的遍数和总的压缩次数就少，故生产率高。但在实际生产中，ε_n 常受到材料塑性的限制。ε_n 不能大于材料塑性允许值。对于塑性高的材料，每次压缩后应保证宽度与高度之比小于 2.5。否则，翻转 90°再压时可能使坯料弯曲。

2）进料比（l_{n-1}/a_{n-1}）的确定。进料比 l_{n-1}/a_{n-1} 小时，ε_1 大，即在同样的相对压缩程度下，横截面减小的程度大，可以减少所需的压缩遍数。但是进料比 l_{n-1}/a_{n-1} 小时，对于一定长度的毛坯，压缩一遍所需的送进次数增多。因此有必要确定一个最佳的送进量。实际生产中确定送进量时常取 1 ~（0.4 ~ 0.8）b，b 为平砧的宽度。

矩形截面坯料拔长时的质量分析，在平砧上拔长锭料或低塑性材料时，在坯料的外部常常出现横向裂纹（图 10-8a）和角裂纹（图 10-8b），在内部容易出现纵向对角裂纹（图 10-8c）和横向裂纹（图 10-8d）等。

送进量和压下量对质量的影响：当送进量较大（$l>0.5h$）时，轴心部分变形大，处于三向压应力状态，有利于锻接坯料内部的孔隙、疏松，而侧表面（确切地说应是切向）受拉应力；当送进量过大（$l>h$）和压下量也很大时，此处可能展宽过多而产生较大的拉应力引起开裂（犹如镦粗时那样）。但是拔长时由于受两端未变形部分（或称为外端牵制，变形区内的变形分布和镦粗时略有不同，如图 10-9 所示，即接触面 A—A 也有较大的变形，由于工具摩擦的影响，该接触面中间变形小，两端变形大，其总变形程度与沿 O-O 是一样的，但是，沿接触面 A—A 及其附近的金属主要是由于轴心区金属的变形而被拉伸长的。因此，在压缩过程中一直受到拉应力，与外端接近的部分受拉应力最大，变形也最大，因而常易在此处产生表面横向裂纹如图 10-8b 所示。由此可见，拔长时，外端的存在加剧了轴向的附加应力，尤其在边角部分，由于冷却较快，塑性降低，更易开裂。

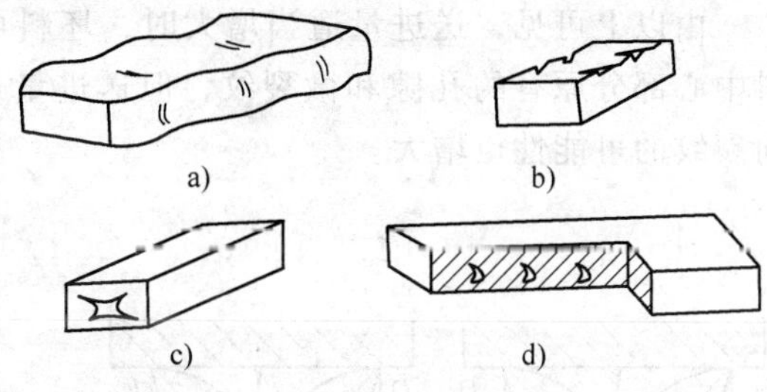

图 10-8　矩形截面坯料拔长时产生的裂纹
a）侧面裂纹　b）角裂纹　c）对角裂纹　d）内部横向裂纹

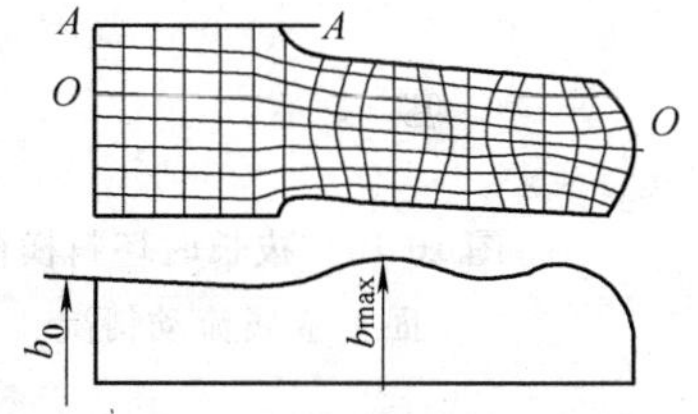

图 10-9　拔长时坯料纵向剖面的网格变化

拔长高合金工具钢时，当送进量较大，并且在坯料同一部位反复翻转重击时，常沿对角线产生裂纹，如图 10-8c 所示，一般认为其产生的原因是：坯料被压缩时，沿横截面上金属流动的情况如图 10-10a 所示，A 区（难变形区）的金属带着它附加的 a 区金属向轴心方向移动，B 区的金属带着靠近它的 b 区金属向增宽方向流动，因此 a、b 两区的金属向两个相反的方向流动，当坯料翻转 90°，再锻打时，a、b 两区相互调换，如图 10-10b 所示，但是其金属的流动仍沿着两个相反的方向，因而 DD_1 和 EE_1 便成为两部分金属的相对移动线，在 DD_1 和 EE_1 线附近的金属变形最大。当多次反复地翻转锻打时，a、b 两区金属流动的方向不断改变，其剧烈的变形产生了很大的热量，使得两区内温度剧升，此处的金属很快地过热，甚至发生局部熔化现象，因此，在切应力作用下，很块地沿对角线产生破坏。当坯料质量不好，锻件加热时间较短，内部温度较低，或打击过重时，由于沿对角线上金属流动过于剧烈、产生严重的加工硬化现象，这也促使金属很快地沿对角线开裂。可见，拔长时，若送进量过大，沿长度方向流动的金属减少，更多的金属沿横截面上的流动，沿对角线产生纵向裂纹的可能性也就更大。

由以上可见，送进量适当增大时，坯料可以很好地锻透，而且可以锻接坯料中心部分原有的孔隙和微裂纹，但送进量过大，产生外部横向裂纹和内部纵向裂纹的可能性也增大。

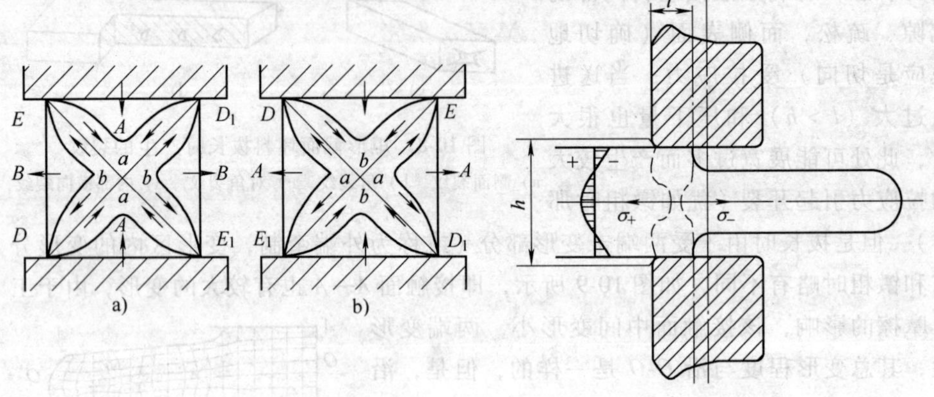

图 10-10　拔长时坯料横截面上金属流动情况

图 10-11　小送进量拔长时的变形和应力情况

在拔长大锭料时，常常用到 $l<0.5h$ 的情况，这时坯料内部的变形也是不均匀的，变形情况如图 10-11 所示，上部和下部变形大，中部变形小，变形主要集中在上、下两部分，中间部分锻不透，轴心部分沿轴向受附加拉应力。当拔长锭料和低塑性材料时，轴心部分原有的缺陷（如疏松等）进一步扩大，易产生横向裂纹。应当指出，这时上、下部分变形大，中间部分变形小，这是由于应力沿高度方向的分散分布引起的。由于上部和下部较大，故易满足塑性条件。因此，它与高坯料镦粗时产生双鼓形的应力条件有所不同。综合以上分析可见，送进量过大和过小都不好。根据经验，一般认为 $l/h=0.5\sim0.8$ 时较为合适。

拔长过程中易产生的另一些质量问题是表面折叠、端面内凹和倒角时对角线裂纹等。表面折叠的形成过程，如图 10-12 所示，其原因是送进量很小、压下量很大，上、下两端金属生产局部变形。避免产生这种折叠的措施是增大送进量，使两次送进量与单边压下量之比大于 1～1.5，即 $2l/\Delta h_i>1\sim1.5$。当拔长时压缩得太扁，翻转 90°立起来再压时，容易使坯料弯曲导致折叠。避免产生这种折叠的措施是减小压缩量，使每次压缩后的锻件宽度与高度之比小于 2～2.5。

（2）圆截面坯料的拔长　用平砧拔长圆截面坯料，当压下量较小时，接触面较窄、较长时，沿横向阻力最小，所以金属横向流动多，轴向流动少，显然，

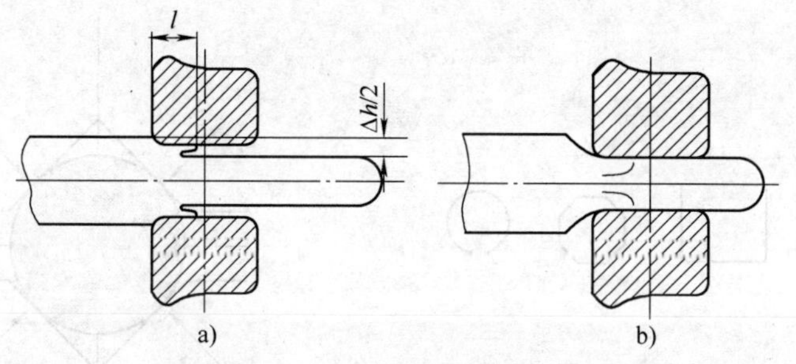

图 10-12　表面折叠的形成过程

拔长的效率很低。用平砧采用小压缩量拔长圆截面坯料时，不仅生产效率低，而且易在锻件内部产生纵向裂纹，如图 10-13 所示，分析原因如下。

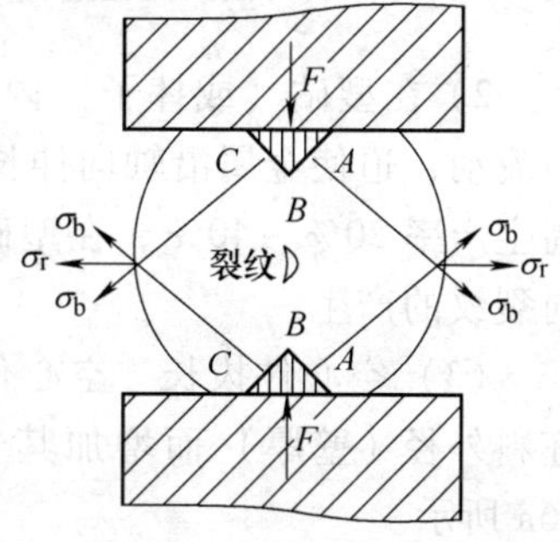

图 10-13　平砧小压下量圆截面坯料的受力情况

工具与金属接触时，首先是线接触，然后逐渐扩大，接触面附近的金属受到的压应力大，故这个区（ABC 区）首先变形，但是 ABC 区块成为难变形区，其原因是，随着接触面的增加，工具的摩擦影响增大，而且温度降低较快，故变形抗力增加，因此，ABC 区就好像一个刚性楔子。继续压缩时（Δh 还不太大时），通过 AB、BC 面沿着与其垂直的方向，将应力 σ_b 传给坯料的其他部分，于是坯料中心部分便受到合应力 σ_r 的作用。从另一方面看，由于作用力在坯料中沿高度方向分散地分布，上、下端的压应力大，于是变形主要集中在上、下部分，且金属主要沿横向流动，结果对轴心部分金属产生附加拉应力。

上述分析的附加拉应力和合应力的方向是一致的，均对轴心部分产生拉应力，在此拉应力的作用下，使坯料中心部分原有的孔隙、微裂纹继续发展和扩大。当拉应力的数值大于金属当时的抗拉强度时，金属就开始破坏，产生纵向裂纹。

拉应力的数值与相对压下量 $\Delta h/h$ 有关，当变形量较大时（$\Delta h/h > 30$），难变形区的形状也改变了，相当于矩形断面坯料在平砧下拔长，轴心部分处于三向压应力状态。

因此，圆截面坯料用平砧直接由大圆到小圆的拔长是不合适的。为保证锻件的质量和提高拔长的效率，应当限制金属的横向流动和防止径向拉应力的出现，生产中常采用下面两种方法：

1）在平砧下拔长时，如图 10-14 所示，先将圆截面坯料压成矩形截面，再将矩形截面坯料拔长到一定尺寸，然后再压成八边形，最后压成圆形，其主要变形阶段是矩形截面坯料的拔长。

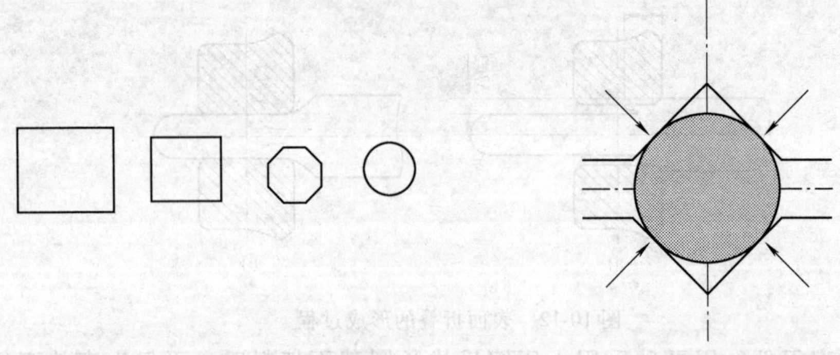

图 10-14　平砧拔长圆截面坯料时截面变化过程

图 10-15　型砧拔长

2）在型砧（或摔子）内进行拔长。它是利用工具的侧面压力限制金属的横向流动，迫使金属沿轴向伸长，如图 10-15 所示。在型砧内拔长与平砧相比可提高生产率 20% ~40%，在型砧（或摔子）内拔长时的应力状态可以防止内部纵向裂纹的产生。

（3）空心件拔长　空心件拔长一般叫芯轴拔长。芯轴拔长是一种减小空心坯料外径（壁厚）而增加其长度的锻造工序，用于锻制长筒类锻件，如图 10-16a 所示。

芯轴上拔长与矩形截面坯料拔长一样，被上、下砧压缩的那一段金属是变形区，其左右两侧金属为外端。变形区又可分为 *A*、*B* 区，如图 10-16b 所示。*A* 区是直接受力区，*B* 区是间接受力区。*B* 区的受力和变形主要是由 *A* 区的变形引起的。

1）在平砧上进行芯轴拔长时金属流动特点。*A* 区金属沿轴向和切向流动，如图 10-16b、c 所示。*A* 区金属轴向流动时，借助于外端的作用拉着 *B* 区金属一起伸长；而 *A* 区金属沿切向流动时，则受到外端的限制，因此，芯轴拔长时，外端对 *A* 区金属切向流动的限制愈强烈，愈有利于变形金属的轴向伸长；反之，则不利于变形区金属的轴向流动。如果没有外端存在时，则环形件（在平砧上）

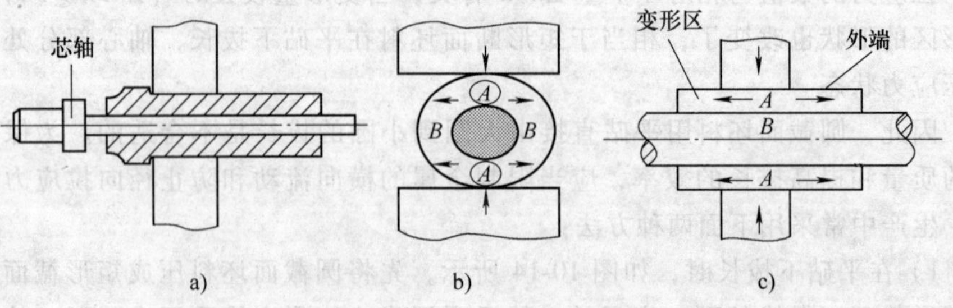

图 10-16　芯轴拔长示意图

将被压成椭圆形，变成扩孔成形了。

2）拔长时外端的影响。外端对变形区金属切向流动限制的能力与空心件的相对壁厚（即空心件壁厚与芯轴直径的比值 t/d）有关。t/d 愈大时，限制的能力愈强。当 t/d 较小时，即外端对变形区切向流动限制的能力较小。为了提高拔长效率，可以将下平砧改为 V 形型砧，借助于工具的横向压力限制 A 区金属的切向流动。若 t/d 很小，可以把上、下砧都采用 V 形型砧。

3）空心件拔长过程中的主要质量问题是孔内壁裂纹（尤其是端部孔壁）和壁厚不均。孔壁裂纹产生的原因是：经一次压缩后内孔扩大，转一定角度再一次压缩时，由于孔壁与芯轴间有一定间隙，在孔壁与芯抽上、下端压靠之前，内壁金属由于弯曲作用，产生切向拉应力；如图 10-17 所示。另外，内孔壁长时间与芯轴接触，温度较低，塑性较差，当应力值或伸长率超过材料允许的指标时便产生裂纹。A 区金属切向流动的越多，内孔增加越大时，越易产生孔壁裂纹。因此在平砧上拔长时，t/d 越小（即孔壁愈薄）越易产生裂纹。采用 V 形型砧，可以减小孔壁裂纹产生的倾向。

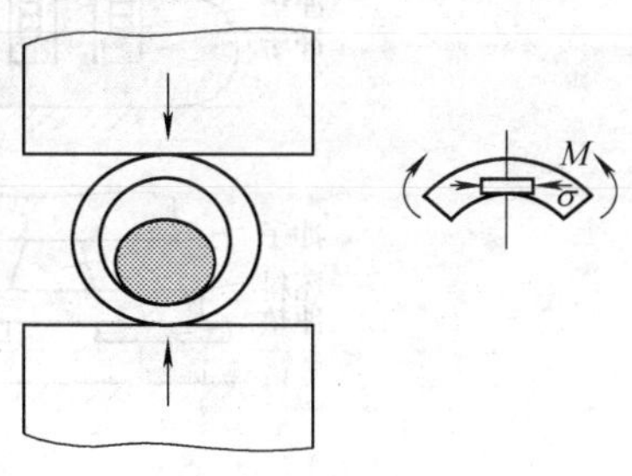

图 10-17　芯轴拔长时内壁金属的受力情况

因此，为提高拔长效率和防止孔壁产生裂纹，对于厚壁锻件（$t/d > 0.5$），一般采用上平砧和下 V 形型砧；对于薄壁空心锻件（$t/d \leqslant 0.5$），上、下均采用 V 形型砧。

3. 冲孔

在坯料上锻制出通孔或不通孔的工序叫作冲孔。冲孔工序常用于①锻件带有大于 ϕ30mm 以上的不通孔或通孔。②需要扩孔的锻件应预先冲出通孔。③需要拔长的空心件应预先冲出通孔。常用的冲孔方法有实心冲子冲孔、在垫环上冲孔、空心冲子冲孔三种。

实心冲子冲孔过程如图 10-18a 所示，冲到深为坯料高度的 70% ~80% 时，将坯料翻转 180°，再用冲子从另一面把孔冲穿，因此又叫双面冲孔。其优点是操作简单，芯料损失较少，主要用于孔径小（400 ~500mm）的锻件。空心冲子冲孔时，坯料的变形很小，但芯料的损失大，主要用于孔径在 400mm 以上的大锻件。垫环上冲孔时，坯料形态变化小，但芯料的损失大，这种方法只适合于高径比 $H_0/D_0 < 0.125$ 的薄形锻件。冲孔是局部加载、整体受力、整体变形。将坯料分为直接受力区（A 区）和间接受力区（B 区）两部分，如图 10-19 所示。B 区的受力主要是由 A 区的变形引起的。

A 区和 B 区的应力应变特点：

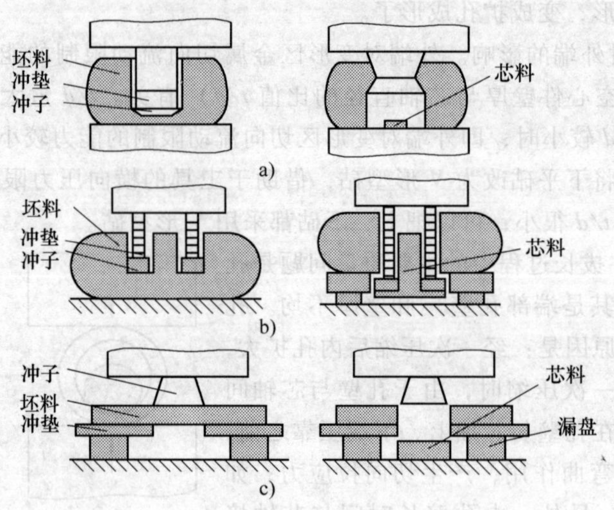

图 10-18　冲孔方法

a) 实心冲子冲孔　b) 空心冲子冲孔　c) 垫环上冲孔

1) A 区。A 区金属的变形可看做是环形金属包围下的镦粗。A 区金属被压缩后高度减小，横截面积增大，沿径向外流，但受到环壁的限制，故处于三向受压的应力状态。通常 A 区内的金属不是同时进入塑性状态的，在冲头端部下面的金属由于摩擦力的作用成为难变形区，当坯料较高时，由于沿加载方向受力面积逐渐扩大，应力的绝对值逐渐减小，造成的变形由上往下逐渐发展。随着冲头的下降，变形区也逐渐下移，如图 10-19 所示。由于是环形金属包围下的镦粗，故冲孔时的单位压力比自由镦粗时要大，环壁越厚，单位冲孔力也越大。单位冲孔力的公式为：

$$p = \sigma_s\left(2 + 1.1\ln\frac{D}{d}\right) \tag{10-3}$$

可见 D/d 越大，即环壁越厚时，单位冲孔力 p 也越大。

2) B 区。B 区的受力和变形主要是由于 A 区的变形引起的。由于作用力分散传递的影响，B 区金属在轴向也受一定的压应力，越靠近 A 区其轴向压应力越大。冲孔时坯料的形状变化情况与 D/d 关系很大，如图 10-20 所示。一般有三种可能的情况：

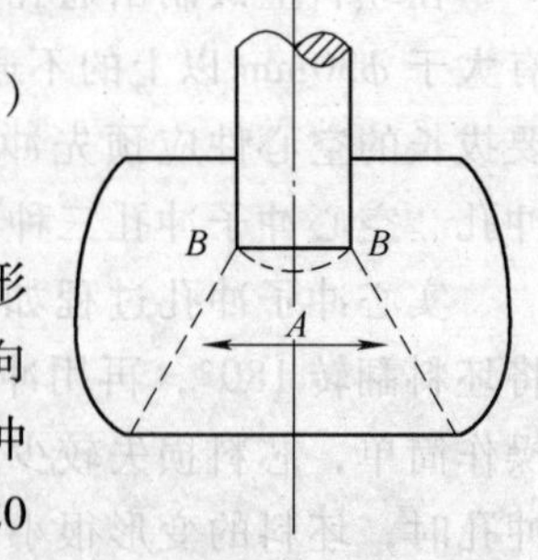

图 10-19　开式冲孔变形区分布

$D/d \leqslant 2 \sim 3$ 时，拉缩现象严重，外径明显增大，如图 10-20a 所示。

$D/d = 3 \sim 5$ 时，几乎没有拉缩现象，而外径仍有所增大，如图 10-20b 所示。

$D/d > 5$ 时，由于环壁较厚，扩径困难，多余金属挤向端面形成凸台，如图

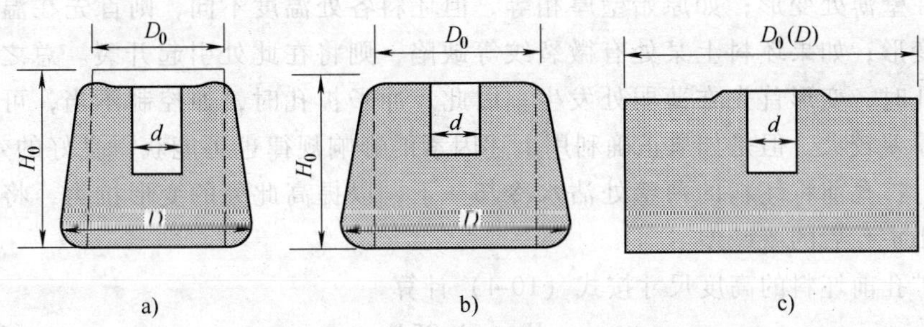

图 10-20　冲孔时坯料形状变化的情况

10-20c 所示。

坯料冲孔后的高度，总是小于或等于坯料原高度 H_0。随着总孔深度的增加，坯料高度将逐渐减小。但当超过某极限值后，坯料高度反而又增加，这是由于坯料底部产生翘底现象的缘故。D/d 的值越小，拉缩现象越严重。这是由于 A 区的金属是同一连续整体，被压缩的 A 区金属必将拉着 B 区金属同时下移。这种作用的结果使上端面下凹，而高度减小。

综上所述，实心冲子冲孔时，坯料直径与孔径之比 D/d 应大于 2.5～3，坯料高度要小于坯料直径，即 $H_0 < D_0$。坯料高度可按以下考虑

当 $D/d \geqslant 5$ 时，取　　　　$H_0 = H$

当 $D/d < 5$ 时，取　　　　$H_0 = (1.1 \sim 1.2)H$

式中　H——冲孔后要求的高度；

H_0——冲孔前坯料的高度。

4. 扩孔

减少空芯坯料壁厚而增加其内外径的锻造工序叫扩孔。扩孔工序用于锻造各种带孔锻件和圆环锻件。自由锻中，常用的扩孔方法有冲子扩孔、芯轴扩孔。

(1) 冲子扩孔　如图 10-21 所示，冲子扩孔时，坯料径向受压应力，切向受拉应力，轴向受力很小。坯料尺寸的相应变化是壁厚减薄，内外径扩大，高度有较小变化。冲子扩孔所需的作用力可产生较大的径向分力，并在坯料内产生数值更大的切向拉应力。另外坯料处于异号应力状态，较易满足塑性条件。由于冲子扩孔时坯料切向受拉力，容易胀裂，故每次扩孔量不宜太大。

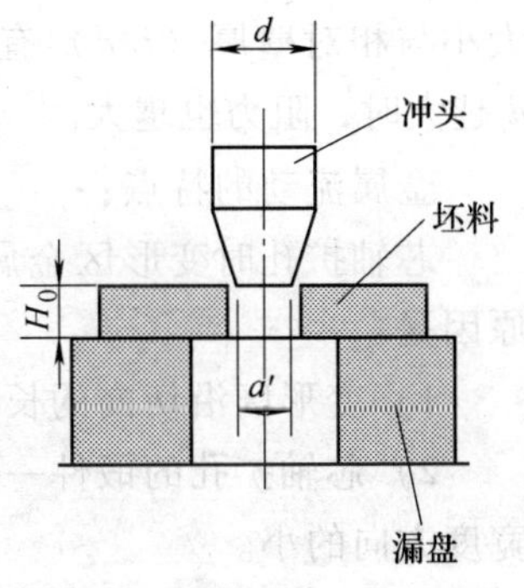

图 10-21　冲子扩孔

冲子扩孔时锻件的壁厚受多方面因素的影响，例如，坯料壁厚不等时，将

首先在壁薄处变形；如原始壁厚相等，但坯料各处温度不同，则首先在温度较高处变形；如果坯料上某处有微裂纹等缺陷，则将在此处引起开裂。总之，冲子扩孔时，变形首先在薄弱处发生。因此，冲子扩孔时，如控制不当，可能引起壁厚差较大。但是如果正确利用上述因素的影响规律也可能获得良好的效果。例如，扩孔前将坯料的薄壁处沾水冷却一下，以提高此处的变形抗力，将有助于减小扩孔后的壁厚差。

扩孔前坯料的高度尺寸按式（10-4）计算

$$H_0 = 1.05H \tag{10-4}$$

式中　H_0——扩孔前坯料高度；

H——锻件高度。

冲子扩孔适用于厚壁锻件（外径与内径之比 $D/d = 1.7 \sim 2.5$）的情况，锻件的厚度不能太小，必须保证 $H > 0.125D$，否则扩孔时会出现翻边变形。

（2）芯轴扩孔　如图 10-22 所示，芯轴扩孔时，变形区金属沿切向和宽度（高度）方向流动。这时除宽度（高度）方向的流动受到外端的限制外，切向的流动也受到限制（图 10-22b）。外端变形区金属切向流动阻力的大小与相对壁厚（t/d）有关。t/d 越大时，阻力也越大。

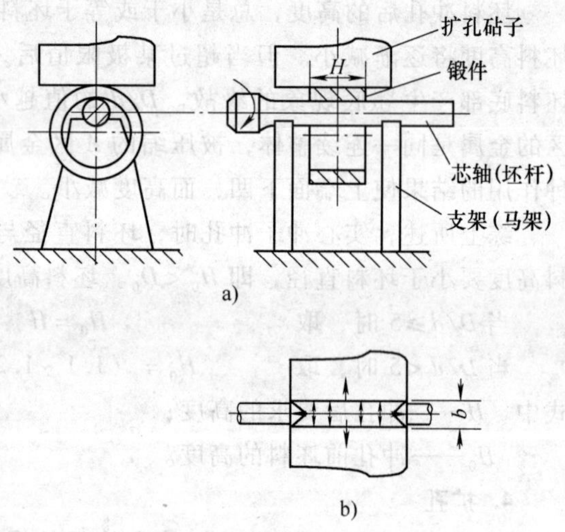

图 10-22　芯轴扩孔及变形区

金属流动的特点：

芯轴扩孔时变形区金属主要沿切向流动。在扩孔的同时增大内、外径，其原因是：

1）变形区沿切向的长度远小于宽度（即锻件的高度）。

2）芯轴扩孔的锻件一般壁较薄，故外端对变形区金属切向流动的阻力远比宽度方向的小。

3）芯轴与锻件的接触面呈弧形，有利于金属沿切向流动。

因此，芯轴扩孔时锻件尺寸的变化是壁厚减薄，内外径扩大，宽度（高度）稍有增加。由于变形区金属受三向压应力，故不易产生裂纹破坏。因此，芯轴扩孔可以锻制薄壁的锻件。为保证壁厚均匀，锻件每次转动量和压缩量应尽可能一致。另外，为提高扩孔的效率，可以采用窄的上砧（$b = 100 \sim 150$mm）。

5. 弯曲

将坯料弯成所规定外形的锻造工序称为弯曲，这种方法可用于锻造各种弯曲类锻件，如起重吊钩、弯曲轴杆等。

坯料在弯曲时，弯曲变形区的内侧金属受压缩，可能产生折叠，外侧金属受拉伸，容易引起裂纹。而且弯曲处坯料断面形状要发生畸变，如图 10-23 所示，断面面积减小，长度略有增加。弯曲半径越小，弯曲角度越大，上述现象则越严重。

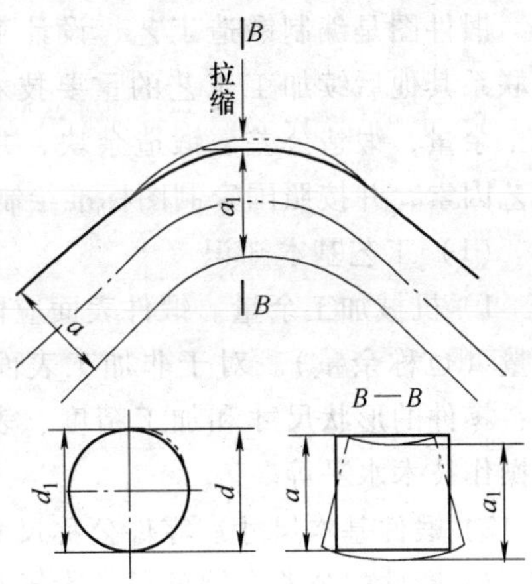

图 10-23　弯曲时断面形状的畸变

由于弯曲具有上述变形特点。在确定坯料形状和尺寸时，考虑到弯曲变形区断面减小，一般坯料断面应比锻件断面稍大（增大 10% ~15%），锻时先将不弯曲部分拔长到锻件尺寸，然后再进行弯曲成形。此外，要求坯料加热均匀，最好仅加热弯曲段。

当锻件有数处弯曲时，弯曲的次序一般是先弯端部，其次弯与直线相连接的地方，然后再弯其余的部分。

自由锻的基本工序还有错移、切割及扭转等，此处不再一一介绍。

10.2.3　自由锻工艺过程的制订

1. 工艺规程的制订原则

1）要保证满足对锻件的技术条件要求。

2）要保证生产的经济性和技术上的可能性。

3）要充分了解本厂的实际生产条件、设备能力和技术水平状况。

2. 自由锻工艺过程的内容

1） 根据零件图绘制锻件图并考虑锻件结构的工艺性。

2） 确定坯料重量、规格、尺寸及原材料的相关要求。

3） 拟定变形工艺、锻造工序及工具。

4）计算变形力及功，选择锻压设备。

5） 确定锻造温度范围、加热和冷却规范。

6） 确定热处理规范。

7） 提出锻件的技术条件和检验要求。

8） 填写工艺卡片，确定工时定额。

在制定自由锻工艺过程时，应结合生产条件、设备能力和技术水平等实际情况，力求经济上合理，技术上先进，以确保正确指导生产。下面分别加以讲述。

3. 自由锻造工艺基础知识及锻件图的制订与绘制

锻件图是编制锻造工艺、设计工具、指导生产和验收锻件的主要依据，也是联系其他后续加工工艺的重要技术资料，它是在零件图的基础上，加上机械加工余量，锻造公差、锻造余块，并考虑检验试样和工艺卡头及热处理夹头等工艺因素，并按照国家制图标准绘制而成。

（1）工艺基本知识

1）机械加工余量。锻件表面应留有供机械加工用的金属层，称为机械加工余量（也称余量）。对于非加工表面，则无需加工余量。余量的大小主要取决于：零件的形状尺寸和加工精度、表面粗糙度、锻造加热质量、设备工具精度和操作技术水平等。

2）锻件基本尺寸。零件公称尺寸加上余量后的尺寸。

3）锻件的公差。锻件尺寸大于其基本尺寸的部分称为上偏差（正偏差），小于其基本尺寸的部分称为下偏差（负偏差），通常锻造公差约为余量的 1/4 ~ 1/3，如图 10-24 所示。

4）余块。为了简化锻件外形，根据锻造工艺需要，零件上较小的孔、狭窄的凹槽、直径差较小而长度不大的台阶等，难于锻造的地方，如图 10-25 所示，通常都需填满金属，这部分附加的金属叫做锻造余块。

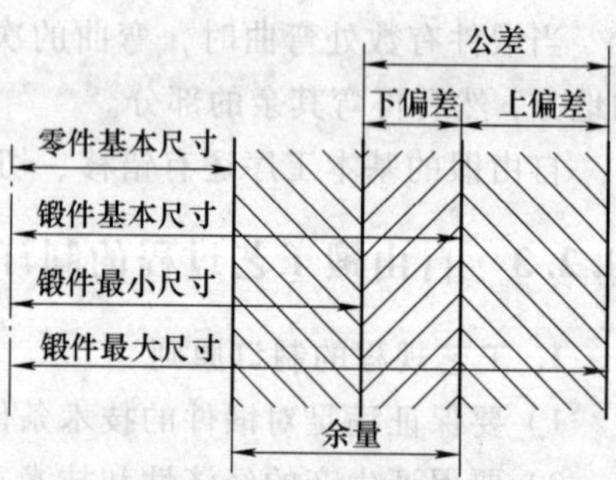

图 10-24　锻件的尺寸、余量和公差

（2）锻件图的绘制步骤

1）确定锻件形状。要对锻件的一些台阶、小孔考虑是否需要简化，根据设备吨位大小、工厂生产条件、技术条件来取得锻件图（参阅 GB/T 15826.2—1995、GB/T 15826.3—1995、GB/T 15826.7—1995 标准中规定确定锻件形状）。

2）确定余量和公差。锤上自由锻件的余量公差可参阅 GB/T 15826—1995，对于水压机上自由锻件的加工余量可参阅 JB/T 9179—1999。

3）绘制锻件图。当余量、公差和余块等确定之后，按机械制图规则，便可绘制锻件图。锻件图上的锻件形状用粗实线绘制。为了便于了解零件的形状和检查锻后的实际余量，在锻件图内用假想线画出零件简单形状。锻件的尺寸和公差标注在尺寸线上面。零件的尺寸、公差在尺寸线下面并加括号。如锻件带有检验试样、热处理夹头时，在锻件图上应注明其尺寸和位置。在图上无法表示的某些条件，可以技术条件方式加以说明。

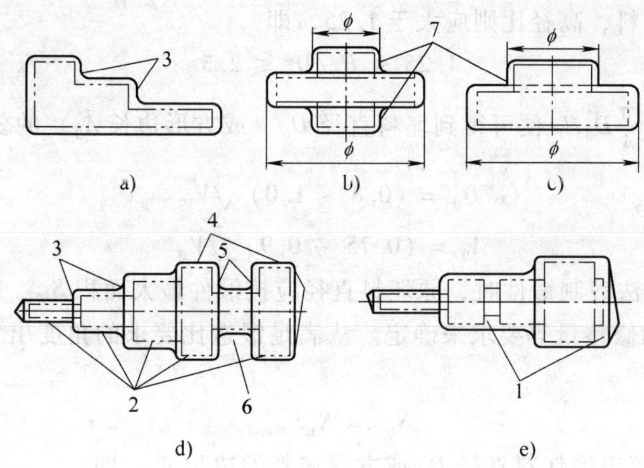

图 10-25　锻造中的余块、余量和余面

1—余块　2—余量　3—台阶　4—法兰　5—余面　6—凹挡　7—凸肩

4. 确定坯料的重量和尺寸

自由锻用原材料有两种：一种是钢材、钢坯，多用于中小型锻件；一种是钢锭，主要用于大中型锻件。

（1）坯料重量的计算　坯料重量 $G_{坯}$（kg）应包括锻件重量和各种损耗的重量，可按下式计算：

$$G_{坯} = G_{锻} + G_{芯} + G_{切}(1 + \delta) \tag{10-5}$$

式中　$G_{锻}$——锻件重量（kg），按锻件基本尺寸算出其体积，再乘以密度即可求得。

$G_{芯}$——冲孔芯料损失（kg），其取决于冲孔方式、冲孔直径（d）和坯料高度（H_0），具体可按下式计算：实心冲孔 $G_{芯}$ =（0.15 ~ 0.2）$d^2H_0\rho$；空心冲机 $G_{芯} = 0.78d^2H_0\rho$；垫环冲孔 $G_{芯}$ =（0.55 ~ 0.6）$d^2H_0\rho$。式中：ρ 为锻造材料的密度，g/mm³。

$G_{切}$——锻件拔长端部由于不平整而应切除的料头重量（kg），其与切除部位的直径（D）或截面宽度（B）和高度（H）有关。具体可按下式计算：圆形件 $G_{切}$ =（0.21 ~ 0.23）$D^3\rho$；短形件 $G_{切}$ =（0.28 ~ 0.3）$B^2H\rho$。

δ——钢料加热烧损率，与所用加热设备类型等因素有关。

（2）坯料尺寸计算　坯料尺寸的确定与所用工序有关，采用工序不同，计算方法也不同。

用坯料的重量除以密度 ρ 即可算出体积 $V_{坯}$，即

$$V_{坯} = G_{坯}/\rho \tag{10-6}$$

1）当第一工步采用锻粗法锻造时，为避免产生弯曲，坯料的高径比应小于2.5，为便于下料，高径比则应大于1.25，即

$$1.25 \leqslant H_0/D_0 \leqslant 2.5 \tag{10-7}$$

代入 $V_{坯}=\frac{\pi}{4}D_0^2H_0$ 便可得到坯料直径 D_0（或方形边长 A_0）的公式：

$$D_0=(0.8\sim1.0)\sqrt[3]{V_{坯}} \tag{10-8}$$

$$A_0=(0.75\sim0.9)\sqrt[3]{V_{坯}} \tag{10-9}$$

2）用拔长法锻制锻件时，原坯料直径应按锻件最大面积 $S_{锻max}$ 来考虑，并根据锻造比 K_L 和修整量等要求来确定。从满足锻造比要求的角度出发，计算原坯料截面积 $S_{坯}$。

$$S_{坯}=K_LS_{坯max} \tag{10-10}$$

由此便可算出原坯料直径 D_0 或方形坯料的边长 A_0，即

$$D_0=1.13\sqrt{K_LS_{锻max}} \tag{10-11}$$

初步算出坯料直径（或边长）后，应按国家标准选择直径（或边长），再根据选定的直径（或边长）计算下料长度：

圆坯料
$$L_0=\frac{V_{坯}}{\frac{\pi D_0{}^2}{4}} \tag{10-12}$$

方坯料
$$L_0=\frac{V_{坯}}{A_0{}^2} \tag{10-13}$$

（3）钢锭规格的选择　选择钢锭规格的方法有两种。

1）根据钢锭的各种损耗，求出钢锭利用率 η：

$$\eta=[1-(\delta_{冒口}+\delta_{锭底}+\delta)]\times100\% \tag{10-14}$$

式中　$\delta_{冒口}$、$\delta_{锭底}$——分别为被切去冒口和锭底的重量占钢锭重量的百分数，

碳素钢钢锭：$\delta_{冒口}=18\%\sim25\%$，$\delta_{锭底}=5\%\sim7\%$；

合金钢钢锭：$\delta_{冒口}=25\%\sim30\%$，$\delta_{锭底}=7\%\sim10\%$；

δ——加热烧损率。

然后计算钢锭的计算重量

$$G_{锭}=\frac{G_{锻}+G_{损}}{\eta} \tag{10-15}$$

式中　$G_{损}$——除冒口、锭底及烧损以外的损耗量。

根据钢锭的计算重量，参照有关钢锭规格表，选取相应的钢锭规格即可。

2）根据锻件类型参照经验资料，先定出概略的钢锭利用率 η，见表10-3。然后求得钢锭的计算重量 $G_{锭}=G_{锻}/\eta$，再从有关钢锭规格表中，选取所需的钢锭规格。

表 10-3　各类锻件的金属利用率 η

锻件种类	钢锭利用率 η（%）	锻件种类	钢锭利用率 η（%）
圆光轴	58 ~ 62	空心圆柱体	58 ~ 60
台阶轴	58 ~ 60	空心圆柱体带有锻合的两端	55 ~ 58
曲轴	55 ~ 58	圆盘件	45 ~ 55
矩形光轴	57 ~ 60	环形锻件	60 ~ 65
矩形台阶轴	57 ~ 59	复杂外形锻件	50 ~ 55
板状锻件	50 ~ 60	离合器	55 ~ 58
混合断面件	55 ~ 57	锤头	50 ~ 55

5. 确定变形工艺和锻造比

（1）确定变形工艺　变形工艺的内容包括：锻件成形必需的工序、辅助工序、修整工序，以及各变形工序的中间坯料的尺寸等。

变形工序的确定要点

1）根据锻件所需力学性能的不同要求采用不同的锻造工序。拔长工序适合于轴向力学性能要求较高的锻件；镦粗工序则适合于径向力学性能要求较高的锻件；对于轴向和径向力学性能要求较高的锻件，可采用镦粗和拔长相结合的工序。

2）饼块类锻件的变形工艺，一般均以镦粗成形。当锻件带有凸肩时，可根据凸肩尺寸，选取垫环镦粗或局部镦粗。若锻件的孔可冲出，则还需采取冲孔工序。

3）轴杆类锻件的变形工艺，主要采用拔长工序。当坯料直接拔长不能满足锻造比的要求时，或锻件要求横向力学性能较高时，以及锻件带有台阶尺寸相差较大的法兰时，则应采用镦粗—拔长联合变形工序。

4）空心类锻件的变形工艺，一般均需镦粗、冲孔，有的稍加修整便可达到锻件尺寸，有的需要扩孔来扩大其内、外径，有的还需要芯轴拔长，以增加其长度，具体工艺方案，要视锻件几何尺寸而定。

（2）工序尺寸的确定　工序尺寸设计是与工序顺序选择同时进行的，在确定工序尺寸时应注意下列要点：

1）工序尺寸必须符合工艺特点和各工序的变形规则。

2）必须保持各部分有足够的体积。例如台阶尺寸相差较大的轧辊形锻件的辊身，可按其公称长度下料，或按其计算重量（直径应加正公差）下料。

3）多火次锻打大件时必须注意中间各火次加热的可能性。

4）有些长轴类锻件的轴向尺寸要求精确，且沿轴向又不能镦粗（例如曲轴），必须预计到轴向在修整时会略有伸长。

（3）锻造比的确定　锻造比是表示变形程度的一种方法，是衡量锻件重量的一个重要指标。锻造比大小反映了锻造对锻件组织和力学性能的影响，一般规律是：锻造过程随着锻造比增大，由于内部孔隙锻接，铸态树枝晶被打碎，锻件的纵向和横向的力学性能均得到明显提高。当锻造比超过一定数值后，由于形成纤维组织，横向力学性能（塑性、韧性）急剧下降，导致锻件出现各向异性。因此，在制订锻造工艺规程时，应合理地选择锻造比大小。由于锻造工序变形特点不同，各工序的锻造比和变形过程总锻造比的计算方法也不同。

拔长时，锻造比可用拔长前后坯料的横截面积之比或长度之比来表示，也称拔长比

$$K_L = \frac{F_0}{F} 或 \frac{L}{L_0} \tag{10-16}$$

镦粗时，锻造比可用镦粗前后锻件的截面比或高度比来表示，也称锻造比

$$K_H = \frac{F}{F_0} 或 \frac{H_0}{H} \tag{10-17}$$

对于用钢材锻制的锻件（莱氏体钢锻件除外），由于钢材经过了大变形的锻或轧，其组织和性能已得到改善，一般不需考虑锻造比；用钢锭（包括有色金属铸锭）锻制的大型锻件，必须考虑锻造比。各典型锻件的锻造比可参照表10-4选用。

表 10-4　典型锻件的锻造比

锻件名称	计算部位	总锻造比	锻件名称	计算部位	总锻造比
碳素钢轴类件	最大截面	2.0～2.5	曲轴	曲拐	≥2.0
合金钢轴类件	最大截面	2.5～3.0		轴颈	≥3.0
热轧辊	辊身	2.5～3.0	锤头	最大截面	≥2.5
冷轧辊	辊身	3.5～5.0	横块	最大截面	≥3.0
齿轮轴	最大截面	2.5～3.0	高压封头	最大截面	3.0～5.0
船用尾轴、中轴	法兰	>1.5	汽轮机转子	轴身	2.5～6.0
	轴身	≥3.0	发电机转子	轴身	3.5～6.0
水轮机主轴	法兰	≥1.5	汽轮机叶轮	轮毂	4.0～6.0
	轴身	≥2.5	旋翼轴、涡轮轴	法兰	6.0～8.0
水压机立柱	最大截面	≥3.0	航空用大型锻件	最大截面	6.0～8.0

注：1. 对于热轧辊，一般取3.0，对小型轧辊可取2.5。

2. 对于冷轧辊，支承辊锻造比可减小到3.0。

6. 确定锻造设备吨位

自由锻常用设备为锻锤和水压机，这些设备虽无过载损坏问题，但若设备吨位选得过小。则锻件内部锻不透，而且生产率低；反之，若设备吨位选得过

大，不仅浪费动力，而且由于大设备工作速度低，同样也影响生产率和锻件成本。因此，正确确定设备吨位是编制工艺规程的重要环节之一。

锻造所需设备吨位，主要与变形面积、锻件材质、变形温度等因素有关。在自由锻中，变形面积由锻件大小和变形工序性质而定。锻粗时锻件与工具的接触面积相对于变形工序要大得多，而很多锻造过程均与镦粗有关。因此，常以镦粗力的大小来选择设备。

确定设备吨位的方法有：理论计算法和经验类比法两种。

(1) 理论计算法　理论计算法是根据塑性成形理论建立的公式来计算设备的吨位。液压机的吨位，应该等于变形力的大小，如果一个锻件需要几道工序才能加工出来，那么液压机的大小应根据需要最大变形力的工序选择。

液压机锻造时，锻件成形所需最大变形力可按式（10-18）计算：

$$P = pF \tag{10-18}$$

式中　F——锻镦粗后毛坯的截面积；

p——锻件与工具接触面上的单位流动压力（即平均单位压力）。

单位流动压力 p 需根据不同情况分别计算。

1）用平砧镦粗圆形锻件：

当 $H/D \geqslant 0.5$ 时，

$$p = \sigma_s\left(1 + \frac{\mu_s}{3}\frac{d}{h}\right) \tag{10-19}$$

式中　d、h——分别为锻造终了锻件的直径和高度；

σ_s——流动应力，金属在相应变形温度、速度下的真实应力；

μ_s——与 σ_s 对应的摩擦因数，热锻时为 0.3～0.5，如无润滑时一般取 0.5。

2）用平砧镦粗长方形锻件：长为 L，宽为 B，高为 H 的锻件，单位流动压力的计算公式如下：

$$p = \sigma_s\left(\frac{2}{\sqrt{3}} + \frac{\mu_s}{2}\frac{b}{h}\right) \tag{10-20}$$

式中　b、h——锻造终了锻件的宽度和高度。

3）矩形坯料在平砧间拔长：单位流动压力的计算公式如下：

$$p = 1.15\sigma_s\left(1 + \frac{3}{\sqrt{4}}\mu_s\frac{l}{h}\right) \tag{10-21}$$

式中　l——送进量；

h——锻件高度。

4）圆形坯料在圆板砧上拔长时，按式（10-22）计算单位流动压力：

$$p = \sigma_s\left(1 + \frac{2}{3}\mu_s\frac{l}{d}\right) \tag{10-22}$$

式中 l——送进量；

d——锻件直径。

5）开式冲孔时：

$$p = \sigma_s\left(1 + 1.1\ln\frac{D}{d} + \frac{\mu_s}{3}\frac{d}{h}\right) \tag{10-23}$$

式中 D——锻造后坯料直径；

d、h——冲孔后孔的直径和高度。

（2）根据变形功选择锻锤 由于锻锤锻造，其打击力是不定的，所以应根据锻件成形变形功来选择设备。

圆柱体锻件镦粗变形功为：

$$W = \omega\varphi\sigma_b V\left[\ln\frac{H_0}{H} + \frac{2\mu_s}{9}\left(\frac{D}{H} - \frac{D_0}{H_0}\right)\right] \tag{10-24}$$

式中 ω——速度系数，取 $\omega = 2.5 \sim 3$；

φ——尺寸系数，取 $\varphi = 1 \sim 0.4$；

σ_b——锻造前后平均锻造温度下的抗拉强度；

μ_s——接触摩擦因数；

D_0、H_0——镦料的宽度和高度；

D、H——镦粗后锻料的宽度和高度；

V——锻件的总体积。

拔长矩形坯料的锻锤可按经验公式确定

$$G = 5b_0^2h_0\phi\ln\frac{1}{1-\varepsilon} \tag{10-25}$$

式中 G——锻锤质量（kg）；

b_0、h_0——原始坯料的宽度和高度；

ϕ——相对送进量，$\phi = l_0/b_0$，l_0 为送进量；

ε——相对压缩率，$\varepsilon =（h_0 - h）/h$，h 为瞬间高度。

对于允许用大变形程度并用宽锤头锻造的中小毛坯，可取 $\phi = 1$，$\varepsilon = 0.1$，这样式（10-25）可简化为：

$$G = 0.5b_0^2h_0 \tag{10-26}$$

显然，所需锤头落下部分重量与金属体积成正比，因而式（10-26）适用于任意截面锻件。

根据最后一击的变形功 W（变形程度可取 0.03 ~ 0.05），考虑锻锤的打击效率，便可算出所需打击能量 E（J），即

$$E = \frac{W}{\eta} \tag{10-27}$$

通常锻锤吨位是以落下重量 G（kg）表示，与打击能量有如下关系：

$$G = \frac{2g}{v^2}\frac{W}{\eta} = \frac{2g}{v^2}E \quad (10\text{-}28)$$

式中　g——自由落体加速度，9.8m/s^2；

v——锻锤打击速度，一般取 6～7m/s；

η——打击效率，一般取 0.7～0.9。

（3）经验类比法　经验类比法是在统计分析生产实践数据的基础上，用总结归纳出的经验或图表来估算锻造所需设备吨位的一种方法，应用时只需根据锻件的某些主要参数（如重量、尺寸、材质）便可迅速确定设备吨位。

7. 编写工艺卡片

锻件工艺方案经计算后成为工艺规程，将内容填写在工艺卡片上，作为锻件生产的基本文件之一。工艺卡片一般包括锻件名称、图号、锻件图、坯料规格、重量、尺寸和材料牌号、锻件重量技术要求、加热火次和工序变形过程、工具简图、锻压设备、加热冷却规范、热处理方法和验收方法等项目。由于各厂生产条件不同，工艺卡片的格式也不相同，一般锤上锻件工艺卡片较简单，而液压机上锻件工艺卡片则比较复杂，根据锻件的重要程度，可编写续页补充满足生产操作的需要。

10.2.4　自由锻工艺实例

液压机自由锻热轧辊锻件工艺示例如下：

（1）热轧辊零件图　如图 10-26 所示。热轧辊技术条件中无力学性能的要求，因此锻件不留试棒，这类锻件也不需要热处理吊卡头和机械加工特殊余块。生产数量为 1 件。轧辊材料为 60CrMnMo。

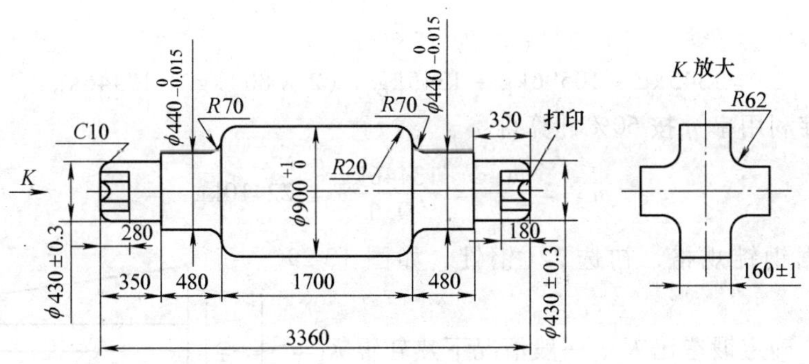

图 10-26　热轧辊零件图

（2）绘制热轧辊锻件图　从有关标准中可查得粗加工和热处理余量 a = 14mm，粗加工外圆角半径 R_1 = 15mm，内圆角半径 R_2 = 30mm，绘制粗加工图。

由于轧辊两端的梅花头凹槽不能锻出，故需加余块，如图 10-27 所示。

根据锻件形状和尺寸查有关标准中的相应锻件，得到轧辊中间直径的余量及公差为 46mm ± 34mm，轧辊两端直径的余量及公差为 38mm ± 26mm，绘制锻件图，如图 10-28 所示。

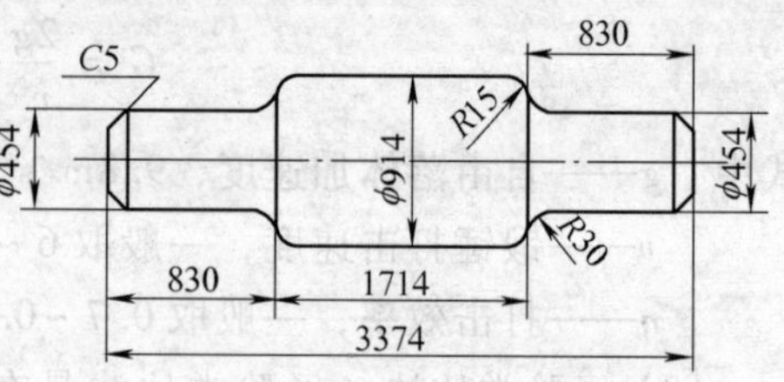

图 10-27　热轧辊粗加工

（3）确定钢锭质量　大中型锻件按基本尺寸加上 1/2 上偏差来计算锻件质量。

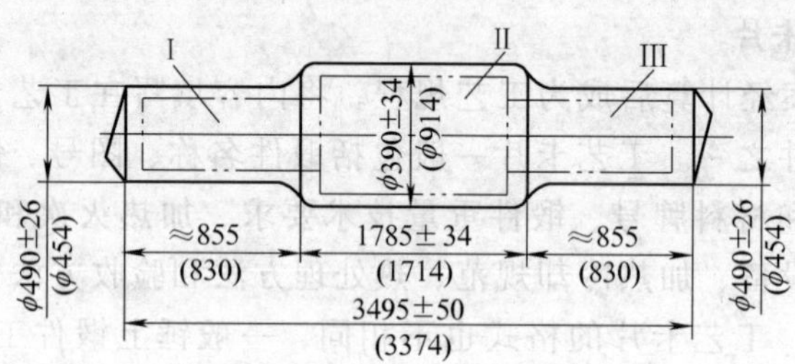

图 10-28　热轧辊锻件图

$$m_{锻} = m_{\mathrm{I}} + m_{\mathrm{II}} + m_{\mathrm{III}} + 2m_{余面}$$

其中，$m_{\mathrm{I}} = m_{\mathrm{II}} = 6.16D^2L = 6.16\text{kg/mm}^3 \times 5.03^2\text{mm}^2 \times 8.63\text{mm} \approx 1345\text{kg}$

$$m_{\mathrm{III}} = 6.16\text{kg/mm}^3 \times 9.77^2\text{mm}^2 \times 18.02\text{mm} \approx 10596\text{kg}$$

$$m_{余面} = 0.18(D-d)^2(D+2d)$$

$$= 0.18\text{kg/mm}^3 \times (9.77 - 5.03)^2\text{mm}^2 \times (9.77 + 2 \times 5.03)\text{mm} = 80.2\text{kg}$$

取

$$m_{余面} = 80\text{kg}$$

$$m_{锻} = m_{\mathrm{I}} + m_{\mathrm{II}} + m_{\mathrm{III}} + 2m_{余面}$$

$$= 1345\text{kg} + 10596\text{kg} + 1345\text{kg} + (2 \times 80)\text{kg} = 13446\text{kg}$$

钢锭利用率 η 按 60% 计算得：

$$m_{锭} = \frac{m_{锻}}{\eta} = \frac{13446\text{kg}}{0.6} = 22410\text{kg}$$

根据钢锭规格，初选 22t 钢锭，如图 10-29 所示。

（4）确定锻造比 K_L，一般情况下热轧辊 K_L = 2.5 ~ 3，验算初选的钢锭截面积是否满足 K_L 的要求，即 $K_L = \frac{A_{锭}}{A_{锻}} = \frac{1063^2}{960^2} = 1.2 < (2.5 \sim 3)$

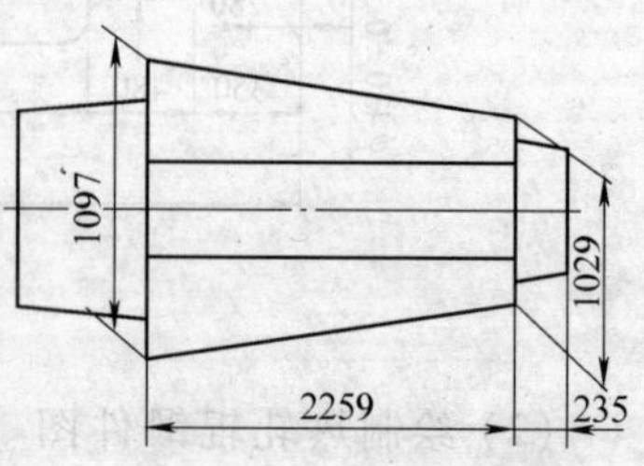

图 10-29　22t 钢锭尺寸

上述计算未能满足要求，则应采用镦粗后拔

长的工艺方案。

(5) 拟定锻造工序　参照类似产品的锻造工艺，确定锻造工序方案如下：

第一火：压钳把→倒棱→切锭尾；

第二火：镦粗→预拔长→分段压印→拔长至锻件尺寸。

(6) 确定设备与工具　为达到2.5的锻造比，需进行镦粗，镦粗后直径 $d \geq \sqrt{2.5} \times 1029\text{mm} = 1627\text{mm}$，查手册可得，需液压机 3150000kg。为提高内部质量，应采用上下 V 形型砧拔长。

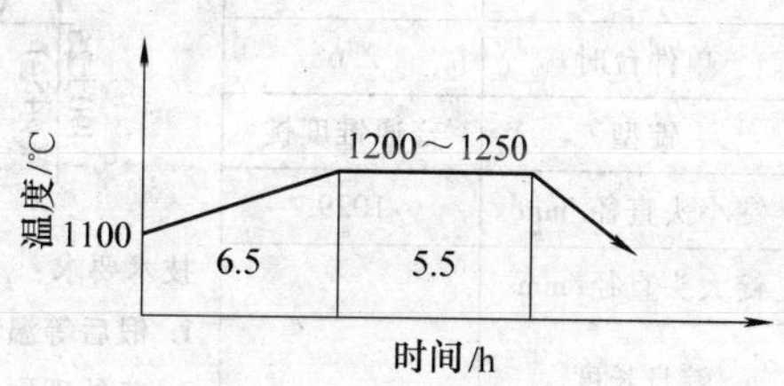

图 10-30　22t 60CrMnMo 热锭加热曲线

(7) 确定加热、冷却和热处理规范

1) 加热规范。一般情况，大型合金钢钢锭采用热运送，根据某厂热钢锭加热规范来定出加热温度变化曲线，如图 10-30 所示。始锻温度 1200℃，终锻温度 800℃，修整温度不低于 700℃。第二火直接进入高温炉中进行快速加热，其加热曲线与热锭加热曲线相同。

2) 锻件冷却和热处理规范，由锻件尺寸参照某厂锻后冷却及热处理规范，确定如图 10-31 所示冷却、热处理规范。

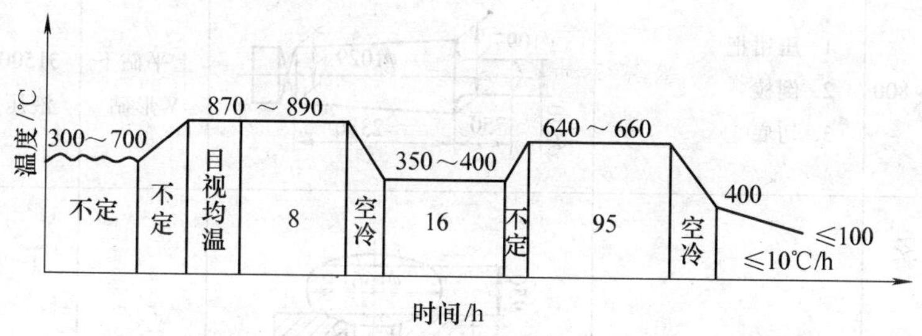

图 10-31　60CrMnMo 热轧辊冷却、热处理曲线

(8) 制订工时定额和确定锻件级别　参照某厂工时定额标准，定出工时定额为：第一火 0.4 台时，第二火 2.2 台时。根据国家标准中相应锻件，查得该锻件为Ⅲ级。

(9) 填写工艺卡片　将上述编好的工艺规程填入工艺卡片，见表 10-5。

表 10-5　液压机自由锻造热轧辊工艺卡片

锻件	名称	热轧辊	材料参数						
	生产件数/件	1	项目	锻件	烧损	冒口切头	底部切头	其他	共计
	钢号	60CrMnMo	质量/kg	13446	770	5500	1540	744	22000
生产号			占总量(%)	61	3.5	25	7	3.5	100

（续）

工艺参数		段件图			
锻造比	3:1	冒口打印；$\phi 490\pm26$ ($\phi 454$)；≈855 (830)；$\phi 960\pm34$ ($\phi 914$)；1785±34 (1714)；3495±50 (3374)；$\phi 490\pm26$ ($\phi 454$)			
锻件级别	Ⅲ				
单件台时	2.6				
锭型	普通锥度锭				
锭小头直径/mm	1029	技术要求： 1. 锻后等温冷却处理； 2. 热处理硬度：196～269HRB。			
锭大头直径/mm					
锭身长度					
锭身质量/kg	22590	编制	审核	组长	会审

火次	温度/℃	操作说明	变形过程	工具	设备/kg	冷却
		钢锭	1097；1029；2259；235			
1	1200～800	1. 压钳把 2. 倒棱 3. 切底	$\phi 1097$；$\phi 1029$；$\phi 540$；750；≈2380	上平砧下V形砧	3150000液压机	返炉
2	1200～800 修正温度不低于700	4. 镦粗 5. 预拔长到1100mm 6. 分段压槽 7. 拔长到$\phi 490$mm 切下部残料 8. 拔长Ⅲ到$\phi 490$mm 9. 修整辊中间$\phi 960$mm 10. 矫直锻件 11. 剁下锻件	950；$\phi 1661$；Ⅲ；Ⅰ；150；$\phi 1100$；>410；1400；410；>2440；$\phi 490$；855；$\phi 490$；914；$\phi 490$；855；1785；3495	球面镦粗拔长下镦盘、上下V形宽砧、三角形剁刀	3150000	送热处理工段

10.3　模锻工艺

在模锻设备上，利用高强度锻模，使金属坯料在具有一定形状和尺寸的模膛内受冲击力或静压力产生塑性变形，而获得所需形状、尺寸以及内部质量锻件的加工方法称为模锻。在变形过程中由于模膛对金属坯料流动的限制，因而锻造终了时可获得与模膛形状相符的模锻件。与自由锻相比，模锻具有如下优点：

1）生产效率较高。模锻时，金属的变形在模膛内进行，故能较快获得所需形状。

2）能锻造形状复杂的锻件，并可使金属流线分布更为合理，提高零件的使用寿命。

3）模锻件的尺寸较精确，表面质量较好，加工余量较小。

4）节省金属材料，减少切削加工工作量。在批量足够的条件下，能降低零件成本。

5）模锻操作简单，劳动强度低。

但模锻生产受模锻设备吨位限制，模锻件的质量一般在150kg 以下。模锻设备投资较大，模具费用较昂贵，工艺灵活性较差，生产准备周期较长，而且模锻锻模加工成本高。因此，模锻适合于小型锻件的大批大量生产，不适合单件小批量生产以及中、大型锻件的生产。

按模锻时有无飞边可把模锻分为开式模锻（图 10-32a）和闭式模锻（图 10-32b）。模锻时，多余金属由飞边处流出，由于飞边部分减薄，径向阻力增大，可以使金属充满模膛，这种方式即是开式模锻。闭式模锻又叫无飞边模锻，即在成形过程中模膛是封闭的，特别有利于低塑性材料的成形。

根据所使用的设备分为锤上模锻、压力机上模锻、胎模锻等。

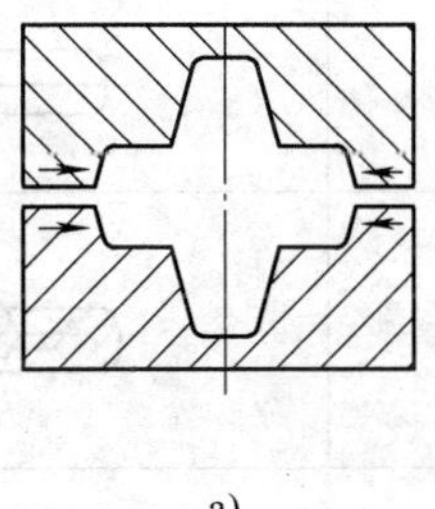

a)

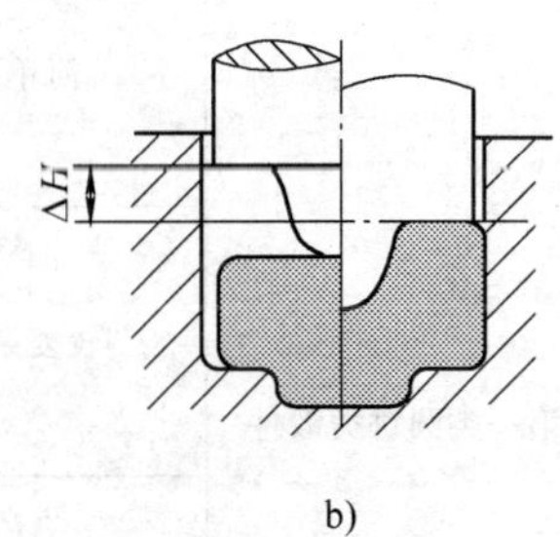

b)

图 10-32　开式模锻与闭式模锻

（1）锤上模锻　锤上模锻是在自由锻胎模锻基础上发展起来的一种锻造生产方法。锻锤与其他锻压设备相比，具有工艺适应性广、生产效率高、设备造价低的优点。模锻锤的打击能量可在操作中调整，能够实现轻重缓急打击。毛坯在不同能量的多次锤击下，经过镦粗、打扁、拔长、滚挤、弯曲、卡压、成形 、预锻和终锻等各类工步，使各种形状的锻件得以成形。因此，具有一定规模的锻造厂都配备有不同吨位的模锻锤。

（2）压力机上模锻 压力机上模锻可分为曲柄压力机模锻、平锻机模锻、螺旋压力机模锻、液压机模锻及其它专用设备（如精压机、辊锻机、旋转锻机、扩孔机、弯曲机等）模锻。压力机上模锻由于其设备的结构及工艺特点，可以较好地满足现代工业的迅速发展。特别是自动化程度很高的热模锻曲柄压力机上模锻，生产出高质量、高精度、大批量锻件，从而大幅度提高锻件生产率。

（3）胎模锻 胎模锻是在自由锻设备上用胎模生产锻件的一种方法。一般采用自由锻制坯、胎模中成形的工艺方法，因此，其工艺非常灵活，可以锻造出许多类别的锻件。但胎模锻件的尺寸精度较低、表面质量较低；工人劳动强度大、生产率低；而且锤砧易磨损使表面不平；胎模寿命较低。

随着生产的发展，胎模锻已经不适合批量增加的需要，有些厂家采用压力机模锻，鉴于此，本章主要研究锤上模锻工艺和压力机上模锻工艺。

10.3.1 模锻工艺规程的制订及工艺方案的选择

1. 模锻件的分类

模锻工艺或模锻方法与锻件外形密切相关，形状相似的锻件，其模锻锤工艺及所用的锻模结构也基本相同。因此为了便于拟定工艺规程，加快锻件及断面的设计工作，应将各种形状的模锻件分类。目前，比较一致的分类方法是按照锻件外形和模锻时毛坯轴线方向，把模锻件分成两大类，即圆饼类和长轴类锻件。各类锻件列于表10-6。

表10-6 锻件分类

类型	组别	锻件简图
第一类圆饼类锻件	简单形状	
	较复杂形状	
	复杂形状	

（续）

类型	组别	锻件简图
第二类长轴类锻件	直长轴线	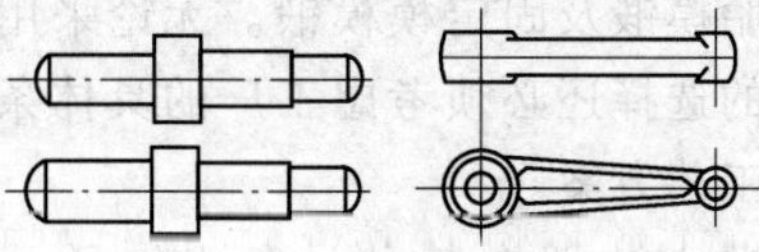
	弯曲轴线	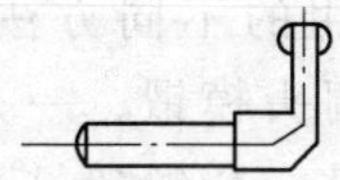
	枝芽类	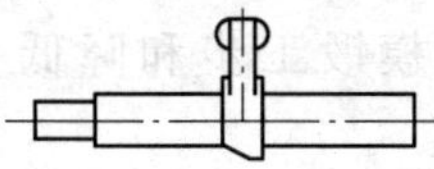
	叉类	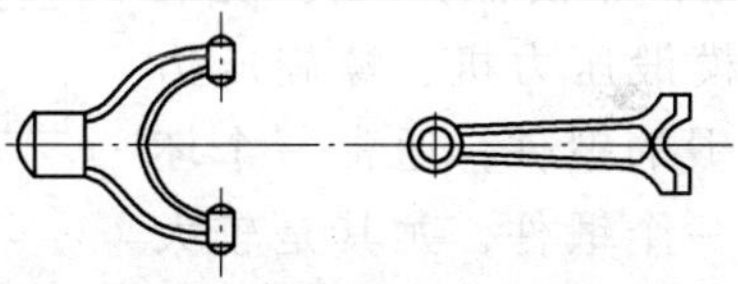

2. 模锻工艺规程的制订

模锻工艺规程由坯料经过一系列加工工序制成模锻件的整个生产过程。其工艺过程由以下几个工序组成：

（1）备料工序。按锻件所要求的坯料规格尺寸下料，必要时还需对坯料表面进行除锈、防氧化和润滑处理等。

（2）加热工序。按变形工序所要求的加热温度和生产节拍对坯料进行加热。

（3）锻造工序。可分为制坯的模锻工步和成形的模锻工步。

（4）锻后工序。该类工序的作用是弥补模锻工序和其他前期工序的不足，使锻件最后能完全符合锻件图的要求。

（5）检验工序。包括工序间检验和最终检验。

3. 模锻工艺方案及方法的选择

对于锻造工序其工艺方案可包括：

（1）根据产品零件形状、尺寸、技术要求和生产批量，结合具体生产条件，合理地选择模锻工艺方案。

（2）设计锻件图。

（3）确定所需的工序，并选择所用设备。

（4）确定模锻工艺流程并填写模锻工艺卡片。

一般模锻工艺流程如图 10-33 所示。选择合理的模锻工艺方案是锻造工艺设计的关键。同一锻件可以在不同设备上采用不同的工艺制造方法，不同的工艺方案所用的工艺装备（设备和模具）不同，其经济效果也不同。当生产大批量时，可采用模锻锤或热模锻压力机；如批量不大时，可采用螺旋压力机或自由锻锤上胎模锻及固定模模锻。无论采用哪种工艺必须保证锻件的质量要求，工艺方案的选择还必须考虑工厂的具体条件，尽量根据工厂目前的设备状况选择合理的工艺方案。

模锻方法即在某种设备上锻件生产可采用的不同方法，如单件模锻、调头模锻、一火多件、一模多件、合锻等。合理选择模锻方法可以提高模锻生产率，简化模锻工步和降低材料消耗。

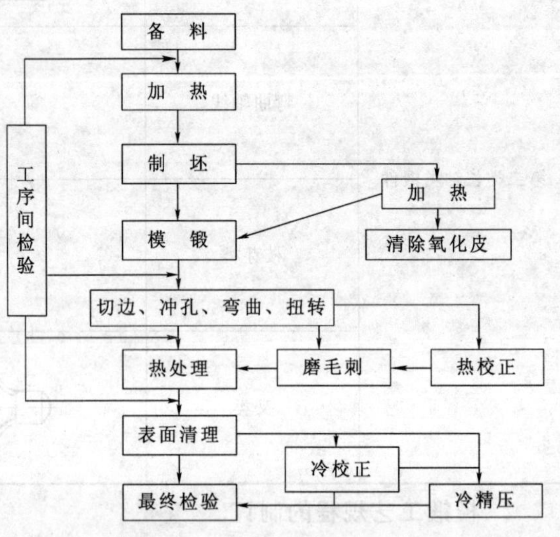

图 10-33　模锻工艺的一般流程

1）单件模锻，对于模锻锤、热模锻压力机、螺旋压力机上模锻的锻件，通常一个坯料只锻一个锻件，尤其是较大的锻件都是采用单件模锻。

2）调头模锻，毛坯下料长度可供锻两个锻件，坯料整体加热，在第一个锻件锻完后，调转180°，用钳子夹住锻件，余下的坯料锻另一个锻件。采用这种方法，可提高生产率，如图 10-34a 所示，此种方法适合于单个锻件重 2～3kg，长度不超过 350mm 的中、小、锻件。

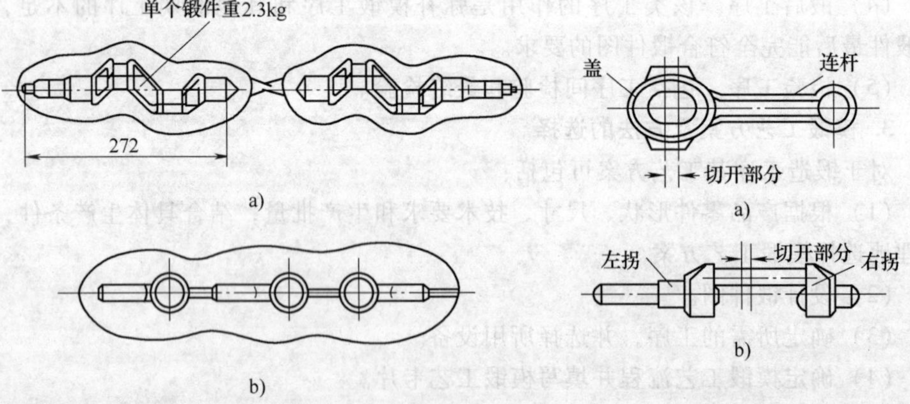

图 10-34　调头模锻与一模多件的模锻　　　图 10-35　合理排布的一模多件的模锻

3）一火锻件，用一根加热好的棒料连续锻几个锻件，每锻完一个锻件从棒料上分离下来，再锻另一锻件。带杆锻件采用切断使锻件分离；空心锻件采用穿孔的方法使锻件分类。锤上一火多件模锻法利用切断模膛将锻件切下。一火多件是平锻机上模锻上常用的锻造方法。

4）一模多件，在同一模块上一次模锻数个锻件。适用于重量在 0.5kg 以下、长度不超过 80mm 的小型锻件，同时模锻的件数一般为 2 ~ 3 件（图 10-34b）。一模多件有时结合一火多件，这时一根棒料所能锻造出的锻件为 4 ~ 10 件，对于截面较差的某些锻件，通过合理的排布，能使金属分布均匀，减小截面差，从而简化模锻工步，使锻件容易成形并可节省金属，如图 10-35 所示。

5）合锻，将两个不同的锻件组合在一起同时锻出，然后再分开的锻造方法称为合锻。合锻可以使锻件易成形，节省金属，减少模具品种，提高生产率。图 10-36 是连杆盖、曲拐左右拐合锻例子。

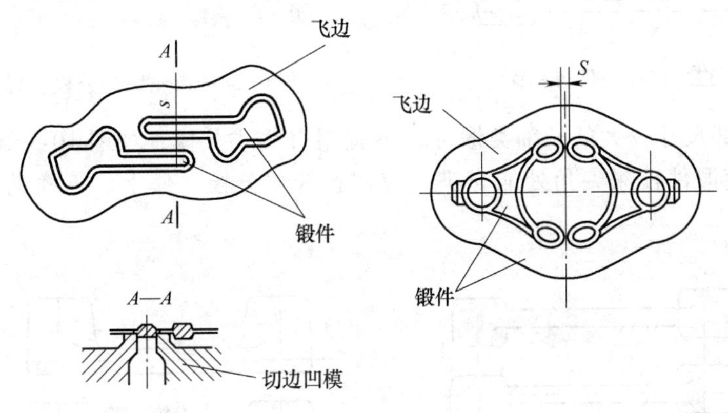

图 10-36　锻件的合锻

10.3.2　模锻锻件图设计

模锻的工艺规范制订、锻模设计、模具制造、锻件生产及锻件检验都离不开锻件图的设计，锻件图是根据零件图考虑分模面的选择、加工余量、锻造公差、工艺余块、模锻斜度、圆角半径等而制订。

1. 锤上模锻锻件图设计

（1）确定分模面　分模面是在锻件分模位置上的一条封闭的锻件外轮廓线。其位置和形状选择合适与否，关系到锻件成形、锻件出模、材料利用率等一系列问题。取得分模面的基本原则是保证锻件形状尽可能与零件形状相同，以及锻件容易从模膛中取出；此外，应争取获得镦粗填充成形的良好效果。为此锻件的分模位置应选择在具有最大的水平投影尺寸的位置上。如图 10-37 所示的连杆锻件，分模位置应选在 *A—A* 线上，而不应是 *B—B* 线或 *C—C* 线。

在保证上述基本原则的基础上，确定锻件的分模位置时，为提高锻件质量和生产过程的稳定性，还应满足下列要求：

1）便于发现上、下模在模锻过程中的错移，分模位置应选在锻件侧面的中部，如图10-37所示，锻件分模位置选在 A—A 线是正确的。

2）为了使锻模结构简单，并防止上、下模错移，分模位置应尽可能用直线式，齿轮类锻件采用图10-38a所示分模位置是合理的。

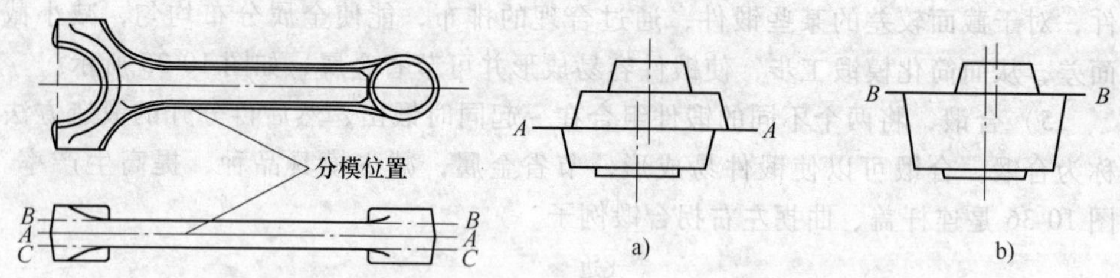

图10-37　连杆锻件分模面　　　　图10-38　齿轮锻件分模位置

3）头部尺寸较大的长轴类锻件，不宜用直线式分模，如图10-39、图10-40所示。为使锻件较深尖角处能充满，应用折线式分模，使上、下模的模膛深度大致相等。

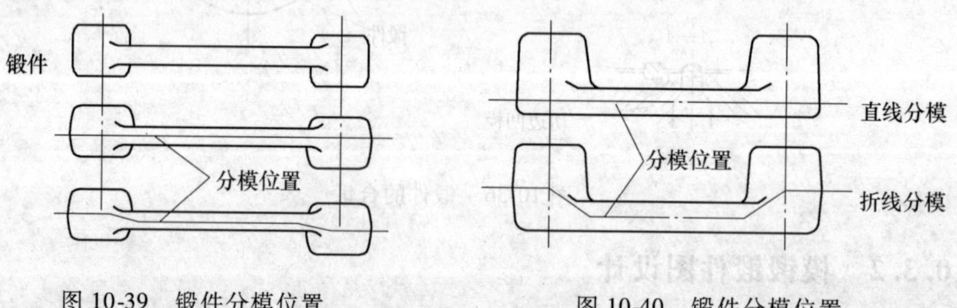

图10-39　锻件分模位置　　　　图10-40　锻件分模位置

4）为了便于锻模、切边模加工制造和减少金属损耗，如图10-41a所示，当圆饼类锻件的 $H \leqslant D$ 时，应取径向分模，如图10-41b所示，不应选图10-41c所示的轴向分模。

5）有金属流线方向要求的锻件，应考虑锻件工作时的受力特点。如图10-42所示锻件，Ⅱ-Ⅱ处在工作中承受切应力，其流线方向应与剪切方向相垂直，因此应取Ⅰ-Ⅰ为分模位置。

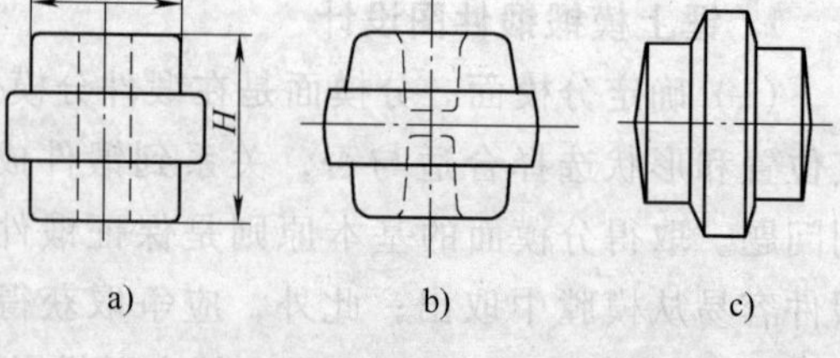

图10-41　圆饼类锻件分模位置

a）零件图　b）径向分模　c）轴向分模

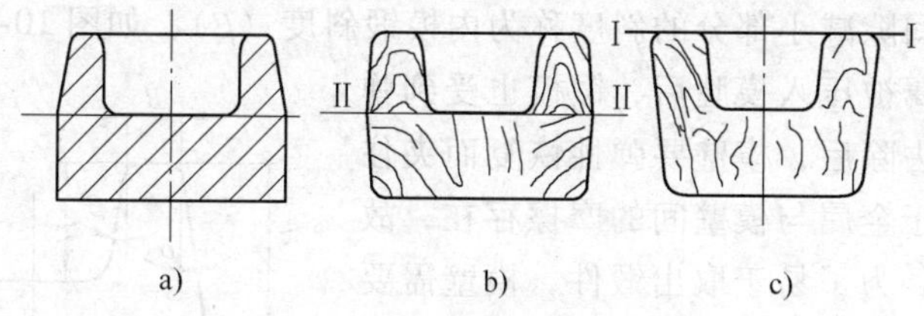

图 10-42　有流线要求锻件的分模位置

（2）机械加工余量和公差　普通模锻方法尚不能满足机械零件对形状、尺寸精度、表面粗糙度的要求。例如，毛坯在高温下产生表面氧化、脱碳以及合金元素蒸发，甚至产生表面力学性能不合格的其他缺陷，导致必须从锻件表面加工掉一层金属；毛坯体积变化及终锻温度波动，锻件尺寸不易控制；由于锻件出模的需要，模膛侧壁必须带有斜度，因此锻件侧壁需增加敷料；模膛磨损和上、下模错移，导致锻件尺寸出现偏差；因此模锻件必须表面留有机械加工余量，并给出适当的锻件公差，才能保证零件尺寸精度、表面粗糙度和力学性能的要求；锻件上凡是待机械加工的表面都应附加机械加工余量，锻件尺寸应为零件相应尺寸与机械加工余量之和，而内孔尺寸应为零件相应尺寸与机械加工余量之差。此外，对于重要的受力件，要求100%取样试验，或者为了检验与机械加工定位的需要，还需考虑必要的工艺余块。过大的加工余量，将增加切削加工量和金属损耗；加工余量不足，则将使锻件废品率增加。机械加工余量的大小与零件的形状复杂程度和锻件尺寸、加工精度、表面粗糙度、锻件材质和模锻设备等因素有关。

由于受到多种工艺因素的影响，锻件实际尺寸不可能与名义尺寸相同，无论在高度方向还是水平方向都会有一定偏差，因而对锻件应规定允许的尺寸偏差范围。这对于控制锻模使用寿命和锻件检验都是必要的。锻件尺寸公差具有非对称性，即正公差大于负公差。这种由于高度方向影响尺寸发生偏差的根本原因是锻不足，而模膛底部磨损及分模面压陷引起的尺寸变化是次要的。水平方向的尺寸公差也是正公差大于负公差，这是因为模锻中模膛磨损和锻件错移是不可避免的现象，而且均属于增大锻件尺寸的影响因素。此外，负公差是指锻件尺寸的最低界限，不宜过大；正偏差的大小不会导致锻件报废，因此正偏差值有所放宽。

确定锻件机械加工余量和锻件公差的方法较多，各工厂采用方法不同。但可归纳为按锻件形状和按设备吨位两种方法。具体数值可以从国家标准 GB/T 12362—2003《钢质模锻件公差及机械加工余量》的规定查取。

（3）模锻斜度　为使锻件容易出模，在锻件的出模方向设有斜度，称为模锻斜度，或拔模斜度。它可以是锻件侧表面上附加的斜度，也可以是侧表面上的自然斜度。锻件冷缩时与模壁之间间隙增大部分的斜度称为外模锻斜度（α），如与模壁之间间隙减小部分的斜度称为内模锻斜度（β），如图 10-43 所示。

模锻时金属被压入模膛后，锻模也受到弹性压缩，外力去除后，模壁要弹性恢复而夹住锻件。同时由于金属与模壁间的摩擦存在，故锻件不易取出。为了易于取出锻件，模壁需要一定的斜度 α，模锻好的锻件侧面也具有相同斜度 α。这样，锻件在模膛成形后，模壁就会产生一个脱模分力 $F\sin\alpha$ 来抵消模壁对锻件的摩擦阻力 $F_r\cos\alpha$，从而减少取出锻件所需的力，如图 10-44 所示。即

$$F_{取} = F_r\cos\alpha - F\sin\alpha = F(\mu\cos\alpha - \sin\alpha) \tag{10-29}$$

从式中可以看出，模锻斜度 α 越大，取出力就越小。α 大到一定值后，锻件就会自行从模膛中脱开。由于 α 加大会增加金属的消耗和机械加工余量，同时模锻时金属所遇到的阻力也大，使金属充填困难。因此，在保证锻件能顺利取出的前提下，模锻斜度应尽可能取小值。

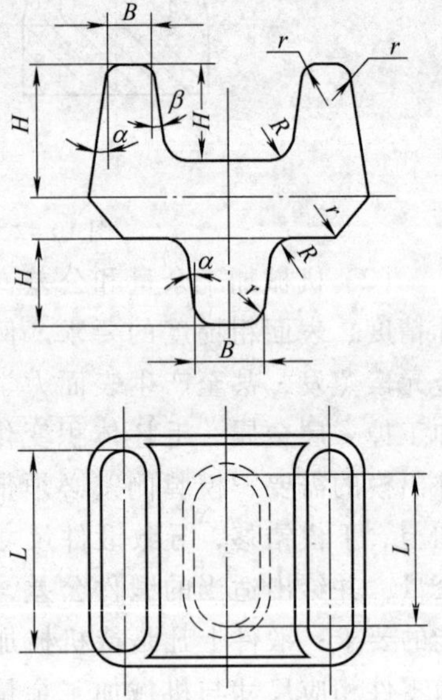

图 10-43　模锻斜度和圆角半径

模锻斜度与锻件形状和尺寸、斜度的位置、锻件材料等因素有关。钢质模锻件的模锻斜度可按 GB/T 12361—2003《钢质模锻件通用技术条件》规定确定。对于窄而深的模膛，锻件难以取出，应采用较大的斜度。锻件内模锻斜度 β 应比外模锻斜度 α 大一级，因为锻件在冷却时，外壁趋向离开模壁，而内壁则包在模膛凸起部分不易取出。不同模锻材料所需模锻斜度不同，铝、镁合金较钢锻件和耐热合金锻件所需模锻斜度小。

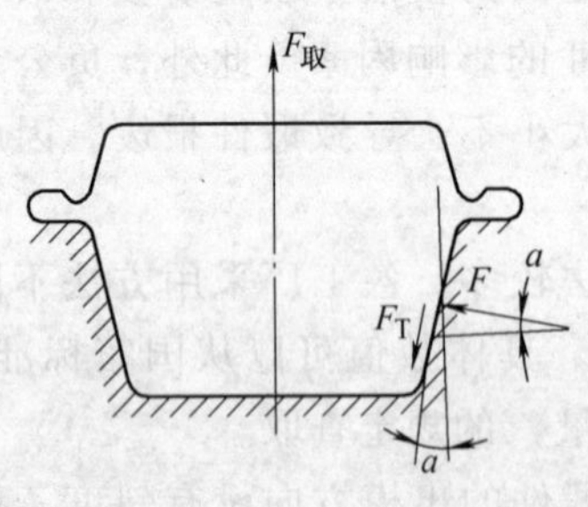

图 10-44　锻件出模受力分析

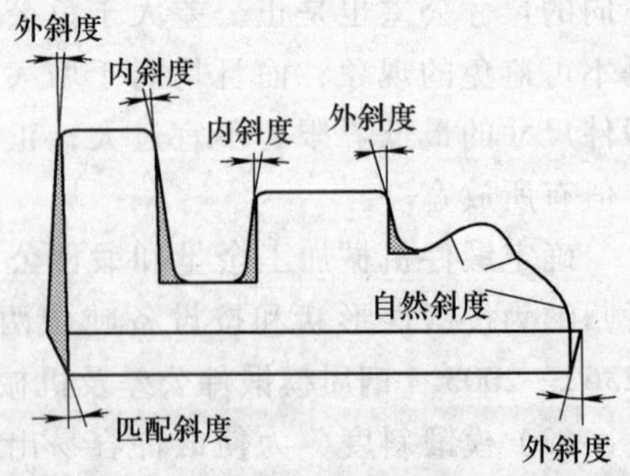

图 10-45　模锻件上的各种斜度

模膛上的斜度是用指状标准铣刀加工而成，所以模锻斜度应选用3°、5°、7°、10°、12°、15°等标准度数，以便与铣刀规格相一致。同一锻件上的外模锻斜度或内模锻斜度不易用多种斜度，一般情况下，内外模锻斜度各取其统一数值。

在确定模锻斜度时还应注意以下几点：

1）为使锻件容易从模膛中取出，对于高度较小的锻件可以采用较大的斜度。如生产中对于高度小于50mm 的锻件，若查到的斜度为3°时，应改为5°；对于高度小于300mm 的锻件，若查得的斜度为3°或5°时，均改为7°。此时因锻件高度不大，由于增加斜度而消耗的金属量不多。

2）应注意上、下模膛深度不同的模锻斜度的匹配关系，此时称为匹配斜度，如图 10-45 所示。匹配斜度是为了使分模线两侧的模锻斜度相互接头，而人为地增大了的斜度。

3）自然斜度是锻件倾斜侧面上固有的斜度，就是将锻件倾斜一定的角度所得到的斜度。只要锻件能够形成自然斜度，就不必另外增设模锻斜度。

（4）圆角半径　锻件上的圆角半径对于保证金属流动、防止锻件产生夹层和提高锻模使用寿命等十分重要。因此在锻件上各垂直剖面上交角处必须做出圆角，不允许呈尖角状，如图 10-43 所示。相应地在锻件上形成的圆角，称为圆角半径。锻件上的凸出的圆角半径称为外圆角半径 r，凹入的圆角半径称为内圆角半径 R。锻件上的外圆角相当于模具模膛上的凹圆角，其作用是避免锻模在热处理时和模锻过程中因应力集中而开裂，并保证锻件充满成形。如果外圆角半径过小，金属充满模膛就十分困难，而且容易引起锻模崩裂，如图 10-46 所示；若外圆角半径过大，机械加工余量将受到影响。锻件上的内圆角相当于模具模膛上的凸圆角，其作用是使金属易于流动充填模膛，防止产生折叠和模膛过早被压塌，如图 10-46 所示。如果锻件内圆角半径过小，模锻时金属流动形成的纤维会被割断，如图 10-47 所示，导致力学性能下降，或使模具模膛产生压塌变形，影响锻件出模，也可能产生折叠，使锻件报废；如果内圆角半径太大，将使机械加工余量和金属损耗增加，对于某些锻件，内圆角半径过大，会使金属过早流失，导致充不满现象发生。

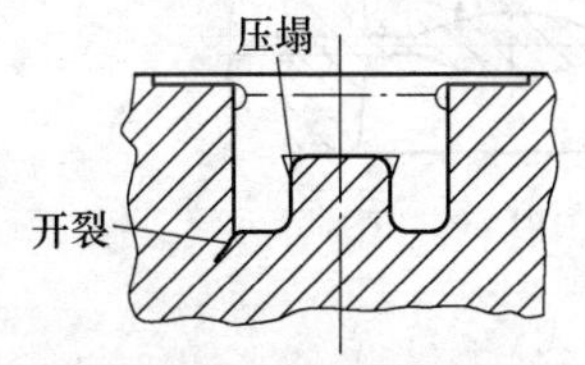

图 10-46　圆角半径过小对模具的影响

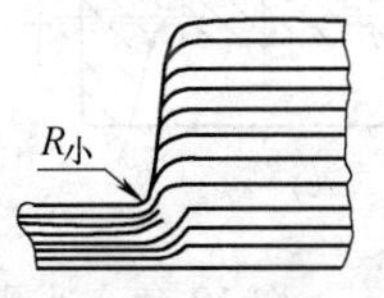

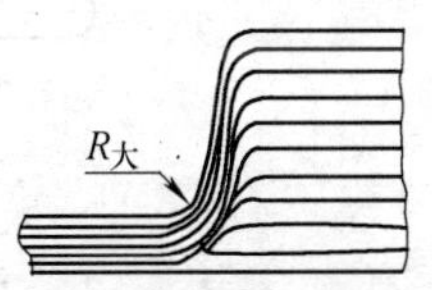

图 10-47　圆角半径对金属纤维的影响

圆角半径与锻件形状和尺寸有关。锻件高度尺寸大，圆角半径也相应增大，其值可按 GB/T 12362—2003《钢质模锻件通用技术条件》的规定确定。

在确定锻件圆角半径时应注意以下三点：

1）为保证制造模具所用的刀具标准化，圆角半径（mm）应按以下标准数值选取：1.0、1.5、2.0、2.5、3.0、5.0、8.0、10.0、15.0、12.0。

2）圆角半径 r 和 R 的大小，取决于所在部位尺寸比例，可根据圆角处的高度 h 与相对高度 h/b 选取，同一锻件的圆角半径应力求统一。当锻件高度不大时，为保证锻件外圆角半径 r 处实际的加工余量，外圆角半径 r 取锻件的单边余量，内圆角半径 R 取为 r 的 2～3 倍。

3）圆角半径的选择还与金属成形方式有关，当用镦粗法成形时，由于金属易于充满模膛，外圆角半径可以选取小一些；若用挤压法成形时，金属难于充满，外圆角半径可以取大些。金属流动剧烈的部位，为了避免夹层等缺陷，内圆角半径 R 应适当加大。

（5）冲孔连皮　对于有内孔的模锻件，锤上模锻不能直接锻出透孔，必须在孔内中间保留一层金属形成盲孔，然后在切边压力机上冲除，这层金属就称为连皮。连皮厚度对锻件的充满程度、模具的磨损和金属利用率等因素影响较大。因此连皮的形式可根据锻件孔尺寸和模膛选择，如图 10-48 所示，模锻件常采用以下四种连皮。连皮厚度也应设计合理，若连皮过薄，锻件成形需要较大的打击力，并容易发生锻不足现象，从而导致模膛凸出部分加速磨损或打塌；若连皮太厚，会使锻件冲除连皮困难，使锻件形状走样造成金属浪费。所以在设计有内孔的锻件时，必须正确设计连皮的形状和尺寸。

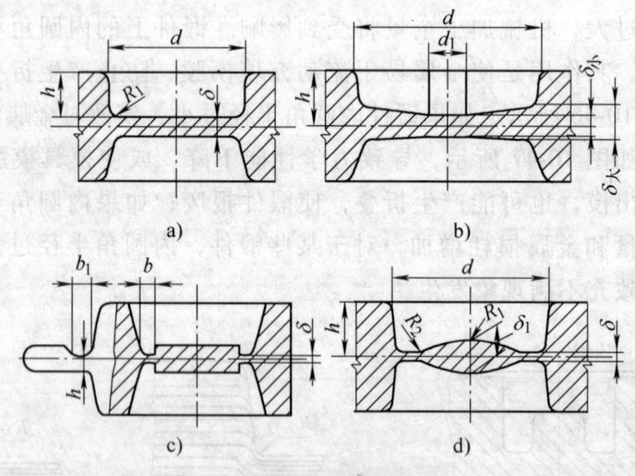

图 10-48　冲孔连皮的形式

a）平底连皮　b）斜底连皮　c）带仓连皮　d）拱底连皮

1）平底连皮，如图10-48a所示。平底连皮是较常用的一种形式，其适用于直径不大的孔（$d<2.5h$ 或 $25\text{mm}<d<60\text{mm}$），其厚度 δ（mm）和圆角半径 R_1 可根据有关公式计算也可按表10-7选取。

$$\delta = 0.45\sqrt{d-0.25h-5}+0.6\sqrt{h} \tag{10-30}$$

式中 d——锻件内孔直径。

h——锻件内孔深度之半。

连皮上的圆角半径 R_1（mm），因模锻成形过程中金属流动激烈，应比锻件的其他内圆角半径 R 大一些，可按下式确定

$$R_1 = R + 0.1h + 2\text{mm} \tag{10-31}$$

表10-7 平底连皮的 δ 和 R_1

锻锤吨位/t	δ/mm	R_1/mm	锻锤吨位/t	δ/mm	R_1/mm
1~2	4~6	5~8	10	10~12	8~20
3~5	5~8	6~10			

2）斜底连皮，如图10-48b所示。斜底连皮适用于较大的内孔（$d>2.5h$ 或 $d>60\text{mm}$）时采用。对于较大的孔，若仍用平底连皮，则锻件内孔处的多余金属不易向四周排除，而且由于金属流动激烈，容易在连皮四周处产生折叠，模膛内的冲头也会过早的磨损或压塌，为此采用斜底连皮。斜底连皮的特点是：由于增加了连皮周边的厚度，即有助于排除多余金属，又有助于避免形成折叠。但斜底连皮在被冲出时容易引起锻件变形。斜底连皮的主要尺寸为：

$$\delta_1 = 1.35\delta \tag{10-32}$$

$$\delta_2 = 0.65\delta \tag{10-33}$$

$$d_1 = (0.25 \sim 0.3)d \tag{10-34}$$

式中 δ——按平底连皮计算的厚度（mm）；

d_1——考虑坯料在模膛中定位所需平台直径（mm）。

3）带仓连皮，如图10-48c所示。对于锻制比较大的孔，在预锻模膛中采用斜底连皮，而在终锻模膛可采用带仓连皮，其原因是由于内孔中多余金属不能全部向外排出，而是挤入连皮仓部，这样可以避免折叠。带仓连皮的优点是周边较薄，容易冲除，而且锻件形状不走样。

带仓连皮的厚度 δ 和宽度 b，可按飞边槽桥部高度 $h_{飞边}$ 和桥部宽度 b_1 来确定。仓部体积应能够容纳预锻后连皮上的多余金属。

$$\delta = h_{飞边} \tag{10-35}$$

$$b = b_1 \tag{10-36}$$

4）拱底连皮，如图10-48d所示。若锻件内孔很大（$d>15h$），而高度又很小时，由于金属向外流出困难，应采用拱底连皮。拱底连皮可避免在连皮周边产生折叠或穿晶裂纹，可以容纳更多的金属，且冲除较省力。其尺寸可按下式

确定:

$$\delta = 0.4\sqrt{d} \tag{10-37}$$

$$R_2 = 5h \tag{10-38}$$

R_2 由作图选定。如果用自由锻制坯，孔径大于 100mm 的锻件，可以先冲通孔，然后再模锻成形。此时，锻模中的连皮可按飞边槽结构设计。模锻件的连皮将损耗一部分金属，为了节约金属，在生产中可把连皮用来生产其他小锻件，或者同时锻出两种锻件。

5）压凹。对于直径小于 25mm 的小孔一般不在锻件上做出，因为对于这样的小孔，锻模冲头部分极易压塌磨损。有时为了使锻件充填饱满，采用压凹的形式，此时不是为了节省金属，而是通过压凹变形使小头充分变形，例如连杆小头常采用压凹，以利于小头成形。

（6）冷缩率　为保证金属在锻造冷缩后能达到锻件要求的尺寸，设计模具时，应将冷锻件各尺寸放大，即加上冷缩量。冷缩率与金属物理性能、锻件终锻温度及外形尺寸有关。各种有色金属合金及黑色金属冷缩率见表 10-8。对于终锻温度高、尺寸大的锻件取上限；对于小形件或细长、扁薄易冷件则不必考虑。

表 10-8　常用金属锻件的冷缩率%

终锻温度	镁合金	铝合金	铜钛合金	黑色金属
较低（一般锻件）	0.5~0.8	0.6~1.0	0.7~1.1	0.8~1.2
较高	0.8~1.0	1.0~1.2	1.1~1.4	1.2~1.5

（7）技术要求　锤上模锻锻件图（冷锻件图）也是在零件图的基础上，加上机械加工余量、余块或其他特殊留量后绘制的。图中锻件外形用粗实线表示，零件外形用双点划线表示，以便了解各处的加工余量是否满足要求。锻件的公称尺寸与公差注在尺寸线上面，而零件的尺寸注在尺寸线下面的括号内。

锤上模锻的锻件图中无法表示的有关锻件质量和检验要求的内容，均应列入技术条件中说明。一般技术条件包括以下内容：①未注明的模锻斜度和圆角半径。②允许的错移量和残余飞边宽度。③允许的表面缺陷深度。④表面清理方法。⑤锻后热处理的方法和硬度要求。⑥需要取样进行金相组织检验和力学性能试验时，应注明在锻件上的取样位置。⑦其他特殊要求，如锻件同轴度、直线度等。其他具体条件可按 GB/T 12361—2003《钢质模锻件通用技术条件》的规定确定。

2. 热模锻压力机上模锻件图设计特点

热模锻压力机上模锻件图设计原则、内容、方法与锤上模锻基本相同。根据热模锻压力机设备特点其锻件图设计有以下特点：

（1）确定分模面　一般情况下，热模锻压力机模锻件的分模位置的选择与锤上模锻是相同的。但对带粗大头的杆类锻件（如图10-49所示），矮筒类锻件（如图10-50所示），由于热模锻压力机模锻后可以采用顶料装置将锻件顶出，因此可选择 B—B 为锻件的分模面，将坯料垂直放在模膛中局部镦粗并冲孔成形，可节约金属，减少机械加工量。而锤上模锻则采用 A—A 为分模面，飞边体积较多，金属浪费大。

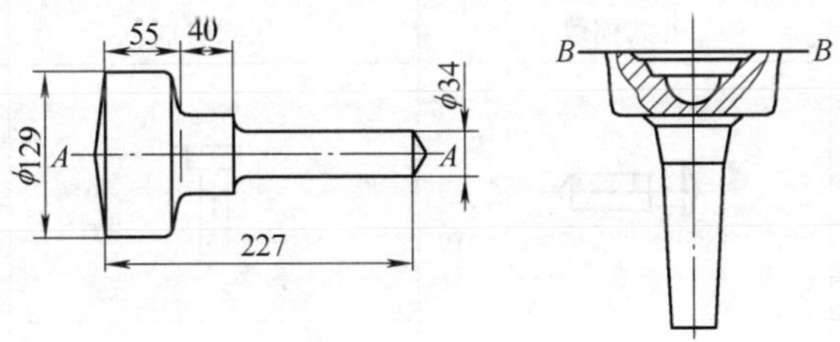

图10-49　杆形锻件的两种分模方法

（2）模锻斜度　当采用手工从终锻模膛中取出锻件时，热模锻压力机的模锻斜度与锤上相同。若采用顶杆将锻件顶出，模锻斜度可相应减小2°~3°，一般为2°~7°或更小。

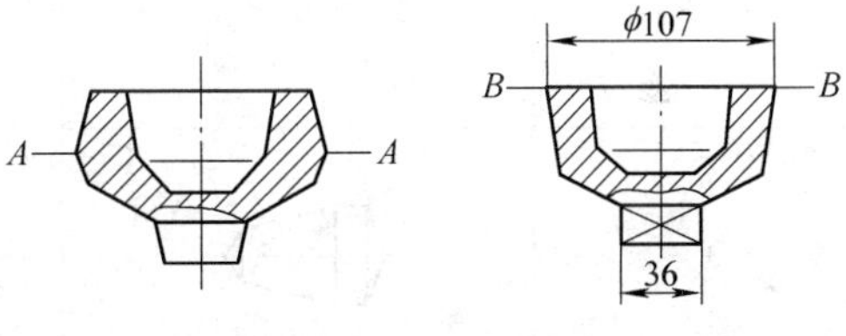

图10-50　矮筒类锻件的两种分模方法

（3）机械加工余量和公差　热模锻压力机模锻件的机械加工余量和公差比锤上模锻要小，按GB/T 12362—2003《钢质模锻件的公差和余量》确定。

3. 摩擦压力机上锻件图设计

摩擦压力机滑块速度比锻锤小，却又比热模锻压力机滑块速度大，因此金属坯料在加压条件下与模具接触时间长。对于形状复杂的锻件，要采用自由锻制坯或在专用设备，如辊锻机、电镦机上制坯。摩擦压力机模锻的锻件图设计有以下特点。

（1）分模面的选择　一般地，在锤上模锻需要轴向分模的锻件，在摩擦压力机模锻时，其分模面要取决于开式还是闭式模锻，这时由于摩擦压力机带有顶出机构；对轴对称的、局部成形的锻件可沿径向分模，从而简化模具，方便模具加工和切边模制造。摩擦压力机模锻同一锻件采用不同工艺方案时分模面位置选择见表10-9。

（2）机械加工余量和公差　由于摩擦压力机模锻过程中氧化皮去除不净，所以锻件的表面粗糙度较锤上模锻高。而且模锻件的机械加工余量和公差要比锤上大一些。但若使用少氧化或无氧化加热炉加热，可按锤上模锻余量和公差选用，根据GB/T 12362—2003《钢质模锻件的公差和余量》确定。对于杆部的顶镦类锻件，因杆部不变形，可参考平锻机上模锻的有关标准。

(3) 模锻斜度和圆角半径　摩擦压力机的模锻斜度取决于是否采用顶出装置，同时也受锻件尺寸和材料种类的影响，见表10-10。

表10-9　锻件分模面的选择

序号	有飞边模锻 开式模锻	无飞边模锻 闭式模锻	说明
1			此为长杆形，可顶镦成形的锻件。无飞边模锻时，一般仅端部加热
2			平面图形为圆形，可将分模面选在最大截面的一端，进行闭式模锻
3			锻件成形部分全部设在下模槽内，并能冲出深孔
4			锻件长度为其最大截面直径或边长的3倍以上，且有几个凸出部分
5			非回转体类锻件，也可以采用无飞边模锻

表10-10　外、内模锻斜度表

斜度	外模锻斜度				内模锻斜度			
材质	有色金属		钢		有色金属		钢	
高度与直径或宽度之比	顶杆							
	有	无	有	无	有	无	有	无
<1	0.5°	1.5°	1°	3°	1°	1.5°	1.5°	5°
1~2	1°	3°	1.5°	5°	1.5°	3°	3°	7°
2~4	1.5°	5°	3°	7°	2°	5°	5°	10°
>4	3°	7°	5°	10°	3°	7°	7°	12°

由于摩擦压力机是冲击载荷，金属流动性大，圆角半径可按锤上模锻选取。关于圆角半径的具体数值可参考《锻模设计手册》和《锻工手册》。

（4）冲孔连皮　带有通孔的锻件，冲孔连皮按锤上模锻件选取；不通孔的盲孔锻件，孔的尺寸按表 10-11 选取。

表 10-11　孔的尺寸选取表　（单位：mm）

孔的尺寸示意图	D R H　D R H　D R H		
H	*D*		*R*
	钢	有色金属	
（1/2）*D*	<20	<10	（1/2）*D*
（2/3）*D*	20～50	10～40	（1/2）*D*
<*D*	>50	>40	<（1/5）*D*

4. 平锻机上锻件图设计

平锻机主要适合于生产顶镦类锻件，是锻压机的工作部分作水平往复运动，区别于模锻锤、热模锻压力机、摩擦压力机的工作部分作垂直往复运动，因此其锻件图的设计方法有较多的区别。

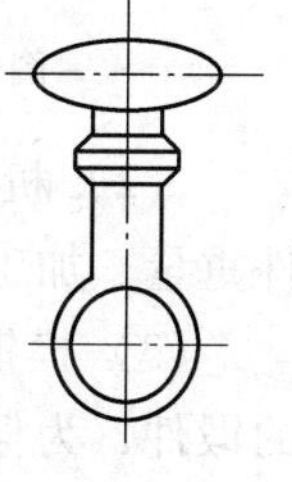

图 10-51　两个方向有凹坑的锻件

（1）分模面的选择　平锻机具有两个互相垂直的分模面，分别为凸模与凹模、固定凹模与活动凹模组成。因此可生产带双凸缘的锻件，如图 10-51 所示，平锻机模锻常采用闭式模锻和开式模锻两种形式。对于使用前挡板的锻件，因能控制变形的体积，多采用闭式模锻，如图 10-52a 所示。对于使用后挡板或钳口挡板的锻件，多采用开式模锻，如图 10-52b 所示。对于形状复杂的锻件，虽然使用前挡板，但也采用开式模锻，以便于用飞边槽存储多余金属。

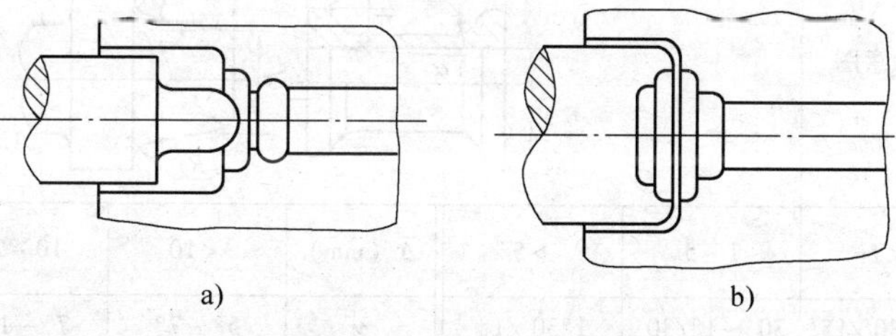

a)　　b)

图 10-52　模锻形式

a）闭式模锻　b）开式模锻

分模面位置应选择在锻件最大轮廓处。图 10-53 中的Ⅰ-Ⅰ、Ⅱ-Ⅱ、Ⅲ-Ⅲ分别为分模面选在锻件最大轮廓的前端面、中间和后端面的三种形式。形式Ⅰ的优点是凸模结构简单，可保证头部和杆部的同心度，缺点是在切边时易产生纵向毛刺。形式Ⅱ锻件切边质量好，但当凸凹模调整不好时，易产生错移。形式Ⅲ锻件全部在凸模内成形，能获得内外径和前后台阶同心度好的锻件，但锻件在切边模膛内不易定位，并且锻件和坯料之间易产生错移，采用较少。

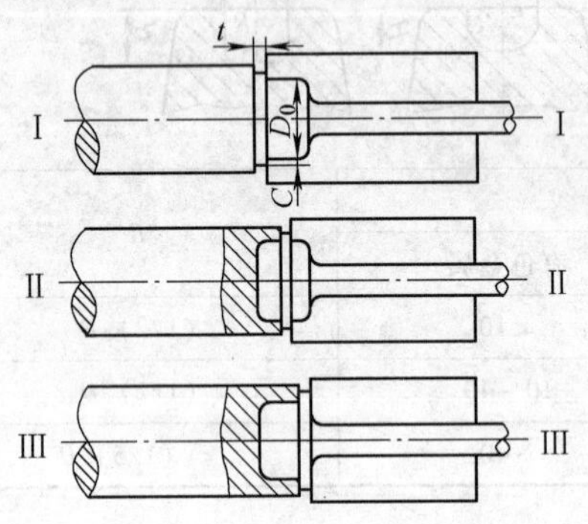

图 10-53　分模面位置

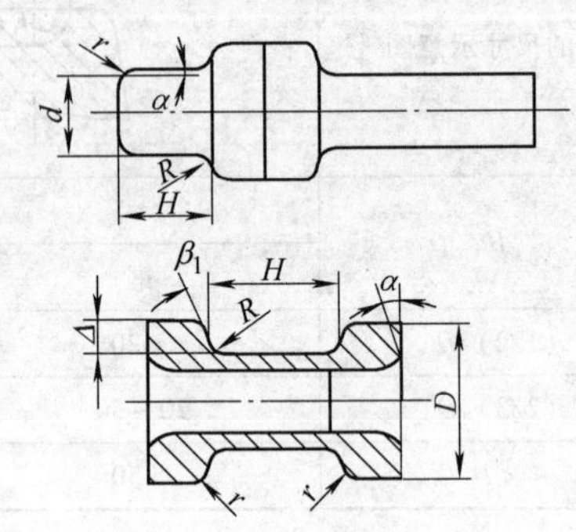

图 10-54　平锻件模锻斜度及圆角半径

（2）机械加工余量和公差　平锻件的机械加工余量和公差可根据估算的锻件重量、加工精度和锻件形状复杂系数，按 GB/T 12362—2003 来确定。

（3）模锻斜度和圆角半径　锻件在冲头内成形的部分及需要采用冲头冲孔的锻件，为保证冲头在机器回程时，锻件外侧及内孔不被冲头拉毛，应在锻件外侧及内孔设置模锻斜度 α 和圆角半径 r，在凹模内成形的带双凸缘的锻件，在内侧壁应设置模锻斜度 β，其值由凸缘高度 Δ 决定，如图 10-54 所示。

由于平锻件具有两个互相垂直的分模面，所以仅锻件上个别部位需设计模锻斜度，见表 10-12

表 10-12　平锻件模锻斜度

平锻模锻斜度示意图							
$\frac{H}{D}$	<1	1~5	>5	Δ（mm）	<10	10~20	20~30
α/β	15′~30′/15′	30′~1°/30′	1°30′/1°	γ	5°~7°	7°~10°	10°~12°

其圆角半径的规定如下：在冲头中成形部分，

$$外圆角半径\ r = 0.7H + 1\text{mm} \tag{10-39}$$

$$内圆角半径\ R = 0.2H + 1\text{mm} \tag{10-40}$$

式中　H——冲头中成形部分深度。

在凹模中的成形部分：

$$外圆角半径\ r = \frac{a_1 + a_2}{2} + s \tag{10-41}$$

式中　a_1、a_2——组成圆角相邻两边的余量值；

s——零件的倒角值或圆角值。

一般应使 $r \geqslant 3\text{mm}$。

若按式（10-41）计算的圆角半径过小，可以增大相邻两边的余量以增大圆角半径；若不加大余量，而过分地增加圆角半径，就会过多地减少圆角部分的加工余量，并且容易引起由于黑皮而产生废品。

$$内圆角半径\ R = 0.2\Delta + 0.1\text{mm} \tag{10-42}$$

一般 $R \geqslant 3\text{mm}$，但 R 不可过大，否则将使机械加工余量增加。

10.3.3　模锻设备吨位的确定

选用适当的模锻设备是获得优质锻件、节省能源和保证正常生产的必要条件。关于模锻变形力的计算，尽管有理论求解的方法，但模锻过程受许多因素的影响，这些因素不仅相互作用，而且具有随机特征，所以要全部考虑它们是不现实的。在生产上为方便起见，多用经验公式或近似解的理论公式确定设备吨位。甚至更为简易的办法是，参照类似锻件的生产经验用类比的方法判断所需的设备吨位。

1. 模锻锤吨位的确定

（1）经验理论公式　苏联学者烈别耳斯基在前人理论推导的基础上，结合生产实际简化得出双作用模锻锤吨位的经验计算法。选用模锻锤吨位必须以变形力最大的最后一次打击所需的模锻变形功为依据，同时考虑锻件生产的经济性和打击效率。变形功在数值上为：

$$A_{件} = \varepsilon p_k V_{件} \tag{10-43}$$

式中　$A_{件}$——变形功；

ε——最后一次打击时的变形程度；

p_k——最后一次打击时的金属变形抗力或单位流动压力（MPa）；

$V_{件}$——锻件体积（cm^3）。

根据生产经验，最后一次打击时的压下量 Δh（mm）与锻件直径 D 有如下关系

$$\Delta h = \frac{2.5(0.75 + 0.001D^2)}{D} \tag{10-44}$$

因此，平均变形程度为：

$$\varepsilon = \frac{\Delta h}{h_{均}} = \frac{2.5(0.75 + 0.001D^2)}{Dh_{均}} \tag{10-45}$$

式中　$h_{均}$——锻件平均高度（mm），即 $h_{均} = \frac{V_{件}}{S_{件}}$。

单位流动压力除与材料变形抗力有关外，还受一些工艺因素影响，可列式如下：

$$p_k = \omega zq\sigma_b \tag{10-46}$$

式中　p_k——单位流动压力。

ω——变形速度系数，与锻件尺寸有关，$\omega = 3.2\ (1 - 0.005D)$；

z——应力不均系数，一般 $z = 1.2$；

q——摩擦力、锻件形状、应力状态影响系数，一般取 $q = 2.4$；

σ_b——终锻时的流动应力（MPa）。

因此，单位流动压力可按式（10-47）计算：

$$p_k = 9.2(1 - 0.005D)\sigma_b \tag{10-47}$$

锻件体积按下式确定

$$V_{件} = \frac{\pi D^2}{4}h_{均} \tag{10-48}$$

将以上各参数代入上述锻件所需变形功为：

$$A_{件} = 18(1 - 0.005D)(0.75 + 0.001D^2)D\sigma_b \tag{10-49}$$

最后一次打击成形所消耗的变形功还应包括飞边变形功，那么总变形功为：

$$A = A_{件} + A_{边} \tag{10-50}$$

式中　$A_{边}$——飞边成形所需变形功。

可使 $A_{边}$ 与锻件模锻变形功联系而得到

$$A_{边} = (\xi - 1)A_{件}$$

式中　ξ——折算系数，$\xi > 1$。

因此

$$A = A_{件} + \xi A_{件} - A_{件} = \xi A_{件} \tag{10-51}$$

根据实践经验得出：

$$\xi = \left(1.1 + \frac{2}{D}\right)^2 > 1 \tag{10-52}$$

至此，可以列出圆饼类锻件最终锤击所需总变形功的计算公式为：

$$A = 18(1 - 0.005D)\left(1.1 + \frac{2}{D}\right)^2(0.75 + 0.001D^2)D\sigma_b \tag{10-53}$$

双作用模锻锤有效变形能量与锻锤下落部分质量的关系为：

$$E = 18G \tag{10-54}$$

因为有效变形能与总变形功的关系为 $E = A$，所以对于圆饼类锻件所需模锻锤的吨位为

$$G = (1 - 0.005D)\left(1.1 + \frac{2}{D}\right)^2 (0.75 + 0.001D^2) D\sigma_b \tag{10-55}$$

对于长轴类锻件，计算模锻锤吨位应考虑形状因素，此时模锻锤吨位 G' (kg) 可按式（10-56）计算：

$$G' = G\left(1 + 0.1\sqrt{\frac{L_{件}}{B_{均}}}\right) \tag{10-56}$$

式中　G——按换算直径 $D = 1.13\sqrt{A_{件}}$ 计算的圆饼类锻件所需模锻锤吨位，$A_{件}$ 为锻件的水平投影面积；

$L_{件}$——锻件长度；

$B_{均}$——锻件平均宽度，$B_{均} = \frac{S}{L_{件}}$。

应当指出，该计算方法适用于锻件直径或换算直径小于 60cm 的锻件所需模锻锤吨位的计算。

(2) 经验公式　根据锻件在分模面上的投影面积和锻件材料特点来计算。

双作用模锻锤　$$G_{双} = (3.5 \sim 6.3)KS \tag{10-57}$$

式中　$G_{双}$——双作用锻锤下落部分重量；

K——材料钢种系数，可在 0.9～1.55 范围内查手册确定，高强度钢材选用大系数；

S——锻件和飞边（按飞边仓的 50% 计算）在水平面上的投影面积 (cm^2)。

单作用模锻锤　$$G_{单} = (1.5 \sim 1.8)G_{双} \tag{10-58}$$

无砧座锤　$$G_{砧} = 2G_{双} \tag{10-59}$$

双作用模锻锤吨位计算式中的系数 3.5 用于生产率不高且锻件形状简单的锻件；而系数 6.3 则用于要求高生产率或形状复杂的锻件；一般情况取中间值。

事实上计算公式不能完全反映锻件的实际需要，可能偏大或偏小，但只要在一定范围内，不致于影响锻件成形即可。如果选用的锻锤吨位不足，只要增加锤击次数，同样可以达到锻件成形的目的。但必须指出，锤击次数的增加是有限的，否则由于次数增加过多，坯料温度下降，引起变形抗力直线上升，将失去增加打击次数的意义，无法达到成形的目的。

2. 热模锻压力机吨位的确定

热模锻压力机吨位用公称压力表示，其吨位应根据锻件终锻时的最大变形力确定。当锻件变形力超过公称压力时，时常发生闷车，引起设备事故。所以选用设备吨位应稍大于锻件的最大变形力。

(1) 理论—经验公式

1) 在分模面上的投影为圆形的锻件，这类锻件可按下式确定热模锻压力机

的吨位

$$P_1 = 8(1 - 0.001)D\left(1.1 + \frac{20}{D}\right)^2 \sigma_b F \tag{10-60}$$

式中 D——锻件（不含飞边）直径（mm）。

2）在分模面上的投影为非圆形的锻件

$$P_2 = 8(1 - 0.001D')\left(1.1 + \frac{20}{D'}\right)^2\left(1 + 0.1\sqrt{\frac{L}{B_{均}}}\right)\sigma_b F \tag{10-61}$$

式中 D'——非圆形锻件的折算直径，$D' = 1.13\sqrt{F}$（mm）；

L——锻件在投影面上的最大外廓尺寸；

$B_{均}$——锻件在投影面上的平均宽度，$B_{均} = \frac{S}{L}$；

σ_b——终锻温度下材料的抗拉强度；

F——锻件在分模面上的投影面积，对于圆形锻件，$F = \frac{\pi D^2}{4}$。

（2）经验公式

$$P = (64 \sim 73)KF \tag{10-62}$$

式中 F——包括飞边桥部的锻件投影面积（cm^2）；

K——钢种系数，一般取 0.9～1.25，高强度钢材选用大系数。

3. 摩擦压力机吨位的确定

摩擦压力机压力计算常用的公式有以下三种：

1）

$$P = \alpha\left(2 + 0.1\frac{F\sqrt{F}}{V}\right)\sigma_b F \tag{10-63}$$

式中 α——与锻模型式有关的系数，对于开式模锻 $\alpha = 4$，对于闭式模锻 $\alpha = 5$；

F——包括飞边桥部的锻件投影面积（mm^2）；

V——锻件体积（mm^3）；

σ_b——终锻时金属的流动应力（MPa）。

2）当锻件一次打击成形时，压力由下面经验公式确定

$$P = (35 \sim 55)KF_{总} \tag{10-64}$$

式中 K——钢种系数，一般取 0.9～1.55，合金工具钢取大系数；

$F_{总}$——锻件总投影面积，包含飞边和冲孔连皮面积（cm^2）；

35～55——综合考虑材料的变形抗力、变形温度、变形速度、摩擦及应力状态等系数，对于变形困难，要求生产率高的锻件取上限，当由 2～3 次打击成形时，该系数可减小一倍，即改为 17.5～27.5。

3）根据已知锤上模锻锻锤的吨位或热模锻压力机上模锻时的压力进行换算，换算公式为：

$$P = K_1 G_{锤} \tag{10-65}$$

式中　P——摩擦压力机的公称压力；

$G_{锤}$——锻锤的吨位；

K_1——换算系数，$K_1 = 3500 \sim 4000$。

$$P = P_{压} / K_2 \tag{10-66}$$

式中　$P_{压}$——热模锻压力机上模锻所需压力（kN）；

K_2——换算系数，对于精压、冷校正等小变形量工步，$K_2 = 1.5 \sim 2.0$；对于切边、冲孔等中等变形量工步，$K_2 = 1.0 \sim 1.5$；对于镦头等大变形量工步，设备应满足工步对能量的要求，$K_2 = 0.5 \sim 1.0$。

4. 平锻机吨位的确定

（1）经验—理论公式　按终锻工步顶镦变形所需力计算：

闭式模锻时　$$P_{闭} = 5(1 - 0.001D)D^2\sigma_b \tag{10-67}$$

开式模锻时　$$P_{开} = 5(1 - 0.001D)(D + 10)^2\sigma_b \tag{10-68}$$

式中　D——锻件镦锻部分的最大直径（mm），应考虑收缩量和正公差尺寸；

σ_b——终锻时的流动应力（MPa）。

上述公式适用于 $D \leqslant 300$mm 的锻件。如锻件镦锻部分为非圆形，可用换算直径 $D' = 1.13\sqrt{F}$，F 为包括飞边的锻件在平面图上的投影面积。

（2）经验公式　$$P = 57.5KF \tag{10-69}$$

式中　F——包括飞边的锻件最大投影面积（cm^2）；

K——钢种系数，一般取 0.9 ~ 1.55，对于中碳钢，如 45、20Cr，$K = 1$；对于高碳钢及中碳合金钢，如 60、45Cr、45CrNi，$K = 1.1$；对于合金工具钢，如 3Cr2W8，$K = 1.55$。

根据以上公式计算所得的模锻力，在确定平锻机吨位时还应考虑到：若锻件是薄壁及形状复杂的锻件，或锻件精度要求较高时，应选用较大规格的平锻机；当模锻工步过多，平锻机模具固定空间尺寸不足时，可越级选用大规格平锻机。相反，如进行单模膛单件模锻时，因锻造温度较高，则可按下限选用较小规格的平锻机。

10.3.4　毛坯尺寸的确定

生产上由于方钢品种少、工艺适应性差，通常采用圆钢作为毛坯，毛坯尺寸包括坯料的直径和长度。毛坯的体积应包括锻件、飞边、连皮、钳夹头和加热引起的氧化皮总和。计算所需的体积后，就可确定毛坯的下料长度。不同类别的锻件，变形特点不同，所需坯料的计算方法也不同。

1. 长轴类锻件

长轴类锻件的坯料体积按下式计算：

$$V_{坯} = (V_{锻} + V_{飞})(1 + \delta) \quad (10\text{-}70)$$

式中 $V_{坯}$——坯料体积；

$V_{锻}$——锻件体积，计算时取锻件正公差之半计入；

$V_{飞}$——飞边体积；

δ——金属损耗率，参见加热表 10-13。

表 10-13 采用不同加热方法时钢的一次烧损率

炉型	烧损率 δ（%）	炉型	烧损率 δ（%）
室式炉（煤炉）	2.5~4	电阻炉	1.0~2.5
油炉	2~3	接触电加热和感应加热	<0.5
煤气炉	1.5~2.5		

求出毛坯断面积后，按照材料规格选用钢号，然后按下式确定毛坯的下料长度。

$$L_{坯} = \frac{V_{坯}}{F_{坯}} + L_{钳} \quad (10\text{-}71)$$

式中 $V_{坯}$——坯料体积（包括飞边、连皮）；

$F_{坯}$——所选规格钢号毛坯的断面积；

$L_{钳}$——钳夹头损耗长度。

2. 圆饼类锻件

圆饼类锻件的毛坯尺寸一般用镦粗制坯，所以毛坯尺寸应以镦粗变形为依据进行计算。毛坯体积为

$$V_{坯} = (1 + k)V_{锻} \quad (10\text{-}72)$$

式中 k——宽裕系数，考虑到锻件复杂程度影响飞边体积及烧损量，若圆形锻件，$k = 0.12 \sim 0.25$，若为非圆形锻件 $k = 0.2 \sim 0.35$；

镦粗时常用的高径比 $m = \frac{L_{坯}}{d_{坯}} = 1.5 \sim 2.2$，因此毛坯直径为

$$d_{坯} = (0.83 \sim 0.95)\sqrt[3]{V_{坯}} \quad (10\text{-}73)$$

10.3.5 锻模结构设计

加热后坯料在锻模的一系列模膛中逐步变形，最终成为锻件，坯料在锻模的每一个模膛中的变形过程称为模锻工步。选择模锻工步时要结合各类模膛的作用综合考虑。模膛的作用是与模锻工步特点相一致的，所以模膛名称与工步名称相同。

1. 模锻变形工步

模锻基本工步包括：

（1）制坯工步 包括镦粗、拔长、滚挤、卡压、成形、弯曲等工步。制坯

工步的作用是改变毛坯的形状，合理分配坯料体积，以适应锻件横截面形状和尺寸的要求，使金属更好的充满模膛。

(2) 模锻工步　包括预锻和终锻工步，其作用是获得冷锻件图所要求的形状和尺寸。预锻工步要根据具体情况决定是否采用。终锻工步一般都需要。

(3) 切断工步　切断工步的作用是采用一料多件模锻时，用于切断已锻好的锻件或用来切断钳口。

2. 锻模结构及模膛分类

锻模一般由上模和下模组成，下模固定在砧座（或工作台）上，上模固定在锤头（或压力机的滑块）上，并同锤头一起上、下运动。坯料置于下模膛，而当上、下模膛合拢时，坯料受锤击（或压力）变形充满模膛，最后获得与模膛形状一致的模锻件。锻件从模膛中取出，多数带飞边，还需用切边模切除飞边，切边时可能引起锻件变形，又需要校正模进行校正。锻模模膛按其作用分为制坯模膛，模锻模膛两类。

(1) 制坯模膛　制坯模膛是使坯料具有与锻件相适应的截面变化和形状。制坯模膛主要包括镦粗模膛、拔长模膛、滚挤模膛、卡压模膛、弯曲模膛、成形模膛、切断模膛。

镦粗模膛包括镦粗台和压扁台，置于模膛一角，镦粗台适用于圆饼类锻件，压扁台适合于锻件平面图近似矩形的情况。其作用是使毛坯高度减小，水平尺寸增大，以利于充满模膛，防止折叠，还可去氧化皮。

拔长模膛的主要作用是使坯料局部截面积减小，长度增加，从而使坯料的体积沿轴线重新分配以适应进一步模锻的需要。

滚挤模膛是通过减小毛坯局部截面积，增大另一部分的横截面积，使坯料沿轴向的体积分配更精确。对毛坯有少量拔长作用，并还有滚光和去氧化皮的作用。

卡压模膛又称压肩模膛，其功能类似滚挤模膛，不同的是卡压毛坯在模膛中只锤击一次。稍微使头部金属少量聚积，从而改善终锻的金属流动。

弯曲模膛是改变经拔长、滚挤后坯料的轴线，达到弯曲成形的目的。

成形模膛类似于滚挤和卡压模膛，多用于形状不对称而又无法采用滚挤制坯的锻件制坯，经制坯后翻转90°送入预锻或终锻模膛。

切断模膛用于切断已锻好的锻件或钳口，以便实现连续模锻或一火多次模锻。

(2) 模锻模膛　模锻模膛分为预锻模膛和终锻模膛。预锻模膛是当锻件形状较复杂时，需经过预锻以保证终锻成形的饱满，延长模膛使用寿命。预锻模膛的形状、尺寸与终锻模膛相近，但具有较大的斜度和圆角，如图10-55所示。

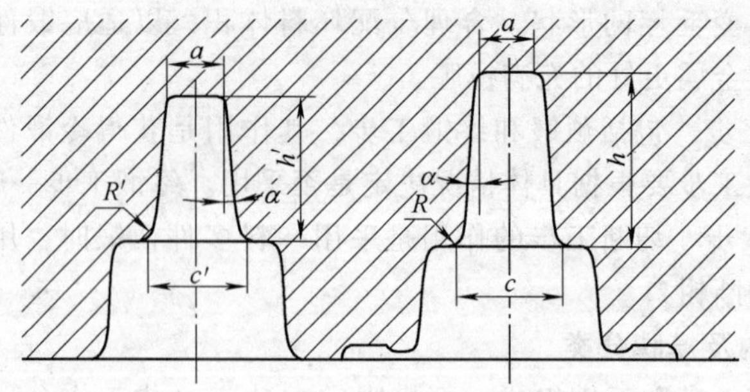

图 10-55　预锻与终锻的尺寸关系

当预锻后的坯料在终锻模膛中以镦粗方式成形时，预锻模膛的高度尺寸比终锻模膛大 2 ~ 5mm，宽度比终锻模膛小 1 ~ 2mm，截面积应比终锻模膛的截面积大 1% ~ 3%。

若预锻后的坯料在终锻模膛中以压入方式成形时，则预锻模膛的高度尺寸比终锻模膛小，即 $h' = (0.8 \sim 0.9)\ h$，顶部宽度相同 $a' = a$。

预锻模膛的拔模斜度一般与终锻模膛的拔模斜度相同，但当模膛某些部分较深时，应将这部分拔模斜度增大。预锻模膛的内圆角半径 R' 比终锻模膛大，即 $R' > R$，预锻模膛在水平面上拐角处的圆角半径应适当增大，使坯料逐渐过渡，以防预锻和终锻时产生折叠。

终锻模膛是用来完成锻件最终成形的模膛，模膛尺寸应为模锻件图的相应尺寸加上收缩量（钢制锻件的收缩量约为 1% ~ 1.5%），其设计方法按热锻件图加工制造和检验。

热锻件图以冷锻件图设计为依据，即按式（10-74）计算。

$$L = l(1 + \delta) \qquad (10\text{-}74)$$

式中　L——热锻件尺寸；

l——冷锻件尺寸；

δ——终锻温度下金属的收缩率。

终锻模膛分模面周围有飞边槽见表 10-14，起促使金属充满模膛，保证终锻成形的尺寸精度的作用。飞边槽的主要尺寸是桥部高度 h、宽度 b 及入口圆角半径 R_1。其具体尺寸可采用吨位法查表选定，也可采用经验公式计算而定。当 h 减小，b 增大，则水平方向流动阻力增大，有利于金属充满模膛。但如果过大，将导致锻不足，并使锻模加速磨损。h 太大，b 过小，导致金属向外流动阻力太小，不利于填充模膛，并产生厚大的飞边。入口处圆角半径 R_1 太小，容易压塌内陷；R_1 太大，又影响切边质量。其尺寸确定后还要根据锻锤吨位，将 h_1 适当修正，当锻件较复杂时，bb_1 适当加大。

表 10-14　飞边槽的形式

序号	形式	图形	特点与用途
1	Ⅰ		使用最广泛，其优点是桥部设在上模，与坯料接触时间短，吸收热量少，因而温升小，能减轻桥部磨损或避免压塌
2	Ⅱ		适用于高度方向形状不对称的锻件。因复杂部分设在上模，为简化切边冲头形状，常将锻件翻转 180°，故桥部设在下模，切边时锻件也易放平稳
3	Ⅲ		适用于形状复杂，坯料体积不易计算准确而往往偏多的锻件，增大仓部容积，以便容纳更多的金属
4	Ⅳ		只用于锻模局部，桥部增设阻尼沟，增加金属向仓部流动阻力，迫使金属流向槽深处或枝芽处

终锻模膛和预锻模膛的前部一般开有凹腔，称为钳口，主要用于容纳夹持坯料的钳子，便于从模膛中取出锻件。形状简单的锻件，在锻模上只需要一个终锻模膛；形状复杂的锻件，根据需要可在锻模安排多个模膛，图 10-56 是弯曲连杆的锻模（下模）及工序图。锻模上有 5 个模膛，坯料经拔长、滚压、弯曲 3 个制坯工序，使截面变化成与锻件相适应的形状，再经过预锻、终锻制成带有

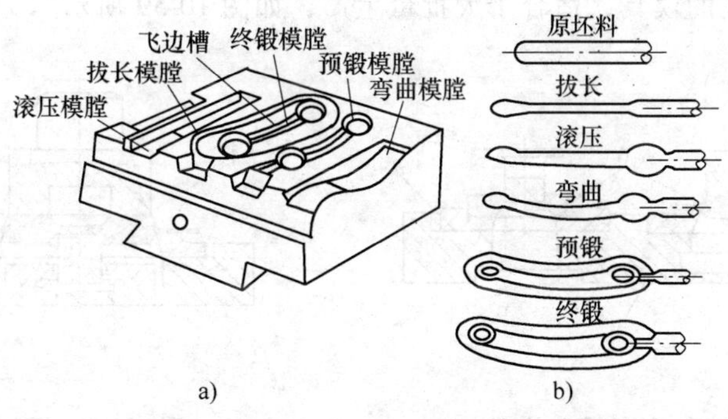

图 10-56　多模膛模锻

a）下模　b）模锻时各工步

飞边的锻件，最后在切边模上切去飞边。

10.3.6　模锻后续工序

在模锻锤、热模锻压力机和摩擦压力机上进行开式模锻时，模锻件均带有飞边，某些带孔锻件还有冲孔连皮，通常采用切除法去除边和冲孔连皮；为了便于检验表面缺陷和切削加工，要清除锻件表面氧化皮，进行表面清理。若锻件在切边、冲孔、热处理和表面清理过程中若有较大变形，应进行校正；对于精度要求较高的锻件，则应进行精压。以上各工序，均在模锻工序之后进行，称为模锻后续工序。

1. 切边、冲孔及其模具

切边、冲孔通常在曲柄压力机上进行，图10-57为切边和冲孔示意图，切边模和冲孔模主要由凸模（冲头）和凹模组成。切边时，锻件放在凹模孔口上，在凸模的推压下，锻件的飞边被凹模剪切与锻件分离。由于凸凹模之间存在间隙，因此在剪切过程中伴有弯曲和拉伸的现象。通常好的凸模只起传递压力的作用，而凹模刃口起剪切作用，在特殊情况，凸模与凹模同时起剪切作用。冲孔时，冲孔凹模起支撑锻件的作用，而冲孔凸模起剪切作用。

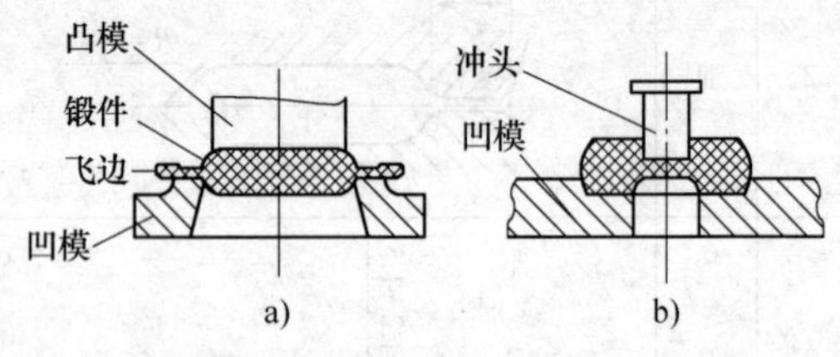

图10-57　简单模

a）切边模　b）冲孔模

切边、冲孔模分为简单模、连续模和复合模三种类型。简单模只用来完成切边或冲孔中的一种工序；连续模用来完成压力机一次行程内同时一个锻件的切边和另一个锻件的冲孔，如图10-58所示。复合模是压力机的一次行程中同时完成切边和冲孔的模具，适合于大批量生产，如图10-59所示。

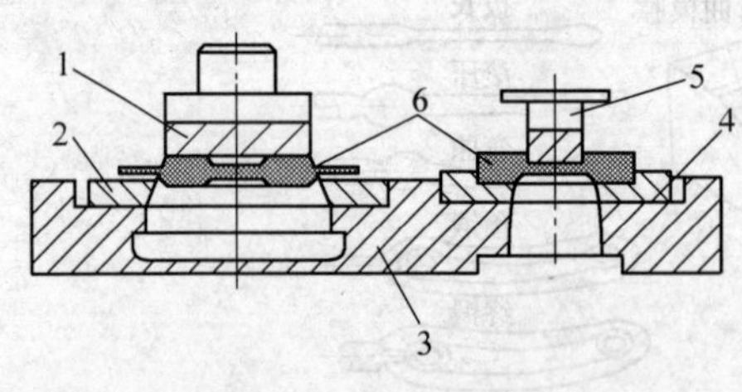

图10-58　切边-冲孔连续模

1—切边凸模　2—切边凹模　3—模座
4—冲孔凹模　5—冲孔凸模　6—锻件

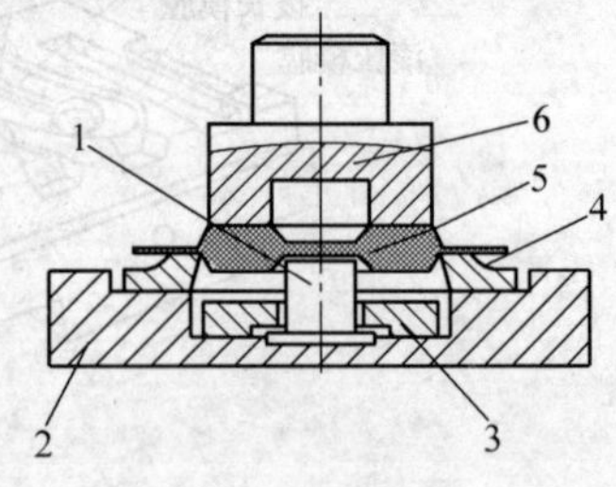

图10-59　复合模

1—冲孔凸模　2—模座　3—卸料板
4—切边凹模　5—锻件　6—凸凹模

热切边（冲孔）所需压力比冷切边（冲孔）小得多，约为后者的20%；同时在热态下切边和冲孔，锻件具有较好的塑性，不易产生裂纹，但锻件容易走样。冷冲切时，锻件走样小，凸凹模的调整和修配比较方便，但所需设备吨位大，锻件易产生冷裂纹。

模锻件的冲切方法，应根据锻件材料形状、形状尺寸以及工序间配合等因素加以确定。通常，对于大、中型锻件，高碳钢、高合金钢，镁合金锻件采用热切边，并且切边后还需进行热校正；热弯曲的锻件，应采用热切和热冲；$w(C)$低于0.45%的碳钢和低合金钢的小型锻件以及非铁合金锻件，可采用冷切冷冲。

2. 校正、精压及其模具设计

切边或其他工序（如热处理）都会引起锻件变形，因此很多锻件，特别是形状复杂的锻件，在切边后还要进行校正和精压。

（1）校正　有些锻件，如细长轴类锻件、带薄法兰单件和落差较大的锻件，在模锻、切边、冲孔、热处理等生产工序中，由于冷却不均，局部受力和冲撞等原因，常常会产生弯曲、扭曲等变形。如果锻件的这种变形超出了锻件图技术条件的允许范围，就要进行校正，使锻件的形状和尺寸符合图样的要求。

1）校正的分类及特点。校正分热校正和冷校正两种。热校正通常与模锻同一火次，在切边和冲孔之后进行。它可以利用模锻锤的终锻模膛进行重复打击，也可以在校正设备（如摩擦压力机等）上的校正模中进行。热校正一般用于大型锻件、高合金锻件和容易在热切边、热冲孔时变形的形状复杂的锻件。冷校正作为模锻生产的最后工序，一般安排在热处理和清理工序之后进行。冷校正主要在夹板锤、摩擦压力机和曲柄压力机等设备的校正模中进行，一般用于结构钢的中小型锻件和容易在冷切边、冷冲孔、热处理和滚筒清理过程中产生变形的锻件。在某些情况下，为提高塑性，防止裂纹，锻件在冷校正前需进行退火或正火处理。

2）校正模膛设计特点。热校正模膛根据热锻件图设计，冷校正模膛根据冷锻件图设计。无论热校正模膛还是冷校正模膛，都应力求模膛形状简化、定位可靠、操作方便、制造简单。

校正模膛的设计有以下几个特点：

a. 模膛水平方向的尺寸应适当放大，这是因为锻件的边部留有毛刺，以及锻件在高度方向有欠压时，校正之后其水平尺寸有所增大。

b. 模膛垂直方向尺寸应等于或小于锻件高度尺寸，通常小型锻件欠压最小，校正模膛高度可等于锻件高度，而大中型锻件欠压量较大，校正模膛高度应比锻件高度小一些，其差值可取为锻件高度尺寸的负偏差。

c. 校正模模膛间距与壁厚按校正部分形状确定，校正部分为平面时，锻件四周与模膛之间留有间隙，其壁厚与模膛间距按图10-60确定。校正部分为斜面时模膛侧面与锻件接触，其壁厚和模膛间距和模膛深度、底部圆角半径、模锻斜度有关。

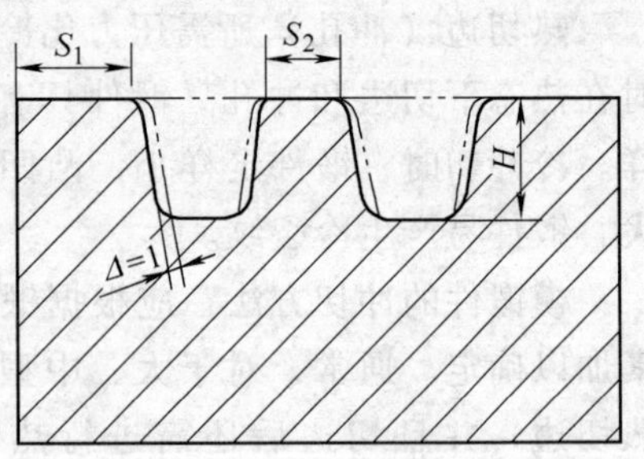

图10-60　平面校正时模膛间距与壁厚

d. 校正模模膛边缘应做成圆角（$R=3$~5mm），模膛表面粗糙度值 $R_a=0.8\mu m$。

(2) 精压　精压是提高锻件精度和降低表面粗糙度的一种工艺方法。普通模锻件合理尺寸公差为 ±0.5mm，通过精压，可使锻件的尺寸公差达到 ±0.25mm，同时降低锻件的表面粗糙度。另外精压使锻件表层变形而产生硬化，可提高零件表面强度和耐腐蚀性能，精压可全部或部分代替零件的机械加工，因此可大大提高生产率。

根据金属流动特点，精压分为平面精压和体积精压两大类。

1) 平面精压，如图10-61所示，在两精压平板之间，对锻件的一对或数对平行平面加压，使变形部分尺寸精度提高，表面粗糙度降低的工序，称为平面精压。实质上，平面精压是平板间的自由镦粗。

2) 体积精压，将锻件放入尺寸精度高、表面粗糙度小的模膛内（尺寸公差在 ±0.1mm 以下，表面粗糙度 $R_a<0.2\mu m$）进行锻压，使其整个表面都压挤产生少量变形，这个过程叫体积精压。经体积精压后，锻件的全部尺寸都得到提高，但由于其变形抗力较大，需要较大吨位的设备，模具寿命也成为突出问题，因此只适合于小型锻件，特别是有色金属锻件。

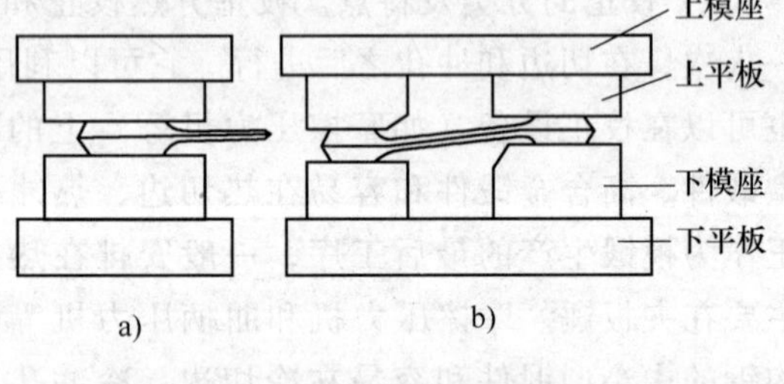

图10-61　平面精压

平面精压后，精压件中心有凸起现象，如图10-62所示，凸起值可达0.3~0.5mm，对精压件尺寸精度影响较大。产生凸起的主要原因是压板的局部弹性变形，这与压板上正应力分布不均匀有直接关系，为此可采取加强精压时的润滑以及提高压板刚度等措施来解决。

中间有孔的精压件，精压时接触面上应力分布较均匀，因而精压后平面凸起较小。另外，为了减小精压平面上的凸起，可在冷精压之前先热精压一次。

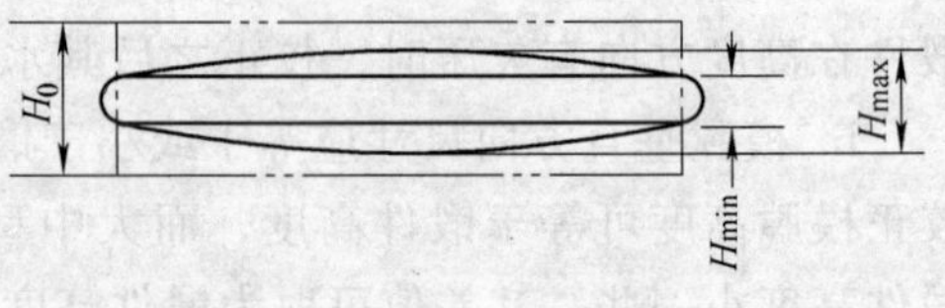

图10-62　平面精压时工具的变形

钢锻件的精压应在热锻件正火或退火之后进行；铝合金锻件当变形程度较小时，由于加工硬化不明显，可在淬火时效后精压。若变形程度较大，应在热处理前精压，或热处理前预精压一次，热处理后做冷精压，以减小精压变形量。

3. 锻件表面清理

需去除模锻件在生产过程中形成的氧化皮，以提高锻件表面质量，改善锻件的后续切削加工条件；为了检查锻件表面质量，还需进行表面清理。另外，冷精压和精密模锻也需要表面质量良好的坯料。

模锻前清理热坯料的氧化皮的方法有：用钢丝刷、刮板、刮轮等工具清除，或用高压水清理。在锤上模锻采用制坯工步，也可去除一部分热坯料的氧化皮。对于模锻后或热处理后锻件上的氧化皮，在生产中广泛采用的清理方法有以下几种：

（1）滚筒清理　把锻件装在滚筒内，同时混加一定比例的磨料和添加剂，靠相互的撞击和湮没，清除锻件表面的氧化皮及毛刺。这种清理方法设备简单，使用方便，但噪声大，适用于能承受一定撞击而不易变形的中小型锻件。滚筒清理分为无磨料和有磨料清理两种，前者不加入磨料，但可加入直径为 10～30mm 的钢球或三角铁等，主要靠互相碰撞清理氧化皮；后者加入石英石、废砂轮碎块等磨料和苏打、肥皂水等添加剂，主要靠研磨进行清理。

（2）喷砂（丸）清理　喷砂或喷丸都是以压缩空气为动力，将石英砂或钢丸，通过喷嘴喷射到锻件上，以打掉氧化皮，这种方法适合于各种结构形状和重量的锻件。

（3）抛丸清理　抛丸清理是靠高速转动叶轮的离心力，将钢丸抛射到锻件上以去除氧化皮。抛丸清理生产率高，比喷砂清理高 1～3 倍，清理质量也较好，但噪声大，另外，在锻件表面会打出印痕。喷丸和抛丸清理，在击落氧化铁皮的同时，使锻件表面层产生加工硬化，但表面裂纹等缺陷可能会掩盖。因此，对于一些重要锻件应采用磁粉检测和荧光检测等方法来检验锻件的表面缺陷。

（4）酸洗清理　酸洗清理是将锻件放入酸洗槽中，靠酸与铁的化学反应达到清理的目的。酸洗清理的表面质量高，清理后锻件的表面缺陷（裂纹、折纹等）显露清晰，便于检查。对锻件上难清理的部分，如深孔、凹槽等效果明显，而且锻件也不会产生变形。因此，酸洗广泛应用于结构复杂、扁薄细长等易变形和重要的锻件。碳素钢和低合金钢锻件的酸洗溶液是碳酸或盐酸；高合金钢和有色合金使用多种酸的混合溶液，有时还需使用碱—酸复合酸洗。

10.3.7　模锻应用实例

＊ 轿车左右横臂的锤上模锻工艺 ＊

左右横臂是轿车转向系统中的一个重要零件，其技术规范要求必须采用模锻件调质处理，然后机加工使用。锻造毛坯如图 10-63 所示，锻件重 1.8kg，材料 40Cr。

（1）工艺分析　左右横臂属结构较复杂的、锻造难度较大的双头弯轴类锻件，两个头部用料较多，但易于成形，可以在原坯料上直接成形；中心盲孔 II-II 处用料较少，但连皮较薄（仅 4mm），成形难度大，必须高温一次成形，否则极易产生充不满、折叠等缺陷，另外此处金属流动剧烈，极易造成模具损坏；从截面 I-I 到 II-II 杆部较细长，但截面突变不大、形状简单，易于成形，可以采用拔长制坯后直接终锻成形；从截面 II-II 到 III-III 杆部虽较短，但杆部与头部的截面突变较大，如制坯不合理，极易产生折叠，为便于工件成形和锻造操作，此处可采用毛坯压扁再经卡压制坯后终锻成形。考虑到工件轴线为非直线，分模面为空间曲面，在调质处理后应安排冷校正工序，并同时完成精压和校正。由于锻件在成形过程中，锥孔 II-II 处金属流动剧烈，模具磨损严重，必然造成该处连皮厚度超差，如在锻造成形后就安排冲孔，必然造成精压之后孔 $\phi17$ 的减小和锥孔底部因冲孔毛刺产生的折叠等，为确保锻件的质量，特将冲孔工序安排在精压之后进行。这样制定出如下工艺流程：下料→加热（中频感应炉）→模锻（2t 模锻锤）→切边（2500kN 切边压力机）→正火→调质→冷校正、精压（1600kN 摩擦压力机）→冲孔（1000kN 压力机）。

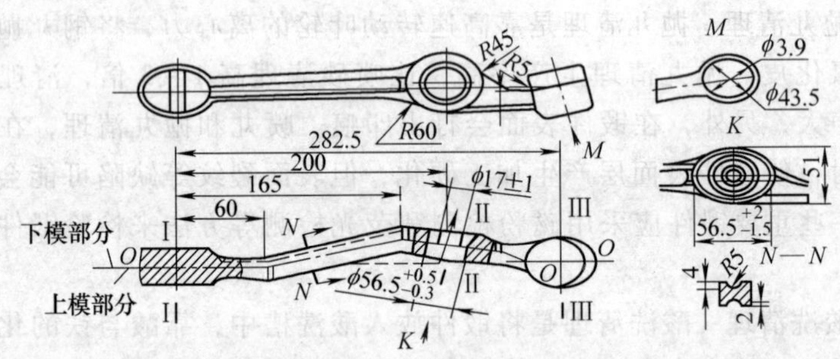

图 10-63　横臂锻件图

（2）模锻工步及其型腔设计　根据图 10-63 计算并绘制出计算坯料图，毛坯重 2.3kg，毛坯尺寸 $\phi45$mm，因截面 II-II 成形难度大，易产生折叠、充不满等缺陷，此处采用坯料压扁后直接成形；从截面 I-I 到 II-II 杆部细而长，截面形状简单，易成形，采用拔长制坯。考虑到工件轴线为复杂折线，分模面为复杂空间曲面，为简化模具结构，两处的压扁工步，可用拔长型腔的拔长坎来进行，即在距坯料端部约 40mm 处不翻转连续送进单向拔长，然后在距离端部约 130mm 处翻转 90°进行拔长。由于工件杆部变形较大，考虑到拔长坎兼作压扁台使用，在拔长型腔的设计中，拔长坎的尺寸取值应稍大些，故取长度 65mm、高度 25mm，如图 10-64 所示。

为使偏转的头部 III-III 处易于成形，在拔长之后需要再增设一卡压型腔，使坯料在经过卡压型腔后与工件外形基本趋于一致。由于分模面为曲面，卡压型腔的尾部上模部分深度大于下模部分，为避免在卡压时上模将坯料端部挤切而形成端面毛刺，影响工件质量，将该处的上模型腔尾部倒成大斜角或大圆角，如图 10-65 所示。

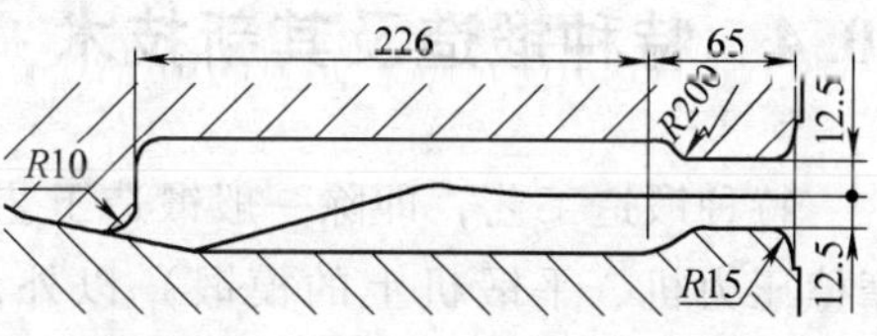

图 10-64　拔长型腔设计

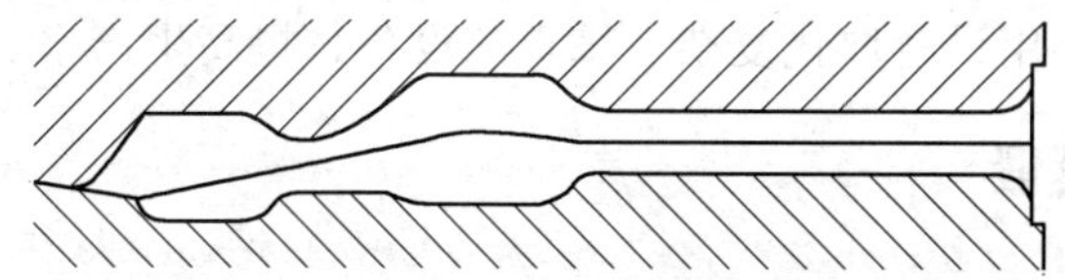

图 10-65　卡压型腔设计

为使坯料在卡压之后理想成形，终锻型腔除按一般的设计程序设计之外，还需要再作一些必要的修改，在 II-II 截面 $\phi30$ 不通孔处坯料较多、毛边较大，所以应将该处的毛边槽深度加深，如图 10-66 所示；在截面 II-II 到 III-III 之间的 $R5$ 处，因下模型腔深度大于上模型腔，此处坯料流动剧烈，毛边槽型腔结构应按图 10-67 修正。

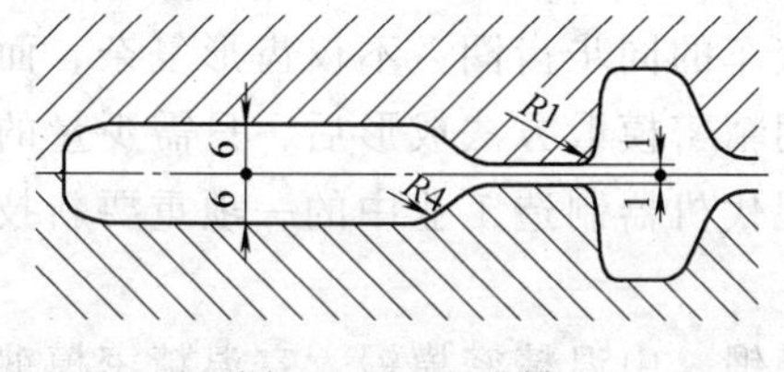

图 10-66　毛边槽

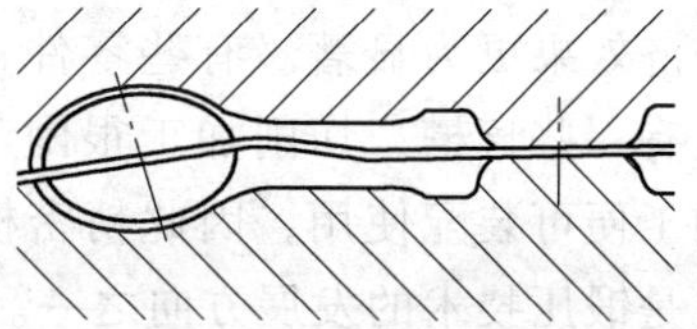

图 10-67　修正毛边槽

为减小锻件错模，减轻设备的偏击负荷，终锻型腔与锻模中心应尽量重合，将偏移量减到最小，为确保锻件精度和平衡分模面的水平分力，在锻模后侧增设两个锁扣。

（3）校正、精压工序型腔的设计　考虑到锤上模锻时厚度尺寸波动较大，在设计校正精压模时，型腔各部分取名义尺寸、负公差；为确保精压后便于出模，工件与型腔的水平间隙取 0.8 ~ 1.2mm，在截面 II-II 中心不

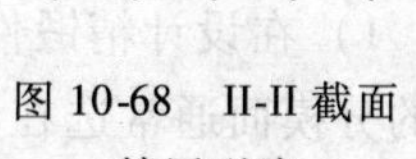

图 10-68　II-II 截面精压型腔

通孔 $\phi 30$ 锥孔处，模锻时金属流动剧烈，模具磨损较大，为确保连皮厚度尺寸4mm，特将此处精压型腔设计为图 10-68 所示，以便该处金属在受到精压力作用后，向中心内凹处流动，从而确保连皮厚度。

10.4　特种锻造及其新技术

特种锻造工艺，即除一般锻造工艺（如自由锻，锤上模锻，热模锻压力机、摩擦压力机、平锻机上的模锻）以外，在专用装备（包括设备、模具和装置）上进行的一些特殊的锻造工艺。

特种锻造工艺具有以下共同特点：实现锻件精化，使锻件的形状和尺寸尽量接近零件的形状和尺寸，能满足各类锻件少切削、无切削，净成形等高品质的要求，节省原材料和机械加工的工作量；提高锻件表面质量、内在质量和精度；采用高效、专用设备取代复杂、笨重的设备，提高生产率。

10.4.1　精密模锻

1. 精密模锻

精密模锻是在一般模锻基础上逐步发展起来的一种少切削、无切削加工的新工艺。与一般模锻相比，它能获得表面质量好、机械加工余量少和尺寸精度较高的锻件，从而能提高材料利用率，取消或部分取消切削加工工序，可使金属流线沿零件轮廓合理分布，提高零件的承载能力。因此对于生产批量大的中小型锻件，若能采用精密模锻成形方法生产，则可显著提高生产率，降低产品成本和提高产品质量。特别是对一些材料贵重，难以进行切削加工的材料，其技术经济效果更为显著。有些零件，例如汽车的同步齿圈，不仅齿形复杂，而且其上有一些盲槽，切削加工很困难，而用精密模锻方法成形后，只需少量的切削加工便可装配使用，因此精密模锻是现代机器制造工业中的一项重要新技术，也是锻压技术的发展方向之一。

目前精密模锻采用的方法有高温精密模锻、中温精密模锻、室温精密模锻三种。精密模锻主要应用于两个方面：①精化坯料，用精锻工序代替粗切削工序。即将精锻件直接进行精切削加工得到成品零件，随着数控加工设备的大量采用，对坯料精化的需求越来越迫切。②精锻零件，一般用于精密成形零件上难切削加工的部位，而其他部位仍需进行少量切削加工。有时可以精锻生产成品零件。精密模锻工艺特点：

1）在设计精锻件图时，选择分模面一般不允许选在精锻部位上。如直锥齿轮的分模面通常选在齿廓最大的直径和背锥面上，正齿轮的分模面选在最大的端面上。另外精密模锻一般都设有顶出装置，所以起模斜度很小。圆角半径按零件图而定。同时不应当要求所有部位尺寸都精确，而只需保证主要部位尺寸的精度，其余部位尺寸精度可低些。

2）下料准确，用锯切方法下料，长度偏差 ±0.2mm，端口平直，不歪斜。同时坯料需经表面清理（打磨、抛光等），去除氧化皮、油污、夹渣等。

3）坯料的加热，要求采用少氧化、无氧化加热。尽可能采用中频感应电快速加热。

4）精密模锻工艺有一火或多火两种。一火精密模锻是将坯料进行无氧化加热后，经制坯和预锻，最后精锻。多火精密模锻是先将坯料进行普通模锻，留出 1～2mm 的压下量。锻件经酸洗和表面清理后，喷涂一层防氧剂，再加热到 700℃左右，在精确的锻模内进行精密模锻，然后切去毛边。多火精密模锻一般在锻件形状复杂且没有无氧化加热设备和多模膛设备的情况下采用。

5）锻件冷却，精锻后的零件需要在保护介质中冷却，如在砂箱、石灰石中冷却，或者在无焰油中进行淬火等。

6）精密模锻设备可以在摩擦压力机、热模锻压力机、高速锤及液压螺旋压力机等设备上进行，但设备要有足够的刚度，并采用大一些吨位的锻压设备，以保证高度尺寸充分压靠，获得尺寸精度的精密锻件。

7）精锻模具通常采用组合锻模，并设有预锻、精锻两个工序及两套或两套以上锻模模具。精锻模膛尺寸精度要高于锻件二级，且表面粗糙度要小。一般预锻模膛在高度方向上要比精锻模膛大 0.5～1.2mm，以保证精锻时以镦粗方式充满模膛。

2. 精密模锻实例

直齿圆锥齿轮精锻件有连续的金属流线（沿齿廓分布合理）、致密的组织，齿轮的强度、齿面的耐磨能力，热处理的变形量和啮合噪声等都比切削加工的齿轮优越。其强度和抗弯、抗疲劳寿命提高 20%，热处理变形量减少 30%，生产成本降低 20% 以上。生产批量在 300～500 件以上。下面介绍东－20 行星齿轮的精密模锻。东－20 行星齿轮的零件图如图 10-69 所示，材料为 18CrMnTi。

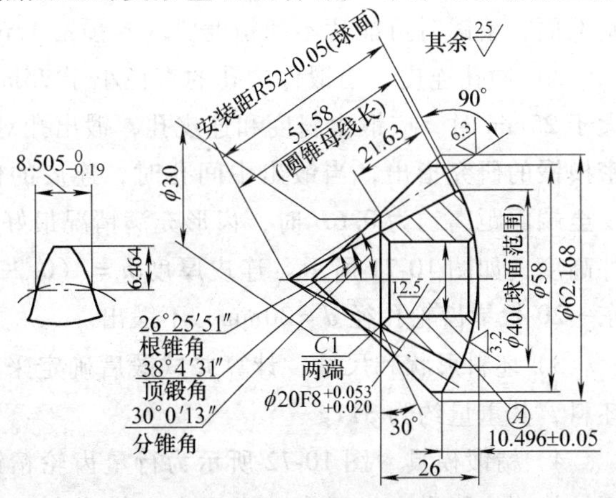

图 10-69　东-20 行星齿轮零件图

（1）工艺过程　精锻齿轮生产工艺过程是：下料→车削外圆（除去表面缺陷层，切削量 1～1.5mm）→加热→精密模锻→冷切边→酸洗（喷砂）→加热→精压→冷切边→酸洗（喷砂）→镗孔、车背锥球面→热处理→喷丸→磨内孔、磨背锥球面。

精锻时，在快速少氧化、无氧化加热炉中加热坯料。精压时，把锻件加热到 800～900℃，用高精度模具进行体积精压。采用精压工序有利于保证零件精度和提高模具寿命。

（2）锻件图 图 10-70 为行星齿轮精锻件图。制订锻件图主要考虑如下几个方面：

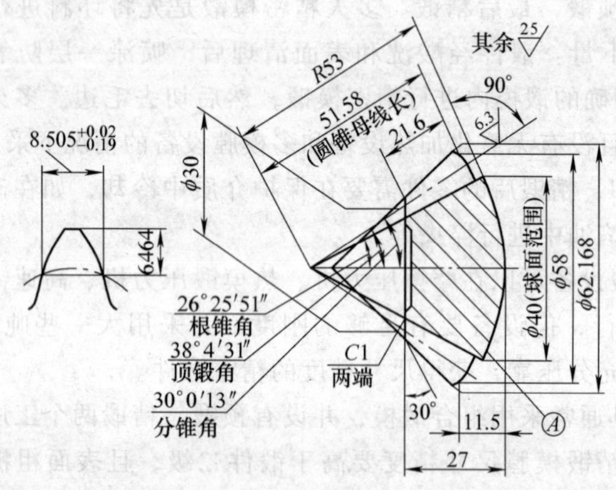

图 10-70 行星齿轮精密锻件图

1）分模面位置。把分模面设计在锻件最大直径处，这样能锻出全部齿形及顺利脱模。

2）加工余量。齿形和小端不留加工余量，即不需机械加工。背锥面是安装基准面，精锻时可能达不到精度要求，预留 1mm 加工余量。

3）冲孔连皮。当锻件中孔的直径小于 25mm 时，一般不锻出；当孔的直径大于 25mm 时，应锻出斜度和连皮孔，锻出孔对齿形充满有利。对于圆锥齿轮精密模锻的研究指出，当锻出中间孔时，连皮的位置对齿形充满情况有影响，连皮至端面距离约为 $0.6H$ 时，齿形充满情况最好，其中 H 为不包括轮毂部分的锻件高度，如图 10-71 所示。连皮厚度 $h=(0.2\sim0.3)d$，但不宜小于 6～8mm。东—20 行星齿轮孔径 $d=20$mm，不锻出。

3）坯料形状和尺寸 计算并试锻后确定采用 $\phi28^{-0.1}_{0}$mm × $68^{+0.5}_{0}$mm 的圆柱坯料，其重量约为 311g。

4）精锻模具 图 10-72 所示为行星齿轮精锻模具，它是开式精密模锻的典型结构。一般说来齿形模膛设置在上模有利于成形和提高模具寿命。但对东－20 行星齿轮的精锻模来说，为了安放毛坯方便和便于顶出锻件，凹模 9 安放在

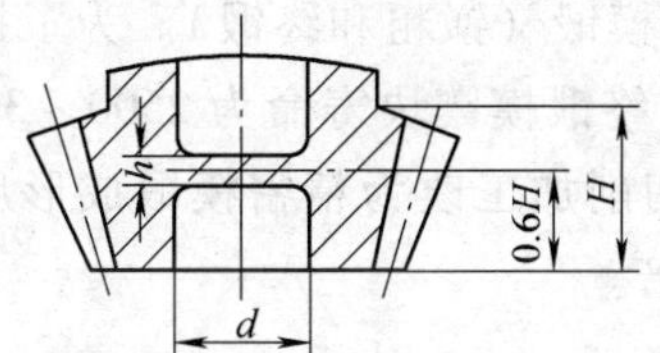

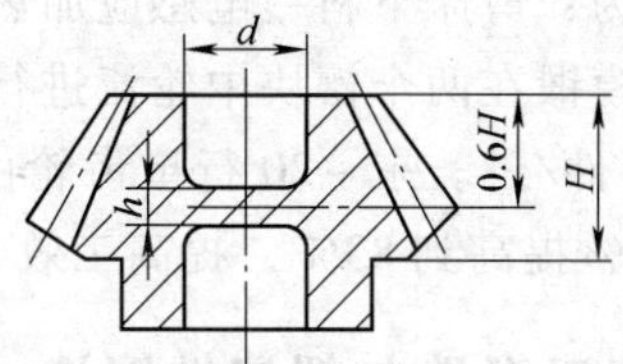

图 10-71　出斜度和连皮孔

下模板 13 上，这对于清除齿形模膛中的氧化皮或润滑剂残渣、提高模具寿命是不利的。采用双层组合凹模，凹模 9 用预应力圈 6 加强。凹模压圈 7 仅起固紧凹模的作用。模锻后由顶杆 10 把锻件从凹模中顶出。凹模采用预应力组合结构，模膛采用电脉冲方法加工，加工模膛用的电极根据齿轮零件图设计，并考虑下述因素：锻件冷却时的收缩，锻模工作时的弹性变形和模具的磨损，电火花放电间隙，电加工时电极损耗等。凹模和上模材料采用 3CrW8V 钢，热处理硬度为 48 ~ 52HRC。

该件在 3000kN 摩擦压力机上精锻，润滑剂采用 70% 机油 +30% 石墨。精锻齿轮的尺寸精度和内部组织完全达到了设计要求。

图 10-73 为半闭式精密模锻圆锥齿轮的典型结构。该模具上的关键零件是环形齿圈，模锻时直接由它压出齿形。

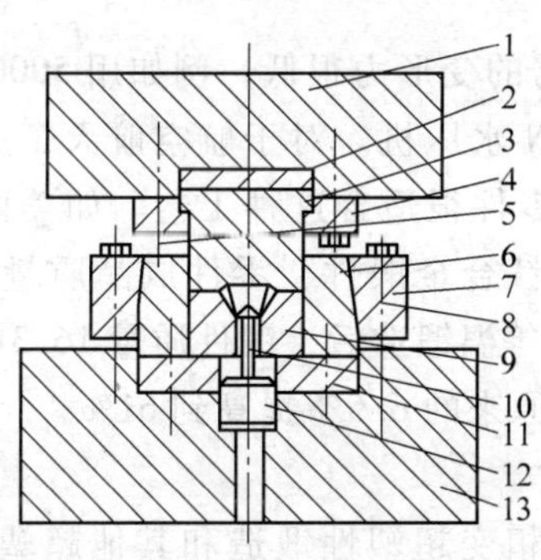

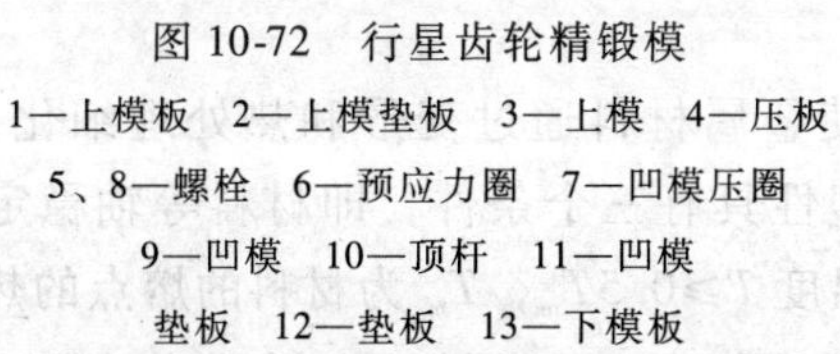

图 10-72　行星齿轮精锻模

1—上模板　2—上模垫板　3—上模　4—压板　5、8—螺栓　6—预应力圈　7—凹模压圈　9—凹模　10—顶杆　11—凹模垫板　12—垫板　13—下模板

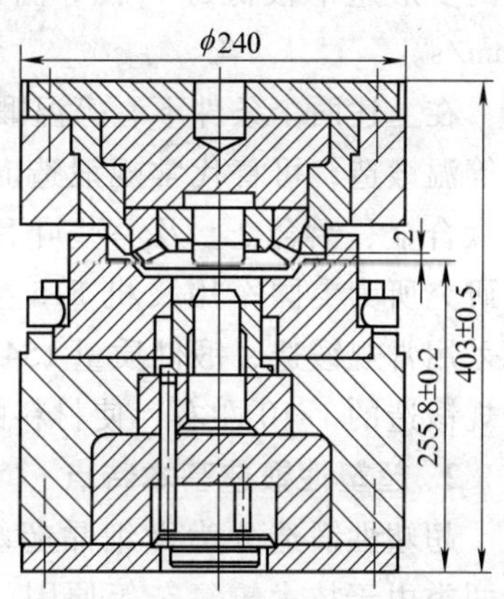

图 10-73　圆锥齿轮半闭式精密模锻的模具结构

利用这种结构的半闭式精密模锻，在 16000kN、25000kN、40000kN 热模锻压力机上可以模锻公称直径为 79 ~ 229mm，具有直线型和曲线型的圆锥齿轮。

其工艺流程为：剪床下料→电感应加热→模锻（镦粗和终锻）。为了提高终锻模镶块寿命，模锻在两个镶块中轮流进行。终锻模镶块寿命为2500~3000件，生产率为2500件/班。东－20行星齿轮由切削加工改为精密模锻成形后，材料利用率由41.6%提高到83%，提高工效2倍。

10.4.2 等温锻造与超塑性锻造

在常规锻造条件下，一些难成形金属材料，如钛合金、铝合金、镁合金、镍合金、合金钢等，锻造温度范围比较狭窄，尤其是在锻造具有薄的腹板、高筋和薄壁的零件，毛坯的温度很快地向模具散失，变形抗力迅速增加，塑性急剧降低，不仅需要大幅度提高设备吨位，也易造成锻件开裂。因此不得不增加锻件厚度，增加机械加工余量，降低了材料的利用率，提高了制件成本。自20世纪70年代以来得到迅速发展的等温锻造与超塑性锻造，为解决上述问题提供了强有力的方法。

1. 等温锻造的基本特点

1）为防止毛坯的温度散失，等温锻造的温度范围介于热锻温度和冷锻温度之间。

2）考虑到材料在等温锻造时具有一定的粘性，即应变速率敏感性，等温锻造的变形速率很低，一般等温锻造要求液压机活动横梁的工作速度为0.2~2mm/s。

在上述两个条件下，等温锻造坯料所需的变形力很低，例如用5000kN液压机等温锻造，可替代常规锻造时的20000kN水压机。对于航空航天工业中应用的钛合金、铝合金，及一些叶片和翼板类零件很适合这种工艺。如美国依利诺斯研究所为美国军用飞机F15生产的隔框钛合金锻件，零件成品质量为10kg，原采用常规锻造，锻件质量154kg，而采用等温锻造后，锻件质量16.3kg，只是常规锻造的1/10左右，使材料的利用率由原来的6.5%提高到61%。

2. 超塑性锻造基本特点

超塑性锻造分为微细晶超塑性锻造、相变超塑性锻造和其他超塑性锻造。后两类由于技术较复杂等原因，工业应用受到限制，一般所讲的超塑性锻造多指前者。

微细晶超塑性属静态超塑性，它使金属材料通过变形和热处理细化方法，使晶粒超细化和等轴化。微细晶粒超塑性具有三个条件，即材料等轴稳定的细晶组织（通常晶粒尺寸小于10μm）；温度$T \geqslant 0.5T_m$，T_m为材料的熔点的热力学温度；应变速率$\dot{\varepsilon}=10^{-4}\sim10^{-1}s^{-1}$时呈现塑性，即材料具有低的流动应力，较高的伸长率，良好的流动性。

超塑性模锻必须保证坯料在成形过程中保持恒温，即所谓的“等温模锻”，同时保证变形速度较低（每件约需 2 ~ 8min），因此模具结构采用闭式模锻，成形部分的尺寸应考虑收缩率，一般取 -0.3% ~ -0.4%，模具冷尺寸应小于锻件冷尺寸。模具材料（若采用钛合金超塑性成形时）选用 K403 镍基铸造高温合金；设备选用可调的慢速水压机或液压机。

3. 等温锻造与超塑性锻造的分类与应用

表 10-15 归纳了等温锻造与超塑性锻造的分类与应用。

表 10-15 等温锻造与超塑性锻造的分类与应用

分类				应用	工艺特点
等温锻造	等温模锻	开式模锻		形状复杂零件、薄壁件、难变形材料零件，如钛合金叶片等	余量小、弹性恢复小、可一次成形
		闭式模锻		机械加工复杂、力学性能要求高的和无斜度锻件	无飞边、无斜度、需顶出、模具成本高、锻件性能好、精度高、余量小
	等温挤压	正挤压		难变形材料的各种型材成形、制坯，如叶片毛坯	光滑、无擦伤、组织性能好，可实现无残料挤压
		反挤压		成形衬筒、法兰、模具型腔等	表面质量、内部组织均优，变形力小
超塑性锻造	微细晶粒超塑性	模锻	开式模锻	铝、镁、钛合金的叶片、翼板等薄腹板带肋件或形状复杂零件	充模好、变形力低、组织性能好，变形道次少，弹复小
			闭式模锻	难变形、复杂形状零件模锻，如钛合金涡轮盘	减少机械加工余量成形件精度高
		挤压	正挤压	制造复杂形状断面制品，改善材料组织性能	减少挤压道次与中间处理过程
			反挤压	成形筒体、亮壳体与锌基合金和钢的模具型腔	精度高、表面质量好
		无模拉拔		中空与实心的等断面或非等断面制品	工装简单，无模具、成本低，高的断面减缩率
	相变超塑性	挤压		纯铁与钢的成形	变形力低，塑性高
		拉拔		线材无模拉拔	速度、载荷均低
		弯曲		脆性材料，如灰口铁弯曲	常规方法不易实现

10.4.3　粉末锻造

粉末锻造是将粉末冶金和精密模锻结合在一起的工艺。它的工艺流程如图10-74所示，将各种金属粉末（如钢粉）按一定比例配出所需的化学成分，在模具中冷压（或热等静压）出近似零件形状的坯料，并放在加热炉内加热到使粉末黏结，冷却到一定温度后，进行闭式模锻，得到紧密的内部组织（相对密度在98%以上）、尺寸精度较高的锻件。

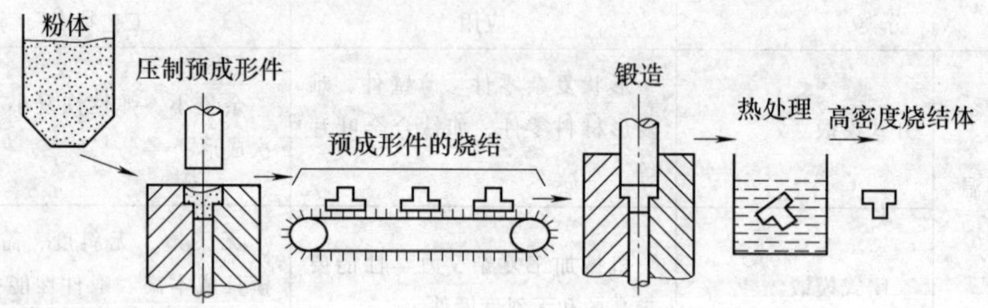

图10-74　粉末锻造的工艺流程

粉末锻造工艺分类通常分为粉末热锻、粉末冷锻、粉末等温与超塑性锻造、粉末热等静压、粉末准等静压、粉末喷射锻造等。粉末锻造工艺发展非常迅速，新的工艺方法不断涌现，如松装锻法、球团锻造法、喷雾锻造法、粉末包套自由锻法、粉末等温锻造法、粉末超塑性模锻，此外，还有粉末热挤压、粉末摆动辗压、粉末旋压、粉末连续挤压、粉末轧制、粉末注射、粉末爆炸成形等。

1. 粉末热锻

粉末热锻与烧结锻造不同，粉末热锻采用预合金粉、预成形坯成形后直接加热锻造成形。由于直接法比烧结锻造方法减少了二次加热，可节省能源15%左右。因此烧结锻造向粉末热锻的方向发展。

2. 粉末冷锻

粉末冷锻是指粉末预成形坯烧结后冷锻。粉末冷锻比粉末热锻有许多优点，制品表面光洁，容易控制制品重量和尺寸精度，不需要保护气氛加热节约能源。但粉末冷锻要求烧结后预成形坯必须具有足够的塑性，这样对粉末原材料提出更高的要求，日本曾研制专门用于冷锻的一种Fe-Cu系材料。美国通用汽车公司采用粉末冷锻方法生产了15000个火花塞壳。美国Fergunsou公司采用粉末冷锻方法制造轴承座圈。

3. 粉末高温合金的等温与超塑性锻造

粉末高温合金是制造飞机发动机涡轮盘、叶片的理想材料，粉末高温合金晶粒细小，很容易实现超塑性。高温合金粉末致密化成形工艺可采用热等静压、热挤压、热等静压+锻造三种方法，其中热挤压方法最好。经致密化处理后，制成预成形坯，然后采用等温或超塑性锻造方法生产锻件。

粉末高温合金的等温与超塑性锻造已经成功地应用于制造飞机发动机的涡轮盘、压气机盘、压气机转子和叶片等耐高温零件，其高温持久强度、蠕变性能均优于普通铸锻高温合金性能。例如粉末等温锻叶片的疲劳强度比一般锻造棒坯叶片的疲劳强度高20%左右。

4. 粉末热等静压

粉末热等静压（HIP）是净粉末体在高温度压下致密成形技术。典型HIP工艺如图10-75所示。HIP是将粉末在静水压力下，高温度压下的固结过程，没有宏观塑性流动（只有微观粉末的塑性变形充填孔隙），仅有体积变化，属压实致密的成形方法。

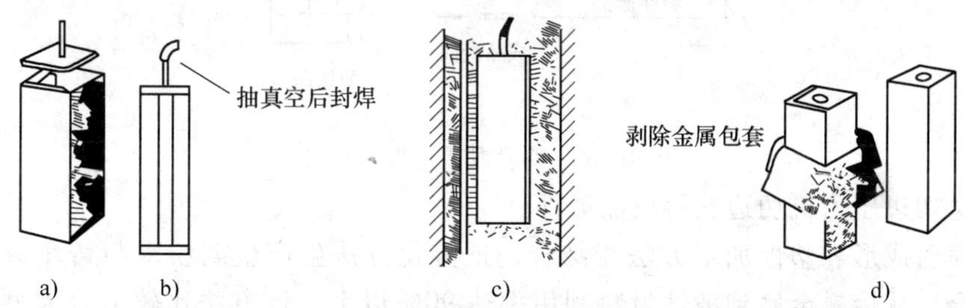

图10-75　热等静压过程示意图

a）成形件组装的金属包套　b）装粉和密封后的包套

c）高温气体压侧　d）剥除金属包套和致密锭

粉末热等静压分为有包套的热等静压和无包套的热等静压。有包套的热等静压主要用于生产高性能材料，不需要活化烧结的添加剂，几乎达到完全致密。包套材料一般选择金属、玻璃和陶瓷。其主要方法是采用雾化的预合金粉末，直接装入包套内，抽成真空并封焊，再进行冷等静压，然后热等静压成形即可。无包套的热等静压主要用于成形复杂形状的高性能金属零件和结构陶瓷制品。其主要方法是将烧结至一定密度的预成形坯，经热等静压成形。这种方法消除了包套材料选择和加工的困难，降低成本提高生产率。

HIP技术应用越来越广泛，主要用于生产高速钢、高温耐热合金、钛合金、不锈钢、硬质合金、磁性材料、结构陶瓷及其重要结构件，还可进行HIP扩散连接成形，在高温高压下将两种相同或不同材料结合在一起，并获得满意的强度。

5. 粉末喷射锻造

粉末喷射（喷雾）锻造工艺过程如图10-76所示。该方法是采用高速氮气喷射金属液流，雾化的粉末落下，沉积到预成形的模具中。沉积的预成形坯的密度很高，相对密度可达99%，将预成形坯从雾化室中取出，放在保温加热炉内，当预成形坯加热到锻造温度后，立即进行锻造，得到近乎完全致密的锻件。

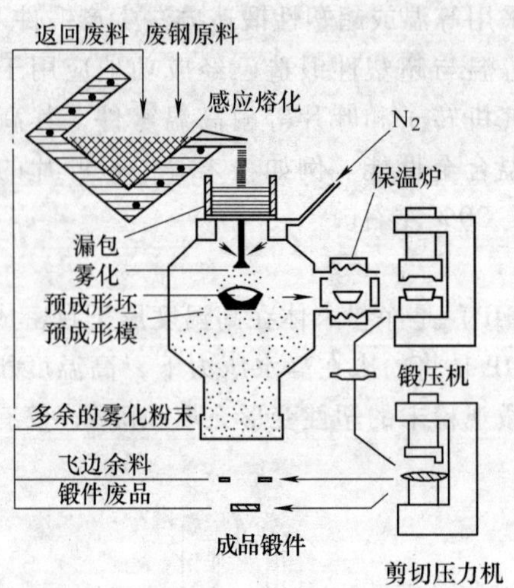

图 10-76　喷射锻造过程示意图

然后送切边压力机切边获得成品锻件。

喷射成形和塑性加工方法相结合，把雾化方法生产金属粉末与铸压成形有机结合，从熔融金属到锻件材料利用率达 90% 以上，该方法比较适合大型锻件的成形。根据这种方法现在发展起喷射轧制、喷射挤压，以及采用离心喷射沉积方法制造板材、型材和大型薄壁筒形件等先进方法。

6. 粉末锻造在汽车工业中的应用

粉末锻造在许多领域中得到应用，主要用来制造高性能的粉末制品。特别是在汽车制造业中表现更为突出。表 10-16 给出适合于粉末锻造生产的汽车零件，其中齿轮和连杆是最能发挥粉末锻造优点的两大类零件。这两大类零件均要求有良好的动平衡性能，要求零件具有均匀的材质分布，这正是粉末锻造特有的优点。

表 10-16　适用于粉末锻造工艺生产的汽车零件

发动机	连杆、齿轮、气门挺杆、交流电机转子、阀门、启动机齿轮、环形齿轮
变速器（手动）	毂套、倒车空套齿轮、离合器、轴承座圈、同步器中各种齿轮
变速器（自动）	内座圈、压板、外座圈、停车自动齿轮、离合器、凸轮、差动齿轮
底盘	后轴承端盖、扇形齿轮、万向轴节、侧齿轮、轮毂、伞齿及环形齿轮

第11章　冲压成形工艺学

11.1　概述

冲压是利用安装在压力机上的模具对材料施加压力，使其发生变形，从而获得所需零件的一种塑性加工方法。冲压所使用的模具称为冲压模具，简称冲模。冲压工艺、冲压模具、冲压材料构成冲压加工的三个基本要素。

11.1.1　冲压基本工序及模具

冲压工序分为分离工序和成形工序两大类：分离工序是指使坯料沿一定轮廓线分离而获得一定形状、尺寸和断面质量的冲压件的工序；成形工序是指使坯料在不破裂的条件下产生塑性变形而获得一定形状和尺寸的冲压件的工序。在上述两类工序，按基本变形方式不同又可分为冲裁、弯曲、拉深、成形和冷挤压五种基本工序，每种基本工序还包含多种单一工序。冲压工序的具体分类及特点见表11-1和表11-2。

表11-1　分离工序

工序名称		简　图	特　点
冲裁	切断	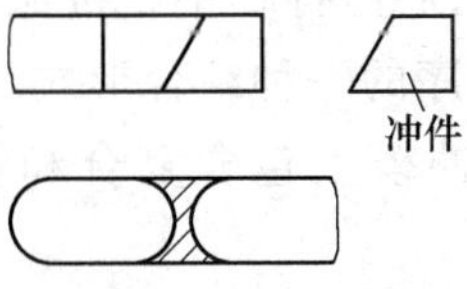 冲件	用剪刃或冲模切断板料，切断线不封闭
	落料	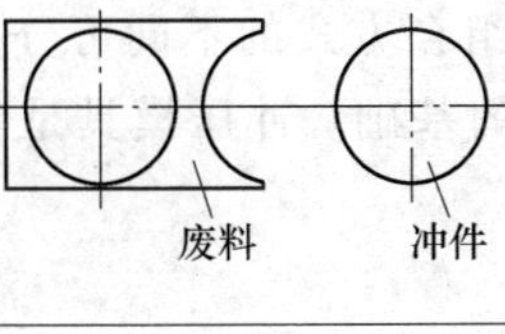 废料　冲件	用冲模沿封闭线冲切板料，冲下来的部分为冲件
	冲孔	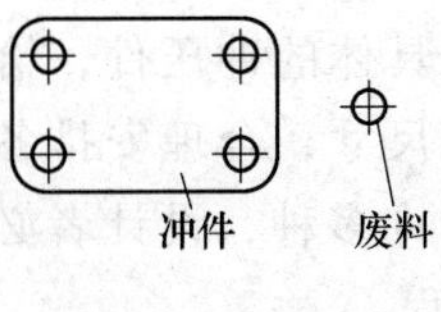 冲件　废料	用冲模沿封闭线冲切板料，冲下部分为废料

（续）

工序名称		简 图	特 点
冲裁	切口	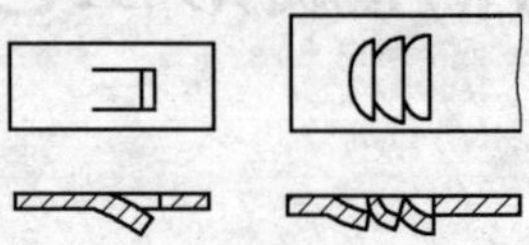	坯料上沿不封闭线冲出缺口，切口部分发生弯曲
	切边	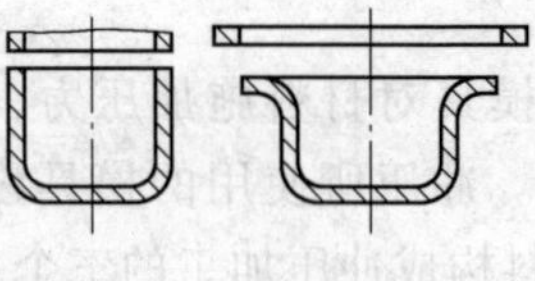	将工件的边缘部分切除
	剖切	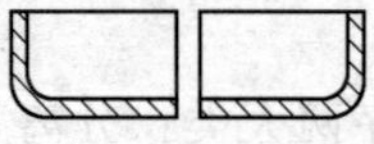	把工件切开成两个或多个零件

在实际生产中，当冲压件的生产批量较大、尺寸较小而公差要求较高时，若用分散的单一工序来冲压是不经济的，甚至也难以达到要求，这时多采用把几种工序相组合，集中在一副模具内完成。根据工序组合的方法不同，又可将其分为复合、级进和复合—级进三种组合方式。

（1）复合冲压　在压力机的一次工作行程中，在模具的同一工位同时完成两种或两种以上的不同工序的一种组合方式。

（2）级进冲压　在压力机的一次工作行程中，按照一定的顺序在同一模具的不同工位上完成两种或两种以上工序的一种组合形式。

（3）复合—级进冲压　在一副冲模上包含复合和级进两种方式的组合工序。

按冲模的结构形式不同，可把冲模分为冲裁模、弯曲模、拉深模、成形模和挤压模，如图 11-1 所示；按工序组合方式的不同可分为单工序模、复合模和级进模。冲压工艺是冲压模具设计的基础。冲压模具是实现材料冲压的必要保证。

11.1.2　冲压工艺过程的制订

制订冲压工艺过程就是针对某一具体的冲压件，恰当地选择各工序，正确地确定坯料尺寸、工序数量和工序件尺寸，合理安排各冲压工序及辅助工序的顺序。同一冲压件的工艺方案可以有许多种，设计者必须考虑下面因素，通过分析比较，确定最佳冲压生产工艺过程。

表11-2 成形工序

工序名称		简 图	特 点
弯曲	弯曲		将板料沿直线弯成一定的角度和曲率
	拉弯		在拉力和弯矩共同作用下实现弯曲变形
	扭弯		把工件的一部分相对另一部分扭成一定角度
	滚弯		通过一系列轧辊把平板卷料辊弯成复杂形状
拉深	拉深		将平板坯料制成开口空心件，壁厚基本不变
	变薄拉深		把空心件进一步拉深成侧壁比底部薄的零件
成形	翻孔		沿工件上孔的边缘翻出竖立边缘
	翻边		沿工件的外缘翻起弧形的竖立边缘

（续）

工序名称		简图	特点
成形	扩口	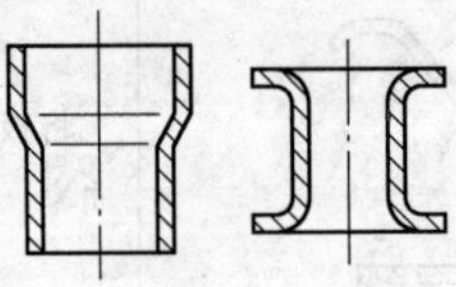	把空心件的口部扩大
	缩口		把空心件的口部缩小
	起伏	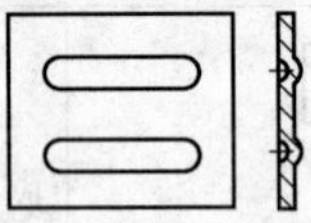	依靠材料的伸长变形使工件形成局部凹陷或凸起
	卷缘	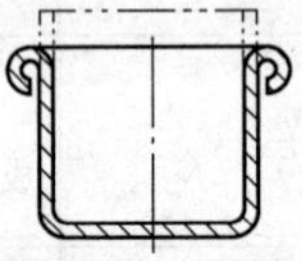	把空心件的口部卷成接近封闭的圆形
	胀形	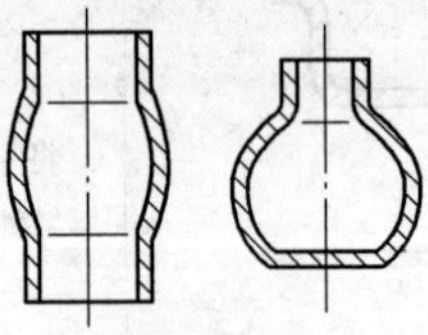	将空心件或管状件沿径向往外扩张，形成局部直径较大的零件
	整形	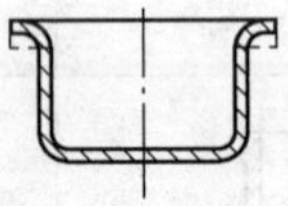	依靠材料的局部变形，少量改变工件形状和尺寸，以提高其精度
	校平	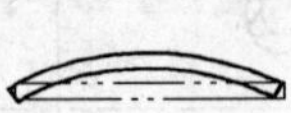	将有拱弯或翘曲的平板形件压平，以提高其平面度
	冷挤压	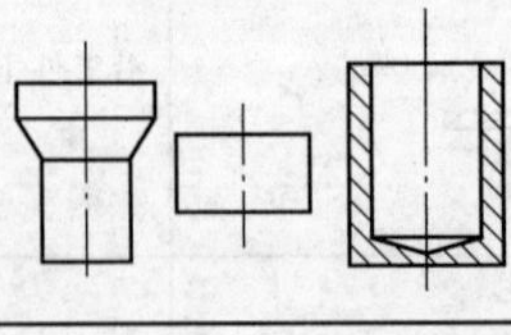	将放在模腔内的坯料从凹模孔或凸、凹模间隙中挤出，以获得实心或空心件

1. 冲压件的分析

包括分析冲压件的功用、工艺性分析与经济性分析，从而根据冲压件的零件图确定各工序的冲压图样，分析冲压件的形状、尺寸、精度是否复合冲压工艺的要求。良好的冲压工艺可以使材料消耗少，工序数目少，设备数量少，模具结构简单而且寿命长，冲压件质量稳定，操作方便。

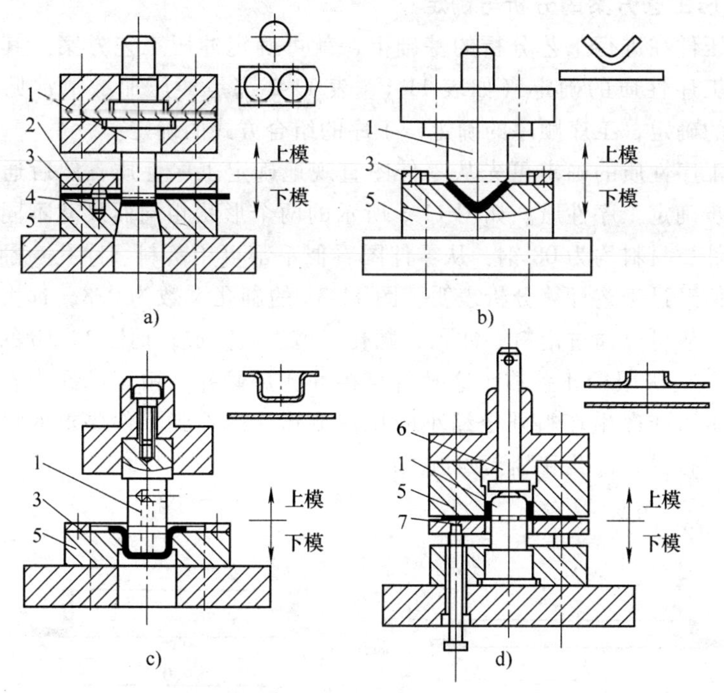

图 11-1　几种常见冲模简单结构简图

a）冲裁模（落料模）　b）弯曲模　c）拉深模　d）成形模（翻孔模）

1—凸模　2—卸料板　3—定位板　4—挡料板　5—凹模　6—推件杆　7—压料板

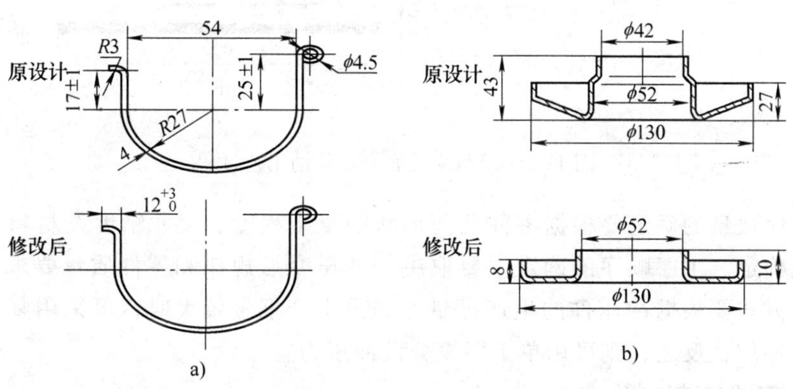

图 11-2　修改冲压件以改善工艺性的实例

如图 11-2a 所示的原设计左边 $R3$ 和右边封闭的铰链弯曲，在板厚为 4mm 情况下很难实现，修改后比较容易冲压加工，且满足要求。11-2b 为某汽车消声器后盖，在满足使用要求的条件下，修改后的形状比原设计的形状简单，冲压工序由原来八道减至二道。

2. 冲压工艺方案的分析与确定

对冲压件在进行工艺分析的基础上，就可确定冲压工艺方案。其内容主要包括冲压工序性质的确定（如表11-1、表11-2都是冲压加工中常见的工序），工序数量的确定，工序顺序的确定，工序的组合方式的确定。

冲压工序性质的确定可先从零件图直观地确定工序性质，然后通过工艺计算，进一步确定工序性质。如图11-3所示的两个形状相同而尺寸不同的带凸缘无底空心件，材料均为08钢，从零件图看似乎都可用落料、冲孔、翻孔三道工序完成，但经过工艺计算分析表明，图11-3a的翻孔系数为0.8，远大于其极限翻孔系数，故可以通过落料、冲孔、翻孔三道工序完成；而图11-3b的翻孔系数为0.68，接近极限翻孔系数，这时若直接冲孔后翻孔，由于翻孔力较大，在翻孔的同时也可能产生坯料外径缩小的拉深变形，达不到零件要求的尺寸，因此需要用落料拉深、冲孔和翻孔四道工序。

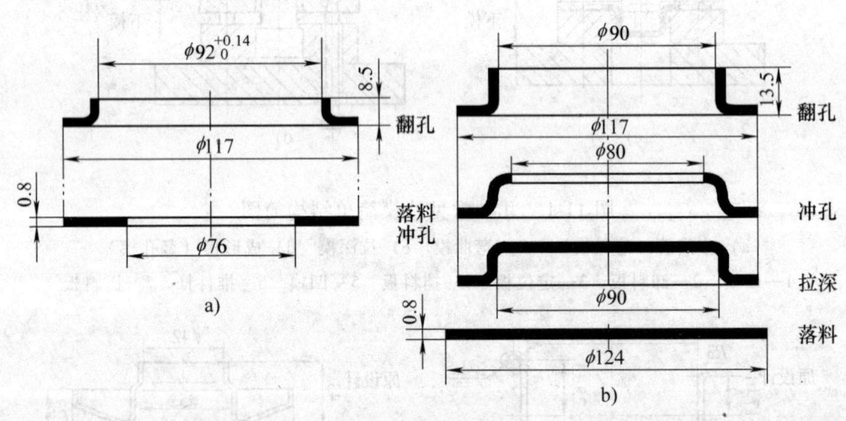

图11-3　带凸缘无底空心件的工艺过程

工序数量的确定要根据零件几何形状的复杂程度、尺寸精度及材料冲压成形性能确定。工序顺序的确定主要取决于冲压变形规律和零件质量要求。工序的组合方式要根据冲压件的生产批量，如果生产批量较大时，可采用复合模或级进模冲压；反之，则可用单工序模分散冲压为宜。

3. 有关工艺计算

有关工艺计算包括确定各道次冲压工序形状、尺寸，计算冲压力，合理选择压力机，编写冲压工艺文件。此外还要根据冲压工艺方案，确定冲压件的排样方案，计算条料宽度，选择板料规格，确定裁板方案，计算材料利用率。

11.2 冲裁

冲裁是利用模具使板料产生相互分离的冲压工序。冲裁的工序种类很多（见表 11-1），一般来说，冲裁主要是指落料和冲孔。从板料上沿封闭轮廓冲下所需形状的冲件或工序叫落料；从工件上冲出所需形状的孔叫冲孔。如冲制平面垫圈，冲其外形的工序是落料，冲其内孔的工序是冲孔。根据变形机理的不同冲裁可分为普通冲裁和精密冲裁。这里主要研究普通冲裁工艺。

11.2.1 冲裁变形过程的分析

1. 冲裁过程

冲裁过程包括弹性变形阶段、塑性变形阶段和断裂三个阶段。当凸模下降到接触板料时，凸模开始对板料加压，板料开始产生弹性压缩、弯曲、拉伸等复杂变形，如图 11-4a 所示，且稍微压入凹模模腔口；随着凸模下压，模具刃口压入料板，使板料变形区的应力达到塑性变形条件时，产生塑性变形，如图 11-4b 所示，在塑性变形的同时伴有纤维的弯曲与拉伸；随着塑性变形程度的不断增加，变形区材料硬化加剧，变形抗力不断上升，当板料内的应力达到抗拉强度后，在板料上与凸、凹模刃口接触的部位先后产生微裂纹，如图 11-4c 所示；随着凸模的继续下压，已产生的上下裂纹将沿最大切应力方向不断地向板料内部扩展，当上下裂纹重合时，板料便被剪断分离，如图 11-4d 所示。这样凸模将分离的材料推入凹模洞口，冲裁变形过程便结束。

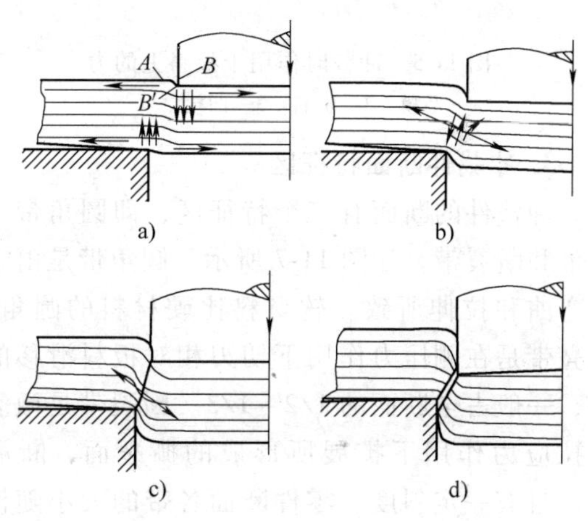

图 11-4 冲裁变形过程

2. 剪切区受力与应力分析

图 11-5 所示为无压紧装置冲裁时板料的受力情况。因凸凹模之间存在间隙，当凸模下降至与板料接触时，板料就受到凸、凹模端面的垂直作用力，这种作用力不在一条直线上，所以形成弯矩，使板料产生弯曲。由于板料与模具接触区域狭小，凸、凹模作用于板料的垂直压力分布不均匀，向模具刃口方向急剧增大。

冲裁时，由于板料弯曲的影响，其剪切区的应力状态很复杂，且与变形过程有关。其剪切区应力状态如图 11-6 所示，σ_1 为径向应力，σ_2 为切向应力，σ_3 为轴向应力。

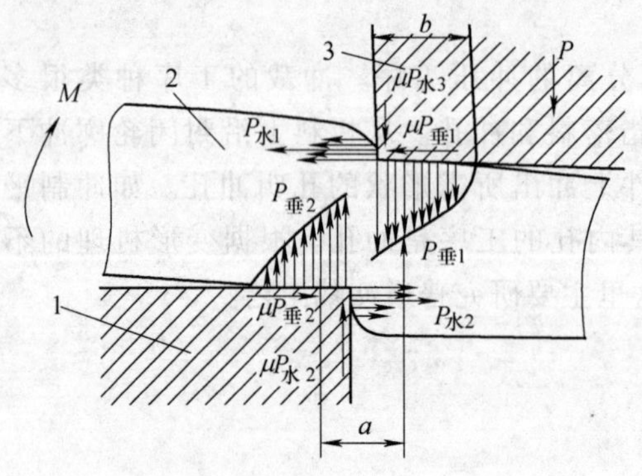

图 11-5　冲裁时作用于板料上的力
1—凸模　2—板料　3—凹模

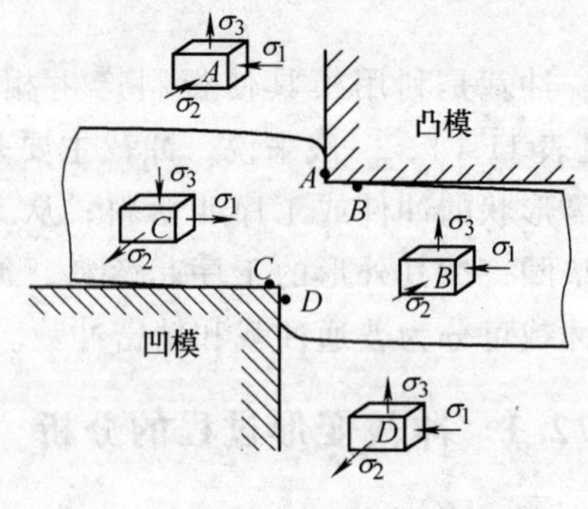

图 11-6　冲裁变形区的应力状态

3. 冲裁件断面特征区

冲裁件的断面有三个特征区，即圆角带、光亮带和断裂带，如图 11-7 所示。圆角带是由于纤维弯曲和拉伸所致。软材料比硬材料的圆角大。光亮带是在侧压力作用下切刃相对板料滑移的结果，一般占全断面的 1/2 ~ 1/3。断裂带是微裂纹在拉应力作用下扩展所形成的撕裂面，断面粗糙，且有一定斜度。零件断面各带的大小随模具间隙、模具结构和刃口状态等因素不同而变化。

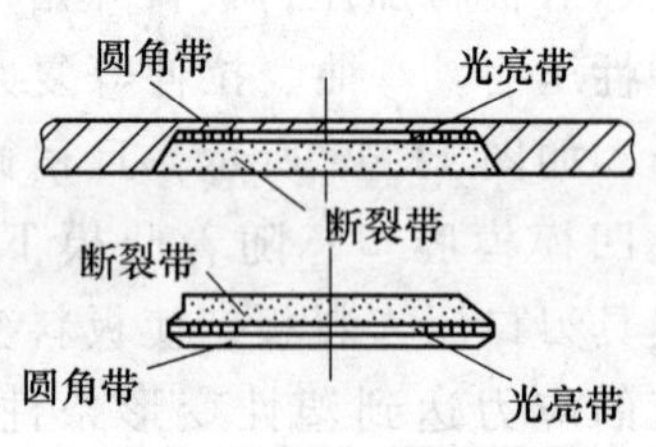

图 11-7　冲裁件断面

11.2.2　确定合理冲裁间隙

冲裁间隙是指凸、凹模刃口间缝隙的大小，凸凹模间每侧的间隙称为单面间隙，用 $Z/2$ 表示；两侧间隙之和称为双面间隙，用 Z 表示。如无特殊说明，冲裁间隙都是指双面间隙。

冲裁间隙的数值为凸、凹模刃口尺寸的差值，如图 11-8 所示，即

$$Z = D_{\mathrm{d}} - d_{\mathrm{p}} \qquad (11\text{-}1)$$

式中　D_{d}——凹模刃口尺寸；

d_{p}——凸模刃口尺寸。

冲裁间隙对冲裁过程、冲裁件质量、冲压力、模具寿命有着极大的影响，因此要合理确定和选择冲裁间隙。

1. 冲裁间隙对冲裁件质量的影响

冲裁间隙是影响冲裁件断面质量的主要因素。当冲裁间隙合适时，如图11-9a所示，上、下刃口处产生的剪切裂纹基本重合。此时冲出的制件虽有一定斜度，但平直、光洁，毛刺很小，且冲裁力小。当间隙过小时，如图11-9b所示，凸模刃口处的裂纹相对凹模刃口处的裂纹向外错开，上下裂纹不重合，材料在上下裂纹相距最近的地方将发生二次剪裂，零件断面的中部留下撕裂面，此时，两头呈光亮带，端面出现毛刺，但易去除。制件穹弯小，断面垂直，因此只要中间撕裂不太深，仍可应用。当间隙过大时，如图11-9c所示，材料的弯曲和拉伸增大，拉应力增大，材料易被撕裂。裂纹在离刃口稍远的侧面产生，致使零件光亮带减小，圆角和斜度都增大，毛刺大而厚，难以去除。

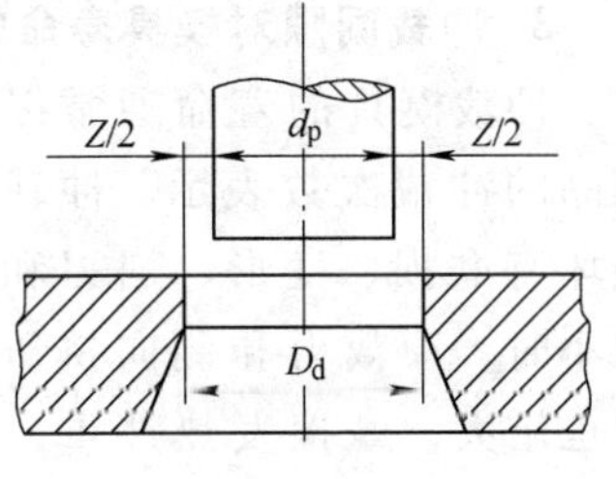

图11-8 冲裁间隙

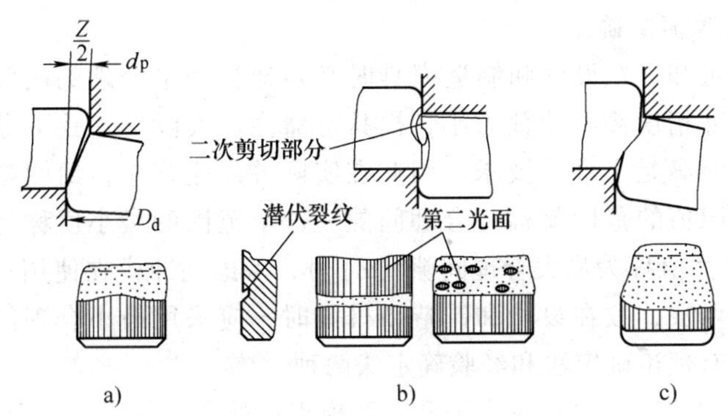

图11-9 间隙大小对冲裁件质量的影响

a）间隙合适 b）间隙过小 c）间隙过大

2. 冲裁间隙对冲裁力的影响

间隙很小时，因弯矩减小，材料所受的拉应力减小，而压应力增大，所以冲裁力必然较大。随着间隙的增大，材料所受的拉应力增大，容易断裂分离，因此冲裁力减小。但试验表明，当单面间隙介于材料厚度的5%～20%范围内时，冲裁力降低不多，其原因是由于凸凹模刃口产生的裂纹不重合，所以冲裁力下降变缓。因此在正常情况下，间隙对冲裁力的影响不是很大。

间隙对卸料力、推件力、顶件力的影响比较显著。随着间隙的增大，冲裁件的光面变窄，材料弹性回复使落料件尺寸小于凹模尺寸，冲孔件尺寸大于凸模尺寸，因而使卸料力、推件力、顶件力减小。一般当单面间隙增大到材料厚度的15%～25%时，卸料力几乎降为零。

3. 冲裁间隙对模具寿命的影响

冲裁模具的寿命通常以保证获得合格产品的冲裁次数表示。冲裁过程中模具的损坏有磨损、变形、崩刃和凹模胀裂。间隙小时，冲裁力和侧向挤压力增大，摩擦力也增大，摩擦发热严重，将使凸凹模刃口磨损加剧，甚至使模具与材料之间产生粘结现象，严重还会崩刃。

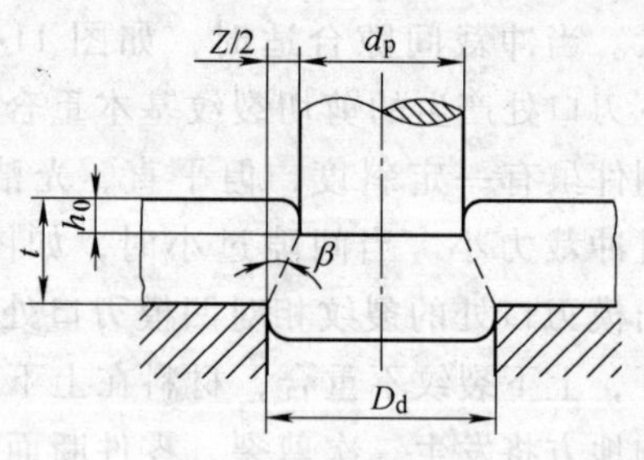

图 11-10　合理间隙的确定

增大间隙可使冲裁力减小，模具磨损也减小。但间隙取得太大，因弯矩和拉应力增大，使模具刃口损坏。一般间隙取材料厚度的10% ~15%时，磨损最小，模具寿命较高。

为了提高模具寿命，一般采用较大间隙，若采用较小间隙，就必须提高模具硬度和模具制造精度，减小模具表面粗糙度值，改善润滑条件，以减小磨损。

4. 合理间隙值的确定

由上分析可知，在设计和制造模具时必须选择一个合理的间隙值，使冲裁件质量好，尺寸精度高，冲裁力小，模具寿命高。实际上，并不存在绝对合理的间隙值能同时满足上面的要求，因此在实际冲压生产中，给间隙值规定一个范围，这个间隙值的范围就称为合理间隙。这个范围的最小值称为最小合理间隙（Z_{min}），最大值称为最大合理间隙（Z_{max}），考虑到冲模在使用过程中会逐渐磨损，间隙会增加，故在设计和制造新模具时，应采用最小合理间隙。确定合理间隙的方法有理论确定法和经验确定法两种。

（1）理论确定法　主要是保证凸、凹模刃口处产生的裂纹重合，根据图 11-10 的几何关系，可得合理间隙 Z 的计算公式为：

$$Z = 2t(1 - h_0/t)\tan\beta \tag{11-2}$$

式中　t——材料厚度；

h_0——产生裂纹时凸模挤入材料的深度；

h_0/t——产生裂纹时凸模挤入材料的相对深度；

β——剪裂纹与垂线间的夹角。

式（11-2）表明，合理的间隙与材料的性质和厚度有关。厚度愈大，塑性愈差的材料，其合理间隙愈大；反之，厚度愈薄，塑性越好的材料，其合理间隙值愈小。

（2）经验确定法　经验方法也是根据材料性质与厚度，来确定最小合理间隙值，建议按下面数据确定双面间隙值。

软材料：$t<1\text{mm}$，　　$Z=(6\% \sim 8\%)t$

$t=1\sim 3\text{mm}$，　$Z=(10\% \sim 15\%)t$

$t = 3 \sim 5\text{mm}$，　$Z = (15\% \sim 20\%)t$

硬材料：$t < 1\text{mm}$，　$Z = (8\% \sim 10\%)t$

$t = 1 \sim 3\text{mm}$，　$Z = (11\% \sim 17\%)t$

$t = 3 \sim 5\text{mm}$，　$Z = (17\% \sim 25\%)t$

间隙值也可按实用间隙表 11-3、表 11-4 来确定。

表 11-3　冲裁模初始双面间隙 Z(一)

材料厚度 t/mm	软铝		纯铜、黄铜、软钢 $w(C)=0.08\% \sim 0.2\%$		硬铝(杜拉铝)、中等硬钢 $w(C)=0.3\% \sim 0.4\%$		硬钢 $w(C)=0.5\% \sim 0.6\%$	
	Z_{min}	Z_{max}	Z_{min}	Z_{max}	Z_{min}	Z_{max}	Z_{min}	Z_{max}
0.2	0.008	0.012	0.010	0.014	0.012	0.016	0.014	0.018
0.3	0.012	0.018	0.015	0.021	0.018	0.024	0.021	0.027
0.4	0.016	0.024	0.020	0.028	0.024	0.032	0.028	0.036
0.5	0.020	0.030	0.025	0.035	0.030	0.040	0.035	0.045
0.6	0.024	0.036	0.030	0.042	0.036	0.048	0.042	0.054
0.7	0.028	0.042	0.035	0.049	0.042	0.056	0.049	0.063
0.8	0.032	0.048	0.040	0.056	0.048	0.064	0.056	0.072
0.9	0.036	0.054	0.045	0.063	0.054	0.072	0.063	0.081
1.0	0.040	0.060	0.050	0.070	0.060	0.080	0.070	0.090
1.2	0.050	0.084	0.072	0.096	0.084	0.108	0.096	0.120
1.5	0.075	0.105	0.090	0.120	0.105	0.135	0.120	0.150
1.8	0.090	0.126	0.108	0.144	0.126	0.162	0.144	0.180
2.0	0.100	0.140	0.120	0.160	0.140	0.180	0.160	0.200
2.2	0.132	0.176	0.154	0.198	0.176	0.220	0.198	0.242
2.5	0.150	0.200	0.175	0.225	0.200	0.250	0.225	0.275
2.8	0.168	0.224	0.196	0.252	0.224	0.280	0.252	0.308
3.0	0.180	0.240	0.210	0.270	0.240	0.300	0.270	0.330
3.5	0.245	0.315	0.280	0.350	0.315	0.385	0.350	0.420
4.0	0.280	0.360	0.320	0.400	0.360	0.440	0.400	0.480
4.5	0.315	0.405	0.360	0.450	0.405	0.490	0.450	0.540
5.0	0.350	0.450	0.400	0.500	0.450	0.550	0.500	0.600
6.0	0.480	0.600	0.540	0.660	0.600	0.720	0.660	0.780
7.0	0.560	0.700	0.630	0.770	0.700	0.840	0.770	0.910
8.0	0.720	0.880	0.800	0.960	0.880	1.040	0.960	1.120
9.0	0.870	0.990	0.900	1.080	0.990	1.170	1.080	1.260
10.0	0.900	1.100	1.000	1.200	1.100	1.300	1.200	1.400

注：1. 初始间隙值的最小值相当于间隙的公称数值。

2. 初始间隙的最大值是考虑到凸模和凹模的制造公差所增加的数值。

3. 在使用过程中，由于模具工作部分的磨损，间隙将有所增加，因而使用最大数值要超过表列数值。

4. 本表适用于尺寸精度和断面质量要求较高的冲裁件。

表 11-4 冲裁模初始双面间隙 Z(二)

材料厚度 t/mm	08、10、35 09Mn2、Q235		Q345		40、50		65Mn	
	Z_{min}	Z_{max}	Z_{min}	Z_{max}	Z_{min}	Z_{max}	Z_{min}	Z_{max}
小于 0.5	极小间隙							
0.5	0.040	0.060	0.040	0.060	0.040	0.060	0.040	0.060
0.6	0.048	0.072	0.048	0.072	0.048	0.072	0.048	0.072
0.7	0.064	0.092	0.064	0.092	0.064	0.092	0.064	0.092
0.8	0.072	0.104	0.072	0.104	0.072	0.104	0.064	0.092
0.9	0.090	0.126	0.090	0.126	0.090	0.126	0.090	0.126
1.0	0.100	0.140	0.100	0.140	0.100	0.140	0.090	0.126
1.2	0.126	0.180	0.132	0.180	0.132	0.180		
1.5	0.132	0.240	0.170	0.240	0.170	0.240		
1.75	0.220	0.320	0.220	0.320	0.220	0.320		
2.0	0.246	0.360	0.260	0.380	0.260	0.380		
2.1	0.260	0.380	0.280	0.400	0.280	0.400		
2.5	0.360	0.500	0.380	0.540	0.380	0.540		
2.75	0.400	0.560	0.420	0.600	0.420	0.600		
3.0	0.460	0.640	0.480	0.660	0.480	0.660		
3.5	0.540	0.740	0.580	0.780	0.580	0.780		
4.0	0.640	0.880	0.680	0.920	0.680	0.920		
4.5	0.720	1.000	0.680	0.960	0.780	1.040		
5.4	0.940	1.280	0.780	1.100	0.980	1.320		
6.0	1.080	1.440	0.840	1.200	1.140	1.500		
6.5			0.940	1.300				
8.0			1.200	1.680				

注：1. 冲裁皮革、石棉和纸板时，间隙取 08 钢的 25%。

2. 本表适用于尺寸精度和断面质量要求不高的冲裁件。

11.2.3 凸凹模刃口尺寸的计算

冲裁件的尺寸精度主要决定于凸、凹模刃口尺寸和公差，模具的合理间隙也是靠凸、凹模刃口尺寸及公差来保证。因此，在确定凸、凹模刃口部分尺寸及其制造公差时，必须考虑到冲裁变形规律、冲裁公差等级、模具磨损和制造工艺等方面。

实践证明，由于存在模具间隙，冲裁件的断面都带有锥度，落料件的大端尺寸接近于凹模刃口尺寸，冲孔件的小端尺寸接近于凸模刃口尺寸，在使用过程中，凸模越磨越小，凹模越磨越大，结果间隙越来越大，因此，在设计和制造模具时，需遵循下述原则：①设计落料模时，以凹模为准，落料凸模的基本尺寸则为凹模尺寸减去最小合理间隙；设计冲孔模时，以凸模为准，冲孔凹模的基本尺寸则为凸模尺寸加上最小合理间隙。②设计落料模时，凹模公称尺寸应取零件尺寸公差范围内的较小尺寸；设计冲孔模时，凸模公称应取零件孔的尺寸范围内较大尺寸。③凸、凹模刃口的制造公差要按冲裁件的尺寸公差和凸、凹模加工方法确定，一般模具的制造精度比冲裁件的精度高 2 ~ 3 级。若零件未注公差，对于非圆形件，冲模按 IT9 精度制造；对于圆形件，一般按 IT6 ~ 7 级精度制造。

凸、凹模刃口尺寸的计算与模具加工方法有关，基本分为如下两大类。

1. 凸凹模分别加工计算法

这种方法适用于圆形或形状简单的冲裁件，但要分别标注凸、凹模刃口尺寸与制造公差。

对于落料时，设落料件的外形尺寸为 $D_{-\Delta}^{\ 0}$，根据刃口尺寸计算原则可得

$$D_d = (D_{max} - x\Delta)_{\ 0}^{+\delta_d} \tag{11-3}$$

$$D_p = (D_d - Z_{min})_{-\delta_p}^{\ 0} = (D_{max} - x\Delta - Z_{min})_{-\delta_p}^{\ 0} \tag{11-4}$$

式中　D_d、D_p——落料凹、凸模刃口尺寸（mm）；

D_{max}——落料件的最大极限尺寸（mm）；

Δ——冲件的制造公差（mm），若冲件为自由尺寸，可按 IT14 级精度处理；

Z_{min}——最小合理间隙（mm）。

对于冲孔时，设冲孔件内孔尺寸为 $d_{\ 0}^{+\Delta}$，根据刃口尺寸计算原则可得

$$d_p = (d_{min} + x\Delta)_{-\delta_p}^{\ 0} \tag{11-5}$$

$$d_d = (d_p + Z_{min})_{\ 0}^{+\delta_d} = (d_{min} + x\Delta + Z_{min})_{\ 0}^{+\delta_d} \tag{11-6}$$

式中　d_d、d_p——冲孔凹、凸模然刃口尺寸（mm）

d_{min}——冲孔件孔的最小极限尺寸（mm）

δ_p、δ_d——凸、凹模制造公差，凸模按单向负偏差标准，凹模按单向正偏差标注。其值可按刃口尺寸计算原则③选取，或查表 11-5，或取（1/4 ~ 1/6）Δ；

x——磨损系数，x 值在 0.5 ~ 1 之间，它与冲件精度有关，可查表 11-6 或按下列关系选取：冲件精度为 IT10 以下时，$x = 1$。

表 11-5　规则形状（圆形、方形）件冲裁时凸、凹模的制造公差

基本尺寸	凸模偏差 δ_p	凹模偏差 δ_d	基本尺寸	凸模偏差 δ_p	凹模偏差 δ_d
≤18	0.020	0.020	>180 ~ 260	0.030	0.045
>18 ~ 30	0.020	0.025	>260 ~ 360	0.035	0.050
>30 ~ 80	0.020	0.030	>360 ~ 500	0.040	0.060
>80 ~ 120	0.025	0.035	>500	0.050	0.070
>120 ~ 180	0.030	0.040			

表 11-6　磨损系数

料厚 t/mm	非圆形冲件			圆形冲件	
	1	0.75	0.5	0.75	0.5
	冲件公差 Δ/mm				
1	<0.16	0.17 ~ 0.35	≥0.36	<0.16	≥0.16
1 ~ 2	<0.20	0.21 ~ 0.41	≥0.42	<0.20	≥0.20
2 ~ 4	<0.24	0.25 ~ 0.49	≥0.50	<0.24	≥0.24
>4	<0.3	0.31 ~ 0.59	≥0.60	<0.30	≥0.30

图 11-11 为冲件与凸、凹模刃口尺寸及公差分布状态图，可见，无论是落料还是冲孔，为了保证间隙值，凸、凹模的制造公差必须满足下面条件：

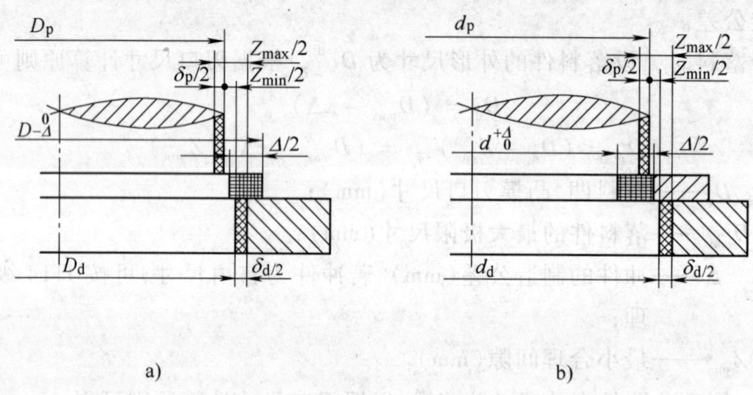

图 11-11　落料、冲孔时各部分及公差分布状态图

a）落料　b）冲孔

$$\delta_p + \delta_d \leqslant Z_{max} - Z_{min} \tag{11-7}$$

1）若 $\delta_p + \delta_d > Z_{max} - Z_{min}$ 时，可取 $\delta_p = 0.4\ (Z_{max} - Z_{min})$，$\delta_d = 0.6\ (Z_{max} - Z_{min})$。

2）如果 $\delta_p + \delta_d >> Z_{max} - Z_{min}$ 时，则应采用后面介绍的凸、凹模配合加工方法。

当在同一工步冲出冲件上两个以上的孔时，因凹模磨损后孔径尺寸不变，故凹模模孔的中心距按式（11-8）确定：

$$L_d = (L_{min} + 0.5\Delta) \pm \Delta/8 \tag{11-8}$$

式中　L_d——凹模型孔中心距（mm）；

L_{min}——冲件孔中心距的最小极限尺寸（mm）；

Δ——冲件孔中心距公差（mm）。

2. 凸凹模配合加工计算法

对于形状复杂的零件，为保证模具间隙，必须采用配合加工。这种加工方法是以凸模或凹模为基准，配做凹模或凸模。因此，只在基准件上标注刃口尺寸和制造公差，并详细标注在设计图样上。而另一非基准件不需计算，且设计图样上只标注基本尺寸，不注公差，但要在技术说明中注明：“凸（凹）模刃口尺寸按凹（凸）模实际刃口尺寸配做，保证双面间隙值为 $Z_{min}-Z_{max}$。”这种加工方法的特点是模具的间隙由配作保证，不必校核 $\delta_p+\delta_d \leqslant Z_{max}-Z_{min}$ 条件，并且还可以放大基准件的制造公差（一般可取冲件公差的 1/4），制造容易，特别适合于冲裁薄板件和形状复杂的冲件。

落料时，以凹模为基准，配做凸模。设落料件的形状与尺寸如图 11-12a 所示，图 11-12b 为落料凹模刃口轮廓曲线，图中双点划线表示凹模磨损后尺寸的变化。这样根据凹模刃口的磨损情况可以分成三种情况加以计算，见表 11-7。

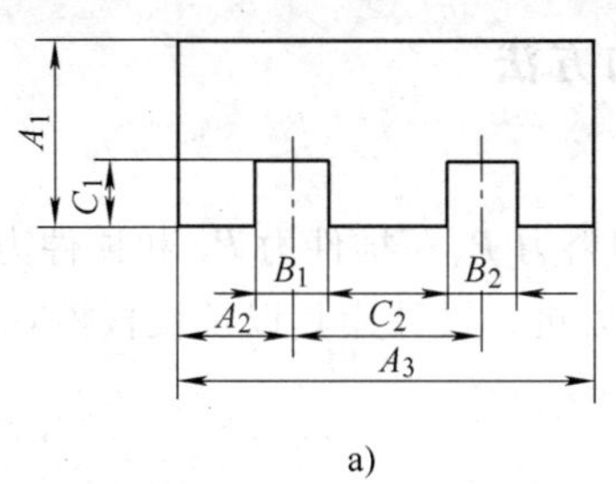

a)

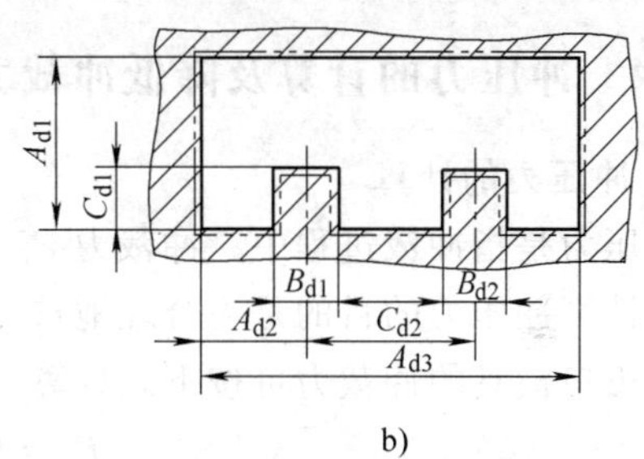

b)

图 11-12　落料与落料凹模

a）落料件　b）落料凹模刃口轮廓

表 11-7　以落料凹模为基准刃口尺寸计算表

工序性质	凹模磨损后情况	落料件尺寸	落料凹模尺寸	落料凸模尺寸
落料	尺寸变大	A 类尺寸：$A_{-\Delta}^{\ 0}$	$A_d=(A_{max}-x\Delta)_{\ 0}^{+\Delta/4}$	按凹模实际刃口尺寸配做，保证间隙 $Z_{min}-Z_{max}$
	尺寸变小	B 类尺寸：$B_{\ 0}^{+\Delta}$	$B_d=(B_{min}+x\Delta)_{-\Delta/4}^{\ 0}$	
	尺寸不变	C 类尺寸：$C\pm\Delta/2$	$C_d=(C_{min}+0.5\Delta)\pm\Delta/8$	

注：A_d、B_d、C_d—落料凹模刃口尺寸；A、B、C—落料件的基本尺寸；

A_{max}、B_{min}、C_{min}—落料件极限尺寸；Δ—落料件公差；x—磨损系数。

冲孔时，以凸模为基准，配做凹模。设冲孔件的形状和尺寸如图 11-13a 所示，图 11-13b 为冲孔凸模刃口的轮廓图，图中双点划线表示凸模磨损后尺寸的变化。

这样根据凸模刃口的磨损情况可以分成三种情况加以计算，见表 11-8。

表 11-8　以冲孔凸模为基准刃口尺寸计算表

工序性质	凸模磨损后情况	冲孔件尺寸	冲孔凸模尺寸	冲孔凹模尺寸
冲孔	尺寸变大	a 类尺寸：$a_{-\Delta}^{\ 0}$	$a_p=(a_{max}-x\Delta)_{\ 0}^{+\Delta/4}$	按凸模实际刃口尺寸配做，保证间隙 $Z_{min}-Z_{max}$
	尺寸变小	b 类尺寸：$b_{\ 0}^{+\Delta}$	$b_p=(b_{min}+x\Delta)_{-\Delta/4}^{\ 0}$	
	尺寸不变	C 类尺寸：$c\pm\Delta/2$	$c_p=(c_{min}+0.5\Delta)\pm\Delta/8$	

注：a_p、b_p、c_p—冲孔凸模刃口尺寸；a、b、c—冲孔件的基本尺寸；

a_{max}、b_{min}、c_{min}—冲孔件极限尺寸；Δ—冲孔件公差；x—磨损系数。

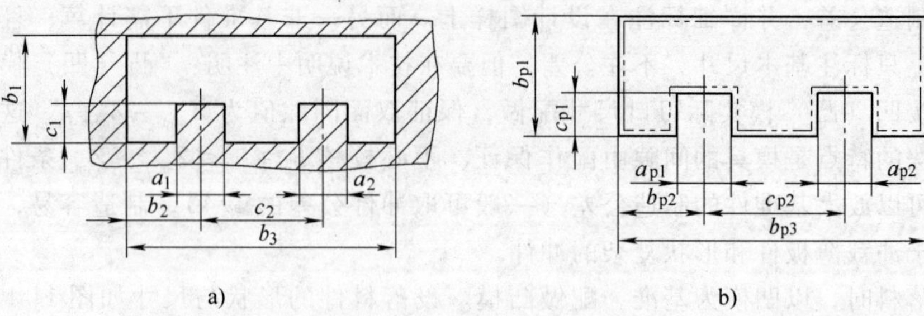

图 11-13 冲孔与冲孔凸模
a) 冲孔件 b) 冲孔凸模刃口轮廓

11.2.4 冲压力的计算及降低冲裁力的方法

1. 冲压力的计算

冲压力是指冲裁过程中，冲裁力 P_C、卸料力 P_X、推件力 P_T 和顶件力 P_D 的总称。计算冲压力的目的是为合理地选用压力机、设计模具以及校核模具强度。

平刃口模具的冲裁力可按下式计算：

$$P_C = KLt\tau_b \tag{11-9}$$

式中 P_C——冲裁力；

L——冲件周边长度；

t——材料厚度；

τ_b——材料抗剪强度（MPa）；

K——修正系数，一般取 $K = 1.3$。

对于影响卸料力 P_X、推件力 P_T、顶件力 P_D 的因素很多，主要有力学性能、板料厚度、零件形状、尺寸、模具间隙、搭边大小及润滑条件等，在生产中，一般采用下列经验公式计算：

$$P_X = K_X P_C;\ P_T = nK_T P_C;\ P_D = K_D P_C \tag{11-10}$$

式中 P_C——冲裁力；

n——同时卡在凹模孔内的冲件数（或废料数），$n = h/t$（h 为凹模孔口的直刃壁高度，t——材料厚度）；

K_X、K_T、K_D——分别为卸料力系数、推件力系数和顶件力系数，具体见表 11-9。

表 11-9 卸料力系数、推件力系数、顶件力系数

冲件材料	K_X	K_T	K_D
纯铜、黄铜	0.02～0.06	0.03～0.09	0.03～0.09
铝、铝合金	0.025～0.08	0.03～0.07	0.03～0.07

（续）

冲件材料		K_X	K_T	K_D
钢（料厚 t/mm）	~0.1	0.065 ~ 0.075	0.1	0.14
	>0.1 ~ 0.5	0.045 ~ 0.055	0.063	0.08
	>0.5 ~ 2.5	0.04 ~ 0.05	0.055	0.06
	>2.5 ~ 6.5	0.03 ~ 0.04	0.045	0.05
	>6.5	0.02 ~ 0.03	0.025	0.03

冲压力 P_Y 包括冲裁力 P_C、卸料力 P_X、推件力 P_T 和顶件力 P_D，模具结构不同，冲压力所包含的成分不同，可以分以下几种情况：

采用弹性卸料装置和下出料方式的冲模时

$$P_Y = P_C + P_X + P_T \tag{11-11}$$

采用弹性卸料装置和上出料方式的冲模时

$$P_Y = P_C + P_X + P_D \tag{11-12}$$

采用刚性卸料装置和下出料方式的冲模时

$$P_Y = P_C + P_T \tag{11-13}$$

因此选择压力机吨位时，压力机的额定压力应大于或等于冲压力的 1.1 ~ 1.3 倍，即

$$P \geqslant (1.1 \sim 1.3) P_Y \tag{11-14}$$

式中　P——压力机的额定压力；

P_Y——冲压力。

2. 降低冲裁力的方法

在冲裁高强度材料或厚度大、周边长的零件时，所需冲裁力如果超过车间现有压力机吨位，就必须采取措施降低冲裁力。一般采用如下方法：

（1）加热冲裁　材料加热后，抗剪强度大大降低，从而可降低冲裁力，但因热冲裁时形成氧化皮，所以此法只适用于厚板或零件表面质量及公差等级要求不高的零件。

（2）阶梯凸模冲裁　在多凸模冲模中，将凸模做成不同高度，呈阶梯形布置，如图 11-14 所示，使各凸模冲裁力的最大值不同时出现，以降低冲裁力。特别是在几个凸模直径相差悬殊或彼此距离又很接近的情况下，采用阶梯形布置还能避免小直径凸模在挤压力作用下发生折断或倾斜的现象（为了保证模具刚度，尺寸小的凸模应做短些）。凸模间的高度差 H 取决于材料厚度 t，

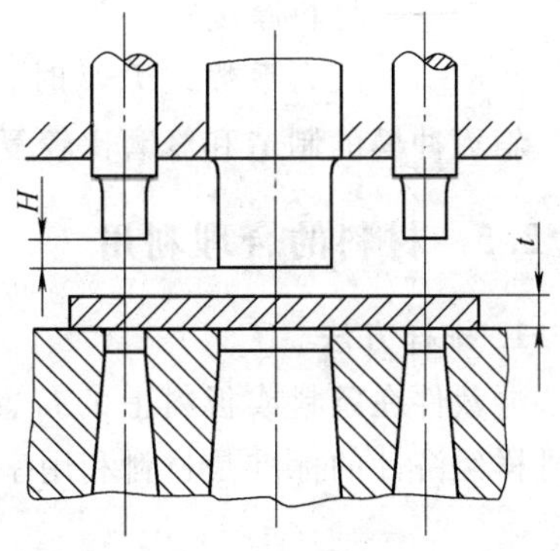

图 11-14　阶梯冲模

$t<3\text{mm}$ 时，$H=t$；$t>3\text{mm}$ 时，$H=2t$。

（3）采用斜刃模具冲裁　斜刃模具冲裁时，如图 11-15 所示，整个刃口不是同时切入板料，剪切面积小，因而可降低冲裁力。落料时，应将凹模制成斜刃，凸模制成平口；冲孔时，则相反。设计刃口时，斜刃参数可按下列数值选取：

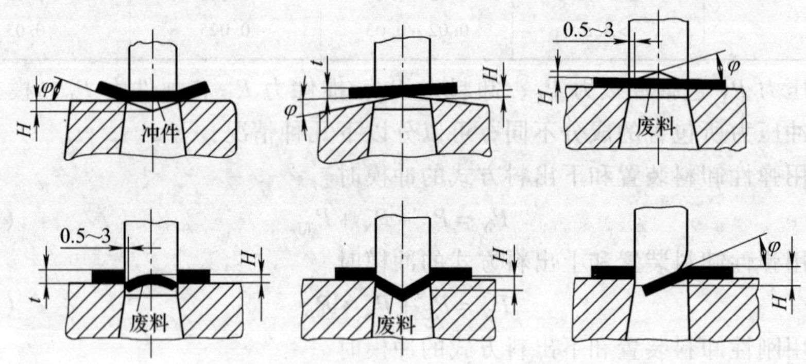

图 11-15　斜刃口的配置形式

1）料厚 $t<3\text{mm}$ 时，$H=2t$，$\varphi=5°$。

2）料厚 $t=3\sim10\text{mm}$ 时，$H=t$，$\varphi=8°$。

斜刃冲裁时的冲裁力可按式（11-15）计算：

$$P'=K'Lt \tag{11-15}$$

式中　P'——斜刃口冲裁力（N）；

L——冲件周边长度；

t——材料厚度；

K'——减力系数，$H=t$ 时，$K'=0.4\sim0.6$；$H=2t$ 时，$K'=0.2\sim0.4$。

斜刃冲模的制造和修磨比较复杂，因而只适用于大型零件或厚板冲裁。

11.2.5　材料的合理利用

1. 排样方法

冲裁件在条料或板料上的布置方法叫排样。排样不合理就会浪费材料，衡量排样经济性的标准是材料利用率，可用下式表示：

$$\eta=\frac{F_0}{F}\times100\% \tag{11-16}$$

式中　η——材料利用率；

F_0——零件实际面积（mm^2）；

F——所消耗的板料面积。

根据材料的合理利用情况，排样方法可分为有废料排样、少废料排样和无废料排样。

（1）有废料排样 如图 11-16a 所示，在零件与零件之间、零件周边有搭边。这种排样方法能保证零件质量，提高模具寿命，但材料利用率低。

（2）少废料排样 如图 11-16b 所示，沿零件外形轮廓切断或冲裁，一般情况下，只有零件与零件之间或只有零件与侧边缘之间有搭边。这种排样方法因受剪裁条料质量和定位误差的影响，其冲件质量稍差，同时边缘毛刺易被带入间隙，影响冲模寿命，但材料利用率较高。

（3）无废料排样 如图 11-16c，d 所示，零件沿条料被顺次剪下，零件与零件之间，零件与条料边缘之间无搭边存在。这种排样方法的冲件质量更差一些，模具寿命更低一些，但材料利用率最高。

2. 搭边

搭边是指排样时零件与零件之间以及零件与条料侧边间留下的条料。搭边的作用是补偿定位误差和送料误差，保持条料有一定的强度和刚度，便于送进，从而保证冲出合格的零件。

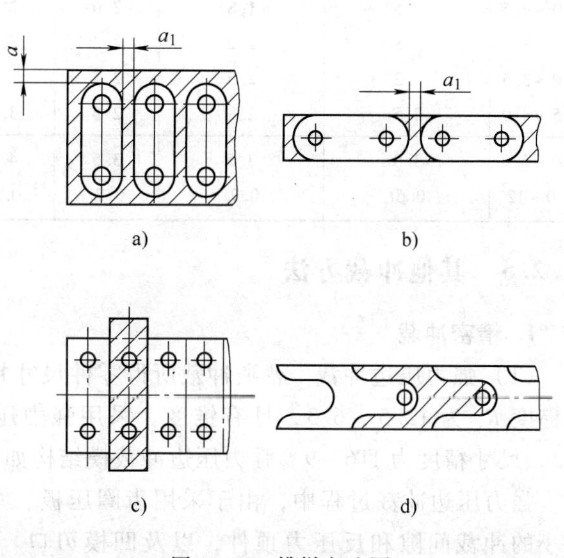

图 11-16 排样方法图

搭边值的大小要合理。搭边值过大时，材料利用率低；搭边值过小时，达不到冲裁工艺中的作用。一般搭边值由经验确定，表 11-10 为搭边值的经验数据表之一，搭边值的大小与下列因素有关：

1）材料的力学性能。硬材料的搭边值可小些，软材料、脆性材料的搭边值要大些。

2）材料厚度。厚材料的搭边值应取大些。

3）冲件的形状和尺寸。冲件形状复杂，且有尖突以及尺寸大时，搭边值取大些。

4）送料与挡料方式。有侧压板导向的手工送料，搭边值可取小些。

5）卸料方式。弹性卸料比刚性卸料的搭边值要小些。

表 11-10　最小搭边值

料厚 t/mm	圆形或圆角 $r>2t$ 的工件		矩形件边长 $l\leqslant 50$mm		矩形件边长 $l>50$mm 或圆角 $r\leqslant 2t$	
	工件间 a_1	侧边 a	工件间 a_1	侧边 a	工件间 a_1	侧边 a
0.25 以下	1.8	2.0	2.2	2.5	2.8	3.0
0.25~0.5	1.2	1.5	1.8	2.0	2.2	2.5
0.5~0.8	1.0	1.2	1.5	1.8	1.8	2.0
0.8~1.2	0.8	1.0	1.2	1.5	1.5	1.8
1.2~1.6	1.0	1.2	1.5	1.8	1.8	2.0
1.6~2.0	1.2	1.5	1.8	2.5	2.0	2.2
2.0~2.5	1.5	1.8	2.0	2.2	2.2	2.5
2.5~3.0	1.8	2.2	2.2	2.5	2.5	2.8
3.0~3.5	2.2	2.5	2.5	2.8	2.8	3.2
3.5~4.0	2.5	2.8	2.5	3.2	3.2	3.5
4.0~5.0	3.0	3.5	3.5	4.0	4.0	4.5
5.0~12	$0.6t$	$0.7t$	$0.7t$	$0.8t$	$0.8t$	$0.9t$

11.2.6　其他冲裁方法

1. 精密冲裁

(1) 强力压边冲裁　普通冲裁所得零件尺寸精度在 IT11 以下，切断面表面粗糙度 R_a 为 12.5~6.3，且有锥度。采用强力压边冲裁的零件 R_a 值为 1.6~0.2，尺寸精度为 IT6~9。强力压边冲裁模结构如图 11-17 所示。

强力压边冲裁过程中，由于采用齿圈压板、极小的冲裁间隙和反压力顶件，以及凹模刃口为圆角，材料处于三向压应力状态，使变形区的静水压力提高，从而提高材料的塑性，避免冲裁过程中发生撕裂。所以能实现精密冲裁。

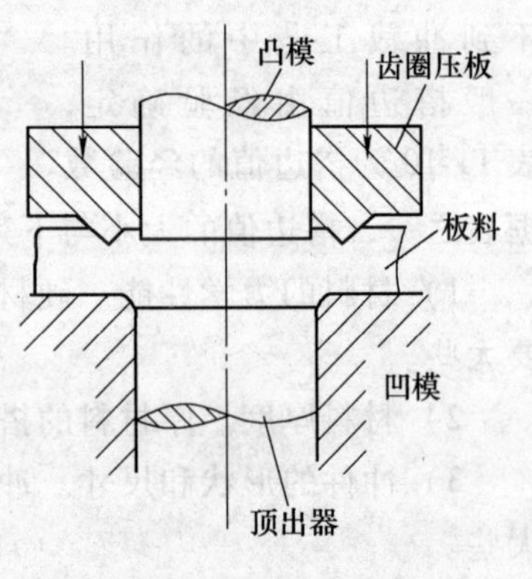

图 11-17　强力压边冲裁

强力压边冲裁时，单面间隙一般取料厚的 0.5%~2.5%。圆角的大小根据材料的性能和厚度确定。一般取 R 为 0.01~0.03mm。当料厚 $t<3$mm 时，可取 R 为 0.05~0.1mm。搭边一般取 (1.5~2) t，但不能小于 1mm。

强力压力冲裁时的冲裁力 P_{QC}、压边力 P_{QY}

和反压力 P_{QF} 可按式（11-17）～式（11-19）计算

$$P_{QC}=(1.3\sim1.5)Lt\tau_b \tag{11-17}$$

式中　τ_b——材料的抗剪强度；

L——冲件周边长度；

t——材料厚度。

$$P_{QY}=(0.3\sim0.6)P_{QC} \tag{11-18}$$

$$P_{QF}=(0.1\sim0.15)P_{QC} \tag{11-19}$$

（2）整修　整修是利用整修模沿冲裁件外缘或内孔刮削掉一薄层金属，以获得高精度、低粗糙度制件的工艺方法（图11-18）。整修后的零件的尺寸精度可达IT7～8，表面粗糙度 R_a 为1.6～0.8。整修冲裁件的外形为外缘整修，整修冲裁件孔的内形称为内缘整修。整修时应合理确定整修余量，其值取决于整修系数。对于材料厚度小于3mm，外形简单的零件，一般只需一次修整。材料厚度大于3mm或带有尖角的零件，一般均采用多次整修。

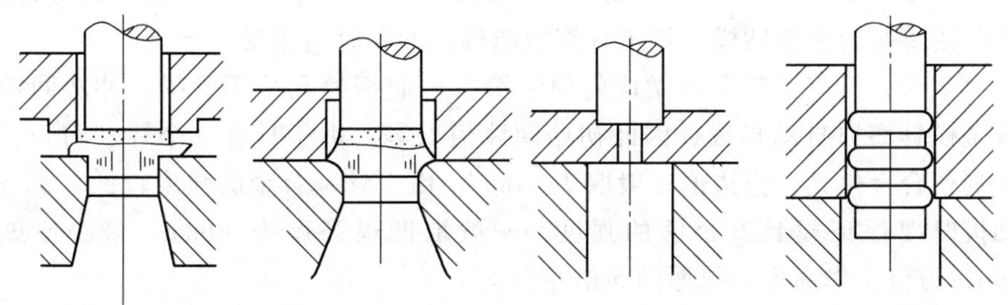

图11-18　整修

外缘整修凸、凹模单边间隙约为0.006～0.01mm，最大不超过0.025mm。除上述切削整修外，还有挤光整修，此时，采用锥形凹模，单边挤光余量小于0.04～0.06mm。这种整修方法一般用于塑性好的软材料。

（3）光洁整修　与普通冲裁的差别在于模具刃口的圆角半径小和冲模间隙很小。落料时，凹模刃口带椭圆角或小的圆角，如图11-19所示。凸模仍为普通形式。凸、凹模双面间隙小于0.01～0.02mm。常用的小圆角凹模，圆角半径一般取料厚的10%～20%。光洁冲裁适用于塑性好的材料。用此法所得到的零件，粗糙度 R_a 为3.2～0.8，公差等级为IT9～11。冲孔时，凸模刃口带有圆角，而凹模刃口为普通形式。光洁冲裁所需冲裁力比普通冲裁大50%左右。

2. 聚氨脂橡胶冲裁

聚氨脂橡胶冲裁是普通橡胶冲裁的发展。它采用聚氨脂橡胶代替模具钢，制成聚氨脂冲裁模。聚氨脂橡胶是一种高分子弹性材料。它具有强度高、弹性好、抗撕裂性好、耐磨、耐油、耐老化等优点。聚氨脂橡胶冲裁适合于冲裁大而薄的材料，所需材料的搭边宽度大（约为3～5mm），生产率不高，被冲材料

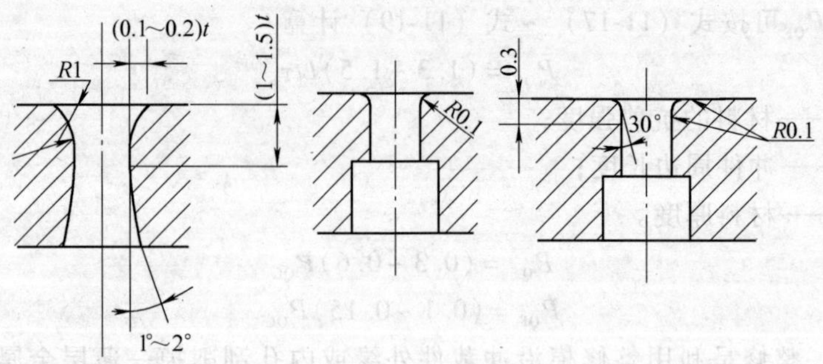

图 11-19　光洁冲裁

表面要擦试干净，不能冲小孔。

3. 锌基合金模冲裁

锌基合金冲模是采用以锌为基体的锌、铝、铜三元合金，通过铸造方法制成的。锌基合金冲模具有结构简单、容易制造、制模周期短、成本低等优点。落料时用锌基合金做凹模，用工具钢做凸模；冲孔时则相反。

冲裁时，只有锌基合金做成的模具磨损，而钢模几乎不磨损，冲裁间隙是由合金模具磨损自动形成，因此初始间隙值取零。由于只有一个锋利刃口，为避免划伤合金模具，搭边值一般取 2 ~ 3mm。由于锌基合金的强度较低，所以设计凹模时要保证模具有足够的强度，一般取凹模高度为 30mm，最小厚度为 40mm，刃口工作高度为料厚的 5 倍左右。

11.3　弯曲

将金属板料、型材或管材弯成一定的曲率和角度，从而得到一定形状和尺寸零件的冲压工序称为弯曲。弯曲的方法很多，可以在压力机上利用模具弯曲，也可以在专用弯曲机上进行折弯、滚弯或拉弯，如图 11-20 所示。无论哪种弯曲方法，其变形过程和特点却存在一些共同的规律。

11.3.1　弯曲变形过程分析

1. 弯曲变形过程

板料在弯曲模中弯曲成 V 形件是最基本的弯曲变形。如图 11-21 所示，弯曲的开始阶段属于弹性弯曲，随着凸模进入凹模，支点发生变化，使弯曲力臂和弯曲半径减小，同时外力和弯矩逐渐增大到定值后，板料开始出现塑性变形，当板料的弯曲半径及弯曲力臂达到最小值时，坯料与凸模紧靠，最终将板料弯曲成与凸模形状尺寸一致的弯曲件。

2. 弯曲变形特点

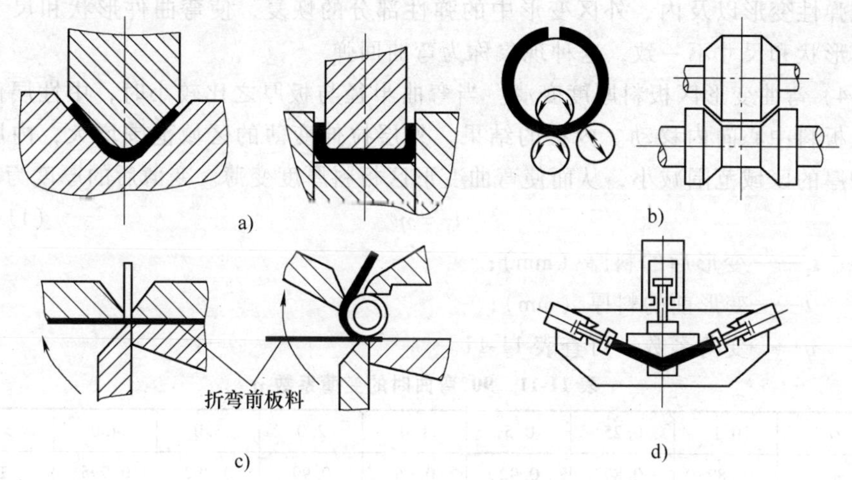

图 11-20　弯曲加工方法

a）模具弯曲　b）滚弯　c）折弯　d）拉弯

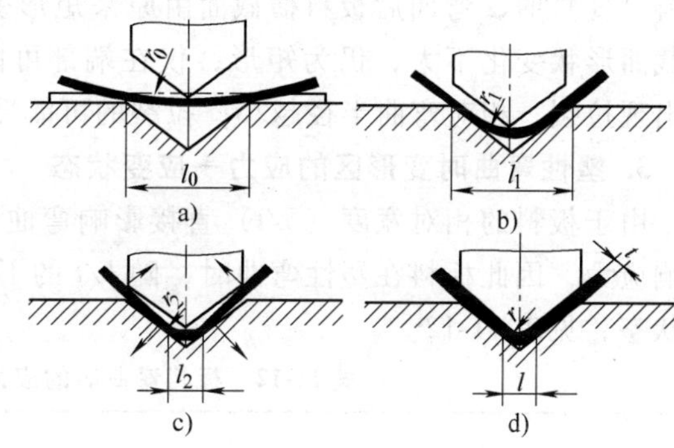

图 11-21　V 形件弯曲加工

采用网格法如图 11-22 所示，通过观察板料弯曲变形后位于弯曲侧壁的坐标网格的变化情况可以看出：

1）弯曲变形区主要集中在圆角部分，此处正方形网格变成了扇形。圆角以外除靠近圆角的直边处有少量变形外，其余部分不发生变形。

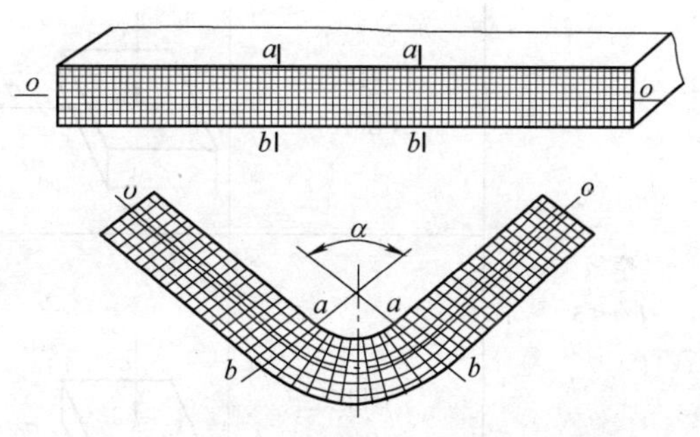

图 11-22　板料弯曲前后坐标网格的变化

2）中性层位置的内移。当板料弯曲时，靠凹模一侧纤维受拉，靠凸模一侧纤维受压，其间总存在着即不伸长也不缩短的纤维层，称为应变中性层。而毛坯截面上应力发生突然变化或应力不连续的纤维层，称为应力中性层。当弹性弯曲时，应力中性层和应变中性层处于板厚中央，当弯曲变形程度很大时，应变中性层和应力中性层都从板厚中央向内移动。

3）弯曲件的回弹。当弯曲变形结束，工件不受外力作用时，由于中性层附近纯弹性变形以及内、外区变形中的弹性部分的恢复，使弯曲件形状和尺寸与模具形状和尺寸不一致，这种现象称为弯曲回弹。

4）弯曲变形区板料厚度变薄。当弯曲半径与板厚之比较小时，中性层位置将从板料中心向内移动。内移的结果，外层拉伸变薄的区域范围增大，内层受压增厚的区域范围减小，从而使弯曲变形区板料厚度变薄。变薄后的厚度为

$$t_1 = \eta t \tag{11-20}$$

式中　t_1——变形后的料厚（mm）；

t——变形前的料厚（mm）；

η——变薄系数，可查表 11-11。

表 11-11　90°弯曲时的变薄系数 η

r/t	0.1	0.25	0.5	1.0	2.0	3.0	4.0	>4
η	0.82	0.87	0.92	0.96	0.99	0.992	0.995	1

5）弯曲变形区板料横截面的畸变。当相对宽度 $b/t \leqslant 3$（b 为板料宽度，t 为板料厚度）时，弯曲后板料横截面由原来矩形变为扇形；当 $b/t > 3$ 时，弯曲后横截面形状变化不大，仍为矩形，仅在端部可能出现翘曲，同时容易在板料外侧出现拉裂，相对弯曲半径越小，拉裂的可能性也越大。

3. 塑性弯曲时变形区的应力—应变状态

由于板料的相对宽度（b/t）直接影响弯曲时板料沿宽度方向的应变，进而影响应力，因此板料在塑性弯曲时，随 b/t 的不同，变形区具有不同的应力、应变状态，见表 11-12。

表 11-12　板料弯曲时的应力应变状态

相对宽度	变形区域	应力应变状态分析		
		应力状态	应变状态	特　点
窄板 $b/t \leqslant 3$	内区（压区）	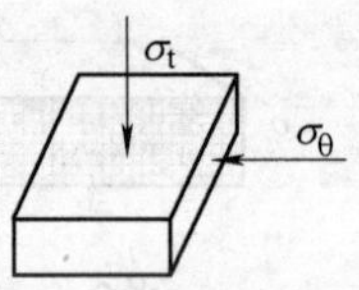	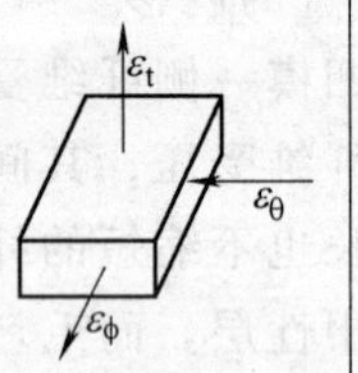	平面应力状态，立体应变状态
	外区（拉区）	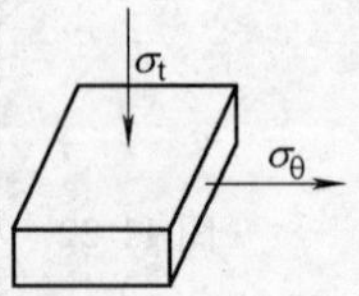	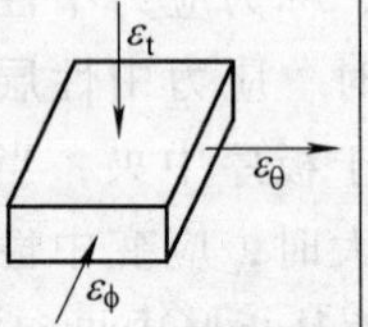	

（续）

相对宽度	变形区域	应力应变状态分析		
		应力状态	应变状态	特　点
宽板 $b/t>3$	内区 （压区）	σ_t　σ_θ　σ_ϕ	ε_t　ε_θ	立体应力状态， 平面应变状态
	外区 （拉区）	σ_t　σ_θ　σ_ϕ	ε_t　ε_θ	

11.3.2　弯曲件的工艺及计算

1. 弯曲件的工艺性

弯曲件的工艺性是指弯曲件的结构和形状、尺寸、材料及技术要求是否符合弯曲加工的工艺要求。具有良好工艺性的弯曲件，能简化弯曲工艺及模具结构。

1）弯曲件的形状要尽可能对称，以防弯曲变形时坯料受力不均匀。如果弯曲件的形状对称，但有缺口，可以弯曲后将切口切去。另外弯曲时，为保证坯料的准确定位，可预先增添定位工艺孔，如图 11-23 所示。

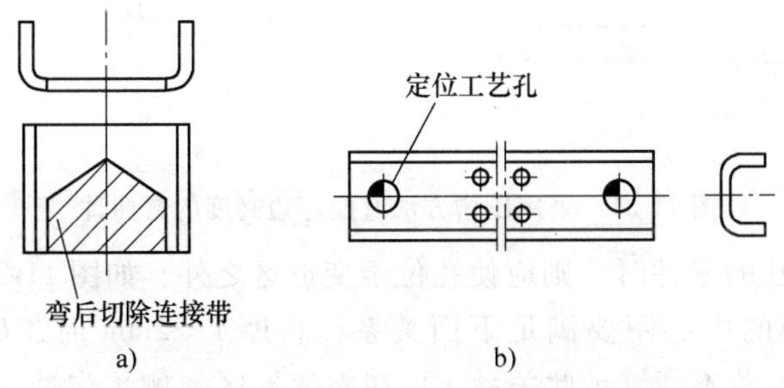

图 11-23　增添连接带和定位工艺孔的弯曲件

2）相对弯曲半径要大于最小弯曲半径，但也不宜过大，见表 11-13。因为若过大时，弯曲件容易受回弹的影响，不宜保证精度。

3）弯曲件的弯边高度 h 不宜过小，应保证 $h>r+2t$，如图 11-24a 所示。若 $h<r+2t$ 时，可以在圆角内侧压槽，弯曲后切除，如图 11-24b 所示。为了避免弯边根部开裂，如图 11-25a 所示，应保证 $b\geqslant r$。若 $b<r$，可在弯曲部分与不弯

部分之间切槽，如图 11-25b 所示。

表 11-13　最小相对弯曲半径 r_{min}/t

材　料	退火状态		冷作硬化状态	
	弯曲线的位置			
	垂直纤维方向	平行纤维方向	垂直纤维方向	平行纤维方向
08、10、Q195、Q215	0.1	0.4	0.4	0.8
15、20、Q235	0.1	0.5	0.5	1.0
25、30、Q255	0.2	0.6	0.6	1.2
35、40、Q275	0.3	0.8	0.8	1.5
45、50	0.5	1.0	1.0	1.7
55、60	0.7	1.3	1.3	2.0
铝	0.1	0.35	0.5	1.0
纯铜	0.1	0.35	1.0	2.0
软黄铜	0.1	0.35	0.35	0.8
半硬黄铜	0.1	0.35	0.5	1.2
磷铜	—	—	1.0	3.0
Cr18Ni9	1.0	2.0	3.0	4.0

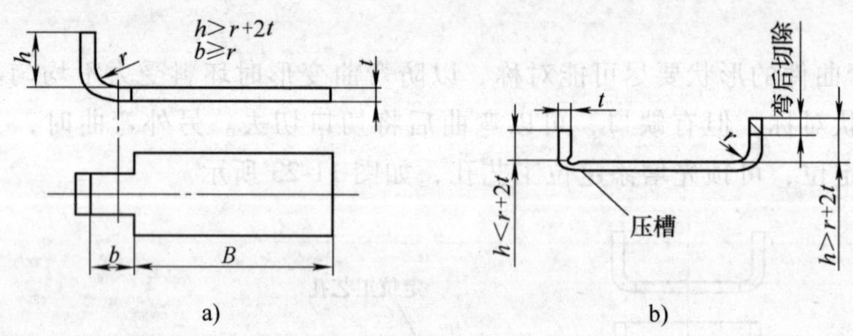

图 11-24　采用压槽方法弯曲弯边高度的弯曲件

4）弯曲带孔的零件时，则应使孔位于变形区之外，如图 11-26a 所示，一般孔边到弯曲半径的中心距要满足下面关系：料厚 $t<2$mm 时，$L\geqslant t$；料厚 $t\geqslant$ 2mm 时，$L\geqslant 2t$。若不能满足此关系，可在靠变形区一侧预先冲出凸缘形缺口或月牙形槽，如图 11-26b 所示；也可冲出工艺孔，如图 11-26c 所示。

5）弯曲件的尺寸标注不同，直接影响冲压工序的安排。如图 11-27 所示，采用图 a 所示标注方法时，可以先冲孔落料（复合工序）后再弯曲成形；图 b、c 所示的标注，冲孔只能安排在弯曲之后进行。

6）对于形状简单的弯曲件，如 V 形件、U 形件、Z 形件，可以一次弯曲成形，如图 11-28 所示。对于复杂形状的弯曲件，一般要多次弯曲，如图 11-28 所

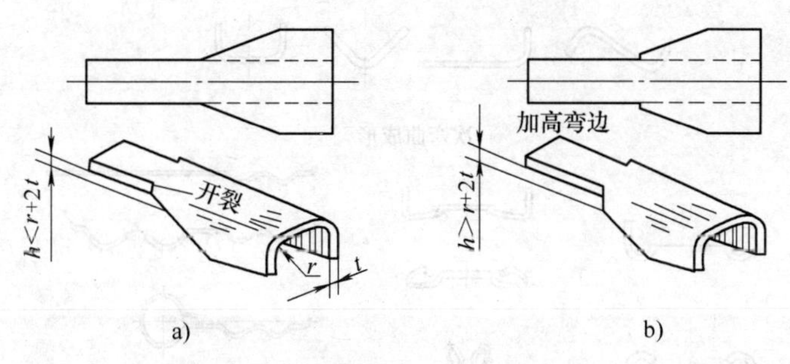

图 11-25　改变零件形状避免弯曲件开裂

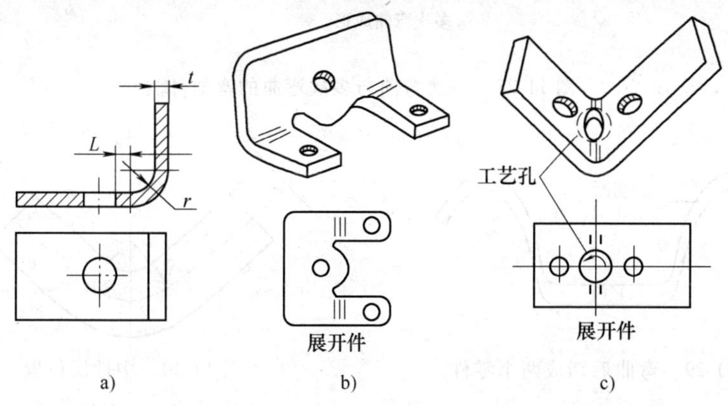

图 11-26　弯曲带孔的零件及采取的措施

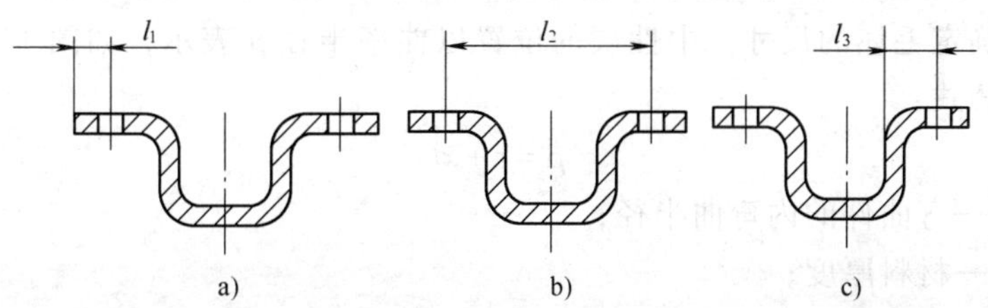

图 11-27　弯曲件尺寸标注

示。

7）需多次弯曲时，一般应先弯两端，后弯中间；对于非对称弯曲，应尽可能采用成对弯曲后再切成两件的工序，如图 11-29 所示。

8）弯曲材料要具有足够的塑性，其屈弹比（σ_s/E）要比屈强比 σ_s/σ_b 小。最适合的弯曲材料有软钢、黄铜和铝等。对于脆性较大的材料，如磷青铜、弹簧钢、铍青铜，要选择较大的相对弯曲半径。对于非金属材料，可以在弯曲前预热，再选择较大的相对弯曲半径，进行弯曲。

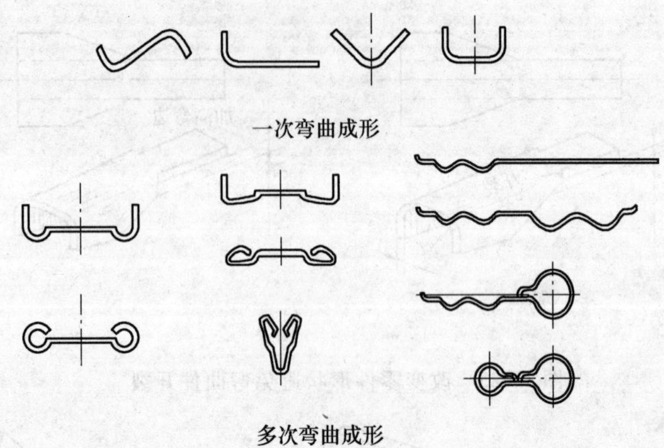

图 11-28　一次弯曲与多次弯曲的弯曲件

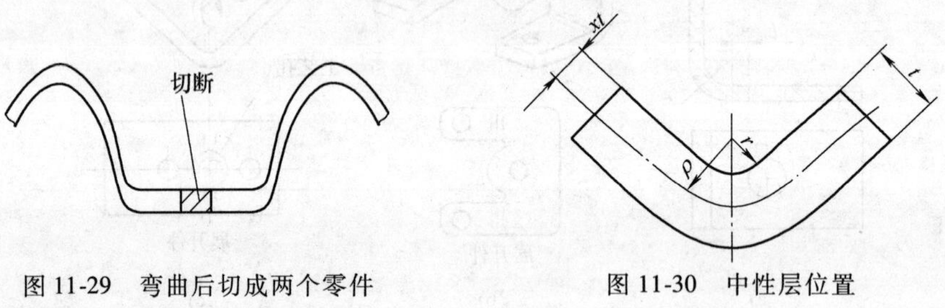

图 11-29　弯曲后切成两个零件　　　　图 11-30　中性层位置

2. 弯曲件毛坯尺寸的计算

板料弯曲时应变中性层的长度不变，因此可根据弯曲前后应变中性层不变的原则，确定毛坯的尺寸。中性层的位置以曲率半径 ρ 表示，如图 11-30 所示，常用经验公式：

$$\rho = r + xt \tag{11-21}$$

式中　r——弯曲件的内弯曲半径；

t——材料厚度；

x——中性层位移系数，见表 11-14。

确定毛坯尺寸的方法有下面两种情况：

(1) $r/t>0.5$ 的弯曲件　按中性层展开的原理，坯料的总长度应等于弯曲件的直线部分和圆弧部分长度之和，如图 11-31 所示，即

表 11-14　中性层位移系数 x

r/t	0.1	0.2	0.3	0.4	0.5	0.6	0.7	0.8	1.0	1.2
x	0.21	0.22	0.23	0.24	0.25	0.26	0.28	0.30	0.32	0.33
r/t	1.3	1.5	2.0	2.5	3.0	4.0	5.0	6.0	7.0	≥8.0
x	0.34	0.36	0.38	0.39	0.40	0.42	0.44	0.46	0.48	0.50

$$L_{ZC} = \sum L_{ZX} + \sum L_{WQ} \qquad (11\text{-}22)$$

$$L_{WQ} = \frac{\pi\alpha}{180}\rho = \frac{\pi\alpha}{180}(r + xt) \qquad (11\text{-}23)$$

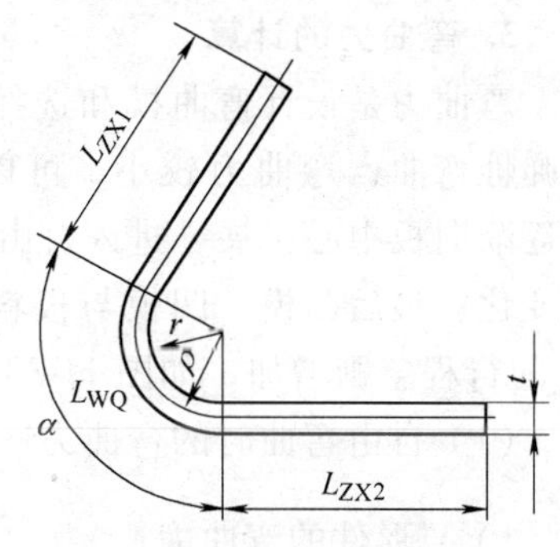

图 11-31　$r/t>0.5$ 的弯曲

式中 L_{ZC}——弯曲件展开长度（mm）；

L_{ZX}——直边部分的长度（mm）；

L_{WQ}——弯曲部分长度（mm）；

ρ——曲率半径；

r——弯曲件的内弯曲半径；

t——材料厚度；

x——中性层位移系数。

（2）$r/t<0.5$ 的弯曲件　由于弯曲部分及其相邻直角边发生变薄，故应按体积不变条件确定坯料长度。通常可采用表 11-15 中的经验公式计算。

表 11-15　弯曲件坯料长度计算表

简　图	计算公式	简　图	计算公式
	$L_{ZC} = l_1 + l_2 + 0.4t$		$L_{ZC} = l_1 + l_2 + l_3 + 0.6t$ （一次同时弯曲两个角）
	$L_{ZC} = l_1 + l_2 - 0.43t$		$L_{ZC} = l_1 + 2l_2 + 2l_3 + t$ （一次同时弯四个角） $L_{ZC} = l_1 + 2l_2 + 2l_3 + 1.2t$ （分为两次弯曲四个角）

（3）铰链式弯曲件　对于 $r/t=0.6\sim3.5$ 的铰链件，如图 11-32 所示，其坯料长度可按式（11-24）计算：

$$L_{ZC} = l + 1.5\pi(r + x_1 t) + r \approx l + 5.7r + 4.7x_1 t \qquad (11\text{-}24)$$

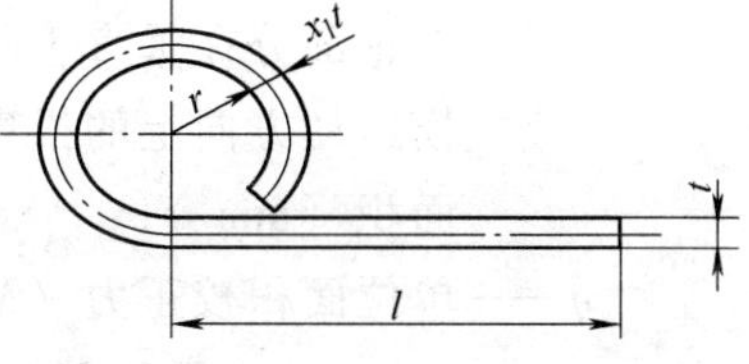

图 11-32　铰链式弯曲件

式中　l——直线长度；

r——铰链内半径；

x_1——中性层位移系数，见表 11-16。

表 11-16　卷圆时中性层位移系数 x_1 值

r/t	>0.5~0.6	>0.6~0.8	>0.8~1.0	>1.0~1.2	>1.2~1.5	>1.5~1.8	>1.8~2.0	>2.0~2.2	>2.2
x_1	0.76	0.73	0.70	0.67	0.64	0.61	0.58	0.54	0.5

3. 弯曲力的计算

弯曲力是设计弯曲模和选择压力机的重要依据之一。板料在弯曲时首先发生弹性弯曲，弯曲力较小，可以略去；然后变形区内外层纤维进入塑性状态，并逐渐向板中心扩展，进入自由弯曲阶段，该阶段弯曲力 P_{ZY} 不随凸模行程变化而变化；最后凸模、凹模与板料接触并冲击零件，进行校正弯曲，校正弯曲力 P_{JZ} 随行程急剧增加，如图 11-33 所示。

（1）自由弯曲时的弯曲力

1）V 形件的弯曲力 $$P_{ZY}=\frac{0.6KBt^2\sigma_b}{r+t} \tag{11-25}$$

2）U 形件弯曲力 $$P_{ZY}=\frac{0.7KBt^2\sigma_b}{r+t} \tag{11-26}$$

式中 P_{ZY}——自由弯曲在冲压行程结束时的弯曲力（N）；

B——弯曲件宽度（mm）；

r——弯曲件的内弯曲半径（mm）；

t——弯曲件材料厚度；

σ_b——材料的抗拉强度（MPa）；

K——安全系数，一般取 $K=1.3$。

（2）校正弯曲时的弯曲力 为了提高弯曲件的精度，减小回弹，在弯曲终了需对弯曲件进行校正。校正弯曲力可按式（11-27）计算

$$P_{JZ}=Aq \tag{11-27}$$

式中 P_{JZ}——校正弯曲力（N）；

A——校正部分在垂直于凸模运动方向上的投影面积（mm^2）；

q——单位面积校正力（MPa），其值见表 11-17。

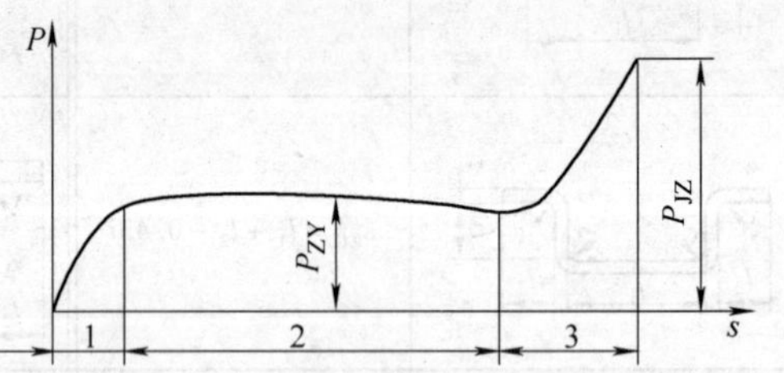

图 11-33 弯曲力的变化曲线

1—弹性弯曲阶段 2—自由弯曲阶段 3—校正弯曲阶段

表 11-17 校正弯曲单位面积校正力 （单位：MPa）

材 料	材料厚度 t/mm			
	≤1	1～3	3～6	6～10
铝	10～20	20～30	30～40	40～50
黄铜	20～30	30～40	40～60	60～80
10、15、20 钢	30～40	40～60	60～80	80～100
20、30、35 钢	40～50	50～70	70～100	100～120

（3）顶件力或压料力 若弯曲模有顶件装置或压料装置，其顶件力（P_D）

或压料力（P_Y）可取自由弯曲力P_{ZY}的30%~80%，即

$$P_D(P_Y)=(0.3\sim0.8)P_{ZY} \tag{11-28}$$

（4）压力机标称压力的确定　对于有压料的自由弯曲，压力机额定压力p应为

$$p=(1.6\sim1.8)(P_{ZY}+P_Y) \tag{11-29}$$

对于校正弯曲，压力机额定压力应为

$$p=(1.1\sim1.3)P_{JZ} \tag{11-30}$$

11.3.3 弯曲件的回弹

塑性弯曲总伴随着弹性变形，在卸载后，使得弯曲件在模具中所形成的弯曲半径和弯曲角度在出模后发生改变，即总变形的弹性部分发生恢复，这种现象叫回弹。如图11-34所示，φ_p、φ为卸载前后的弯曲角，r_p、r为卸载前后的弯曲半径。

1. 影响回弹的因素

1）材料的力学性能，即与σ_s/E的比值成正比，屈服强度（σ_s）越高，弹性模量（E）越小，回弹值越大；反之越小。

2）相对弯曲半径r/t，相对弯曲半径越大，回弹越大；反之越小。

3）弯曲中心角φ，弯曲中心角越小，弯曲变形区域就越大，因而回弹累积越大，回弹就越大。

4）弯曲件的形状，形状复杂的弯曲件，弯曲后回弹小。

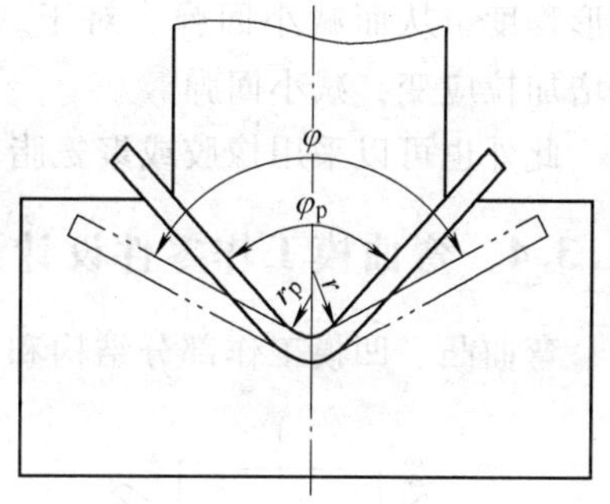

图11-34　弯曲时的回弹

5）凸、凹模间隙，间隙较大时，回弹越大；反之越小。

6）弯曲方式，校正弯曲比自由弯曲的回弹小。

2. 减小回弹的措施

在实际生产中，要完全消除弯曲件的回弹是不可能的，这样可以采取一些措施来控制和减小弯曲件的回弹。

（1）改进弯曲件设计和合理选材　改进弯曲件结构，如在弯曲件变形处压制加强肋，可使回弹减小，并提高弯曲件的刚度。选材时，采用σ_s/E小、力学性能稳定和板料厚度波动小的材料，如用软钢代替硬铝、铜合金等；或对于一些硬材料，弯曲前采用退火处理，也可以减小回弹。

（2）校正法　在弯曲终了时，对板料加一定的校正压力，迫使弯曲处内层金属产生切向拉伸应变。这样卸载后，内、外层都要缩短，使它们的回弹趋势

相反，从而减小回弹量。校正压缩量一般为板料厚度的2% ~5%。

（3）补偿法　根据弯曲件的回弹趋势和回弹量的大小，修正凸模或凹模工作部分形状和尺寸，使零件的回弹量得到补偿。图 11-35a 为凸模上减去回弹角的补偿情况，图 11-35b 为凹模底部设计成弧形的补偿情况。

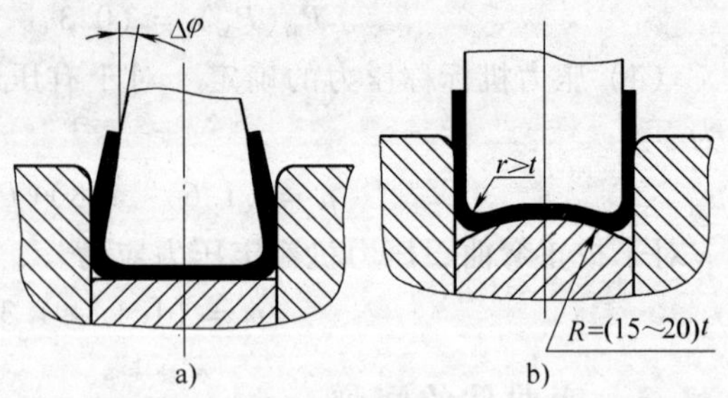

图 11-35　补偿回弹

（4）拉弯法　板料在拉力作用下进行弯曲，使整个板料剖面上都作用有拉力。卸载后，因内、外层纤维的回弹趋势相互抵消，从而减小回弹。拉弯工艺也可在专用的拉弯机上进行，也可用模具实现。

（5）改进模具设计、增加压边力及减小凸凹间隙　当弯曲件材料厚度大于0.8mm，且塑性较好时，可将凸模设计成局部突起的形状，以增大弯曲变形区的变形程度，从而减小回弹。对于一般软材料，可增加压边力或减小凸凹间隙，以增加拉应变，减小回弹。

此外也可以采用橡胶或聚氨脂软凹模代替金属刚性凹模的方法减小回弹。

11.3.4　弯曲模工作零件设计及尺寸计算

弯曲凸、凹模工作部分结构和尺寸如图 11-36 所示。

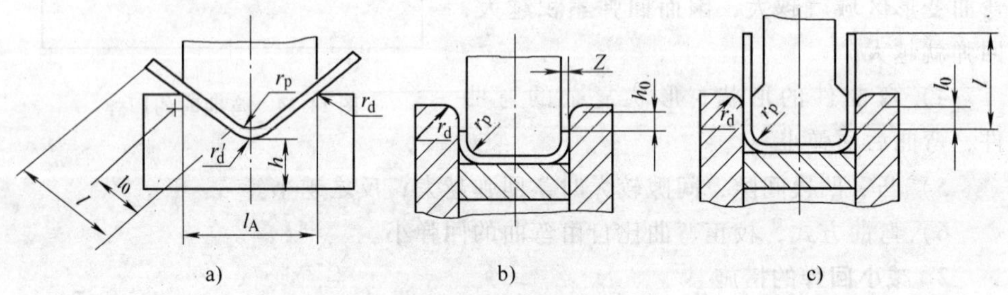

图 11-36　弯曲凸、凹模工作部分的结构尺寸

1. 凸、凹模圆角半径及凹模深度

（1）凸模圆角半径 r_p　当弯曲件的相对弯曲半径 $r/t<5\sim8$，且不小于最小相对弯曲半径（表 11-13）时，凸模圆角半径取弯曲件圆角半径，即 $r_p=r$。若相对弯曲半径小于最小相对弯曲半径时，则应取 $r_p \geqslant r_{min}$，将弯曲件先弯成较大圆角半径，然后采用整形工序进行修整，使其满足弯曲圆角半径的要求。当弯曲件的相对弯曲半径 $r/t \geqslant 10$ 时，由于弯曲件的回弹量较大，凸模圆角半径可参

看《冲模设计手册》根据回弹值加以修正。

（2）凹模圆角半径 r_d 一般根据材料厚度选取：$t \leqslant 2$mm 时，$r_d=(3\sim6)t$；$t=2\sim4$mm 时，$r_d=(2\sim3)t$；$t>4$mm 时，$r_d=2t$；另外凹模两边的圆角半径应一致，否则弯曲时，坯料会发生偏移。V 形弯曲凹模的底部可开设退刀槽或取圆角半径 $r'_d=(0.6\sim0.8)(r_p+t)$。

（3）凹模深度 l_0 V 形件弯曲模的凹模深度 l_0 及底部最小厚度 h 可查表 11-18。U 形弯曲模的凹模深度 l_0 及底部最小厚度 h 可查表 11-19、表 11-20。

表 11-18 V 形弯曲模的凹模深度 l_0 及底部最小厚度 h

弯曲件边长 l/mm	材料厚度 t/mm					
	≤2		2～4		>4	
	h	l_0	h	l_0	h	l_0
10～25	20	10～15	22	15	—	—
25～50	22	15～20	27	25	32	30
50～75	27	20～25	32	30	37	35
75～100	32	25～30	37	35	42	40
100～150	37	30～35	42	40	47	50

注：应保证凹模开口宽度不能大于弯曲坯料展开长度的 0.8 倍。

表 11-19 U 形弯曲模的凹模深度 l_0

弯曲件边长 l/mm	材料厚度 t/mm				
	<2	1～2	2～4	4～6	6～10
<50	15	20	25	30	35
50～75	20	25	30	35	40
75～100	25	30	35	40	40
100～150	30	35	40	50	50
150～200	40	45	55	65	65

注：凹模深度应大于弯曲件的高度。

表 11-20 U 形件弯曲凹模 h_0 值

材料厚度 t/mm	≤1	1～2	2～3	3～4	4～5	5～6	6～7	7～8	8～10
h_0	3	4	5	6	8	10	15	20	25

2. 凸、凹模间隙

弯曲 V 形件凸凹模间隙可通过调节压力机闭合高度得到，因而在设计和制造模具中不需考虑。对于 U 形类弯曲件，设计模具应确定合适的凸凹模间隙值，可按式（11-31）、式（11-32）确定：

弯曲有色金属时 $$Z=t_{min}+ct \tag{11-31}$$

弯曲黑色金属时 $$Z=t_{max}+ct \tag{11-32}$$

式中　Z——弯曲凸、凹模的单边间隙；

t——弯曲件厚度；

t_{min}、t_{max}——弯曲件的最小厚度和最大厚度；

c——间隙系数，可查表 11-21。

表 11-21　U 形件弯曲模凸、凹模的间隙系数 c 值

弯曲件高度 H/mm	材料厚度 t/mm								
	≤0.5	0.6～2	2.1～4	4.1～5	≤0.5	0.6～2	2.1～4	4.1～7.5	7.6～12
	弯曲件宽度 $B \leqslant 2H$				弯曲件宽度 $B > 2H$				
10	0.05	0.05	0.04	—	0.10	0.10	0.08	—	—
20	0.05	0.05	0.04	0.03	0.10	0.10	0.08	0.06	0.06
35	0.07	0.05	0.04	0.03	0.15	0.10	0.08	0.06	0.06
50	0.10	0.07	0.05	0.04	0.20	0.15	0.10	0.06	0.06
75	0.10	0.07	0.05	0.05	0.20	0.15	0.10	0.10	0.08
100	—	0.07	0.05	0.05	—	0.15	0.10	0.10	0.08
150	—	0.10	0.07	0.05	—	0.20	0.15	0.10	0.10
200	—	0.10	0.07	0.07	—	0.20	0.15	0.15	0.10

3. 凸、凹模宽度尺寸计算

1）弯曲件标注外形尺寸时（图 11-37a），应以凹模为基准件，间隙取在凸模上。

$$B_d = (B_{max} - 0.75\Delta)_0^{\delta_d} \tag{11-33}$$

$$B_p = (B_d - 2Z)_{-\delta_p}^{0} \tag{11-34}$$

2）弯曲件标注内形尺寸时（图 11-37b），应以凸模为基准件，间隙取在凹模上。

$$B_p = (B_{min} + 0.75\Delta)_{-\delta_p}^{0} \tag{11-35}$$

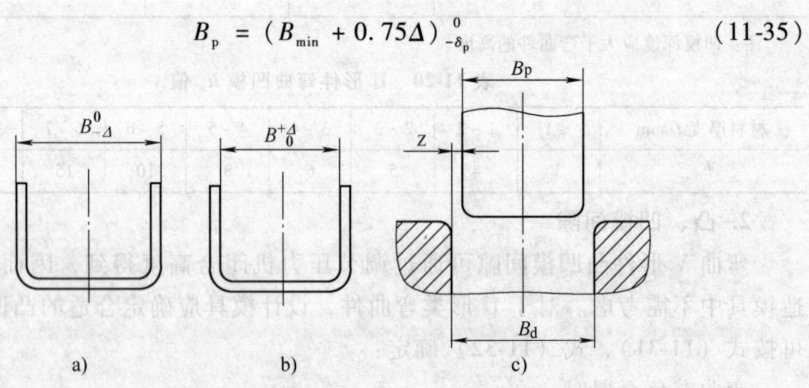

图 11-37　标注外形与内形的弯曲件及模具尺寸

$$B_d = (B_{max} - 0.75\Delta)_0^{\delta_d} \tag{11-36}$$

式中　B_d、B_p——弯曲凹、凸模宽度；

B_{max}、B_{min}——弯曲件的最大、最小极限宽度；

Δ——弯曲件的宽向尺寸公差；

Z——凸、凹模单边间隙；

δ_d、δ_p——弯曲凸、凹模制造公差，可采用 IT7～IT9 级精度，一般取凸模的精度比凹模精度高一级，但要保证 $\delta_d/2+\delta_p/2+t_{max}$ 的值在最大允许间隙范围内。当弯曲件的精度要求较高时，凸、凹模可以采用配作加工方法。

11.4　拉深

拉深（又称拉延）是利用拉深模在压力机的作用下，将平面坯料或空心件制成开口空心件的冲压工序。用拉深工艺可以制成筒形、锥形、球形、方盒形和其他形状的薄壁零件，也可与其他工序配合，制成形状及为复杂的零件。

11.4.1　拉深变形过程分析

1. 拉深变形过程

下面以圆筒形件拉深来说明拉深变形过程，如图 11-38 所示，拉深开始时凸模对毛坯中心部分施加压力，使板料产生弯曲，随着凸模下降，凸、凹模对板料所施加的作用力将沿径向移动，构成力矩在突缘部分引起径向拉应力 σ_r，由于板料外径减小，在突缘部分的切线方向产生压应力 σ_θ，在拉应力和压应力的作用下，如图 11-39 所示，突缘材料发生塑性变形，其多余的三角形材料沿径向伸长，切向压缩，并不断压入凹模内，形成筒形空心件。

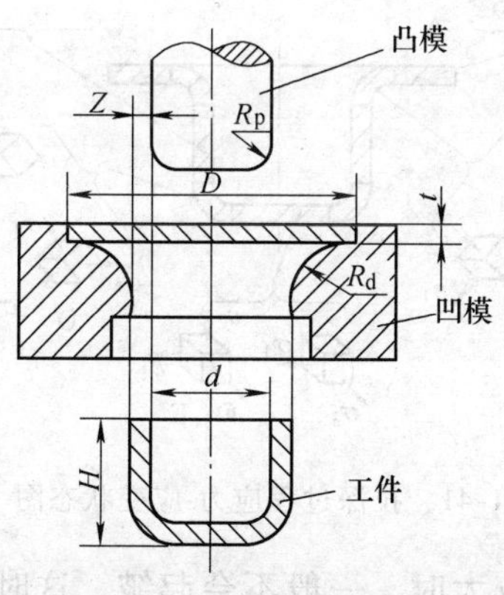

图 11-38　平板坯料拉深变形

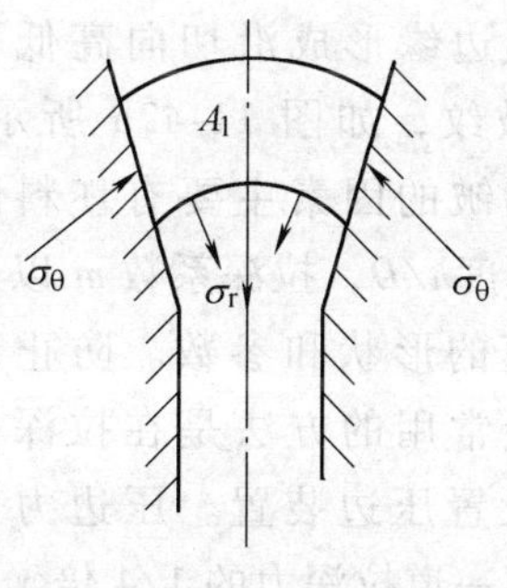

图 11-39　拉深时的应力

2. 拉深变形的应力-应变状态

拉深件的起皱和破裂的根本原因是拉深时的应力应变状态，因此在设计模具和制订工艺时，特别要分析拉深时的应力应变状态。

图 11-40a 为坯料在拉深过程中的某一瞬间所处状态，图 11-40b 为拉深时坯料的受力情况。如图 11-41 所示，根据毛坯各部分的应力-应变状态的特点，可将其分成五个区域，即凸缘平面区域（A 区）、凸缘圆角区域（B 区）、筒壁区域（C 区）、底部圆角区域（D 区）及筒底区域（E 区）。

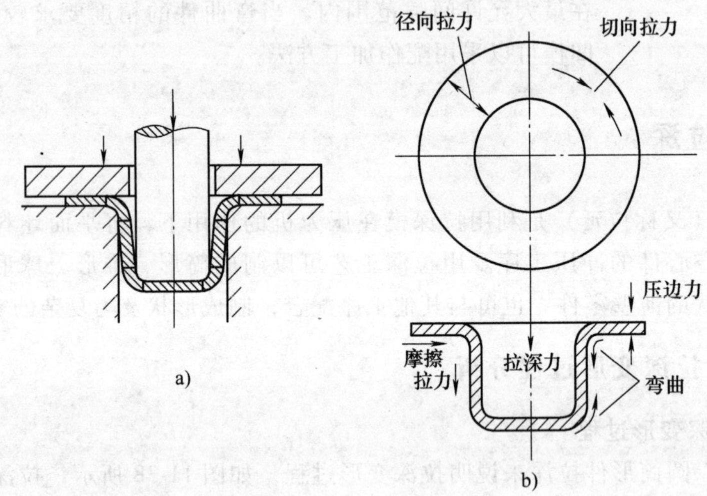

图 11-40　拉深过程受力分析

3. 拉深件的起皱与破裂

生产中拉深质量问题主要表现为起皱和拉裂。

(1) 起皱　是指拉深过程中毛坯边缘形成沿切向高低不平的皱纹，如图 11-42a 所示。影响起皱的因素主要有坯料的相对厚度 t/D，拉深系数 m 以及拉深模的形状和参数。防止起皱的最常用的方法是在拉深模具上设置压边装置。压边力一般为第一道拉深力的 1/4 倍。

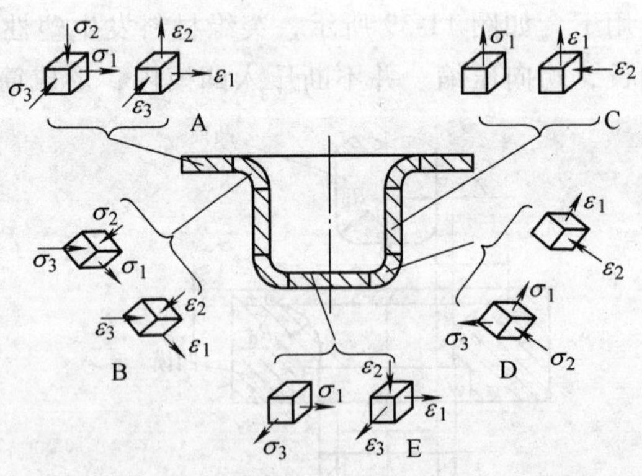

图 11-41　拉深过程应力-应变状态图

当坯料变形程度小、且坯料相对厚度较大时，一般不会起皱，这时可不必采用压边装置，判断是否采用压边装置可按表 11-22 确定。

(2) 拉裂　筒壁底部稍向上的部位，由于此处参与变形的金属少，冷作硬化程度小，变薄最严重，所以是拉深件最薄弱的部位，若此处拉应力大于板料的抗拉强度，拉深件就会破裂，如图 11-42b 所示。另外压边力太大和凸缘起皱均会导致拉深零件断裂。

控制拉裂的措施主要有：适当加大凸、凹模圆角半径，降低拉深力，增加拉深次数，在压料圈底部和凹模上涂润滑剂等方法。

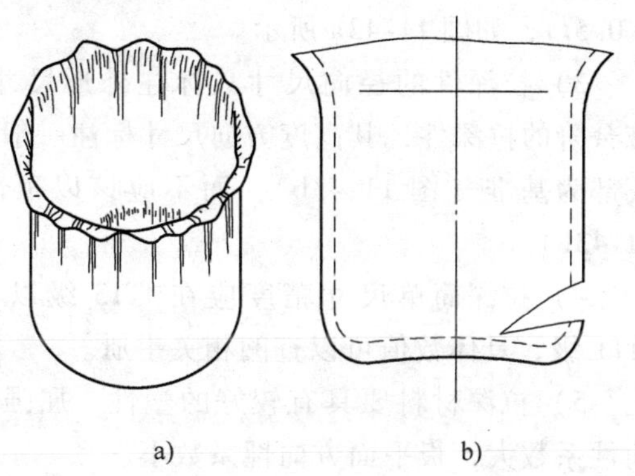

图 11-42　拉深件的起皱

表 11-22　采用或不采用压边装置的条件

拉深方法	首次拉深		以后各次拉深	
	$(t/D)(\%)$	m_1	$(t/D)(\%)$	m_n
采用压边装置	<1.5	<0.6	<1.0	<0.8
可用可不用	5~2.0	0.6	1.0~1.5	0.8
不用压边装置	>2.0	>0.6	>1.5	>0.8

11.4.2　圆筒件拉深工艺及计算

1. 拉深的工艺性

1）拉深件应尽量简单、对称，并能一次拉深成形。当零件一次拉深变形程度过大时，为避免拉裂，需多次拉深。在保证装配要求的前提下，应允许拉深件侧壁有一定斜度。

2）拉深件底部或边缘有孔时，孔边到侧壁的距离应满足 $a \geqslant R + 0.5t$（或 r

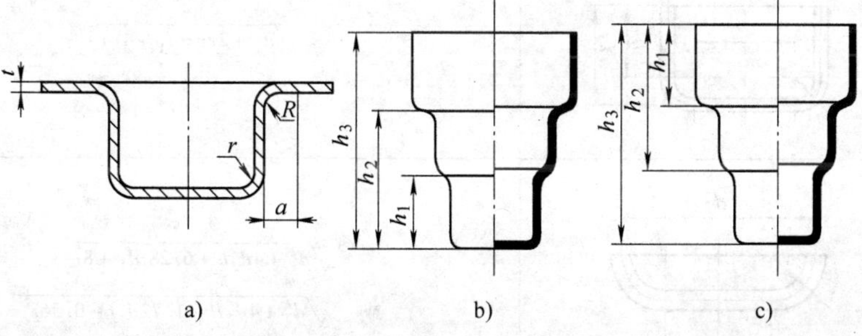

图 11-43　拉深件的结构尺寸

$+0.5t$)，如图 11-43a 所示。

3）拉深件的径向尺寸只标注外形尺寸或内形尺寸，带台阶的拉深件，其高度方向尺寸标注一般应以拉深件的底部为基准（图 11-43b），而不应该以顶部为基准（图 11-43c）。

4）拉深简单尺寸精度应在 IT13 级以下，不宜高于 IT11 级，具体数值可以查阅相关手册。

5）拉深材料要具有较好的塑性，屈强比小，板厚方向性系数大，板平面方向性系数小。

2. 拉深毛坯尺寸的计算

旋转体拉深件坯料的形状采用圆形板料，那么根据表面积相等的原则，可以确定坯料直径。对于图 11-44 的圆筒拉深件，其板料直径可按式（11-37）计算：

$$D = \sqrt{d^2 + 4dH - 1.72dr - 0.56r^2} \qquad (11\text{-}37)$$

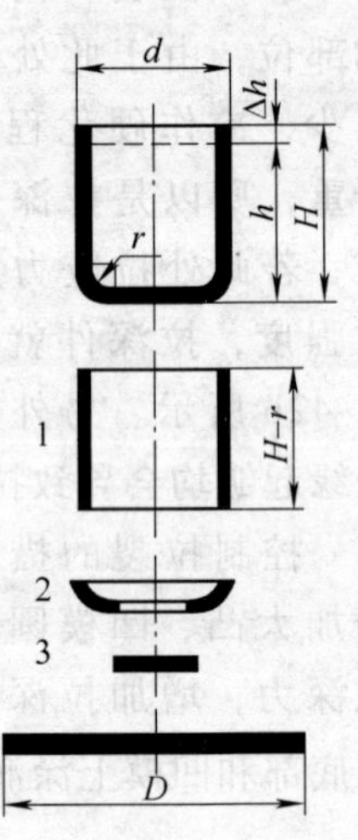

图 11-44　圆筒件拉深尺寸计算

式中　D——坯料直径；

d、H、r——拉深件的直径、高度、圆角半径。

常见旋转体拉深件坯料直径的计算公式见表 11-23。

表 11-23　常见旋转体拉深件坯料直径计算公式

序号	零件形状	坯料直径 D
1	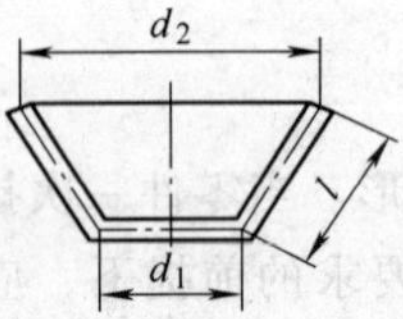	$\sqrt{d_1^2 + 2l(d_1 + d_2)}$
2	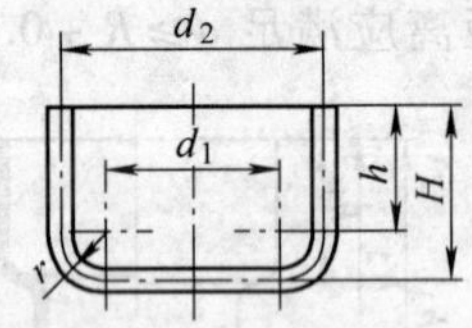	$\sqrt{d_1^2 + 2r(\pi d_1 + 4r)}$
3	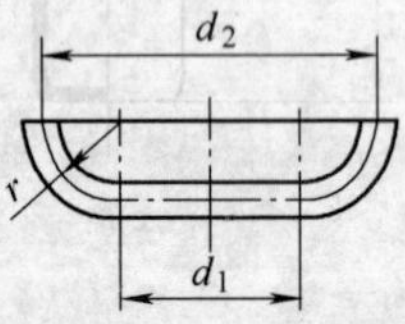	$\sqrt{d_1^2 + 4d_2h + 6.28rd_1 + 8r^2}$ 或　$\sqrt{d_2^2 + 4d_2H - 1.72d_2r - 0.56r^2}$

（续）

序号	零件形状	坯料直径 D
4	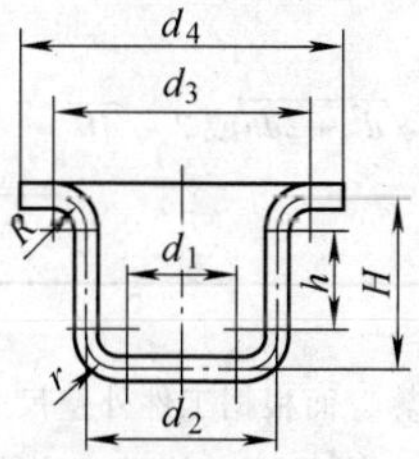	当 $r \neq R$ 时 $\sqrt{d_1^2+6.28rd_1+8r^2+4d_2h+6.28Rd_2+4.56R^2+d_4^2-d_3^2}$ 当 $r=R$ 时 $\sqrt{d_4^2+4d_2H-3.44rd_2}$
5	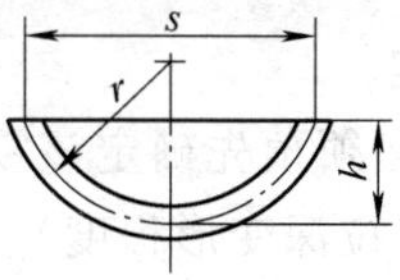	$\sqrt{8rh}$ 或 $\sqrt{s^2+4h^2}$
6	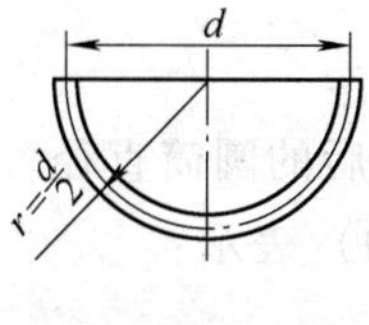	$\sqrt{2d^2}=1.414d$
7	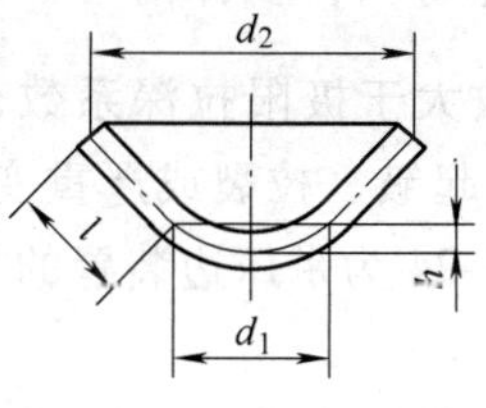	$\sqrt{d_1^2+4h^2+2l(d_1+d_2)}$
8	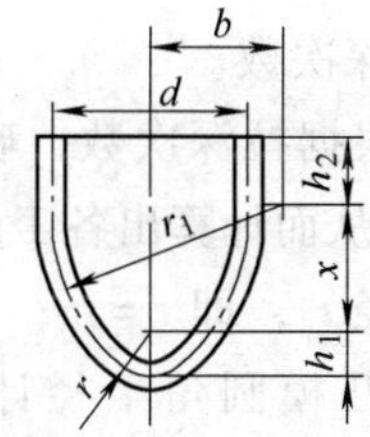	$\sqrt{8r_1\left[x-b\left(\arcsin\frac{x}{r_1}\right)\right]+4dh_2+8rh_1}$
9	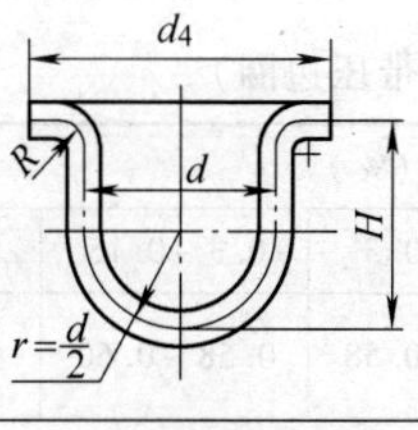	$\sqrt{8r^2+4dH-1.72dR+0.56R^2+d_4^2-d^2}$

（续）

序号	零件形状	坯料直径 D
10	d h H R $\frac{d}{2}$	$1.414\sqrt{d^2+2dh}$ 或 $2\sqrt{dH}$

注：1. 尺寸按工件材料厚度中心层尺寸计算

2. 对于厚度小于1mm的拉深件，可不按工件厚度中心层计算，而根据工件外壁尺寸计算。

3. 对于部分未考虑工件圆角半径的计算公式，在计算有圆角半径的工件时，计算结果要偏大，故在此情况下，可不考虑或少考虑修边余量。

3. 拉深系数、拉深次数及各次工序件尺寸的确定

（1）拉深系数与拉深次数　制订拉深工艺时，必须预先确定该零件是一次拉深还是多次拉深，衡量其标准采用拉深系数（又叫拉深变形程度）。圆筒件的拉深系数 m 是每次拉深后的直径与拉深前的坯料（工序件）直径的比值，即

$$m_n = \frac{d_n}{d_{n-1}} \tag{11-38}$$

式中　d_{n-1}、d_n——分别为第 $n-1$ 次和第 n 次的拉深后的圆筒直径。

总拉深系数表示坯料的总变形程度，用式（11-39）表示：

$$m_{总} = \frac{d_n}{D} = \frac{d_1}{D}\frac{d_2}{d_1}\frac{d_3}{d_2}\cdots\frac{d_{n-1}}{d_{n-2}}\frac{d_n}{d_{n-1}} = m_1 m_2 m_3 \cdots m_{n-1} m_n \tag{11-39}$$

为保证拉深工艺的顺利进行，必须使拉深系数大于极限拉深系数，极限拉深系数用［m］表示。若小于此值，就会使拉深件起皱、拉裂或严重变薄超差。下面是实际生产中的圆筒件极限拉深系数表，表11-24为带压边装置的拉深系数表，表11-25为不带压边装置的拉深系数表。

拉深次数可以根据极限拉深系数，推算各工序件的直径，当计算直径稍小于或等于拉深件所要求的直径时，此时的次数即为拉深次数。

（2）各次拉深工序尺寸的计算　各次工序直径可根据拉深次数，确定极限拉深系数，然后调整确定各次拉深实际采用的拉深系数，从而计算出各工序直径。

各工序的圆角半径 r 等于相应拉深凸模的圆角半径 r_p，即 $r = r_p$；但当料厚 $t \geqslant 1$mm 时，应按中线尺寸计算，这时 $r = r_p + t/2$。凸模圆角半径计算可参看11.4.3节。

表11-24　圆筒形件的极限拉深系数（带压边圈）

拉深系数	坯料相对厚度（t/D）（%）					
	2.0~1.5	1.5~1.0	1.0~0.6	0.6~0.3	0.3~0.15	0.15~0.08
［m_1］	0.48~0.50	0.50~0.53	0.53~0.55	0.55~0.58	0.58~0.60	0.60~0.63

（续）

拉深系数	坯料相对厚度（t/D）（%）					
	2.0 ~ 1.5	1.5 ~ 1.0	1.0 ~ 0.6	0.6 ~ 0.3	0.3 ~ 0.15	0.15 ~ 0.08
$[m_2]$	0.73 ~ 0.75	0.75 ~ 0.76	0.76 ~ 0.78	0.78 ~ 0.79	0.79 ~ 0.80	0.80 ~ 0.82
$[m_3]$	0.76 ~ 0.78	0.78 ~ 0.79	0.79 ~ 0.80	0.80 ~ 0.81	0.81 ~ 0.82	0.82 ~ 0.84
$[m_4]$	0.78 ~ 0.80	0.80 ~ 0.81	0.81 ~ 0.82	0.82 ~ 0.83	0.83 ~ 0.85	0.85 ~ 0.86
$[m_5]$	0.80 ~ 0.82	0.82 ~ 0.84	0.84 ~ 0.85	0.85 ~ 0.86	0.86 ~ 0.87	0.87 ~ 0.88

注：1. 表中拉深系数适用于 08 钢、10 钢和 15Mn 钢等普通拉深碳钢及黄铜 H62。对拉深性能较差的材料，如 20 钢、25 钢、Q215 钢、硬铝等应比表中数值大 1.5% ~ 2.0%；而对塑性较好的材料，如 05 钢、08 钢、10 钢及软铝可比表中的数值小 1.5% ~ 2.0%。

2. 表中数据适用于未经中间退火的拉深。若采用中间退火工序时，则取值可比表中数值小 2% ~ 3%。

3. 表中较小值适用于大的凹模圆角半径［r_d =（8 ~ 15）t］；较大值适用于小的凹模圆角半径［r_d =（4 ~ 8）t］。

表 11-25　圆筒形件的极限拉深系数（不带压边圈）

拉深系数	坯料相对厚度（t/D）（%）				
	1.5	2.0	2.5	3.0	>3
$[m_1]$	0.65	0.60	0.55	0.53	0.50
$[m_2]$	0.80	0.75	0.75	0.75	0.70
$[m_3]$	0.84	0.80	0.80	0.80	0.75
$[m_4]$	0.87	0.84	0.84	0.84	0.78
$[m_5]$	0.90	0.87	0.87	0.87	0.82
$[m_6]$	—	0.90	0.90	0.90	0.85

注：此表适用于 08 钢、10 钢及 15Mn 钢等材料，其余各项同表 11-24 之注。

各工序高度可根据各工序直径与圆角半径确定，其计算公式为：

$$\left.\begin{aligned} H_1 &= 0.25\left(\frac{D^2}{d_1} - d_1\right) + 0.43\,\frac{r_1}{d_1}(d_1 + 0.32r_1) \\ H_2 &= 0.25\left(\frac{D^2}{d_2} - d_2\right) + 0.43\,\frac{r_2}{d_2}(d_2 + 0.32r_2) \\ &\ \ \vdots \\ H_n &= 0.25\left(\frac{D^2}{d_n} - d_n\right) + 0.43\,\frac{r_n}{d_n}(d_n + 0.32r_n) \end{aligned}\right\} \tag{11-40}$$

式中　H_1、$H_2 \cdots H_n$——各次工序件的高度；

d_1、$d_2 \cdots d_n$——各次工序件的直径；

r_1、$r_2 \cdots r_n$——各次工序件的圆角半径；

D——坯料直径。

4. 拉深力和压边力计算及压力机的确定

（1）拉深力　拉深力随凸模行程的变化曲线如图 11-45 所示，可以看出拉深开始时，拉深力并不大，然后材料加工硬化的增长速度超过了变形区面积的减小速度，拉深力逐渐增大，然后到达最高点，随后变形区面积减小速度超过了加工硬化速度，拉深力逐渐下降。拉深完后，由于还要从凹模中推出，曲线出现下降缓慢，这时摩擦力作用的结果。

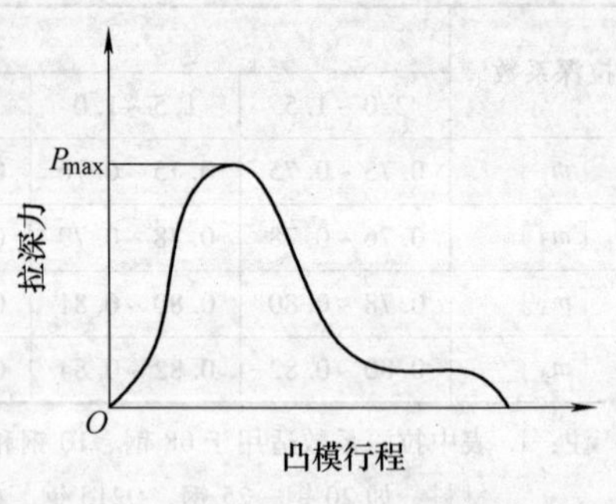

图 11-45　拉深力变化曲线

在实际生产中，采用经验拉深力计算公式：

首次拉深　$P = K_1 \pi d_1 t \sigma_b$

以后各次拉深　$P = K_2 \pi d_i t \sigma_b \ (i = 2,3\cdots)$　（11-41）

式中　P——拉深力；

d_1、d_i——第一次和第 i 次拉深时工件的直径（mm）；

t——板料厚度（mm）；

σ_b——拉深材料的抗拉强度（MPa）；

K_1、K_2——修正系数，与拉深系数有关，见表 11-26。

表 11-26　修正系数 K_1、K_2 的数值

m_1	0.55	0.57	0.60	0.62	0.65	0.67	0.70	0.72	0.75	0.77	0.80	—	—	—
K_1	1.0	0.93	0.86	0.79	0.72	0.66	0.60	0.55	0.5	0.45	0.40	—	—	—
m_2、$m_3 \cdots m_4$	—	—	—	—	—	—	0.70	0.72	0.75	0.77	0.80	0.85	0.90	0.95
K_2	—	—	—	—	—	—	1.0	0.95	0.90	0.85	0.80	0.70	0.60	0.50

（2）压边力　压边力是为防止拉深过程中材料的起皱，可按下面经验公式计算：

任何形状的拉深件：

$$P_Y = Ap$$

圆筒形件首次拉深：

$$P_Y = \pi[D^2 - (d_1 + 2r_{di})^2]p/4 \qquad (11\text{-}42)$$

圆筒形件以后各次拉深

$$P_Y = \pi(d_{i-1}^2 - d_i^2)p/4 \ (i = 2,3,\cdots)$$

式中　P_Y——压边力；

A——压边圈下坯料的投影面积（mm^2）；

p——单位面积压边力（MPa），参考表 11-27；

D——坯料直径（mm）；

d_i、d_{i-1}——第 i 次拉深与第 $i-1$ 次拉深工序件的直径（mm）；

r_{di}——第 i 次拉深凹模圆角半径，凹模圆角半径计算可参看 11.4.3 节。

表 11-27 单位面积压边力的数值

材料	单位压边力 p/MPa	材料	单位压边力 p/MPa
铝	0.8 ~ 1.2	软钢（t < 0.5mm）	2.5 ~ 3.0
纯铜、硬铝（已退火）	1.2 ~ 1.8	镀锡钢	2.5 ~ 3.0
黄铜	1.5 ~ 2.0	耐热钢（软化状态）	2.8 ~ 3.5
软钢	2.0 ~ 2.5	高合金钢、不锈钢、高锰钢	3.0 ~ 4.5

（3）压力机的确定

对于单动压力机，其额定压力 P_d 可按式（11-43）确定

$$P_d > P + P_Y \tag{11-43}$$

对于双动压力机，应使内滑块额定压力 $P_{s内}$ 和外滑块的额定压力 $P_{s外}$ 分别大于拉深力 P 和压边力 P_Y

$$P_{s内} > P; P_{s外} > P_Y \tag{11-44}$$

确定机械式拉深压力机额定压力可按下式计算压力机的额定压力 P_J：

$$\text{浅拉深} \quad P_J \geqslant (1.6 \sim 1.8) P_{\sum} \tag{11-45}$$

$$\text{深拉深} \quad P_J \geqslant (1.8 \sim 2.0) P_{\sum} \tag{11-46}$$

式中 P_{Σ}——冲压工艺总力，与模具结构有关，包括拉深力、压边力、冲裁力等。

11.4.3 模具工作部分尺寸设计

1. 凸、凹模结构

凸、凹模常见的结构形式有以下几种：

（1）无压料时的凸、凹模 图 11-46 所示为无压料一次拉深成形时所用的凸、凹模结构，其中圆弧形凹模（图 11-46a）结构简单，加工方便，是常用的拉深凹模结构形式；锥形凹模（图 11-46b）、渐开线形凹模（图 11-46c）和等切面形凹模（图 11-46d）对抗失稳起皱有利，但加工复杂，主要用于拉深系数较小的拉深件。图 11-47 所示为无压料多次拉深所用的凸、凹模结构。在上述凹模结构中，a = 5 ~ 10mm，b = 2 ~ 5mm，锥形凹模的锥角一般取 30°。

（2）有压料时的凸、凹模结构 图 11-48a 用于直径小于 100mm 的拉深件；图 11-48b 用于直径大于 100mm 的拉深件。这种结构除了具有锥形凹模的特点外，还可减轻坯料的反复弯曲成形，以提高工件侧壁质量。

2. 凸、凹模尺寸确定

（1）圆角半径 凹模圆角半径 r_d 应在材料不起皱的前提下，宜取大些。第

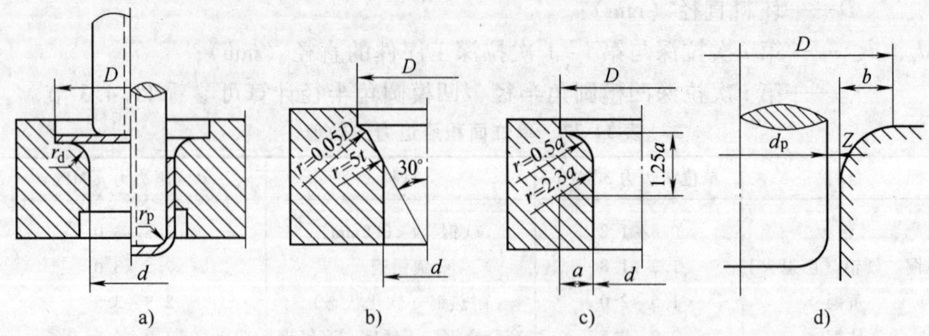

图 11-46　无压料一次拉深的凸凹模结构

a）圆弧形　b）锥形　c）渐开线　d）等切面

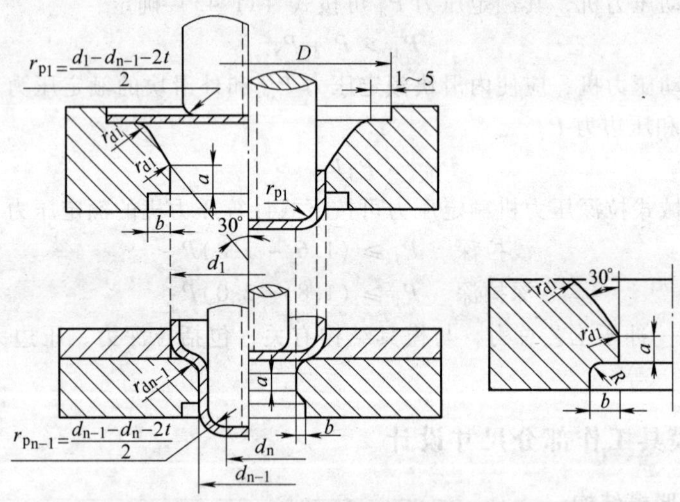

图 11-47　无压料多次拉深凸、凹模结构

一次拉深（包括只有一次拉深）的凹模圆角半径可按下面经验公式计算：

$$r_{d1} = 0.8\sqrt{(D-d)t} \tag{11-47}$$

以后各次拉深的圆角半径应逐渐减小，一般可按下面关系确定：

$$r_{di} = (0.6 \sim 0.9)r_{d(i-1)} \tag{11-48}$$

式中　r_{d1}——凹模圆角半径；

D——坯料直径；

d——凹模内径（当工件料厚 $t \geqslant 1$ 时，也可取首次拉深时工件的中线尺寸）；

t——材料厚度；

r_{di}、$r_{d(i-1)}$——为第 i 次和第 $i-1$ 次拉深时的凹模圆角半径。

盒形件拉深凹模圆角半径按式（11-50）计算：

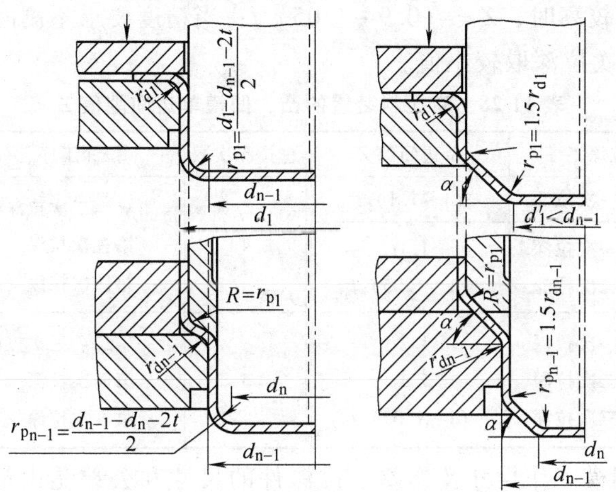

图 11-48　有压料多次拉深凸、凹模结构

$$r_d = (4 \sim 8)t \tag{11-49}$$

以上计算所得凹模圆角半径应符合 $r_d \geqslant 2t$ 的拉深工艺性要求。对于带凸缘的筒形件，最后一次拉深的凹模圆角半径还应与零件凸缘圆角半径相等。

凸模圆角半径一般要小于凹模圆角半径，即 $r_p < r_d$，单次拉深或多次拉深的第一次拉深可取

$$r_{p1} = (0.7 \sim 1.0)r_{d1} \tag{11-50}$$

式中　r_{p1}、r_{d1}——为第一次拉深的凸、凹模圆角半径。

以后各次拉深的凸模圆角半径可按下式确定：

$$r_{p(i-1)} = \frac{d_{i-1} - d_i - 2t}{2}(i = 3、4、\cdots、n) \tag{11-51}$$

式中　d_{i-1}、d_i——第 $i-1$ 次和第 i 次拉深时工序件的直径；

$r_{p(i-1)}$——第 $i-1$ 次拉深时凸模圆角半径。

最后一次拉深时，凹模圆角半径 r_{pn} 应与拉深件底部圆角半径 r 相等。但当拉深件底部圆角半径小于拉深工艺要求时，则凸模圆角半径应按工艺性要求确定（$r_p \geqslant t$），然后通过增加整形工序得到拉深件所要求的圆角半径。

（2）凸、凹模间隙　对于无压料装置的拉深模，其凸、凹模单边间隙可按下式确定：

$$Z = (1 \sim 1.1)t_{max} \tag{11-52}$$

式中　Z——凸、凹模单边间隙；

t_{max}——材料厚度的最大极限尺寸。

对于有压料装置的拉深模，其凸、凹模单边间隙可根据材料厚度和拉深次数参考表 11-28 确定。对于盒形件拉深模，其凸、凹模单边间隙可根据盒形件精度确

定，当精度要求较高时，$Z=(0.9\sim1.05)t$；当精度要求不高时，$Z=(1.1\sim1.3)t$；最后一次拉深取较小值。

表 11-28　有压料装置的凸、凹模单边间隙值 Z

总拉深次数	拉深工序	单边间隙 Z	总拉深次数	拉深工序	单边间隙 Z
1	第一次拉深	$(1\sim1.1)t$	4	第一、二次拉深	$1.2t$
2	第一次拉深	$1.1t$		第三次拉深	$1.1t$
	第二次拉深	$(1\sim1.05)t$		第四次拉深	$(1\sim1.05)t$
3	第一次拉深	$1.2t$	5	第一、二、三次拉深	$1.2t$
	第二次拉深	$1.1t$		第四次拉深	$1.1t$
	第三次拉深	$(1\sim1.05)t$		第五次拉深	$(1\sim1.05)t$

（3）凸、凹模工作尺寸及公差　拉深件的尺寸和公差是由最后一次拉深模保证的，因此最后一次拉深模的凸、凹模工作尺寸及公差视零件要求确定。

1）当拉深件标注外形尺寸时，如图 11-49a 所示，则

$$D_d=(D_{max}-0.75\Delta)_0^{+\delta_d} \tag{11-53}$$

$$D_p=(D_{max}-0.75\Delta-2Z)_{-\delta_p}^{0} \tag{11-54}$$

2）当拉深件标注内形尺寸时（图 11-49b）则

$$d_p=(d_{min}+0.4\Delta)_{-\delta_p}^{0} \tag{11-55}$$

$$d_d=(d_{min}+0.4\Delta+2Z)_0^{+\delta_d} \tag{11-56}$$

式(11-53)～式(11-56)中　D_d、d_d——凹模工作尺寸；

D_p、d_p——凸模工作尺寸；

D_{max}、d_{min}——拉深件的最大外形尺寸和最小内形尺寸；

Z——凸、凹模单边间隙；

Δ——拉深件的公差；

δ_p、δ_d——凸、凹模的制造公差，可按 IT6～IT9 级确定，或查表 11-29。

表 11-29　拉深凸、凹模制造公差

材料厚度 t	拉深件直径 d					
	≤20		20～100		>100	
	δ_d	δ_p	δ_d	δ_p	δ_d	δ_p
≤0.5	0.02	0.01	0.03	0.02	—	—
>0.5～1.5	0.04	0.02	0.05	0.03	0.08	0.05
>1.5	0.06	0.04	0.08	0.05	0.10	0.06

对于首次拉深和中间各次拉深模，因工序件尺寸无需严格要求，所以其凸、凹模工作尺寸取相应工序的工序件尺寸即可。若以凹模为基准，则

$$D_d=D_0^{+\delta_d} \tag{11-57}$$

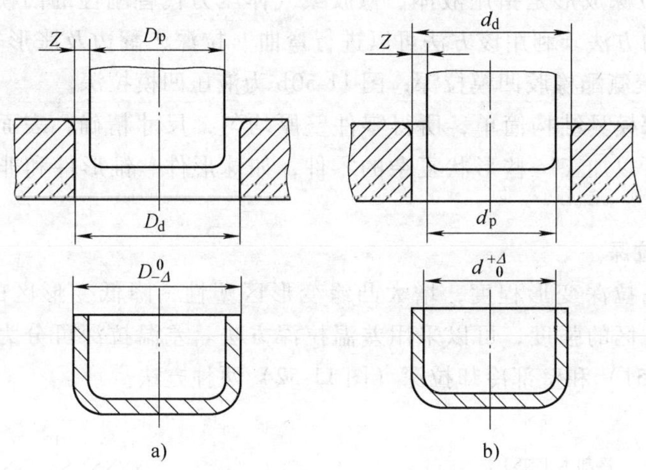

图 11-49 拉深件尺寸与凸、凹模工作尺寸

a）拉深件标注外形尺寸 b）拉深件标注内形尺寸

$$D_p = (D - 2Z)_{-\delta_p}^{0} \tag{11-58}$$

式中 D——各次拉深工序件的基本尺寸。

11.4.4 其他拉深方法

其他拉深包括柔性模拉深、差温拉深、变薄拉深等，这些是对传统拉深工艺上的补充和发展。

1. 柔性模拉深

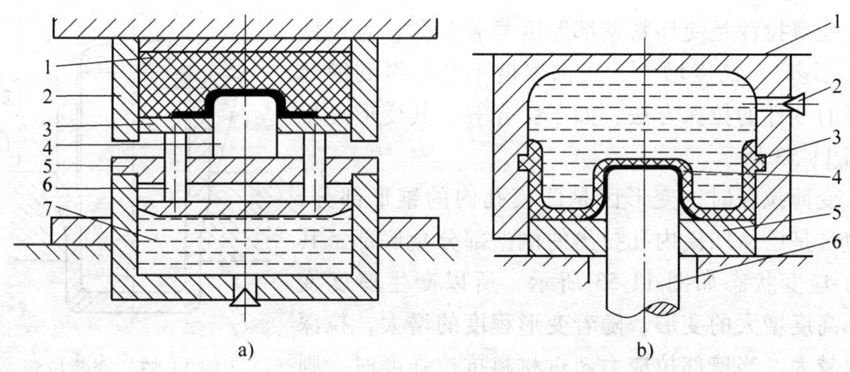

图 11-50 柔性模拉深

a）聚氨酯橡胶凹模拉深 b）液压凹模拉深

1—聚氨酯凹模 2—容框 3—压料圈 4—凸模 5—凸模座 6—顶杆 7—液压缸

1—高压容器 2—调压阀 3—橡胶囊 4—拉深件 5—压料圈 6—凸模

柔性模拉深成形是指用液体、橡胶或气体压力代替刚性的凸模或凹模对板料进行冲压的方法。利用该方法可以进行弯曲、拉深、翻边及胀形等冲压加工。图 11-50a 为聚氨酯橡胶凹模拉深；图 11-50b 为液压凹模拉深。

柔性拉深模具结构简单，所得零件壁厚均匀，尺寸精确，表面质量好，成形极限大，可以加工一些形状复杂的零件，如球形件、锥形件和非对称曲面形状零件。

2. 差温拉深

为了提高拉深变形程度，增大凸缘变形区塑性，降低变形区的变形抗力，提高侧壁传力区的强度，可以采用差温拉深方法。差温拉深可分为凸缘加热拉深（见图 11-51）和壁部冷却拉深（图 11-52）两种方法。

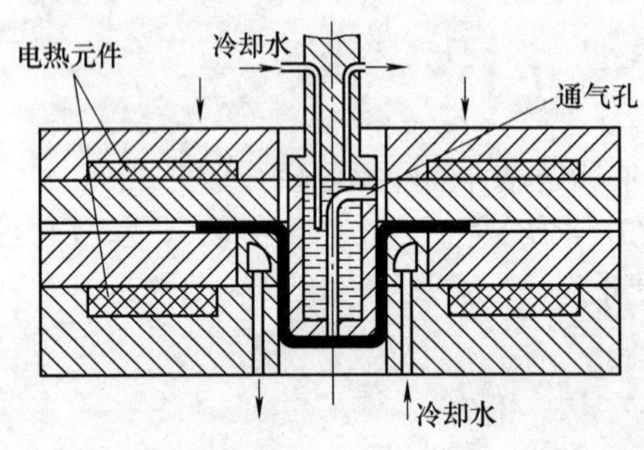

图 11-51　凸缘加热拉深

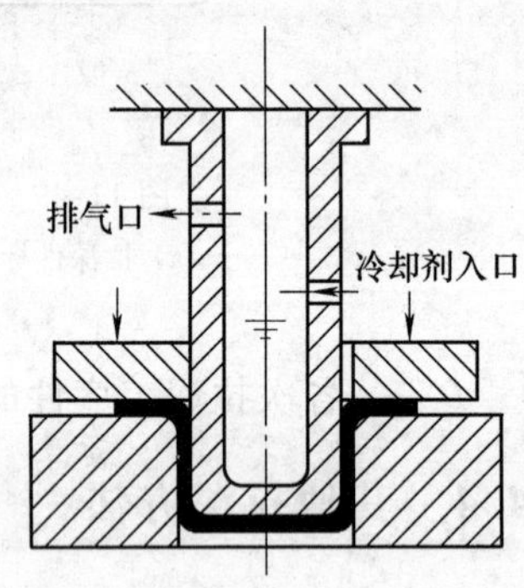

图 11-52　壁部冷却拉深

3. 变薄拉深

变薄拉深是使坯料壁部厚度显著变薄，直径变小（不多），高度增大，底部厚度不变，得到壁薄底厚的零件的拉深方法，如子弹壳等。其变形过程如图 11-53 所示。

变薄拉深时，变形区是凹模孔内的锥形部分，传力区是已从凹模内孔拉出的侧壁部分盒底部，其应力-应变状态如图 11-53 所示，所以产生厚度变薄，高度增大的变形，随着变形程度的增大，拉深力也越大，当壁部拉应力超过材料抗拉强度时，则产生拉裂。通常底部厚而壁薄的零件要经过多次变薄拉深而获得。

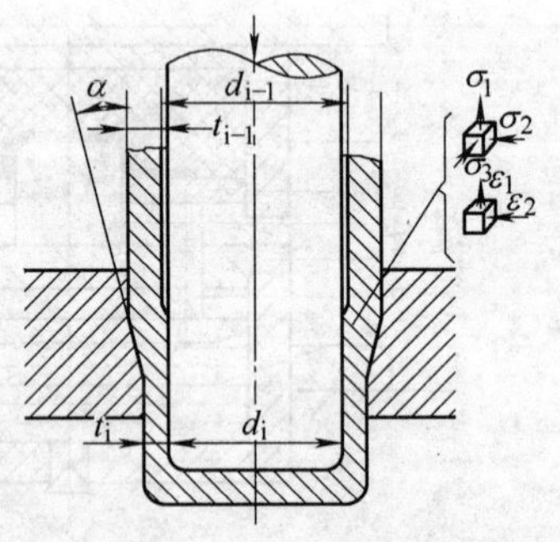

图 11-53　变薄拉深

由于变薄拉深变形程度大，硬化严重，因此，几乎每次拉深后都要进行后处理，常用的变薄拉深的材料有铜、铝、低碳钢、不锈钢等塑性较好的金属。

11.5 冲压工艺及模具设计实例

11.5.1 多孔冲孔工艺及设计

工件图如图 11-54 所示，材料为 08 钢，确定冲压工艺及模具设计。

1. 工艺分析及计算

由零件图可见，该工件的加工方法可采用先落料、拉深，然后冲孔的工艺。

（1）冲裁力 为降低冲裁力，将多凸模做成阶梯状布置，小孔 $4\times\phi5$mm 作短些，大孔 $3\times\phi18$mm 和 25mm $\times R5$mm 作长一些。其小孔层和大孔层的高度差为 2mm。

小孔层

$$P_1 = Lt\sigma_b = 62.8\text{mm}\times2\text{mm}\times380\text{MPa} = 47.7\text{kN}$$

大孔层

$$L = [3\pi\times18 + 2\times(\pi\times5+25)]\text{mm} = 251\text{mm}$$

$$P_2 = 251\text{mm}\times2\text{mm}\times380\text{MPa} = 191\text{kN}$$

$P = P_1 + P_2 = 238.7$kN，由于 $P_2 > P_1$，所以选择冲床的冲裁力为 P_2，即 191kN。

（2）卸料力 $P_{卸} = K_{卸}P$，查表 $K_{卸} = 0.05$，

所以 $P_{卸} = 0.05\times238.7\text{kN} = 11.9\text{kN}$

（3）推件力

$$P_{推} = nK_{推}P = 3\times0.05\times238.7\text{kN} = 35.8\text{kN}$$

选择冲床的总压力为

$$P_{总} = P_2 + P_{卸} + P_{推} = 238.7\text{kN}$$

2. 凸凹模刃口尺寸的确定

查表 11-3 得间隙值 $Z_{min} = 0.22$，$Z_{max} = 0.26$；查表 11-5 得凸凹模的制造公差为 $\delta_p = 0.02$，$\delta_d = 0.04$；校核 $Z_{max} - Z_{min} = 0.04 \geqslant \delta_p + \delta_d$，可采用凸凹模分开加工的方法。对于零件图中未注公差，由手册可查出极限偏差为：$\phi5^{+0.16}_{0}$，$\phi18^{+0.24}_{0}$，$R5^{+0.3}_{0}$；磨损系数可由表 11-6 得：$\phi5^{+0.16}_{0}$孔的 $x = 0.75$，$\phi18^{+0.24}_{0}$孔的 $x = 0.5$，$R5^{+0.3}_{0}$槽的 $x = 0.75$。凸凹模刃口尺寸

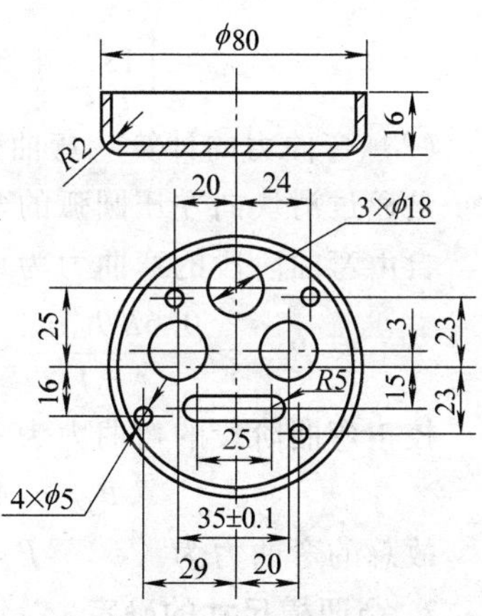

图 11-54 工件图

$$d_p = (d + x\Delta)^{\ 0}_{-\delta_p} \qquad d_d = (d_p + Z_{min})^{+\delta_d}_{\ 0}$$

$\phi5^{+0.16}_{0}$的凸模刃口直径为 $d_{p\phi5}=(5+0.75\times0.16)^{0}_{-0.02}=5.12^{0}_{-0.02}$

$\phi18^{+0.24}_{0}$凸模刃口直径为 $d_{p\phi18}=(18+0.5\times0.24)^{0}_{-0.02}=18.12^{0}_{-0.02}$

$R5^{+0.3}_{0}$凸模刃口直径为 $d_{pR5}=(5+0.75\times0.3)^{0}_{-0.02}=5.23^{0}_{-0.02}$

$\phi5^{+0.16}_{0}$的凹模刃口直径 $d_{d\phi5}=(5.12+0.22)^{0.02}_{0}=5.34^{0.02}_{0}$

$\phi18^{+0.24}_{0}$的凹模刃口直径 $d_{d\phi18}=(18.12+0.22)^{0.02}_{0}=18.34^{0.02}_{0}$

$R5^{+0.3}_{0}$的凹模刃口直径 $d_{dR5}=(5.23+0.22)^{0.02}_{0}=5.45^{0.02}_{0}$

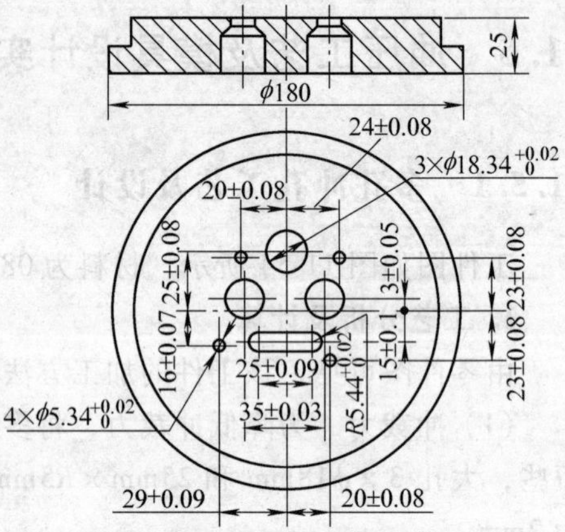

图 11-55 凹模零件图

这样凹模零件图，如图 11-55 所示，模具的总体设计图如图 11-56 所示。

11.5.2 压板弯曲件成形工艺与设计

工件图如图 11-57 所示，材料为 10 钢，确定弯曲工艺及模具设计

1. 工艺分析及计算

根据零件的形状和结构，可采用落料、冲孔－弯曲两道工序成形。这里只考虑弯曲工序。

(1) 坯料展开长度的计算 弯曲件由直边和圆弧两部分组成，圆弧部分中性层位移系数由 $r/t=3.5$ 查表 11-14 得 $x=0.41$。经计算，圆弧中心角 $\alpha=141°$，那么坯料的展开长度为

$$L_{ZC}=L_{ZX}+L_{WQ}=\left[18-4.5+\frac{3.14\times141}{180}(3.5+0.41\times1)\right]\text{mm}=23.1\text{mm}$$

(2) 弯曲力的计算 弯曲过程有两步，第一步是凸模向下运动的弯曲，第二步是通过滑块向左压圆弧的弯曲，并施加校正力。

自由弯曲阶段的弯曲力为

$$P_{ZY}=\frac{0.6KBt^2\sigma_b}{r+t}=\frac{0.6\times1.3\times22\times1^2\times400}{3.5+1}=1525\text{N}$$

校正弯曲阶段的弯曲力为

$$P_{JZ}=Aq=22\times8\times30=5280\text{N}$$

故总的弯曲力为 $P=1525+5280=6805\text{N}$

2. 凸凹模尺寸的确定

凹模在初始位置要配合凸模完成第一次弯曲，然后凹模在斜楔的作用下向左移动，完成圆弧部分的弯曲成形。凸凹模间隙可用 U 形类弯曲件（弯曲钢铁

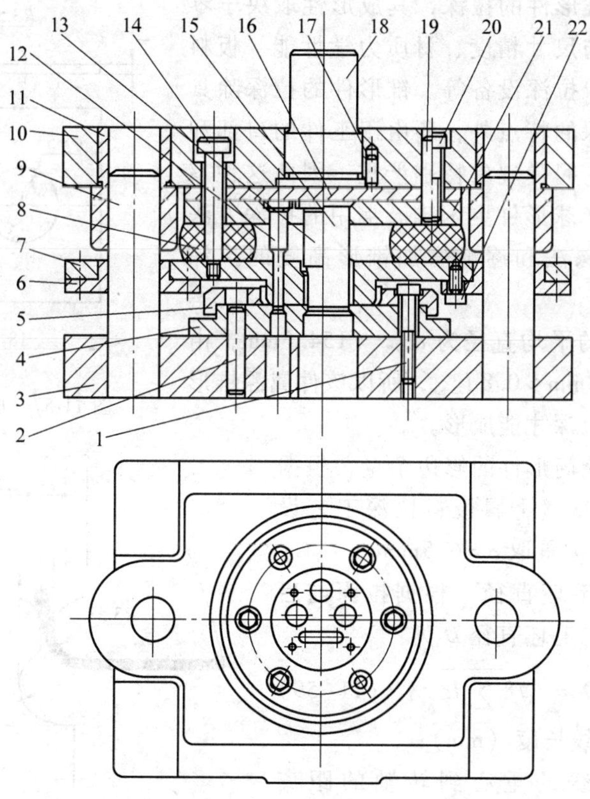

图 11-56　多孔冲裁模

1—螺栓　2—圆柱销　3—下模座　4—凹模　5—定位板
6—卸料板导套　7—卸料板　8—橡胶　9—导柱　10—上模座　11—导套　12—凸模（ϕ5mm）　13—凹模（ϕ18mm）　14—卸料螺栓　15—凸模　16—垫板
17、19—圆柱销　18—模柄　20、22—螺栓
21—凸模固定板

材料）设计凸凹模间隙值公式，其中系数可由表 11-21 查得 $c=0.10$，这样 $Z=t_{max}+ct=1.1\text{mm}+0.1\times1\text{mm}=1.2\text{mm}$，因弯曲半径的回弹值可以忽略，故凸模圆角半径为 $r_p=r=2.5\text{mm}$，凹模圆角取 $r_d=3t=3\text{mm}$，凸凹模工作部位尺寸如图 11-58 所示，模具设计总装图如图 11-59 所示。

11.5.3　带凸缘深锥形件的拉深工艺及设计

图 11-60 所示零件是铁路货车某制动缸盖，材料 08CuP 热轧 5mm 板。确定其拉深工艺及模具设计。

1. 工艺分析及计算

带凸缘深锥形件的拉深，其成形性取决于零件的成形形状与尺寸精度、材质力学性能、板料厚度、润滑剂、拉深设备等。锥形件的拉深除具有半球形件拉深的特点外，还由于工件的口部和底部直径差大，回弹现象特别严重，因此这种零件拉深成形比半球形件更困难。常用的拉深方法为：阶梯式拉深法和逐渐增加锥形高度的拉深法。

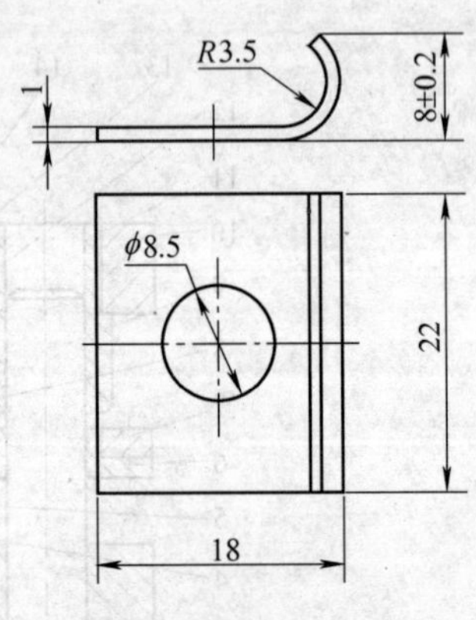

图 11-57　压板零件图

该锥形件的平均直径为 $d_{平均}=154.5\text{mm}$，由于工件高度 148mm $>0.8d_{平均}$，所以该件属深锥形件，需要多次拉深才能成形。

参照有凸缘筒形件的修边余量，根据 JB/T 6959—1993《金属板料拉深工艺设计规范》，修边余量取 $\delta=6.5\text{mm}$。

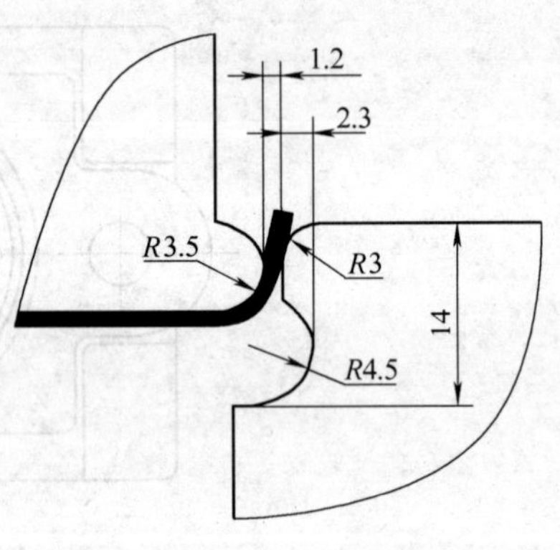

图 11-58　凸模与滑块工作部位尺寸关系

(1) 计算毛坯直径　根据拉深前后面积相等原理，毛坯直径 D 为：

$$D=\sqrt{8\sum lr} \qquad (11\text{-}59)$$

式中　l——母线长度（mm）；

r——母线的重心到转轴的距离（mm），按图 11-60 零件尺寸及式（11-60）计算得：$D=390.72\text{mm}$，取 $D=390\text{mm}$。

(2) 拉深系数及各次拉深尺寸　锥形件每次拉深的拉深系数用其平均直径求得：$m_n=\dfrac{d_n}{d_{n-1}}$，锥形件的总拉深系数为

$$m_{总}=\frac{d_n}{D}$$

式中　m_n——锥形件 n 次拉深的拉深系数；

d_n——第 n 次拉深的平均直径（mm）；

d_{n-1}——第 $n-1$ 次拉深的平均直径（mm）；

$m_{总}$——总拉深系数；

D——锥形零件的毛坯直径。

本零件 $n=3$，$d_n=153.76\text{mm}$，$D=390\text{mm}$，所以 $m_{总}=m_1m_2m_3=0.394$

式中　m_1——第 1 次拉深系数，$m_1=0.496$；

m_2——第 2 次拉深系数 $m_2=0.895$；

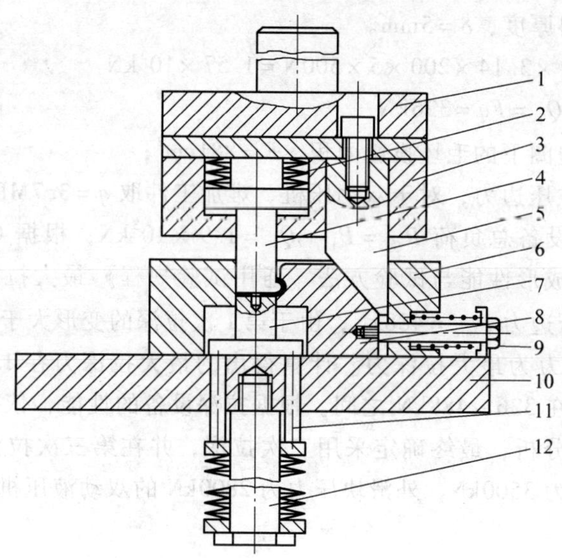

图11-59　压板弯曲模结构总图

1—上模座　2—凸模背压弹簧　3、6—固定板　4—凸模　5—斜楔　7—顶件块　8—滑块　9—复位弹簧　10—下模座　11—顶杆　12—弹顶器

m_3——第3次拉深系数 $m_3=0.89$。

各次拉深尺寸如图11-61所示。

(3) 拉深力与压边力的计算　第1次拉深力、压边力计算，拉深力 P_1：

$$P_1 = K\pi d\delta\sigma_b$$

式中　K——修正系数，$K=1$；

d——拉深件直径，$d=200$mm；

σ_b——材料强度极限，$\sigma_b=500$MPa；

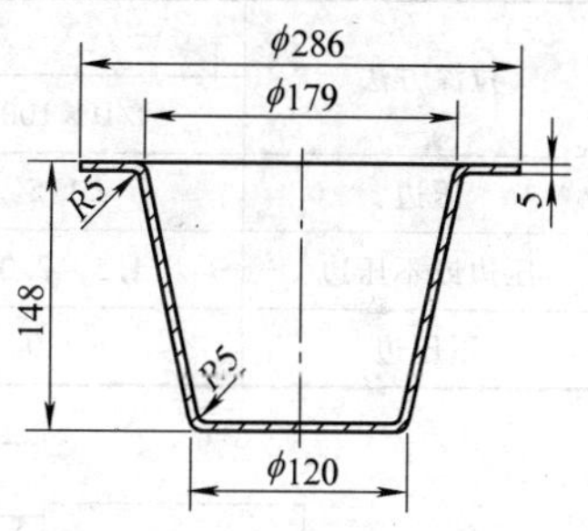

图11-60　某制动缸盖锥形件

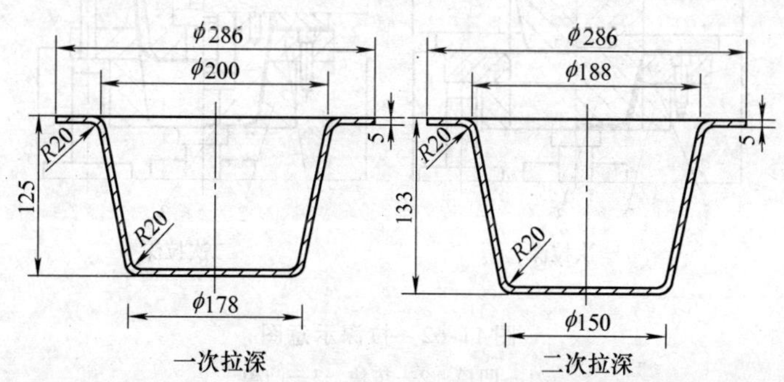

图11-61　第一、二次拉深工序件图

δ——材料厚度，$\delta=5\text{mm}$。

因此，$P_1=1\times3.14\times200\times5\times500\text{N}=1.57\times10^3\text{kN}$

压边力 Q_1：$Q_1=Fq=326\text{kN}$

式中　F——压边圈下的毛坯投影面积，$F=881\text{cm}^2$；

q——单位压边力，对于双动压机、难加工件取 $q=3.7\text{MPa}$。

第1次拉深设备总负荷 $P_{总}=P_1+Q_1=1.9\times10^3\text{kN}$；根据 GB/T 15825.2—1995《金属薄板成形性能与试验方法　通用试验规程》最大拉深力 $P_{max}=2.03\times10^3\text{kN}$，最小压边力 $P_{min}=488\text{kN}$，由于第1次拉深的变形大于第2、3次变形，因此第1次拉深力为最大拉深力。计算得出的最大拉深力在1571～2034kN之间，最小压边力在326～488kN之间。根据拉深设备的性能，依据上述工艺计算并进行综合经济分析，最终确定采用三次拉深，并在第三次拉深兼校形时，选用了内滑块压力为3500kN，外滑块压力为2800kN的双动液压机。

2. 模具设计

（1）确定是否采用压边圈　根据表11-30可得第1次拉深时，$\frac{t}{D}\times100=1.28<1.5$，需采用压边圈。同理，三套拉深模均应采用压边圈，如图11-62所示。

表11-30　压边拉深与不压边拉深条件

拉深方法	第一次拉深		以后几次拉深	
	$t/D\times100$	m_1	$t/D_{n-1}\times100$	m_n
压边	<1.5	<0.6	<1.0	<0.8
压边或不压边	1.5～2.0	0.6	1.0～1.5	0.8
不压边	>2.0	>0.6	>1.5	>0.8

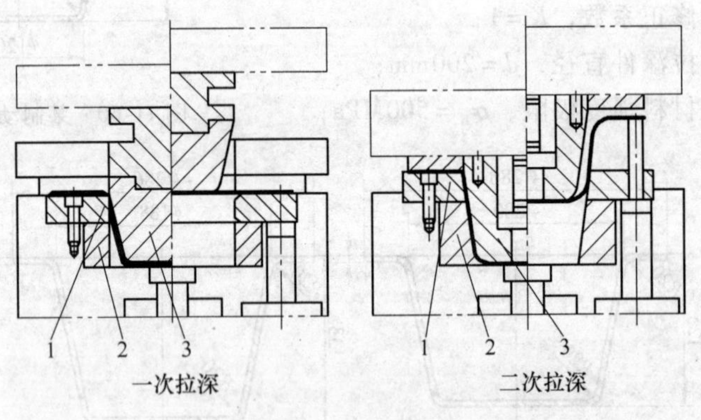

图11-62　拉深示意图

1—凹模　2—垫块　3—凸模

（2）确定凸、凹模圆角半径及拉深模单面间隙　凸模圆角半径 R、凹模圆

角半径 r 及拉深模单面间隙 Z，见表 11-31。

表 11-31 拉深模 R、r、Z 值表

拉深模	R	r	Z
第 1 次拉深	$R_1=30$	$r_1=30$	$Z_1=5.8\sim6$
第 2 次拉深	$R_2=20$	$r_2=20$	$Z_2=5\sim5.2$
第 3 次拉深	$R_3=6$	$r_3=10$	$Z_3=5.75\sim5.85$

参考文献

[1] 张万昌．热加工工艺基础［M］．北京：高等教育出版社，1991.

[2] 邓文英．金属工艺学［M］．北京：高等教育出版社，1992.

[3] 陈毓龙．金属工艺学［M］．北京：高等教育出版社，1992.

[4] 《冲模设计手册》编写组．冲模设计手册：第四卷［M］．北京：机械工业出版社，1997.

[5] 王允禧．锻造与冲压工艺学［M］．北京：冶金工业出版社，1993.

[6] 技工学校机械类通用教材编审委员会．锻工工艺学［M］．北京：机械工业出版社，1980.

[7] 林治平．锻压变形力的工程计算［M］．北京：机械工业出版社，1986.

[8] 吕炎．锻压成形理论与工艺［M］．北京：机械工业出版社，1991.

[9] 夏巨谌．精密塑性成形工艺［M］．北京：机械工业出版社，1999.

[10] 李生智．金属压力加工概论［M］．北京：冶金工业出版社，1984.

[11] 曾光廷．材料成形加工工艺及设备［M］．北京：化学工业出版社，2001.

[12] 汪建敏，张应龙．锻造工［M］．北京：化学工业出版社，2004.

[13] 《钢铁厂工业炉设计参考资料》编写组．钢铁厂工业炉设计参考资料：上册［M］．北京：冶金工业出版社，1979.

[14] 候英玮．材料成形工艺［M］．北京：中国铁道出版社，2002.

[15] 中国机械工程学会热处理专业分会．热处理手册：第四卷热处理质量控制与检验［M］．3 版．北京：机械工业出版社，2001.

[16] 袁晓光．材料成形工艺学［M］．沈阳：沈阳工业人学出版社，2002.

[17] 周全福，赵欣．带凸缘深锥形件的拉深工艺及模具设计［J］．锻压机械，2002（6）：51－52.

[18] 段小勇．金属压力加工理论基础［M］．北京：冶金工业出版社，2001.

[19] 徐政坤．冲压模具及设备［M］．北京：机械工业出版社，2004.

[20] 模具实用技术丛书编委会．冲模设计应用实例［M］．北京：机械工业出版社，2000.

[21] 吴诗惇．冲压工艺及模具设计［M］．西安：西北工业大学出版社，2002.

[22] 刘心治．冷冲压工艺及模具设计［M］．重庆：重庆大学出版社，1998.

[23] 陈剑鹤．冷冲压工艺及模具设计［M］．北京：机械工业出版社，2001.

第四篇

成形件的热处理

材料经过铸造、焊接、轧制、锻造、拉拔或冷挤压等成形加工后，组织和性能都发生较大变化，大都需要进行热处理，才能转入下一道工序加工或投入使用。成形件的热处理主要包括退火、正火、淬火、回火、固溶处理、时效、化学热处理、表面热处理和形变热处理等。可以根据材料的种类、成分、组织、性能和应力状态以及服役使用要求，正确选择热处理类型，并合理制订热处理工艺。

第12章　成形件的退火和正火

退火和正火是最基本的热处理工序。不仅为了消除铸件、锻件及焊接件的组织缺陷需要进行退火和正火，而且为了改善金属材料的加工成形性能、切削加工性能、热处理工艺性能以及稳定零件几何尺寸，获得一定的性能，一般也都要进行退火或正火处理。退火和正火往往是材料加工过程中的一个中间工序。也有不少工件把退火或正火作为最终热处理工序，以退火或正火态直接投入使用。

12.1　成形件的退火

将偏离平衡状态的金属或合金加热到一定温度，保持一定时间，然后缓慢冷却（或以适当速度冷却），从而获得更接近其平衡状态的组织和性能的热处理工艺，称为退火。

退火的主要目的在于降低硬度，提高塑性，改善组织，改进元素分布，消除内应力，改善工艺性能，并为零件最终热处理准备合适的内部组织。具体的退火的目的包括：

1）降低硬度，提高切削加工性。经铸、锻、焊成形的工件，往往硬度偏高，不易切削，需要经过退火，以降低硬度。一般硬度在200~250HBS之间最易切削加工。

2）提高塑性，便于冷变形加工。冷变形使工件加工硬化，经过退火可以消除加工硬化，提高塑性，便于随后的冷变形加工，如冷拔、冷冲、冷轧等。

3）改善组织和消除组织缺陷。原始组织为片状珠光体的钢料，难于进行冷镦成形，高频感应加热淬火时易于开裂。经过球化退火，使片状珠光体转变为粒状珠光体，可使其冷镦成形性和热处理工艺性能得到改善。经铸、锻、焊成形的工件，组织中往往存在魏氏组织、带状组织等缺陷，经过完全退火可以消除缺陷，改善力学性能。淬火过热返修品，须经退火消除过热影响，再重新淬火。使白口铸铁转化为可锻铸铁，或者消除灰铸铁和球墨铸铁的白口组织。

4）改进元素分布。合金钢铸锭和铸件由于树枝状结晶而造成晶内偏析，须经均匀化退火，消除铸造偏析，使化学成分均匀化。固溶于钢中的氢，会形成白点，产生氢脆，必须经预防白点退火，防止大型合金钢锻轧件形成白点，避免产生氢脆。

5）消除应力，稳定尺寸，避免变形开裂。经铸、锻、焊成形的工件，特别是大型工件，往往残存较大内应力，经过及时退火，可避免成形后的工件产生变形或开裂。冲压件或机加工件，经过去应力退火，消除应力，稳定尺寸，还可防止淬火变形开裂。

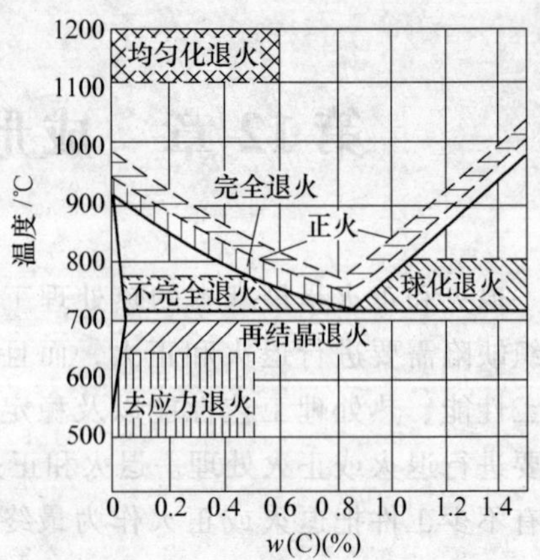

图 12-1 钢铁各类退火及正火工艺加热温度示意图[1]

对于具体的工件而言，退火的目的往往非常单一，可能只是上述所列目的中的一个或二三个。

退火的种类很多，主要包括扩散退火、回复退火、再结晶退火、去应力退火、完全退火、不完全退火、球化退火、石墨化退火等。钢铁各类退火的加热温度范围，如图 12-1 所示。

12.1.1 扩散退火

为了减少金属铸锭、铸件、锻坯或焊接件的化学成分的偏析和组织的不均匀性，将其加热到高温，长时间保持，然后进行缓慢冷却，通过原子的扩散，以达到化学成分和组织均匀化，或者为使钢中的有害氢脱溶析出而进行的退火称为扩散退火[1,2]。

扩散退火主要应用于金属铸锭、铸件或锻坯，有时也应用于焊缝成分明显不同于基体金属的重要焊接件。扩散退火主要包括均匀化退火和预防白点退火[3]。

1. 均匀化退火

在略低于固相线的高温下长时间加热，通过原子的扩散，为消除或减少金属化学成分偏析及显微组织的不均匀性而进行的退火称为均匀化退火。其目的是在高温下通过扩散来消除或减小实际结晶条件下晶内化学成分的不均匀性和偏离于平衡的组织状态，以改善合金材料的工艺性能和使用性能[4]。

在通常工业生产的冷却条件下，铸锭、铸件在非平衡结晶过程中将发生化学成分的偏析及显微组织的不均匀。化学成分的偏析和组织的不均匀性对合金的性能会带来很大的危害。若枝晶偏析使组织中出现非平衡脆性相，则合金塑性降低。枝晶内部化学成分不同，可形成浓差微电池，因此降低材料的电化学腐蚀抗力。铸造坯料（铸锭）进行轧制及挤压时，具有不同化学成分的各显微区域拉长并形成带状组织。这种组织可促使成品工件产生各向异性和增加晶间断裂倾向。在压力加工前的加热及热处理时，稍有不慎，就会发生过烧现象。

由于偏析的存在，造成大型铸件内部成分相差较大，从而使相变过程产生差异，导致大型铸件组织与性能极不均匀，同时产生很大的组织应力。

均匀化退火时，铸件将发生一系列的组织变化。其中，主要的组织变化是枝晶偏析消除和非平衡相溶解，因而溶质浓度逐渐均匀化。铸锭经均匀化退火后，由于发生了非平衡相的溶解及过剩相的聚集、球化等组织变化，使室温下塑性提高，并使冷、热变形的工艺性能大为改善。均匀化退火还可消除铸锭内的残留应力。半连续铸锭的特点之一是存在较大的残留内应力。如果残留应力过大，还可能造成铸锭爆裂，危及操作人员及设备的安全。因此，对于残留应力较大且需进行均匀化退火的合金铸锭（例如热处理强化铝合金半连续铸锭），分段、铣削等机械加工应在均匀化退火后进行。

均匀化退火最主要缺点是费时耗能，经济效果较差，其次是高温长时间处理可能出现变形、氧化及吸气等缺陷。此外，因某些合金经均匀化退火后，成品强度有所降低，对要求高强度的材料则是不利的。

是否需要均匀化退火，主要根据合金类型及铸造方法而定，有时也需要考虑产品使用性能的要求。当铸造组织不均匀，晶内偏析严重，非平衡相及夹杂在晶界富集以及残留应力较大时，才有必要进行均匀化退火。

均匀化退火工艺规程的主要参数是加热温度及保温时间，其次为加热速度和冷却速度。

（1）加热温度　钢件均匀化退火的加热温度范围如图 12-1 所示。

有色合金通常采用的均匀化退火温度为（0.90% ~0.95%）$T_{熔}$，$T_{熔}$ 为铸锭开始熔化的温度[4]。

（2）保温时间　生产中，保温时间一般是从铸锭（件）表面各部温度都达到加热温度的下限时算起。因此，它还与加热设备特性、铸锭尺寸、装料量及装料方式有关。最合适的保温时间应依据具体条件由试验决定。一般在数小时至数十小时。

（3）加热速度及冷却速度　加热速度的大小以铸件不产生裂纹和大的变形为原则。冷却速度应适当。例如，有些合金冷却太快会产生淬火效应；而过慢的冷却又会析出较粗大的二次相，使加工时易形成带状组织，淬火加热时难以完全溶解，因此减小了淬火、时效后的强化效应。

（4）主要工业合金的均匀化退火工艺　主要工业合金的均匀化退火工艺应根据合金的化学成分具体制订。

有色合金均匀化退火仅用于铸锭。铸件均匀化过程一般与固溶处理同时结合进行。铝合金中，一般除纯铝和少数低合金化合金外，几乎所有铝合金铸锭都要进行均匀化退火。含铝及锌的镁合金铸锭往往有严重的晶内偏析，也经常采用均匀化退火。铜、镍、锌、钛和稀有金属合金铸锭很少采用独立的均匀化退火，因为效果不大。但对于锡磷青铜、白铜等枝晶偏析较大的合金，为提高塑性，有时亦应用均匀化退火。

铝合金的均匀化退火温度为445～620℃。表12-1为常用铝合金均匀化退火时的加热温度及保温时间。化学组成复杂和塑性低的合金铸锭（如2A12、7A04、5A03、5A05等），必须进行均匀化退火才能保证热变形工艺性能和产品质量。成分较简单和塑性较大的合金，如6A02、5A02、2A21等，应根据工厂条件和对产品性质要求，决定是否采用均匀化退火。

表12-1 常用铝合金铸锭均匀化退火工艺规程

合金牌号	加热温度/℃	保温时间/h
5A02、5A03、5A05	465～475	12～24
3A21	595～620	4～12
2A06	475～490	24
2A11、2A12、2A14	480～495	10～15
2A16	515～530	12～24
2A10	500～515	20
6A02	525～540	12
2A50、2B50	515～530	12
2A70、2A80	485～500	12
7A04	450～465	12～38
7A09	445～470	24

镁合金的均匀化退火温度为360～425℃，均匀化工艺规程列于表12-2。含铝及锌较高的合金，由于非平衡结晶而易于生成低熔点组成物，为防止过烧，可采用分级均匀化退火规程。如MB5，可先在340℃保温4 h，然后再升温至400℃保温12h。镁合金中合金元素扩散慢，为达到均匀化目的，必须长时间保温，经济效果差，氧化损失严重。因此，很多情况下不采用均匀化退火。为防止未均匀化铸锭热轧开裂，可适当降低最大压下量及热轧温度。生产锻件、模压件及管材时，可用预挤压坯料。生产预挤压坯料的铸锭，不必进行均匀化退火，只需在320～350℃均热6～10h即可。

表12-2 常用镁合金铸锭均匀化退火工艺规程

合金牌号	加热温度/℃	保温时间/h
MB1、MB8	410～425	12
MB2	390～420	18
MB3	385～420	14～18
MB5	390～405	18
MB7	390～405	18
MB15	360～390	10～13

铜合金中只有锡磷青铜、白铜和锌白铜进行均匀化退火，铜合金的均匀化退火温度范围为 650～1150℃。铜合金均匀化退火工艺规程如表 12-3 所示。

表 12-3　铜合金铸锭均匀化退火工艺规程

合金牌号	加热温度/℃	保温时间/h
QSn6.5—0.1 QSn6.5—0.4 QSn7—0.2	650～700	4～8
B19、B30 BFe30—1—1	1000～1050	2～4.2
BMn40—1.5	1050～1150	2～4.2
BZn15—20	940～970	2～3.5
BMn3—12	830～870	1.5～2.5

钢件均匀化退火的加热温度通常选择在 Ac_3（或 Ac_{cm}）+150～200℃[1]，视钢种和偏析程度而定。碳钢一般为 1100～1200℃，合金钢一般为 1200～1300℃。加热速度常控制在 100～200℃/h。碳钢一般没有必要进行均匀化退火，因为碳为间隙元素，在奥氏体中扩散速率较一些合金元素大几个数量级。因此，在热变形加热及热变形过程中，碳在奥氏体中迅速扩散而使晶内偏析得以消除。

易切钢含有较高的硫［w(S) 高的达 0.2%～0.3%，一般为 0.04%～0.06%］，结晶时硫易富集于晶界引起轧制时的热脆性，为此可采用 1150℃均匀化退火。生产中这种均匀化退火与轧前加热合并在一道工序中进行。

高合金钢锭（如高速钢、某些模具钢等）晶内偏析严重，可能出现过多的莱氏体，可采用 1050～1250℃均匀化退火。

钢均匀化退火的保温时间，理论上可以根据原始组织成分不均匀性的程度，假设其浓度分布模型，用扩散方程的特解来进行计算。但其浓度分布的测定需要很长的周期，实际上很少采用理论计算，而采用经验公式进行估算。估算方法是：保温时间一般按截面厚度每 25mm 保温 30～60min，或按每毫米厚度保温 1.5～2.5min 来计算。一般保温时间不超过 15h，否则氧化损失过重。

冷却速度一般为：50℃/h，高合金钢则小于 20～30℃/h。通常降温到 600℃以下，即可出炉空冷。高合金钢及高淬透性钢种最好在 350℃左右出炉，以免产生应力及使硬度偏高。

由于均匀化退火在高温下进行，且时间很长，因而退火后将使奥氏体晶粒十分粗大。为了细化晶粒，应在扩散退火后，补充一次完全退火。对铸锭来说，尚需压力加工，而压力加工可以细碎晶粒，故此时可不必在扩散退火后再补充一次完全退火。

应该指出，用均匀化退火解决钢材成分和组织结构的不均匀性是有限度的。例如对结晶过程中形成的化合物及夹杂物来说，均匀化退火就无能为力，此时只能用反复锻打的办法才能改善。

2. 预防白点退火

为预防大型锻钢件中出现白点缺陷而进行的退火称为预防白点退火。预防白点退火又称脱氢退火[5]。

溶解于固溶体中的氢，是造成钢中出现白点缺陷的主要危险。存在于亚晶界、位错、晶粒边界及宏观区域中的分子氢，不易自钢中扩散逸出，也不会造成白点，这类分子状态的氢只能在以后的热轧、锻造等压力加工过程中消除[3]。

用退火的方法可以使固溶氢脱溶，钢中加入与氢易形成化合物的钛、锆、钒、铌、镧、铈等元素亦可使固溶氢减少[3]。

退火工艺参数的选择必须能造成氢在钢中的溶解度小而扩散速度大的条件，使其排出锻件或由固溶状态变为分子状态存在[5]。氢在铁中溶解度随温度下降而降低，同时在同样温度下氢在体心立方点阵中（α-Fe，δ-Fe）溶解度小，而在面心立方点阵的γ-Fe中溶解度高。氢在铁中的扩散系数除随温度升高而增大外，也与点阵类型有关。氢在α-Fe中扩散系数比在γ-Fe中大得多。为了使钢中的固溶氢脱溶，应当选择使氢的溶解度达到最小的组织状态，同时又应使氢在钢中的扩散速度尽可能高的温度，所以一般可在奥氏体等温分解的过程中长期保温来完成[3]。

对大型锻件，为锻后尽快消除白点，应冷却到珠光体转变速度最高的那个温度范围（等温转变图上的“鼻尖”温度区），以尽快获得铁素体与碳化物混合组织。同时，在此温度区长时间保温或再加热到低于 Ac_1 的较高温度下保温，进行脱氢处理。

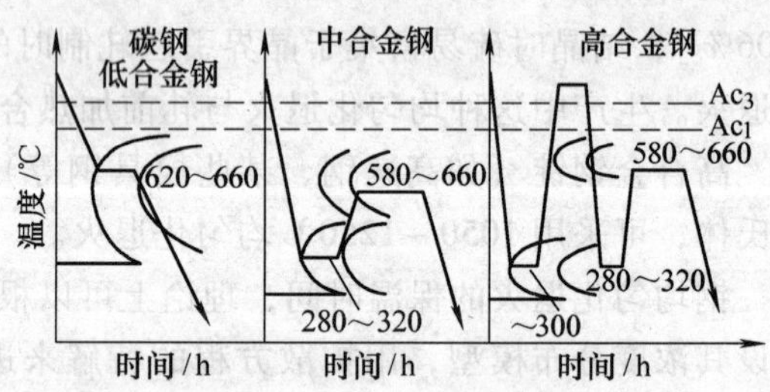

图 12-2　碳钢及合金钢的去氢退火工艺[5]

不同钢种去氢退火工艺规程常根据等温转变图来制订[5]，如图 12-2 所示。

（1）碳钢及低合金钢去氢退火工艺　碳钢及低合金钢大锻件在锻造（或重新加热奥氏体化）后以较快速度尽快冷却至过冷奥氏体最不稳定区域，使其充分转变为铁素体-碳化物混合组织（伪共析组织）。此时，氢的溶解度较低而扩散较易，在转变途中即可从锻件中排出或结合为氢分子。氢分子所引起的压力也可因转变温度（620～660℃）的作用而得到松弛。

（2）中合金钢去氢退火工艺　中合金钢大锻件在过冷奥氏体最不稳定区域（280～320℃）尽快转变以后，还需再加热至580～660℃，并经长时间保温方可使一部分氢自锻件表面排出，锻件内部的氢也可获得较均匀的分布，以减少有害作用。

（3）高合金钢去氢退火工艺　高合金钢应进行一次重结晶以改善组织和提高锻件中氢分布的均匀性，同时细化晶粒，降低过冷奥氏体的稳定性，有利于减小形成白点的敏感性，然后冷却至 280 ~ 320℃，保温适当时间后再加热至 580 ~ 660℃去氢。

12.1.2　再结晶退火

经冷塑性变形加工的金属或工件加热到再结晶温度以上，保持适当时间，通过再结晶使冷变形过程中产生的晶体学缺陷基本消失，重新形成均匀的等轴晶粒，以消除形变强化效应和残留应力的退火，称为再结晶退火[6]。再结晶退火的目的是消除冷作硬化，提高延展性（塑性），改善切削性能及压延成形性能，消除残留应力。

从某一退火温度开始，冷变形金属被拉长的显微组织将发生明显变化，在放大倍数不太大的光学显微镜下也能观察到新生的等轴晶粒[4]。再结晶时不仅由新的等轴的晶粒代替旧的被拉长的晶粒，更重要的是内部结构更为完善，位错密度降至 $10^6 \sim 10^8 cm^{-2}$，残留应力基本消除。再结晶的驱动力是变形时与位错有关的储能，再结晶将使这部分储能基本释放。

再结晶是热激活过程，因此必须高于再结晶温度才能发生。再结晶温度是冷变形金属开始进行再结晶的最低温度。在生产中通常把再结晶温度定义为：经过大变形量（变形度 >70%）的金属在约 1h 的保温时间内，能够完成再结晶（再结晶体积分数 >95%）的最低加热温度。但是，由于再结晶前后晶格类型不变、化学成分不变，所以再结晶过程不是相变，故再结晶不是一个恒温过程，而是自某一温度开始，随着温度的升高和保温时间的延长而逐渐生核、长大的连续过程。因此，再结晶温度并不是一个物理常数，而是一个自某一温度开始的温度范围。大量试验统计结果表明，经严重变形的工业纯金属若完成再结晶的时间为 0.5 ~ 1h，则其再结晶开始温度 t_R（℃）是其熔点的 40% 左右。一些金属的再结晶温度列于表 12-4。

表 12-4　一些金属的再结晶温度

金属	Sn	Pb	Zn	Al	Mg	Ag	Cu	Fe	Ni	Mo	W
t_R/℃	<15	<15	15	150	150	250	200	450	600	900	1200

影响再结晶温度的因素主要有变形程度、金属的纯度、原始晶粒的尺寸、加热时间和加热速度。金属的冷变形程度越大，其储存能越高，再结晶的驱动力也越大，再结晶温度越低；金属的纯度越高，杂质或合金元素越少，对原子的扩散和位错运动或晶界的迁移阻碍作用越小，其再结晶温度就越低；金属的原始晶粒越细，冷变形后金属的储存能较高，其再结晶温度就越低；退火保温时间越长，原子扩散移动越能充分地进行，可降低再结晶温度。再结晶退火在

高于再结晶温度进行。

在工业成批退火条件下，保温时间通常为1~2h。保温时间的影响不如退火温度明显。故在选择退火规程时，主要根据1h等温退火曲线选择退火温度，然后针对具体情况（炉型、装料量、堆料方式等）对保温时间作适当调整。

快速加热可使再结晶晶粒细化，所以对那些退火时晶粒易粗大的合金（3A21）最好采用快速加热方法。

纯金属及单相合金再结晶退火后的冷速对性能无重大影响，无需考虑冷却方式。有时在生产中对纯铜、锡青铜等半成品，退火后用水冷却，目的是使氧化皮爆裂，以减少酸洗时间及金属损失。对能产生淬火和时效强化的合金，高温退火后应控制冷却速度，总的要求是在冷却过程中使溶入基体的强化相能平衡析出，防止淬火效应，达到充分软化的目的。

下面是主要工业金属及合金再结晶退火的工艺制度。

（1）铝及铝合金的再结晶退火　铝及其合金的退火有高温退火及低温退火两大类。高温退火通常为完全再结晶退火。

低温退火主要用于纯铝及不能用热处理强化的铝合金，以稳定性能，消除应力以及获得半硬制品。纯铝及Al-Mg系合金的低温退火主要属于回复退火，Al-Mn系等合金在低温退火时可能已发生部分再结晶。总之，经低温退火后，在保证合金高强度的同时，具有一定的塑性，以便于随后成形时的弯折、卷边等操作。

铝及其合金再结晶退火的温度，可根据牌号在250~420℃之间选取，保温时间1~3h，一般空冷即可。表12-5所示的工艺数据只是一个大致参考范围，应用时尚需根据现场实际情况加以调整。

表12-5　铝合金高温再结晶退火制度[4]

合金牌号	退火温度/℃	保温时间/h	冷却方式
2A11、2A12 6A02、7A04	350~420	1~3	炉冷，冷速为30℃/h，冷至250℃出炉，7A04冷至200℃出炉
5A02、5A03	250~420	1~2	空冷
5A05、5A06	310~335	1~3	空冷
3A21、1A30	350~420	1~2	空冷

注：为防止晶粒粗大，3A21可在盐浴中退火，加热温度为450~500℃，保温7~30min。

（2）镁及其合金的再结晶退火　退火是镁合金应用最广的热处理工艺，其目的与铝合金相同。在加工过程中应用是为了恢复塑性，便于进一步变形。成品采用高温退火得到软制品；低温退火得到半硬制品。

在选择再结晶退火规程时，应注意高温下镁合金晶粒易长大。因镁合金变形时允许的变形程度较小，这种长大倾向特别严重，因此再结晶退火温度不宜太高。

表 12-6 为部分变形镁合金退火规程。

表 12-6　部分变形镁合金退火规程[4]

合金牌号	退火温度/℃	保温时间/h	冷却方式
MB1	340 ~ 400	3 ~ 5	空冷
MB2	280 ~ 350	3 ~ 5	空冷
MB3	250 ~ 280	0.5	空冷
MB5	320 ~ 350	0.5 ~ 4	空冷
MB7	350 ~ 380	3 ~ 6	空冷
MB8	280 ~ 320	2 ~ 3	空冷

(3) 铜及其合金的再结晶退火　铜及其合金的退火有完全退火（高温退火）及低温退火之分。前者可用于中间退火及获得软制品的成品退火，两者工艺基本相同，但一般中间退火温度稍高，控制不如成品退火那么严格。低温退火只用于成品，以生产半硬制品或硬制品（消除内应力以防应力腐蚀破裂）。

完全退火温度比再结晶开始温度 t_R^s 高 250 ~ 350℃。不同纯度铜的 t_R^s 为 180 ~230℃；大多数黄铜和青铜的 t_R^s 位于300 ~ 400℃之间；w(Ni) > 10% 的白铜及某些耐热铜合金，t_R^s 则在 400 ~ 500℃以上。因此，各种铜合金的退火温度有较大差异。主要铜合金的完全退火规程列于表 12-7。

表 12-7　常用铜合金中间退火和成品退火规程（煤气炉加热）[4]

合 金 牌 号	退火温度/℃		保温时间/min
	中间退火	成品退火	
T2、H96、H90	500 ~ 600	420 ~ 500	30 ~ 40
H62	600 ~ 700	550 ~ 650	30 ~ 40
H80、H68、HSn62-1	500 ~ 600	450 ~ 500	30 ~ 40
QSn6.5-0.1、QSn6.5-0.4	600 ~ 650	530 ~ 630	30 ~ 40
HPb59-1、QAl5、QAl7	600 ~ 750	500 ~ 600	30 ~ 40
BZn15-20、BAl6-1.5、	700 ~ 850	630 ~ 700	40 ~ 60
B19、B30	780 ~ 810	500 ~ 600	40 ~ 60
BMn3-12	700 ~ 750	500 ~ 520	40 ~ 60

(4) 钛及其合金的再结晶退火　钛合金退火有完全退火（高温退火）及不完全退火（消除应力低温退火）两种。完全退火目的是完全消除加工硬化，提高塑性及综合力学性能。不完全退火的目的在于减少和消除机械加工或焊接所造成的残留内应力。表 12-8 为常用钛及其合金 α + β/β 的转变温度、再结晶温度及退火温度。

按工艺特征，完全退火又有简单退火、等温退火及双重退火几种形式。因为钛及其合金有多型性转变，近 α、α/β 及近 β 合金在完全退火过程中有相变重结晶发生。

表 12-8 常用钛合金 α+β 转变温度、再结晶温度及退火温度[4]

合金牌号	α+β/β 转变温度/℃	再结晶温度/℃		完全退火温度/℃		不完全退火温度/℃
		开始	终了	板材及制品	棒、锻、模压件	
TA1	885~900	600	700	520~540	670~680	445~485
TA7	950~990	880	950	700~750	800~850	550~600
TA4	980~1010	850	950	750~780	750~800	600~650
				等温退火或双重退火		
				第一阶段	第二阶段	
TC8	980~1020	900	980	920~950	850~900	

从表 12-8 可知，完全退火时大部分钛合金退火温度低于再结晶温度。这是由于 α-Ti 堆垛层错能高，极易发生多边化而使加工硬化基本消除。其次，同一合金板材及板材制品退火温度低于模压件、锻件及棒材退火温度。这是因为棒材及锻件退火后一般需进行切削加工，可消除表面氧化层，稍高的退火温度不会有不利影响，反而可使金属得到更大软化。板材及板材制品难以进行去除表面层的加工，故退火温度应降低以减少氧化与吸气。若板材在保护气氛及真空中退火，温度可与锻件相同。

简单退火的保温时间决定于半成品及制品的断面厚度，大致可采取表 12-9 所示的保温时间；断面厚度大于 50mm 时，保温时间可增至 2h。

表 12-9 钛合金再结晶退火保温时间[4]

最大断面厚度/mm	1.5	1.6~2.0	2.1~6.0	6.0~50
保温时间/min	15	20	25	60

（5）低碳钢薄板的再结晶退火　再结晶退火在钢材生产中远不如在有色合金中用得广泛，作为独立工序仅限于薄板、带材生产（低碳钢及电工用钢）。此外，为提高钢材质量，在结构钢生产中控制再结晶晶粒大小（控制轧制）日益引起人们的注意。

低碳钢薄板广泛用于交通工具、电器及其他器件中的冲制外壳、机匣等。这种钢板强度要求不高，但必须有较好的塑性和成形性，特别要求成形后的零件具有光滑的表面。为此，需要控制两个主要因素，即晶粒尺寸及再结晶组织结构。

控制晶粒尺寸对低碳钢板的冲制非常重要。实践证明，若晶粒直径大于 40μm 时，会出现肉眼可见的表面粗糙，故晶粒应小于 40μm。

但是，低碳钢有明显的上下屈服点，塑性变形时可能会呈现吕德丝带的不均匀变形特征，也会使冲制件表面出现不平整现象。为避免此弊端，可将钢板在成形前预先冷轧，使之首先发生均匀的屈服，以后冲制时就会产生均匀塑性变形，防止吕德丝带的形成，减少冲制废品。预轧制后应在 24h 内成形，否则由于应变时效会使吕德丝带重现。为消除吕德丝带所需的预轧制的压缩率与晶粒尺寸有关。晶粒越大，所需压缩率越小。实践证明，为使预轧制延展性损失后仍能满足深拉深要求，晶粒尺寸不能小于 30μm。

综上所述，晶粒尺寸以 35μm 左右为佳。35μm 的晶粒相当大，一般工艺条件往往不能达到，所以在成形品质要求较高时，应采用较高温的长时间退火。其典型工艺是：在炉中将板卷加热 24h 使温度达 700℃，至少保温 24h 然后随炉冷却，整个退火周期可达 72h。

低碳钢 [w(C) < 0.1% ~ 0.2%] 的再结晶温度在 450 ~ 650℃之间。随着含碳量及合金元素数量的增加，再结晶温度不断升高，超过 Ac_1 时将优先发生相变重结晶。这时，只能采用低于 Ac_1 的软化退火来降低冷变形材料的硬度。低碳钢在冷轧、冷拉、冷冲等加工后的再结晶退火温度常取 650 ~ 700℃[4,7]。

12.1.3　去应力退火

单纯为去除残余内应力而专门进行的退火，称为去应力退火，也称消除应力退火[1,4]。

在铸造、压力加工、焊接、热处理、切削加工及其他工艺过程中，制品可能产生内应力。多数情况下，工艺过程结束后，金属内部将保留一部分残留应力。较大的残余应力或者导致工件变形，或者导致工件开裂。

若残余应力为较大的拉应力，那么往往在负载不大（特别是冲击载荷）时就会使制件过早破坏。例如：铸钢件可能在风铲清砂，甚至在冬季穿堂风（热应力加残余应力）作用下发生裂纹；高强度铝合金大型半连续铸锭放置时，由于偶然的振动或冲击会发生炸裂，所释放的弹性能大到使数百千克（甚至数吨）的锭块发出强烈声响并撕开抛出数米之遥；焊接桥梁由于焊接应力过大可能突然破坏；整体焊接船体由于存在较大残余应力，甚至用铁钎清除甲板上的冰块都会造成船体断裂。表层的残余拉应力促进疲劳裂纹发生，因而特别不利于交变负荷下工作的零件。残余应力提高金属化学活性，在残余拉应力作用下特别易造成晶间腐蚀破裂。

铸造、焊接、压力加工、机械加工、淬火等残余拉应力是有害的，应完全或部分消除。

常用退火法来消除或减小残余应力。均匀化退火、回复退火、再结晶退火以及其他热处理过程均可能使残余应力消除，但这只是主要热处理过程中的一种伴生现象。而去应力退火则是单纯为消除残余应力而专门进行的退火[4]。

表 12-10 给出了各种材料的去应力退火条件。在退火时的加热速度，尤其是

冷却速度必须低，否则会产生新的热应力。

表 12-10 各种金属去应力退火的条件

金　属	退火温度/℃	保温时间/h	金　属	退火温度/℃	保温时间/h
碳钢	550 ~ 680	①	钛	450 ~ 480	0.5 ~ 4
灰口铸铁	430 ~ 600	0.5 ~ 5	钛合金	500 ~ 650	0.51 ~ 4
铜	150	0.5	铝	150	0.5
二元黄铜	200 ~ 260	1	铝合金	230 ~ 370	1 ~ 5
特殊黄铜	350	1	镁合金	150 ~ 260	1 ~ 5
镍和蒙乃尔合金	300	1 ~ 3			

① 每毫米厚度 2.5min。

去应力退火温度范围的上限须由试验来决定，对可能损害金属力学性能和其他性能的组织变化，须加以适当的考虑。

钢去应力退火温度通常稍低于临界点温度 Ac_1。钢中铸造应力在 600℃ 左右温度退火时几乎可以全部消除。对灰铸铁件，去应力退火应能制止石墨化的强烈发展，从而阻止硬度的显著降低。

铝合金的去应力退火温度介于时效硬化温度和淬火温度之间。时效硬化铝合金的强度性能在这个温度范围内会明显下降，因此，去应力退火很少用于变形铝合金。有时在最终切削加工（精加工）之前进行 350 ~ 370℃ 温度的退火。否则切削加工后，可能引起挠曲。未均匀化的连铸铝锭，应在切成定尺坯之前，进行 300 ~ 350℃ 的退火，以释放残余应力，消除切割时铸锭产生裂纹的危险。有些铝合金铸件（如精密仪表的元件）在 230 ~ 300℃ 退火，以释放铸造应力，稳定它们的尺寸。

由铜、镍、钛或其变形合金所制的冷轧薄板或冲压件的残留应力要用不高于再结晶开始温度的退火消除，从而保存加工硬化金属的高强度特性。去应力退火，广泛地使用于 $w(\mathrm{Zn})$ 超过 20% 的黄铜，因为这种黄铜对应力腐蚀（季节裂纹）具有强烈的敏感性。

由于材料成分、加工方法、内应力大小及分布的不同，以及去除程度的差异，去应力退火的温度范围很宽。企业在习惯上，把较高温度下的去应力处理称为去应力退火，而把较低温度下的这种处理，称为去应力回火，其实质都是退火。

12.1.4 钢的基于固态相变的退火工艺

钢的退火形式很多，除了前述的均匀化退火（扩散退火）、再结晶退火和消除应力退火之外，还有多种形式的基于固态相变的退火，如完全退火、不完全退火、等温退火、球化退火等。

退火工件一般是随炉加热，加热速度不会太高。为了防止加热过程中开裂，高合金钢大件退火时，在 700℃以下加热速度应为 30 ~ 70℃/h，温度超过 700℃后可增大为 80 ~ 100℃。

保温时间决定于钢的化学成分、炉温、装炉方式及装炉量，一般可按 1.5 ~ 2.5min/mm（厚度或直径）估算。

大型铸钢件退火保温时间可按式（12-1）计算

$$\tau = K + 0.25Q \tag{12-1}$$

式中　τ——保温时间（h）；

Q——装炉量（t）；

K——系数，$\phi \geqslant 100$mm 时 $K = 6$，$\phi \leqslant 100$mm 时 $K = 4$。

对于在 850 ~ 900℃退火的锻轧件

$$\tau = 4 + (0.2 \sim 0.4)Q \tag{12-2}$$

1. 完全退火

将铁碳合金完全奥氏体化，然后缓慢冷却，获得接近于平衡组织的热处理工艺称为完全退火[2]。所谓“完全”，是指钢的内部组织全部进行了重结晶[5]，即：在加热过程中，钢的原始组织完全转变成奥氏体；在随后的冷却过程中，奥氏体又全部转变为珠光体加铁素体的平衡组织。

完全退火的目的是细化晶粒，降低硬度，改善切削性能以及消除内应力，以利于随后的变形加工或切削加工，为成品件的淬火作好组织准备[1,7]。

完全退火工艺中应给予注意的环节是加热温度、保温时间和冷却速度。

完全退火的加热温度一般在 Ac_3 点以上 20 ~ 50℃[7]。

退火保温时间应该足够。退火保温时间不仅应保证使工件透烧（即心部也达到加热所要求的温度），而且还应保证其原始组织完全奥氏体化和成分基本均匀。因为完全退火时加热温度超过 Ac_3 不多，所以相变进行得很慢，特别是粗大铁素体或碳化物的溶解和奥氏体成分的均匀过程，均需要较长时间。

完全退火的冷却，一般是先缓慢冷却至某一温度（比如 500 ~ 550℃），然后出炉空冷。缓慢冷却的目的是保证奥氏体在 Ar_1 点以下不大的过冷度情况下进行珠光体转变，以免硬度过高。一般碳钢冷却速度应小于 200℃/h；低合金钢的冷却速度应降至 100℃/h；高合金钢的冷却速度应更小，一般为 50℃/h。缓慢冷却一般通过随炉冷却或埋于砂中或耐火土粉中冷却实现。缓慢冷却至的温度一般小于 600℃，具体应根据钢种及其截面尺寸确定。钢中碳与合金元素越多、截面尺寸越大，出炉温度应该越低。比如，截面尺寸在小于 200mm 的 ZG200—400 铸钢件出炉温度应在 450℃左右，而截面尺寸在 501 ~ 1000mm 的 ZG5CrMnMo 铸钢件出炉温度应在 200℃左右。

完全退火主要用于亚共析钢的铸件、焊件、锻件和热轧钢材等[5,7]。过共析钢不能采用完全退火，因为完全退火会导致组织粗大和网状渗碳体的产生，使钢的性能恶化。

含碳量较高[$w(C) > 0.3\%$]、淬透性较好或尺寸较大的碳钢及合金钢钢锭，均需进行完全退火以消除铸造应力，改善铸态组织并降低表面硬度，以便于存放和表面清理。浇铸后如不及时退火，钢锭会因内应力而自行开裂甚至爆炸。钢锭表面的各种缺陷应在锻轧前清除，否则会在加工中扩大，甚至形成发裂而使钢锭报废，这对含高铬、铝、钛等的钢锭尤为重要。因此，需要退火以便进行表面清理。各类亚共析钢钢锭完全退火温度见表 12-11。

表 12-11 部分亚共析钢钢锭完全退火温度[5]

钢种	钢 号	温度/℃
结构钢	40，40Mn2，40Cr，35CrMo，38CrSi，38CrMoAl，30CrMnSi	840 ~ 870
弹簧钢	65，60Mn，55SiMn，60Si2Mn，50CrVA	840 ~ 870
热模钢	5CrNiMo，5CrMnMo	810 ~ 850

上述各种钢锭完全退火时的加热速度常取 100 ~ 200℃/h；保温时间 $\tau = 8.5 + 0.25Q$ (h)，式中 Q 为装炉量（t）；冷却速度常取50℃/h；出炉温度为600℃以下。

2. 不完全退火

将铁碳合金加热至 $Ac_1 \sim Ac_3$ 或 $Ac_1 \sim Acm$ 之间，达到不完全奥氏体化，随之缓慢冷却，以获得接近平衡的组织，这种热处理工艺称为不完全退火[1,2]。这里的“不完全”，是指钢加热时没有完全奥氏体化，即没有完全重结晶。

不完全退火的目的与完全退火相同，都是通过相变重结晶来细化晶粒，改善组织，去除应力，改善切削性能，但由于在加热温度下不能完全重结晶，所以细化晶粒方面不如完全退火的好。不完全退火的优点是加热温度低，可以节省工艺过程的时间并增加炉子的使用率，所以使用较广。例如，因锻件的停锻温度正确（对亚共析钢而言，正确的停锻温度仅稍高于 Ar_3），未引起晶粒粗大，铁素体和珠光体的分布也无异常现象，此时采用不完全退火即可满足要求，而不必一定要进行完全退火[8]。

不完全退火适合于中、高碳钢及低合金钢锻轧件等[7]。

(1) 过共析钢（即莱氏体钢）钢锭的不完全退火　过共析钢不完全退火的目的之一是减少溶入奥氏体中的碳化物数量，以降低奥氏体的稳定性，提高退火冷却速度，缩短冷却时间。此外，不完全退火还可消除铸造应力，改善铸态组织，降低表面硬度以改善切削加工性，使钢锭便于存放和表面清理。常用过共析钢（包括莱氏体钢）钢锭的不完全退火温度如表 12-12 所示。

钢锭不完全退火时的加热速度为 100 ~ 200℃/h，保温时间 $\tau = K + 0.25Q$

(h)，式中 Q 为装炉量（t）；K 为基本保温时间，合金工具钢及轴承钢 $K=8.5$，莱氏体钢 $K=2.5$。冷却速度一般控制在 50℃/h 左右。高合金钢及淬透性高的钢则取 20～30℃/h 或更低。碳素工具钢及低合金工具钢可在炉冷到 600℃以下时出炉，高合金工具钢则最好冷却到 350℃以下再出炉，以免产生新的内应力和使硬度偏高。

表 12-12　过共析钢钢锭的不完全退火时的加热温度[5]

钢 种	钢 号	温度/℃
碳素工具钢及低合金工具钢	T7，T10，T12A，9Mn2V，9SiCr，Cr2，CrMn，CrWMn，8CrV，W2	810～850
冷模钢及高速钢	Cr12MoV，3Cr2W8V，W18Cr4V	900～950

（2）过共析钢锻轧钢材的不完全退火　主要用于工具钢、轴承钢及冷模钢等，以得到球状珠光体及球状碳化物组织，降低硬度，改善切削加工性能。上述钢材不完全退火时的加热速度大多≥100℃/h，对于含合金元素较多的钢可采用稍慢的加热速度。保温时间视装炉量、钢材种类而定。保温后随炉冷却，冷却速度因钢种而异，碳素工具钢≤50℃/h，合金钢≤30℃/h。冷却到 600℃左右时，即可出炉空冷。常用碳素工具钢及合金工具钢不完全退火时的加热温度如表 12-13 所示。

表 12-13　碳素工具钢及合金工具钢不完全退火时的加热温度[5]

钢 种	钢 号	温度/℃
碳素工具钢	T8，T10，T11，T12	750～770
合金工具钢	9Mn2V，9SiCr，SiCr，CrMn，CrWMn	770～810
	Cr12V，Cr6WV，Cr12MoV	830～870

过共析钢广泛应用不完全退火。过共析钢的不完全退火，实质上是球化退火的一种。

3. 等温退火

将钢件或毛坯加热到高于 Ac_3（亚共析钢）或 $Ac_1 \sim Ac_{cm}$ 之间（过共析钢）的温度，待奥氏体转变完成并基本均匀后，较快地冷却到低于 Ar_1 以下的某个温度，等温保持足够时间，使珠光体转变完毕，然后出炉空冷（或油冷、水冷），此种工艺称为等温退火[5]，如图 12-3 所示。

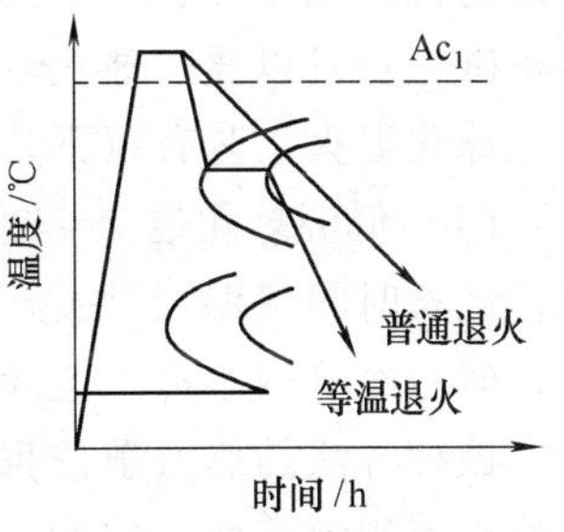

图 12-3　等温退火工艺示意图[5]

中碳及合金结构钢进行等温退火，可以得到比完全退火更为均一的组织和性能，同时还能有效地消除锻造应力，而工艺周期却比完全退火缩短了大约一半（特别是对含合金元素比较多的钢）。

等温退火时的加热温度、等温温度及保持时间应根据所用钢的过冷奥氏体等温转变图（C 曲线）、性能要求及钢件截面尺寸等条件确定。

等温保持时间应较等温转变图上等温转变完了时间更长些，以保证过冷奥氏体分解完全，对截面较大钢制工件尤需如此；在生产中，碳钢常取 1 ~2h，低、中合金钢 3 ~5h。

等温退火多用于高碳钢、合金钢和高碳合金钢。等温退火与完全退火或不完全退火的目的相同。但此种退火方法的特点是：节省钢件在炉内的时间，从而增加了退火炉的周转率，容易控制，能够得到预期的均匀的显微组织和硬度。

等温退火工艺也可应用于工具钢及轴承钢的球化，以及结构钢大锻件的预防白点处理。

4. 球化退火

为使钢中的碳化物球状化而进行的退火工艺称为球化退火[2]。

球化退火的目的是：

1） 获得粒状珠光体，改善热处理工艺性能，减少工具钢淬火加热时的过热敏感性、变形、裂纹的倾向性。

2） 降低硬度，改善切削性能。试验证明，$w(C) > 0.5\%$ 的钢球状珠光体的切削性能优于片状珠光体，含碳量愈高，差别愈大，故对一般含碳量较高的钢均采用球化退火。

3） 提高塑性，改善冷挤压成形性。冷镦成形的标准件要求原始组织必须为粒状珠光体。

4） 为后续热处理作组织准备，经淬火、回火后获得良好的综合力学性能。

球化退火主要应用于工模具钢、轴承钢、冷镦或冷挤压成形的结构钢[7]。

一次碳化物不能通过球化退火球化，只能靠合理的锻造工艺（以相当大的总锻造比，经十几、二十几次以上的反复镦拔）和适当的高温扩散退火来得到。共析碳化物可以通过球化退火球化。

球化退火工艺有以下几种：

（1） 低温球化退火　低温球化退火工艺方法是将钢加热到 Ac_1 以下 20℃左右，经长时间保温（决定于钢种及要求的球化程度），使碳化物由片状变成球状，然后冷（或空冷）至室温，如图 12-4 所示。

该种方法的热力学依据是在其他条件相同情况下，片状组织单位体积所占有的表面积大于球状组织，因而片状组织表面能大于球状组织，总自由能也是如此，所以片状组织能自发地变成球状组织。

过共析钢的先共析渗碳体如以网状存在，用低于 Ac_1 点以下温度的退火很难球化，即使没有网状渗碳体存在，仅是珠光体中的渗碳体的球化，其球化过程也需要很长时间。因此，这种工艺目前已很少被采用。

此法适用于经冷形变加工或淬火以及原珠光体片层较薄，且无网状碳化物的情况[5]。

（2）一次球化退火法　将钢加热到 Ac_1 与 Acm（或 Ac_3）之间，经过适当时间的保温，然后缓慢冷却至 500 ~ 650℃出炉冷却，称为一次球化退火[7]。其工艺曲线如图 12-5 所示。这种工艺方法适用于周期作业炉生产，在工具和轴承生产中得到广泛的应用。

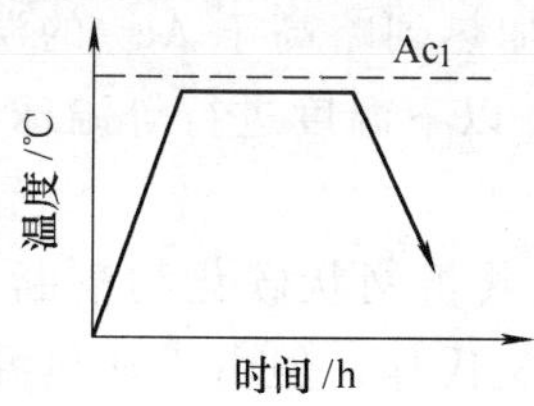

图 12-4　低温球化退火工艺示意图[5]

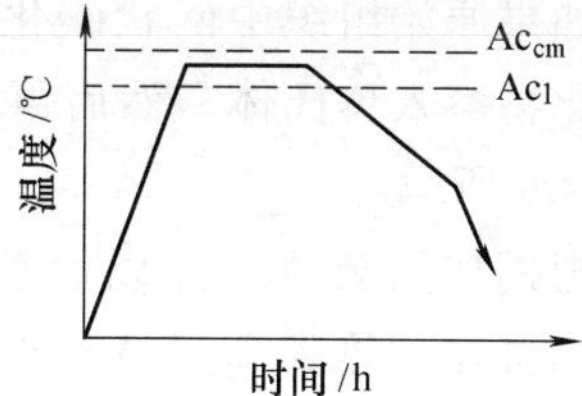

图 12-5　一次球化退火工艺示意图[5]

此种退火工艺是目前生产上最常用的球化退火工艺。实际上这是一种不完全退火。工艺要求退火前的原始组织为细片状珠光体，不允许有粗厚的渗碳体网存在。因为原始组织中有粗厚的连续网状渗碳体的过共析钢，即使长时间球化退火，其网状渗碳体也难以完全消除。因此，为了消除粗厚的渗碳体网，一般在退火前要进行一次正火处理。

球化退火时，奥氏体化温度一般为 Ac_1 + （20 ~ 40℃），或 Acm − （20 ~ 30℃）[7]。

球化退火的成功与否，与奥氏体化温度有关。加热温度愈高，奥氏体愈容易出现片状珠光体，而且不容易球化。而只有奥氏体化温度接近 Ac_1 时，因奥氏体晶粒很小，奥氏体中残存有相当数量的尚未来得及溶解的渗碳体粒子，且存在有大量的碳的富集区。在以后冷至低于 Ar_1 的温度过程中，以这些渗碳体粒子或碳的富集区作为珠光体转变时的结晶核心，形成球状渗碳体。但是奥氏体化温度也不能太低，否则球化就不会完全。

保温时间对球化退火有与加热温度类似的影响。延长保温时间，使奥氏体中碳浓度趋于均匀，故会使片状珠光体出现，但其影响要比温度的作用弱得多。一般球化退火保温时间为 4h 左右。

加热后，在 Ar_1 点附近的冷却速度也很重要。冷却速度对球化效果有重要影响。随着冷却速度增大，碳化物直径减小。冷却速度过大，珠光体转变温度过低，会出现片状组织。故一般球化退火的冷却速度应控制在 20℃/h 左右。

球化退火前的冷加工和热加工可以加速随后的球化过程，因为这种加工可使渗碳体碎化（形成亚晶界），这就为从亚晶界开始的渗碳体的溶解、断裂和球化过程创造了有利条件[4]。例如普通碳钢的线材或棒材，在200～400℃温度进行塑性变形，然后在 Ac_1 点以下的温度退火可以促进球化过程。又如把上述淬火与毛坯锻造结合起来，即在毛坯锻造后立即淬火，然后再进行退火加热即可得到球化组织。此种工艺不仅可细化晶粒，而且还减少了淬火再次加热的工序。

（3）等温球化退火法　等温球化退火法是将共析钢或过共析钢加热到 Ac_1 +（10～30℃），保温适当时间，然后冷却到略低于 Ar_1 以下的温度，等温保持一定时间（使等温转变进行完毕）然后炉冷或空冷的球化退火工艺，如图12-6a所示。如果原始组织中网状碳化物较严重，则需加热到略高于 Ac_{cm} 的温度，使网状碳化物溶入奥氏体，然后再较快地冷却到 Ar_1 以下温度进行等温球化退火，如图12-6b所示。

在把钢加热至 Ac_1 点以上温度过程中，使先共析网状碳化物溶断、凝聚。而珠光体虽在加热到高于 Ac_1 点以上时应转变成奥氏体，但由于加热温度仅稍高于 Ac_1，珠光体中渗碳体溶解需要较长时间，往往只能使渗碳体片溶断，残留着渗碳体颗粒。有的即使溶解，但在渗碳体片溶断处还保留着高浓度碳聚集区，当冷至稍低于 Ar_1 的温度保温，进行珠光体转变时，将以这些残存渗碳体或碳富集区作为渗碳体的结晶中心，渗碳体在此析出长大。因为这些微小区域弥散分布，碳的扩散距离比形成片状珠光体的短，虽然其应变能要大于片状珠光体，但其总自由能却较低，因而形成球状珠光体。

在等温球化退火工艺的制订中，奥氏体化温度及等温转变温度十分重要。奥氏体化温度较高时，未溶碳化物数量较少，奥氏体晶粒较大，而且其中碳浓度的分布也较均匀，因而不利于球化过程的进行。等温转变温度较低时，碳（及合金元素）在奥氏体中的扩散较困难，也不利于球化过程。只有当奥氏体化温度较低（略高于 Ac_1），等温转变温度较高（略低于 Ac_1）的处理规程下，才能得到球化组织。

等温球化退火常用于碳钢及合金钢刀具、冷冲模具及轴承零件。与一次球化退火相比，可获得较好的球化质量并可节省工艺时间。

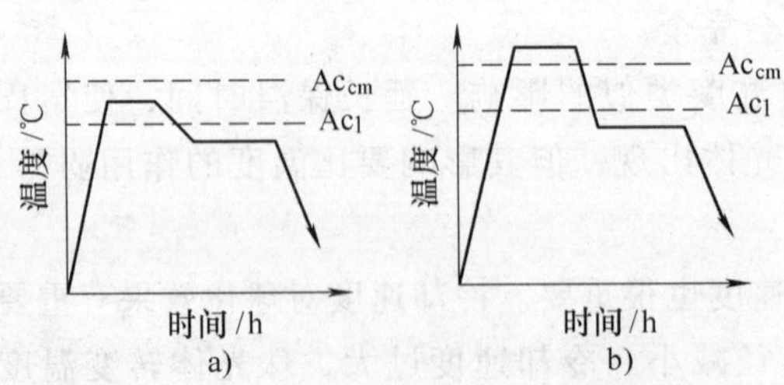

图12-6　过共析钢等温球化退火工艺示意图[5]

a）无网状碳化物时　b）有网状碳化物时

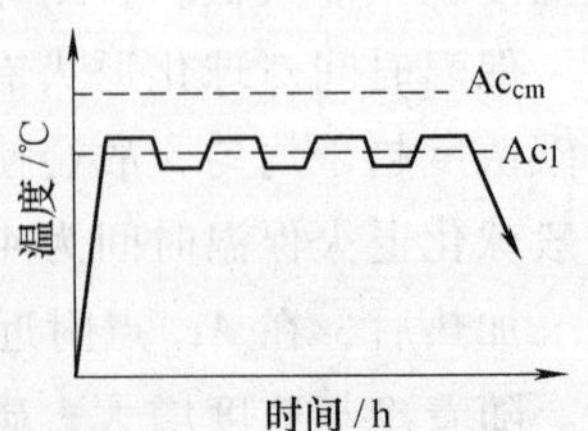

图12-7　往复球化退火工艺示意图[5]

（4）往复球化退火　往复球化退火是一种周期性的等温退火，目的是加速球化过程。这种方法是将钢加热到 Ac_1 +（20 ~ 30℃），短时保温（3 ~ 5min）后冷却到 Ar_1 以下（20 ~ 30℃），再短时保温，如此反复进行多次，称为往复球化退火，如图 12-7 所示[5]。

Ac_1 以上的短时加热，除奥氏体化外，还可使片状碳化物开始溶解，呈被切断的形状，而在 Ar_1 以下温度保持时变为球状，同时使珠光体中的渗碳体附着在这些球上生长。几次反复后，便可得到较好的球化组织。

对粗大工件或在装炉量很多情况下，这样的往复加热冷却很难实现，因而该种方法只适用于小批量生产的小型工具。

12.1.5　铸铁的退火

铸铁的退火主要包括去应力退火、软化退火和石墨化退火。去应力退火如前所述，这里只讨论软化退火和石墨化退火。

1. 铸铁的软化退火

（1）合金白口铸铁的软化退火　某些合金白口铸铁铸态组织中常含有大量马氏体，使铸件具有很高的硬度。为了便于切削加工，可进行软化退火，使马氏体转变为珠光体。例如，15Cr3Mo 高铬铸铁件软化退火后硬度可降至 42HRC，用硬质合金刀具已能进行切削加工。低合金马氏体白口铸铁软化退火工艺曲线如图 12-8 所示。

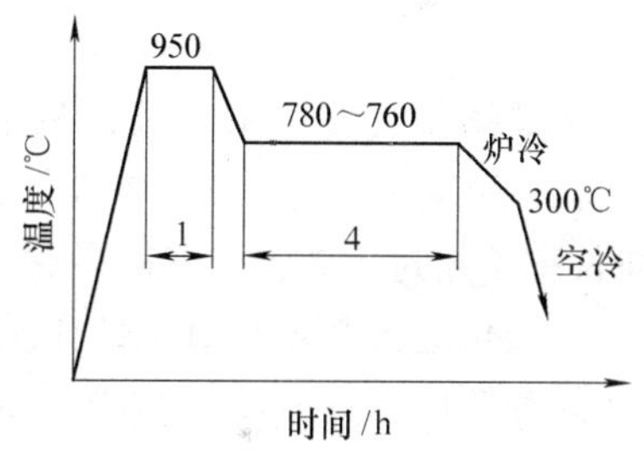

图 12-8　马氏体白口铸铁软化退火工艺曲线[7]

（2）灰铸铁及球墨铸铁的软化退火　灰铸铁软化退火的目的是使渗碳体石墨化，降低铸件硬度、便于切削加工。球墨铸铁的软化退火通称退火，目的是获得铁素体基体，提高铸铁的塑性[7]。

若铸件中不存在共晶渗碳体或其数量不多，可进行低温软化退火，加热温度低于 Ac_1，可在 650 ~ 760℃选择。当铸件中共晶渗碳体数量较多时，须进行高温软化退火，加热温度高于 Ac_1，可在 880 ~ 980℃选择。

灰铸铁和球墨铸铁低温软化退火规范见表 12-14，高温软化退火工艺规范见表 12-15。

表 12-14　灰铸铁及球墨铸铁低温软化退火工艺规范[7]

铸铁类型	加热温度/℃	保温时间/h	出炉温度/℃
灰铸铁	650 ~ 750	1 ~ 4	<300
球墨铸铁	720 ~ 760	H = 2 + ［铸件厚度（mm）/25］（≥3）	<600

表 12-15　灰铸铁及球墨铸铁高温软化退火规范[7]

铸铁类型	加热温度/℃	保温时间/h	出炉温度/℃
灰铸铁	900 ~ 950	2 + [铸件厚度（mm）/25]	100 ~ 300
球墨铸铁	880 ~ 980	1 + [铸件厚度（mm）/25]	<600

2. 生产可锻铸铁的石墨化退火

可锻铸铁是将白口铸铁坯件石墨化退火得到的一种具有团絮状石墨的铁碳合金。因为可锻铸铁分为白心可锻铸铁和黑心可锻铸铁，所以石墨化退火也就有两种相应的工艺。

（1）生产白心可锻铸铁的脱碳石墨化退火（脱碳退火）　将白口铸铁在氧化介质中加热至高温并长时间保持，使坯件表面脱碳、心部石墨化的退火工艺，称为石墨化退火，简称脱碳退火[5]。脱碳退火的工艺曲线如图 12-9 所示。

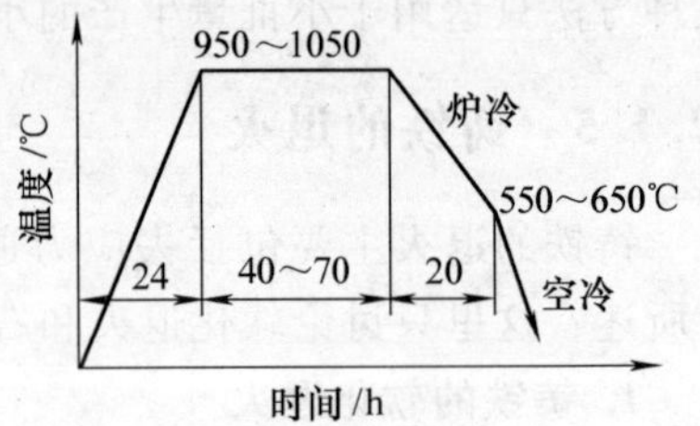

图 12-9　石墨化退火工艺曲线[5]

脱碳退火所获得的铸铁称为白心可锻铸铁。可锻铸铁其实并不可锻，只不过其塑性好，相对伸长率可达 2% ~20%，比白口铸铁（伸长率不超过 0.2%）和灰铸铁（伸长率不超过 1.2%）高得多[9]。白心可锻铸铁具有良好的焊接性。

石墨化退火必须在氧化性介质中加热。

因为铸件退火时断面从外层到心部发生了强烈的氧化和脱碳，在完全脱碳层中无石墨存在，其组织为铁素体。铸件断面心部为珠光体（有时还有少量铁素体或渗碳体）及团絮状石墨组织。因珠光体与表面的铁素体相比塑性较差，打断时断口的心部呈白色，有发亮的光泽，而表层色泽较暗，白心可锻铸铁因而得名[5,10]。

脱碳退火所需加热温度高、保温时间长，所得组织沿截面的分布又不均匀，所以近年来多为可锻化退火工艺所取代[5]。

（2）生产黑心可锻铸铁的石墨化退火（可锻化退火）　白口铸铁铸坯经高温长时间退火后，使显微组织中的共晶渗碳体、二次渗碳体和共析渗碳体转变为石墨，这一工艺称为可锻化退火[5]。

经可锻化退火后，铸铁获得铁素体及石墨组织，断口呈深灰色，因此，这种铸铁又称为黑心可锻铸铁，其中的石墨呈团絮状。

可锻化退火的工艺曲线如图 12-10 所示。一般为冷炉装料，并缓慢进行加热。

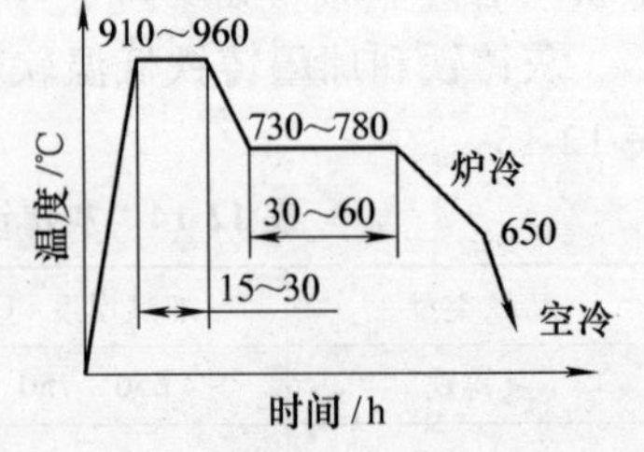

图 12-10　可锻化退火工艺曲线[5]

渗碳体的石墨化是在 910 ~ 960℃ 及 730 ~ 780℃ 保温时进行。在高温加热的保温时间，视炉子大小、装料数量及其在炉中的排布和加热温度等因素而定，一般为 15 ~ 30h。高温保温结束后铸铁应具有奥氏体和团絮状石墨组织，不应再有大块的渗碳体存在。这一石墨化过程称为石墨化的第一阶段。

730 ~ 780℃ 等温保持时，进行着共析渗碳体的石墨化。因为温度较低，所需时间较长，一般为 30 ~ 60h。等温完了后随炉缓冷至 650℃，然后出炉空冷，以防继续缓冷所引起的韧性的降低。这一过程称为石墨化的第二阶段。

经上述可锻化退火后，铸铁获得了铁素体、石墨和少量珠光体组织，使可加工性、塑性和韧性得到了改善。

石墨化第一阶段结束后随着冷却速度的增大（空冷、吹风、喷雾、油冷等)，可锻铸铁的基体可为珠光体、细片状珠光体、马氏体等，从而能够满足提高耐磨性的要求。可锻铸铁经快冷后应进行适当温度的回火，以消除应力及稳定尺寸。

12.1.6　有色金属（合金）基于固态相变的退火

有色金属材料中基于固态相变的退火大体有两类，即多相化退火和重结晶退火。重结晶退火对于有色合金用得不多。我们只讨论多相化退火。

有色合金的多相化退火是基于固溶度变化的退火。一些有色合金，其固溶度随温度变化而变化。在发生脱溶的情况下，脱溶相的大小与脱溶温度有关。例如图 12-11 中的 Co 合金，当它自 α 相区过冷至 α + β 相区的不同温度时，脱溶相 β 的尺寸将随过冷度的增加而减小；若将 Co 成分的 α 过饱和固溶体加热至双相区的不同温度，其脱溶相 β 的尺寸将随脱溶温度的提高而增大。就是说，在一定温度下，与一定浓度的固溶体基体相平衡的第二相应具有一定的尺寸。

如果设法使固溶体基体达到尽可能低的浓度，第二相粒子及其间距又足够大，则合金将发生软化，即多相化软化[4]。为达到这种软化目的而采取的热处理工艺就是多相化退火。

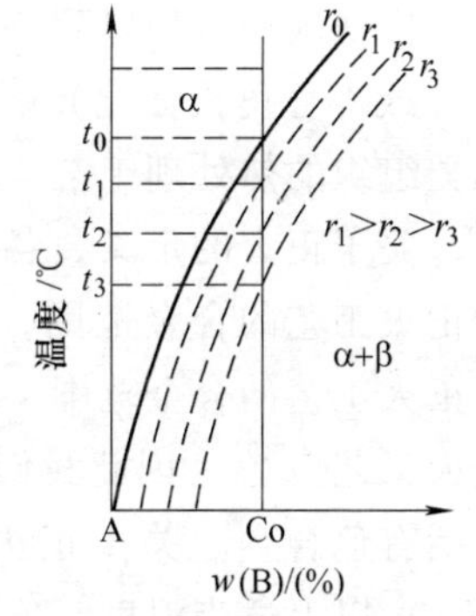

图 12-11　固溶度随温度而变，脱溶相大小与过冷度（脱溶温度）的关系[4]

多相化退火工艺分完全退火和不完全退火两种。

（1）完全退火　完全退火是将已产生部分淬火硬化的合金加热至相变临界点（如图 12-11 中的 t_0）以上的温度保温，使合金变成单相固溶体，然后缓慢冷却，一般为随炉冷。完全退火可以最大限度地消除固溶硬化，使合金完全软化。大多数可热处理强化的铝合金于 380 ~ 420℃ 加热 10 ~ 60min，然后以不超过 30℃/h 的速度冷却，会完全软化[9]。

（2）不完全退火　不完全退火则是加热至相变临界点（如图12-11中的 t_0）以下的某一适当温度保温，然后较快冷却，一般为空冷。大多数可热处理强化的铝合金，其不完全退火的加热温度为350～370℃，保温2～4h，随后空冷或水冷。不完全退火的保温时间虽较长，但因加热温度低，而且又采用空冷或水冷，故总的生产周期比完全退火短，在实际生产中仍然是可取的。不完全退火只能部分消除固溶硬化，使合金部分软化。

除铝合金外，其他许多合金也可采用多相化退火来达到软化的目的。例如，若双相黄铜热加工后从β相区以很快的速度冷却下来，由于合金组织中含有大量脆性的β′相，其塑性和韧性会降低。为了消除脆性，可将合金加热至β相区然后慢冷，让片状α相从β相中充分析出，使合金软化。

需要指出，在实际生产中，变形合金（如变形铝合金）在热轧后、第一次冷轧之前，很少采用纯粹的多相化退火工艺，而往往是将多相化退火与消除部分冷加工硬化的退火结合起来，这就是通常所说的预备退火或坯料退火。例如，铝合金热轧板坯的终轧温度一般为280～330℃，在不采用中温轧制的条件下，热轧后通常是空冷至更低的温度。对于热处理强化的变形铝合金，这种工艺不仅会产生加工硬化，而且会引起部分固溶硬化。为了便于冷轧，一般都需要进行预备退火。经退火后，坯料将发生软化。显然，退火时的多相化过程对软化也作出了贡献。由于坯料退火时除发生多相化过程外，还发生再结晶，故应选择较高（比纯粹的多相化退火高）的加热温度，2A12铝合金的加热温度达440～450℃，保温1～3h，以不超过30℃/h的速度冷至270℃以下再出炉空冷。

12.2　成形件的正火

将铁碳合金加热到临界点以上适当温度，保温适当时间，进行完全奥氏体化（或部分奥氏体化）后，以较快速度（空冷、风冷或喷雾）冷却，得到珠光体类组织的热处理工艺，称为正火。正火只适用于钢铁。

关于正火的定义，各种文献并不完全相同，主要表现在三个方面。一是应用正火工艺的合金范围，二是加热温度，三是正火后获得显微组织的限制。应用正火工艺的合金范围，有的文献只讲钢，不谈铸铁[1,3]，其实钢和铸铁都应用正火工艺[4,7,9]。因此我们把正火定义中的合金范围限制在“铁碳合金”，只是不包括有色合金。关于正火的加热温度，多数文献只写明是上临界点 Ac_3（或 Ac_{cm}）以上适当温度。实际上，钢的正火加热温度范围的确如此，但是铸铁的正火加热温度却分为加热到完全奥氏体化和部分奥氏体化两种。因此我们把正火加热温度限制为“临界点以上适当温度，保温适当时间，进行完全奥氏体化（或部分奥氏体化）”。关于正火后获得显微组织的限制，有的文献[3,4,11]未作限制。实际上，有些高合金钢空冷后得到马氏体或贝氏体，已经属于淬火处理，并不是正火。因此我们把正火定义中得到的显微组织限定为“珠光体类组织”。

12.2.1　正火的目的和应用范围

正火的目的和应用范围[11,12]是：

1）细化组织，消除热加工造成的过热缺陷，使组织正常化。

2）用于低碳钢［w(C) < 0.3%］，提高硬度，改善切削加工性和深冲性能。

3）用于中碳钢，代替调质处理，为高频淬火作组织准备，大大降低成本。

4）用于高碳钢，消除网状碳化物，便于球化退火。

5）用于大件热处理，代替淬火。

6）用于铸铁件，增加基体的珠光体量，提高强度和耐磨性。

7）用于淬火返修品，可消除过热影响，以便重新淬火。

8）用于不太重要的工件，性能有所提高，可在正火状态使用。

静止空气中的空冷速度约为3℃/s，吹风的冷却速度约为10℃/s。随着工件温度的降低，工件与空气的温差减小，空冷速度也变小。关键是控制500℃以上的冷速。

12.2.2　钢的正火

钢的正火，也叫“常化”。钢正火过程的实质是完全奥氏体化加伪共析转变。当钢中 w(C) =0.6% ~1.4%时，在正火组织中不出现先共析相，只存在伪共析的珠光体或索氏体。在 w(C) <0.6%的钢中，正火后还会出现少量铁素体。从实质上说，正火是退火的一个特例。两者只是转变的过冷度不同。正火时的过冷度较大，因此，组织中的珠光体量较多，珠光体团较细，而且片间距较小。

正火只适用于碳素钢及低、中合金钢，而不适用于高合金钢。因为，高合金钢的奥氏体非常稳定，奥氏体等温转变图很靠右，空冷也碰不上“鼻子”，即使在空气中也能淬火。这些钢称为“空淬钢”或“自硬钢”，也叫“马氏体钢”。

1. 正火加热温度[11]

低碳钢：$T = Ac_3 + (100 \sim 150)$℃；

中碳钢：$T = Ac_3 + (50 \sim 100)$℃；

高碳钢：$T = Ac_{cm} + (30 \sim 50)$℃。

钢中含碳越低，正火温度应该越高。

2. 正火加热时间

$$\tau = KD \tag{12-3}$$

式中　D——工件有效厚度（mm）；

K——加热时间系数，工厂经验数据列于表 12-16。

表 12-16 K 值的经验数据

加热设备	加热温度/℃	碳素钢的 K 值/（s/mm）	合金钢的 K 值/（s/mm）
箱式炉	800～950	50～60	60～70
盐浴炉	800～950	15～25	20～30

3. 正火冷却方式

最常用的是在空气中冷却，对于大件也可以吹风或喷雾。注意要把工件散开放置，不能堆放。最好放在专用的空冷床或吊架上。此外，也可以在 600℃附近等温一段时间再空冷。

12.2.3 铸铁的正火

正火主要用于铁素体基体或铁素体-珠光体基体的灰铸铁、球墨铸铁以及可锻铸铁[4,7,9]。其工艺通常为加热到 Ac_1'以上一定温度，保温适当时间后，空冷或风冷。

对于需进行表面淬火的灰铸铁和球墨铸铁铸件，正火属于预备热处理[7]。灰铸铁正火的另一目的是提高耐磨性，球墨铸铁和蠕墨铸铁则可通过正火使耐磨性和强度同时提高。

1. 灰铸铁的正火

灰铸铁正火加热温度一般为 850～900℃；共晶渗碳体较多时，加热温度为 900～950℃。保温时间为 1～3h。保温后常在静止空气中冷却，采用风冷或喷雾冷却可减少铁素体析出量，细化珠光体，使铸铁硬度提高。

2. 球墨铸铁的正火

球墨铸铁的正火分为完全奥氏体化正火、不完全奥氏体化正火、低碳奥氏体化正火和快速奥氏体化正火[7]。

（1）完全奥氏体化正火　所谓完全奥氏体化正火是指加热至 Ac_1'以上，使基体中的铁素体全部转变为奥氏体后空冷（或风冷或雾冷）的正火工艺。

对大型铸件或堆装加热的铸件，可采用风冷或喷雾冷却，以免析出较多的铁素体而使铸铁强度下降。例如，对 $w(C)=3.7\%\sim4.2\%$、$w(Si)=2.4\%\sim2.5\%$、$w(Mn)=0.5\%\sim0.8\%$ 的球墨铸铁汽车曲轴于920℃加热 1.5h，炉冷至 880℃后可喷雾冷却。正火处理后，球墨铸铁的基体组织变为 85% 以上的珠光体。为消除内应力，于 550℃回火 4h，空冷。其抗拉强度可达 800～900MPa[7]。

（2）部分奥氏体化正火　所谓部分奥氏体化正火是指加热至 Ac_1'以下某一温度，使基体中的铁素体部分地转变为奥氏体后空冷（或风冷或雾冷）的正火工艺。这种正火工艺的特点是加热时保留部分铁素体。根据铸件成分及对铁素体数量的要求，加热温度可在 800～860℃的范围内选定。加热保温时间及冷却方式均与完全奥氏体化正火相同。部分奥氏体化正火可使高磷 [$w(P)=0.15\%$] 球墨铸铁的塑性和韧性有较大改善。

(3) 低碳奥氏体化正火　这种正火工艺的特点是先在低于并靠近 Ac_1 的温度保温 (740 ~ 760℃、1 ~ 1.5h)，使共析渗碳体石墨化，使基体铁素体化，随即快速加热至 900 ~ 940℃，在石墨未来得及充分溶入奥氏体的情况下出炉空冷、风冷或喷雾冷却。采用这种正火工艺，可使球墨铸铁获得粒状珠光体和少量点状铁素体的基体组织，从而具有较好的综合力学性能。

3. 铸铁正火后的回火

形状复杂和重要的铸件正火后应进行回火以消除内应力。回火加热温度为 550 ~ 600℃，保温 1 ~ 2h 后出炉空冷。

第 13 章　成形件的淬火和回火

淬火及回火是热处理中比较复杂的工艺，也是赋予钢铁件以最终性能的关键工序。对不同要求的各种工件，多数是先淬火成马氏体或贝氏体，再在适当温度回火后以得到所需的性能。

13.1　成形件的淬火

从广义上说，淬火是将合金在高温下所具有的状态以过冷、过饱和状态固定至室温，或使基体转变成晶体结构与高温状态不同的亚稳状态的热处理形式[4]。合金能否淬火可由相图确定。若合金在相图上有多型性转变或固溶度改变，原则上这些合金可以淬火。淬火通常要快冷，以抑制扩散型相变。

根据淬火时合金组织、结构变化的特点，可将淬火分为两类：无多型性转变合金的淬火和有多型性转变合金的淬火。两类淬火本质上有很大差别。以铝合金为代表的无多型性转变合金的淬火，又称为固溶处理。以钢为代表的有多型性转变合金的淬火，简称淬火。在本书中，无多型性转变合金的淬火，一律称为固溶处理；有多型性转变合金的淬火，一律称为淬火。

狭义上的淬火就是把钢加热到临界温度（Ac_3 或 Ac_1）以上，保温一定时间使之奥氏体化后，然后以适当速度冷却，从而获得马氏体或贝氏体组织的热处理方法[2]。

按钢淬火加热温度不同，可分为完全淬火（加热温度高于 Ac_3 全部奥氏体化后冷却，适用于亚共析钢和共析钢）与不完全淬火（加热温度高于 Ac_1，适用于过共析钢）；按冷却方式不同还可分为单液淬火、双液淬火、分级淬火以及等温淬火等。

13.1.1　淬火的加热工艺

1. 淬火温度的选择

淬火加热温度是根据钢的成分、组织和不同的性能要求来确定的。其基本原则是：对碳钢而言，亚共析钢淬火加热温度为 Ac_3 +（30～50℃）；共析钢和过共析钢淬火加热温度为 Ac_1 +（30～50℃）。对低合金钢而言，淬火温度也应根据其临界点（Ac_1 及 Ac_3）来选定，但考虑到合金元素的作用，为了加速奥氏体化，一般应选为 Ac_1（或 Ac_3）+50～100℃，如图 13-1 所示。

亚共析钢若选用低于 Ac_3 的温度，则此时钢尚未完全奥氏体化，还存在有部分未转变的铁素体，淬火后仍保留在淬火组织中。铁素体的硬度较低，从而使淬火后的硬度达不到要求，同时也会影响其他力学性能。若将亚共析钢加热到远高于 Ac_3 温度淬火，则奥氏体晶粒会显著粗大，而破坏淬火后的性能。所以亚共析钢淬火只能选择略高于 Ac_3 的温度，这样既保证完全充分奥氏体化，又保持奥氏体晶粒的细小。生产中在保证晶粒不粗大的情况下，可采用比 Ac_3 + （30 ~ 50℃）稍高一些的温度（再提高 20℃左右）。

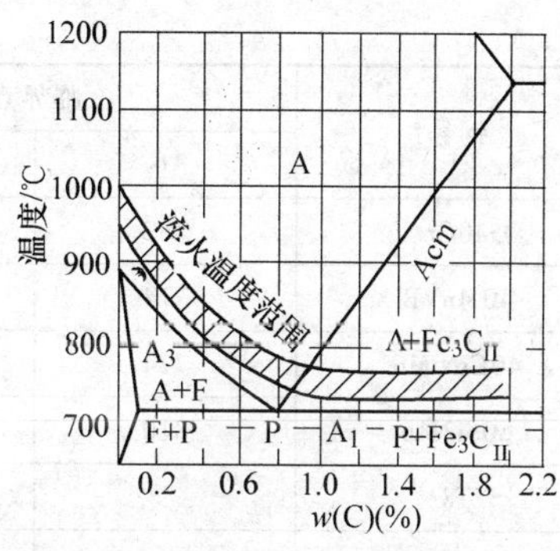

图 13-1 碳钢的淬火加热温度范围

过共析钢的淬火加热温度不能低于 Ac_1，因为此时钢材尚未奥氏体化。若加热到略高于 Ac_1 温度时，珠光体完全转变成奥氏体，并有少量渗碳体溶入奥氏体。此时奥氏体晶粒还较细小，且其碳的质量分数已稍高于共析成分［w(C) = 0.77%］。如果继续升高温度，则二次渗碳体不断溶入奥氏体，致使奥氏体晶粒不断长大，其碳浓度不断升高，会导致淬火变形倾向增大、淬火组织显微裂纹增多及脆性增大。同时由于奥氏体含碳量过高，使淬火后残留奥氏体数量增多，降低工件的硬度和耐磨性。因此过共析钢的淬火加热温度高于 Ac_1 太多是不合适的。如果把过共析钢加热到 Ac_{cm} 以上，从单相奥氏体状态淬火，结果不但无益，反而有害。因为奥氏体中溶入碳量的增加使 Ms 点降低，淬火后所得的残留奥氏体量将增多，结果使淬火钢的硬度下降；奥氏体的晶粒粗化，淬火后得到粗大马氏体，使钢的脆性大为增加；增大淬火应力，从而增大工件变形与开裂的倾向。

钢的淬火加热温度一般文献均推荐为 Ac_1 或 Ac_3 以上 30 ~ 50℃。实际生产中还可根据情况适当提高 20℃左右，合金钢可以提高得更多一些，比如 Ac_1 或 Ac_3 以上 30 ~ 110℃，如表 13-1 所示。

表 13-1 常用钢的淬火加热温度

钢号	临界点		相当于/℃	生产中常用淬火加热温度/℃
	Ac_3	Ac_1		
35	802		Ac_3 +（48 ~ 68）	850 ~ 870
45	780		Ac_3 +（50 ~ 80）	830 ~ 860
50	760		Ac_3 +（50 ~ 70）	810 ~ 830
35SiMn	830		Ac_3 +（30 ~ 60）	860 ~ 890
35CrMn	800		Ac_3 +（30 ~ 70）	830 ~ 870

（续）

钢号	临界点		相当于/℃	生产中常用淬火加热温度/℃
	Ac_3	Ac_1		
40Cr	782		Ac_3 +（48～78）	830～860
40MnVB	774		Ac_3 +（56～96）	830～870
40CrNiMo	774		Ac_3 +（58～86）	840～860
60Si2Mn	810		Ac_3 +（30～60）	840～870
T8		730	Ac_1 +（20～70）	750～800
T10		730	Ac_1 +（40～70）	770～800
9SiCr		770	Ac_1 +（90～110）	860～880
CrWMn		750	Ac_1 +（70～110）	820～860
9Mn2V		730	Ac_1 +（50～90）	780～820
GCr15		745	Ac_1 +（85～105）	830～850

除了上述根据临界点选择淬火温度的原则以外，在实际生产中还必须结合以下诸因素全面考虑，灵活运用，并应根据具体试验来确定。

（1）工件尺寸 对同一钢种所制的工件，如果尺寸小，则应采用较低的淬火温度；反之，大工件则应采用较高的淬火温度。

（2）工件形状 对形状复杂、容易变形或开裂的工件，应在保证性能要求的前提下，尽量采用较低的淬火温度。

（3）淬火介质与淬火方法 采用冷却能力很强的淬火剂时，为减小应力可适当地降低淬火温度（如对同一种钢制的工件，水淬可比油淬时的淬火温度低10～20℃）。采用等温淬火或分级淬火时，因所用热浴的冷却能力差，故应适当提高淬火温度以保证工件淬硬，例如T10钢制工件，若用水或盐水淬火，其淬火温度为760～780℃，而采用硝盐浴分级淬火时，常选为800～820℃。

（4）奥氏体晶粒长大倾向 对奥氏体晶粒不易长大的本质细晶粒钢，其淬火加热温度范围较宽，所以为了提高加热速度，缩短整个处理周期，可适当提高其淬火温度。

2. 保温时间的确定

为了使工件内外各部分均完成组织转变、碳化物溶解及奥氏体的成分均匀化，就必须在淬火加热温度保温一定的时间。通常将工件升温和保温时间计算在一起，而统称为加热时间。在具体生产条件下，工件加热时间应根据工件的有效厚度来确定，并用加热系数来综合地表述钢的成分、原始组织、工件的形状尺寸、加热设备及介质等多种因素的影响。估算加热时间的经验公式如下：

$$\tau = aKD \tag{13-1}$$

式中 τ——加热时间（min）；

a——加热系数（min/mm）；

K——装炉修正系数；

D——为零件有效厚度（mm）。

加热系数 a 表示工件单位厚度所需要的加热时间，其大小与工件尺寸、加热介质及化学成分有关。一般工件的尺寸越大，则加热系数也越大；盐浴炉的加热速度比箱式炉要快，因此加热系数也就要小一些；合金元素的加入使奥氏体形成时间延长及钢的导热性下降，所以合金钢特别是高合金钢的加热系数要适当增加。a 值的大小一般可通过查阅《热处理手册》获得。

装炉修正系数 K 是考虑装炉量的多少而确定的系数，装炉量大时，其取值也大，一般由经验确定。

工件有效厚度 D 的计算可按下述方法确定：

1）圆柱体以其直径作为有效厚度。

2）板件以其厚度作为有效厚度。

3）矩形截面工件以其短边作为有效厚度。

4）筒类工件以其壁厚作为有效厚度。

5）锥体以离小头 2/3 长度处的直径作为有效厚度。

6）球体以球直径的 0.6 倍作为有效厚度。

7）形状复杂工件按工作部分厚度计算，或按几处主要截面部位的平均厚度计算。

3. 加热介质的选择

工件的加热是在一定介质中进行的。采用不同的加热设备，与工件接触的介质也就不同。加热介质有气体、液体和固体三类。气体介质包括空气和可控气氛；液体介质包括熔融金属（金属浴）和熔融盐浴；固体介质包括石墨和氧化铝颗粒。真空加热实际是在稀薄气体中的加热。

工件在淬火加热过程中，必须重视其氧化脱碳问题并应尽量减少或防止。为此，需要合理地选择加热介质。

13.1.2　淬火冷却介质

工件进行淬火冷却所使用的介质称为淬火冷却介质。

淬火时钢件的冷却速度必须大于临界淬火速度，才能使钢淬硬并获得一定深度的淬硬层。但冷却速度太快，淬火过程中形成的淬火应力过大，可能导致钢件变形甚至开裂。为使奥氏体转变成马氏体，而又尽量减少淬火应力，最好能采用“理想淬火冷却速度”。例如共析碳钢，其理想淬火冷却曲线如图 13-2 所示，即在奥氏体等温转变图的“鼻尖”温度以上（650℃以上）应稍微慢冷，以减小热应力，“鼻尖”温度附近（650~400℃）必须快冷，以免产生非马氏体组织，“鼻尖”温度以下（400℃以下）也应稍微慢冷，特别是在 300～200℃以下（正进行马氏体相变）尤其不应冷却太快，以免钢件由于淬火应力过大而产生变形甚至开裂。但可惜尚未能找到一种符合理想淬火冷却速度的冷却介质。

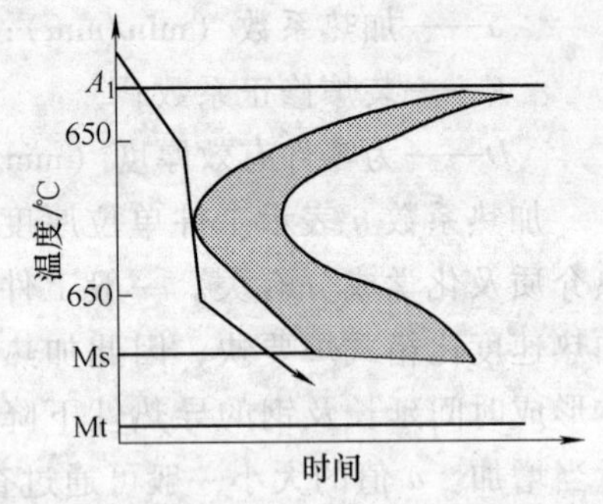

图 13-2　理想淬火冷却速度曲线示意图

生产中实际使用的淬火介质可分为两大类：一类是工件在冷却过程中会发生物态变化的介质；另一类是不发生物态变化的介质。

1. 有物态变化介质的冷却过程

这类介质在淬火过程中要发生物态变化，如水、水溶液及油类等。其特点是沸点较低，工件的冷却过程伴随着淬火介质的汽化，因而从工件表面吸收了大量的热量，加速了工件的冷却。汽化是决定这类介质冷却物性的主要因素。工件在它们中的冷却过程一般分为三个阶段，如图 13-3 所示。

（1）蒸气膜阶段（图中 *AB* 段）　当工件刚进入介质的瞬间，周围介质立即被加热而汽化，在工件表面形成一层蒸气膜。这层蒸气膜是热的不良导体，它隔断了工件和周围的冷却介质，所以在这个阶段工件的冷却速度较慢。

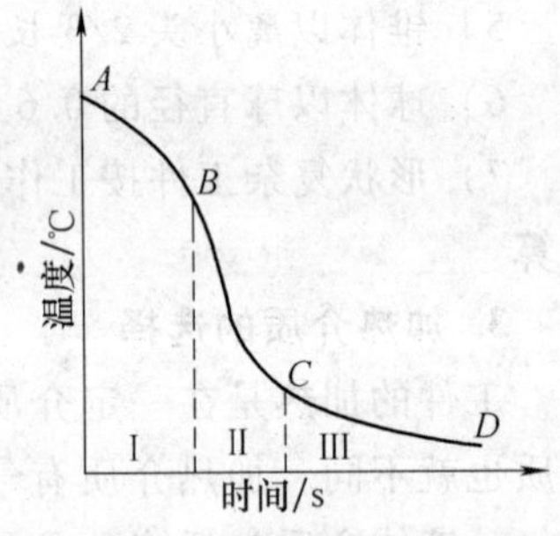

图 13-3　冷却过程的三个阶段示意图

（2）沸腾阶段（图中 *BC* 段）　当介质从蒸气膜吸收的热量超过工件的散热时，蒸气膜就会破裂，工件就与介质直接接触，介质在工件表面剧烈沸腾，不断逸出气泡，带走大量热量。此时工件冷速骤增，是冷却速度最大的阶段。

（3）对流阶段（图中 *CD* 段）　当工件的温度降到冷却介质的沸点以下时，沸腾便停止，进入对流冷却阶段。在此阶段，工件的冷却速度比蒸气膜阶段还要慢，而且随工件表面与介质的温差不断减小，其冷速越来越小。

冷却过程三个阶段有两个转换点 *B* 和 *C*。*B* 称为介质的特性温度，是稳定的蒸气膜破裂时的温度；*C* 称为介质的对流阶段开始温度，一般为介质的沸点温度。

2. 没有物态变化介质的冷却过程

这类介质在淬火过程中不发生物态变化，如熔盐、熔碱、熔融金属及气体等。其特点是工件的冷却主要靠辐射、对流和传导来进行，而介质本身并不汽化。因此，在工件冷却的全部过程中，决定冷却速度的主要因素是工件与介质的温差，温差越大，冷却速度越快。工件刚进入介质时，温差最大，因而立刻达到最高冷速，此后随温差的减小，冷却速度也逐渐变小。在这类介质的冷却曲线上，没有表明冷却速度明显加快或减慢的转折，即整个冷却过程中冷却速度是平缓降低的。此外，介质本身流动性的好坏也是影响其冷却速度的重要因素。流动性好，则冷却速度大。

3. 常用的淬火介质

常用的淬火介质有水、水溶液、矿物油、熔盐、熔碱等。

水是冷却能力较强的急冷淬火介质。它来源广、价格低、成分稳定不易变质。缺点是在奥氏体等温转变图的鼻部区（500～650℃左右），水处于蒸气膜阶段，冷速不够快，会形成“软点”；而在马氏体转变温度区（300～100℃左右），水处于沸腾阶段，冷速太快，易使马氏体转变速度过快而产生很大的内应力，致使工件变形甚至开裂。另外水温升高、水中含有较多气体或水中混入不溶杂质（如油、肥皂、泥浆等）均会显著降低其冷却能力。因此水适用于截面尺寸不大、形状简单的碳素钢工件的淬火冷却。

盐水和碱水也是冷却能力较强的急冷淬火介质。高温工件浸入盐水或碱水后在其表面形成蒸气膜的同时，析出盐或碱的晶体并立即爆裂，将蒸气膜破坏，工件表面的氧化皮也被炸碎，这样可以提高介质在高温区的冷却能力。其缺点是介质的腐蚀性大。一般情况下，盐水的浓度为10%，苛性钠水溶液的浓度是30%～50%。它们可用作碳钢及低合金结构钢工件的淬火介质，使用温度应不超过60℃。淬火后应及时清洗并进行防锈处理。

油是冷却能力较缓和的淬火介质。淬火用油以前一般采用全损耗系统用油L-AN15、L-AN32、L-AN46（10 号、20 号、30 号机油）。油的号数越大，粘度越大，闪点越高（所谓闪点是指油表面上的蒸气和空气自然混合时与火接触而出现火苗闪光的温度），冷却能力越低，但使用温度可相应提高。温度对油的冷却能力不大，生产中油温一般控制在20～80℃。

目前很多企业都已使用专用淬火油。专用淬火油主要包括普通淬火油、快速淬火油、光亮淬火油和真空淬火油等。

普通淬火油是用石蜡基润滑油馏分精制后加入催冷剂、抗氧化剂、表面活性剂调制而成。与全系统损耗用油相比，普通淬火油的冷却速度、抗氧化性能和使用寿命都有明显提高。国产1、2 号普通淬火油的使用温度为40～80℃，适用于中高碳钢、合金结构钢、合金渗碳钢、轴承钢的淬火冷却。

快速淬火油是在石蜡基润滑油中加入催冷剂、抗氧化剂、表面活性剂等调制而成。生产实践表明，快速淬火油在过冷奥氏体不稳定区冷速明显高于普通淬火油，而在低温马氏体转变区冷速接近于普通淬火油。快速淬火油既可提高工件的淬火硬度和淬硬层深度，又能大大减少工件的变形，适用于低合金钢、合金渗碳钢及合金工具钢的淬火冷却。

光亮淬火油能使钢制工件在可控气氛中加热淬火后保持表面光亮。在石蜡基润滑油馏分精制后加入不同性质的高分子添加物，可以获得不同冷速的光亮淬火油。这些添加剂的主要成分是光亮剂，其作用是将不溶解于油的老化产物悬浮起来，防止在工件上积聚和沉淀。同时光亮剂也能阻止工件表面积炭胶粒的继续长大，从而提高淬火后工件的光亮度。另外，光亮淬火油添加剂中还含有抗氧化剂、表面活性剂和催冷剂等。我国生产的光亮淬火油有 GZ—1、GZ—2 和 GZ—3 三个型号。

真空淬火油是用于真空热处理淬火冷却的介质。真空淬火油必须具备低的饱和蒸气压，较高而稳定的冷却能力以及良好的光亮性和热安定性，否则会影响真空热处理的效果。国产的真空淬火油有 ZZ—1 和 ZZ—2 两种。

盐浴和碱浴属于不发生物态变化的淬火介质，一般用作分级淬火和等温淬火的冷却介质。

其他淬火介质主要有聚乙烯醇水溶液和三硝水溶液等。聚乙烯醇常用质量分数为 0.1% ~0.3% 之间的水溶液，其冷却能力介于水、油之间。当工件淬入该溶液时，工件表面形成一层蒸气膜，此外又形成一层凝胶薄膜，两层膜使工件冷却。进入沸腾阶段后，薄膜破裂，工件冷却加快，当达到低温时，聚乙烯醇凝胶膜又形成，工件冷却速度又下降，所以这种溶液在高、低温区冷却能力低，在中温区冷却能力高，有良好的冷却特性。

三硝水溶液由 25% 硝酸钠 + 20% 亚硝酸钠 + 20% 硝酸钾 + 35% 水（均为质量分数）组成。高温（650 ~ 500℃）时由于盐晶体析出，破坏蒸气膜形成，冷却能力接近于水，低温（300 ~ 200℃）时由于浓度极高，流动性差，冷却能力接近于油，故其可代替水-油双介质淬火。

另外国内有些厂采用由美国进口的 AQ—251 有机可溶性淬火剂。该淬火剂接近理想冷却速度，使用效果较好。

4. 影响淬火介质冷却能力的因素

(1) 温度　水及水溶液的温度升高会降低其冷却能力，不过降低的程度有所不同。对油的影响则相反，温度升高，油的冷却能力在一定温度范围内将增大。

(2) 搅拌　淬火介质的搅拌可通过工件搅拌或介质循环来实现，它能较显著地提高蒸气膜阶段及对流阶段的冷速并使冷却均匀。一定速度的搅拌对消除工件的软点、翘曲及开裂等缺陷均有良好的效果。

(3) 工件表面状态　工件表面覆盖一层盐壳、薄氧化膜或无水硼砂等，在冷却时有促进蒸气膜破裂的作用，从而加快冷却，但过厚的氧化皮则有相反的影响。

13.1.3　淬火工艺

生产实践中应用最广泛的淬火分类是以冷却方式的不同来划分的。主要有单液淬火、双介质淬火、分级淬火和等温淬火等。常用的淬火方法如图 13-4 所示。

1. 单液淬火

单液淬火就是将奥氏体化工件迅速浸入某一种淬火介质中，一直冷到室温的淬火操作方法，见图 13-4 中曲线 a。单液淬火选择冷却介质时，必须保证工件在该介质中的冷却速度大于此工件钢种的临界冷却速度，并应保证工件不会淬裂。单液淬火介质有水、盐水、碱水、油及一些专门配制的淬火剂。一般情况下碳素钢淬水，合金钢淬油。

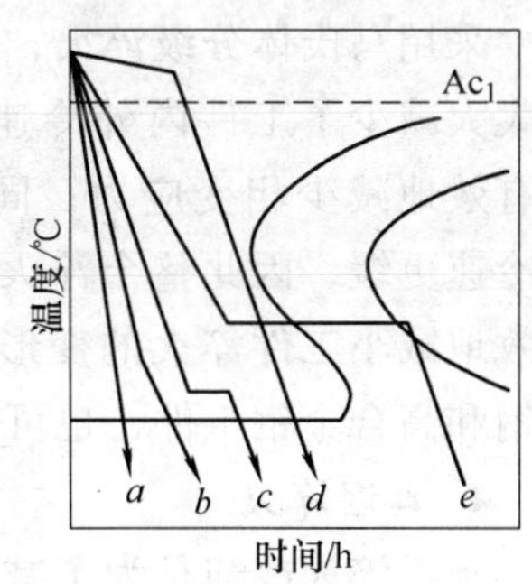

图 13-4　基本淬火方法冷却曲线

单液淬火操作简单，有利于实现机械化和自动化。其缺点是冷速受介质冷却特性的限制而影响淬火质量。例如，碳素钢工件淬油则由于冷速太慢而淬不硬，淬水或盐水则由于这些介质在 Ms 以下冷速仍很高，容易导致工件的变形和开裂。因此，单液淬火对碳素钢而言只适用于形状较简单的工件。

2. 双介质淬火

双介质淬火就是将钢件奥氏体化后，先浸入一种冷却能力强的介质，在钢件还未达到该淬火介质温度之前即取出，马上浸入另一种冷却能力弱的介质中冷却，如先水后油、先水后空气等，如图 13-4 中的曲线 b 所示。其典型例子是碳素工具钢的水淬油冷，即将工件先淬入水中避开奥氏体等温转变图的“鼻子”，冷至 300℃左右进行马氏体转变时，再浸入油中缓冷，这样就能有效地减少变形、开裂。

双介质淬火的关键是控制好在第一种介质中的冷却时间。时间太短，则会发生非马氏体组织转变而淬不硬；时间太长，则马氏体转变已在快冷过程中开始，这样双介质淬火将失去其意义。因此，在实际操作中必须结合实际经验严格掌握。由于双介质淬火受人为因素影响较大，质量不易控制，在应用方面有一定的局限性。

3. 分级淬火

马氏体分级淬火就是将钢材奥氏体化，随之浸入温度高于钢的 Ms 点的液态介质（盐浴或碱浴）中，保持适当时间，然后取出油冷或空冷，以获得马氏体组织的淬火工艺，常常简称为分级淬火。

分级淬火根据分级温度和次数的不同，可分为一次分级淬火和多次分级淬火。

一次分级淬火，等温温度稍高于 Ms 点，等温时间以不发生贝氏体转变为原则，工艺如图 13-4 中的曲线 c 所示。

多次分级淬火，在 Ms 点以上等温多次，等温温度都在过冷奥氏体稳定区，等温时间以不发生非马氏体转变为原则。

采用马氏体分级淬火，由于在分级温度的停留，使截面温度均匀后再空冷，这大大减少了工件内外冷速的差别，从而使马氏体转变的不同时性明显降低，能有效地减少相变应力；同时，由于分级淬火的介质冷速较慢，且分级停留，其冷速更缓，因此整个淬火过程的热应力也大大减少。综上所述，分级淬火能有效地减小工件淬火的变形、开裂倾向。所以分级淬火适用于精度要求高的合金钢和高合金钢工件，也可用于截面尺寸不大、形状复杂的碳素钢工件。

4. 延迟淬火

延迟淬火冷却是为了减少淬火后残余应力和畸变，将钢件奥氏体化后先较缓慢地（一般在空气中）冷却到略高于 Ar_3（或 Ar_1）点，然后进行淬火冷却的热处理工艺，如图 13-4 中曲线 d 所示。

工件淬火冷却时，其尖角和薄壁处冷速最快，如果从较高温度直接浸入冷却介质，由于这些部位先于其他部位发生马氏体转变，会产生很大的应力，使这些较薄弱部位极易产生裂纹。因此采取适当的预冷措施，使尖角和薄壁处因散热快而温度降得比其他部位低，减小了淬火时工件（特别是尖角和薄壁处）与介质的温差，使冷速减缓，从而减少了淬火应力，有效地避免裂纹的产生。这种淬火方法尤其适用于壁厚相差较大的工件。

5. 贝氏体等温淬火

贝氏体等温淬火就是将钢材或钢件奥氏体化，随后冷到贝氏体转变温度区间（260～400℃）等温保持，使奥氏体转变为贝氏体的淬火工艺[2]，有时也称为等温淬火，如图 13-4 中曲线 e 所示。

贝氏体等温淬火的特征是过冷奥氏体在下贝氏体转变温区，经长时间等温而进行组织转变，产生下贝氏体。由于工件截面上温度均匀，转变基本上同时进行，且下贝氏体比容比马氏体小、韧性好，因此贝氏体等温淬火过程中产生的相变应力大大低于常规淬火所产生的相变应力，所处理的工件一般变形小，且不会出现淬火裂纹。等温淬火的组织主要是下贝氏体，它硬度较高，且强度、韧性、塑性及疲劳强度等均比相同硬度的马氏体高。所以等温淬火一般适用于变形要求严格和要求具有良好强韧性的精密零件和工模具。等温淬火的缺点是由于等温盐浴温度较高，冷却能力差，只能应用于尺寸不大的工件。

6. 局部淬火

局部淬火就是仅对零件需要硬化的局部进行加热淬火的工艺。局部淬火的主要形式有两种：局部加热局部冷却法和整体加热局部冷却法。前者适用于盐浴炉加热时的工件，后者箱式炉、盐浴炉均可采用。

7. 冷处理

冷处理就是钢件淬火冷却到室温后，继续在一般制冷设备或0℃以下的介质中冷却的热处理工艺。其目的是为了最大限度地减少残余奥氏体，以进一步提高工件淬火后的硬度和防止工件在使用过程中因残余奥氏体的分解而引起的变形。冷处理仅适用于那些精度要求很高，必须保证其尺寸稳定性的工件。

实际生产中冷处理温度一般不超过 -80℃，冷处理在专门的冷冻设备内进行。也可在放有低温介质的保温桶内进行。常用的低温介质是干冰（即固体 CO_2）或干冰加酒精，可以达到 -70 ~ -80℃的低温。冷处理应在工件淬火后冷却到室温后立即进行。否则由于奥氏体的稳定化作用，会削弱处理效果。

工件淬火冷却到室温后，继续在液氮或液氮蒸气中冷却的工艺称深冷处理。一般只在个别情况下才需采用深冷处理。

8. 亚临界温度淬火（亚温淬火或临界区淬火）

如前所述，亚共析钢的正常淬火工艺是加热到 Ac_3 +（30 ~ 50℃）的完全淬火。但是，大量研究工作证明，如果在正常的淬火与回火之间进行一次（或数次）加热温度在 Ac_1 ~ Ac_3 之间的亚临界温度淬火，则能进一步提高钢的韧性，降低其脆性转化温度以及减低高温回火脆性，因而是一种很有效的韧化措施。亚温淬火的这种效果已在低碳锰钢［$w(C)$ = 0.09% ~ 0.21%，$w(Mn)$ = 1.1% ~ 6.7%］、中碳多元合金钢（如35CrMnSi、40CrMnSiTiV）等钢种上得到证实。

为了保证足够的强度并使残余铁素体均匀而细小，亚温淬火的温度最好选在比 Ac_3 低不多的温度。正如已有的试验证明，过低的淬火温度（临近 Ac_1）反而会使钢的冲击韧度降低。

亚温淬火能改善亚共析钢的韧性，减小回火脆性倾向的基本原因可能是：①获得了适量的（均匀细小）铁素体，能引起脆化的杂质原子（P、Sb、Si 等）在残余铁素体中富集，因而减少了在奥氏体晶界处偏聚的机会。②所得奥氏体的晶粒比通常完全淬火者更为细小且形态也往往有所变化（可由粒状变为针状）。

13.2　成形件的回火

回火是指淬火（或正火）后的钢材或工件加热到临界点 Ac_1 以下的某一温度，保温一定时间，然后以适当速度冷却到室温的热处理工艺的总称[5]。回火的目的是使淬火（或正火）所得的不稳定组织转变为较为稳定的组织；适当降低硬度及强度，提高塑性及韧性；减少或消除残存的内应力等。

回火基本上是热处理的最后一道工序，而且对钢的最后性能有重大影响。从这个意义上可以说回火工艺基本上决定了工件的使用性能和寿命。

13.2.1　淬火钢在回火时的组织和性能变化

1. 淬火钢在回火时的组织转变

钢经淬火后其正常组织为：马氏体＋残余奥氏体（亚共析钢和共析钢）；马氏体＋碳化物＋残余奥氏体（过共析钢）。而钢在室温下的平衡组织只有铁素体和渗碳体，因此，淬火钢中不稳定的马氏体和残余奥氏体组织会自发地向铁素体和渗碳体转变。

淬火钢回火时的组织转变大致包括以下几个阶段的转变。

（1）回火前期阶段的转变——碳原子的偏聚　碳原子的偏聚发生在100℃以下，是钢回火时发生的第一个组织结构方面的变化。这个阶段被称为回火的前期阶段——时效阶段。

$w(\mathrm{Ni})=16.2\%$、$w(\mathrm{C})=0.82\%$的合金钢经奥氏体化后快冷至－195℃，然后在－195～100℃各个温度下回火3h，考察其硬度变化。结果发现[13]，温度超过－80℃，硬度就开始上升。80℃回火3h后，硬度由原来的54HRC上升到58HRC。

硬度的提高是由碳原子的偏聚引起的，其结果类似于时效。淬火马氏体在100℃以下温度回火，碳、氮等间隙原子只能短距离扩散迁移，向大量存在于马氏体中的位错及孪晶界面偏聚，在晶体内部重新分布形成偏聚状态，以降低弹性应变能。回火时产生碳原子的偏聚，一部分以“柯氏气团”形式存在，一部分以“弘津气团”形式存在。

马氏体中的碳原子择优占据$[001]_\alpha$等同一晶向八面体间隙，回火时进一步发生偏聚，形成透镜状的碳原子偏聚团，称为“弘津气团”。它仅仅包含2～4个碳原子，厚度只有零点几纳米，直径约为1.0nm。碳原子进入马氏体晶格中刃型位错线附近的张应力区形成柯氏气团。含碳量达到$w(\mathrm{C})=0.2\%$就可使马氏体中的位错完全饱和。当马氏体中含$w(\mathrm{C})>0.25\%$，多余碳原子才形成碳原子偏聚团。马氏体中的$w(\mathrm{C})$超过0.2%越多，形成“弘津气团”的数量越多[14]。

（2）回火第一阶段的转变——马氏体的分解　当回火温度超过100℃时，马氏体将发生分解，从过饱和固溶体α'中析出弥散的、与基体共格的亚稳碳化物，马氏体中的碳浓度降低，晶格常数c减小，a增大，正方度c/a减小。对于$w(\mathrm{C})<0.3\%$的低碳板条马氏体，在小于250℃时，一般不析出亚稳碳化物，只是碳原子进一步偏聚在位错缺陷处。

在150～300℃的温度范围内，碳原子的扩散能力有所提高。此时既有ε-碳化物的继续析出，也有已析出的 ε-碳化物的稍许长大，故马氏体的分解得以加速进行。直到 350℃左右，α 相的碳浓度达到平衡浓度，正方度趋近于 1。至此，马氏体分解基本结束。

图 13-5 和图 13-6 分别表示马氏体的碳含量与回火温度、回火时间的变化规律。由图 13-5 可知：提高回火温度，将使马氏体以更大的速度进行分解，而且温度越高，分解后所达到的碳浓度也就越低。由图 13-6 也可看出：对应于一定的回火温度，回火马氏体中的碳浓度是一定的。温度越高，这碳浓度越低。至于 α 相真正达到平衡成分，则要 500℃左右温度。

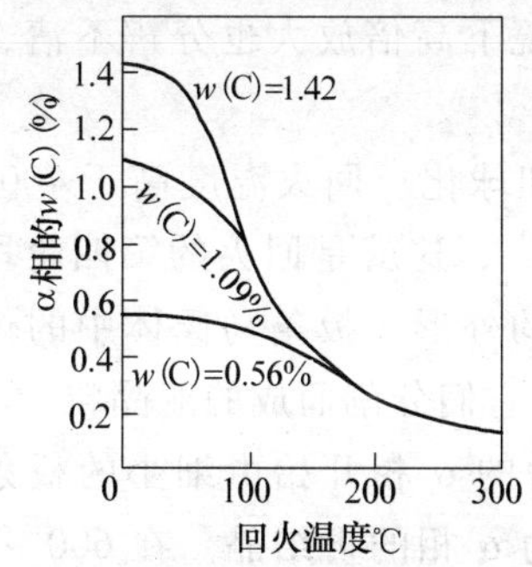

图 13-5　马氏体碳浓度与回火温度的关系

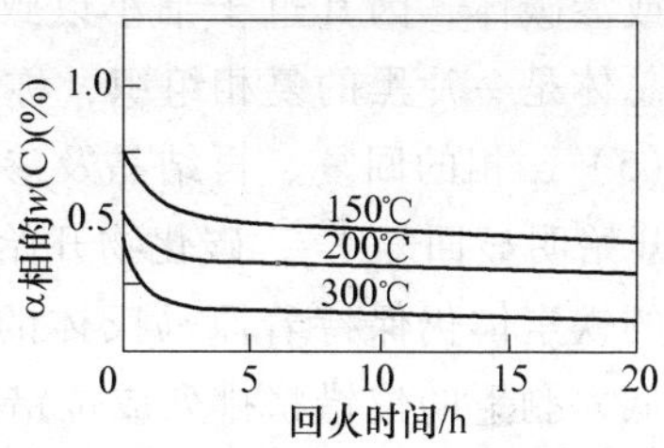

图 13-6　w(C) = 1.09% 的钢回火时马氏体的 w(C) 与回火温度和时间的关系[13]

淬火马氏体回火时，碳已经部分地从固溶体中析出并形成了过渡碳化物，此时的组织即为回火马氏体。析出的亚稳过渡碳化物极细小，不能用光学显微镜分辨出。但由于碳化物的析出，与淬火马氏体相比较，使回火马氏体极易腐蚀，在光学显微镜下呈黑色，与下贝氏体极相似。

（3）残余奥氏体的转变　淬火的中、高碳钢含有部分残余奥氏体，在 200 ~ 300℃范围内回火时，将发生残余奥氏体转变。这是回火的第二阶段。

残余奥氏体与过冷奥氏体并无本质区别。残余奥氏体在贝氏体形成温度范围内回火时，残余奥氏体则转变为贝氏体；在马氏体形成温度范围内回火时，残余奥氏体则转变为马氏体，随后分解成回火马氏体。

（4）碳化物类型的转变　回火温度升高到 250 ~ 400℃，回火第一阶段析出的亚稳碳化物将向稳定的渗碳体 θ-Fe_3C 发生转变。这就是回火的第三阶段[15]。

回火温度高于 100℃，中、高碳马氏体中就析出亚稳碳化物 ε-碳化物。它是密排六方晶格，其化学式接近于 $Fe_{2.4}C$，因此常常被写为 ε-$Fe_{2.4}C$。ε-碳化物总是以条状或薄片形式析出于马氏体的一定晶面上。低碳马氏体不析出亚稳碳化物。

回火温度高于 200℃时，中、高碳马氏体中析出的亚稳碳化物 ε-$Fe_{2.4}C$ 开始回溶于基体。同时，从中碳马氏体中析出平衡相 θ-Fe_3C；从高碳马氏体中析出更稳定的另一种亚稳过渡碳化物 χ-Fe_5C_2，然后开始析出平衡相 θ-Fe_3C；从低碳马氏体中则直接析出渗碳体 θ-Fe_3C。

在 350～400℃温度范围内，亚稳碳化物向稳定渗碳体的转化最为剧烈，大量的渗碳体都是在这时形成的。渗碳体的初始形态呈极薄的片状，在 400℃以上温度开始长大。

在这个阶段，碳化物与基体的共格关系遭到了破坏。原高碳片状马氏体的 α 相中的孪晶亚结构消失，原低碳板条马氏体的 α 相仍保持着板条形态。

马氏体在 350～450℃温度范围内回火时形成的 α 基体和其中极其细小的碳化物或渗碳体，因其过于细小以致在光学显微镜下高倍放大也分辨不清，只看到其总体是一片黑的复相组织，称为回火托氏体。

（5）α 相的回复、再结晶及渗碳体的聚集和球化　回火温度高于 400℃时，α 相开始明显回复[16]，碳化物开始集聚和球化[13]，这就是回火的第四阶段。回复后的铁素体仍保持着原马氏体的板条或片状的外形。板条马氏体中的位错密度降低，剩下的位错将排列成位错网络，形成由它们分割而成的亚晶粒。

当回火温度上升到 500℃以后[14,17]，回复后的 α 相开始由细小的板条或片状，逐渐长大成细小的等轴晶粒，这一过程称为 α 相的再结晶。在 600～700℃时，由于铁原子的扩散能力显著提高，铁素体的再结晶最为剧烈。

在回火时形成的马氏体，在光学显微镜下放大五六百倍才能分辨出来其为铁素体基体内分布着碳化物（包括渗碳体）球状的复相组织，被称为回火索氏体[2]。就是说，在 500～650℃之间回火，可以得到由细粒状渗碳体和等轴铁素体晶粒所组成的混合物，即回火索氏体。

当回火温度升到 600℃以后，粒状渗碳体迅速聚集粗化。回火温度在 650℃～Ac_1 之间，渗碳体颗粒和等轴铁素体晶粒都显著长大，得到粗的粒状渗碳体和铁素体所组成的混合物，这种组织被称为回火珠光体[15]，其金相组织基本上和球化退火组织相同。

总之，淬火钢的回火转变是由以上五个转变过程综合作用的结果，难以用明确的温度范围将它们截然分开，它们有时是互相交错，有时同时进行。

若钢中有合金元素存在，则上述回火转变的五个转变阶段的温度区间可能会发生变化。一般而言，回火时合金元素会将马氏体的分解推向高温，提高钢的耐回火性；合金元素的原子会取代部分渗碳体中的铁原子，形成合金渗碳体；合金元素的原子还会与碳原子结合形成合金碳化物。

2. 淬火钢在回火时的性能变化

一般而言，淬火钢回火时力学性能总的变化趋势是：随着回火温度的上升，硬度、强度降低，塑性、韧性升高。有二次硬化和回火脆性的钢，回火时力学性能的变化规律较为特殊，后面还要另作介绍。

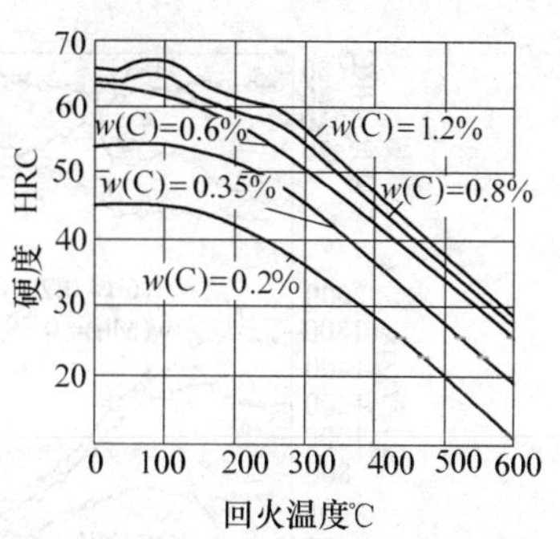

图 13-7　不同含碳量的碳钢回火温度与硬度的关系[17]

（1）回火对淬火钢硬度的影响　当回火温度不超过 200～250℃范围时，回火后的组织是回火马氏体，其硬度较淬火马氏体只是稍有下降。高碳钢因弥散状的 ε-碳化物大量析出，在温度高于 100℃时硬度反而略有回升。另外由于其有较多的残余奥氏体，在 200～250℃温度区间，它们将转变成回火马氏体，这会减缓其回火组织硬度下降的速度。低碳钢由于不存在 ε-碳化物的析出，且残余奥氏体量也极少，故不存在这两个变化。在 300℃以上回火时，各种碳钢的硬度都随回火温度的升高而显著下降。图 13-7 是不同含碳量的碳钢硬度与回火温度的关系。

（2）回火对钢的强度、塑性和韧性的影响　图 13-8 描述了低碳、中碳及高碳钢的力学性能与回火温度的关系。由图中可看出，钢的强度指标（σ_b、σ_s）与硬度指标的变化类似，随回火温度的升高而降低。塑性指标（δ、ψ）恰好与强度、硬度指标相反，随回火温度的升高而逐渐增大。冲击韧度（α_K）也是随回火温度的升高而增大，在 600℃左右回火时达最大值。弹性极限（σ_e）在 300～350℃时出现极大值，这是由于回火托氏体本身强度较高，以及残留应力大大降低的缘故。

另外淬火钢回火时的力学性能也与它内应力消除的程度有关，回火温度越高，淬火内应力消除越彻底，只有当回火温度高于 500℃，并保持足够的回火时间，才能使淬火内应力基本消除。

13.2.2　二次硬化

一些高合金钢在一次或多次回火后硬度上升的现象，称为二次硬化[6]。这种硬化现象是由于碳化物弥散析出和（或）残留奥氏体转变为马氏体或贝氏体所致。

高速钢、高铬模具钢等的二次硬化现象尤为突出。它们在一定温度回火后，工件硬度不仅不降低，反而比其淬火态要高得多。图 13-9 是 W180r4V 高速钢经 1290℃淬火后的硬度与回火温度的关系。

产生二次硬化的原因有以下两个方面：

（1）特殊碳化物的弥散强化作用　只有含 Mo、V、W、Ta、Ti 和 Nb 等强碳化物形成元素的合金钢，才有回火二次硬化效应。电子显微镜观察证实，二次硬化主要是由于回火时从基体中析出特殊碳化物的弥散强化作用产生的。随着回火温度的升高，回火时析出的渗碳体型碳化物逐渐粗化，马氏体过饱和度逐

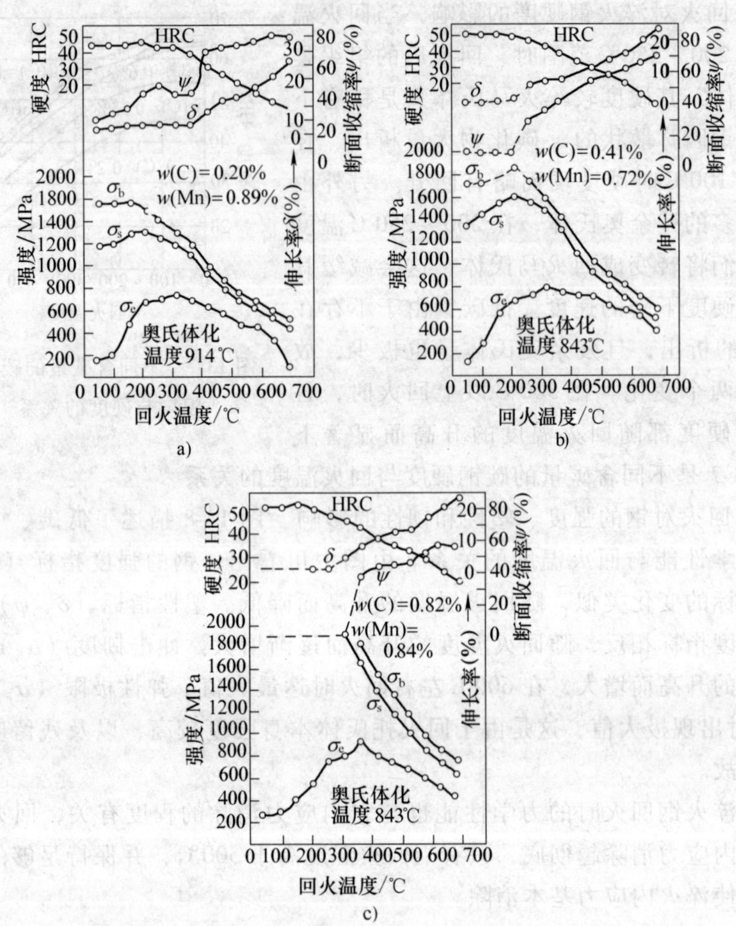

图 13-8 碳钢的力学性能与回火温度的关系[17]

a）低碳钢 b）中碳钢 c）高碳钢

渐降低，钢的硬度也逐渐降低。但当回火温度较高（500℃以上）时，从马氏体基体中将析出弥散、细小的 Mo_2C、W_2C、VC、TiC、NbC 等特殊合金碳化物。这些特殊碳化物多在位错区沉淀析出，常呈极细针状或薄片状，尺寸很小，而且与 α 相保持共格关系。随着回火温度的逐渐升高，碳化物数量逐渐增多，碳化物尺寸逐渐增大，与 α 相的共格畸变也逐渐加剧，从而使钢的硬度也逐渐升高，直至硬度达到峰值。硬度达到峰值

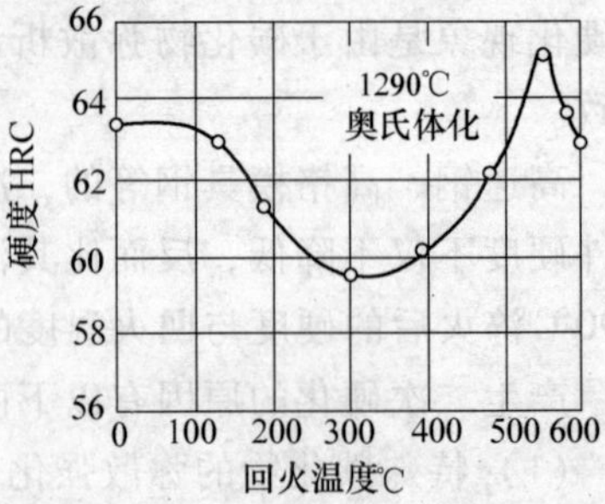

图 13-9 W18Cr4V 钢淬火后的硬度与回火温度的关系[6]

后，如果再继续升高回火温度，由于碳化物长得过大，弥散度减小，与基体的共格关系被破坏，共格畸变消失以及位错密度降低，从而使硬度迅速下降。总之，可以认为对二次硬化有贡献的因素是特殊碳化物的弥散度、α相中的位错密度和碳化物与α相之间的共格畸变等。

（2）残留奥氏体转变成回火马氏体或下贝氏体　这类钢中的残留奥氏体在回火加热、保温过程中不发生分解，而在随后的回火冷却过程中转变为马氏体或下贝氏体，这种现象称为二次淬火。二次淬火也是二次硬化的原因之一，但它与析出特殊碳化物的弥散强化相比，其作用较小，只有当淬火钢中残留奥氏体量很高时，其作用才较显著。

近年有文献讨论了70Mo5Cr4WVCo4等合金钢的二次硬化机理，与上述机理不同[18]。该类钢回火温度高于450℃，硬度就开始升高，在540℃硬度达到峰值。但是研究指出，在500~540℃回火并没有析出合金碳化物，而是在马氏体中形成了以钼为主的合金元素原子和碳原子［M-C］片状偏聚区。因此，文献认为，在500~560℃回火范围内，在α′相中形成了［M-C］偏聚区，是合金马氏体回火二次硬化的原因。

13.2.3　回火脆性

一般情况下，淬火钢回火时其冲击韧度随回火温度的升高而增大。但某些钢在一定温度范围内回火时，其冲击韧度比在较低温度回火时反而显著降低，如图13-10所示。

工件淬火后在某些温度区间回火产生的脆性，称为回火脆性[6]。回火脆性通常可分为不可逆回火脆性（第一类回火脆性）和可逆回火脆性（第二类回火脆性）。

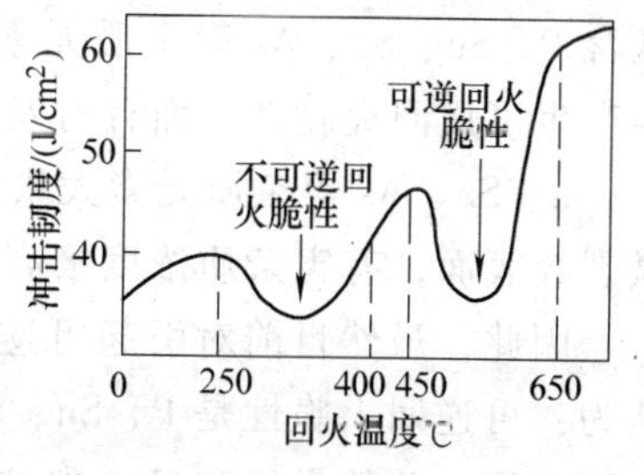

图13-10　回火脆性示意图

1. 不可逆回火脆性（350℃ embrittlement）

工件淬火后在200~300℃回火时产生的回火脆性，称为不可逆回火脆性，或第一类回火脆性[6]，也称低温回火脆性。

不可逆回火脆性的最大特点是具有不可逆性，另外，不可逆回火脆性出现的同时，不会影响其他力学性能的变化规律。

对第一类回火脆性的形成机理的认识尚未完全统一。曾经出现下列三种理论解释产生第一类回火脆性的机理：①片状碳化物薄膜沉淀理论；②杂质元素晶界偏聚理论；③残留奥氏体薄膜分解理论，并且都有一定的实验根据。

一般认为，第一类回火脆性主要是由于马氏体分解所形成的片状碳化物薄膜沿板条马氏体的条界、束界和群界或在片状马氏体的孪晶带和晶界上析出所导致的（机理①）。在较高的回火温度下，薄膜碳化物聚集长大和球化，薄膜碳化物消失，再在200~350℃下重复回火不能使它恢复。从这个角度看就不难理解该回火脆性的不可逆特点了。沿板条条界分布的薄壳状残留奥氏体也是通过分解出薄膜状碳化物起脆化作用的（机理②）。杂质元素P、Sn、Sb、As等将偏聚于晶界，则促进了第一类回火脆性的发展（机理③）。

几乎所有的钢在300℃左右回火时都将或多或少地发生这种脆性。不可逆回火脆性主要和钢的成分有关，钢中含碳量越高，脆化程度越严重。合金元素的种类和含量都不能抑制不可逆回火脆性，但能将脆性产生推向更高温度。目前尚无有效方法完全消除不可逆回火脆性，只有适当缩短回火时间以减轻其影响程度。

2. 可逆回火脆性（revesible temper brittleness）

含有Cr、Mn、Cr-Ni等元素的合金钢工件淬火后，在脆化温度区（400~550℃）回火，或在更高温度回火后缓慢冷却所产生的脆性，称为可逆回火脆性，又称第二类回火脆性、高温回火脆性[6]。

可逆回火脆性的主要特点是具有可逆性，即这种脆性可通过高于脆化温度的再次回火并快速冷却予以消除。消除后，若再次在脆化温度区回火或在更高的温度回火后缓慢冷却，则重新脆化。可逆回火脆性的名称即由此而来。

大量事实表明，含有Cr、Mn、Cr-Ni等合金元素而不含P、Sn、Sb、As等杂质元素的高纯合金钢不产生可逆回火脆性；仅仅含有P、Sn、Sb、As等杂质元素而不含Cr、Mn、Cr-Ni等合金元素的碳钢也不产生可逆回火脆性[19]；只有既含P、Sn、Sb、As等杂质元素又含Cr、Mn、Cr-Ni等合金元素的合金钢，才会产生可逆回火脆性。而且对发生可逆回火脆性钢件晶间断口的研究结果表明，P、Sn、Sb、As等杂质元素大量偏聚于原奥氏体晶界和显微裂纹表面，特别是显微裂纹表面，有害杂质浓度极高，可超过钢中平均浓度的数十倍甚至数百倍[4]。

因此，虽然目前对引起可逆回火脆性的机理尚不十分清晰，但是人们大多认为：可逆回火脆性是P、Sn、Sb和As等各种杂质在原奥氏体晶界及显微裂纹表面偏聚，并使晶界和显微裂纹脆化的结果[4]，Cr、Ni、Mn合金元素则可能以形成诸如P-Ni、P-Cr、Sb-Ni、Sb-Mn等“杂质-合金元素对”的方式促进了杂质元素的偏聚。

Cr、Ni、Mn、Si等元素促进有害杂质的偏聚，因此含有这些元素的钢对可逆回火脆性很敏感。钢中单独加入$w(\mathrm{Si})>1.5\%$的Si时也会产生较显著的可逆回火脆性。若钢中同时含有两个或两个以上这些元素，回火脆性倾向就更加强烈。但Mo和W可以降低可逆回火脆性倾向。钢中加入$w(\mathrm{Mo})\approx0.5\%$的Mo或$w(\mathrm{W})\approx1.0\%$的W，可以基本上防止可逆回火脆性，少量Ti也有减弱可逆回火脆性的作用。

避免产生可逆回火脆性的关键在于设法消除有害杂质的偏聚，最常用的方法是：减少钢中有害杂质；600℃以上回火快冷；若由于性能要求需在脆化温度范围回火，则应尽可能缩短回火保温时间和随后快冷；钢中添加适量 Mo、W 等合金元素；采用形变热处理，细化奥氏体晶粒以改善杂质分布情况等。

13.2.4　回火工艺

制定回火工艺的主要参数有：回火温度、回火时间和回火的冷却速度。

（1）回火温度　工件的力学性能要求（如硬度、强度、塑性、韧性等）是选择回火温度的依据。实际生产中，由于硬度检查简便易行，且硬度和强度在一定范围内有着对应关系，因此常以硬度要求来确定回火温度。实践证明，只要材料选择正确，工艺合理，回火后达到要求硬度，其他力学性能（如塑性、韧性等）一般均能满足使用要求。根据工件的力学性能要求，回火温度可在低温、中温和高温三个不同范围进行选择。

（2）回火时间　回火需保温一定的时间，目的是使工件心部与表面温度均匀一致，保证组织转变的充分进行，以及淬火应力得到充分消除。如回火时间过短，则会导致回火不充分，使得一些高碳钢工件在磨削时出现裂纹，刀具及模具等则容易在使用时产生崩刃现象，也会使一些精密零件在使用一段时间后发生形状和尺寸的变化；但过长的回火时间则会提高成本，降低设备生产率。

因此，回火时间的确定必须考虑工件的有效尺寸、回火温度以及加热介质等因素，见表 13-2。

表 13-2　回火保温时间参考表[1]

<table>
<tr><td colspan="8">低温回火（150～250℃）</td></tr>
<tr><td colspan="2">有效厚度/mm</td><td><25</td><td>25～50</td><td>50～75</td><td>75～100</td><td>100～125</td><td>125～150</td></tr>
<tr><td colspan="2">保温时间/min</td><td>30～60</td><td>60～120</td><td>120～180</td><td>180～240</td><td>240～270</td><td>270～300</td></tr>
<tr><td colspan="8">中、高温回火（250～650℃）</td></tr>
<tr><td colspan="2">有效厚度/mm</td><td><25</td><td>25～50</td><td>50～75</td><td>75～100</td><td>100～125</td><td>125～150</td></tr>
<tr><td rowspan="2">保温时间/min</td><td>盐浴炉</td><td>20～30</td><td>30～45</td><td>45～60</td><td>75～90</td><td>90～120</td><td>120～150</td></tr>
<tr><td>空气炉</td><td>40～60</td><td>70～90</td><td>100～120</td><td>150～180</td><td>180～210</td><td>210～240</td></tr>
</table>

（3）回火的冷却速度　回火加热后，一般采用在空气中冷却的方法。但对出现可逆回火脆性的钢，应采用在油中快速冷却的方法，抑制回火脆性产生。

根据回火温度的高低，回火工艺主要分为低温回火、中温回火和高温回火三类。

1. 低温回火

淬火钢在 250℃以下的回火为低温回火[34]。低温回火一般在 150～250℃温度范围内进行，回火后组织为回火马氏体以及未溶碳化物，目的是为了在尽可能保持高硬度、高强度及耐磨性的同时，消除淬火应力、减小脆性等。

低温回火主要用于淬火成马氏体的刀具、量具、冷冲模具、滚动轴承、渗碳及超高强度钢制工件等的回火，回火后得到回火马氏体组织。表13-3列出几种工件的低温回火应用实例。

表13-3 低温回火工艺实例[5]

工件名称	钢材	回火		回火后的硬度（HRC）
		温度/℃	保温时间/min	
手用锯条	T10、T12	175～185	45	齿部62～66
各种规格的圆板牙	9SiCr	190～200	90～120	60～63
冷冲凹模	9Mn2V	160	90	58～62
六角螺钉冷镦冲头	60Si2MnA	240～250	90	54～58
渗碳或碳氮共渗齿轮	20CrMnTi 20CrMnMo	180	120	齿面58～63
机床齿轮（高频加热淬火）	40Cr	180～200		50～55

由于回火温度较低，低温回火多在带有热风循环的空气炉、油浴、硝盐浴等设备中进行。在保温过程中，淬火应力逐渐减小。回火温度越高，保温时间越长，则应力消减的程度越大，所以低温回火时的保温时间一般较长，约为2～4h。保温完了后工件在空气中冷却。

2. 中温回火

淬火钢件在250～500℃之间的回火为中温回火[6]。回火后组织为回火托氏体，其硬度一般为40～50HRC。淬火钢经中温回火后除了保持较高的硬度和强度以及足够的韧性外，其弹性极限也达到了极大值。因此中温回火广泛地应用于各类弹簧件，也可用于某些模具（如塑料模等）以及要求较高强度的轴、轴套和刀杆等。表13-4列出了几种模具钢和弹簧钢中温回火时的回火温度及回火后的硬度数值。中温回火可在空气炉或盐浴中进行。

表13-4 常用模具钢和弹簧钢中温回火温度及回火后硬度[12]

钢材	淬火		回火			
	温度/℃	硬度/HRC	温度/℃	时间/h	次数及冷却方式	硬度/HRC
5CrMnMo	850～830	>55	460～480 490～500	>2	≥1 空冷	42～47 39～44.5
5CrNiMo 5CrNiW	840～860	>55	460～480 480～500	>2	≥1 空冷	42～47 39～44.5
Cr12MoV	1020～1040	>60	280～400	—	空冷	53～58
65Mn	810～830	>60	370～400	—	水冷	42～50
60Si2MnA	860～880	>60	410～460		水冷	45～50
50CrVA	850～870	>58	370～420			45～50

有些钢种（如表 13-4 中的几种弹簧钢）在中温温度范围内回火时，常发生不可逆回火脆性及可逆回火脆性而使韧性降低，必须引起充分注意。对于具有可逆回火脆性的钢，回火后应进行快（水或油）冷，其他钢种则空冷。

3. 高温回火

淬火钢件在 500℃以上的回火为高温回火[6]。结构钢的高温回火常在 500～650℃区间进行[5]，回火后的组织是回火索氏体，其硬度一般为 25～35HRC[17]。回火索氏体组织既具有一定的硬度、强度，也具有良好的塑性和韧性，即有好的综合力学性能。习惯上将钢件淬火及高温回火的复合热处理工艺称为调质。调质处理广泛用于各种重要的结构零件，尤其是在交变载荷下工作的零件，如汽车、拖拉机、机床上的连杆、连杆螺栓、齿轮和轴类零件等。

大锻件在淬火或正火后，常以高温回火去除内应力并改善组织和性能[5]。大锻件为避免淬火时的过大的内应力，经常采用油淬或正火处理。大锻件经淬火或正火处理后，得到马氏体、贝氏体或珠光体组织，或是几种混合组织，而且基本得到的是珠光体型组织[19]。因此大锻件采用高温回火，除了对淬火马氏体进行回火外，还要对淬火贝氏体和珠光体进行回火。在高温回火过程中，贝氏体中的渗碳体发生球化，珠光体中渗碳体片也发生聚集和球化，最后都得到类似调质组织的回火索氏体或粒状珠光体，使残留应力得以去除，组织性能得到改善。

淬透性较大或截面较小的工件，正火后硬度可能偏高而塑性偏低，也需进行高温回火以改善之[5]。

含 Cr、Mo、W、V、Ti 等元素较多的高速钢等合金钢（结构钢及工具钢），因高温回火时产生二次硬化现象，淬火后一般采用高温回火。

某些高合金结构钢的高温回火温度可能远高于 650℃。例如，制作内燃机排气阀的 4Cr9Si2 钢淬火温度 1030～1050℃，回火 680～710℃；4Cr10Si2Mo 钢，则常用 1100℃油淬，而后 840～860℃回火 4h[5]。

当碳钢中含 P、Sn、As 等元素较多，或合金结构钢中含有 Cr、Mn、Ni（与 Mn 或 Cr 共存时）等元素时，高温回火（尤其是 500～600℃间）易出现较严重的第二类回火脆性，应在回火后采用快冷（水或油）以避免之。第二类回火脆性敏感性较小的钢种（含有适量的钼），高温回火后可以缓（空）冷。

文献［4］通过计算，建立起了 45 钢回火后的性能与回火温度之间的数学表达式：

$$\left.\begin{aligned} HRC &= 75.46 - 0.096t \\ \sigma_b &= 2263.8 - 2.65t \\ \delta_5 &= 11.39 + 0.066t \end{aligned}\right\} \qquad (13\text{-}2)$$

式中　HRC——洛氏硬度值；

σ_b——抗拉强度（MPa）；

δ_5——伸长率；

t——回火温度（℃），t 在 200 ~ 700℃范围内。

应用式（13-2），可对 45 钢的回火后的性能进行预测，方法简单并且精确。

13.3　淬火与回火的常见缺陷

通常，把在热处理的加热和冷却过程中给工件带来的缺陷，统称为热处理的一般缺陷（如脱碳、氧化、过热、过烧、硬度不足、变形与开裂等）。显然，这些缺陷的产生主要取决于热处理工艺过程，只要加热或冷却进行得不适当，任何钢种均可能出现这些缺陷。此外，对某些材料或对经过某种工艺处理可能带来的缺陷，则称为特殊缺陷，如结构钢的魏氏组织，高速钢的萘状断口，化学热处理后形成的脆性相等。在此，只扼要地介绍一些淬火与回火过程中的常见缺陷（一般缺陷）。

13.3.1　热处理变形

工件的变形包括尺寸变化与几何形状变化两种。变形，主要都是由于热处理时工件内部产生的内应力所造成的。当应力大于材料的屈服强度时，就会发生（永久）变形，如果大于材料的抗拉强度，工件就会开裂。

减小变形的途径与措施有：①合理选用钢材。②合理设计工件形状。③进行合理的锻造以消除碳化物网与碳化物偏析。④精加工以前，进行去应力退火。⑤采用合理的热处理工艺，比如采用预热、缓慢加热、预冷淬火、分级淬火、等温淬火、加压淬火等。⑥采用正确的操作方法。

13.3.2　淬火裂纹

淬火裂纹是由很多方面的因素造成的，但根本的原因有二：一是拉应力超过材料的抗拉强度；二是内应力虽未超过材料的抗拉强度，但由于材料内部的缺陷而引起强度的降低。

产生淬火开裂原因有：①缩孔、白点、非金属夹杂物、碳化物偏析等原材料缺陷都可能成为产生淬火裂纹的根源。②锻造过程中已形成的裂纹。③淬火工艺不当，比如加热温度过高、加热速度过快、Ms 点以下冷却过快等。④回火工艺不当，比如回火不及时、回火温度过低或时间过短、在回火脆性区进行回火等。

13.3.3　淬火硬度不足

所谓硬度不足，一般是指工件在较大区域内的硬度达不到技术要求。造成硬度不足的原因很多，主要可归纳为以下几点：

（1）加热温度过低或保温时间不足 这往往是产生硬度不足的主要原因。此外，炉温控制失灵、装炉量过大或炉温不均而使工件加热不均匀等，也能造成工件欠热。

（2）冷却速度不够 工件在淬火冷却过程中，因冷速不够而发生了部分奥氏体的分解（形成珠光体或贝氏体等），以致不能在淬火后形成足够量的马氏体。造成冷速不够的原因可能是淬火剂选择不当，淬火剂使用时间过久以及淬火剂温度过高或混入较多杂质而使其冷却能力降低所致。

（3）操作不当 例如，对采用预冷淬火的工件，预冷时间过长（又称延迟淬火）；对采用双液淬火的工件，在水中停留时间过短，或出水后停留时间过长才转入油中；对采用分级淬火的工件，分级停留的时间过长，或分级温度过高（冷速小于临界淬火速度），以致奥氏体发生分解。这些都会因得不到足够数量的马氏体而降低淬火钢的硬度。

（4）表面脱碳 加热时表面脱碳，也会造成表面硬度不足。

（5）淬透性不够 材料淬透性不高而工件尺寸又较大，得不到足够数量的马氏体组织。

（6）残留奥氏体过多 加热温度过高，奥氏体中溶有过量的碳和合金元素，会使 Ms 点大为降低，以致淬火后存在大量的残留奥氏体而使硬度降低。

另外，因原始金相组织不均匀；存在碳化物偏析、带状组织或大块铁素体等；亚共析钢加热温度不足或保温不充分，表面碳浓度不均匀，淬火剂中混入杂质，工件表面局部脱碳，工件表面不清洁等，均会造成淬火软点。淬火软点也是淬火硬度不足的缺陷之一。

13.3.4 过热与过烧

金属或合金在热处理加热时，由于温度过高，晶粒长得很大，以致性能显著降低的现象，称为过热[2]。

淬火加热温度过高，或在相当高的温度下停留时间过长，都会使奥氏体晶粒粗大，淬火后得到粗针马氏体，产生过热。工件过热后，因其组织的粗大及淬火应力的增加，使钢的脆性增加，甚至淬火后即开裂。轻微的过热，可采用延长回火时间来补救（消除内应力），对严重的过热则需进行细化晶粒的退火，然后再重新淬火。

金属合金的加热温度达到其固相线附近时，晶界氧化和开始部分熔化的现象，称为过烧[2]。

淬火温度太高，致使奥氏体晶界产生熔化现象，这就是过烧。一旦产生这种缺陷就无法补救，工件只得报废。

引起过热与过烧的原因可能是：

1）淬火加热温度选择过高或加热时间太长。

2）炉内局部高温，仪表反映不出真实温度。

3）仪表控制失灵或因盐蒸气（或浮渣）挡住辐射高温计的镜头而指示有误。

4）工件距电极或加热体太近，甚至与之接触。

5）钢材混号，导致工艺参数的制订有误。

13.3.5　回火缺陷

1. 硬度过高

回火后工件硬度过高的主要原因是：回火温度过低，保温时间不足。补救办法是在正常规范下重新回火。

2. 硬度不足

以下原因可能引起工件回火后的硬度不足。

1）淬火后硬度过低，未经检查而按正常规范回火。

2）回火温度过高。

3）油淬后工件未经清洗，这对以后回火（特别是低温回火）的工件来说，可能由于表面污垢的燃烧而引起局部硬度过低。

4）对高速钢及其他二次硬化型钢而言，回火温度过低（400℃以下）。

补救办法：对高速钢可在正常温度（560℃）重新回火；其余的应先进行退火、正火或高温回火，然后按正常工艺重新淬火与回火。

3. 高脆性（韧性过低）

产生这种缺陷的原因可能是：

1）回火温度选择不当，如在脆性温度区进行回火。

2）对第二类回火脆性敏感的钢件，在回火后未进行快冷。

防止与补救办法：对第一类回火脆性区进行回火的工件，应按正常工艺重新淬火并避开该脆性区进行回火。如果性能达不到要求，还可以考虑更换钢号。对上述第二种原因造成的高脆性，则应在高于脆性温度区短时间回火并快冷，使其重新韧化，此时其他力学性能不会有显著变化。

在了解到可能引起上述各种常见缺陷的原因之后，在生产中应积极主动地采取各种预防措施，以期尽可能避免或减少各种缺陷的产生。

第14章　成形件的其他热处理

除了上面介绍的退火、正火、淬火、回火外，还有其他一些热处理工艺。这些热处理工艺主要包括固溶和时效、表面淬火、形变热处理和化学热处理。

14.1　固溶和时效

固溶处理是将合金加热到高温相区保持，使过剩相溶解到固溶体中后快速冷却，以得到过饱和固溶体的热处理工艺。

固溶处理后的组织不一定只为单相的过饱和固溶体。凡在不同温度下平衡相成分不同的合金，原则上均可运用固溶处理工艺。

固溶处理工艺不仅广泛应用于铝合金、镁合金、铜合金、镍合金及其他有色合金，而且一些合金钢（马氏体时效钢、沉淀硬化不锈钢、微合金钢）也在采用。

固溶处理的主要目的有以下几点：

1）为时效热处理作准备。

2）通过固溶处理提高强度。

3）通过固溶处理提高塑性、韧性。

4）通过固溶处理提高耐蚀性。

可根据相图来确定合金的固溶处理加热温度。固溶处理加热温度的下限为固溶度曲线，而上限为开始熔化温度。选择固溶处理加热温度的一般原则是[7]：一是必须防止过烧；二是强化相最大限度地溶入固溶体。

固溶处理加热温度因合金不同而不同。比如，变形铝合金固溶处理加热温度在495～520℃之间进行选择；大多数铸造铝合金固溶处理加热温度在510～535℃之间进行选择；镁合金固溶处理加热温度的选择范围在380～570℃之间，具体牌号不同，合金固溶处理加热温度有很大不同。生产中可通过查阅《热处理手册》及试验，具体确定固溶处理加热温度。

固溶处理保温的目的在于使相变过程能够充分进行，过剩相充分溶解，使组织充分转变到固溶处理需要的形态。保温时间的长短，主要取决于合金成分、工件有效厚度、原始组织、加热温度及加热介质等。具体保温时间，可查阅相关手册再根据具体情况确定。

冷却速度是固溶处理的重要工艺参数之一，确定冷却速度的大小，取决于过饱和固溶体的稳定性。大多数铝、铜、镍及铁基合金制件固溶化加热后在水中冷却。镁合金中原子扩散较慢，大多数镁合金固溶化后一般允许在空气中冷却。但对于某些耐热变形镁合金，在热水中冷却，可提高强化效果[7]。

工件经固溶处理或淬火后在室温或高于室温的适当温度保温，以达到沉淀硬化的目的。最主要的时效工艺是等温时效或单级时效，即选择一定温度保温一定时间，以达到所要求的性能。等温时效分自然时效及人工时效两类。合金经固溶热处理后在室温进行的时效处理称自然时效处理[2]。人工时效则是指合金经固溶热处理后在室温以上的温度进行的时效处理[2]。在室温，大多数时效型合金的时效过程不能进行，或进行极为缓慢，因此只能采用人工时效。只有热处理强化的变形铝合金才有明显的自然时效强化效应。

合金达最大硬度及强度值的人工时效温度 $T_{时效}$ 与合金熔化温度 $T_{熔}$ 间存在着一定关系，即

$$T_{时效} \approx (0.5 \sim 0.6) T_{熔} \tag{14-1}$$

此式曾在各种铝、镁、铜及镍基合金中证明了其正确性。淬火后稳定性小的材料，如变形状态，特别是淬火还进行一定变形的材料，采用下限温度；稳定性大，扩散过程缓慢的材料，如铸态零件及耐热合金等，采用上限温度。

合金工件经固溶处理后进行二次或多次增高温度加热、每次加热后都冷到室温的人工时效处理，称为分级时效[2]。分级时效第一阶段温度一般较第二阶段低，即先低温后高温。低温阶段合金过饱和度大，脱溶相晶核尺寸小而弥散，这些弥散的脱溶相可作为进一步脱溶的核心。高温阶段的目的是达到必要的脱溶程度以及获得尺寸较为理想的脱溶相。与高温一次时效相比较，分级时效使脱溶相密度更高，分布更均匀，合金有较好的抗拉、抗疲劳、抗断裂以及耐应力腐蚀等综合性能。例如 Al-Zn-Mg 系合金，若先于 100～120℃时效，然后再在 150～175℃时效，则可增加 η' 相的密度及均匀性，与在 150～175℃一次时效相比，合金不仅强度较高，且应力腐蚀抗力更好。

先高温后低温分级时效应用少，仅某些耐热镍合金采用这种工艺。

14.2　表面淬火

许多钢制零件例如传动轴、传动齿轮等，要求在工作表面的有限深度范围内有高的硬度和耐磨性，而其心部又有足够的塑性和韧性，以承受一定的冲击吸收功。在这种情况下，仅用普通淬火和回火工艺无法达到目的，但采用表面淬火可以达到要求。

表面淬火是仅对工件表层进行淬火的工艺[2]。

表面淬火的特点是快速加热，即在极短时间内将钢件表面加热至所需的淬

火温度。淬火后，工件表面得到淬火马氏体，硬度高，耐磨性好，疲劳强度提高；心部仍保留原始组织，比如调质组织，综合力学性能好，耐冲击，能承受各种载荷，从而满足工件服役要求。

目前表面淬火可以分成感应加热表面淬火、火焰加热淬火、接触电阻加热表面淬火、电解液加热表面淬火、激光加热表面淬火、电子束加热表面淬火，其他还有红外线聚焦加热表面淬火等一些表面淬火方法。

14.3　形变热处理

将塑性变形和热处理有机结合，以提高材料力学性能的复合工艺，称为形变热处理[2]。

钢的形变热处理不但能够得到一般压力加工所达不到的高强度与高塑性、高韧性的良好结合，而且还能大大简化金属材料的生产流程，因而得到广泛重视。

形变热处理方法很多，常用方法有低温形变热处理及高温形变热处理。

将钢加热到奥氏体状态，保温一定时间后，迅速冷却到过冷奥氏体的亚稳定状态下（即珠光体与贝氏体形成温度范围之间）进行塑性变形，然后立即进行淬火的综合强化工艺称为低温形变热处理。同普通淬火处理相比，低温形变淬火在保持塑性基本不变的情况下，抗拉强度进一步得到了提高。它适用于要求强度极高的零件，如飞机起落架、固体火箭蒙皮等。低温形变淬火的效果同材料化学成分、形变温度及形变量有关。随着材料含碳量的增加，其低温形变淬火后的强度增量（和普通淬火相比）也在提高。加入合金元素 Mo、Cr、V 等可以提高强化效果。

将钢加热到奥氏体状态，保温一定时间，并在此状态下形变，随后进行淬火回火的一种工艺方法称为高温形变热处理。高温形变热处理对材料没有特殊要求，一般碳钢、低合金钢均可应用。同普通热处理相比，高温形变淬火后经适当温度回火，抗拉强度提高 10% ~30%，塑性提高 40% ~50%，使钢的综合力学性能得到显著改善。此外，由于钢件表面有较大的残留应力，还可使疲劳强度显著提高。但强化效果不如低温形变淬火。如锻造余热淬火就是高温形变淬火的一种，它将锻造和热处理结合起来，省去热处理的重新加热过程，从而节省能源，减少材料的氧化、脱碳和变形，且不需要大功率的设备，生产上容易实现，并大大降低成本。

有色金属与合金的形变热处理也包括低温形变热处理及高温形变热处理。有色金属与合金的低温形变热处理主要用于提高合金的强度性能。其基本工艺是首先将合金固溶处理，然后于室温下进行冷变形，最后进行时效。有色金属与合金的高温形变热处理则先进行再结晶温度以上区间的热变形和固溶处理，然后进行时效。但在工业生产中高温形变热处理工艺较低温形变热处理工艺应用少得多。

14.4 化学热处理

化学热处理是将金属或合金工件置于一定温度的活性介质中保温，使一种或几种元素渗入它的表层，以改变其化学成分、组织和性能的热处理工艺[2]。

化学热处理的目的是通过改变金属表面的化学成分并采用热处理的方法获得单一材料难以获得的性能，或进一步提高金属制件的使用性能。

化学热处理按渗入元素的名称分类，可分为渗碳、渗氮、渗硼、渗硫、渗硅、渗铝、渗铬、渗锌等，两种或两种以上元素同时渗入时，称为共渗，例如碳氮共渗、氮碳硼共渗等。

渗碳就是为了增加钢件表层的含碳量并在其中形成一定的碳浓度梯度，将钢件在渗碳介质中加热并保温，使碳原子渗入表层的化学热处理工艺[2]。这是实际生产中应用最广泛的一种化学热处理工艺。普通渗碳层可达几百微米至1mm，深层渗碳可达几毫米甚至十几毫米。渗碳可分为固体渗碳、液体渗碳、气体渗碳、真空渗碳及离子渗碳等。气体渗碳一般在含有丙烷等的气氛中于930℃进行。工件渗碳后，提供了表层高碳、心部低碳这样一种含碳量的工件。为了得到合乎理想的性能，尚需进行淬火和低温回火。经渗碳、淬火和低温回火后，钢件表层得到回火马氏体和细小、均匀的粒状碳化物，硬度58～62HRC；心部性能随钢种而异，对淬透性低的低碳钢，硬度为204～185HBS（10～15HRC）；对淬透性较高的低碳合金结构钢，硬度可达35～45HRC，综合力学性能较好。

气体渗氮一般在纯氨的气氛中于进行，渗氮温度常在480～560℃范围内选择。一段渗氮工艺选用上限温度大多不超过530℃。二段或三段渗氮时，第二阶段的温度通常低于560℃。工厂执行的典型工艺，渗氮时间都在几十小时以上。以工件自身为阴极，靠在含氮的辉光放电气氛中加热到一定温度，对零件表面渗氮的工艺过程叫作离子渗氮，又称离子氮化。离子渗氮具有渗氮温度范围低（400～600℃），工件变形小，渗氮层脆性低，工件往往可不经磨削直接使用等优点。

在一定温度下将碳和氮同时渗入工件表层奥氏体中并以渗碳为主的化学热处理工艺，称为碳氮共渗[2]。目前应用较多的碳氮共渗温度为820～860℃。与渗碳相比，碳氮共渗的优点是温度低，工件变形小。

氮碳共渗就是在工件表层渗入氮和碳，并以渗氮为主的化学热处理工艺[2]。

氮碳共渗的合适温度为570℃左右。氮碳共渗同渗氮相比有以下特点：氮碳共渗处理的工艺时间短；氮碳共渗所形成的白亮层的脆性比渗氮小；设备简单，操作方便。

将硼元素渗入工件表层的化学热处理工艺，称为渗硼[2]。渗硼层一般为0.1～0.3mm，由FeB及Fe_2B相组成，呈梳齿状楔入基体。外侧深色梳齿状相为FeB，内侧浅色梳齿状相为Fe_2B。FeB硬度1890～2340HV，脆性较大。Fe_2B硬度1290～1680HV，脆性较小。通过控制工艺参数，可以得到Fe_2B单相渗硼层。渗硼是新兴的化学热处理工艺方法，除可提供极高的表面硬度，远非其他表面硬化层所可比拟的耐磨性外，还可提供很高的热硬性（900～950℃）以及在盐酸、硫酸及碱中的高的耐蚀性。渗硼应用在泥浆泵衬套、涡轮钻机底盘，针阀偶件、挤压螺杆、牙轮钻头、冷冲模、拉深模、成形模、热锻模、压铸模及排污阀等方面，能显著提高使用寿命。

将钢及合金工件加热到适当的温度，使金属元素（如铝、铬、钒等）扩散渗入表层的化学热处理工艺，称为渗金属[2]。渗金属主要包括渗铝、渗铬、渗钒、渗锌、渗钛等，其中应用最多的是渗铝。渗铝是提高抗高温氧化能力和耐腐蚀能力的有效方法之一。因此，渗铝的目的主要是提高钢材和耐热合金的高温性能，改善铁基粉末合金、铜合金和钛合金的表面性能以及能够用低级钢材渗铝代替高级耐热钢材。

将工件表层渗入多于一种元素的化学热处理工艺称为多元共渗。硫氮共渗是使工件表层同时渗入硫和氮的化学热处理工艺。其目的是综合利用渗硫的减摩作用及渗氮的抗磨损作用来提高零件的使用寿命，增加经济效益。硫氮共渗主要用于要求抗咬合性、耐磨性、疲劳强度高的工模具、刀具和零件上，能够大大提高其使用寿命。将工件在含有氰盐和硫化物的介质中同时渗入硫、氮和碳的化学热处理工艺叫硫氮碳共渗。硫氮碳三元共渗是在硫氮共渗工艺基础上发展起来的，经过共渗处理后，零件在组织和性能上综合了渗硫和氮碳共渗二者的优点，具有较好的技术、经济效果。硫氮碳三元共渗工艺用于要求耐磨性、抗咬合性、抗疲劳性的结构零件、工模具、刀具上，可较显著地提高使用寿命。

参考文献

[1] 夏立芳．金属热处理工艺学［M］．哈尔滨：哈尔滨工业大学出版社，1996.

[2] 全国热处理标准化技术委员会．金属热处理标准应用手册［M］．北京：机械工业出版社，1994.

[3] 安运铮．热处理工艺学［M］．北京：机械工业出版社，1982.

[4] 李松瑞，周善初．金属热处理［M］．长沙：中南大学出版社，2003.

[5] 雷廷权，傅家骐．热处理工艺500种［M］．北京：机械工业出版社，2000

[6] 中国标准出版社，金属热处理标准化技术委员会．中国机械工业标准汇编（金属

热处理卷）[M].2 版. 北京：中国标准出版社，2002.

[7] 《热处理手册》编委会. 热处理手册：第 1 卷工艺基础 [M].2 版. 北京：机械工业出版社，1991.

[8] 孙珍宝，朱谱藩，林慧国，等. 合金钢手册：上册 [M]. 北京：冶金工业出版社，1984.

[9] И. И. 诺维柯夫. 金属热处理理论 [M]. 王子佑，译. 北京：机械工业出版社，1987.

[10] 陈琦，彭兆弟. 铸件热处理使用手册 [M]. 北京：龙门书局，2000.

[11] 王健安. 金属学与热处理 [M]. 北京：机械工业出版社，1980.

[12] 刘永铨. 钢的热处理 [M]，2 版. 北京：冶金工业出版社，1987.

[13] 刘云旭. 金属热处理原理 [M]. 北京：机械工业出版社，1981.

[14] 刘宗昌，任慧平，宋义全. 金属固态相变教程 [M]. 北京：冶金工业出版社，2003.

[15] 渡边正纪，向井喜彦. 不锈钢的焊接 [M]. 陶永顺，译. 北京：机械工业出版社，1975.

[16] 赵连城. 金属热处理原理 [M]. 哈尔滨：哈尔滨工业大学出版社，1987.

[17] 机械工业技师考评培训教材编审委员会. 热处理工技师培训教材 [M]. 北京：机械工业出版社，2001.

[18] 崔忠圻，刘北兴. 金属学与热处理原理 [M]. 哈尔滨：哈尔滨工业大学出版社，1998.

[19] 康大韬，叶国斌. 大型锻件材料及热处理 [M]. 北京：龙门书局，1998.

[20] 戚正风. 金属热处理原理 [M]. 北京：机械工业出版社，1987.

[21] 张宝昌. 有色金属及其热处理 [M]. 西安：西北工业大学出版社，1993

[22] 陈琦，彭兆弟. 铸造问题对策 [M]. 北京：机械工业出版社，2001.

[23] 李泉华. 热处理实用技术 [M]. 北京：机械工业出版社，2000.

[24] 李泉华. 热处理技术 400 问解析 [M]. 北京：机械工业出版社，2003.

[25] 胡光立. 钢的热处理：原理与工艺 [M]. 西安：西北工业大学出版社，1993.

[26] 蔡美良，丁惠麟，孟沪龙. 新编工模具钢金相热处理 [M]. 北京：机械工业出版社，2000.

[27] 崔昆. 钢铁材料与有色金属材料 [M]. 北京：机械工业出版社，1981.

[28] 《钢铁热处理》编写组. 钢铁热处理 [M]. 上海：上海科学技术出版社，1979.

[29] Л. С. 利亚霍维奇. 金属和合金的化学热处理手册 [M]. 孙一唐，等译. 上海：上海科学技术出版社，1986.

[30] 姜振雄. 铸铁热处理 [M]. 北京：机械工业出版社，1978.

[31] 柳祥训，钟华仁，张淑芳. 化学热处理问答 [M]. 北京：国防工业出版社，1991.

[32] 任颂赞，张静江，陈质如，等. 钢铁金相图谱 [M]. 上海：上海科学技术文献出版社，2003.

[33] 李德元，赵文珍，董晓强，等. 等离子技术在材料加工中的应用 [M]. 北京：机械工业出版社，2005.

[34] 刘正，张奎，曾小勤．镁基轻质合金理论基础及其应用［M］．北京：机械工业出版社，2002.

[35] 日本高压技术协会应力退火（SR）委员会．压力容器焊后热处理［M］．王明时，安其鸿，译．北京：机械工业出版社，1987.

机械工业出版社机械行业标准出版信息

我社出版自2002年开始发布的现行机械行业标准（JB），其中包括机械、电工、仪表三大行业，涉及设备、产品、工艺等几大类。为保证用户查询、购买方便，特提供以下信息：

查询标准出版信息、网上订购

http：//www. cmpbook. com/standardbook/bzl. asp

http：//www. golden-book. com——机械工业出版社旗下大型科技图书网站

标准出版咨询

机械工业出版社机械分社电话：010-88379778

010-88379779

电话订购

电话：010-68993821　　010-88379639

010-88379641　　010-88379643

010-88379693　　010-88379170

传真：010-68990188(可写明购书信息及联系方式)

地址：北京市西城区百万庄大街22号

邮政编码：100037

户名：北京百万庄图书大厦有限公司

账号：8085 1609 1908 0910 01

开户行：中国银行北京百万庄支行